OPERE MATEMATICHE

DI

ENRICO BETTI

PUBBLICATE

PER CURA DELLA R. ACCADEMIA DE' LINCEI

TOMO SECONDO

ULRICO HOEPLI

EDITORE-LIBRAIO DELLA REAL CASA

E DELLA R. ACCADEMIA DEI LINCEI

MILANO

1913

ROMA

TIPOGRAFIA DELLA R. ACCADEMIA DEI LINCEI

PRORRIETÀ DEL CAV. VINCENZO SALVIUCCI

—

1913

PREFAZIONE

Il còmpito prefissosi dall'Accademia di raccogliere e pubblicare le Memorie scientifiche date alla luce da Enrico Betti resta adempiuto colla stampa di questo secondo volume delle sue Opere. Tutte le Note e Memorie che figurano nella lista inserita al principio del primo volume sono adesso pubblicate eccettuate due (la 52 e la 61) che appartengono agli ultimi scritti in ordine di data, le quali, a nostro avviso, saranno da ristampare solo quando fra le carte lasciate dal Betti sia stato possibile rintracciare gli elementi necessarî a completarle o a chiarirle.

A questo proposito esprimiamo l'augurio che venga fatto uno spoglio accurato dei manoscritti lasciati dal Betti (1). Senza nascondere le gravi difficoltà di un tal lavoro noi speriamo che esso possa esser compiuto in avvenire. Varî interessanti complementi a quanto si trova nei volumi adesso pubblicati probabilmente comparirebbero, e forse così potrebbe riconoscersi l'utilità di un'appendice alla presente pubblicazione. Ricordiamo, per esempio, che la Nota: *Sopra la Elettrodinamica* (n. XXXVI, t. II) appartiene ad un ciclo di lavori compiuti, oltre che dal Betti, anche dal Riemann e da Carlo Neumann, e che tutti questi scritti furono sottoposti ad una critica profonda del Clausius (Annali di Poggendorff, Bd. 135, anno 1868, pag. 606). Ora sebbene le idee in essi contenuti appartengano ad un periodo della scienza

(1) Essi sono conservati alla Scuola Normale Superiore di Pisa.

che preludeva quello delle recenti teorie elettrodinamiche e che è quindi ormai oltrepassato, tuttavia sarebbe interessante conoscere in che modo il Betti rispondeva (come ebbe occasione di asserire) alle obbiezioni del Clausius.

Una ristampa del libro del Betti sulla « Teoria delle forze newtoniane », il quale ha carattere scientifico e didattico ad un tempo, sarebbe pure cosa utile, e, se essa sarà un giorno intrapresa, potranno in quella occasione veder la luce alcuni Capitoli consacrati alla Elettrodinamica che il Betti aveva redatto, ma che egli, all'ultimo momento, soppresse, perchè riteneva potessero eccedere il campo limitato dal titolo dell'opera sua.

Alle molte difficoltà presentate dalla ristampa delle Memorie del Betti ed alla immatura morte del compianto Cerruti, si deve attribuire il prolungato ritardo della presente pubblicazione. Del merito della quale la maggior parte va data al prof. Cerruti, che ne raccolse ed ordinò il materiale e ne curò con grande amore la stampa fino agli ultimi suoi giorni.

Per quello che riguarda la parte da me presa in questa pubblicazione devo dichiarare che ho cercato sempre di rispettare, per quanto è stato possibile, la sostanza e la forma degli scritti dell'Autore.

Ringrazio l'Accademia dell'onore fattomi chiamandomi a succedere al prof. Cerruti nel non facile còmpito. E mi è anche gradito dovere dichiarare qui che, per le decisioni di maggiore importanza, mi sono giovato dei suggerimenti e dei consigli del senatore Volterra.

Orazio Tedone
Socio Corrispondente della R. Accademia

INDICE DEL TOMO II.

XXIII.

SOPRA LA PROPAGAZIONE DELLE ONDE PIANE DI UN GAZ [1].

(Dagli *Annali di matematica pura ed applicata*, serie I, t. III, pp. 232-241, Roma, 1860).

L'equazioni del movimento di un gaz, quando la velocità u nel senso dell'asse delle x e la densità ϱ siano eguali in tutti i punti di ciascuno dei piani paralleli al piano yz e non vi sia azione di forze esterne, sono, come è noto,

$$\frac{\partial u}{\partial t} + u\frac{\partial u}{\partial x} = -\frac{1}{\varrho}\frac{\partial p}{\partial x}, \qquad \frac{\partial \varrho}{\partial t} + \frac{\partial \varrho u}{\partial x} = 0.$$

Indichiamo con $\varphi(\varrho)$ la funzione della densità che esprime la pressione p. Il valore di $\varphi(\varrho)$ sarà sempre positivo, aumenterà coll'aumentare di ϱ, e la sua derivata non decrescerà quando ϱ aumenta. Del resto non facciamo alcuna ipotesi sopra la espressione analitica di questa funzione.

Avremo

$$(1) \qquad \frac{\partial u}{\partial t} + u\frac{\partial u}{\partial x} = -\varphi'(\varrho)\frac{\partial \log \varrho}{\partial x},$$

$$(2) \qquad \frac{\partial \log \varrho}{\partial t} + u\frac{\partial \log \varrho}{\partial x} = -\frac{\partial u}{\partial x}.$$

Moltiplichiamo la equazione (2) per $\pm\sqrt{\varphi'(\varrho)}$ e sommiamola colla equazione (1). Ponendo

$$(3) \qquad f(\varrho) = \int \sqrt{\varphi'(\varrho)}\, d\log \varrho,$$

$$(4) \qquad 2r = f(\varrho) + u, \qquad 2s = f(\varrho) - u,$$

si otterrà

$$(5) \qquad \frac{\partial r}{\partial t} = -\left(u + \sqrt{\varphi'(\varrho)}\right)\frac{\partial r}{\partial x}, \quad \frac{\partial s}{\partial t} = -\left(u - \sqrt{\varphi'(\varrho)}\right)\frac{\partial s}{\partial x};$$

---

(1) Rivista bibliografica della Memoria di B. Riemann dal titolo: *Ueber die Fortpflanzung ebener Luftwellen von endlicher Schwingungsweite*, Abh. der k. Gesellschaft der Wissenschaften zu Göttingen, t. VIII, 1860.

onde

$$(6)\qquad dr = \frac{\partial r}{\partial x}\left(dx - [u + \sqrt{\varphi'(\varrho)}]\,dt\right),$$

$$(7)\qquad ds = \frac{\partial s}{\partial x}\left(dx - [u - \sqrt{\varphi'(\varrho)}]\,dt\right).$$

Da queste formule si deduce che muovendoci nel senso delle x positive colla velocità $\frac{dx}{dt} = u + \sqrt{\varphi'(\varrho)}$, ci troveremo sempre sopra punti nei quali r ossia $u + f(\varrho)$ ha lo stesso valore, e che muovendoci nel senso delle x negative colla velocità $-\frac{dx}{dt} = \sqrt{\varphi'(\varrho)} - u$, ci troveremo sempre sopra punti nei quali s o $f(\varrho) - u$ ha lo stesso valore. Quindi prendendo due valori che r ed s hanno in un medesimo tempo in due punti differenti, vi sarà un punto in cui dopo un certo tempo r ed s avranno questi medesimi valori. Per trovare dove e quando r avrà un dato valore r' ed s un dato valore s', bisognerà determinare x e t in funzione di r ed s.

Le equazioni (6) e (7), a cagione dell'equazioni (4), che dànno

$$du = dr - ds\,, \qquad dr + ds = \sqrt{\varphi'(\varrho)}\, d\log\varrho\,,$$

si possono porre sotto la forma

$$(8)\qquad dr = \frac{\partial r}{\partial x}\left\{ d\left(x - t[u + \sqrt{\varphi'(\varrho)}]\right) + t\left[dr\left(\frac{d\log\sqrt{\varphi'(\varrho)}}{d\log\varrho} + 1\right) + ds\left(\frac{d\log\sqrt{\varphi'(\varrho)}}{d\log\varrho} - 1\right)\right]\right\},$$

$$(9)\qquad ds = \frac{\partial s}{\partial x}\left\{ d\left(x - t[u - \sqrt{\varphi'(\varrho)}]\right) - t\left[ds\left(\frac{d\log\sqrt{\varphi'(\varrho)}}{d\log\varrho} + 1\right) + dr\left(\frac{d\log\sqrt{\varphi'(\varrho)}}{d\log\varrho} - 1\right)\right]\right\};$$

onde

$$(10)\qquad \frac{\partial[x - [u + \sqrt{\varphi'(\varrho)}]t]}{\partial s} = -t\left(\frac{d\log\sqrt{\varphi'(\varrho)}}{d\log\varrho} - 1\right),$$

$$(11)\qquad \frac{\partial[x - [u - \sqrt{\varphi'(\varrho)}]t]}{\partial r} = t\left(\frac{d\log\sqrt{\varphi'(\varrho)}}{d\log\varrho} - 1\right).$$

In conseguenza la espressione

$$(12)\qquad \left(x - [u + \sqrt{\varphi'(\varrho)}]\,t\right)dr - \left(x - [u - \sqrt{\varphi'(\varrho)}]\,t\right)ds$$

sarà un differenziale esatto di una funzione w, la quale sodisfarà all'equazione

$$\frac{\partial^2 w}{\partial r\,\partial s} = -t\left(\frac{d\log\sqrt{\varphi'(\varrho)}}{d\log\varrho} - 1\right) = m\left(\frac{\partial w}{\partial r} + \frac{\partial w}{\partial s}\right),$$

dove

$$m = \frac{1}{2\sqrt{\varphi'(\varrho)}}\left(\frac{d\log\sqrt{\varphi'(\varrho)}}{d\log\varrho} - 1\right),$$

e, ponendo $\sigma = f(\varrho) = r + s$,

$$m = -\frac{1}{2}\frac{d\log\dfrac{d\varrho}{d\sigma}}{d\sigma}. \tag{13}$$

L'introduzione di r ed s come variabili indipendenti è soltanto possibile quando il determinante funzionale

$$\begin{vmatrix} \dfrac{\partial r}{\partial x} & \dfrac{\partial r}{\partial t} \\ \dfrac{\partial s}{\partial x} & \dfrac{\partial s}{\partial t} \end{vmatrix} = \begin{vmatrix} \dfrac{\partial r}{\partial x}, & -[u+\sqrt{\varphi'(\varrho)}]\dfrac{\partial r}{\partial x} \\ \dfrac{\partial s}{\partial x}, & -[u-\sqrt{\varphi'(\varrho)}]\dfrac{\partial s}{\partial x} \end{vmatrix} = 2\sqrt{\varphi'(\varrho)}\,\frac{\partial r}{\partial x}\,\frac{\partial s}{\partial x}$$

è differente da zero.

Ma se $\dfrac{\partial r}{\partial x} = 0$, dalla equazione (6) abbiamo $dr = 0$, e quindi $x - [u - \sqrt{\varphi'(\varrho)}]t$ è funzione della sola s, e l'espressione (12) è un differenziale esatto, e w è funzione della sola s.

Se $\dfrac{\partial s}{\partial x} = 0$ abbiamo analogamente che $x - t[u + \sqrt{\varphi'(\varrho)}]$ e w sono funzioni della sola r.

Finalmente se $\dfrac{\partial r}{\partial x} = \dfrac{\partial s}{\partial x} = 0$, r, s e w sono costanti.

Quando avremo integrata l'equazione

$$\frac{\partial^2 w}{\partial r\,\partial s} - m\left(\frac{\partial w}{\partial r} + \frac{\partial w}{\partial s}\right) = 0, \tag{14}$$

in modo da sodisfare alle condizioni iniziali del movimento, dall'equazioni

$$x - t[u + \sqrt{\varphi'(\varrho)}] = \frac{\partial w}{\partial r}, \tag{15}$$

$$x - t[u - \sqrt{\varphi'(\varrho)}] = -\frac{\partial w}{\partial s} \tag{16}$$

avremo x e t in funzione di r ed s, o anche per mezzo dell'equazioni (4), u e ϱ in funzione di x e t.

Ma se r al principio del movimento in un tratto finito dell'asse delle x ha uno stesso valore r', r avrà il valore costante r' in tratti finiti del medesimo asse sempre più avanti nel senso positivo. Poichè in questi tratti $dr = 0$, non si potrà determinare il valore di $x - t[u + \sqrt{\varphi'(\varrho)}]$, e quindi non si potranno esprimere x e t in funzione di r e di s, ossia non si potrà determinare dove e quando è $r = r'$ ed s ha un dato valore, problema che si vede a priori essere indeterminato. Ma però agli estremi del tratto di asse delle x in cui $r = r'$ vale l'equazione (15), quindi si potrà determinare tra quali valori di x dopo un dato tempo saranno compresi i punti nei quali $r = r'$, oppure per quanto tempo si ha $r = r'$ in un dato punto. Analoghe considerazioni possono farsi per il caso in cui sia r variabile, ed $s = s'$, o $r = r'$ e $s = s'$ in un tratto finito dell'asse delle x.

Supponiamo che al principio del movimento sia disturbato l'equilibrio del gaz soltanto nella porzione di spazio compresa tra $x = a$ e $x = b$, in guisa che per valori di x maggiori di b o minori di a, u e ϱ e quindi anche r ed s siano costanti, e distinguiamo coll'indice 1 i valori di queste quantità per $x \leq a$, e coll'indice 2, quelli corrispondenti a $x \geq b$. La porzione di spazio in cui r è variabile si muove nel senso delle x positive, e il suo limite inferiore si muove colle velocità

$$u_1 + \sqrt{\varphi'(\varrho_1)},$$

mentre il limite superiore dello spazio in cui s è variabile si muove nel senso delle x negative colla velocità

$$\sqrt{\varphi'(\varrho_2)} - u_2.$$

Onde dopo il tempo

$$\theta = \frac{b - a}{\sqrt{\varphi'(\varrho_1)} + \sqrt{\varphi'(\varrho_2)} + u_1 - u_2},$$

in tutto lo spazio compreso tra $x = a$ e $x = b$, si avrà $r = r_1$ ed $s = s_2$, ossia il gaz in questo spazio sarà tornato in equilibrio, e dal medesimo si saranno propagate due onde in direzioni opposte. Quella che si muove nel senso delle x positive, nella quale $s = s_2$ e quindi $u = f(\varrho) - 2s_2$, avanzerà colla velocità

$$\sqrt{\varphi'(\varrho)} + f(\varrho) - 2s_2,$$

quella che si muoverà nel senso delle x negative, nella quale $r = r_1$, e quindi

$$u = -f(\varrho) + 2r_1,$$

procederà colla velocità

$$\sqrt{\varphi'(\varrho)} + f(\varrho) - 2r_1 .$$

La velocità di propagazione delle onde cresce colla densità ϱ, poichè $\varphi'(\varrho)$ e $f(\varrho)$ crescono con ϱ.

Se in un piano condotto per l'asse delle x innalziamo per ogni punto di questo asse una ordinata proporzionale alla densità ϱ del gaz in quel punto, dopo il tempo θ l'estremità dell'ordinate corrispondenti a un certo tratto dell'asse delle x al di là del punto in cui $x = b$, e al di qua del punto in cui $x = a$, formeranno due linee curve, e per avere le densità nei tempi successivi bisognerà far partire da ciascuno dei punti della prima curva un punto che si muova parallelamente all'asse delle x nel senso delle x positive con velocità tanto maggiore, quanto maggiore è la ordinata, uno da ciascuno dei punti della seconda curva che si muova nel senso negativo parallelamente all'asse delle x, con velocità tanto più grande quanto è più grande la sua ordinata. Fermandoli dopo un dato tempo avremo la curva delle densità corrispondente a quel tempo. Ma se un punto ha l'ordinata maggiore di uno che gli sia avanti, muovendosi con maggior velocità dopo un certo tempo lo raggiungerà, e avremo in un medesimo punto due valori differenti per la densità, ossia una variazione brusca di densità, ed essendo in questo punto u e ϱ, e quindi r ed s discontinue non si potranno applicare l'equazioni (4). Quando vi sono queste discontinuità $\frac{\partial r}{\partial x}$ o $\frac{\partial s}{\partial x}$ devono divenire infinite, e quindi deve aversi, come risulta dall'equazioni (8) e (9),

$$\frac{\partial^2 w}{\partial r^2} = -\, t\left(\frac{d \log \sqrt{\varphi'(\varrho)}}{d \log \varrho} + 1\right),$$

$$\frac{\partial^2 w}{\partial s^2} = \quad t\left(\frac{d \log \sqrt{\varphi'(\varrho)}}{d \log \varrho} + 1\right).$$

Per determinare il movimento del gaz dopo che sono comparse discontinuità, occorrono considerazioni particolari. Consideriamolo soltanto per tutto il tempo e lo spazio nei quali non si presentano discontinuità.

I valori di x e di t per i quali sono $r = r'$ ed $s = s'$, saranno compiutamente determinati quando si conoscano i valori iniziali di r e di s nella porzione di asse delle x compresa tra il punto in cui al principio è $r = r'$, e quello in cui al principio è $s = s'$, purchè siano sodisfatte l'equazioni differenziali (5) per tutta l'estensione dell'asse delle x che in ogni tempo abbraccia i punti compresi tra quello in cui $r = r'$, ed $s = s'$. Per tanto il valore di w sarà compiutamente determinato se in questa estensione sarà sodisfatta l'equazione (14) e saranno dati i valori iniziali di $\frac{\partial w}{\partial r}$ e $\frac{\partial w}{\partial s}$ nella porzione di spazio compresa tra $x = a$ e $x = b$.

Rappresentiamo con t le ordinate e con x le ascisse dei punti di un piano, indichiamo con (r) le curve che così avremo per i punti nei quali r è costante, e con (s) quelle nelle quali s è costante, e in queste consideriamo come positiva la direzione nella quale cresce t. L'equazione (14) dovrà essere sodisfatta in tutta la estensione S del piano che è compresa tra l'asse delle x, la curva (r'), e la curva (s'), e saranno dati sopra l'asse delle x i valori di $\frac{\partial w}{\partial r}$ e di $\frac{\partial w}{\partial s}$, e si dovrà determinare il valore di w corrispondente all'intersezione delle curve (r') ed (s'). Dando maggior generalità al nostro problema, supporremo che lo spazio S invece di esser limitato inferiormente dall'asse delle x, sia limitato da una linea c che non interseca più di una volta le curve (r') ed (s'), e siano dati i valori di $\frac{\partial w}{\partial r}$ e $\frac{\partial w}{\partial s}$ sopra questa linea.

Immaginiamo la porzione di piano S divisa dalle curve (r) ed (s) in parallelogrammi infinitamente piccoli, e indichiamo con δr e δs le variazioni che soffrono r ed s quando si percorrono nel senso positivo gli elementi di curva che formano i lati di questi parallelogrammi, e sia v una funzione per tutto continua e con derivate continue: avremo

$$\iint v\left[\frac{\partial^2 w}{\partial r\,\partial s} - m\left(\frac{\partial w}{\partial r} + \frac{\partial w}{\partial s}\right)\right]\delta r\,\delta s = 0\,,$$

quando l'integrale si estenda a tutta la superficie S.

Con due integrazioni successive per parti questa equazione si trasforma nella seguente

$$-\int\left[v\left(\frac{\partial w}{\partial s} - mw\right)ds + w\left(\frac{\partial v}{\partial r} + mv\right)dr\right]$$
$$+\iint w\left(\frac{\partial^2 v}{\partial r\,\partial s} + \frac{\partial mv}{\partial r} + \frac{\partial mv}{\partial s}\right)\delta r\,\delta s = 0\,,$$

dove il primo integrale deve estendersi a tutto il contorno dell'area S, il secondo a tutta l'area S. Indicando con $(c\,,r')$, $(c\,,s')$, $(r'\,,s')$ i punti d'intersezione delle curve c ed (r'), c ed (s'), (r') ed (s'), e osservando che sopra la curva (r') si ha $dr = 0$, e sopra la curva (s') si ha $ds = 0$, si ottiene

$$-\int_{(c,s')}^{(c,r')}\left\{v\left(\frac{\partial w}{\partial s} - mw\right)ds + w\left(\frac{\partial v}{\partial r} + mv\right)dr\right\} - \int_{(c,r')}^{(r',s')} v\left(\frac{\partial w}{\partial s} - mw\right)ds$$
$$-\int_{(r',s')}^{(c,s')} w\left(\frac{\partial v}{\partial r} + mv\right)dr + \iint w\left(\frac{\partial^2 v}{\partial r\,\partial s} + \frac{\partial mv}{\partial r} + \frac{\partial mv}{\partial s}\right)\delta r\,\delta s = 0,$$

e, con un' integrazione per parti effettuata sopra il secondo integrale,

$$(vw)_{(c,r')} - (vw)_{(r',s')} - \int_{(c,s')}^{(c,r')} \left\{ v\left(\frac{\partial w}{\partial s} - mw\right) ds + w\left(\frac{\partial v}{\partial r} + mv\right) dr \right\}$$

$$+ \int_{(c,r')}^{(r',s')} w\left(\frac{\partial v}{\partial s} + mv\right) ds - \int_{(r',s')}^{(c,s')} w\left(\frac{\partial v}{\partial r} + mv\right) dr$$

$$+ \iint w\left(\frac{\partial^2 v}{\partial r\,\partial s} + \frac{\partial mv}{\partial r} + \frac{\partial mv}{\partial s}\right) \delta r\, \delta s = 0\,.$$

Ora se prendiamo la funzione v in modo che sodisfaccia alle seguenti condizioni:

(*a*) $$\frac{\partial^2 v}{\partial r\,\partial s} + \frac{\partial mv}{\partial r} + \frac{\partial mv}{\partial s} = 0 \quad \text{in tutta l'area S},$$

(*b*) $$\frac{\partial v}{\partial s} + mv = 0 \quad \text{per } r = r',$$

(*c*) $$\frac{\partial v}{\partial r} + mv = 0 \quad \text{per } s = s',$$

(*d*) $$v = 1 \quad \text{per } r = r' \text{ ed } s = s',$$

abbiamo

(17) $$w_{(r',s')} = (vw)_{(c,r')} + \int_{(c,r')}^{(c,s')} \left\{ v\left(\frac{\partial w}{\partial s} - mw\right) ds + w\left(\frac{\partial v}{\partial r} + mv\right) dr \right\},$$

e quindi il valore di w nel punto (r', s') espresso per la funzione v, e per i valori di w e delle sue derivate sopra la curva c.

Per determinare v, poniamo $v = e^{-\int_{\sigma'}^{\sigma} m d\sigma} y$; la equazione (*a*) darà

(*a'*) $$\frac{\partial^2 y}{\partial r\,\partial s} + \left(\frac{dm}{d\sigma} - m^2\right) y = 0;$$

la equazione (*c*) dà $\frac{\partial y}{\partial r} = 0$ per $s = s'$, la equazione (*b*) dà $\frac{\partial y}{\partial s} = 0$ per $r = r'$, la equazione (*d*) dà $y = 1$ per $r = r'$ ed $s = s'$; onde $y = 1$ tanto per $r = r'$ quanto per $s = s'$.

La determinazione di y è molto semplice quando si supponga $m=\frac{\lambda}{\sigma}$, poichè allora si sodisfa l'equazione (a') e le condizioni ai limiti, prendendo

$$z=-\frac{(r-r')(s-s')}{(r+s)(r'+s')} \text{ e } y=f(z),$$

essendo la funzione $f(z)$ l'integrale dell'equazione

$$(1-z)\frac{d^2y}{d\log z^2}-z\frac{dy}{d\log z}+(\lambda+\lambda^2)zy=0,$$

che è eguale ad 1 per $z=0$, il quale si esprime come è noto per serie ipergeometriche o per integrali definiti.

Poichè sono date immediatamente sopra la curva c soltanto $\frac{\partial w}{\partial r}$ e $\frac{\partial w}{\partial s}$, e la funzione w sopra la medesima bisognerebbe ottenerla mediante una quadratura, conviene trasformare l'espressione di $w_{(r',s')}$ in modo che sotto il segno d'integrazione compariscano soltanto i valori di $\frac{\partial w}{\partial r}$ e di $\frac{\partial w}{\partial s}$.

A cagione della equazione (a) l'espressioni

$$-mv\,ds+\left(\frac{\partial v}{\partial r}+mv\right)dr, \text{ e } -mv\,dr+\left(\frac{\partial v}{\partial s}+mv\right)ds$$

sono differenziali esatti. Indichiamo con P e Q i loro integrali. Avremo

$$\frac{\partial P}{\partial s}=-mv=\frac{\partial Q}{\partial r},$$

onde anche $P\,dr+Q\,ds$ sarà un differenziale esatto, il cui integrale indicheremo con ω. Prendiamo le costanti delle integrazioni in modo che P, Q ed ω siano eguali a zero per $r=r'$ ed $s=s'$. Così ω sarà compiutamente determinato quando sarà determinata la funzione v.

Sommando i due valori di dP e di dQ, abbiamo

$$dP+dQ=dv,$$

onde

$$P+Q=v+\text{cost.}$$

ed a cagione della condizione (d) la costante è uguale a -1, e quindi

$$P+Q+1=v,$$

ossia

$$\frac{\partial \omega}{\partial r} + \frac{\partial \omega}{\partial s} + 1 = v \,. \tag{18}$$

Abbiamo inoltre

$$\frac{\partial P}{\partial s} = \frac{\partial^2 \omega}{\partial r\, \partial s} = - mv \,,$$

onde

$$\frac{\partial^2 \omega}{\partial r\, \partial s} + m\left(\frac{\partial \omega}{\partial r} + \frac{\partial \omega}{\partial s} + 1\right) = 0 \,. \tag{e}$$

Poichè, a cagione della condizione (c),

$$\frac{\partial P}{\partial r} = \frac{\partial v}{\partial r} + mv = 0 \quad \text{per } s = s',$$

$P = \frac{\partial \omega}{\partial r}$, che è eguale a zero nel punto (r', s') della curva (s'), sarà eguale a zero sopra tutta questa curva, anche ω che è eguale a zero nel punto (r', s') sarà nullo sopra tutta la curva (s'). Analogamente si dimostra che ω sarà nullo sopra tutta la curva (r').

La equazione (e) e le condizioni ai limiti

$$\omega = 0 \quad \text{per} \quad r = r', \tag{f}$$

$$\omega = 0 \quad \text{per} \quad s = s' \tag{g}$$

saranno sufficienti alla determinazione di ω.

Osservando che, colla sostituzione del valore di v dato dalla equazione (18), si ha

$$(vw)_{(c,r')} = w_{(c,r')} + \left(w\frac{\partial \omega}{\partial r}\right)_{(c,r')} + \left(w\frac{\partial \omega}{\partial s}\right)_{(c,r')} = w_{(c,r')} + \left(w\frac{\partial \omega}{\partial r}\right)_{(c,r')},$$

$$\int_{(c,r')}^{(c,s')} v\left(\frac{\partial w}{\partial s} - mw\right) ds = \int_{(c,r')}^{(c,s')} \left\{\frac{\partial w}{\partial s}\left(1 + \frac{\partial \omega}{\partial r} + \frac{\partial \omega}{\partial s}\right) + w\frac{\partial^2 \omega}{\partial r\, \partial s}\right\} ds =$$

$$= \int_{(c,r')}^{(c,s')} \frac{\partial w}{\partial s}\left(1 + \frac{\partial \omega}{\partial s}\right) ds + \int_{(c,r')}^{(c,s')} \frac{\partial}{\partial s}\left(w\frac{\partial \omega}{\partial r}\right) ds,$$

$$\int_{(c,r')}^{(c,s')} w\left(\frac{\partial v}{\partial r} + mv\right) dr = \int_{(c,r')}^{(c,s')} w\frac{\partial^2 \omega}{\partial r^2}\, dr = -\int_{(c,r')}^{(c,s')} \frac{\partial \omega}{\partial r}\frac{\partial w}{\partial r}\, dr + \int_{(c,r')}^{(c,s')} \frac{\partial}{\partial r}\left(w\frac{\partial \omega}{\partial r}\right) dr,$$

e che

$$\int_{(c,r')}^{(c,s')} \left\{ \frac{\partial}{\partial r}\left(w \frac{\partial \omega}{\partial r}\right) dr + \frac{\partial}{\partial s}\left(w \frac{\partial \omega}{\partial r}\right) ds \right\} = -\left(w \frac{\partial \omega}{\partial r}\right)_{(c,r')},$$

l'equazione (17) si trasforma nella seguente

$$w_{(r',s')} = w_{(c,r')} + \int_{(c,r')}^{(c,s')} \frac{\partial w}{\partial s}\left(1 + \frac{\partial \omega}{\partial s}\right) ds - \int_{(c,r')}^{(c,s')} \frac{\partial w}{\partial r} \frac{\partial \omega}{\partial r} dr. \tag{19}$$

Così la determinazione di w in modo che sodisfaccia l'equazione (14), quando sono dati i valori delle $\frac{\partial w}{\partial r}$ e $\frac{\partial w}{\partial s}$ al principio del movimento, o più generalmente sopra una curva c, è ridotta alla risoluzione del problema più semplice di determinare una funzione v in modo che sieno sodisfatte le condizioni (a), (b), (c), (d), oppure una funzione ω in modo che siano sodisfatte le condizioni (e), (f) e (g).

Quando $\frac{\partial w}{\partial r}$ e $\frac{\partial w}{\partial s}$ sono date al principio del movimento, la curva c si riduce all'asse delle x, e dall'equazioni (15) e (16) abbiamo $\frac{\partial w}{\partial r} = x$, $\frac{\partial w}{\partial s} = -x$, e quindi l'equazione (19) diviene

$$w_{(r',s')} = w_{(c,r')} + \int_{(c,r')}^{(c,s')} (\omega\, dx - x\, ds);$$

quindi

$$\left(x - t[u + \sqrt{\varphi'(\varrho)}]\right)_{(r',s')} = x_{r'} + \int_{x_{r'}}^{x_{s'}} \frac{\partial \omega}{\partial r'} dx,$$

$$\left(x - t[u - \sqrt{\varphi'(\varrho)}]\right)_{(r',s')} = x_{s'} - \int_{x_{r'}}^{x_{s'}} \frac{\partial \omega}{\partial s'} dx.$$

XXIV.

SOPRA LA TEORICA GENERALE DELLE SUPERFICIE CURVE.

(Dagli *Annali di matematica pura ed applicata*, serie I, t. III, pp. 336-339, Roma, 1860).

Immaginiamo sopra una superficie curva qualunque una linea C, e per ogni punto m della medesima una geodetica Q che le sia perpendicolare. Indichiamo con v la lunghezza dell'arco C contato dal punto fisso O fino al punto m, e con u la lunghezza dell'arco della geodetica Q contato dal punto m fino a un punto M. Si potranno prendere u e v per coordinate del punto M qualunque della superficie.

L'equazione

$$v = \text{costante}$$

rappresenterà una geodetica Q normale a C, e l'equazione

$$u = \text{costante}$$

rappresenterà una curva P luogo geometrico dell'estremità delle geodetiche Q di eguale lunghezza condotte normalmente a C. I sistemi di curve P e Q saranno ortogonali tra loro.

Infatti, avremo per un elemento lineare qualunque sopra la superficie

$$ds^2 = \mathrm{E}du^2 + 2\mathrm{F}\,du\,dv + \mathrm{G}\,dv^2,$$

essendo:

$$\mathrm{E} = \left(\frac{\partial x}{\partial u}\right)^2 + \left(\frac{\partial y}{\partial u}\right)^2 + \left(\frac{\partial z}{\partial u}\right)^2 = 1,$$

$$\mathrm{F} = \frac{\partial x}{\partial u}\frac{\partial x}{\partial v} + \frac{\partial y}{\partial u}\frac{\partial y}{\partial v} + \frac{\partial z}{\partial u}\frac{\partial z}{\partial v},$$

$$\mathrm{G} = \left(\frac{\partial x}{\partial v}\right)^2 + \left(\frac{\partial y}{\partial v}\right)^2 + \left(\frac{\partial z}{\partial v}\right)^2;$$

e per equazione di una geodetica qualunque

$$(1) \qquad \sqrt{\mathrm{EG} - \mathrm{F}^2}\,d\theta = -\frac{\partial \mathrm{F}}{\partial u}\,du - \frac{1}{2}\frac{\partial \mathrm{G}}{\partial u}\,dv,$$

essendo θ l'angolo che la geodetica fa colla linea Q che ha per equazione

$v=$ costante [1]. Ora la linea Q, per la quale abbiamo $dv=0$, e $\theta=0$, è una geodetica, quindi dovrà essere soddisfatta l'equazione (1), ponendovi $dv=0$, $d\theta=0$. Onde

$$\frac{\partial F}{\partial u}=0\ ,\ F=\psi(v).$$

Ma, quando $u=0$, si ha $F=0$, qualunque sia v, perchè le linee Q sono normali alla linea C; dunque sarà sempre $F=0$, ossia le curve P e Q saranno ortogonali tra loro.

Riducendo a un punto la linea C, se ne deduce che il sistema di geodetiche Q che partono da uno stesso punto O, e il sistema di curve K luoghi geometrici dell'estremità delle curve Q che partono da O e sono di eguale lunghezza R, sono ortogonali tra loro.

Questi due teoremi sono dovuti a Gauss.

Se chiamiamo le curve P, curve *parallele geodeticamente* tra loro, e se chiamiamo le curve K *circonferenze geodetiche* di centro O e di raggio geodetico R, i due precedenti teoremi possono enunciarsi nel modo seguente:

Teorema 1. *Sopra una superficie qualunque le geodetiche perpendicolari a una curva* C *sono perpendicolari a tutte le curve, che le sono parallele geodeticamente.*

Teorema 2. *Sopra una superficie qualunque le circonferenze geodetiche sono perpendicolari ai loro raggi geodetici.*

Ora immaginiamo sopra una superficie qualunque due punti fissi F ed F′ e le geodetiche che uniscono i punti F ed F′ con un punto qualunque M, e indichiamo con u la lunghezza dell'arco della geodetica FM, con v la lunghezza dell'arco della geodetica F′M. È chiaro che $u=r$ rappresenterà una circonferenza geodetica C di centro F e di raggio geodetico r, e $v=r'$ rappresenterà una circonferenza geodetica C′ di centro F′ e di raggio geodetico r', ed u e v si potranno prendere per coordinate di un punto qualunque M della superficie.

Un elemento lineare qualunque sopra la superficie sarà dato da [2]

$$ds^2=du^2+2F\,du\,dv+dv^2,$$

(1) Vedi Gauss, *Disquisitiones generales circa superficies curvas.* Commentationes Societatis regiae scientiarum Gottingensis recentiores, t. VI, 1828.

(2) I teoremi che seguono, sono esatti, ma ne è difettosa la deduzione. Se u, v rappresentano le distanze geodetiche del punto M da due punti fissi (od anche da due curve fisse), fra i coefficienti del quadrato dell'elemento lineare si hanno le relazioni

$$F^2=E(G-1)=(E-1)\,G,$$

e indicando con θ e θ' gli angoli che una curva qualunque sopra la superficie fa in un punto M colle circonferenze geodetiche C e C' che passano per questo punto, e con ds l'elemento di questa linea, avremo

$$(2) \qquad \cos\theta = F\frac{dv}{ds} + \frac{du}{ds} \quad , \quad \cos\theta' = \frac{dv}{ds} + F\frac{du}{ds} \, .$$

Consideriamo ora la curva E per ogni punto della quale la somma delle distanze geodetiche da due fuochi o punti fissi della superficie, F ed F', è costante ed eguale a $2a$, e che potremo chiamare *ellisse geodetica.* La sua equazione sarà

$$(3) \qquad u + v = 2a ;$$

onde

$$\frac{du}{ds} + \frac{dv}{ds} = 0 ,$$

e quindi le equazioni (2) daranno

$$\cos\theta = -\cos\theta' ,$$

dalla quale si deduce che gli angoli che l'ellisse geodetica fa in un punto M colle circonferenze geodetiche C e C' sono supplementari, ed essendo C e C' perpendicolari ai loro raggi geodetici, gli angoli che le tangenti ai raggi

---

per cui, posto

$$EG - F^2 = H^2 ,$$

risultano

$$E = G = H^2 \quad , \quad F = H^2 \sqrt{1 - \frac{1}{H^2}} \, .$$

Introducendo un angolo ausiliario ω definito da

$$\cos\omega = \sqrt{1 - \frac{1}{H^2}} ,$$

si trae

$$H^2 = \frac{1}{\operatorname{sen}^2\omega} \quad , \quad E = G = \frac{1}{\operatorname{sen}^2\omega} \quad , \quad F = \frac{\cos\omega}{\operatorname{sen}^2\omega} ,$$

e in conseguenza

$$ds^2 = \frac{du^2 + 2\cos\omega\, du\, dv + dv^2}{\operatorname{sen}^2\omega} \, .$$

Con questa espressione rettificata del quadrato dell'elemento lineare sussistono egualmente le proposizioni dell'Autore. Giova soltanto osservare, che θ, θ' sono gli angoli che la tangente alla linea s fa co' raggi geodetici u, v e non colle circonferenze geodetiche C, C'.

V. C.

geodetici r ed r' fanno colla tangente all'ellisse geodetica, saranno eguali, e abbiamo il seguente

Teorema 3. *Sopra una superficie qualunque le tangenti ai raggi vettori geodetici condotti dai fuochi a un punto qualunque di un'ellisse geodetica fanno angoli eguali colla tangente all'ellisse in questo punto.*

La curva I che è il luogo geometrico dei punti della superficie per i quali è costante ed eguale a $2b$, la differenza delle distanze geodetiche da due fuochi o punti fissi della superficie F ed F′, e che chiameremo *iperbola geodetica*, avrà per equazione

$$u - v = 2b. \tag{4}$$

Indicando con ds l'elemento dell'arco, si avrà

$$\frac{du}{ds} = \frac{dv}{ds},$$

onde le equazioni (2) daranno

$$\cos\theta = \cos\theta',$$

dalle quali si deduce il seguente

Teorema 4. *Sopra una superficie qualunque le tangenti ai raggi vettori geodetici condotti dai fuochi a un punto qualunque di una iperbola geodetica fanno angoli eguali colla tangente alla iperbola in quel punto.*

Ora prendiamo un' ellisse E e un' iperbola I geodetiche, che passino per un medesimo punto M della superficie, ed abbiano i medesimi fuochi F ed F′, e indichiamo con ds l'elemento dell'ellisse, con ds' l'elemento dell'iperbola, con φ l'angolo che l'ellisse e l'iperbola fanno nel punto M. Avremo

$$\cos\varphi = \cos Ex \cos Ix + \cos Ey \cos Iy + \cos Ez \cos Iz. \tag{5}$$

Ma

$$\cos Ex = \frac{\partial x}{\partial u}\frac{du}{ds} + \frac{\partial x}{\partial v}\frac{dv}{ds}, \quad \cos Ey = \frac{\partial y}{\partial u}\frac{du}{ds} + \frac{\partial y}{\partial v}\frac{dv}{ds}, \quad \cos Ez = \frac{\partial z}{\partial u}\frac{du}{ds} + \frac{\partial z}{\partial v}\frac{dv}{ds},$$

$$\cos Ix = \frac{\partial x}{\partial u}\frac{du}{ds'} + \frac{\partial x}{\partial v}\frac{dv}{ds'}, \quad \cos Iy = \frac{\partial y}{\partial u}\frac{du}{ds'} + \frac{\partial y}{\partial v}\frac{dv}{ds'}, \quad \cos Iz = \frac{\partial z}{\partial u}\frac{du}{ds'} + \frac{\partial z}{\partial v}\frac{dv}{ds'},$$

onde

$$\cos\varphi = \frac{du}{ds}\frac{du}{ds'} + \frac{dv}{ds}\frac{dv}{ds'} + F\left(\frac{du}{ds}\frac{dv}{ds'} + \frac{du}{ds'}\frac{dv}{ds}\right).$$

Ma dall'equazioni (3) e (4) si ha

$$\frac{du}{ds} = -\frac{dv}{ds} \quad ; \quad \frac{du}{ds'} = \frac{dv}{ds'},$$

e quindi

$$\cos\varphi = 0 \quad , \quad \varphi = \frac{\pi}{2},$$

e abbiamo il seguente

Teorema 5. *Sopra una superficie qualunque l'ellissi e le iperbole geodetiche omofocali s'intersecano ad angolo retto.*

Ora prendiamo sopra una superficie qualunque un punto F ed una curva D, la geodetica perpendicolare a D che va ad un punto M qualunque della superficie, la cui lunghezza indicheremo con u, e la geodetica che unisce F con M, la cui lunghezza indicheremo con v. Potremo prendere u e v per coordinate di un punto qualunque M della superficie.

Un elemento lineare qualunque sopra la superficie sarà espresso come nel sistema di coordinate precedente, e gli angoli θ e θ' che una curva qualunque fa colla circonferenza geodetica di raggio geodetico v, e colla parallela geodeticamente a C e distante geodeticamente da C di una lunghezza u, saranno dati dalle formule (2).

L'equazione

$$u = v$$

rappresenterà una curva luogo geometrico dei punti della superficie per i quali le distanze geodetiche dal fuoco F e dalla direttrice D sono eguali, e che chiameremo *parabola geodetica.* Indicando con ds il suo elemento, avremo

$$\frac{du}{ds} = \frac{dv}{ds},$$

e quindi dalle (2)

$$\cos\theta = \cos\theta'.$$

Onde si deduce il seguente

Teorema 6. *Sopra una superficie qualunque la tangente in un punto qualunque di una parabola geodetica fa angoli eguali col raggio vettore geodetico e colla geodetica normale alla direttrice che passano per quel punto.*

XXV.

SOPRA LE FUNZIONI ALGEBRICHE DI UNA VARIABILE COMPLESSA [1].

(Dagli *Annali delle Università toscane*, t. VII (Scienze cosmologiche), pp. 101-130, Pisa, 1862).

§ 1.

Rami di una funzione algebrica.

Una funzione z di una variabile complessa t, definita da una equazione della forma

$$(1) \qquad F(z\,,t) = \sum_0^{\mu}{}_r \sum_0^{\nu}{}_s A_{r,s}\, t^s z^r = 0\,,$$

dove le A_{rs} denotano numeri complessi qualunque, si dice *funzione algebrica* di t. L'oggetto della presente Memoria è la determinazione delle proprietà fondamentali di queste funzioni.

Siano z_0 un valore di z e t_0 un valore di t, che soddisfino la equazione (1) e non annullino la derivata del primo membro della medesima, presa rapporto a z; avremo

$$F(z_0\,,t_0+h) \qquad = h(B+h\beta)\,,$$
$$F(z_0+k\,,t_0+h) = F(z_0\,,t_0+h)+k(A+k\alpha):$$

dove A e B sono quantità finite, la prima delle quali sarà differente da zero, e la seconda potrà essere eguale a zero; α e β sono quantità che non divengono infinite quando $h=0$, $k=0$.

Rappresentiamo le variabili complesse con i punti di un piano che hanno per raggi vettori i moduli e per angoli polari gli argomenti delle medesime, e

[1] La presente Memoria avrebbe dovuto ricevere qua e là delle rettificazioni di una certa importanza; ma, per non apportare troppo estese modificazioni al testo originale, fu ristampata senza variazioni, eccezion fatta dell'aggiunta, in pochissimi luoghi, di qualche breve inciso, al fine di dare a' risultati la necessaria precisione. In massima parte le aggiunte mi furono suggerite dal prof. O. Niccoletti dell'Università di Pisa, che ebbe la cortesia, a mia preghiera, di sottoporre la Memoria ad una revisione minuziosa.

V. C.

chiamiamo *indici* delle variabili complesse i punti che così le rappresentano. Sia O il polo o l'indice di zero, M l'indice del valore di $F(z_0+k, t_0+h)$ ed N l'indice di $F(z_0, t_0+h)$.

Ponendo

$$F(z_0+k, t_0+h) - F(z_0, t_0+h) = Re^{\Theta i},$$
$$k = re^{\theta i}, \quad A = \varrho e^{\varphi i},$$

avremo

$$Re^{\Theta i} = r(\varrho+\eta)\, e^{(\theta+\varphi+\varepsilon)i};$$

onde

$$R = r(\varrho+\eta),$$
$$\Theta = \theta+\varphi+\varepsilon;$$

e se prendiamo il modulo r di k infinitamente piccolo, η ed ε saranno ambedue infinitamente piccoli, e quindi ad ogni valore di θ corrisponderà un sol valore di Θ e viceversa. Dunque gli indici M dei valori di $F(z_0+k, t_0+h)$ corrispondenti a un valore qualunque di h ed ai valori di k che hanno un dato modulo infinitamente piccolo, costituiscono una curva continua chiusa C che fa un sol giro intorno al punto N. Ora, se il modulo di h è anch'esso infinitamente piccolo, e infinitesimo di ordine superiore all'ordine dell'infinitesimo k, avremo

$$\text{mod}\, F(z_0, t_0+h) < R:$$

quindi l'indice di N sarà più vicino al polo che a ciascuno dei punti della curva C, e questa curva racchiuderà nel suo interno i punti O ed N. Se poi il modulo di h sarà un infinitesimo di ordine inferiore ad una potenza conveniente (con esponente positivo) dell'infinitesimo k, l'indice di N sarà più lontano dal polo che da ciascuno dei punti della curva C, e quindi il polo sarà al di fuori della curva medesima. Se dunque si prende h infinitesimo e k infinitesimo di ordine inferiore, e poi si fa diminuire k fino a divenire infinitesimo d'ordine superiore ad una conveniente potenza di h, la curva C si andrà con continuità restringendo, finchè il punto O che le era interno passi ad esserle esterno, e dovrà quindi esservi un modulo di k infinitesimo di ordine uguale o maggiore di h, per cui la curva C passerà per questo punto, dunque un valore e un valore solo di k infinitesimo, e infinitesimo di ordine uguale o maggiore di h, per cui

$$F(z_0+k, t_0+h) = 0.$$

Pertanto, se per $t = t_0$ la equazione (1) ha le μ radici

$$z_1, z_2, z_3, \ldots, z_\mu.$$

tutte differenti tra loro di quantità finite, facendo variare t_0 di un infinitesimo h, la equazione variata avrà per radici le quantità

$$z_1 + k_1 , z_2 + k_2 , z_3 + k_3 , \ldots , z_\mu + k_\mu ,$$

dove $k_1, k_2, \ldots, k_\mu$ sono quantità infinitesime di ordine eguale o maggiore di h, e quindi una sola di queste radici differisce di una quantità infinitesima da una delle precedenti. Dunque, se facciamo percorrere all'indice di t una linea qualunque, nella quale non siano punti indici di valori di t per i quali la equazione (1) abbia radici eguali, ciascuna radice, variando con continuità, prenderà in ogni punto un valore unico e determinato, e quindi sopra questa linea si potrà riguardare come una distinta funzione continua di t.

Se descriviamo una curva chiusa C che non racchiuda nel suo interno l'indice di alcun valore di t per cui una radice z_1 della equazione (1) divenga eguale ad un'altra, questa radice z_1 si potrà riguardare in tutta l'area A di questa curva come funzione continua e monodroma di t.

Infatti, se consideriamo nell'area A due linee $T_0 M T'$, $T_0 M' T'$ infinitamente vicine, e se la radice z_1 prende il valore a_0 in T_0, e, facendo percorrere all'indice di t la linea $T_0 M T'$, prende in T' il valore a_1; la medesima radice prenderà lo stesso valore in T', se facciamo percorrere all'indice di t la linea $T_0 M' T'$. Poichè, essendo le due linee infinitamente vicine, i valori della radice z_1 corrispondenti a due punti che percorrono le due linee contemporaneamente in modo da mantenersi sempre infinitamente vicini tra loro si manterranno sempre infinitamente poco differenti tra loro e differenti di quantità finite dalle altre radici; quindi, allorchè i due punti saranno giunti in T', questi valori dovranno essere eguali o differire tra loro di quantità infinitesime: ma in T' non si hanno radici dell'equazione differenti tra loro di quantità infinitesime, dunque la radice z_1 prenderà lo stesso valore a_1 o che si vada da T_0 in T' percorrendo la linea $T_0 M T'$ o la linea $T_0 M' T'$.

È chiaro che se nell'area A abbiamo due linee $T_0 M T_1$, $T_0 M' T_1$ che hanno i medesimi estremi e non sono infinitamente vicine, ma deformandone una con continuità si può far coincidere coll'altra, la radice z_1 prenderà in T_1 lo stesso valore a_1 o che si vada da T_0 in T_1 percorrendo l'una o l'altra delle due linee.

Se poi nella stessa area A si fa percorrere all'indice di t una curva chiusa, la radice z_1, quando l'indice di t sarà tornato al punto di partenza, riprenderà il primitivo valore, perchè deformando con continuità questa curva, potrà ridursi al punto solo di partenza. Dunque, nell'area A, tutte le radici che non vi diverranno eguali tra loro o ad altre radici, saranno funzioni continue e monodrome di t distinte tra loro per il valore che esse prendono in un punto qualunque di questa area, e che potremo chiamare *rami* della funzione algebrica definita dalla equazione (1).

Se l'equazione (1) è irriduttibile, nessuno dei suoi rami potrà conservarsi funzione monodroma di t in tutta la estensione del piano degli indici di t. Infatti, un ramo z_1 della funzione definita dalla equazione (1) non può divenire infinito altro che per i ν valori di t che annullano il coefficiente di z^μ, e non può divenire zero altro che per i ν valori di t che annullano il termine indipendente da z. Dunque, se questo ramo si mantenesse funzione monodroma in tutto il piano, avendo un numero d'infiniti e di zeri eguale o minore di ν, sarebbe una funzione razionale di t, e avremmo

$$z_1 = \frac{\varphi(t)}{\psi(t)},$$

dove φ e ψ indicano funzioni razionali e intere di grado $\leq \nu$, e quindi il primo membro della equazione (1) sarebbe divisibile per $z_1 \psi(t) - \varphi(t)$, e la equazione stessa sarebbe riduttibile.

Dunque se la equazione (1) è irriduttibile e denotiamo con $z_1, z_2, \ldots, z_\mu$ i μ rami della funzione definita da essa, ciascuno di questi rami dovrà cessare di essere funzione monodroma in qualche parte del piano degli indici. Esisteranno dunque delle curve C chiuse tali che facendole percorrere all'indice di t, quando si torna al punto di partenza, una di queste funzioni non riprenderà il primitivo valore, ma uno di quelli che vi ha una delle altre funzioni. Supponiamo che siano $a_1, a_2, \ldots, a_\mu$ i μ valori differenti che prendono le funzioni $z_1, z_2, \ldots, z_\mu$ in un punto a di questa curva C, e sia z_1 una funzione che cessa di essere monodroma. Dopo che l'indice di t avrà percorso tutta la curva e sarà tornato in a, z_1 prenderà uno dei valori $a_2, a_3, \ldots, a_\mu$; supponiamo che prenda il valore a_2: la funzione z_2, il cui valore iniziale in a è a_2, dopo che l'indice di t avrà percorso la curva C, prenderà un valore differente da a_2, perchè altrimenti le due radici z_1 e z_2 diverrebbero eguali in a contro il supposto; prenderà dunque uno dei valori $a_1, a_3, \ldots, a_\mu$. Se prende il valore a_1, le due funzioni z_1 e z_2 si saranno permutate una nell'altra e avremo sopra di esse una trasposizione $(z_1 z_2)$. Se poi non prende il valore a_1, prenderà un altro valore, per esempio a_3. La funzione z_3, dopo che l'indice di t avrà percorso tutta la curva C, non potrà riprendere il valore a_3 nè il valore a_2, perchè altrimenti le due funzioni z_2 e z_3 o le due funzioni z_1 e z_3 diverrebbero eguali in a contro il supposto. Dunque z_3 o prenderà in a il valore a_1, e allora avremo sulle tre funzioni la sostituzione circolare $(z_1 z_2 z_3)$; oppure prenderà uno degli altri valori, per esempio a_4. In questo ultimo caso, la funzione z_4, il cui valore iniziale in a era a_4, dopo che l'indice di t avrà percorso tutta la curva C, non potrà prendere nessuno dei valori a_2, a_3, a_4, perchè altrimenti diverrebbe eguale ad una delle tre funzioni z_1, z_2, z_3: dunque o prenderà il valore a_1 e avremo la sostituzione $(z_1 z_2 z_3 z_4)$, o un altro valore; così seguitando si prova che dopo che l'indice di t avrà percorso tutta la curva C, sarà avvenuta una sostituzione circolare sopra n delle μ funzioni. Ripetendo lo stesso ragionamento per una delle altre $\mu - n$ funzioni, si prova che avverrà una sostituzione circolare sopra altre n'; e così di seguito. Avremo dunque il prodotto di più sostituzioni circolari, ossia una sostituzione sopra le funzioni $z_1, z_2, \ldots, z_\mu$. Questa sostituzione diremo che *appartiene* alla curva C.

Se due curve chiuse C e C' non comprendono tra loro alcun punto dove più radici divengono eguali, le sostituzioni che appartengono alle medesime curve saranno eguali.

Infatti, conduciamo una linea Γ che unisca un punto A di C con uno A' di C'. Facendo percorrere all'indice di t la linea Γ, poi C', quindi Γ e infine C in senso opposto a quello in cui ha percorso C', ciascuno dei rami della funzione riprenderà il suo valore iniziale, perchè abbiamo così percorso una linea chiusa nel cui interno l'equazione (1) non ha radici eguali. Quindi, se, dopo che l'indice di t ha percorso l'intera linea C', un ramo z_1 è divenuto z_2, dopo aver percorso C in senso opposto z_2, ridiverrà z_1; ossia percorrendo C nello stesso senso che C', z_1 diverrà pure z_2. Dunque le sostituzioni che apparteranno a C e a C' saranno eguali.

Se nell'interno di una curva chiusa C vi è un sol punto P in cui l'equazione (1) abbia radici eguali, e se a questa curva appartiene una sostituzione

$$S = (z_1 z_2 \ldots z_n)(z_{n+1} z_{n+2} \ldots z_{n+n'})(z_{n+n'+1} z_{n+n'+2} \ldots z_{n+n'+n''}) \ldots, \text{ nel}$$

punto P avremo

$$\begin{array}{l} z_1 = z_2 = \cdots = z_n, \\ z_{n+1} = z_{n+2} = \cdots = z_{n+n'}, \\ z_{n+n'+1} = z_{n+n'+2} = \cdots = z_{n+n'+n''}, \\ \ldots\ldots\ldots\ldots \end{array}$$

Infatti, descriviamo intorno a P una curva chiusa infinitesima c. Tra c e C non saranno compresi punti nei quali l'equazione (1) abbia radici eguali: quindi a c apparterrà come alla linea C la sostituzione S; ma essendo la linea c infinitesima, i valori iniziali delle radici dovranno differire di quantità infinitesime dai valori che prendono dopo che l'indice di t ha percorso tutta la linea c; dunque i valori di $z_1, z_2, \ldots, z_n$ che si permutano tra loro, dovranno differire di quantità infinitesime sopra la linea c, e quindi saranno eguali tra loro nel punto P. Lo stesso può dirsi di z_{n+1}, z_{n+2}, ..., $z_{n+n'}$ ... come volevamo dimostrare.

Un punto P dove più rami della funzione algebrica divengono eguali, se a una curva infinitesima descritta intorno ad esso appartiene una sostituzione S, si dirà un *punto di diramazione* a cui appartiene la sostituzione S. Se la sostituzione S è una trasposizione di due soli rami, il punto P si dirà un punto di *semplice diramazione*; se poi S equivarrà a un numero m di trasposizioni, il punto P si dirà un punto di diramazione di *ordine* m. Per esempio, se $S = (z_1 z_2 \dots z_m)$, il punto P sarà un punto di diramazione di ordine $m-1$.

A una curva chiusa che racchiude nel suo interno più punti di diramazione P, P′, P″ ... ai quali rispettivamente appartengono le sostituzioni S, S′, S″ ... apparterrà una sostituzione eguale al prodotto di tutte queste sostituzioni.

Infatti, se la curva chiusa C racchiude i due soli punti P e P′, e dopo che l'indice di t ha fatto un giro intorno a P, z_1 diviene z_2, e dopo un giro intorno a P′, z_2 diviene z_3, dopo che l'indice avrà percorso la intera linea C, z_1 diverrà z_3. Poichè uniamo con una linea Γ un punto A con un punto A′ della linea C, in modo che l'area di C resti divisa in due parti, una delle quali contenga P e l'altra P′, e osserviamo che percorrere i contorni di queste due aree evidentemente è lo stesso che percorrere la sola linea C, perchè la linea Γ si percorre in sensi opposti, e quindi z_1 si convertirà prima in z_2 e poi in z_3, ossia z_1 si cangerà in z_3. Analogamente si può ragionare per più di due punti.

Da tutto ciò si raccoglie che una equazione della forma (1) e irriduttibile definisce una sola funzione z di t continua e composta di più rami che si uniscono in più punti di diramazione in modo che, facendo percorrere all'indice di t delle curve chiuse che racchiudono nel loro interno alcuni di questi punti convenientemente scelti, si può passare da un ramo a un altro qualunque con continuità.

§ II.

Infiniti e infinitesimi di una funzione algebrica.

Si dice che una funzione z di una variabile complessa t ha nel punto T_0, indice del valore t_0 di t, un *infinito* di *ordine* m se, essendo m un numero positivo, la quantità

$$z(t - t_0)^m$$

converge indefinitamente verso una quantità finita differente da zero coll'avvicinarsi dell'indice di t all'indice di t_0.

Si dice che la medesima funzione ha nel medesimo punto T_0 un *infinitesimo* di *ordine* m se, essendo m un numero positivo, la quantità

$$z(t-t_0)^{-m}$$

converge indefinitamente verso un quantità finita differente da zero coll'avvicinarsi dell'indice di t a T_0. Si vede che gli infiniti sono infinitesimi di ordine negativo, e gli infinitesimi sono infiniti di ordine negativo.

Supponiamo che per $t=t_0$ divenga infinito il solo ramo z_1 della funzione algebrica definita dalla equazione

$$(1) \qquad F(z, t) = \sum_0^{\mu} A_r z^{\mu-r} = 0 .$$

Poichè questa equazione non può avere radici infinite altro che per quei valori di t per i quali si annulla il coefficiente A_0, dovremo avere

$$A_0 = A'(t-t_0)^m ,$$

essendo m un numero intero e positivo, e A' una funzione razionale e intera di t che non si annulla nè diviene infinita per $t=t_0$. Quindi, denotando con $z_1, z_2, \ldots, z_\mu$ i μ rami della funzione z, avremo

$$F(z, t) = A'((t-t_0)^m z - (t-t_0)^m z_1)(z-z_2)\ldots(z-z_\mu),$$

e, per l'ipotesi fatta, la $F(z, t)$ per $t=t_0$ sarà finita e non identicamente nulla. Quindi dovrà essere

$$\lim_{t=t_0} (t-t_0)^m z_1$$

eguale a una quantità finita e differente da zero. Dunque, *se per* $t=t_0$ *un sol ramo di una funzione algebrica diviene infinito, l'ordine di questo infinito è intero e positivo ed eguale all'infinitesimo del coefficiente del primo termine.*

Supponiamo ora che per $t=t_0$ divengano infiniti più rami $z_1, z_2, z_3, \ldots, z_n$ della funzione z, e siano $\alpha_1, \alpha_2, \alpha_3, \ldots, \alpha_n$ gli ordini di questi infiniti. Ponendo

$$\sigma = \alpha_1 + \alpha_2 + \cdots + \alpha_n ,$$

avremo

$$F(z, t) = A'(t-t_0)^{m-\sigma}((t-t_0)^{\alpha_1} z - (t-t_0)^{\alpha_1} z_1)((t-t_0)^{\alpha_2} z - (t-t_0)^{\alpha_2} z_2)\ldots$$
$$\ldots((t-t_0)^{\alpha_n} z - (t-t_0)^{\alpha_n} z_n)\ldots(z-z_\mu).$$

Essendo finite e differenti da zero le quantità

$$\lim_{t=t_0} (t-t_0)^{\alpha_1} z_1\,,\ \lim_{t=t_0} (t-t_0)^{\alpha_2} z_2\,,\ldots,$$

e il valore di $F(z, t)$ per $t = t_0$, dovrà aversi $m = \sigma$. Onde:

Se per $t = t_0$ divengono infiniti più rami di una funzione algebrica, la somma degli ordini di questi infiniti è un numero intero e positivo eguale all'ordine dell'infinitesimo del coefficiente del primo termine della equazione che la definisce.

Un punto T_0 indice di t_0, nel quale più rami della funzione z divengono infiniti, è un punto di diramazione al quale apparterrà in generale una sostituzione della forma

$$S = (z_1 z_2 \ldots z_{n'})(z_{n'+1} z_{n'+2} \ldots z_{n'+n''}) \ldots$$

Descriviamo intorno al punto T_0 come centro una circonferenza C di raggio r tale che non racchiuda nel suo interno nessun altro punto di diramazione oltre T_0. Ponendo

$$t - t_0 = re^{\theta i},$$

i rami $z_1, z_2, \ldots, z_{n'}$ sopra la circonferenza C saranno funzioni della sola θ, che si permuteranno circolarmente aumentando θ di 2π. Poniamo ora:

$$t - t_0 = (\tau - \tau_0)^{n'}\,,\quad \tau - \tau_0 = \varrho e^{\varphi i};$$

avremo

$$re^{\theta i} = \varrho^{n'} e^{n'\varphi i};$$

onde

$$\varrho = \sqrt[n']{r}\,,\quad \varphi = \frac{\theta}{n'}\,,$$

ed è chiaro che ϱ sarà costante sopra tutta la circonferenza C. Quindi rappresentando sopra un altro piano i valori di $\tau - \tau_0$, gli indici di $\tau - \tau_0$ e quelli di $t - t_0$ nei due piani si corrisponderanno nel modo seguente. Al polo dell' uno corrisponderà il polo dell'altro. Al circolo C corrisponderà nel piano degl' indici di $\tau - \tau_0$ un altro circolo Γ che avrà per raggio il valore reale di $\sqrt[n']{r}$; ma ai punti di C quando θ è compreso tra 0 e 2π, e che dànno i valori del ramo z_1, corrisponderanno i valori di φ compresi tra 0 e $\frac{2\pi}{n'}$, ossia i punti del primo settore che si ottiene dividendo il circolo Γ in n' settori eguali; ai punti del circolo C, quando θ è compreso tra 2π

e 4π, per i quali abbiamo i valori del secondo ramo z_2, corrisponderanno i valori di φ compresi tra $\frac{2\pi}{n'}$ e $\frac{2\pi}{n'}$, ossia i punti del secondo settore di Γ, e così di seguito. Finalmente ai punti di C, quando θ è compreso tra $2n'\pi$ e $2(n'+1)\pi$, per i quali abbiamo nuovamente i valori di z_1, corrisponderanno i punti del primo settore di Γ nei quali φ è compreso tra 0 e $\frac{2\pi}{n'}$. Dunque, considerando la funzione algebrica come funzione di $\tau - \tau_0$, invece che di $t - t_0$, i suoi rami $z_1, z_2, \ldots, z_{n'}$ divengono un ramo solo, e quindi essa è funzione monodroma dei punti del circolo Γ. Ma gli infiniti delle funzioni monodrome sono di ordine intero; dunque, denotando con α questo ordine, le quantità

$$\lim_{\tau=\tau_0} (\tau - \tau_0)^\alpha z_1 \ , \ \lim_{\tau=\tau_0} (\tau - \tau_0)^\alpha z_2 \, , \ldots$$

saranno tutte finite, differenti da zero ed eguali; e quindi, sostituendo a $\tau - \tau_0$ il suo valore espresso per $t - t_0$, avremo che le quantità

$$\lim_{t=t_0} (t - t_0)^{\frac{\alpha}{n'}} z_1 \ , \ \lim_{t=t_0} (t - t_0)^{\frac{\alpha}{n'}} z_2 \, , \ldots$$

saranno tutte finite e differenti da zero. Dunque:

Se T_0 *è un punto di diramazione, e in esso divengono infiniti* n' *rami, e la sostituzione che appartiene a* T_0 *è circolare rispetto a questi rami, gli ordini degli infiniti di questi rami sono tutti eguali ad* $\frac{\alpha}{n'}$, *essendo* α *un numero intero e positivo.*

In questo caso, invece di dire che n' rami della funzione z divengono infiniti di ordine $\frac{\alpha}{n'}$, diremo che la funzione z diviene infinita di ordine α o, meglio, che diviene infinita α volte di primo ordine. Così potrà dirsi in generale che una funzione algebrica diviene per valori finiti di t tante volte infinita di primo ordine, quante sono le unità nel grado del coefficiente del primo termine dell'equazione che la definisce.

Se ν è il grado rispetto a t del primo membro della equazione

$$A_0 z^\mu + A_1 z^{\mu-1} + \cdots + A_\mu = 0 \, ,$$

ponendo in essa

$$t = \frac{1}{\tau} \, ,$$

moltiplicandola per τ^ν, ed osservando che le funzioni razionali

$$A'_r = \tau^{n_r} A_r\left(\frac{1}{\tau}\right) \, ,$$

se n_r è il grado di A_r, sono funzioni intere, avremo la equazione

$$\tau^{\nu-n_0} A'_0 z^{\mu} + \tau^{\nu-n_1} A'_1 z^{\mu-1} + \tau^{\nu-n_2} A'_2 z^{\mu-2} + \cdots + \tau^{\nu-n_\mu} A'_\mu = 0;$$

quindi la funzione z diviene infinita di primo ordine $\nu - n_0$ volte per $\tau = 0$, ossia per $t = \infty$. Dunque, se il grado del coefficiente del primo termine è $= n_0 < \nu$, la funzione algebrica diviene infinita di primo ordine n_0 volte per valori finiti di t e $\nu - n_0$ volte per valori infiniti di t; dunque diviene infinita ν volte per valori finiti e infiniti di t, e abbiamo il seguente

Teorema. *Una funzione algebrica z di una variabile complessa t, definita da una equazione di grado ν rispetto a t, diviene sempre ν volte infinita di primo ordine.*

Sostituendo nella equazione (1) $z = \frac{1}{y}$ e moltiplicando per y^{μ}, abbiamo

$$A_\mu y^{\mu} + A_{\mu-1} y^{\mu-1} + \cdots + A_0 = 0, \tag{2}$$

ed è chiaro che agli infiniti di y di un dato ordine corrisponderanno infinitesimi di z dello stesso ordine, e gli infinitesimi di y di un dato ordine saranno infinitesimi di z dello stesso ordine. Quindi avremo il seguente

Teorema. *Una funzione algebrica diviene infinitesima di prim'ordine tante volte quante diviene infinita di primo ordine, e i valori di t per i quali diviene infinitesima annullano l'ultimo termine della equazione che la definisce.*

Se T_0 è un punto di diramazione della funzione z, al quale appartiene una sostituzione circolare sopra i rami $z_1, z_2, \ldots, z_n$ ed a è il valore comune che essi prendono in questo punto, la funzione $z' = z - a$ avrà in T_0 un punto di diramazione e un infinitesimo di ordine m intero e positivo, cioè n rami di z' vi diverranno infinitesimi di ordine $\frac{m}{n}$; quindi $z_1 - a$, $z_2 - a, \ldots, z_n - a$ diverranno in T_0 infinitesimi di ordine $\frac{m}{n}$, e avremo

$$\lim_{t=t_0} (t - t_0)^{-\frac{m}{n}} (z_r - a) = c_r,$$

essendo c_r una quantità finita differente da zero. Ponendo

$$z_r - a = \Delta z_r,$$
$$t - t_0 = \Delta t_0,$$

sarà

$$\lim_{\Delta t_0=0} \Delta z_r \Delta t_0^{-\frac{m}{n}} = \lim_{\Delta t_0=0} \frac{\Delta z_r}{\Delta t_0} \Delta t_0^{-\frac{m}{n}+1} = \lim_{t=t_0} \frac{dz_r}{dt} (t - t_0)^{-\frac{m}{n}+1} = c_r,$$

e quindi se $1 > \frac{m}{n}$ la derivata $\frac{dz_r}{dt}$ diverrà in T_0 infinita di ordine $1 - \frac{m}{n}$, se $1 < \frac{m}{n}$ diverrà infinitesima di ordine $\frac{m}{n} - 1$.

§ III.

Determinazione dei punti di diramazione di una funzione algebrica.

I valori di t per i quali la equazione

$$(1) \qquad F(z, t) = \sum_0^{\mu} \sum_0^{\nu} A_{rs} t^s z^r = \sum_0^{\mu} A_r z^{\mu-r} = 0$$

acquista radici eguali, ai quali soltanto corrispondono punti di diramazione della funzione algebrica definita dalla stessa equazione, sono quei medesimi che annullano la funzione razionale e intera di t che nell'algebra si chiama il *Discriminante* della equazione (1), e che, denotando con $z_1, z_2, z_3, \ldots, z_\mu$ i μ rami di z, è data dalla formula

$$(2) \qquad D(t) = A_0^{2(\mu-1)} \prod (z_m - z_n) = A_0^{\mu-2} \prod_1^{\mu}{}_r \left(\frac{\partial F}{\partial z}\right)_{z=z_r};$$

dove il primo prodotto è esteso a tutte le disposizioni due a due dei μ rami di z.

Il discriminante $D(t)$ espresso per i coefficienti di z della equazione (1), è una funzione razionale intera e omogenea di grado $2(\mu - 1)$ rispetto ai medesimi; e poichè ciascuno di questi è di grado $\leq \nu$ rispetto a t, sarà di grado

$$(3) \qquad \delta \leq 2\nu(\mu - 1).$$

L'equazione

$$(4) \qquad D(t) = 0$$

darà i valori finiti di t ai quali possono corrispondere punti di diramazione di z.

Per avere i valori infiniti di t per i quali la equazione (1) acquista radici eguali, porremo in essa $\frac{1}{\tau}$ invece di t, e la moltiplicheremo per τ^ν.

Ponendo al solito

$$A'_r = \tau^{n_r} A_r\left(\frac{1}{\tau}\right),$$

dove n_r denota il grado di A_r rispetto a t, le funzioni A'_r saranno tutte intere, ed avremo

$$\sum_0^{\mu} \tau^{\nu - n_r} A'_r z^{\mu - r} = 0. \tag{5}$$

Per avere il discriminante $D'(\tau)$ di questa equazione, basterà sostituire nel discriminante $D(t)$ le quantità $\tau^{\nu-n_r} A'_r$ alle quantità A_r; ma abbiamo

$$D(t) = \sum (p_0 p_1 p_2 \dots p_\mu) A_0^{p_0} A_1^{p_1} A_2^{p_2} \dots A_\mu^{p_\mu};$$

dove

$$p_0 + p_1 + p_2 + \dots + p_\mu = 2(\mu - 1),$$
$$p_0 n_0 + p_1 n_1 + \dots + p_\mu n_\mu \leq \delta,$$

e $(p_0, p_1, p_2, \dots, p_\mu)$ indica un coefficiente numerico. Quindi sarà

$$D'(\tau) = \tau^{2\nu(\mu-1)-\delta} \sum (p_0 p_1 \dots p_\mu) A_0'^{p_0} A_1'^{p_1} A_2'^{p_2} \dots A_\mu'^{p_\mu} \tau^{\delta - p_0 n_0 - p_1 n_1 \dots - p_\mu n_\mu};$$

dove, a cagione della diseguaglianza (3), le quantità sotto il segno sommatorio sono tutte funzioni intere e razionali di τ.

Dunque la equazione (5) ha $2\nu(\mu - 1) - \delta$ radici nulle, e quindi la equazione (4) avrà $2\nu(\mu - 1) - \delta$ radici infinite, e il numero totale delle radici del discriminante della equazione (1) sarà sempre eguale a $2\nu(\mu - 1)$, potendo nei casi particolari alcune di queste divenire infinite ed eguali, e abbiamo il seguente

Teorema. *Il discriminante della equazione* (1) *diviene sempre* $2\nu(\mu - 1)$ *volte infinitesimo di primo ordine.*

Prendiamo ora le μ identità

$$\left\{\frac{\partial F(z, t)}{\partial z}\right\}_{z=z_r} \frac{dz_r}{dt} = - \left\{\frac{\partial F(z, t)}{\partial t}\right\}_{z=z_r} \tag{6}$$

e moltiplichiamole tra loro. Ponendo

$$A_0^{\mu} \prod_1^{\mu}{}_r \left\{\frac{\partial F(z, t)}{\partial t}\right\}_{z=z_r} = \varDelta(t),$$

avremo

$$(7)\qquad A_0^2\, D(t) \prod_1^{\mu}{}_r \frac{dz_r}{dt} = (-1)^{\mu} \varDelta(t);$$

e $\varDelta(t)$ sarà il risultante della equazione (1) e della sua derivata rapporto a t.

Sia t_0 un infinitesimo di ordine intero e positivo m del discriminante $D(t)$, e T_0 l'indice di t_0. In T_0 vi sarà in generale una diramazione della funzione z, e gli apparterà una sostituzione

$$(8)\qquad S = \prod (z_{r1}\, z_{r2} \ldots z_{rn_r})$$

la quale equivale a un numero τ di trasposizioni dato dalla formula

$$(9)\qquad \tau = n_1 - 1 + n_2 - 1 + n_3 - 1 + \cdots$$

Le differenze $z_{rs} - z_{rs'}$ saranno infinitesime di ordine $\frac{\alpha_r}{n_r}$, essendo α_r un numero intero e positivo primo con n_r; e le derivate $\frac{dz_{rs}}{dt}$ saranno infinite di ordine $1 - \frac{\alpha_r}{n_r}$.

I rami z_{rs} della funzione z o saranno tutti eguali in T_0, o vi si decomporranno in più sistemi di rami eguali

$$\begin{array}{llll}
z_{11}, z_{12}, \ldots, z_{1n_1}; & z_{r'+1,1}, z_{r'+1,2}, \ldots, z_{r'+1,n_{r'+1}}; \ldots \\
z_{21}, z_{22}, \ldots, z_{2n_2}; & z_{r'+2,1}, z_{r'+2,2}, \ldots, z_{r'+2,n_{r'+2}}; \ldots \\
\ldots & \ldots \\
z_{r'1}, z_{r'2}, \ldots, z_{r'n_{r'}}; & z_{r''1}, z_{r''2}, \ldots, z_{r''n_{r''}}; \ldots
\end{array}$$

e le differenze $z_{ls} - z_{l's'}$ saranno infinitesime quando avremo $0 < l < l' < r'+1$; $r' < l < l' < r''+1; \ldots$ ed essendo

$$\frac{\alpha_1}{n_1} \leq \frac{\alpha_2}{n_2} \leq \ldots \leq \frac{\alpha_{r'}}{n_{r'}};\quad \frac{\alpha_{r'+1}}{n_{r'+1}} \leq \frac{\alpha_{r'+2}}{n_{r'+2}} \leq \ldots \leq \frac{\alpha_{r'}}{n_{r''}}; \ldots$$

saranno di ordine $\frac{\alpha_l}{n_l}$.

Potranno inoltre in T_0 divenire eguali altri n rami $z_1, z_2, \ldots, z_n$ senza che rispetto ad essi vi sia diramazione in T_0: le differenze di questi rami saranno infinitesimi di ordine intero, e rispetto alla determinazione dei medesimi si ripeterà ciò che abbiamo detto per le differenze i cui infinitesimi sono frazionarî. Onde il discriminante $D(t)$, che è eguale al prodotto dei quadrati delle differenze delle radici della equazione (1), sarà in T_0 infinitesimo di ordine

$$(10)\quad m = \alpha_1(n_1-1) + \alpha_2(n_2-1) + \cdots + \alpha_{r'}(n_{r'}-1) + 2\alpha_1(n_2+n_3+\cdots) + \cdots$$
$$+ \alpha_{r'+1}(n_{r'+1}-1) + \alpha_{r'+2}(n_{r'+2}-1) + \cdots + \alpha_{r''}(n_{r''}-1) +$$
$$+ 2\alpha_{r'+1}(n_{r'+2}+n_{r'+3}+\cdots) + \cdots\cdots$$
$$+ \alpha'_1 n'_1(n'_1-1) + \alpha'_2 n'_2(n'_2-1) + \cdots + 2\alpha'_1 n'_1(n'_2+n'_3+\cdots) + \cdots\cdots$$

Il prodotto $\prod_1^\mu{}_r \frac{dz_r}{dt}$ diverrà infinito di ordine s dato dalla formula

$$(11)\quad s = n_1 + n_2 + n_3 + \cdots - \alpha_1 - \alpha_2 - \alpha_3 - \cdots - n'_1(\alpha'_1 - 1) -$$
$$- n'_2(\alpha'_2 - 1) - \cdots,$$

e denotando con q l'ordine dell' infiniterimo di $\Delta(t)$, sarà

$$(12)\quad q = m - s,$$

onde

$$(13)\quad q = n_1(\alpha_1-1) + n_2(\alpha_2-1) + \cdots + n_{r'}(\alpha_{r'}-1) + 2\alpha_1(n_2+n_3+\cdots) + \cdots$$
$$+ n_{r'+1}(\alpha_{r'+1}-1) + n_{r'+2}(\alpha_{r'+2}-1) + \cdots + n_{r''}(\alpha_{r''}-1) +$$
$$+ 2\alpha_{r'+1}(n_{r'+2}+n_{r'+3}+\cdots) + \cdots\cdots$$
$$+ n'_1(\alpha'_1 n'_1 - 1) + n'_2(\alpha'_2 n'_2 - 1) + \cdots + 2\alpha'_1 n'_1(n'_2+n'_3+\cdots) + \cdots\cdots$$

Sottraendo l'equazione (9) dall'equazione (10), abbiamo

$$(14)\quad m - \tau = (\alpha_1-1)(n_1-1) + (\alpha_2-1)(n_2-1) + \cdots + 2\alpha_1(n_2+n_3+\cdots) + \cdots$$
$$+ (\alpha_{r'+1}-1)(n_{r'+1}-1) + \cdots\cdots$$
$$+ \cdot\ \cdot\ \cdot\ \cdot\ \cdot\ \cdot\ \cdot\ \cdot\ \cdot\ \cdot\ \cdot\ \cdot\ \cdot\ \cdot\ \cdot\ \cdot\ \cdot\ \cdot$$
$$+ \alpha'_1 n'_1(n'_1-1) + \cdots\cdots$$

ed osservando che, essendo α_r primo con n_r, α_r ed n_r non possono essere ambedue pari, e che $n'_r(n'_r - 1)$ è pure un numero pari, si ottiene

$$(15)\quad m - \tau \equiv 0 \pmod 2.$$

Dunque la differenza tra il numero degli infinitesimi di primo ordine di $D(t)$ che sono in T_0, e il nnmero delle trasposizioni alle quali equivale la sostituzione che appartiene a questo punto, è sempre un numero pari e positivo.

Quindi, se t_0 è un infinitesimo di primo ordine di $D(t)$, a T_0 apparterrà una sostituzione equivalente a una sola trasposizione di due rami, e diremo che T_0 è un punto di *semplice diramazione effettiva.* Quando i coefficienti della equazione (1) non avranno tra loro particolari relazioni gl' infinitesimi di $D(t)$ saranno tutti di primo ordine e quindi la funzione z avrà in generale $2\nu(\mu - 1)$ punti di semplice effettiva diramazione.

Dall'equazione (13), ponendovi $q = 0$ ed osservando che $\alpha_1, \alpha_2, \ldots n_1, n_2, \ldots$ sono tutti numeri interi e positivi, si deduce

$$\alpha_1 = 1\ ,\ n_2 = n_3 = \cdots = n_{r'} = 0\ ,$$
$$\alpha_{r'+1} = 1\ ,\ n_{r'+2} = n_{r'+3} = \cdots = n_{r''} = 0\ ,$$
$$\cdots\cdots\cdots\cdots\cdots$$
$$\alpha'_1 = n'_1 = 1\ ,\ n'_2 = n'_3 = \cdots = 0\ .$$

Quindi la equazione (14) darà

$$m = \tau\ .$$

Dunque, se un infinitesimo t_0 di $D(t)$ non è comune a $\Delta(t)$, il numero che denota l'ordine di questo infinitesimo e il numero delle trasposizioni alle quali equivale la sostituzione che appartiene a T_0, sono eguali. Quindi si può riguardare il punto T_0 come la riunione di tanti punti di semplice effettiva diramazione, quante sono le unità dell'ordine dell' infinitesimo di $D(t)$ in quel punto.

Sottraendo l'equazione (14) dalla equazione (13), abbiamo

$$q - m + \tau = \alpha_1 - 1 + \alpha_2 - 1 + \alpha_3 - 1 + \cdots + n'_1(\alpha'_1 - 1) + \cdots \geq 0\ .$$

Dunque, diviso $D(t)$ per $(t - t_0)^\tau$, ossia tolti da $D(t)$ gli infinitesimi ai quali corrispondono punti di semplice effettiva diramazione, gli altri infinitesimi di $D(t)$ in numero pari, ai quali non corrisponde nessun punto di semplice effettiva diramazione, sono tutti comuni a $\Delta(t)$. Questi punti doppî ai quali non appartiene nessuna sostituzione, si possono riguardare come la riunione di coppie di punti di semplice effettiva diramazione ai quali apparteneva avanti la loro riunione la medesima trasposizione, e si possono dire *punti di semplice diramazione che* sovrapponendosi *si distruggono.* Abbiamo dunque il seguente

Teorema. *Se* $P(t)$ *è il fattore di* $D(t)$ *a cui appartengono tutti gli infinitesimi, che dànno ciascuno un punto di semplice effettiva diramazione,* $\dfrac{D(t)}{P(t)}$ *dividerà esattamente* $\Delta(t)$ *e sarà il quadrato di una funzione razionale e intera, e agli infinitesimi di questa funzione corrisponderanno altrettante coppie di punti di semplice diramazione, sovrapposti, che si distruggono.*

La equazione (1) definisce z come funzione algebrica di t, e t come funzione algebrica di z. Queste due funzioni, t di z e z di t, si dicono *funzioni algebriche reciproche.*

È chiaro che il numero dei rami dell'una è eguale al numero degli infiniti e degli infinitesimi dell'altra.

Se, facendo convergere t verso t_0 e z verso z_0 in modo che z e t sodisfacciano continuamente alla equazione (1), le quantità

$$(t-t_0)^{-\frac{\alpha_1}{n_1}}(z-z_0)\,,\ (t-t_0)^{-\frac{\alpha_2}{n_2}}(z-z_0)\,,\ (t-t_0)^{-\frac{\alpha_3}{n_3}}(z-z_0)\,,\ldots$$

convergono verso quantità finite diverse da zero, lo stesso accadrà delle quantità

$$(z-z_0)^{-\frac{n_1}{\alpha_1}}(t-t_0)\,,\ (z-z_0)^{-\frac{n_2}{\alpha_2}}(t-t_0)\,,\ (z-z_0)^{-\frac{n_3}{\alpha_3}}(t-t_0)\,,\ldots$$

Quindi, se nell'indice di t_0 abbiamo n_1 rami di z le cui differenze divengono infinitesime di ordine $\frac{\alpha_1}{n_1}$, n_2 rami di z le cui differenze divengono infinitesime di ordine $\frac{\alpha_2}{n_2}, \ldots, n_r$ rami di z le cui differenze divengono infinitesime di ordine $\frac{\alpha_r}{n_r}$; nell'indice z_0 avremo α_1 rami di t le cui differenze divengono infinitesime di ordine $\frac{n_1}{\alpha_1}$, α_2 rami di t le cui differenze divengono infinitesime di ordine $\frac{n_2}{\alpha_2}, \ldots, \alpha_r$ rami di t le cui differenze divengono infinitesime di ordine $\frac{n_r}{\alpha_r}$. Quindi, se indichiamo con $D_1(z)$ il discriminante della equazione (1) rispetto a t, ossia il risultante dell'eliminazione di t dalla equazione (1) e dalla sua derivata rapporto a t, e con $\Delta_1(z)$ il risultante dell'eliminazione di t dalla equazione (1) e dalla sua derivata rapporto a z, a un infinitesimo di ordine

$$m=\alpha_1(n_1-1)+\alpha_2(n_2-1)+\cdots+2\alpha_1(n_2+n_3+\cdots)+\cdots$$

del discriminante $D(t)$ corrisponderà un infinitesimo di ordine

$$m_1=n_1(\alpha_1-1)+n_2(\alpha_2-1)+\cdots+2\alpha_1(n_2+n_3+\cdots)+\cdots$$

del discriminante $D_1(z)$; a una sostituzione sui rami di z equivalente a τ trasposizioni, essendo

$$\tau=n_1-1+n_2-1+n_3-1+\cdots,$$

corrisponde una sostituzione sui rami di t equivalente a τ_1 trasposizioni; essendo

$$\tau_1 = \alpha_1 - 1 + \alpha_2 - 1 + \alpha_3 - 1 + \cdots;$$

a un infinitesimo di ordine

$$q = n_1(\alpha_1 - 1) + n_2(\alpha_2 - 1) + \cdots + 2\alpha_1(n_2 + n_3 + \cdots) + \cdots$$

del risultante $\Delta(t)$ ne corrisponde uno di ordine

$$q_1 = \alpha_1(n_1 - 1) + \alpha_2(n_2 - 1) + \cdots + 2\alpha_1(n_2 + n_3 + \cdots) + \cdots$$

del risultante $\Delta_1(z)$. Quindi abbiamo evidentemente

$$\sum(q - m + \tau) = \sum(q_1 - m_1 + \tau_1).$$

Ma $\sum(q - m + \tau)$ e $\sum(q_1 - m_1 + \tau_1)$ esprimono i numeri dei punti di diramazione delle due funzioni z e t, i quali, sovrapposti, si distruggono. Dunque:

Due funzioni algebriche reciproche hanno lo stesso numero di punti di diramazione che si distruggono.

I valori di z e di t corrispondenti ai punti di diramazione che si distruggono, sono dati dalle soluzioni comuni delle tre equazioni

$$F = 0\ ,\quad \frac{\partial F}{\partial z} = 0\ ,\quad \frac{\partial F}{\partial t} = 0\,.$$

§ IV.

Ordine di connessione delle funzioni algebriche.

Il numero dei punti di semplice effettiva diramazione di una funzione algebrica z definita da una equazione irriduttibile di grado μ, non può essere $< 2(\mu - 1)$.

Infatti, se la equazione è irriduttibile, ciascuno dei rami della funzione z deve unirsi con un altro qualunque, facendo percorrere all'indice della variabile una curva chiusa conveniente. Poichè, se alcuni rami $z_1, z_2, \ldots, z_n$ non si unissero mai cogli altri, qualunque curva chiusa si facesse percorrere all'indice della variabile, le funzioni simmetriche di $z_1, z_2, \ldots, z_n$ sarebbero funzioni monodrome in tutto il piano, avrebbero un numero finito di infiniti e di infinitesimi di primo ordine, e quindi sarebbero funzioni razionali di t, e $z_1, z_2, \ldots, z_n$ sarebbero i rami di una funzione algebrica definita da una equazione di grado $n < \mu$.

Ora se per unire n rami tra loro sono necessarî e sufficienti $n - 1$ punti di semplice effettiva diramazione, per unirne $n + 1$ ne saranno necessarî e sufficienti n: perchè occorrerà e basterà un altro punto di semplice effettiva diramazione in cui l'$(n + 1)^{esimo}$ ramo si unisca con uno degli altri n. Ma per unire 2 rami è necessario e sufficiente un sol punto di semplice effettiva diramazione: dunque per unirne 3 ne saranno necessarî e sufficienti 2, e così di seguito; e per unirne μ ne saranno necessarî e sufficienti $\mu - 1$.

Se descriviamo una curva chiusa che racchiuda nel suo interno $\mu - 1$ punti di semplice effettiva diramazione, i quali uniscano μ rami tra loro, a questa curva apparterrà una sostituzione circolare sopra i μ rami, e viceversa. Infatti supponiamo che questa proposizione sia vera per $n - 1$ punti ed n rami; sarà vera anche per n punti e $n + 1$ rami. Poichè siano $z_1, z_2, \ldots, z_n$ gli n rami che si uniscono mediante gli $n - 1$ punti di semplice effettiva diramazione, e ad una curva chiusa c che racchiude questi punti appartenga la sostituzione circolare

$$(z_1\, z_2 \ldots z_n) .$$

Descriviamo quindi un'altra curva chiusa C che racchiuda nel suo interno la curva c e il punto a cui appartiene la sostituzione

$$(z_r\, z_{n+1}) .$$

Alla curva C apparterrà la sostituzione

$$(z_1\, z_2\, z_3 \ldots z_n)\ (z_r\, z_{n+1}) = (z_1\, z_2 \ldots z_{r-1}\, z_{n+1}\, z_r\, z_{r+1} \ldots z_n) ,$$

cioè una sostituzione circolare sopra gli $n + 1$ rami. Ora, a una curva chiusa che racchiude un punto di semplice effettiva diramazione che unisce due rami, appartiene una sostituzione circolare sopra i due rami; dunque, a una curva chiusa che racchiude due punti che uniscono tre rami apparterrà una sostituzione circolare sopra i tre rami,...; a una curva chiusa che racchiude $\mu - 1$ punti che uniscono μ rami apparterrà una sostituzione circolare sopra i μ rami.

Se poi a una curva chiusa appartiene una sostituzione circolare

$$(z_1\, z_2 \ldots z_\mu) ,$$

poichè questa equivale al prodotto di $\mu - 1$ trasposizioni, nell'interno della curva dovranno esservi almeno $\mu - 1$ punti di semplice effettiva diramazione.

Ora, dovendosi unire nel piano degli indici di t tutti i μ rami della funzione z, essa dovrà avere almeno $\mu - 1$ punti di semplice effettiva diramazione. Descrivendo una curva chiusa C che li racchiuda tutti, ed insieme l'origine, ad essa apparterrà una sostituzione circolare sopra i μ rami. Poniamo ora nella equazione che definisce la funzione algebrica, $\frac{1}{t}$ in luogo di t, e moltiplichiamo per t^ν. Alla curva C corrisponderà una nuova curva C′, ai punti esterni a C i punti interni di C′ e agli interni di C gli esterni di C′, e alla curva C′ apparterrà la medesima sostituzione circolare sopra i μ rami: quindi C′ nell'interno racchiuderà almeno $\mu - 1$ punti di semplice effettiva diramazione, e quindi altrettanti ne saranno esterni a C. Dunque la funzione algebrica z ha almeno $2\mu - 2$ punti di semplice effettiva diramazione. Ma in generale una funzione algebrica ha $2\nu(\mu - 1)$ di questi punti, dei quali se ne distrugge un numero pari. Dunque in generale una funzione algebrica che ha μ rami, se è definita da una equazione irriduttibile, avrà $2\mu + 2p - 2$ punti di semplice effettiva diramazione, essendo p un numero intero e positivo o nullo.

Se denotiamo con τ il numero dei punti di diramazione che si distruggono, avremo

$$2\mu + 2p - 2 = 2\nu(\mu - 1) - 2\tau;$$

onde

$$p = (\mu - 1)(\nu - 1) - \tau.$$

Il numero $2p + 1$, da cui dipende il modo di unione dei rami della funzione, lo chiameremo l'*ordine di connessione* della funzione algebrica.

Consideriamo ora una funzione algebrica z di t, che ha μ rami e ν infiniti, e la sua reciproca t, funzione di z, che avrà ν rami e μ infiniti. Abbiamo dimostrato nel paragrafo precedente che se τ è il numero dei punti di diramazione di z che si distruggono, sarà anche eguale a τ il numero dei punti di diramazione di t che si distruggeranno. Ora, indicando con $2p + 1$ e con $2p_1 + 1$ i rispettivi ordini di connessione delle due funzioni reciproche z e t, avremo

$$p = (\mu - 1)(\nu - 1) - \tau$$
$$p_1 = (\nu - 1)(\mu - 1) - \tau$$

e quindi

$$p = p_1.$$

Dunque *le funzioni algebriche reciproche hanno lo stesso ordine di connessione.*

§ 5.

Caratteristiche delle funzioni algebriche.

Il sig. Riemann nel vol. LIV del Giornale di Crelle ha dato per il primo le caratteristiche delle funzioni algebriche di una variabile complessa, cioè quelle condizioni necessarie e sufficienti alla loro determinazione per mezzo delle quali si possono dimostrare le principali proprietà delle funzioni stesse senza far uso delle loro espressioni analitiche. Per trovare queste caratteristiche e per dimostrare che sono tali, egli si fonda sopra la possibilità di esprimere le funzioni algebriche linearmente per un numero finito di certe funzioni, le quali non sono altro che gli integrali delle funzioni algebriche stesse, la cui esistenza egli dimostra per mezzo delle loro proprietà indipendentemente dalla relazione che esse hanno colle funzioni algebriche. Ma, per determinare le caratteristiche delle funzioni algebriche, non è necessario di ricorrere ad altre funzioni più complicate e difficili a trattarsi, e si possono ottenere tutte direttamente e semplicemente nel modo seguente.

Il numero μ dei rami e il numero ν degli infiniti di una funzione algebrica z di una variabile complessa t, si possono prendere arbitrariamente, e con essi rimane determinato il grado della equazione, che definisce la funzione algebrica, tanto rispetto a z, quanto rispetto a t. La equazione sarà della forma

$$(1) \qquad F(z\,,t) = \sum_{0}^{\mu}{}_r \sum_{0}^{\nu}{}_s A_{r,s}\, t^s z^r = 0\,,$$

e prendendo il coefficiente del primo termine eguale alla unità, con che non muta la funzione definita dalla equazione, rimangono N coefficienti indeterminati, essendo

$$(2) \qquad N = \mu\nu + \mu + \nu\,.$$

Dunque, una funzione algebrica che ha μ rami e ν infiniti, richiede N condizioni per essere compiutamente determinata.

Prendiamo il suo ordine di connessione eguale a $2p + 1$; il numero s dei suoi punti di semplice effettiva diramazione sarà dato dalla formula

$$(3) \qquad s = 2\mu + 2p - 2\,,$$

e il numero τ dei suoi punti di diramazione che si distruggono sarà

$$(4) \qquad \tau = (\mu - 1)(\nu - 1) - p\,.$$

Nei τ punti di diramazione che si distruggono, devono coesistere le tre equazioni

$$(5) \qquad F = 0 \, , \quad \frac{\partial F}{\partial z} = 0 \, , \quad \frac{\partial F}{\partial t} = 0 \, .$$

Quindi, se denotiamo con R il risultante del sistema (5), affinchè questo ammetta τ soluzioni, sarà necessario e sufficiente che esistano l'equazioni

$$(6) \qquad R = 0 \, , \quad \frac{dR}{dA_{00}} = 0 \, , \quad \frac{d^2R}{dA_{00}^2} = 0 \, , \ldots , \frac{d^{\tau-1}R}{dA_{00}^{\tau-1}} = 0 \, .$$

Se poi denotiamo con $D(t)$ il discriminante della equazione (1), e se vogliamo che i punti di semplice effettiva diramazione siano indici delle quantità

$$\beta_1 \, , \beta_2 \, , \beta_3 \, , \ldots , \beta_s \, ,$$

sarà necessario e sufficiente che siano verificate l'equazioni

$$(7) \qquad D(\beta_1) = 0 \, , \quad D(\beta_2) = 0 \, , \ldots , D(\beta_s) = 0 \, .$$

Quando n delle quantità β sono eguali, a $n-1$ delle equazioni (7) bisogna sostituire l'equazioni che si ottengono eguagliando a zero le derivate prima, seconda, ... $(n-1)^{\text{esima}}$ di $D(\beta)$.

Ora, poichè due funzioni algebriche z e z' che hanno tra loro la relazione

$$z' = \frac{az + b}{z + c} \, ,$$

hanno i medesimi punti di diramazione, è chiaro che dopo aver determinato i coefficienti indeterminati in modo che siano sodisfatte l'equazioni (6) e (7), dovranno restare sempre almeno tre costanti arbitrarie nella equazione (1). Quindi abbiamo soltanto disponibili $N - 3$ coefficienti indeterminati della equazione (1) per soddisfare all'equazioni (6) e (7), il numero delle quali è eguale ad $s + \tau$. Dunque, affinchè possano prendersi arbitrariamente gli s valori di t che corrispondono ai punti di semplice effettiva diramazione, è necessario e sufficiente che sia

$$N - 3 \geq s + \tau \, ;$$

onde, sostituendo i valori (2) (3) e (4), si deduce

$$(8) \qquad \nu \geq \tfrac{1}{2} p + 1 \, .$$

Dunque soltanto quando è soddisfatta la diseguaglianza (8), si potrà prendere arbitraria la posizione dei punti di semplice effettiva diramazione. Quando poi sarà

$$\nu < \tfrac{1}{2}p + 1,$$

tra i valori di t che hanno per indici questi punti, dovranno esistere

$$s + \tau - N + 3 = p + 2 - 2\nu$$

relazioni. Quindi si potrà prendere in modo arbitrario soltanto la posizione di $2(\mu + \nu) + p - 4$ punti di semplice effettiva diramazione.

Quando avremo disposto di $s + \tau$ coefficienti indeterminati della equazione (1) per soddisfare all'equazioni (6) e (7), rimarrà soltanto un numero di costanti arbitrarie dato dalla formula

$$N - s - \tau = 2\nu - p + 1.$$

Osserviamo ora che due funzioni algebriche z e $az + b$, dove a e b sono costanti arbitrarie, hanno i medesimi infiniti. Quindi, dopo aver determinato gli infiniti della funzione z, essa dovrà contenere ancora almeno due costanti arbitrarie, e per determinare gli infiniti di z potremo disporre soltanto di $2\nu - p - 1$ costanti arbitrarie. Dunque solamente quando è $\nu < p$ si potranno prendere arbitrariamente tutti gli infiniti della funzione. Determinati gli infiniti, rimangono ancora $\nu - p + 1$ costanti arbitrarie. Ma due funzioni z e az, dove a è una costante arbitraria, hanno i medesimi infinitesimi; quindi dopo avere determinato gli infinitesimi della funzione z rimarrà in essa una costante arbitraria. Dunque per determinare gli infinitesimi di z potremo disporre soltanto di $\nu - p$ costanti arbitrarie, e quindi potremo prenderne arbitrariamente soltanto $\nu - p$, e rimane allora una sola costante arbitraria che moltiplica la funzione, la quale si potrà determinare colla condizione che la funzione z prenda un dato valore per un valore particolare di t.

Pertanto potremo sempre determinare una funzione algebrica che abbia μ rami, un ordine $2p + 1$ di connessione, i suoi punti di semplice effettiva diramazione situati comunque, un numero $\nu - p$ di infiniti di primo ordine che abbiano dei valori qualunque, e un numero $\nu - p$ di infinitesimi di primo ordine che abbiano pure dei valori arbitrarî, e gli altri p infinitesimi rimarranno determinati, e la funzione non conterrà più altro che una costante arbitraria come fattore.

Queste condizioni non sono però sufficienti per la completa determinazione della funzione, poichè, essendo l'equazioni (6) e (7) di grado superiore al primo rispetto ai coefficienti arbitrarî della equazione (1), che esse debbono determinare, si avranno più sistemi di valori per questi coefficienti, i quali però saranno in numero finito; e quindi più funzioni che soddisfano alle precedenti condizioni. Per la determinazione completa di una funzione algebrica è necessario aggiungere un'altra condizione.

Siano z e z' due funzioni algebriche che hanno il medesimo ordine di connessione $2p+1$, e il medesimo numero μ di rami; denotiamo con $z_1, z_2, z_3, \ldots, z_\mu$ i rami di z, e con $z'_1, z'_2, \ldots, z'_\mu$ quelli di z'; se, facendo percorrere all'indice di t una curva chiusa per cui z_r divenga z_s, anche z'_r diviene z'_s e viceversa, diremo che z e z' sono *egualmente diramate*. Ora, se z e z', oltre ad essere egualmente diramate, hanno ambedue i ν infiniti di primo ordine $a_1, a_2, \ldots a_\nu$, i $\nu-p$ infinitesimi di primo ordine $b_1, b_2, \ldots b_{\nu-p}$, e per uno stesso valore di t i rami z_1 e z'_1 prendono lo stesso valore, le due funzioni z e z' saranno identiche. Infatti: siano $c_1, c_2, c_3, \ldots, c_p$ gli altri infinitesimi di z, e $c'_1, c'_2, c'_3, \ldots, c'_p$ gli altri infinitesimi di z'. Le quantità c e c' saranno funzioni delle $2\nu-p$ quantità a e b, e le funzioni che esprimono le c non potranno differire da quelle che esprimono le c'. Poichè, supponiamo che le funzioni $c_1, c_2, \ldots, c_r$ siano differenti da $c'_1, c'_2, \ldots, c'_r$ e siano soltanto $c_{r+1}, \ldots, c_p$ eguali rispettivamente alle funzioni $c'_{r+1}, \ldots, c'_p$.

Prendiamo la funzione

$$w = \frac{z}{z'};$$

poichè z e z' sono egualmente diramate, w avrà μ rami e i medesimi punti di diramazione di z e di z'; quindi il suo ordine di connessione sarà $2p+1$. Avrà inoltre evidentemente soltanto gli r infinitesimi $c_1, c_2, \ldots, c_r$, e gli r infiniti $c'_1, c'_2, \ldots, c'_r$. Se queste quantità sono funzioni differenti delle $2\nu-p$ quantità arbitrarie a e b, $2\nu-p$ di esse si potranno prendere arbitrarie se $2r > 2\nu-p$; si potranno prendere tutte arbitrarie se $2r < 2\nu-p$. Ma essendo $2p+1$ l'ordine di connessione di w, abbiamo dimostrato che non possono prendersi arbitrariamente più di $2r-p$ tra infiniti e infinitesimi di w: quindi, se $\nu > p \geq r$, si vede che la funzione w avrebbe un numero di infiniti e di infinitesimi arbitrarî maggiore di quello che in generale è possibile. Dunque, le funzioni di a e di b che esprimono le quantità c, saranno tutte eguali a quelle che esprimono le quantità c'; quindi z e z' avranno eguali tutti gli infiniti e tutti gli infinitesimi, e in conseguenza w non diverrà infinita nè infinitesima per alcun valore finito di t, e non potrà essere altro che una costante C, e avremo

$$z = Cz',$$

e poichè per un dato valore di t è $z_1 = z_1'$, sarà $C = 1$, e quindi

$$z = z' .$$

Pertanto le caratteristiche di una funzione algebrica sono date dal seguente

Teorema. *Si può sempre determinare un numero finito di funzioni algebriche, le quali abbiano* μ *rami, un ordine di connessione* $2p+1$, *i punti di effettiva diramazione situati in un modo dato qualunque,* ν *infiniti di primo ordine, e* $\nu - p$ *infinitesimi di primo ordine dati qualunque, e che prendano un dato valore qualsivoglia per un valore dato della variabile, e due di queste funzioni, che hanno eguale diramazione, sono identiche.*

Sappiamo che si può sempre determinare soltanto una funzione monodroma che abbia per infiniti e per infinitesimi di primo ordine i termini di due serie qualunque, purchè questi non formino una continuità. Quindi le caratteristiche delle funzioni monodrome sono i loro infiniti e i loro infinitesimi. Nelle funzioni polidrome, quando il loro ordine di connessione è la unità, si possono prendere arbitrariamente gli infiniti e gli infinitesimi; ma se l'ordine di connessione è maggiore della unità, un certo numero di infinitesimi dipenderà dalla diramazione e dagli altri infiniti e infinitesimi della funzione. Quindi le caratteristiche di una funzione polidroma sono in generale: la diramazione e un certo numero soltanto di infiniti e di infinitesimi. Il sig. Riemann si era limitato alla diramazione e al numero delle costanti arbitrarie per il solo valore delle quali possono differire due funzioni egualmente diramate e che abbiano lo stesso numero di infiniti.

Nella *Teorica delle funzioni ellittiche* che sto pubblicando negli *Annali di Matematica* (1), si ha un esempio del vantaggio che si può trarre dalle caratteristiche delle funzioni monodrome per dimostrarne le proprietà, senza aver bisogno della loro espressione analitica. Per le funzioni polidrome, le quali non si possono esprimere per serie di potenze della variabile, che sono convergenti per qualunque valore di questa, e per le quali è necessario ricorrere a più espressioni analitiche di questa forma differenti per avere i valori dei diversi rami della funzione nelle diverse parti del piano degli indici, si vede chiaramente quanto maggiore sarà il vantaggio di poterle definire per mezzo di caratteristiche le quali permettano di dimostrare le loro proprietà principali senza aver bisogno di fondarsi sulla loro espressione analitica, e sostituire così a molti calcoli una semplice serie di ragionamenti.

(1) V. il t. I delle Opere, pp. 228-412.

§ VI.

Classificazione delle funzioni algebriche.

Se due funzioni algebriche w e z di una variabile complessa t hanno eguale la loro diramazione, sono funzioni razionali ciascuna dell'altra e di t: cioè abbiamo

$$w=\frac{\psi(z\,,t)}{\varphi(z\,,t)}\,,$$

dove ψ e φ denotano funzioni razionali ed intere di z di t.

La funzione z abbia ν infiniti di primo ordine, e la funzione w ne abbia ν'; il numero dei loro rami sia μ; esse saranno definite dalle due equazioni

$$\text{(1)}\qquad F_{\mu,\nu}(z\,,t)=0\,,$$

$$\text{(2)}\qquad F_{\mu,\nu'}(w\,,t)=0\,;$$

dove cogli indici posti in basso alla lettera F denotiamo i gradi della funzione rispetto alle due variabili, ordinatamente.

Sia $2p+1$ l'ordine di connessione delle due funzioni; il numero s dei loro punti di effettiva diramazione sarà dato dalla formula

$$\text{(3)}\qquad s=2\mu+2p-2\,;$$

e denotando con τ e con τ' il numero dei punti di diramazione di z e di w che si distruggono, avremo

$$\text{(4)}\qquad \tau=(\mu-1)(\nu-1)-p\,,$$

$$\text{(5)}\qquad \tau'=(\mu-1)(\nu'-1)-p\,.$$

Se ν è differente da ν' questi punti differiranno nel loro numero per le due funzioni; in generale poi differiranno nella loro posizione.

Prendiamo ora una funzione

$$\text{(6)}\qquad v=\frac{\psi_{m,n}(z\,,t)}{\varphi_{m,n}(z\,,t)}\,,$$

la quale non diverrà infinita nè per $z=\infty$, nè per $t=\infty$, quindi non avrà infiniti comuni con z nè infiniti situati all'infinito; di più avrà una diramazione eguale alla diramazione di z e di w. I suoi punti di diramazione che si distruggono saranno in generale differenti da quelli di z: quindi, se i sistemi di valori di z e di t, corrispondenti ai punti di diramazione di z che si distruggono, sono i τ seguenti

$$\gamma_1, \delta_1 \; ; \; \gamma_2, \delta_2 \; ; \; \gamma_3, \delta_3 \; ; \ldots ; \; \gamma_\tau, \delta_\tau ,$$

a ciascuno di questi sistemi dovranno corrispondere due valori differenti di v; il che non può essere, a meno che non si abbia simultaneamente

$$\psi_{m,n}(\gamma_r, \delta_r) = 0 , \tag{7}$$

$$\varphi_{m,n}(\gamma_r, \delta_r) = 0 . \tag{8}$$

Siano

$$\eta_1, \eta_2, \eta_3, \ldots, \eta_{\nu'} , \tag{9}$$

i ν' infiniti di primo ordine di w;

$$d_1, d_2 . d_3, \ldots, d_{\nu'-p} \tag{10}$$

$\nu' - p$ infinitesimi di primo ordine di w. La funzione v, avendo la stessa diramazione di w, non potrà differirne altro che per un fattore costante, se oltre ad essere soddisfatte le equazioni (7) e (8), avrà anche i ν' infiniti (9) e i $\nu' - p$ infinitesimi (10).

Se z e t fossero indipendenti tra loro, in $\varphi_{m,n}$ vi sarebbero $(m+1)(n+1)$ coefficienti indeterminati; ma se $m > \mu$, ed $n > \nu$, tra le potenze di z maggiori di μ e le potenze di t maggiori di ν, esistono le $(m-\mu+1)(n-\nu+1)$ relazioni della forma

$$z^s t^r \, F_{\mu,\nu}(z, t) = 0 ,$$

nelle quali $s \leq m - \mu$, $r \leq n - \nu$. Dunque la funzione $\varphi_{m,n}$ contiene effettivamente soltanto un numero g di costanti arbitrarie dato dalla formula

$$g = (m+1)(n+1) - (m-\mu+1)(n-\nu+1),$$

la quale, ponendo mente alla equazione (4), dà

$$g = m\nu + n\mu - \tau - p + 1 . \tag{11}$$

Siano: $H(t)$ il risultante del sistema di equazioni

$$F_{\mu,\nu}(z, t) = 0 \; , \; \varphi_{m,n}(z, t) = 0 , \tag{12}$$

e $K(t)$ il risultante del sistema

$$F_{\mu,\nu}(z, t) = 0 \; , \; \psi_{m,n}(z, t) = 0 . \tag{13}$$

$H(t)$ e $K(t)$ saranno due funzioni razionali e intere di t di grado $m\nu+n\mu$.

Disponiamo di τ coefficienti di $\varphi_{m,n}$ in modo che siano soddisfatte le τ equazioni (8). Così $H(t)$ acquisterà le radici $\delta_1, \delta_2, \ldots, \delta_\tau$, e ciascuna di queste ne sarà una radice doppia. Quindi le due equazioni (12), oltre le τ soluzioni comuni (γ_r, δ_r) ne avranno altre $m\nu+n\mu-2\tau=g-\tau+p-1$.

Ora, delle g costanti arbitrarie di $\psi_{m,n}$ disponiamo nel modo seguente: di τ, in modo che siano soddisfatte le equazioni (7); di $g-\tau+p-1-\nu'$, perchè si annulli $\psi_{m,n}$ per $g-\tau+p-1-\nu'$ soluzioni comuni a $\varphi_{m,n}=0$ e $F_{\mu,\nu}(z, t)=0$. Rimarranno

$$g-\tau-(g-\tau+p-1-\nu')=\nu'-p+1$$

costanti arbitrarie in $\psi_{m,n}$. Così la funzione v sarà diramata come w, e avrà $2\nu'-p+1$ costanti arbitrarie, delle quali ν' sono i valori di t per i quali si annulla $H(t)$ e non $K(t)$. Determinate ν' di queste in modo che v abbia gli infiniti (9), e $\nu'-p$ in modo che abbia gli infinitesimi (40), v e w avranno eguale diramazione, i medesimi ν' infiniti (9) e i medesimi $\nu'-p$ infinitesimi (10); quindi non potranno differire altro che per un fattore costante, e avremo

$$w=\frac{\psi_{m,n}(z, t)}{\varphi_{m,n}(z, t)},$$

come volevamo dimostrare.

Prendiamo ora a considerare la serie infinita delle funzioni algebriche

(14) $$w, w_1, w_2, w_3, \ldots$$

egualmente diramate e che differiscono tra loro per i loro infiniti e per i loro infinitesimi. Siano

$$\nu, \nu_1, \nu_2, \nu_3, \ldots$$

i rispettivi numeri dei loro infiniti; avremo

(15) $$F_{\mu,\nu_r}(w_r, t)=0,$$

(16) $$w_s=f(w_r, t),$$

dove f denota una funzione razionale di w_r e di t. Consideriamo nella formula (16) non w_r funzione di t, ma t funzione di w_r definita dalla equazione (15). La funzione w_s sarà così una funzione della sola w_r che avrà lo stesso numero ν_r di rami e la medesima diramazione della funzione t, e avrà ν_s infiniti; sarà dunque una funzione algebrica di w_r definita da una equazione della forma

$$F_{\nu_r,\nu_s}(w_s, w_r)=0,$$

e il suo ordine di connessione sarà eguale all'ordine di connessione di t; ma t essendo funzione reciproca di w_r, ne ha lo stesso ordine di connessione. Dunque abbiamo il seguente

Teorema. *Due funzioni algebriche di una variabile complessa t che hanno la medesima diramazione e un ordine di connessione $2p+1$, sono funzioni algebriche l'una dell'altra, del medesimo ordine di connessione $2p+1$.*

Tra le funzioni algebriche di t egualmente diramate (14), si hanno le equazioni

$$(17)\qquad \begin{gathered} F_{\nu,\nu_1}(w_1\,, w) = 0 \;,\; F_{\nu,\nu_2}(w_2\,, w) = 0\,, \\ F_{\nu_1,\nu_2}(w_2\,, w_1) = 0 \;,\; F_{\nu_2,\nu_3}(w_3\,, w_2) = 0\,, \ldots \end{gathered}$$

le quali definiscono funzioni algebriche tutte dello stesso ordine di connessione.

Consideriamo ora le prime due equazioni (17); esse definiscono due funzioni di w che hanno la stessa diramazione: quindi w_2 sarà una funzione razionale di w_1 e di w, e avremo il seguente

Teorema. *Le funzioni di una variabile complessa t che hanno una eguale diramazione, sono tutte funzioni razionali di due qualunque di esse.*

Osserviamo ora la prima e la quarta equazione (17): w_3 e w_2 sono funzioni razionali di w_1 e w; sostituendo nella quarta equazione queste funzioni invece di w_3 e w_2, avremo un'equazione tra w_1 e w, la quale sarà identica colla prima delle equazioni (17) o ne sarà una potenza, perchè tutte le equazioni (17) sono irriduttibili, avendo un ordine di connessione positivo. Quindi le equazioni (17) sono razionalmente trasformabili una nell'altra.

Reciprocamente: se più equazioni sono trasformabili razionalmente una nell'altra, avranno lo stesso ordine di connessione, e le quantità che in esse compariscono saranno funzioni algebriche egualmente diramate di una qualunque di esse.

Quindi, se diciamo che appartengono alla stessa *classe* le equazioni trasformabili razionalmente una nell'altra, abbiamo il seguente

Teorema. *Le equazioni algebriche le quali definiscono funzioni algebriche che hanno lo stesso ordine di connessione, e che, riguardate come funzioni di una qualunque di esse, sono egualmente diramate, appartengono tutte alla medesima classe; e reciprocamente.*

Le equazioni algebriche irriduttibili, i coefficienti delle quali sono funzioni razionali e intere di una sola variabile complessa, si dividono in *ordini* che si distinguono uno dall'altro per il valore dell'ordine di connessione delle funzioni algebriche che esse definiscono: diremo di ordine p quelle per le quali quest'ordine di connessione è $2p+1$.

Ciascun ordine si suddivide in *classi*, in ognuna delle quali sono contenute tutte le equazioni trasformabili razionalmente una nell'altra. Queste classi sono in numero infinito per ciascun ordine, ma si distinguono una dall'altra soltanto per il valore di un numero finito di costanti, il quale dipende dal valore p dell'ordine stesso. Queste costanti le diremo i *moduli* che appartengono a quel dato ordine. Determiniamo ora la relazione che passa tra il numero dei moduli e il numero p.

Sia w_1 una funzione algebrica di t, che abbia l'ordine di connessione eguale a $2p+1$, μ rami, una data diramazione, μ infiniti e μ infinitesimi, dei quali p avranno determinate relazioni cogli altri infinitesimi, cogli infiniti e con i valori di t dei quali sono indici i punti di semplice effettiva diramazione. Sia w un'altra funzione algebrica di t, diramata come w_1 e che abbia μ infiniti; essa conterrà $2\mu - p + 1$ costanti arbitrarie. Quindi tra w_1 e w esisterà una equazione algebrica

$$(17) \qquad F_{\mu,\mu}(w_1, w) = 0,$$

che sarà una equazione dell'ordine p, la quale conterrà $2\mu - p + 1$ costanti arbitrarie. Di queste costanti potremo disporre in modo che il discriminante D (w) acquisti $2\mu - p + 1$ radici semplici date comunque, le quali determineranno in un modo arbitrario la posizione di $2\mu - p + 1$ punti di semplice effettiva diramazione e ne risulteranno determinati gli altri $2\mu + 2p - - 2 - 2\mu + p - 1 = 3p - 3$, i quali saranno differenti per le diverse diramazioni di w_1 e di w e quindi per le differenti classi alle quali apparterrà la equazione (17). Ma tra gli infiniti, gli infinitesimi e i punti di semplice effettiva diramazione di w_1 considerata come funzione di t, esistono p relazioni, e altrettante tra le quantità corrispondenti quando w_1 è considerata come funzione di w. Quindi, tra i μ infiniti e i μ infinitesimi di w_1 e i precedenti $3p - 3$ valori di t corrispondenti ai punti di semplice effettiva diramazione dovranno esistere p relazioni; dunque dovremo avere $3p - 3 \geq p$. Perciò, quando $p = 1$, non potremo far prendere posizioni arbitrarie altro che a $2\mu - 1$ punti di semplice effettiva diramazione, e ne rimarrà uno solo per distinguere le classi una dall'altra. Abbiamo dunque i seguenti teoremi:

Le classi delle equazioni algebriche di primo ordine si distinguono una dall'altra per il valore di un sol modulo.

Le classi delle equazioni algebriche di ordine p si distinguono una dall'altra per i valori di un numero di moduli eguale a $3p - 3$.

XXVI.

TEORICA DELLE FORZE CHE AGISCONO SECONDO LA LEGGE DI NEWTON E SUA APPLICAZIONE ALLA ELETTRICITÀ STATICA

(Dal *Nuovo Cimento*, ser. I, t. XVIII, pp. 385-402; t. XIX, pp. 59-75, 77-95, 149-175, 357-377; t. XX, pp. 19-39, 121-141, Pisa, 1863, 1864).

I.

Potenziale di un sistema qualunque di elementi materiali.

Le forze che agiscono secondo la legge di Newton sono quelle che emanano da ciascuno degli elementi infinitesimi di una data materia, e che tendono ad avvicinare oppure ad allontanare tra loro questi elementi, in ragione diretta delle loro masse e in ragione inversa dei quadrati delle loro distanze. Le prime sono forze attrattive; le seconde, ripulsive. Una delle forze attrattive è la gravitazione universale scoperta da Newton, e una delle ripulsive è quella che si manifesta fra le elettricità dello stesso nome.

Cominciamo dal determinare l'attrazione o la ripulsione che un aggregato di punti materiali esercita sopra un altro punto materiale qualunque.

Siano $M_1, M_2, M_3, \ldots$ più punti materiali; $\mu_1, \mu_2, \mu_3, \ldots$ le loro masse rispettive, ed $(x_1\, y_1\, z_1)$, $(x_2\, y_2\, z_2), \ldots$ le loro rispettive coordinate ortogonali. Sia O un punto materiale, la cui massa prenderemo per unità, e le di cui coordinate siano (a, b, c); e siano $r_1, r_2, r_3, \ldots, r_s, \ldots$ le distanze rispettive dei punti $M_1, M_2, M_3, \ldots M_s, \ldots$ dal punto O. Avremo

$$r_s^2 = (x_s - a)^2 + (y_s - b)^2 + (z_s - c)^2, \tag{1}$$

e l'attrazione esercitata da M_s sarà nella direzione r_s ed eguale a $f\,\dfrac{\mu_s}{r_s^2}$, denotando con f la forza attrattiva dell'unità di massa alla distanza 1. Per semplicità faremo $f = 1$.

Denotando con $\alpha_s\, \beta_s\, \gamma_s$ gli angoli di r_s con i tre assi, avremo

$$\cos\alpha_s = -\frac{\partial r_s}{\partial a}, \quad \cos\beta_s = -\frac{\partial r_s}{\partial b}, \quad \cos\gamma_s = -\frac{\partial r_s}{\partial c}.$$

Pertanto, se indichiamo con X Y Z le componenti secondo i tre assi della forza F esercitata dall'aggregato de' punti M_s sopra l'unità di massa in O, avremo

$$X = -\Sigma \frac{\mu_s}{r_s^2}\frac{\partial r_s}{\partial a}, \quad Y = -\Sigma \frac{\mu_s}{r_s^2}\frac{\partial r_s}{\partial b}, \quad Z = -\Sigma \frac{\mu_s}{r_s^2}\frac{\partial r_s}{\partial c},$$

oppure

$$X = \Sigma \frac{\partial}{\partial a}\frac{\mu_s}{r_s}, \quad Y = \Sigma \frac{\partial}{\partial b}\frac{\mu_s}{r_s}, \quad Z = \Sigma \frac{\partial}{\partial c}\frac{\mu_s}{r_s};$$

e facendo

(2) $$P = \Sigma \frac{\mu_s}{r_s},$$

avremo

(3) $$X = \frac{\partial P}{\partial a}, \quad Y = \frac{\partial P}{\partial b}, \quad Z = \frac{\partial P}{\partial c}.$$

La funzione P delle coordinate del punto attratto (a, b, c) dipende dalla posizione e dalla massa dei punti M_s, e da lei sola dipende la determinazione dell'attrazione; perciò ad essa è stato da Gauss dato il nome di *potenziale*, e da Green è stata chiamata *funzione potenziale*. Se i punti M_s appartengono ad uno spazio continuo, il segno sommatorio diventa un integrale triplo, le masse μ_s gli elementi materiali, cioè le densità ϱ moltiplicate per l'elemento di volume $dx\,dy\,dz$, e l'integrale triplo deve essere esteso a tutta la massa del corpo; avremo dunque in tal caso

(4) $$P = \iiint \frac{\varrho\, dx\, dy\, dz}{r},$$

essendo

$$r^2 = (x-a)^2 + (y-b)^2 + (z-c)^2.$$

Se invece delle coordinate rettilinee ortogonali si prendessero le coordinate polari, l'elemento di volume sarebbe espresso da

$$R^2 \operatorname{sen}\theta\, dR\, d\theta\, d\varphi;$$

R essendo il raggio vettore, θ la colatitudine, e φ la longitudine dell'elemento. Quindi ponendo

$$a = l\cos A, \quad b = l \operatorname{sen} A \cos B, \quad c = l \operatorname{sen} A \operatorname{sen} B,$$
$$x = R\cos\theta, \quad y = R\operatorname{sen}\theta\cos\varphi, \quad z = R\operatorname{sen}\theta\operatorname{sen}\varphi,$$

e se γ è l'angolo compreso fra R ed l, sarà

$$r^2 = R^2 + l^2 - 2Rl\cos\gamma,$$

e si avrà

$$P = \iiint \frac{\varrho R^2 \operatorname{sen}\theta \, dR \, d\theta \, d\varphi}{\sqrt{R^2 + l^2 - 2Rl\cos\gamma}}. \tag{5}$$

Se ϱ è una funzione finita e continua, ed O è esterno al corpo attraente, P sarà finita e continua in tutto lo spazio esterno a quello a cui si estende l'integrale. Quando O è infinitamente lontano dal corpo attraente, sarà $l = \infty$, e perciò all'infinito il potenziale si annulla.

Dall'equazione (5) si ricava

$$Pl = \iiint \frac{\varrho R^2 \operatorname{sen}\theta \, dR \, d\theta \, d\varphi}{\sqrt{1 + \frac{R^2}{l^2} - 2\frac{R}{l}\cos\gamma}}:$$

e perciò, quando $l = \infty$, il prodotto Pl è uguale alla quantità finita

$$\iiint \varrho R^2 \operatorname{sen}\theta \, dR \, d\theta \, d\varphi = M,$$

denotando con M la massa del corpo attraente; e inoltre

$$Pl\cos A = Pa = M\cos A, \quad Pl \operatorname{sen} A \cos B = Pb = M \operatorname{sen} A \operatorname{sen} B,$$

$$Pl \operatorname{sen} A \operatorname{sen} B = Pc = M \operatorname{sen} A \cos B.$$

Dunque i prodotti del potenziale per ciascuna delle variabili si mantengono finiti, anche quando queste variabili divengono infinite, e la quantità verso cui converge il prodotto del potenziale per il raggio vettore, quando questo cresce infinitamente, è la massa del corpo attraente.

Derivando la (4) rapporto alle coordinate a, b, c, avremo

$$\frac{\partial P}{\partial a} = \iiint \frac{\varrho(x-a)}{r^3} dx\,dy\,dz,$$

$$\frac{\partial P}{\partial b} = \iiint \frac{\varrho(y-b)}{r^3} dx\,dy\,dz,$$

$$\frac{\partial P}{\partial c} = \iiint \frac{\varrho(z-c)}{r^3} dx\,dy\,dz.$$

Quindi le derivate prime di P si mantengono finite e continue in tutto lo spazio esterno alla massa attraente, perchè r non si annulla mai in tutto il corso della integrazione.

Per $l = \infty$ queste derivate si annullano. Osserviamo ora che si ha

$$\frac{\partial P}{\partial a} l^2 = \iiint \varrho \frac{\left(\frac{R\cos\theta}{l} - \cos A\right)}{\sqrt{\left(1 + \frac{R^2}{l^2} - 2\frac{R}{l}\cos\gamma\right)^3}} R^2 \operatorname{sen}\theta \, dR \, d\theta \, d\varphi ,$$

e quindi, per $l = \infty$, $\frac{\partial P}{\partial a} l^2$ converge verso una quantità finita. È facile altresì dedurre che anche $\frac{\partial P}{\partial a} a^2$, $\frac{\partial P}{\partial b} b^2$, $\frac{\partial P}{\partial c} c^2$, per a, b, c infiniti convergono verso quantità finite, e che perciò sono infinitesimi dell'ordine $\frac{1}{a^2}, \frac{1}{b^2}, \frac{1}{c^2}$.

Derivando nuovamente e sommando, si ottiene

$$\frac{\partial^2 P}{\partial a^2} + \frac{\partial^2 P}{\partial b^2} + \frac{\partial^2 P}{\partial c^2} = 0 ;$$

e denotando per brevità con Δ^2 tale operazione, ossia, ponendo

$$\Delta^2 = \frac{\partial^2}{\partial a^2} + \frac{\partial^2}{\partial b^2} + \frac{\partial^2}{\partial c^2} ,$$

avremo il seguente teorema:

Il potenziale e le sue derivate prime sono funzioni delle coordinate del punto attratto finite e continue in tutto lo spazio esterno alla massa attraente; in questo spazio le derivate seconde soddisfano alla equazione

$$\Delta^2 P = 0 ,$$

e quando il punto attratto va all'infinito, la funzione P *si annulla, e il prodotto di essa per le coordinate del punto attratto converge verso una quantità finita, e i prodotti delle sue derivate rapporto alle coordinate del punto attratto, moltiplicate per i quadrati di quelle medesime coordinate, convergono verso quantità finite.*

La espressione $\Delta^2 P$ di una funzione P delle x, y, z si può trasformare con le coordinate polari, ponendo

$$x = r\cos\theta \ , \ y = r \operatorname{sen}\theta \cos\varphi \ , \ z = r \operatorname{sen}\theta \operatorname{sen}\varphi ,$$

r essendo la distanza del punto dall'origine delle coordinate,
θ l'angolo che r fa con l'asse delle x,

φ l'angolo che il piano che passa per le x fa con un piano fisso. Un calcolo molto facile e notissimo conduce alla equazione

$$\Delta^2 P = \frac{1}{r^2} \left\{ \frac{\partial r^2 \frac{\partial P}{\partial r}}{\partial r} + \frac{\partial \,\text{sen}\, \theta \frac{\partial P}{\partial \theta}}{\text{sen}\, \theta\, \partial \theta} + \frac{1}{\text{sen}^2 \theta} \frac{\partial^2 P}{\partial \varphi^2} \right\}.$$

Tali coordinate polari sono evidentemente i parametri di tre sistemi di superficie ortogonali: sfere concentriche, coni retti col vertice comune nel centro comune alle sfere e coll'asse di rivoluzione pure in comune secondo una retta passante per il detto centro, piani che passano per la medesima retta.

Denotando in generale con ϱ, μ, ν i parametri di tre sistemi di superficie ortogonali, le componenti secondo i tre assi di una forza che ha per funzione P, si otterranno dalle equazioni

$$\frac{\partial P}{\partial x} = \frac{\partial P}{\partial \varrho}\frac{\partial \varrho}{\partial x} + \frac{\partial P}{\partial \mu}\frac{\partial \mu}{\partial x} + \frac{\partial P}{\partial \nu}\frac{\partial \nu}{\partial x},$$

$$\frac{\partial P}{\partial y} = \frac{\partial P}{\partial \varrho}\frac{\partial \varrho}{\partial y} + \cdots \qquad ,$$

$$\frac{\partial P}{\partial z} = \frac{\partial P}{\partial \varrho}\frac{\partial \varrho}{\partial z} + \cdots \qquad .$$

Le componenti secondo le normali alle tre superficie ortogonali si otterranno moltiplicando queste ultime per i coseni degli angoli che fanno le normali stesse coi rispettivi assi, e sommando. Chiamandole R, M, N, e ponendo:

$$h_1^2 = \left(\frac{\partial \varrho}{\partial x}\right)^2 + \left(\frac{\partial \varrho}{\partial y}\right)^2 + \left(\frac{\partial \varrho}{\partial z}\right)^2,$$

$$h_2^2 = \left(\frac{\partial \mu}{\partial x}\right)^2 + \cdots \qquad ,$$

$$h_3^2 = \left(\frac{\partial \nu}{\partial x}\right)^2 + \cdots \qquad ,$$

avremo

$$R = \frac{1}{h_1}\frac{\partial P}{\partial x}\frac{\partial \varrho}{\partial x} + \frac{1}{h_1}\frac{\partial P}{\partial y}\frac{\partial \varrho}{\partial y} + \frac{1}{h_1}\frac{\partial P}{\partial z}\frac{\partial \varrho}{\partial z},$$

$$M = \frac{1}{h_2}\frac{\partial P}{\partial x}\frac{\partial \mu}{\partial x} + \frac{1}{h_2}\frac{\partial P}{\partial y}\frac{\partial \mu}{\partial y} + \cdots \qquad ,$$

$$N = \frac{1}{h_3}\frac{\partial P}{\partial x}\frac{\partial \nu}{\partial x} + \frac{1}{h_3}\frac{\partial P}{\partial y}\frac{\partial \nu}{\partial y} + \cdots \qquad .$$

Sostituendovi i valori precedenti, ed osservando che le superficie sono ortogonali, si ottiene

$$R = h_1 \frac{\partial P}{\partial \varrho}, \quad M = h_2 \frac{\partial P}{\partial \mu}, \quad N = h_3 \frac{\partial P}{\partial \nu}.$$

Per le coordinate polari abbiamo

$$R = \frac{\partial P}{\partial r}, \quad M = \frac{1}{r}\frac{\partial P}{\partial \theta}, \quad N = \frac{1}{r \operatorname{sen} \theta}\frac{\partial P}{\partial \varphi}.$$

La prima è la componente secondo il raggio vettore, la seconda è nella direzione della tangente alla sfera secondo un meridiano, la terza pure tangente alla sfera ma normale al meridiano.

II.

Potenziale di una massa omogenea compresa tra due sfere concentriche.

Abbiasi una massa di densità ϱ costante compresa fra due superficie sferiche concentriche, di raggio R l'esterna e di raggio R_0 l'interna: siano r, θ, φ le coordinate polari del punto attratto O, e il polo od origine delle coordinate sia nel centro delle sfere; r', θ', φ' siano le coordinate polari di un punto qualunque della massa. Per ragion di simmetria è chiaro che il potenziale avrà lo stesso valore per tutti i punti alla stessa distanza dal centro delle sfere; quindi il potenziale P sarà una funzione della sola r, e l'equazione $\Delta^2 P = 0$ darà

$$\frac{d r^2 \frac{dP}{dr}}{dr} = 0,$$

e, integrando, avremo

$$P = \frac{c}{r} + c'.$$

Per i punti esterni ad ambedue le sfere il potenziale deve essere una funzione finita e continua che si annulla per $r = \infty$, Quindi per questi punti avremo $c' = 0$ e, denotando con P_e il potenziale relativo a un punto esterno e, sarà

$$P_e = \frac{c}{r}.$$

Per i punti c' interni ad ambedue le sfere, il potenziale P'_e deve esser sempre finito anche per $r = 0$; quindi dovrà essere $c = 0$, e avremo

$$P'_e = c'.$$

Onde nei punti interni ad ambedue le sfere il potenziale è costante, e le sue derivate sono nulle; e perciò le componenti dell'azione attrattiva sono nulle in questi punti.

Nel centro delle due sfere abbiamo $x = y = z = 0$; quindi

$$(P'_e)_0 = c' = \varrho \int\int\int \frac{dx'dy'dz'}{r} = \varrho \int_{R_0}^{R} r'dr' \int_0^{\pi} \operatorname{sen} \theta' d\theta' \int_0^{2\pi} d\varphi'$$
$$= 2\pi\varrho(R^2 - R_0^2),$$

(1) $$P'_e = 2\pi\varrho(R^2 - R_0^2).$$

Per $r = \infty$, deve essere, per quello che abbiamo dimostrato nel § 1,

$$Pr = M = \frac{4\pi\varrho}{3}(R^3 - R_0^3) = c;$$

onde

$$c = \frac{4\pi\varrho}{3}(R^3 - R_0^3),$$

(2) $$P_e = \frac{4\pi\varrho}{3r}(R^3 - R_0^3) = \frac{M}{r},$$

indicando con M la massa dell'involucro.

Per determinare il potenziale per un punto i che fa parte dell'involucro sferico, osserviamo che P_i è la somma di due potenziali, cioè del potenziale dell'involucro limitato dalle sfere di raggio R ed r, e del potenziale dell'involucro limitato dalle sfere di raggio r ed R_0. Il primo di quei potenziali è

$$2\pi\varrho(R^2 - r^2),$$

e il secondo

$$\frac{4\pi\varrho}{3r}(r^3 - R_0^3);$$

dunque sarà

(3) $$P_1 = 2\pi\varrho R^2 - \frac{2\pi\varrho r^2}{3} - \frac{4\pi\varrho R_0^3}{3r}.$$

Per avere il potenziale di una sfera, basterà porre $R_0 = 0$, e avremo

(4) $$P_e = \frac{4\pi\varrho R^3}{3r} = \frac{M}{r},$$

(5) $$P_1 = 2\pi\varrho R^2 - \frac{2\pi\varrho r^2}{3}.$$

Le equazioni (2) e (4) dànno il seguente teorema. L'azione di un involucro, o di una sfera, sopra un punto esterno, è eguale a quella che eserciterebbe il centro delle due sfere, o della sfera, quando in esso fosse concentrata tutta la massa dell' involucro, o della sfera. Dalla equazione (4) si ricava che l'azione sopra un punto della superficie della sfera è $-{}^4/_3\pi\varrho R$; dunque l'azione attrattiva esercitata da una sfera sopra un punto della sua superficie è proporzionale al suo raggio. Dalla (5) si rileva che l'azione sopra un suo punto interno è proporzionale alla distanza di questo dal centro, ossia che è la stessa come se non esistesse la massa dell' involucro sferico che lo circonda.

Le due espressioni del potenziale di un involucro sferico relativo ai punti esterni ed interni all' involucro e a quelli che ne ne fanno parte, si continuano senza interruzione l'una nell'altra e formano una sola funzione continua. Infatti abbiamo:

$$\text{per } r = R\,, \qquad P_e = \frac{4\pi\varrho R^2}{3} - \frac{4\pi\varrho R_0^3}{3R}\,,$$

$$P_1 = \frac{4\pi\varrho R^2}{3} - \frac{4\pi\varrho R_0^3}{3R}\,;$$

$$\text{per } r = R_0\,, \qquad P_1 = 2\pi\varrho(R^2 - R_0^2),$$

$$P'_e = 2\pi\varrho(R^2 - R_0^2).$$

Lo stesso accade delle tre derivate rapporto ad r delle tre espressioni del potenziale; e lo stesso avrà luogo per le derivate rapporto ad x, y, z che si ottengono dalle precedenti moltiplicandole per $\frac{x}{r}$, $\frac{y}{r}$, $\frac{z}{r}$.

Le derivate seconde rispetto ad r delle tre espressioni del potenziale, non si continuano una nell'altra, e nel passare dall'esterno all'interno, e viceversa, offrono due salti. Esse sono:

$$\frac{d^2P_e}{dr^2} = \frac{8\pi\varrho}{3r^3}(R^3 - R_0^3),$$

$$\frac{d^2P_i}{dr^2} = -\frac{4\pi\varrho}{3} - \frac{8\pi\varrho R_0^3}{3r^2},$$

$$\frac{d^2P'_e}{dr^2} = 0;$$

e per $r = R$ si ha:

$$\frac{d^2P_e}{dr^2} = \frac{8\pi\varrho}{3} - \frac{8\pi\varrho R_0^3}{3R^3},$$

$$\frac{d^2P_i}{dr^2} = -\frac{4\pi\varrho}{3} - \frac{8\pi\varrho R_0^3}{3R^3};$$

e quindi

$$\frac{d^2P_e}{dr^2} - \frac{d^2P_i}{dr^2} = 4\pi\varrho .$$

Per $r = R_0$ si ha

$$\frac{d^2P_i}{dr^2} = -4\pi\varrho , \quad \frac{d^2P'_e}{dr^2} = 0 ,$$

e quindi

$$\frac{d^2P_i}{dr^2} - \frac{d^2P'_e}{dr^2} = -4\pi\varrho ;$$

dunque, nel passare dall'interno all'esterno dell'involucro sferico, le derivate seconde rispetto ad r variano bruscamente di $4\pi\varrho$.

Trovammo precedentemente

$$\varDelta^2 P = \frac{1}{r^2} \frac{d r^2 \frac{dP}{dr}}{dr}$$

e ponendo invece di P_i il suo valore (3), abbiamo

$$\varDelta^2 P_i = -\frac{\pi\varrho}{r^2} \frac{d}{dr}\left(\frac{4r^3}{3} - \frac{4R_0^2}{3}\right) = -4\pi\varrho .$$

III.

Caratteristiche del potenziale di uno o più corpi.

Abbiamo veduto nel § 1 che il potenziale P di una massa di forma qualunque, di densità costante o variabile, e le sue derivate prime sono funzioni delle coordinate a, b e c del punto attratto O, le quali si mantengono finite e continue, finchè O rimane nello spazio esterno alla massa. Dimostriamo ora che anche quando il punto è nell'interno o sulla superficie del corpo si mantengono sempre funzioni finite e continue; hanno sempre valori finiti. Infatti, prendendo il punto O per polo, abbiamo:

$$P = \iiint \varrho r \operatorname{sen}\theta \, d\theta \, d\varphi \, dr , \quad \frac{\partial P}{\partial a} = \iiint \varrho \cos\theta \operatorname{sen}\theta \, d\theta \, d\varphi \, dr ,$$

$$\frac{\partial P}{\partial b} = \iiint \varrho \operatorname{sen}^2 \cos\varphi \, d\theta \, d\varphi \, dr , \quad \frac{\partial P}{\partial c} \iiint \varrho \operatorname{sen}^2\theta \operatorname{sen}\varphi \, d\theta \, d\varphi \, dr ;$$

i quali integrali non divengono infiniti per qualunque valore di r, anche se

r passa per zero. Sono funzioni continue. Infatti, consideriamo un punto M di una delle superficie della massa attraente, e conduciamo per M una retta che attraversi la superficie, e sopra di essa, dalle due parti, prendiamo due punti infinitamente prossimi, m ed n, egualmente distanti da M, cioè in modo che sia $n\mathrm{M} = m\mathrm{M} = \varepsilon$. Sia m l'interno, n l'esterno alla massa. Descriviamo col centro in M e col raggio ε una sfera. Il potenziale P_n relativo al punto esterno m sarà uguale al potenziale p_n della porzione di sfera che è occupata dalla massa, più il potenziale P'_n di tutta l'altra massa; avremo cioè $P_n = p_n + P'_n$. Il potenziale P_m relativo ad m sarà eguale al potenziale p_m della porzione di sfera occupata dalla massa, più il potenziale P'_m di tutta l'altra massa; cioè avremo $P_m = p_m + P'_m$. Ora, il potenziale di tutta la sfera relativo a un punto della sua superficie è $\frac{4}{3}\pi\varrho\varepsilon^2$; quindi $p_n - p_m < \frac{4}{3}\varrho\pi\varepsilon^2$ si potrà rendere più piccolo di qualunque data quantità col diminuire ε. Anche $P'_n - P'_m$ può rendersi più piccolo di ogni quantità data col diminuire di ε, o all'avvicinarsi di n ad m; la differenza $P_n - P_m = p_n - p_m + P'_n - P'_m$ potrà quindi rendersi più piccola di qualunque quantità data avvicinando n ad m; dunque i valori di P per i punti esterni variano con continuità nel passare ai punti interni.

Per le derivate abbiamo:

$$\frac{\partial P_n}{\partial a} - \frac{\partial P_m}{\partial a} = \frac{\partial p_n}{\partial a} - \frac{\partial p_m}{\partial a} + \frac{\partial P'_n}{\partial a} - \frac{\partial P'_m}{\partial a},$$

e le derivate $\frac{\partial p_n}{\partial a}$, $\frac{\partial P_m}{\partial a}$ sono in valore assoluto minori di $\frac{4}{3}\pi\varepsilon\cos\alpha$, e perciò si conclude, come precedentemente, che anche i valori delle derivate prime variano con continuità passando dai punti attratti esterni agli interni. Analogamente si dimostra la continuità di P e delle sue derivate prime anche nei punti interni alla massa attraente. Dunque il potenziale P e le sue derivate prime sono funzioni finite e continue in tutto lo spazio.

Se la densità variasse bruscamente attraverso alcune superficie, si riguarderebbero le masse limitate da queste superficie come tanti corpi distinti, e si troverebbe che variano con continuità, nel passare attraverso ad esse, i valori del potenziale e delle sue derivate prime.

Le derivate seconde di P, che sono finite in tutto lo spazio esterno al corpo, sono finite anche nell'interno e sulle superficie del medesimo, e sono sempre discontinue nel passare dall'esterno all'interno della massa attraente, o da una parte dello spazio ad un'altra nella quale la densità della massa offra una discontinuità. Infatti, quando il punto attratto O è nella massa attraente, imaginiamo una sfera descritta col centro in O e con un raggio piccolissimo ε, e la porzione di massa compresa in questa sfera supponiamola di densità costante ed eguale al valore di ϱ nel punto O; il potenziale P relativo al punto O sarà eguale alla somma di due potenziali P′ e P″, essendo P′ il potenziale della piccola sfera, e P″ il potenziale della massa del corpo rispetto alla quale O è esterno. Onde avremo

$$P = P' + P'',$$

$$\frac{\partial^2 P}{\partial a^2} = \frac{\partial^2 P'}{\partial a^2} + \frac{\partial^2 P''}{\partial a^2}, \dots$$

ed essendo nel punto O finite le derivate seconde di P′ e P″, avranno valori finiti in qnesto punto anche le derivate seconde di P. Avremo inoltre

$$\Delta^2 P = \Delta^2 P' + \Delta^2 P'' \ , \ \text{ma} \ \Delta^2 P'' = 0 \ , \ \text{e} \ \Delta^2 P' = -4\pi\varrho ;$$

onde

$$\Delta^2 P = -4\pi\varrho .$$

Dunque la somma delle tre derivate seconde del potenziale

$$\frac{\partial^2 P}{\partial a^2} + \frac{\partial^2 P}{\partial b^2} + \frac{\partial^2 P}{\partial c^2},$$

che è nulla se O è esterno, diviene uguale a $-4\pi\varrho$ se O è interno; e quindi, nel passaggio dall'esterno all'interno, questa somma cambia bruscamente di valore.

Da tutto ciò che abbiamo dimostrato si raccoglie che il potenziale P di una massa di forma qualunque, di densità costante o variabile, ha le seguenti proprietà:

1ª. È una funzione delle coordinate del punto attratto, finita e continua in tutto lo spazio; quando il punto attratto è all'infinito, s'annulla, e il prodotto della medesima per il raggio vettore del punto attratto rimane sempre una quantità finita.

2ª. Le sue derivate prime sono finite e continue in tutto lo spazio; quando il punto attràtto è all' infinito, s'annullano, ed i prodotti di esse per il quadrato del raggio vettore del punto attratto rimangono sempre quantità finite.

3ª. Le sue derivate seconde sono finite in tutto lo spazio; sono continue in tutto lo spazio, eccettuate le superficie attraverso le quali la densità è discontinua, e soddisfano alla equazione

$$\Delta^2 P = -4\pi\varrho ,$$

dove ϱ è la densità della massa nel punto attratto se è interno alla massa stessa, ed è eguale a zero se il punto è esterno.

Queste proprietà sono le caratteristiche del potenziale, cioè lo definiscono compiutamente, e non possono esservi due funzioni che godano delle medesime proprietà e siano differenti.

Questo importante teorema è dovuto a Dirichlet.

Prima di passare a dimostrarlo, conviene notare che la espressione « funzione delle coordinate di un punto », o « funzione di un punto », è qui usata nel senso più generale; cioè chiamiamo funzione di un punto ogni quantità che abbia un valore determinato per ogni posizione del punto stesso, senza curarci se questo valore può determinarsi in tutto lo spazio mediante le stesse operazioni di calcolo effettuate sui valori delle coordinate, oppure se nelle differenti parti dello spazio occorrono differenti serie di operazioni di calcolo, oppure se non si possa dare nessuna serie generale di operazioni di calcolo, mediante la quale se ne ottengono i valori nelle differenti parti dello spazio; cioè non ci curiamo di sapere se vi è una espressione analitica, se ve ne sono più, o se non ve n'è alcuna che dia questa funzione. Nell'analisi e nelle applicazioni alla fisica matematica è importante questo concetto.

Supponiamo ora P e P′ siano due funzioni che soddisfino alle tre condizioni sopra esposte. Poniamo

$$P - P' = V. \tag{1}$$

Avremo per tutti i punti dello spazio, fuorchè per i punti delle superficie nelle quali, passando dall'una all'altra parte, si ha una discontinuità nelle densità,

$$\Delta^2 V = 0,$$

e in queste superficie di discontinuità avremo $\Delta^2 V$ uguale ad una quantità finita, per ora incognita, ma che troveremo essere uguale a zero.

Pertanto avremo

$$\iiint \left(\frac{\partial^2 V}{\partial x^2} + \frac{\partial^2 V}{\partial y^2} + \frac{\partial^2 V}{\partial z^2} \right) dx\, dy\, dz = 0, \tag{2}$$

qualunque siano i limiti degli integrali; perchè i valori differenti da zero che potrebbe avere $\Delta^2 V$, non possono fare acquistare valori finiti all'integrale triplo, non occupando essi uno spazio di tre dimensioni.

Cominciamo dal considerare l'integrale

$$\iiint V \frac{\partial^2 V}{\partial x^2}\, dx\, dy\, dz.$$

Essendo V e $\dfrac{d^2 V}{dx^2}$ quantità sempre finite, potremo effettuare un'integrazione per parti rispetto alla variabile x; ed estendendo l'integrale stesso tra $+a$ e $-a$, avremo

$$\int_{-a}^{+a} V \frac{\partial^2 V}{\partial x^2} dx = \left(V \frac{\partial V}{\partial x}\right)_{x=a} - \left(V \frac{\partial V}{\partial x}\right)_{x=-a} - \int_{-a}^{+a} \frac{\partial V^2}{\partial x^2} dx,$$

essendo $V \frac{\partial V}{\partial x}$ una funzione continua di x. Operando analogamente sopra gli altri due integrali, si ottiene

$$\overline{\iint}_{-a}^{+a} \left[\left(V \frac{\partial V}{\partial x}\right)_{x=a} - \left(V \frac{\partial V}{\partial x}\right)_{x=-a}\right] dy\, dz + \overline{\iint}_{-a}^{+a} \left[\left(V \frac{\partial V}{\partial y}\right)_{y=a} - \right.$$

$$\left. - \left(V \frac{\partial V}{\partial y}\right)_{y=-a}\right] dz\, dx + \overline{\iint}_{-a}^{+a} \left[\left(V \frac{\partial V}{\partial z}\right)_{z=a} - \left(V \frac{\partial V}{\partial z}\right)_{z=-a}\right] dx\, dy -$$

$$- \overline{\iiint}_{-a}^{+a} \left(\frac{\partial V^2}{\partial x^2} + \frac{\partial V^2}{\partial y^2} + \frac{\partial V^2}{\partial z^2}\right) dx\, dy\, dz = 0.$$

Ora, a cagione delle proprietà 1ª e 2ª di P e di P', $aV_{x=a}$ e $a^2\left(\frac{dV}{dx}\right)_{x=a}$ si mantengono sempre finite; quindi si potrà determinare una quantità costante k, di cui

$$a^3\left[\left(V \frac{\partial V}{\partial x}\right)_{x=a} - \left(V \frac{\partial V}{\partial x}\right)_{x=-a}\right]$$

si mantiene sempre minore: avremo dunque

$$\overline{\iint}_{-a}^{+a} \left[\left(V \frac{\partial V}{\partial x}\right)_{x=a} - \left(V \frac{\partial V}{\partial x}\right)_{x=-a}\right] dy\, dz < \left\{\frac{k}{a^3} \overline{\iint}_{-a}^{+a} dy\, dz = \frac{4k}{a}\right\},$$

e quindi

$$\overline{\iint}_{-\infty}^{+\infty} \left[\left(V \frac{\partial V}{\partial x}\right)_{x=\infty} - \left(V \frac{\partial V}{\partial x}\right)_{x=-\infty}\right] dy\, dz = 0,$$

così degli altri due integrali. Dunque avremo

$$\overline{\iiint}_{-\infty}^{+\infty} \left(\frac{\partial V^2}{\partial x^2} + \frac{\partial V^2}{\partial y^2} + \frac{\partial V^2}{\partial z^2}\right) dx\, dy\, dz = 0;$$

ma essendo la quantità sotto il segno sempre finita, continua e positiva, dovrà essere

$$\frac{\partial V}{\partial x} = \frac{\partial V}{\partial y} = \frac{\partial V}{\partial z} = 0;$$

onde

$$V = \text{costante}.$$

Ma all' infinito, $P = P' = 0$; quindi sempre

$$P - P' = V = 0,$$

come volevamo dimostrare, e $\Delta^2 V = 0$ anche sopra la superficie, come avevamo accennato.

IV.

Teorema di Green.

Uno spazio di tre dimensioni si dice *connesso*, quando si può andare con continuità, senza escire dal medesimo, da uno ad un altro qualunque dei suoi punti. Si dice *semplicemente connesso*, quando ogni superficie chiusa S, tracciata nel medesimo, limita completamente una parte T dello stesso spazio in modo che non si possa uscire da T senza attraversare S, e quando ogni linea chiusa t tracciata in esso può servire di contorno ad una superficie continua S, contenuta tutta nello spazio medesimo. Per esempio, lo spazio racchiuso da una sfera è semplicemente connesso; quello racchiuso da un involucro sferico è connesso, ma non semplicemente, perchè una superficie sferica compresa tra l' interna e l'esterna superficie dell' involucro non limita da sè sola una parte dell' involucro; un anello è connesso, ma non semplicemente, giacchè il suo asse interno non può formare il contorno d' una superficie continua contenuta tutta quanta nell'anello.

Sia ora R uno spazio connesso. Supponiamo che non sia semplicemente connesso, ma si ottenga togliendo da uno spazio connesso, limitato da una superficie chiusa S, gli spazii connessi limitati dalle superficie chiuse S', S'', S''', ... interne ad S. Siano U e V due funzioni dei punti di R, che si conservino insieme con le loro derivate prime sempre finite e continue in R.

Prendiamo l' integrale triplo, esteso a tutto lo spazio R,

$$\Omega = \iiint \left(\frac{\partial U}{\partial x} \frac{\partial V}{\partial x} + \frac{\partial U}{\partial y} \frac{\partial V}{\partial y} + \frac{\partial U}{\partial z} \frac{\partial V}{\partial z} \right) dx\, dy\, dz,$$

integrando per parti, abbiamo

$$\iiint \frac{\partial U}{\partial x} \frac{\partial V}{\partial x}\, dx\, dy\, dz = \iint \left(U \frac{\partial V}{\partial x} \right) dy\, dz - \iiint U \frac{\partial^2 V}{\partial x^2}\, dx\, dy\, dz,$$

dove la quantità tra parentesi sotto l'integrale doppio deve essere limitata ai tratti lineari paralleli all'asse delle x compresi nello spazio R: e per ottenere questa limitazione, essendo $U\frac{\partial V}{\partial x}$ quantità sempre finita e continua in R, basterà prendere le differenze dei valori che riceve $U\frac{\partial V}{\partial x}$ nei punti delle superficie $S, S', S'', \ldots$ quando un punto che si muova parallelamente all'asse delle x verso il piano yz entra nello spazio R, e quelli che prende la stessa quantità quando il punto esce dallo spazio R. Avremo dunque, distinguendo con indici questi valori,

$$\iint\left(U\frac{\partial V}{\partial x}\right)dy\,dz = \iint U_0\frac{\partial V_0}{\partial x}dy\,dz - \iint U_1\frac{\partial V_1}{\partial x}dy\,dz + \\ + \iint U_2\frac{\partial V_2}{\partial x}dy\,dz \ldots$$

Ora, indicando con $d\sigma$ in generale l'elemento di superficie e con α l'angolo che la parte interna della normale fa coll'asse delle x, avremo

$$dy\,dz = \pm\, d\sigma\cos\alpha,$$

dove gli elementi superficiali essendo essenzialmente positivi, dovrà prendersi il segno $+$ se α è acuto, il segno $-$ se α è ottuso. Ma quando il punto che si muove verso il piano yz parallelamente ad x entra in R, l'angolo α è ottuso, e quando esce è acuto: dunque avremo

$$\iint\left(U\frac{\partial V}{\partial x}\right)dy\,dz = -\int U_0\frac{\partial V_0}{\partial x}d\sigma_0\cos\alpha_0 - \int U_1\frac{\partial V_1}{\partial x}d\sigma_1\cos\alpha_1 - \\ - \int U_2\frac{\partial V_2}{\partial x}d\sigma_2\cos\alpha_2 - \ldots$$

e gli integrali sono estesi in modo che l'insieme sia esteso a tutte le superficie che limitano R; onde, distinguendo con apici gli elementi $d\sigma$ e gli angoli α relativi alle superficie $S, S', S'', \ldots$, avremo

$$\iint\left(U\frac{\partial V}{\partial x}\right)dy\,dz = -\iint U\frac{\partial V}{\partial x}d\sigma\cos\alpha - \iint U\frac{\partial V}{\partial x}d\sigma'\cos\alpha' - \ldots$$

Ora, dinotando con $p, p', p'' \ldots$ le normali alle superficie $S, S', \ldots$, si ha

$$\frac{dx}{dp} = \cos\alpha, \quad \frac{dx}{dp'} = \cos\alpha', \ldots :$$

onde

$$\iint\left(U\frac{\partial V}{\partial x}\right)dy\,dz = -\Sigma\int U\frac{\partial V}{\partial x}\frac{dx}{dp}d\sigma\,,$$

$$\iint\left(U\frac{\partial V}{\partial y}\right)dz\,dx = -\Sigma\int U\frac{\partial V}{\partial y}\frac{dy}{dp}d\sigma\,,$$

$$\iint\left(U\frac{\partial V}{\partial z}\right)dx\,dy = -\Sigma\int U\frac{\partial V}{\partial z}\frac{dz}{dp}d\sigma\,;$$

e finalmente, sostituendo nel valore di Ω,

(1)
$$-\Omega = \Sigma\int U\frac{dV}{dp}d\sigma + \iiint U\Delta^2 V\,dx\,dy\,dz\,.$$

Analogamente operando relativamente alla funzione V, si ottiene

$$-\Omega = \Sigma\int V\frac{dU}{dp}d\sigma + \iiint V\Delta^2 U\,dx\,dy\,dz\,,$$

e quindi

(2)
$$\Sigma\int U\frac{dV}{dp}d\sigma + \iiint U\Delta^2 V\,dx\,dy\,dz =$$
$$= \Sigma\int V\frac{dU}{dp}d\sigma + \iiint V\Delta^2 U\,dx\,dy\,dz.$$

Se lo spazio R in cui le funzioni U e V si conservano finite e continue insieme colle loro derivate prime, fosse semplicemente connesso, nella equazione (1) si potrebbero estendere gli integrali doppî a una sola superficie chiusa qualunque contenuta nello spazio R, e gli integrali tripli a tutto lo spazio racchiuso da questa superficie.

Supponiamo ora che la funzione U cessi d'essere finita soltanto in un punto O dello spazio R. Allora l'equazione (2) varrà in tutto lo spazio T, che si ottiene togliendo dallo spazio R uno spazio piccolo quanto si vuole, che racchiuda il punto O; ossia se alle superficie S, S'... aggiungiamo una sfera s col centro in O e con un raggio infinitesimo ε; avremo dunque

$$\Sigma\int U\frac{dV}{dp}d\sigma + \int U\frac{dV}{dp}ds + \iiint U\Delta^2 V\,dx\,dy\,dz =$$
$$= \Sigma\int V\frac{dU}{dp}d\sigma + \int V\frac{dU}{dp}ds + \iiint V\Delta^2 U\,dx\,dy\,dz\,,$$

dove gli integrali tripli devono essere estesi a tutto lo spazio precedente meno la piccola sfera. Ora, se U diviene infinito nel punto O come $\frac{e}{r}$, essendo r la distanza da un punto qualunque al punto O; cioè se $\lim r\mathrm{U}$ è uguale ad una quantità finita e, avremo sulla superficie della piccola sfera

$$\mathrm{U} = \frac{e}{\varepsilon},$$

$$\frac{d\mathrm{U}}{dp} = \left(\frac{d\mathrm{U}}{dr}\right)_{r=\varepsilon} = -\frac{e}{\varepsilon^2},$$

e quindi

$$\int \mathrm{U}\frac{d\mathrm{V}}{dp}ds = \varepsilon e\int\int\frac{d\mathrm{V}}{dp}\operatorname{sen}\theta\, d\theta\, d\varphi,$$

$$\int \mathrm{V}\frac{d\mathrm{U}}{dp}ds = -e\int\int \mathrm{V}\operatorname{sen}\theta\, d\theta\, d\varphi = -4\pi e\mathrm{V}',$$

essendo V′ il valore che prende V nel punto N. L'integrale triplo esteso alla piccola sfera dà

$$\int\int\int \mathrm{U}\Delta^2\mathrm{V}dx\,dy\,dz = e\Delta^2\mathrm{V}\int\int\int r\,dr\operatorname{sen}\theta\, d\theta\, d\varphi = 2\pi e\varepsilon^2\Delta^2\mathrm{V},$$

e, poichè nello spazio racchiuso dalla piccola sfera abbiamo

$$\Delta^2\mathrm{U} = \Delta^2\frac{e}{r} = 0,$$

l'altro integrale triplo esteso a questo spazio sarà

$$\int\int\int \mathrm{V}\Delta^2\mathrm{U}\,dx\,dy\,dz = 0;$$

onde per ε infinitamente piccola la (2) diviene

$$(3)\qquad \Sigma\int \mathrm{U}\frac{d\mathrm{V}}{dp}d\sigma + \int\int\int \mathrm{U}\Delta^2\mathrm{V}\,dx\,dy\,dz = \Sigma\int \mathrm{V}\frac{d\mathrm{U}}{dp}d\sigma + $$
$$+\int\int\int \mathrm{V}\Delta^2\mathrm{U}\,dx\,dy\,dz - 4\pi e\mathrm{V}',$$

e gli integrali sono estesi come nell'equazione (3). Dalla equazione (3), che costituisce il teorema di Green, si deducono varî teoremi molto importanti. Prendiamo $\mathrm{U} = \frac{1}{r}$, essendo r il raggio vettore che parte da un punto qualunque O nell' interno di R: l'equazione (3) diviene

$$(4)\qquad 4\pi V' = -\int\!\!\int\!\!\int \frac{\Delta^2 V}{r}\, dx\, dy\, dz + \int\left(V \frac{d\frac{1}{r}}{dp} - \frac{1}{r}\frac{dV}{dp}\right) d\sigma ,$$

dove l'ultimo integrale deve essere esteso a tutto l' insieme delle superficie che limitano lo spazio R. L'equazione (4) ci dice che una funzione finita e continua qualunque è determinata in uno spazio R quando si conoscano la somma delle due derivate seconde, e i valori di essa e delle sue derivate prime alla superficie. Sia $U = 1$: sarà

$$\frac{dU}{dx} = \frac{dU}{dy} = \frac{dU}{dz} = \Omega = 0 ;$$

e sia inoltre $\Delta^2 V = -4\pi\varrho$: l'equazione (1) darà

$$(5)\qquad \Sigma \int \frac{dV}{dp}\, d\sigma = 4\pi \int\!\!\int\!\!\int \varrho\, dx\, dy\, dz .$$

Dall'equazione (5) si deduce il seguente teorema:

1°. *Se V indica il potenziale di una massa qualunque, l'integrale*

$$\frac{1}{4\pi}\int \frac{dV}{dp}\, d\sigma$$

esteso a una superficie chiusa è eguale alla quantità di massa contenuta nello spazio racchiuso da questa superficie: e quindi è eguale a zero, se in questo spazio non vi esiste nessuna porzione di questa massa.

Ponendo nella equazione (3) $V = 1$, e $\Delta^2 U = 0$, si ottiene il teorema:

2°. *Se U è una funzione finita e continua in tutto lo spazio chiuso da una superficie, fuori che in un punto O dove diviene infinita come* $\frac{e}{r}$ *denotando* r *la distanza dal punto O, e* $\Delta^2 U = 0$, *avremo*

$$\frac{1}{4\pi}\int \frac{dU}{dp}\, d\sigma = e ,$$

estendendo l'integrale a tutta la superficie.

Quindi, se $U = \frac{1}{r}$, abbiamo il seguente teorema dovuto a Gauss:

3°. *L'integrale*

$$\frac{1}{4\pi}\int \frac{d\frac{1}{r}}{dp}\, d\sigma$$

esteso a tutta una superficie chiusa qualunque è eguale a zero o all'unità, secondo che il punto O, origine del raggio vettore r, è esterno o interno allo spazio racchiuso da questa superficie.

Se $U = V$, avremo

$$-\Omega = -\iiint\left(\frac{\partial V^2}{\partial x^2} + \frac{\partial V^2}{\partial y^2} + \frac{\partial V^2}{\partial z^2}\right) dx\,dy\,dz = \int V \frac{dV}{dp}\,d\sigma +$$

$$+\iiint V\Delta^2 V\,dx\,dy\,dz\,.$$

Onde, se $\Delta^2 V = 0$ e V costante sopra la superficie, sarà

$$\iiint\left(\frac{\partial V^2}{\partial x^2} + \frac{\partial V^2}{\partial y^2} + \frac{\partial V^2}{\partial z^2}\right) dx\,dy\,dz = 0\,,$$

estendendo l'integrale a tutto lo spazio racchiuso dalla superficie. Quindi, se V in questo spazio è finita e continua, sarà

$$\frac{\partial V}{\partial x} = \frac{\partial V}{\partial y} = \frac{\partial V}{\partial z} = 0\,,$$

$$V = \text{costante}\,;$$

e avremo il seguente teorema:

4°. *Se V è una funzione finita e continua insieme colle sue derivate in uno spazio limitato da una o più superficie chiuse, soddisfa all'equazione $\Delta^2 V = 0$ ed ha un valore costante sopra tutte le superficie, sarà eguale a questa costante anche in tutto lo spazio racchiuso dalle superficie stesse.*

V.

Superficie e strati di livello.

Sia V il potenziale di una massa M; le superficie rappresentate dalle equazioni della forma

$$V = \text{costante},$$

da Chasles sono state chiamate *superficie di livello.*

Queste superficie godono la proprietà che la direzione della risultante dell'attrazione esercitata dalla massa M sopra i loro punti è normale alle superficie medesime. Infatti, imaginiamo una linea qualunque tracciata sopra una di queste superficie, e che passi per un punto m qualunque della medesima. Se denotiamo con s la lunghezza dell'arco di questa linea contata a partire da uno qualunque dei suoi punti, le equazioni della curva potranno porsi sotto la forma $x = x(s)$, $y = y(s)$, $z = z(s)$, e avremo identicamente $V[x(s), y(s), z(s)] =$ costante; onde

$$\frac{\partial V}{\partial x}\frac{dx}{ds} + \frac{\partial V}{\partial y}\frac{dy}{ds} + \frac{\partial V}{dz}\frac{dz}{ds} = 0,$$

ed essendo $\frac{dx}{ds}, \frac{dy}{ds}, \frac{dz}{ds}$ i coseni degli angoli della tangente alla linea con i tre assi, e $\frac{\partial V}{dx}, \frac{\partial V}{\partial y}, \frac{\partial V}{\partial z}$ le componenti dell'attrazione secondo i tre assi, la componente nel senso della tangente sarà nulla, ossia la componente in un senso perpendicolare alla normale è sempre nulla, e dunque la risultante dall'attrazione è normale alle superficie.

Le superficie di livello formano un sistema di superficie, le equazioni delle quali differiscono soltanto per il valore di una costante; e poichè all'infinito il potenziale ha un valore costante ed eguale a zero, una superficie di questo sistema sarà una sfera di raggio infinito col centro non situato all'infinito.

Determiniamo ora le condizioni necessarie e sufficienti affinchè un sistema di superficie possa essere un sistema di superficie di livello rispetto ad un potenziale.

Sia

(1) $$f(x, y, z, \lambda) = 0$$

l'equazione di una superficie di un sistema, e le equazioni delle varie superficie del sistema si ottengano dando a λ tutti i valori compresi tra due limiti dati λ_0 e λ_1.

Se esiste un potenziale V di una massa M esterna allo spazio compreso tra le superficie (λ_0) e (λ_1), rispetto a cui le superficie di questo sistema sono di livello, questo potenziale dovrà essere una funzione della sola quantità λ, perchè deve variare soltanto col variare di λ. Ma in tutto lo spazio compreso tra le superficie (λ_0) e (λ_1), esterno alla massa M di cui è potenziale V, si ha

(2) $$\Delta^2 V = 0$$

e V funzione della sola λ; quindi

$$\Delta^2 V = \frac{d^2V}{d\lambda^2}\left[\left(\frac{\partial\lambda}{\partial x}\right)^2 + \left(\frac{\partial\lambda}{\partial y}\right)^2 + \left(\frac{\partial\lambda}{\partial z}\right)^2\right] + \frac{dV}{d\lambda}\Delta^2\lambda = 0\,;$$

e posto

$$\Delta\lambda = \left(\frac{\partial\lambda}{\partial x}\right)^2 + \left(\frac{\partial\lambda}{\partial y}\right)^2 + \left(\frac{\partial\lambda}{\partial z}\right)^2,$$

avremo

$$\frac{\frac{d^2V}{d\lambda^2}}{\frac{dV}{d\lambda}} = -\frac{\Delta^2\lambda}{\Delta\lambda}. \tag{3}$$

Il primo membro deve essere funzione della sola λ, e quindi anche il secondo non deve contenere altre variabili che λ.

Dunque, chiamando con Lamé, $\Delta\lambda$ il *parametro differenziale di 1° ordine* e $\Delta^2\lambda$ il *parametro differenziale di 2° ordine* del sistema (1), potremo dire: affinchè le superficie del sistema (1) siano superficie di livello, è necessario che il rapporto dei suoi parametri differenziali sia una funzione della sola λ.

Affinchè poi V sia un potenziale, è necessario inoltre che siavi un valore di λ a cui risponda una superficie d'equazione (1), che sia una sfera di raggio infinito e col centro non situato all'infinito.

Queste condizioni sono sufficienti perchè il sistema (1) sia di livello.

Infatti, essendo il secondo membro dell'equazione (3) una funzione della sola λ, che potremo rappresentare con $\varphi(\lambda)$, avremo, integrando,

$$\log\frac{dV}{d\lambda} = \int\varphi(\lambda)d\lambda + \log C,$$

$$\frac{dV}{d\lambda} = Ce^{\int\varphi(\lambda)d\lambda},$$

$$V = C\int e^{\int\varphi(\lambda)d\lambda}\,d\lambda + C';$$

indicando con λ_1 il valore di λ che corrisponde ai punti della sfera di raggio infinito, avremo, poichè ivi si ha $V = 0$,

$$V = C\int_{\lambda_1}^{\lambda} e^{\int\varphi(\lambda)d\lambda}d\lambda.$$

Ora, se $\varphi(\lambda)$ si mantiene insieme colle sue derivate prime finita e continua in tutto lo spazio compreso tra le due superficie (λ_0) e (λ_1), V è una funzione che in questo spazio si mantiene sempre insieme colle sue derivate prime finita e continua; quindi, essendo

$$\Delta^2 V = 0,$$

dall'equazione (4) del paragrafo precedente avremo

$$V' = \frac{1}{4\pi}\int\left(V\frac{d\frac{1}{r}}{dp} - \frac{1}{r}\frac{dV}{dp}\right)d\sigma ,$$

e questo integrale deve estendersi a tutta la superficie (λ_1) e a tutta la superficie (λ_0). Ma sopra la superficie (λ_1), cioè all'infinito, abbiamo

$$V = 0 , r\frac{dV}{dp} = 0 ;$$

quindi la parte d'integrale relativa a (λ_1) è uguale a zero. Sopra la superficie (λ^0), V è uguale a una costante che chiameremo V_0; abbiamo dunque

$$V' = \frac{V_0}{4\pi}\int\frac{d\frac{1}{r}}{dp}d\sigma - \frac{1}{4\pi}\int\frac{1}{r}\frac{dV}{dp}d\sigma ,$$

dove l'integrale deve estendersi alla sola superficie (λ_0). Ora, per il teorema 3° del §. IV, essendo i punti dello spazio in cui si considera la funzione, esterni alle superficie cui si riferiscono, l'integrale

$$\int\frac{d\frac{1}{r}}{dp}d\sigma = 0 ,$$

onde

$$V' = -\frac{1}{4\pi}\int\frac{1}{r}\frac{dV}{dp}d\sigma ;$$

e se il senso dell'aumento della normale si prende, invece che dalla parte interna dello spazio compreso tra (λ_0) e (λ_1), dalla parte interna della superficie (λ_0), bisognerà cambiar segno, ed avremo

$$V' = \frac{1}{4\pi}\int\frac{1}{r}\frac{dV}{dp}d\sigma .$$

Ma

$$\frac{dV}{dp} = \frac{dV}{d\lambda}\frac{d\lambda}{dp} ,$$

$$\frac{d\lambda}{dp} = \frac{\partial\lambda}{\partial x}\frac{dx}{dp} + \frac{\partial\lambda}{\partial y}\frac{dy}{dp} + \frac{\partial\lambda}{\partial z}\frac{dz}{dp} ,$$

$$\frac{dx}{dp} = \frac{\partial\lambda}{\partial x}\frac{1}{\sqrt{\Delta\lambda}} , \frac{\partial y}{\partial p} = \frac{\partial y}{\partial p}\frac{1}{\sqrt{\Delta\lambda}} , \frac{\partial z}{\partial p} = \frac{d\lambda}{dz}\frac{1}{\sqrt{\Delta\lambda}} .$$

Onde

$$\frac{d\lambda}{dp} = \sqrt{\Delta\lambda}\ ,\ \frac{dV}{dp} = \frac{dV}{d\lambda}\sqrt{\Delta\lambda}\,;$$

quindi

$$V' = \frac{1}{4\pi}\left(\frac{dV}{d\lambda}\right)_{\lambda=\lambda_0}\int\frac{\sqrt{\Delta\lambda}\,d\sigma}{r}\,.$$

Imaginiamo ora prolungate le normali della superficie (λ_0) di una lunghezza dp proporzionale a $\sqrt{\Delta\lambda}$; le estremità di questi prolungamenti formeranno una superficie L infinitamente poco differente dalla superficie (λ_0), ed è chiaro che V sarà il potenziale dello strato omogeneo di densità $\frac{1}{4\pi}\left(\frac{dV}{d\lambda}\right)_{\lambda=\lambda_0}$ compreso tra le superficie L e (λ_0) al quale il sig. Chasles ha dato il nome di *strato di livello*, e avremo il seguente teorema:

Il sistema di superficie rappresentato dall'equazione

$$F(x\,,y\,,z\,,\lambda) = 0\,,$$

sarà un sistema di superficie di livello soltanto quando il rapporto del parametro differenziale di 2° ordine $\Delta^2\lambda$ al parametro differenziale di 1° ordine $\Delta\lambda$ è una funzione della sola λ; vi è un valore λ_1 di λ per cui una superficie del sistema diviene una sfera di raggio infinito col centro non situato all'infinito, e queste superficie sono di livello rispetto al potenziale d'uno strato omogeneo compreso tra una superficie del sistema ed un'altra superficie che è il luogo geometrico delle estremità delle normali prolungate di lunghezze infinitesime proporzionali a $\sqrt{\Delta\lambda}$.

Il potenziale d'uno strato di livello nei punti esterni è costante sopra ogni superficie di livello, e varia da una di queste superficie ad un'altra.

Poichè la funzione V è costante sopra la superficie dello strato di livello, e nello spazio racchiuso da questa superficie soddisfa alle condizioni del teorema 4° del §. IV, sarà costante in tutto questo spazio, e avremo il seguente teorema:

Il potenziale di uno strato di livello nello spazio racchiuso dalla sua superficie è costante.

Siano ora le superficie rappresentate dalle equazioni

$$f(x\,,y\,,z\,,\lambda\,,h) = 0\,,$$

superficie di livello per i valori di λ compresi tra due limiti λ_0 e λ_1. Vediamo quali condizioni sono necessarie e sufficienti perchè gli strati di livello siano gli strati compresi tra due superficie corrispondenti ai valori h e $h + dh$. Per ciò basterà che le porzioni di normali alle superficie $(\lambda\,,h)$ intercettate tra $(\lambda\,,h)$ e $(\lambda\,,h + dh)$ siano proporzionali a $\sqrt{\Delta\lambda}$, radice del parametro differenziale di 1° ordine. Sia (x, y, z) un punto della superficie (λ, h); $x+dx, y+dy, z+dz$ il punto dove la normale alla superficie (λ, h) nel punto (x, y, z) incontra la superficie $(\lambda, h+dh)$. Se chiamiamo dp la lunghezza di questa normale, avremo

$$dx = \frac{dp}{\sqrt{\Delta f}} \frac{\partial f}{\partial x}, \quad dy = \frac{\partial p}{\sqrt{\Delta f}} \frac{\partial f}{\partial y}, \quad dz = \frac{dp}{\sqrt{\Delta f}} \frac{\partial f}{\partial z};$$

e dovendo essere il punto $(x+dx, y+dy, z+dz)$ un punto della superficie $(\lambda, h+dh)$, avremo

$$\frac{\partial f}{\partial x} dx + \frac{\partial f}{\partial y} dy + \frac{\partial f}{\partial z} dz + \frac{\partial f}{\partial h} dh = 0,$$

ossia

$$dp \sqrt{\Delta f} + \frac{\partial f}{\partial h} dh = 0;$$

ed essendo

$$(a) \qquad \frac{\partial f}{\partial \lambda} \frac{\partial \lambda}{\partial x} = -\frac{\partial f}{\partial x}, \quad \frac{\partial f}{\partial \lambda} \frac{\partial \lambda}{\partial y} = -\frac{\partial f}{\partial y}, \quad \frac{\partial f}{\partial \lambda} \frac{\partial \lambda}{\partial z} = -\frac{\partial f}{\partial z},$$

e quindi

$$\Delta f = \frac{\partial f^2}{\partial \lambda^2} \Delta \lambda,$$

abbiamo

$$\frac{dp}{\sqrt{\Delta \lambda}} = \pm \frac{\frac{\partial f}{\partial \lambda} \frac{\partial f}{\partial h}}{\Delta f} dh.$$

Quindi, affinchè gli strati compresi tra le superficie (λ, h) e $(\lambda, h+dh)$ siano di livello ed abbiano per superficie di livello le superficie (λ), è necessario e sufficiente che, oltre ad essere soddisfatta la equazione (3), sia eguale ad una quantità costante il rapporto

$$\frac{\frac{\partial f}{\partial \lambda} \frac{\partial f}{\partial h}}{\Delta f}.$$

Dovranno dunque essere soddisfatte le due equazioni

$$(b) \qquad \Delta^2 \lambda = \varphi(\lambda, h) \Delta \lambda,$$

$$(c) \qquad \Delta f = \theta(h) \frac{\partial f}{\partial \lambda} \frac{\partial f}{\partial h},$$

dove φ è una funzione arbitraria di h e di λ, e θ è una funzione arbitraria della sola h.

Derivando la prima delle equazioni (a) rapporto ad x, abbiamo

$$\frac{\partial^2 f}{\partial x^2}+2\frac{\partial^2 f}{\partial x\,\partial\lambda}\frac{\partial\lambda}{\partial x}+\frac{\partial^2 f}{\partial\lambda^2}\frac{\partial\lambda^2}{\partial x^2}+\frac{\partial f}{\partial\lambda}\frac{\partial^2\lambda}{\partial x^2}=0.$$

Moltiplicando per $\frac{\partial f}{\partial\lambda}$ ed osservando le equazioni (a), si ottiene

$$\frac{\partial f}{\partial\lambda}\frac{\partial^2 f}{\partial x^2}-2\frac{\partial f}{\partial x}\frac{\partial^2 f}{\partial x\,\partial\lambda}+\frac{\partial^2 f}{\partial\lambda^2}\frac{\partial f}{\partial\lambda}\frac{\partial\lambda^2}{\partial x^2}+\frac{\partial f^2}{\partial\lambda^2}\frac{\partial^2\lambda}{\partial^2 x}=0,$$

e due altre analoghe per y e z. Sommando queste tre equazioni, abbiamo

$$\frac{\partial f}{\partial\lambda}\Delta^2 f-\frac{\partial\Delta f}{\partial\lambda}+\frac{\partial f}{\partial\lambda}\frac{\partial^2 f}{\partial\lambda^2}\Delta\lambda+\frac{\partial f^2}{\partial\lambda^2}\Delta^2\lambda=0;$$

onde l'equazione (b) prende la forma

$$\Delta^2 f+\frac{\varphi(\lambda,h)\,\Delta f}{\frac{\partial f}{\partial\lambda}}-\frac{\partial}{\partial\lambda}\left(\frac{\Delta f}{\frac{\partial f}{\partial\lambda}}\right)=0,$$

e quindi, a cagione della equazione (c),

$$(d)\qquad \Delta^2 f+\theta(h)\,\varphi(\lambda,h)\frac{\partial f}{\partial h}-\theta(h)\frac{\partial^2 f}{\partial\lambda\,\partial h}=0.$$

Le equazioni (c) e (d) esprimono le condizioni necessarie e sufficienti affinchè $f=0$ rappresenti un sistema di superficie di livello, per le quali ai differenti valori di λ corrispondano le differenti superficie di livello, e gli strati di livello siano compresi tra due superficie corrispondenti ai valori h e $h+dh$.

Prendiamo ora l'equazione $f=0$, sotto la forma

$$f=\mathrm{F}-\psi(h)=0,$$

dove F non contiene h.

Avremo

$$\frac{\partial^2 f}{\partial\lambda\,\partial h}=0\,,\quad \frac{\partial f}{\partial h}=-\psi'(h)\,,\quad \frac{\partial f}{\partial\lambda}=\frac{d\mathrm{F}}{d\lambda}\,,$$

$$\Delta^2 f=\Delta^2\mathrm{F}\,,\quad \Delta f=\Delta\mathrm{F}\,;$$

e poniamo

$$-\mathrm{H} = \theta(h)\,\psi'(h).$$

Le equazioni (c) e (d) diverranno:

$$\Delta^2\mathrm{F} = \mathrm{H}\varphi(\lambda\,,h)\,,$$

$$\Delta\mathrm{F} = -\mathrm{H}\frac{d\mathrm{F}}{d\lambda}\,;$$

onde abbiamo il seguente teorema:

Affinchè il potenziale di una massa omogenea compresa tra due superficie del sistema

$$\mathrm{F}(x\,,y\,,z\,,\lambda_0) - \psi(h) = 0$$

corrispondenti a due valori di h che differiscono tra loro di una quantità infinitesima, abbia per superficie di livello le superficie del sistema

$$\mathrm{F}(x\,,y\,,z\,,\lambda) - \psi(h) = 0\,,$$

corrispondenti ai diversi valori di λ compresi tra λ_0 e λ_1, al valore λ_1 corrispondendo i punti all'infinito, è necessario e sufficiente che in questo spazio siano soddisfatte le due equazioni:

$$\Delta\mathrm{F} = -\mathrm{H}\frac{d\mathrm{F}}{d\lambda}\,, \tag{4}$$

$$\Delta^2\mathrm{F} = \mathrm{H}\,\varphi(\lambda\,,h)\,, \tag{5}$$

dove H *è funzione soltanto di h.*

VI.

Potenziale di una massa omogenea compresa tra due ellissoidi omotetiche.

Si voglia il potenziale di una massa omogenea M che occupa lo spazio compreso tra due ellissoidi omotetiche le quali hanno per equazioni:

$$\frac{x^2}{a^2} + \frac{y^2}{b^2} + \frac{z^2}{c^2} = h_0^2\,, \tag{1}$$

$$\frac{x^2}{a^2} + \frac{y^2}{b^2} + \frac{z^2}{c^2} = h_1^2. \tag{2}$$

Prendiamo l'equazione

$$(3) \qquad F - h^2 = Ax^2 + By^2 + Cz^2 - h^2 = 0,$$

e, se è possibile, determiniamo A , B e C in funzione di λ, in modo che si abbia

$$(4) \qquad \Delta F = - H \frac{dF}{d\lambda},$$

$$(5) \qquad \Delta^2 F = H \varphi(\lambda),$$

e, per $\lambda = 0$, siano

$$(6) \qquad A = \frac{1}{a^2}, \quad B = \frac{1}{b^2}, \quad C = \frac{1}{c^2}.$$

e, per $\lambda = \infty$,

$$x = y = z = \infty.$$

Sostituendo i valori delle derivate di F nella equazione (4), abbiamo

$$4(A^2x^2 + B^2y^2 + C^2z^2) = - H \left(\frac{dA}{d\lambda} x^2 + \frac{dB}{d\lambda} y^2 + \frac{dC}{d\lambda} z^2 \right);$$

onde:

$$H \frac{dA}{d\lambda} = - 4A^2,$$

$$H \frac{dB}{d\lambda} = - 4B^2,$$

$$H \frac{dC}{d\lambda} = - 4C^2.$$

Integrando, ponendo $H = 4$, ed osservando che per $\lambda = 0$ debbono aversi le equazioni (6), si ottiene

$$A = \frac{1}{a^2 + \lambda},$$

$$B = \frac{1}{b^2 + \lambda},$$

$$C = \frac{1}{c^2 + \lambda};$$

e quindi l'equazione (3) diviene

$$\frac{x^2}{a^2+\lambda}+\frac{y^2}{b^2+\lambda}+\frac{z^2}{c^2+\lambda}=h^2, \tag{7}$$

e per $\lambda=\infty$ si ha

$$x=y=z=\infty.$$

Sostituendo le derivate seconde di F nella equazione (5), abbiamo

$$\frac{1}{a^2+\lambda}+\frac{1}{b^2+\lambda}+\frac{1}{c^2+\lambda}=2\varphi(\lambda). \tag{8}$$

L'equazione (7), che rappresenta un sistema di superficie omofocali tra loro e con l'ellissoidi di equazione (1) e (2) per $h=h_0$ ed $h=h_1$, daranno per tutti i valori reali di λ compresi tra 0 e ∞ altrettante superficie di livello dello strato omogeneo compreso tra due ellissoidi omotetiche corrispondenti a $\lambda=0$, e ad h e $h+dh$. Il potenziale di questo strato sarà, nello spazio esterno ad esso,

$$p_e=\mathrm{C}\int_\lambda^\infty e^{-\int\varphi(\lambda)d\lambda}\,d\lambda,$$

e, ponendo mente alla equazione (8),

$$p_e=\mathrm{C}\int_\lambda^\infty\frac{d\lambda}{\sqrt{(a^2+\lambda)(b^2+\lambda)(c^2+\lambda)}},$$

dove, se (ξ,η,ζ) denotano le coordinate del punto attratto, λ è determinato dall'equazione

$$\frac{\xi^2}{a^2+\lambda}+\frac{\eta^2}{b^2+\lambda}+\frac{\zeta^2}{c^2+\lambda}=h^2. \tag{9}$$

Per determinare C osservo, come altre volte, che si ha

$$\lim_{l=\infty} p_e l=\mathrm{M}=\tfrac{4}{3}\pi abch^2dh,$$

essendo l il raggio vettore del punto attratto. Ora, col crescere di l, i semi-assi

$$h\sqrt{a^2+\lambda},\quad h\sqrt{b^2+\lambda},\quad h\sqrt{c^2+\lambda}$$

dell'ellissoide che passa per il punto attratto, s'avvicinano indefinitamente ad l; quindi

$$\lim h^2(a^2+\lambda)=\lim h^2(b^2+\lambda)=\lim h^2(c^2+\lambda)=l^2\ ,$$
$$\lim h^2 d\lambda = 2l dl\ ;$$

e quindi

$$\lim p_e l = Cl\int_l^\infty \frac{2hdl}{l^2}=2Ch\ ,$$

onde

$$C=2\pi\, abc\, h\, dh,$$

e

$$p_e=2\pi\, abc\, hdh\int_\lambda^\infty \frac{d\lambda}{\sqrt{(a^2+\lambda)(b^2+\lambda)(c^2+\lambda)}}\ . \tag{10}$$

Nella superficie dello strato, il potenziale, che è una funzione continua, s'ottiene ponendo $\lambda=0$, e questo sarà il valore nella faccia interna della superficie e in tutto lo spazio racchiuso dallo strato, perchè vi deve rimanere sempre costante: ed abbiamo

$$p'_e=2\pi\, abc\, hdh\int_0^\infty \frac{d\lambda}{\sqrt{(a^2+\lambda)(b^2+\lambda)(c^2+\lambda)}}\ . \tag{11}$$

Per avere il potenziale P_e dell'involucro compreso tra le due superficie (1) e (2) rispetto ai punti esterni, dovremo prendere l'integrale del secondo membro della equazione (10) ed estenderlo tra i limiti h_0 ed h_1. Per avere il potenziale P'_e rispetto ai punti dello spazio racchiuso dal medesimo involucro, dovremo fare lo stesso col secondo membro dell'equazione (11). Avremo dunque

$$P_e=2\pi\, abc\int_{h_0}^{h_1} hdh\int_\lambda^\infty \frac{d\lambda}{\sqrt{(a^2+\lambda)(b^2+\lambda)(c^2+\lambda)}}\ . \tag{12}$$

dove tra λ ed h esiste la relazione (9):

$$P'_e=2\pi\, abc\int_{h_0}^{h_1} hdh\int_0^\infty \frac{d\lambda}{\sqrt{(a^2+\lambda)(b^2+\lambda)(c^2+\lambda)}}\ . \tag{13}$$

Se indichiamo con λ_1 e λ_0 i valori di λ dati dall'equazione (9) quando in essa per h si pongano i valori h_1 e h_0, e se integriamo per parti nel-

10

l'equazione (12), si ha

(14) $$P_e = \pi abc(h_1^2 - h_0^2)\int_{\lambda_0}^{\infty}\frac{d\lambda}{\sqrt{(a^2+\lambda)(b^2+\lambda)(c^2+\lambda)}} -$$

$$- \pi abc\int_{\lambda_0}^{\lambda_1}\left(h_1^2 - \frac{\xi^2}{a^2+\lambda} - \frac{\eta^2}{b^2+\lambda} - \frac{\zeta^2}{c^2+\lambda}\right)\frac{d\lambda}{\sqrt{(a^2+\lambda)(b^2+\lambda)(c^2+\lambda)}}.$$

Integrando nell'equazione (13), abbiamo

$$P'_e = \pi abc(h_1^2 - h_0^2)\int_0^{\infty}\frac{d\lambda}{\sqrt{(a^2+\lambda)(b^2+\lambda)(c^2+\lambda)}}.$$

Per avere il potenziale P_i relativo ad un punto che fa parte della massa dell'involucro, ed è di coordinate (ξ, η, ζ), conduciamo per esso un'ellissoide omotetica alle due superficie dell'involucro, di equazione

$$\frac{\xi^2}{a^2} + \frac{\eta^2}{b^2} + \frac{\zeta^2}{c^2} = h^2,$$

essendo $h_1 > h > h_0$. Il potenziale P_i si comporrà del potenziale P' dell'involucro (h_1, h) e del potenziale P'' dell'involucro (h, h_0) relativi al punto (ξ, η, ζ) che è sulla superficie interna del primo ed esterna del secondo.

Avremo cioè

$$P_i = P' + P''.$$

Ma

$$P' = \pi abc(h_1^2 - h^2)\int_0^{\infty}\frac{d\lambda}{\sqrt{(a^2+\lambda)(b^2+\lambda)(c^2+\lambda)}},$$

$$P'' = \pi abc(h^2 - h_0^2)\int_{\lambda_0}^{\infty}\frac{d\lambda}{\sqrt{(a^2+\lambda)(b^2+\lambda)(c^2+\lambda)}} -$$

$$- \pi abc\int_{\lambda_0}^{\infty}\left(h^2 - \frac{\xi^2}{a^2+\lambda} - \frac{\eta^2}{b^2+\lambda} - \frac{\zeta^2}{c^2+\lambda}\right)\frac{d\lambda}{\sqrt{(a^2+\lambda)(b^2+\lambda)(c^2+\lambda)}};$$

onde

(15) $$P_i = \pi abc(h_1^2 - h_0^2)\int_{\lambda_0}^{\infty}\frac{d\lambda}{\sqrt{(a^2+\lambda)(b^2+\lambda)(c^2+\lambda)}} +$$

$$+ \pi abc\int_0^{\lambda_0}\left(h_1^2 - \frac{\xi^2}{a^2+\lambda} - \frac{\eta^2}{b^2+\lambda} - \frac{\zeta^2}{c^2+\lambda}\right)\frac{d\lambda}{\sqrt{(a^2+\lambda)(b^2+\lambda)(c^2+\lambda)}}.$$

Per avere il potenziale esterno e interno di una ellissoide, basterà porre nelle formule (14) e (15) $h_0 = 0$, $\lambda_0 = \infty$: e quindi avremo

$$(16)\ P_e = \pi abc \int_{\lambda_1}^{\infty} \left(h_1^2 - \frac{\xi^2}{a^2+\lambda} - \frac{\eta^2}{b^2+\lambda} - \frac{\zeta^2}{c^2+\lambda} \right) \frac{d\lambda}{\sqrt{(a^2+\lambda)(b^2+\lambda)(c^2+\lambda)}},$$

$$(17)\ P_i = \pi abc \int_{0}^{\infty} \left(h_1^2 - \frac{\xi^2}{a^2+\lambda} - \frac{\eta^2}{b^2+\lambda} - \frac{\zeta^2}{c^2+\lambda} \right) \frac{d\lambda}{\sqrt{(a^2+\lambda)(b^2+\lambda)(c^2+\lambda)}}.$$

Ponendo $a^2 = b^2 = c^2 = R^2$, $h = 1$, avremo il potenziale della sfera. Poniamo

$$\xi^2 + \eta^2 + \zeta^2 = r^2.$$

Integrando, si ottiene facilmente

$$P_e = \frac{4\pi R^3}{3r},$$

e

$$P_i = 2\pi R^2 - \frac{2\pi r^2}{3},$$

come avevamo trovato nel §. II.

Si può verificare facilmente l'espressione del potenziale che abbiamo dato, per mezzo del teorema di Dirichlet.

VII.

Potenziale di una superficie.

Supponiamo che dai punti di una superficie emanino delle forze attrattive o repulsive che agiscano in ragione inversa del quadrato della distanza dal punto attratto o respinto; denotiamo con ϱ l'intensità delle loro azioni sopra l'unità di materia concentrata in un punto situato alla distanza uno; se riguardiamo ϱ proporzionale alla densità della materia da cui emanano le forze, avremo la legge di Newton per queste forze, cioè esse saranno anche in ragione diretta delle masse. Per distinguere le forze attrattive dalle repulsive, basterà prendere positive le densità dei punti attraenti e negative quelle dei punti repellenti. Così potrà accadere che sopra una superficie sia distribuita una massa nulla; e ciò accadrà quando la somma algebrica dei prodotti delle densità per gli elementi di superficie ai quali appartengono, sarà eguale a zero: e questa massa nulla potrà produrre una azione.

Le componenti dell'azione di una massa distribuita sopra una superficie dipenderanno, come nel caso di masse che occupano uno spazio di tre dimensioni, dal potenziale, che, denotando con $d\sigma$ gli elementi della superficie, con x, y, z le coordinate del punto attratto e con x', y', z' quelle di un punto qualunque della superficie, sarà

$$\mathrm{P} = \int \varrho \frac{d\sigma}{r},$$

essendo

$$r^2 = (x - x')^2 + (y - y')^2 + (z - z')^2.$$

Quando il punto attratto è all'infinito, $r = \infty$, e quindi tutti gli elementi sono nulli, e $\mathrm{P} = 0$. Prendendo il sistema delle coordinate polari e denotando con r' il raggio vettore dei punti della superficie, con r'' quello del punto attratto e con θ l'angolo che essi fanno tra loro, avremo

$$\mathrm{P}r'' = \int \frac{\varrho d\sigma}{\sqrt{1 + \frac{r'^2}{r''^2} - \frac{2r'}{r''}\cos\theta}}$$

Quindi, per $r'' = \infty$, avremo

$$\lim \mathrm{P}r'' = \int \varrho d\sigma = \mathrm{M};$$

ossia il limite di P moltiplicato per il raggio vettore del punto attratto, quando il punto attratto va all'infinito, è uguale alla totalità della massa, ossia alla massa attraente meno la repellente.

Si dimostra pure come nel caso di una massa solida, che la funzione P e le sue derivate sono funzioni finite e continue per tutto lo spazio, quando se ne escludano i soli punti della superficie sopra i quali sono distribuite le masse attraenti o repellenti; che soddisfa alla equazione

$$\varDelta^2 \mathrm{P} = 0,$$

e che le derivate prime si annullano all'infinito, e, moltiplicate per i quadrati delle coordinate del punto attratto, convergono verso quantità finite coll'allontanarsi indefinitamente di questo punto.

Prima di passare a determinare come variano P e le sue derivate prime quando si attraversa la superficie passando dallo spazio esterno all'interno della medesima e viceversa, determiniamo il potenziale d'una massa attraente distribuita uniformente sopra una superficie sferica. È chiaro che, a cagione della simmetria intorno al centro, il potenziale sarà una funzione del solo raggio vettore del punto attratto; e quindi, prendendo le coordinate polari r, θ, φ e il polo nel centro, sarà

$$\frac{\partial P}{\partial \theta} = \frac{\partial P}{\partial \varphi} = 0,$$

e l'equazione

$$\Delta^2 P = 0$$

darà

$$\frac{d r^2 \frac{dP}{dr}}{dr} = 0:$$

ossia

$$P = \frac{c}{r} + c'.$$

Per i punti esterni alla sfera dobbiamo avere $P = 0$ per $r = \infty$, onde $c' = 0$. Deve essere inoltre

$$\lim P r = M = 4\pi \varrho R^2,$$

denotando con R il raggio della sfera e con ϱ la densità costante. Quindi il potenziale esterno sarà

$$P_e = \frac{4\pi\varrho R^2}{r}.$$

Per il potenziale P_i interno basta osservare che deve essere sempre finito, quindi anche per $r = 0$; dunque sarà

$$P_i = c'.$$

Per determinare c' basta dunque che si determini P_i per un punto interno: per esempio, il centro. Abbiamo allora

$$P_i = \varrho R \int_0^{2\pi} \int_0^{\pi} \operatorname{sen} \theta \, d\theta \, d\varphi = 4\pi \varrho R,$$

onde si vede che per $r = R$ i due valori del potenziale interno ed esterno coincidono; dunque il potenziale è una funzione finita e continua in tutto lo spazio.

Abbiamo poi

$$\frac{dP_e}{dr} = -\frac{4\pi R^2 \varrho}{r^2}, \quad \frac{dP_i}{dr} = 0.$$

Onde

$$\left(\frac{dP_e}{dr}\right)_{r=R} - \left(\frac{dP_i}{dr}\right)_{r=R} = -4\pi\varrho .$$

Le derivate prime, prese secondo la normale alla superficie, nel passare dall'esterno all'interno, variano bruscamente di $4\pi\varrho$; dunque le derivate prime sono funzioni sempre finite, ma discontinue, nel passare attraverso alla superficie.

Determiniamo ora il potenziale di una massa attraente distribuita sopra un'ellissoide di equazione

$$\frac{x^2}{a^2} + \frac{y^2}{b^2} + \frac{z^2}{c^2} = k^2 .$$

La densità in ogni suo punto sia proporzionale alla porzione di normale intercettata tra essa e l'ellissoide omotetica corrispondente ad $h + dh$.

Abbiamo trovato nel numero precedente il potenziale di questo strato di livello, che per un punto esterno è dato dalla formula

$$P_e = 2\pi abc\, h\, dh \int_\lambda^\infty \frac{d\lambda}{\sqrt{(a^2+\lambda)(b^2+\lambda)(c^2+\lambda)}} ,$$

essendo (ξ, η, ζ) le coordinate del punto attratto, e

$$\frac{\xi^2}{a^2+\lambda} + \frac{\eta^2}{b^2+\lambda} + \frac{\zeta^2}{c^2+\lambda} = h^2 :$$

e per i punti interni alla superficie

$$P_i = 2\pi abc\, h\, dh \int_0^\infty \frac{d\lambda}{\sqrt{(a^2+\lambda)(b^2+\lambda)(c^2+\lambda)}} .$$

Per i punti della superficie bisogna porre $\lambda = 0$, e abbiamo

$$P_e = P_i .$$

Dunque il potenziale è una funzione finita e continua in tutto lo spazio.

Per quello che abbiamo dimostrato alla fine del § 1°, abbiamo

$$\frac{dP_e}{dp} = \sqrt{\Delta\lambda}\,\frac{dP_e}{d\lambda} = -\frac{2\pi abc\, h\, dh\sqrt{\Delta\lambda}}{\sqrt{(a^2+\lambda)(b^2+\lambda)(c^2+\lambda)}} ,$$

$$\frac{dP_i}{dp} = \sqrt{\Delta\lambda}\,\frac{dP_i}{d\lambda} = 0 .$$

Ma, denotando con ϱ la densità, si ottiene facilmente

$$\varrho = dp = \frac{h\,dh}{2}\left(\sqrt{\Delta\lambda}\right)_{\lambda=0}.$$

Quindi

$$\left(\frac{dP_e}{dp}\right)_{\lambda=0} = -4\pi\varrho\,, \quad \left(\frac{dP_i}{dp}\right)_{\lambda=0} = 0\,,$$

$$\left(\frac{dP_e}{dp}\right)_{\lambda=0} - \left(\frac{dP_i}{dp}\right)_{\lambda=0} = -4\pi\varrho\,.$$

La derivata prima secondo la normale all'ellissoide varia bruscamente di $4\pi\varrho$ passando dall'esterno all'interno della medesima.

Osserviamo che il potenziale di tutta la massa distribuita sull'ellissoide può riguardarsi come composto di due potenziali, uno P′ relativo ad una parte e' della saperficie, e uno P″ relativo alla rimanente e'' della medesima: cioè

$$P = P' + P''.$$

Ora prendiamo un punto m nella superficie e'. Per quanto piccola sia la parte di superficie e', quando si fa muovere il punto attratto nello spazio esterno, e poi, attraversando e' in m, si fa passare nello spazio interno, la funzione P″ e le sue derivate prime si mantengono sempre finite e continue: quindi le derivate prime, rispetto alla normale in m nella faccia interna ed esterna della superficie, avranno una differenza infinitesima; ma queste derivate del potenziale P differiscono di $4\pi\varrho$: dunque anche le derivate medesime di P′ differiranno di $4\pi\varrho$.

Dunque le derivate rispetto alla normale di un elemento ellissoidale sopra la faccia interna ed esterna del medesimo, differiscono tra loro di $4\pi\varrho$. Poichè P e P″ rimangono continue anche attraversando m, rimarrà continua anche P′, e quindi il potenziale di un elemento di superficie ellissoidale è una funzione finita e continua in tutto lo spazio.

Prendiamo ora una superficie qualunque che in ogni suo punto ammetta una ellissoide osculatrice. Decomponiamo il suo potenziale in due parti: una sia il potenziale P′ d'una sua parte infinitesima e', che potremo riguardare come un elemento della superficie della ellissoide osculatrice, l'altra sia il potenziale P″ di tutta la rimanente superficie e''; avremo

$$P = P' + P''.$$

P″ e la sua derivata $\frac{dP''}{dp}$ sono funzioni finite e continue finchè il punto attratto si muove nello spazio interno o esterno, e passa dall'uno all'altro per un punto m di e'. P' è pure sempre finita e continua; ma $\frac{dP'}{dp}$ varia bruscamente di $4\pi\varrho$ quando si passa dallo spazio esterno allo spazio interno attraversando e' in m: quindi anche $\frac{dP}{dp}$ soffrirà la stessa brusca variazione, e avremo il seguente teorema:

Il potenziale di una massa distribuita comunque sopra una superficie che ammette in ogni suo punto ellissoidi osculatrici, è una funzione finita e continua in tutto lo spazio; le sue derivate prime sono finite e continue in tutto lo spazio, eccettuati i punti della superficie stessa, dove la derivata rapporto alla normale varia bruscamente di $4\pi\varrho$, nel passare dall'esterno allo interno.

VIII.

Caratteristiche del potenziale d'una massa distribuita comunque sopra una superficie.

Abbiamo veduto che il potenziale di una massa distribuita comunque sopra una superficie ha le seguenti proprietà:

1°. È una funzione finita e continua in tutto lo spazio, si annulla all'infinito, e il prodotto di essa per il raggio vettore del punto attratto o respinto, col crescere di questo raggio, converge verso una quantità eguale alla totalità della massa.

2°. Le derivate prime di questa funzione sono finite in tutto lo spazio, s'annullano all'infinito, ed i prodotti di esse per il quadrato del raggio vettore col crescere di questo convergono verso quantità finite, e sono continue in tutti i punti che non si trovano sopra la superficie data.

3°. La derivata presa rispetto alla normale alla superficie stessa nel passare dalla parte esterna all'interna varia bruscamente di valore ed abbiamo

$$\frac{dP_e}{dp} - \frac{dP_i}{dp} = -4\pi\varrho,$$

dove ϱ indica la densità in quel punto, p la normale contata andando verso l'esterno della superficie.

4°. In tutti i punti dello spazio, ad esclusione dei punti della superficie, abbiamo

$$\Delta^2 P = 0.$$

Queste proprietà, come ha osservato Dirichlet, non solo necessariamente appartengono a tutti i potenziali di superficie, ma sono sufficienti alla loro completa determinazione, sono le loro caratteristiche. Non vi sono due funzioni che avendo queste proprietà a comune possano differire nei loro valori in nessun punto dello spazio.

Supponiamo che P e P′ sieno due funzioni che godano tutte le proprietà sopra enunciate, la loro differenza

$$V = P - P'$$

goderà di tutte le medesime proprietà; soltanto le sue derivate prime saranno continue in tutto lo spazio.

Infatti avremo

$$\frac{dP_e}{dp} - \frac{dP_i}{dp} = -4\pi\varrho,$$

$$\frac{dP'_e}{dp} - \frac{dP'_i}{dp} = -4\pi\varrho,$$

onde

$$\frac{dV_e}{dp} - \frac{dV_i}{dp} = 0.$$

Le derivate seconde di P e di P′ e quindi di V soddisfacendo l'equazione (2) in tutto lo spazio ad eccezione dei punti della data superficie dove hanno valori finiti, avremo

$$\overline{\iiint_{-a}^{+a}} V\left(\frac{\partial^2 V}{\partial x^2} + \frac{\partial^2 V}{\partial y^2} + \frac{\partial^2 V}{\partial z^2}\right) dx\, dy\, dz = 0,$$

dove a è una quantità qualunque grande quanto si vuole. Effettuando l'integrazione per parti si trova, come nella dimostrazione dell'analogo teorema per il potenziale di una massa che occupa uno spazio a tre dimensioni,

$$\overline{\iiint_{-\infty}^{+\infty}} \left[\left(\frac{\partial V}{\partial x}\right)^2 + \left(\frac{\partial V}{\partial y}\right)^2 + \left(\frac{\partial V}{\partial z}\right)^2\right] dx\, dy\, dz = 0,$$

e quindi

$$\frac{\partial V}{\partial x} = \frac{\partial V}{\partial y} = \frac{\partial V}{\partial z} = 0,$$

$$V = \text{costante}.$$

Ma all'infinito $P = P' = 0$ e quindi $V = 0$; dunque è sempre $V = 0$ come volevamo dimostrare.

Alla terza proprietà caratteristica del potenziale di una massa distribuita sopra una superficie si può sostituire il valore del potenziale nella superficie stessa.

Il teorema precedente porta che ad una data distribuzione di massa sopra una superficie corrisponde un solo potenziale determinato; dimostreremo che vi è anche un solo potenziale che abbia dati valori sulla superficie, e una sola distribuzione di massa sopra la superficie la quale abbia questo potenziale.

Per dimostrare questo ci varremo del seguente teorema:

Esiste sempre una funzione finita e continua insieme colle sue derivate prime in uno spazio connesso, la quale prende dati valori sopra la superficie che forma il contorno di questo spazio, e nello spazio interno soddisfa l'equazione $\Delta^2 V = 0$; *e ne esiste una sola.*

Sia R questo spazio, S la superficie chiusa che lo limita, v la funzione dei punti della superficie S alla quale deve essere uguale in questi punti la funzione di cui si vuol dimostrare la esistenza. Se V è una funzione qualunque che insieme colle sue derivate prime sia finita e continua in tutto lo spazio R e sia eguale a v sopra la superficie S, è chiaro che l'integrale triplo esteso a tutto lo spazio R

$$\Omega_V = \int\!\!\int\!\!\int \left[\left(\frac{\partial V}{\partial x}\right)^2 + \left(\frac{\partial V}{\partial y}\right)^2 + \left(\frac{\partial V}{\partial z}\right)^2 \right] dx\, dy\, dz$$

avrà un valore finito e positivo. Quindi fra le funzioni V che godono queste proprietà ve ne sarà una almeno che renderà Ω un minimo.

Sia questa W. Allora ponendo in luogo di W un'altra funzione $W + h$, o $W - h$ che goda le stesse proprietà, e quindi che alla superficie sia $h = 0$, e h e le sue derivate prime siano finite e continue in R, dovrà aversi un valore di Ω maggiore di quello che si aveva per $V = W$. Ma abbiamo

$$\Omega_{W \pm h} = \int\!\!\int\!\!\int \left[\left(\frac{\partial W}{\partial x} \pm \frac{\partial h}{\partial x}\right)^2 + \left(\frac{\partial W}{\partial y} \pm \frac{\partial h}{\partial y}\right)^2 + \left(\frac{\partial W}{\partial z} \pm \frac{\partial h}{\partial z}\right)^2 \right] dx\, dy\, dz$$

$$= \Omega_W \pm 2 \int\!\!\int\!\!\int \left(\frac{\partial W}{\partial x}\frac{\partial h}{\partial x} + \frac{\partial W}{\partial y}\frac{\partial h}{\partial y} + \frac{\partial W}{\partial z}\frac{\partial h}{\partial z} \right) dx\, dy\, dz + \Omega_h\,,$$

e sarà $\Omega_{W \pm h} > \Omega_W$ per qualunque h soltanto quando sia sempre

$$\int\!\!\int\!\!\int \left(\frac{\partial W}{\partial x}\frac{\partial h}{\partial x} + \frac{\partial W}{\partial y}\frac{\partial h}{\partial y} + \frac{\partial W}{\partial z}\frac{\partial h}{\partial z} \right) dx\, dy\, dz = 0\,.$$

Ora, per il teorema di Green questo integrale può porsi sotto la forma

$$\int h \frac{dW}{d\varrho} d\sigma + \iiint h \Delta^2 W \, dx \, dy \, dz \, .$$

Poichè $h = 0$ alla superficie, il primo termine è zero, e il secondo sarà zero per qualunque valore di h soltanto quando sia

$$\Delta^2 W = 0 \, .$$

Dunque Ω_W è un minimo quando W è una funzione che gode le proprietà dell'enunciato del teorema: e poichè esiste sempre un minimo di Ω, esisterà sempre una tal funzione. Per dimostrare che ne esiste soltanto una, basterà dimostrare che esiste un sol minimo.

Supponiamo che esistano due di queste funzioni W e W′ che diano un minimo per Ω: avremo

$$W' = W + W' - W;$$

e posto

$$W' - W = h \; , \; W' = W + h \, ,$$

W dando un minimo per Ω, avremo

$$\Omega_{W'} = \Omega_W + \Omega_h \, .$$

Analogamente avremo

$$\Omega_W = \Omega_{W'} + \Omega_h \, ;$$

quindi

$$\Omega_h = 0 \, ,$$

ossia

$$\iiint \left[\left(\frac{\partial h}{\partial x}\right)^2 + \left(\frac{\partial h}{\partial y}\right)^2 + \left(\frac{\partial h}{\partial z}\right)^2 \right] dx \, dy \, dz = 0 \, ,$$

$$\frac{\partial h}{\partial x} = \frac{\partial h}{\partial y} = 0 \; , \; \frac{\partial h}{\partial z} = 0 \, ,$$

$$h = \text{cost.}$$

Ma $h = 0$ sulla superficie: onde in tutto lo spazio R sarà $h = 0$, e W = W′ come volevamo provare.

Ora, se è dato il valore V del potenziale sopra una superficie S che limita uno spazio finito e connesso, lo spazio esterno alla superficie S sarà pure connesso e limitato dalla superficie e da una sfera di raggio infinito, e il potenziale P_e in questo spazio esterno sarà finito e continuo insieme colle sue derivate prime, e avrà il valore v sopra la superficie S e sarà nullo sopra la sfera di raggio infinito; quindi sarà dato sopra tutta la superficie che limita lo spazio esterno e soddisferà inoltre alla condizione $\Delta^2 P_e = 0$; quindi esisterà una funzione P_e e una soltanto che soddisferà queste condizioni. Quanto allo spazio interno ad S che è limitato dalla sola superficie S, vi sarà pure una sola funzione P_i che sarà uguale a v sopra S, e soddisferà l'equazione

$$\Delta^2 P_i = 0,$$

quindi P_e nello spazio esterno e P_i nell'interno, che sono ambedue eguali a v sopra la superficie S, formano una funzione finita e continua in tutto lo spazio, e ponendo

$$\frac{dP_e}{dp} - \frac{dP_i}{dp} = -4\pi\varrho:$$

è chiaro che questa funzione avrà tutte le caratteristiche del potenziale della massa che ha la densità ϱ sopra S, e quindi è il potenziale stesso. Così dato il valore del potenziale sopra S, esso risulta completamente determinato in tutto lo spazio, e rimane pure determinata dalla precedente equazione la distribuzione della massa sopra la superficie.

IX.

Potenziale di un sistema di punti materiali sopra un altro e sopra sè stesso.

Siano dati, un sistema S di punti materiali $p_1, p_2, p_3, \ldots$ mobili liberamente, le masse dei quali siano rispettivamente $m_1, m_2, m_3, \ldots$, e un sistema S' di altri punti materiali fissi $p'_1, p'_2, p'_3, \ldots$, le masse dei quali siano $m'_1, m'_2, m'_3, \ldots$, e i punti p_s e p'_s si attraggano o si respingano tra loro colla legge di Newton, secondo che il prodotto delle loro masse è positivo o negativo. Sia r_{hk} la distanza dei due punti p_h e p_k, e $r_{hk'}$ quella dei due punti p_h e p'_k; $(v_h)_1$ la velocità del punto p_h alla fine del tempo t_1, $(v_h)_0$ la velocità dello stesso punto alla fine del tempo t_0; V_h il potenziale del sistema S sopra il punto p_h, e V'_h il potenziale del sistema S' sopra il medesimo punto. Poniamo

$$W = \frac{1}{2} \Sigma_k m_k V_k = \frac{1}{2} \Sigma_k \Sigma_h \frac{m_k m_h}{r_{hk}},$$

$$W' = \Sigma_k m_k V'_k = \Sigma_k \Sigma_h \frac{m_k m'_h}{r_{kh'}}.$$

Abbiamo dalla meccanica ([1]) la equazione

$$(1) \qquad \tfrac{1}{2} \Sigma_h m_h (v_h)_1^2 - \tfrac{1}{2} \Sigma_h m_h (v_h)_0^2 = W_1 + W'_1 - W_0 - W'_0,$$

distinguendo cogli indici 1 e 0 i valori corrispondenti al tempo t_1 e al tempo t_0.

La funzione W che si ottiene prendendo la semisomma dei potenziali del sistema S relativamente a tutti i suoi punti rispettivamente moltiplicati per le masse di questi punti, è il *potenziale del sistema sopra sé stesso.* La funzione W′ che si ottiene prendendo la somma dei potenziali S′ relativi ai punti di S rispettivamente moltiplicati per le masse di questi medesimi punti, si dice il *potenziale del sistema* S′ *sopra il sistema* S.

Clausius ed altri hanno dato al potenziale di un sistema sopra sè stesso il nome semplicemente di *potenziale* del sistema cui si riferisce, riserbando alla funzione che nei numeri precedenti abbiamo chiamato il potenziale, il nome datole da Green di *funzione potenziale*; ed anche noi in seguito adotteremo queste denominazioni.

Se denotiamo con W″ il potenziale del sistema S′ sopra sé stesso, poichè questo sistema è fisso, avremo

$$W''_1 = W''_0,$$

e quindi

$$W_1 + W'_1 - W_0 - W'_0 = W_1 + W'_1 + W''_1 - W_0 - W'_0 - W''_0.$$

Ma W + W′ + W″ è il potenziale di tutto il sistema S′ più S, e la quantità $W_1 + W'_1 - W_0 - W'_0$ esprime il lavoro meccanico fatto dalle forze attive nel tempo $t_1 - t_0$; quindi la equazione medesima dà il seguente teorema:

L'aumento del potenziale di un sistema in un dato intervallo di tempo del suo movimento, è uguale al lavoro meccanico fatto dalle forze attive in questo intervallo, ed anche all'aumento di forza viva acquistato dal sistema in questo medesimo intervallo ([2]),

---

([1]) V. Mossotti, *Lezioni di meccanica razionale*, L. 27.

([2]) Prendiamo la forza viva eguale alla semisomma dei quadrati delle velocità moltiplicati per le masse.

Determiniamo ora l'intensità delle forze colle quali più corpi di forma qualunque, che si attraggono secondo la legge di Newton, sono sollecitati l'uno verso l'altro.

Siano $K_1, K_2, K_3, \ldots$ questi corpi, e $V_1, V_2, V_3, \ldots$ le funzioni potenziali dei medesimi relative ai punti esterni; $V'_1, V'_2, V'_3, \ldots$ le rispettive funzioni potenziali relative ai punti interni; $W_1, W_2, W_3, \ldots$ i potenziali di questi corpi, e W_{rs} il potenziale in generale del corpo K_r sopra K_s; avremo

$$W_s = \tfrac{1}{2} \int V'_s \, dm_s ,$$

$$W_{rs} = \int V_r \, dm_s = \int V_s \, dm_r .$$

Quindi è chiaro che il potenziale W_s sarà soltanto funzione dei parametri della superficie che limita il corpo K_s e delle costanti della funzione che esprime la densità nel medesimo; e il potenziale W_{rs}, oltre ad essere funzione di questi parametri e di queste costanti, sarà funzione ancora di tre rette e di tre angoli che fissano la posizione del corpo K_r rispetto al corpo K_s.

Se prendiamo per assi delle coordinate tre assi ortogonali fissi in uno dei corpi, per esempio nel corpo K_1, e denotiamo con a_r, b_r, c_r le coordinate del centro di gravità di K_r, e con $\psi_r, \theta_r, \varphi_r$ gli angoli (per esempio quelli introdotti da Eulero) che determinano la direzione di tre assi ortogonali fissi nel corpo K_r rispetto agli assi delle coordinate, e chiamiamo *coordinate rettilinee del corpo* K_r le quantità a_r, b_r, c_r e *coordinate angolari del corpo* K_r le quantità $\psi_r, \theta_r, \varphi_r$: è facile a vedersi che il potenziale del sistema

$$W = \Sigma W_h + \tfrac{1}{2} \Sigma_h \Sigma_k W_{hk}$$

conterrà $3n-3$ coordinate rettilinee e $3n-3$ coordinate angolari, se n è il numero dei corpi.

Denotando con $-X_r, -Y_r, -Z_r$ le componenti della forza da applicarsi al centro di gravità di K_r, e con $-H_r, -H'_r, -H''_r$ le coppie che hanno per assi rette parallelle ai tre assi delle coordinate, da applicarsi al corpo K_r per fare equilibrio all'azione esercitata sopra il medesimo dagli altri corpi, avremo dal principio delle velocità virtuali

$$\Sigma_h (X_h \delta a_h + Y_h \delta b_h + Z_h \delta c_h + H_h \delta p_h + H'_h \delta p'_h + H''_h \delta p''_h) + \delta W = 0 :$$

dalla quale, esprimendo colle formule note della meccanica le rotazioni virtuali intorno ai tre assi δp_h, $\delta p'_h$, $\delta p''_h$ in funzione di $\delta\psi_h$, $\delta\theta_h$, $\delta\varphi_h$ (1), sarà facile ricavare i valori delle componenti delle forze X_h, Y_h, Z_h e delle coppie H_h, H'_h, H''_h espresse per le derivate del potenziale W rispetto alle coordinate rettilinee ed angolari del corpo K_h.

Siano, per esempio, due sfere omogenee; R ed R' i loro raggi; x la distanza dei loro centri; M ed M' le loro masse; r ed r' le distanze di un punto qualunque dai loro centri; V_e e V_i le funzioni potenziali relative ai punti esterni e ai punti interni per la prima sfera, e V'_e, V'_i quelle per la seconda sfera. Avremo

$$V_e = \frac{M}{r}\ ,\quad V_i = 2\pi R^2 - \frac{2\pi r^2}{3}\ ,$$

$$V'_e = \frac{M'}{r'}\ ,\quad V'_i = 2\pi R'^2 - \frac{2\pi r'^2}{3}\ ;$$

onde, denotando con W_1 il potenziale della prima sfera, con W_2 quello della seconda sfera, con W_{12} quello della prima sfera sopra la seconda e con W il potenziale delle due sfere, avremo

$$W_1 = \frac{6M^2}{5R}\ ,\quad W_2 = \frac{6M'^2}{5R'^2}\ ,$$

$$W_{12} = M\int\frac{d\sigma'}{r} = M\,V'_e = \frac{MM'}{x}\ ,$$

$$W = \frac{6M^2}{5R} + \frac{6M'^2}{5R'^2} + \frac{MM'}{x}\ .$$

Onde

$$X_2 = \frac{MM'}{x^2}\ ,\quad Y_2 = 0\ ,\quad Z_2 = 0\ ,$$

$$H_2 = 0\ ,\quad H'_2 = 0\ ,\quad H''_2 = 0\ .$$

L'attrazione esercitata da una sfera sopra l'altra è la stessa come se le due masse fossero concentrate nei loro centri.

---

(1) V. Mossotti, *Lezioni di meccanica razionale*, L. 24.

X.

Dello stato di equilibrio elettrico di uno o più conduttori sotto l'azione di forze elettriche qualunque.

Tutti i fenomeni della elettricità statica si spiegano ammettendo che in ogni punto materiale non elettrizzato vi siano riunite eguali quantità di due specie differenti di una materia imponderabile, una delle quali si chiama *elettricità positiva*, e l'altra *elettricità negativa*; che due particelle infinitesime di elettricità dello stesso nome si respingano con una forza direttamente proporzionale alle loro masse, e inversamente proporzionale al quadrato della loro distanza; che due particelle infinitesime di elettricità di nome contrario si attraggano in ragione diretta delle loro masse, e inversa dei quadrati delle loro distanze, e che la intensità della forza, con cui si attraggono due particelle infinitesime situate a una certa distanza, sia uguale alla intensità della forza con cui si respingono due particelle infinitesime dello stesso nome eguali alle precedenti e situate alla stessa distanza; sicchè, da un punto materiale non elettrizzato che contiene la stessa quantità di elettricità delle due specie, non emana nessuna azione, nè sopra gli altri punti non elettrizzati, nè sopra le elettricità che potrebbero trovarsi separate in altri punti dello spazio.

Quando si elettrizza un corpo con uno qualunque dei mezzi noti dalla fisica, si vengono a separare le elettricità in alcuni dei punti del medesimo; e portando via una delle due elettricità, rimane in generale l'altra libera nel corpo stesso; ovvero, ponendo un corpo già elettrizzato in contatto con uno non elettrizzato si comunica a quest'ultimo una certa quantità di elettricità. Un corpo che contenga in ogni suo punto la stessa quantità di elettricità positiva e negativa, si dice allo *stato naturale*; uno invece che contenga in alcuni punti più elettricità di un nome che di un altro, è *elettrizzato*: e l'eccesso di elettricità di un nome sopra quella di un altro si dice elettricità *libera*.

Un corpo in cui l'elettricità si muova liberamente obbedendo alle azioni esercitate sopra di essa, si dice *conduttore*; un corpo in cui l'elettricità, ancorchè sollecitata al moto da forze che agiscono sopra di essa, è ritenuta ferma dalla attrazione che il punto materiale dove si trova, esercita sopra di lei, si dice *coibente*. Noi considereremo i corpi come perfettamente conduttori, immersi in uno spazio perfettamente coibente.

Se sopra i punti di un corpo conduttore sia esercitata un'azione elettrica, l'elettricità di un certo nome verrà attratta e l'altra respinta: quindi ne nascerà un moto, e l'elettricità si disporrà in modo che ne nascano tali azioni da fare equilibrio all'azione esterna esercitata sul corpo, ma se il corpo è coibente non potrà nascere alcun moto e soltanto potrà accadere una specie di polarizzazione in ognuna delle sue molecole ([1]).

Supponiamo che in un elemento dv dello spazio si trovi tanta quantità di elettricità positiva, che se si avesse un'unità di volume piena di elettricità positiva uniformente distribuitavi in modo che in ogni suo elemento ve ne fosse tanta quanta in dv, la totalità dell'elettricità fosse ϱ, si dice allora che la *densità* della elettricità contenuta in dv è ϱ, ed è chiaro che se la quantità di elettricità contenuta in dv è dm sarà $\varrho = \frac{dm'}{dv}$.

Se l'elettricità dm' contenuta in dv è negativa, si dirà che la densità è $-\varrho$, e avremo $-\varrho = \frac{dm'}{dv}$.

È chiaro che con queste convenzioni, l'azione esercitata da una particella di elettricità sopra un punto qualunque dello spazio che si trovi alla distanza r dalla medesima e che contenga una quantità di elettricità eguale ad uno, sarà data sempre da

$$\varrho \frac{dv}{r^2}.$$

Quindi, per avere l'azione che la elettricità libera distribuita comunque in un corpo esercita sopra un pnnto qualunque dello spazio, basta determinare il potenziale della medesima, il quale sarà

$$V = \int \varrho \frac{dv}{r},$$

ed avrà le proprietà caratteristiche, che abbiamo dato nei numeri precedenti.

Sia S un sistema di corpi conduttori $K_1, K_2, K_3, \ldots$ immersi in uno spazio coibente, ai quali siano compartite rispettivamente le quantità di elettricità $E_1, E_2, E_3, \ldots$ Agiscano sopra il sistema S forze elettriche qualunque (che potranno emanare dai corpi coibenti elettrizzati); e i punti d'onde esse emanano siano alcuni nello spazio connesso esterno a tutti i conduttori, altri nei vuoti che supporremo trovarsi in alcuni dei conduttori. Sia P la funzione potenziale di queste forze elettriche esterne al sistema.

([1]) Il Mossotti ha considerato questa azione sui corpi coibenti in una Memoria inserita nel vol. XXIV, parte prima, delle Memorie della *Società Italiana delle Scienze.*

Le elettricità libere comunicate primitivamente ai conduttori, e quelle nate per la decomposizione prodotta dall'azione delle forze elettriche esterne al sistema e dall'azione reciproca della elettricità dei conduttori, si muoveranno finchè non saranno pervenute a una tal distribuzione per cui le azioni che risultano da esse e dal potenziale P sopra un punto qualunque dei conduttori non vengano ad essere nulle; e allora diremo di avere ottenuto lo *stato di equilibrio elettrico* nel sistema. Quindi in questo stato dovranno essere nulle le derivate della somma della funzione potenziale P colla funzione potenziale di tutta la elettricità del sistema, in ogni punto di ciascuno dei conduttori; e perciò la somma di queste due funzioni dovrà essere eguale a una medesima costante in ogni punto del medesimo conduttore. Pertanto, se denotiamo con V_e la funzione potenziale di tutta la elettricità del sistema nello stato di equilibrio relativa allo spazio esterno a tutti i conduttori, con $V'_i, V''_i, V'''_i, \ldots$ la medesima funzione per i punti interni ai conduttori $K_1, K_2, K_3, \ldots$, e finalmente con $V_s^{(r)}$ per uno spazio vuoto s che esista nel conduttore K_r; avremo sopra le superficie esterne dei conduttori K_r

$$V_e + P = c_r; \tag{1}$$

per le superficie interne

$$V_s^{(r)} + P = c_r; \tag{2}$$

in tutto il conduttore K_r

$$V_i^{(r)} + P = c_r, \tag{3}$$

essendo $c_1, c_2, c_3, \ldots$ tutte quantità costanti.

L'equazione (3) dà immediatamente la funzione potenziale nell'interno dei conduttori espressa per la funzione P data, e per le quantità costanti c_r.

La funzione V_e rimane determinata dall'equazione (1) mediante il secondo teorema del §. VIII, perchè ha le caratteristiche della funzione potenziale ed è data sopra la superficie sferica di raggio infinito, e sopra le superficie esterne dei conduttori K_r, i quali limitano compiutamente lo spazio connesso a cui si riferisce.

La funzione $V_s^{(r)}$ è determinata egualmente nello spazio vuoto s di K_r, perchè, avendo le caratteristiche del potenziale, è data dalla equazione (2) sopra la superficie interna di K_r che limita questo spazio a cui essa si riferisce.

Se denotiamo con ϱ_s la densità della elettricità nel conduttore K_s, avremo

$$\Delta^2 V_i^{(s)} = - 4\pi\varrho_s .$$

Ma dall'equazione (3) abbiamo

$$\Delta^2 V_i^{(s)} + \Delta^2 P = 0 ,$$

e $\Delta^2 P = 0$, perchè nell'interno dei conduttori non vi sono punti d'onde emanino le forze elettriche che hanno la funzione potenziale P: quindi

$$\Delta^2 V_i^{(s)} = 0 ;$$

e in conseguenza

$$\varrho_s = 0 ,$$

e abbiamo il seguente teorema già noto dall'esperienza:

Nello stato di equilibrio elettrico, sotto l'azione di forze elettriche qualunque esterne al sistema, la elettricità si porta tutta alla superficie dei conduttori, e nell'interno di essi rimane tutta allo stato naturale.

Quindi la funzione potenziale della elettricità del sistema è potenziale di superficie, e abbiamo, per ciò che dimostrammo nel §. VII, le formule seguenti per determinare le densità ϱ_r, $\varrho_s^{(r)}$ della elettricità che si troverà rispettivamente sopra le superficie esterne e interne di K_r

$$(4) \begin{cases} \dfrac{dV_e}{dp_r} + \dfrac{dP}{dp_r} = - 4\pi\varrho_r , \\ \dfrac{dV_s^{(r)}}{dp_s^{(r)}} + \dfrac{dP}{dp_s^{(r)}} = - 4\pi\varrho_s^{(r)} . \end{cases}$$

Le costanti c_r si determineranno per mezzo delle quantità di elettricità libere, comunicate primitivamente ai conduttori, dalle equazioni

$$(5) \qquad E_r = \int \varrho_r d\sigma_r ,$$

che le conterranno linearmente nel secondo membro come vedremo in seguito e che saranno in numero eguale al numero delle incognite.

Se alcuno dei conduttori per esempio K_r fosse posto in comunicazione col suolo, la funzione potenziale V dovrebbe sopra la superficie di questo avere lo stesso valore che ha la funzione potenziale sulla superficie della terra, cioè dovrebbe esservi eguale a zero: quindi $c_r = 0$, e la equazione (5) che vi si riferisce, darebbe la quantità di elettricità libera che si troverebbe su questo conduttore; e per determinare le costanti c_s si avrebbe, una equazione di meno e un'incognita di meno.

Se in uno degli spazî vuoti nell'interno di uno dei conduttori K_r non si trova nessuno dei punti d'onde emanano forze elettriche, la funzione potenziale $V_s^r + P$ si manterrà continua in tutto questo spazio; ed essendo costante sopra la superficie che lo limita, per il teorema 4° del § IV, sarà costante in tutto questo spazio, quindi si avrà lo stesso valore come se questo spazio, fosse ripieno di materia conduttrice, e l'azione esercitata sopra i punti del medesimo sarà nulla.

Se il sistema si riduce a un sol corpo conduttore K, e i punti d'onde emanano le azioni elettriche sono situati in uno spazio vuoto s, interno al medesimo, ed esso è posto in comunicazione col suolo, la funzione potenziale $V_e + P$ sarà nulla sopra la superficie esterna di K, si manterrà finita e continua in tutto lo spazio esterno, sarà nulla sopra una sfera di raggio infinito, soddisferà all'equazione di Laplace; quindi, per il teorema 4° del §. IV, sarà nulla in tutto lo spazio connesso esterno K, e avremo dunque il seguente teorema:

Le azioni elettriche che emanano da punti situati in uno spazio racchiuso da un involucro conduttore posto in comunicazione col suolo, sono nulle sopra tutti i punti dello spazio esterno all'involucro.

Denotando con ϱ la densità della elettricità nella superficie interna di K che limita lo spazio vuoto s_1, con V_i' la funzione potenziale della elettricità indotta nel corpo K, avremo

$$\frac{dV_i'}{dp} + \frac{dP}{dp} = -4\pi\varrho\,;$$

e quindi, essendo E' la quantità di elettricità che si trova sopra la superficie che limita s_1, si ottiene

$$E' = \int \varrho d\sigma = -\frac{1}{4\pi}\int \frac{dV_i'}{dp} d\sigma - \frac{1}{4\pi}\int \frac{dP}{dp} d\sigma\,.$$

Ora, per il teorema 1° del §. IV, abbiamo

$$\int \frac{dV_i'}{dp} d\sigma = 0\,,$$

$$\frac{1}{4\pi}\int \frac{dP}{dp} d\sigma = E\,,$$

essendo E la quantità di elettricità cui sono dovute le azioni elettriche che hanno la funzione potenziale P e che si trova nello spazio s_1; sarà dunque

$$E' = - E$$

e avremo il seguente teorema:

Se in uno spazio vuoto chiuso da un conduttore posto in comunicazione colla terra esistono più corpi elettrizzati, sopra la superficie interna del conduttore si accumulerà una quantità di elettricità libera eguale e di segno contrario a quella contenuta nei corpi elettrizzati che si trovano nell'interno.

Se i punti d'onde emanano le forze che agiscono sulla elettricità del sistema e che hanno la funzione potenziale P, appartengono al sistema stesso, cioè se alcune di queste forze emanano da alcuno dei punti interni dei conduttori, non si potrà avere uno stato di equilibrio elettrico, perchè in questo stato nell'interno di ciascun conduttore vi dev'essere un'azione nulla. Si avrà dunque un movimento continuo nella elettricità del sistema, e quando il moto sarà ridotto permanente tutta la elettricità libera sarà alla superficie dei conduttori. Infatti sia V il potenziale di tutta la elettricità libera, avremo nell'interno dei conduttori

$$\Delta^2 V = - 4\pi\varrho ,$$

indicando con ϱ la densità dell'elettricità. Ora consideriamo nell'interno di un conduttore una superficie chiusa qualunque che non uscendo dal conduttore non racchiude nel suo interno alcuni dei punti d'onde emanano le forze di funzione potenziale P; essendo ridotto il moto permanente, e supponendo che la quantità d'elettricità che passa attraverso ogni elemento piano dei conduttori sia proporzionale alla componente nel senso della normale a quest'elemento, poichè nello spazio racchiuso da questa superficie tanta elettricità deve entrare per quanta ne esce, avremo

$$\int \frac{dV}{dp} d\sigma = 0 .$$

Onde, per il teorema di Green

$$\iiint \Delta^2 V d\sigma = 0 ,$$

quando si estenda quest'integrale triplo a tutto lo spazio connesso limitato dalla superficie qualunque considerata. Avremo dunque nell'interno de' conduttori, quando si escludano i punti d'onde emanano le azioni di funzione potenziale P

$$\Delta^2 V = 0 ,$$

e quindi

$$\varrho = 0 ,$$

come volevamo dimostrare.

Anche in questo caso, denotando con V_e e con V_i la funzione potenziale relativa ai punti esterni e interni al conduttore, con ϱ la densità dell'elettricità, abbiamo

$$\frac{dV_e}{dp} - \frac{dV_i}{dp} = -4\pi\varrho .$$

XI.

Distribuzione della elettricità sopra un'ellissoide.

Abbiamo dimostrato nel §. V che la funzione potenziale di uno strato di livello è costante in tutti i punti della superficie interna dello strato, e nello spazio racchiuso dallo strato stesso; quindi, sopra una superficie di un sol corpo conduttore immerso in un mezzo perfettamente coibente tutto allo stato naturale, l'elettricità si distribuirà in modo da formare uno strato di livello, perchè, secondo ciò che abbiamo dimostrato nel §. VIII, vi è una sola funzione potenziale che abbia un valore dato alla superficie.

Quindi, sopra un conduttore che abbia la forma di un'ellissoide, la elettricità, dovendo formare uno strato di livello, dovrà distribuirsi in modo che la sua densità risulti in un punto qualunque m proporzionale direttamente alla lunghezza della normale compresa tra essa e l'ellissoide omotetica infinitamente vicina. Queste porzioni di normale sono proporzionali a $(\sqrt{\Delta\lambda})_{\lambda=0}$, essendo

$$\frac{x^2}{a^2+\lambda} + \frac{y^2}{b^2+\lambda} + \frac{z^2}{c^2+\lambda} = 1 ,$$

ed a, b, c i semiassi principali dell'ellissoide.

Determiniamo ora il significato geometrico della espressione $(\sqrt{\Delta\lambda})_{\lambda=0}$ come è stato trovato dal sig. Carlo Neumann.

Ponendo

$$H = \sqrt{\frac{x^2}{a^4} + \frac{y^2}{b^4} + \frac{z^2}{c^4}} ,$$

abbiamo

$$(\sqrt{\Delta\lambda})_{\lambda=0} = \frac{2}{H} .$$

Siano ora l, m, n i coseni degli angoli che la normale all'ellissoide

$$(1) \qquad f(x, y, z) = \frac{x^2}{a^2} + \frac{y^2}{b^2} + \frac{z^2}{c^2} = 1$$

fa con i tre assi; avremo

$$l = \frac{x}{a^2}\frac{1}{H}, \quad m = \frac{y}{b^2}\frac{1}{H}, \quad n = \frac{z}{c^2}\frac{1}{H}.$$

Quindi, il piano che passa per il centro ed è parallelo al piano tangente, avrà per equazione

$$(2) \qquad lx + my + nz = 0.$$

Poniamo nella equazione (1)

$$\begin{aligned} x &= lX + l'Y + l''Z, \quad X = l\,x + m\,y + n\,z, \\ y &= mX + m'Y + m''Z, \quad Y = l'\,x + m'\,y + n'\,z, \\ z &= nX + n'Y + n''Z, \quad Z = l''x + m''y + n''z. \end{aligned}$$

È chiaro che il nuovo piano delle yz sarà il piano (2); e, ponendo nell'equazione trasformata

$$f(lX + l'Y + l''Z, \ mX + m'Y + m''Z, \ nX + n'Y + n''Z) = 1,$$

$X = 0$, avremo l'equazione della sezione nel suo stesso piano.

Perchè sia riferita ai suoi assi principali dovrà aversi

$$f = LX^2 + MY^2 + NZ^2 + 2PXY + 2QXZ = 1,$$

perchè, ponendo $X = 0$, divenga della forma

$$MY^2 + NZ^2 = 1.$$

Derivando rapporto ad Y, avremo

$$\frac{df}{dx}l' + \frac{df}{dy}m' + \frac{df}{dz}n' = 2MY + 2PX,$$

ossia

$$\frac{l'x}{a^2} + \frac{ym'}{b^2} + \frac{n'z}{c^2} = (Ml' + Pl)\,x + (Mm' + Pm)\,y + (Mn' + Pn)\,z;$$

onde

$$(1 - Ma^2)\,l' - Pla^2 = 0\,,$$
$$(1 - Mb^2)\,m' - Pmb^2 = 0\,,$$
$$(1 - Mc^2)\,n' - Pnc^2 = 0\,,$$
$$ll' + mm' + nn' = 0\,,$$

dalle quali si deduce

$$\frac{l^2a^2}{1 - Ma^2} + \frac{m^2b^2}{1 - Mb^2} + \frac{n^2c^2}{1 - Mc^2} = 0\,.$$

Derivando rapporto a Z, si trova analogamente

$$\frac{l^2a^2}{1 - Na^2} + \frac{m^2b^2}{1 - Nb^2} + \frac{n^2c^2}{1 - Nc^2} = 0\,.$$

Onde, M ed N sono le radici della equazione

$$\frac{l^2a^2}{1 - Sa^2} + \frac{m^2b^2}{1 - Sb^2} + \frac{n^2c^2}{1 - Sc^2} = 0\,,$$

ossia

$$\begin{aligned} &l^2a^2 + m^2b^2 + n^2c^2 \\ &- S\,[l^2a^2(b^2 + c^2) + m^2b^2(c^2 + a^2) + n^2c^2(a^2 + b^2)] \\ &+ a^2b^2c^2\,S^2 = 0\,. \end{aligned}$$

Ora, se denotiamo con a_1 e b_1 i semiassi principali della sezione fatta dal piano (2) nell'ellissoide, avremo

$$a_1 = \frac{1}{\sqrt{M}}\,,$$
$$b_1 = \frac{1}{\sqrt{N}}\,.$$

Quindi l'area di questa sezione sarà

$$\pi\,a_1b_1 = \frac{\pi}{\sqrt{MN}}\,.$$

Ma

$$\begin{aligned} MN &= \frac{l^2a^2 + m^2b^2 + n^2c^2}{a^2b^2c^2} \\ &= \frac{1}{H^2a^2b^2c^2}\,; \end{aligned}$$

onde

$$H = \frac{a_1 b_1}{a b c},$$

e

$$(\sqrt{\Delta\lambda})_{\lambda=0} = \frac{2 a b c}{a_1 b_1}.$$

Dunque abbiamo il seguente teorema:

Se si comunica dell'eletricità a un conduttore che abbia la forma di un' elissoide, sopra cui non agisca nessuna forza elettrica esterna, l'elettricità si distribuirà in modo che in ogni punto la sua densità sia inversamente proporzionale all'area della sezione fatta dal piano che passa per il centro ed è parallelo al piano tangente in quel punto.

Denotando le pressioni che l'elettricità eserciterà contro il mezzo coibente in cui è immersa l'ellissoide negli estremi degli assi a, b, c, con p_a, p_b, p_c, avremo:

$$p_a : p_b : p_c = \frac{1}{b^2 c^2} : \frac{1}{c^2 a^2} : \frac{1}{a^2 b^2},$$

$$p_a : p_b : p_c = a^2 : b^2 : c^2.$$

Quindi, se $a > b > c$ ed a assai più grande di b e di c, avremo una pressione di gran lunga superiore all'estremo dell'asse maggiore. Di qui la teorica delle punte.

XII.

Funzione di Green.

Per determinare analiticamente la funzione potenziale relativa allo stato di equilibrio elettrico di un sistema di conduttori elettrizzati, e che si trovano sotto l'azione di forze elettriche esterne qualunque, si presentano due difficoltà: una dipendente dalla forma dei conduttori, e una dalla natura del potenziale P delle forze elettriche esterne. Green per superare le due difficoltà separatamente, ha dato un metodo, con cui si risolve la difficoltà relativa alla forma dei conduttori nel caso più semplice di P, e si fa dipendere tutti i casi in cui P ha forme qualunque più complicate, dalla soluzione di questo.

Sia

$$P = -\frac{1}{r_{mx}},$$

cioè consideriamo un sistema S di conduttori sotto l'azione di un punto solo m in cui vi è una quantità di elettricità eguale all'unità, e che si trova in un mezzo perfettamente coibente nello spazio esterno al sistema S. Supponiamo inoltre che tutti i conduttori del sistema S siano posti in comunicazione colla terra. La funzione potenziale dello strato elettrico che nello stato di equilibrio avrà luogo nei conduttori del sistema sommata colla funzione potenziale $-\frac{1}{r_{m\text{x}}}$, sopra la superficie e nell'interno di ciascuno dei conduttori dovrà essere uguale a una quantità costante; e poichè questi conduttori sono posti in comunicazione col suolo, che ha la funzione potenziale uguale a zero, dovrà la costante essere eguale a zero, ossia la funzione potenziale dello strato elettrico in equilibrio delle superficie dei conduttori, dovrà essere sopra queste e nell'interno eguale ad $\frac{1}{r_{m\text{x}}}$. Denotiamo questa funzione potenziale per un punto n dello spazio esterno con $G(m, n)$. Questa funzione delle coordinate (x', y', z') di m e (x, y, z) di n, che si chiama la funzione di Green, dal nome di colui che l'ha introdotta nella fisica matematica, è una funzione potenziale; quindi è completamente determinata per tutti i punti esterni al sistema S dalle seguenti caratteristiche:

1ª. sopra la superficie dei conduttori del sistema S è $= \frac{1}{r_{m\text{x}}}$;

2ª. all'infinito s'annulla insieme colle sue derivate; essa moltiplicata per r e le sue derivate moltiplicate per r^2 convergono verso un limite finito;

3ª. è finita e continua insieme colle sue derivate in tutto lo spazio in cui si considera;

4ª. soddisfa in tutto questo spazio all'equazione

$$\Delta^2 G = 0 .$$

La densità ϱ_{ma} che avrà l'elettricità in un punto a del sistema S, sarà data dalla formola

$$\left(\frac{d \frac{1}{r_{m\text{x}}}}{dp} - \frac{d G(m, \text{x})}{dp} \right)_{\text{x}=a} = 4 \pi \varrho_{ma} ;$$

e avremo: per un punto n interno al sistema

$$\int \frac{\varrho_{m\text{x}}\, d\sigma}{r_{n\text{x}}} = \frac{1}{r_{mn}} ;$$

e per un punto n esterno al sistema

$$\int \frac{\varrho_{m\text{x}}\, d\sigma}{r_{n\text{x}}} = G(m, n) .$$

La funzione di Green è simmetrica rispetto ai punti m ed n esterni al sistema S: cioè, permutando le coordinate x, y, z di n con quelle x', y', z' di m, non muta.

Infatti, dalle equazioni precedenti abbiamo

$$\int \frac{\varrho_{n\mathrm{x}'}\, d\sigma'}{r_{a\mathrm{x}'}} = \frac{1}{r_{an}},$$

dove a è un punto della superficie: ma

$$\int \frac{\varrho_{m\mathrm{x}}\, d\sigma}{r_{n\mathrm{x}}} = \mathrm{G}(m, n),$$

onde

$$\mathrm{G}(m, n) = \int\int \frac{\varrho_{m\mathrm{x}}\, \varrho_{n\mathrm{x}'}\, d\sigma\, d\sigma'}{r_{\mathrm{x}\mathrm{x}'}},$$

e quindi non muta cangiando m in n ed n in m.

Se il punto m è interno ad uno dei corpi del sistema S, essendo la superficie di S posta in comunicazione colla terra, il potenziale dell'elettricità distribuita sopra la superficie di S dovrà essere uguale ad $\frac{1}{r_{m\mathrm{x}}}$ sopra la superficie di S e in tutto lo spazio esterno; e nello spazio interno, denotandolo con $\mathrm{G}'(m, n)$, avremo che questa funzione avrà le seguenti caratteristiche:

1ª. sarà uguale ad $\frac{1}{r_{m\mathrm{x}}}$ sopra la superficie;

2ª. sarà finita e continua insieme con le sue derivate nelle spazio interno;

3ª. soddisferà all'equazione

$$\Delta^2 \mathrm{G}' = 0.$$

La densità $\varrho_{ma'}$, che avrà la elettricità in un punto a' della sua superficie, sarà data dalla formula

$$\left(\frac{d\mathrm{G}'(m, \mathrm{x})}{dp} - \frac{d \frac{1}{r_{m\mathrm{x}}}}{dp} \right)_{\mathrm{x}=a'} = 4\pi \varrho_{ma'},$$

e avremo

$$\int \frac{\varrho_{m\mathrm{x}}\, d\sigma}{r_{n\mathrm{x}}} = \frac{1}{r_{mn}}$$

per un punto n esterno al corpo, ed

$$\int \frac{\varrho_{m\mathrm{x}}\, d\sigma}{r_{n\mathrm{x}}} = \mathrm{G}'(m, n)$$

per un punto n interno al corpo.

La funzione $G'(m, n)$ è simmetrica rispetto ad m ed n; si dimostra come nel caso precedente.

Se denotiamo con Ω_{mn} il potenziale dell'elettricità indotta in un sistema di conduttori S posti in comunicazione colla terra, dalla elettricità concentrata in un punto m esterno al sistema S, più il potenziale di questa stessa elettricità, avremo

$$\Omega_{mn} = G(m, n) - \frac{1}{r_{mn}}$$

per i punti n esterni al sistema S, ed

$$\Omega_{mn} = 0$$

per tutti i punti interni al sistema, e se denotiamo con Ω'_{mn} il potenziale dell'elettricità indotta nella superficie di un corpo posto in comunicazione col suolo dall'elettricità concentrata in un punto m interno ad S più il potenziale di questa stessa elettricità, avremo

$$\Omega'_{mn} = G'(m, n) - \frac{1}{r_{mn}}$$

per i punti interni al corpo, ed

$$\Omega'_{mn} = 0$$

per i punti esterni.

Ω_{mn} è una funzione di n che in un punto m esterno ad S diviene infinita come

$$\left(-\frac{1}{r_{mn}}\right)_{m=n};$$

si annulla alle superficie di S, ed ha le altre caratteristiche del potenziale.

Ω'_{mn} invece diviene infinita come

$$\left(-\frac{1}{r_{mn}}\right)_{m=n}$$

in un punto m interno a un corpo K, si annulla alla superficie di K ed ha tutte le caratteristiche del potenziale.

XIII.

Determinazione della funzione potenziale di un sistema di conduttori elettrizzati e sotto l'azione di forze elettriche qualunque.

Abbiamo veduto nel §. XI che per determinare lo stato di equilibrio elettrico di un sistema S di conduttori $K_1, K_2, K_3, \ldots$, ai quali siano comunicate rispettivamente le quantità di elettricità libera $E_1, E_2, E_3, \ldots$, immersi in uno spazio coibente, alcuni dei quali possono anche essere isolati dagli altri, ma posti in comunicazione col suolo, e sopra i quali agiscano forze elettriche esterne che abbiano la funzione potenziale eguale a P, è necessario e sufficiente che sia determinata analiticamente la funzione V_e nello spazio connesso esterno ai conduttori e negli spazi vuoti interni ai medesimi essendo noto che essa è una funzione potenziale, e che sulla superficie di un conduttore K_s si ha

$$V_e = c_s - P; \tag{1}$$

le quali condizioni sono sufficienti, come si sa dal §. VIII, alla sua completa determinazione. Cominciamo dal determinare V_e nello spazio connesso esterno a tutti i conduttori, che è limitato da una sfera di raggio infinito, sopra la quale $V_e = 0$, e dalle superficie esterne dei conduttori. Sia $G(ex)$ la funzione di Green relativa al sistema S per i punti dello spazio esterno a tutti i conduttori;

$$\Omega_{ex} = -G(ex) + \frac{1}{r_{ex}}, \tag{2}$$

$$-\left(\frac{d\Omega_{ex}}{dp}\right)_{x=a_s} = \left(\frac{dG(ex)}{dp} - \frac{d\frac{1}{r_{ex}}}{dp}\right)_{x=a_s} = 4\pi\varrho_{ea_s}, \tag{3}$$

dove a_s indica un punto della superficie K_s del sistema S e p la corrispondente normale verso lo spazio esterno.

La funzione Ω_{ex} diverrà infinita come $\left(\frac{1}{r_{ex}}\right)_{x=e}$ nel punto e; si annullerà sopra le superficie di S, e avrà le altre caratteristiche del potenziale nello spazio esterno. Quindi potrà alle due funzioni V ed Ω_{ex} applicarsi il teorema di Green. Avremo dunque

$$4\pi V_e = -\int\int\int(\Omega_{ex}\,\Delta^2 V - V\Delta^2\Omega_{ex})\,dx\,dy\,dz +$$

$$+\Sigma_s\int\left(V_s\frac{d\Omega_{ex}}{dp_s} - \Omega_{ex}\frac{dV_s}{dp_s}\right)d\sigma_s\,.$$

Ora $\Delta^2 V = \Delta^2\Omega_{ex} = 0$ in tutto lo spazio esterno ad S, V sempre finita, ed $\Omega_{ex} = -G(ex) + \frac{1}{r_{ex}}$ è pure sempre finita anche per $x = e$; quindi avremo

$$\int\int\int(\Omega_{ex}\,\Delta^2 V - V\Delta^2\Omega_{ex})dx\,dy\,dz = 0\,.$$

Alle superficie

$$\Omega_{ex} = 0\,;$$

dunque

$$4\pi V_e = \Sigma\int V_s\frac{d\Omega_{ex}}{dp_s}\,d\sigma\,,$$

e, sostituendo il valore (3),

$$V_e = -\Sigma_s\int V_s\,\varrho_{ea_s}\,d\sigma_s$$

e, con i valori (1),

$$V_e = -\Sigma_s c_s\int\varrho_{ea_s}\,d\sigma_s + \Sigma_s\int P_s\,\varrho_{ea_s}\,d\sigma_s\,.$$

Sostituendo il valore di ϱ_{eas} abbiamo

$$\int\varrho_{eas}\,d\sigma_s = \frac{1}{4\pi}\int\frac{dG(ex)}{dp_s}\,d\sigma_s - \frac{1}{4\pi}\int\frac{d\frac{1}{r_{ex}}}{dp_s}\,d\sigma_s\,.$$

Ma per il teorema 3° del §. IV, essendo e esterno alla superficie di S, avremo

$$\int\frac{d\frac{1}{r_{ex}}}{dp_s}\,d\sigma_s = 0\,;$$

quindi sarà

$$\int\varrho_{ea_s}\,d\sigma_s = \frac{1}{4\pi}\int\frac{dG(ex)}{dp_s}\,d\sigma_s\,,$$

(4) $$V_e = -\frac{1}{4\pi}\Sigma_s\left(c_s\int\frac{dG(ex)}{dp_s}\,d\sigma_s + \int P_s\frac{d\Omega_{ex}}{dp_s}\,d\sigma_s\right)\,.$$

Passiamo ora a determinare V_e nei vuoti dei conduttori K_s.

Sia V_{es} la funzione potenziale per uno di questi spazi contenuto nel conduttore K_s. Sia $G'(ex)$ la funzione di Green relativa a un punto qualunque di questo spazio dentro il quale si trovano punti d'onde emanano forze elettriche.

La funzione

$$\Omega'_{ex} = \frac{1}{r_{ex}} - G'(ex)$$

si annullerà alla superficie interna di K_s, nell'interno diverrà infinita come $\frac{1}{r_{ex}}$, e del resto essa e le sue derivate si manterranno sempre finite e continue e soddisferà all'equazione $\Delta^2 G' = 0$; quindi a V e ad Ω' potremo applicare il teorema di Green, e avremo nel punto e

$$4\pi V_{es} = -\iiint (\Omega'_{ex} \Delta^2 V - V \Delta^2 \Omega'_{ex})\, dx\, dy\, dz$$
$$+ \int \left(V \frac{d\Omega'_{ex}}{dp} - \Omega'_{ex} \frac{dV}{dp} \right) d\sigma ,$$

ed essendo $\Delta^2 \Omega'_{ex} = 0$ in tutto lo spazio, e $\Omega'_{ex} = 0$ sulla superficie

$$4\pi V_{es} = \int V \frac{d\Omega'_{ex}}{dp}\, d\sigma ;$$

ed essendo, quando con p si accenni la normale interna,

$$\left(\frac{dG'(ex)}{dp} - \frac{d\frac{1}{r_{ex}}}{dp} \right)_{x=a} = 4\pi \varrho_{ea} ,$$

avremo

$$V_{es} = \int V \varrho_{ea}\, d\sigma = - c_s \int \varrho_{ea}\, d\sigma + \int P \varrho_{ea}\, d\sigma . \tag{5}$$

Ora sarà facile determinare analiticamente le costanti.

Per i corpi conduttori che sono in contatto col suolo, le costanti c devono essere nulle. Le altre sono date dalle equazioni:

$$\text{(6)} \quad \left\{ \begin{array}{l} E_1 = \int \varrho_1\, d\sigma_1 = - \frac{1}{4\pi} \int \frac{dV_e}{dp}\, d\sigma_1 - \frac{1}{4\pi} \int \frac{dP}{dp}\, d\sigma_1 , \\ E_2 = \int \varrho_2\, d\sigma_2 = - \frac{1}{4\pi} \int \frac{dV_e}{dp}\, d\sigma_2 - \frac{1}{4\pi} \int \frac{dP}{dp}\, d\sigma_2 , \\ \dots\dots\dots\dots\dots\dots , \end{array} \right.$$

quando i conduttori non hanno nel loro interno spazi vuoti d'onde emanino forze elettriche. Per un conduttore che abbia uno di questi spazi vuoti con punti d'onde emanino forze elettriche, avremo, indicando con p_s, p_{is} le normali, esterna ed interna, alla superficie del conduttore,

$$E_s = -\frac{1}{4\pi}\int \frac{dV_e}{dp_s}\, d\sigma_s - \frac{1}{4\pi}\int \frac{dP}{dp_s}\, d\sigma_s$$
$$-\frac{1}{4\pi}\int \frac{dV_{es}}{dp_{is}}\, d\sigma_{is} - \frac{1}{4\pi}\int \frac{dP}{dp_{is}}\, d\sigma_{is}\,.$$

Ma P essendo continua tra le due superficie esterna ed interna, ed essendo $\Delta^2 P = 0$, avremo

$$\int \frac{dP}{dp_s}\, d\sigma_s + \int \frac{dP}{dp_{is}}\, d\sigma_{is} = 0\,,$$

onde

(7) $$E_s = -\frac{1}{4\pi}\int \frac{dV_e}{dp_s}\, d\sigma_s - \frac{1}{4\pi}\int \frac{dV_{es}}{dp_{is}}\, d\sigma_{is}\,.$$

Sostituendo il valore di V_e nelle equazioni (6) quando $P = 0$ ed i conduttori non hanno nel loro interno spazi vuoti d'onde emanino forze elettriche, abbiamo

$$E_r = \frac{1}{4\pi}\Sigma c_s \int\!\!\int \frac{\partial^2 G(ex)}{\partial p_r\, \partial p_s}\, d\sigma\, d\sigma'\,,$$

dove le due derivazioni sono prese riguardando una volta come variabile il punto e e l'altra il punto x; quindi, ponendo

$$\gamma_{rs} = \frac{1}{4\pi}\int\!\!\int \frac{\partial^2 G(ex)}{\partial p_r\, \partial p_s}\, d\sigma\, d\sigma'\,,$$

abbiamo

(7)' $$\gamma_{rs} = \gamma_{sr}\,,$$

e in conseguenza

(8) $$\begin{aligned} E_1 &= \gamma_{11} c_1 + \gamma_{12} c_2 + \gamma_{13} c_3 + \cdots, \\ E_2 &= \gamma_{21} c_1 + \gamma_{22} c_2 + \gamma_{23} c_3 + \cdots, \\ &\ldots\ldots\ldots\ldots \end{aligned}$$

È chiaro che γ_{rs} è eguale alla quantità di elettricità libera che si trova sul conduttore K_r quando al conduttore K_s è comunicata tanta elettricità, che ponendo in comunicazione col suolo tutti i conduttori, eccettuato K_s, la funzione potenziale sopra K_s è uguale all'unità. Onde la equazione $(7)'$ dà il seguente teorema, dovuto al sig. Riemann:

La quantità di elettricità libera che sarà sopra un conduttore K_r *quando tutti i conduttori sono in comunicazione col suolo, eccettuato* K_s, *e sopra* K_s *la funzione potenziale è uguale alla unità, è eguale a quella che sarà sopra* K_s, *quando tutti i conduttori saranno in comunicazione col suolo, eccettuato* K_r, *e sopra* K_r *la funzione potenziale sarà eguale alla unità.*

La quantità γ_{rr} di elettricità che bisogna comunicare al conduttore K_r, perchè, ponendo in comunicazione col suolo tutti gli altri conduttori, la funzione potenziale abbia sopra la sua superficie il valore eguale all'unità, suole chiamarsi la *capacità elettrica* di questo conduttore.

XIV.

Determinazione delle attrazioni e ripulsioni reciproche di più conduttori elettrizzati e posti in presenza uno degli altri.

Per quello che abbiamo dimostrato nel §. X, per determinare le attrazioni e repulsioni che i conduttori elettrizzati $K_1, K_2, \ldots, K_n$ esercitano tra loro, basterà determinare il potenziale di tutta l'elettricità del sistema.

Sia V la funzione potenziale di tutta l'elettricità del sistema nel suo stato di equilibrio; siano rispettivamente $E_1, E_2, \ldots, E_n$ le quantità di elettricità libere che si trovano sopra i corpi $K_1, K_2, \ldots, K_n$; $c_1, c_2, \ldots, c_n$ i valori che la funzione potenziale V prende rispettivamente sopra le superficie di questi conduttori. Avremo tra le quantità c_s ed E, le relazioni (8) del §. XIII:

(1) $$E_s = c_1\gamma_{1s} + c_2\gamma_{2s} + \cdots + c_2\gamma_{ns},$$

essendo

(2) $$\gamma_{rs} = \gamma_{sr},$$

e le quantità γ_{rs} saranno funzioni dei parametri delle superficie e delle coordinate rettilinee ed angolari dei conduttori rispetto ad uno di essi. Il potenziale W del sistema, che si ottiene prendendo la semisomma dei valori che acquista la funzione potenziale V nei differenti punti delle superficie moltiplicati per le masse di elettricità che vi si trovano, sarà evidentemente

(3) $$W = \tfrac{1}{2}(c_1 E_1 + c_2 E_2 + \cdots + c_n E_n).$$

Per avere la intensità F_b della forza che tende a diminuire una delle coordinate b di uno dei conduttori, avremo

$$(4)\qquad F_b = -\frac{\partial W}{\partial b} = -\tfrac{1}{2}\left(E_1 \frac{\partial c_1}{\partial b} + E_2 \frac{\partial c_2}{\partial b} + \cdots + E_n \frac{\partial c_n}{\partial b}\right).$$

Ma dall'equazione (1) abbiamo:

$$0 = c_1 \frac{\partial \gamma_{11}}{\partial b} + c_2 \frac{\partial \gamma_{12}}{\partial b} + \cdots + c_n \frac{\partial \gamma_{1n}}{\partial b} + \gamma_{11} \frac{\partial c_1}{\partial b} + \gamma_{12} \frac{\partial c_2}{\partial b} + \cdots + \gamma_{1n} \frac{\partial c_n}{\partial b},$$

$$0 = c_1 \frac{\partial \gamma_{21}}{\partial b} + c_2 \frac{\partial \gamma_{22}}{\partial b} + \cdots\cdots\cdots + \gamma_{21} \frac{\partial c_1}{\partial b} + \cdots$$

$$0 = c_1 \frac{\partial \gamma_{n1}}{\partial b} + c_2 \frac{\partial \gamma_{n2}}{\partial b} + \cdots\cdots\cdots + \gamma_{n1} \frac{\partial c_1}{\partial b} + \cdots$$

Moltiplicando queste equazioni, la 1ª per c_1, la 2ª per c_2, la 3ª per $c_3 \ldots$, sommando e osservando le equazioni (1) e (2), si ottiene

$$\Sigma\Sigma\, c_r c_s \frac{\partial \gamma_{rs}}{\partial b} = -\left(E_1 \frac{\partial c_1}{\partial b} + E_2 \frac{\partial c_2}{\partial b} + \cdots + E_n \frac{\partial c_n}{\partial b}\right),$$

e quindi, sostituendo nella equazione (4),

$$(5)\qquad F_b = \tfrac{1}{2}\, \Sigma\, c_r c_s \frac{\partial \gamma_{rs}}{\partial b}.$$

XV.

Determinazione della distribuzione della elettricità in un conduttore di forma sferica sotto l'azione di forze elettriche qualunque.

Cominciame dal determinare la funzione di Green.

Sia O il centro della sfera che prenderemo per origine delle coordinate; $OA = R$ sia il suo raggio; e un punto esterno alla sfera di coordinate (α, β, γ), e

$$\xi_e^2 = \alpha^2 + \beta^2 + \gamma^2 .$$

La funzione di Green deve essere una funzione dei punti x di coordinate (x, y, z) che deve mantenersi finita e continua insieme colle sue derivate in tutto lo spazio esterno alla sfera; debbono conservarsi sempre finite tanto essa moltiplicata per il raggio vettore di x, quanto e le sue derivate moltiplicate per il quadrato di questo medesimo raggio vettore; e quando x è sopra la superficie della sfera deve divenire eguale ad $\frac{1}{r_{ex}}$, essendo

$$r_{ex}^2 = (x - \alpha)^2 + (y - \beta)^2 + (z - \gamma)^2 .$$

Soddisfa a queste condizioni evidentemente la funzione

$$G(ex) = \frac{1}{\sqrt{(x-\alpha)^2 + (y-\beta)^2 + (z-\gamma)^2 + \lambda^2(x^2+y^2+z^2-R^2)}}$$

poichè per i punti m esterni alla sfera si ha

$$x^2 + y^2 + z^2 - R^2 > 0 .$$

Deve inoltre soddisfare alla equazione

$$\Delta^2 G(ex) = 0 .$$

Ma alla G può darsi la forma

$$G(ex) = \frac{1}{\sqrt{1+\lambda^2}} \frac{1}{\sqrt{\left(x - \frac{\alpha}{1+\lambda^2}\right)^2 + \left(y - \frac{\beta}{1+\lambda^2}\right)^2 + \left(z - \frac{\gamma}{1+\lambda^2}\right)^2 + \lambda^2 \frac{\xi_e^2 - (1+\lambda^2)R}{(1+\lambda^2)^2}}}$$

e quindi sarà soddisfatta l'equazione

$$\Delta^2 G = 0 ,$$

prendendo

$$\lambda^2 = \frac{\xi_e^2 - R^2}{R^2} ;$$

onde

$$G(ex) = \frac{R}{\xi_e r_{e'x}} ,$$

essendo

$$r_{e'x}^2 = \left(x - \frac{\alpha R^2}{\xi_e^2}\right)^2 + \left(y - \frac{\beta R^2}{\xi_e^2}\right)^2 + \left(z - \frac{\gamma R^2}{\xi_e^2}\right)^2 .$$

Denotando con $\xi_{e'}$ la distanza dall'origine del punto e' di coordinate $\left(\alpha \frac{R^2}{\xi_e^2}, \beta \frac{R^2}{\xi_e^2}, \gamma \frac{R_e}{\xi_e^2}\right)$, avremo

$$\xi_e \xi_{e'} = R^2 ,$$

e quindi e' il punto reciproco ad e rispetto alla sfera: ossia e ed e' sono sullo stesso raggio vettore da una medesima parte, ed abbiamo per i punti della superficie della sfera

$$r_{e'x} = \frac{R}{\xi_e} r_{ex} .$$

Se denotiamo con ϱ_{ex} la densità della elettricità indotta sopra la superficie della sfera, dopo che è stata posta in comunicazione colla terra, avremo

$$\left(\frac{dG(ex)}{dr} - \frac{d\frac{1}{r_{ex}}}{dr} \right)_{r=R} = -4\pi\varrho_{ex} ;$$

onde, sostituendo il valore di $G(ex)$, si ricava

$$\varrho_{ex} = \frac{\xi_e^2 - R^2}{4\pi R r_{ex}^3} .$$

Per avere la quantità della elettricità libera che si avrebbe sulla sfera, se si togliesse la comunicazione colla terra, e l'azione del punto e, osserviamo che si ha

$$4\pi Q = 4\pi \int \varrho_{ex}\, d\sigma = \int \frac{d\frac{1}{r_{ex}}}{dr} d\sigma - \frac{R}{\xi_e} \int \frac{d\frac{1}{r_{e'x}}}{dr} d\sigma = \frac{4\pi R}{\xi_e} ,$$

poichè il primo integrale è nullo perchè e è esterno alla sfera, e il secondo è uguale a -4π perchè e' è interno alla sfera. Avremo dunque

$$Q = \frac{R}{\xi_e} .$$

Quindi la densità della elettricità sopra la sfera, dopo che è sottratta all'azione di e, sarà

$$\varrho = \frac{Q}{4\pi R^2} = \frac{1}{4\pi R \xi_e} .$$

La funzione di Green $G'(e'x)$ relativa a un punto interno e', si dimostrerà analogamente essere data dalla formula

$$G'(e'x) = \frac{R}{\xi_{e'} r_{ex}} .$$

La densità $\varrho_{e'x}$ sarà

$$4\pi\varrho_{e'x} = \left(\frac{R}{\xi_{e'}} \frac{d\frac{1}{r_{ex}}}{dr} - \frac{d\frac{1}{r_{e'x}}}{dr} \right)_{r=R} = \frac{R^2 - \xi_{e'}^2}{R r_{e'x}^3} .$$

La quantità Q' di elettricità sulla sfera si trova come precedentemente, ed è

$$Q' = 1 .$$

Supponiamo ora che agiscano sopra la sfera forze elettriche qualunque, il potenziale delle quali sia P. Denotiamo con V_e il potenziale dell'elettricità indotta sopra la sfera, nello spazio esterno; con V_i, quello nello spazio interno. Ambedue queste funzioni dovranno, sommate con P, essere uguali a una costante sopra la superficie della sfera, la qual costante sarà zero, se la sfera è in comunicazione col suolo.

Pertanto avremo sopra la superficie della sfera

$$V = c - P ;$$

e quindi, ponendo

$$\Omega_e = \frac{1}{r_{ex}} - \frac{R}{\xi_e \, r_{e'x}} ,$$

$$\Omega_{e'} = \frac{1}{r_{e'x}} - \frac{R}{\xi_{e'} \, r_{ex}} ,$$

avremo, per quello che abbiamo dimostrato nel §. XIII,

$$V_e = \frac{1}{4\pi} \int (c - P) \frac{d\Omega_e}{dr} d\sigma = \int (c - P) \, \varrho_e \, d\sigma ,$$

$$V_i = \frac{1}{4\pi} \int (c - P) \frac{d\Omega_{e'}}{dr} d\sigma = \int (c - P) \, \varrho_{e'} \, d\sigma .$$

Ma

$$\int \varrho_e \, d\sigma = \frac{R}{\xi_e} , \quad \int \varrho_{e'} \, d\sigma = 1 ;$$

onde

$$V_e = \frac{cR}{\xi_e} - \frac{1}{4\pi} \int P \frac{d\Omega_e}{dr} d\sigma ,$$

$$V_i = c - \frac{1}{4\pi} \int P \frac{d\Omega_{e'}}{dr} d\sigma .$$

Ora, se non vi sono forze che emanano dai punti interni alla sfera, P nell'interno è sempre finita e continua, $\Omega_{e'}$ vi diviene infinito come $\frac{1}{r_{e'x}}$ per $x = e$; P ed $\Omega_{e'}$ soddisfano alle altre caratteristiche del potenziale, ed $\Omega_{e'}$ si annulla sopra la sfera; quindi, per il teorema di Green del §. IV,

$$P_{e'} = \frac{1}{4\pi}\int P\,\frac{d\Omega_{e'}}{dr}\,d\sigma = \int P\,\varrho_{e'}\,d\sigma\,,$$

$$V_i = c - P_{e'}\,.$$

Ora osserviamo che si ha

$$\varrho_{e'} = \frac{R^2 - \xi_{e'}^2}{4\pi R r_{e'}^3} = \frac{R^2 - \xi_{e'}^2}{4\pi R(\xi_{e'}^2 + R^2 - 2R\xi_{e'}\cos\theta)^{\frac{3}{2}}}\,,$$

$$\varrho_e = \frac{\xi_e^2 - R^2}{4\pi R r_e^3} = \frac{\xi_e^2 - R^2}{\dfrac{4\pi R^2}{\xi_{e'}}(R^2 + \xi_{e'}^2 - 2R\xi_{e'}\cos\theta)^{\frac{3}{2}}}\,.$$

Poniamo:

$$P_{e'} = \frac{R^2 - \xi_{e'}^2}{4\pi R}\int\frac{P(R\,,\psi\,,\varphi)\,d\sigma}{(R^2 + \xi_{e'}^2 - 2R\xi_{e'}\cos\theta)^{\frac{3}{2}}} = F(\xi_{e'})\,,$$

$$P_e = \frac{\xi_e^2 - R^2}{4\pi R}\int\frac{P(R\,,\psi\,,\varphi)\,d\sigma}{(R^2 + \xi_e^2 - 2R\xi_e\cos\theta)^{\frac{3}{2}}} =$$

$$= \frac{\xi_{e'}}{R}\,\frac{R^2 - \xi_{e'}^2}{4\pi R}\int\frac{P(R\,,\psi\,,\varphi)\,d\sigma}{(R^2 + \xi_{e'}^2 - 2R\xi_{e'}\cos\theta)^{\frac{3}{2}}} = \frac{\xi_{e'}}{R}\,F(\xi_{e'})\,;$$

onde

$$P_e = \frac{R}{\xi_e}\,F\left(\frac{R^2}{\xi_e}\right)\,.$$

Quindi abbiamo

$$V_e = \frac{R}{\xi_e}\left[c - F\left(\frac{R^2}{\xi_e}\right)\right],$$

$$V_i = c - F(\xi_{e'})\,.$$

Ora, la funzione $F(\xi_e')$ è data, perchè è la stessa funzione $P(\xi_{e'}\,,\psi\,,\varphi)$ nell'interno della sfera. Quindi senza alcuna integrazione si ottiene il valore di V_e.

La densità ϱ della elettricità sopra la sfera è data dalla equazione

$$-4\pi\varrho = \left(\frac{dV_e}{d\xi_e} - \frac{dV_i}{d\xi_{e'}}\right)_{\xi_{e'}=R}\,.$$

Ora

$$\frac{dV_e}{d\xi_e} = -\frac{R}{\xi_e^2}\left[c - F\left(\frac{R^2}{\xi_e}\right)\right] + \frac{R^3}{\xi_e^3}\,F'\left(\frac{R^2}{\xi_e}\right)\,,$$

$$\frac{dV_i}{d\xi_{e'}} = -F'(\xi_{e'})\,;$$

onde

$$4\pi\varrho = \frac{c - F(R)}{R} - 2\,F'(R)\,.$$

Se la sfera è posta in comunicazione colla terra per mezzo di un filo sottilissimo e lunghissimo, sarà $c = 0$. Se è isolata, determineremo il valore di c nel modo seguente. Abbiamo

$$\xi_e V_e = R\left[c - F\left(\frac{R^2}{\xi_e}\right)\right].$$

Ora,

$$\lim_{\xi_e=\infty} \xi_e V_e = Q\,,$$

quantità di elettricità libera che era sopra la sfera prima che vi agissero forze esterne. Quindi

$$Q = R[c - F(0)] = R(c - P_0),$$

P_0 valore del potenziale P nel centro della sfera; quindi

$$V_e = \frac{Q}{\xi_e} + \frac{P_0 R}{\xi_e} - \frac{R}{\xi_e} P\left(\frac{R^2}{\xi_e}\right) = \frac{Q}{\xi_e} + \frac{R}{\xi_e}\left[P_0 - P\left(\frac{R^2}{\xi_e}\right)\right],$$

$$V_i = \frac{Q}{R} + P_0 - P(\xi_e') = \frac{Q + P_0 R}{R} - P(\xi_e')\,.$$

Se $P =$ costante,

$$V_e = \frac{Q}{\xi_e} = \frac{4\pi R^2 \varrho}{\xi_e}\,,$$

$$V_i = \frac{Q}{R} = 4\pi R \varrho\,,$$

come avevamo trovato altra volta.

XVI.

Coordinate dipolari.

Per determinare la distribuzione della elettricità sopra i corpi di rivoluzione, conviene adottare per coordinate i parametri di tre sistemi di superficie ortogonali, due dei quali siano di superficie di rivoluzione che abbiano per meridiani due sistemi di curve piane ortogonali tra loro, e il terzo sia il sistema dei meridiani, e che ad uno di questi sistemi di superficie appartengano le superficie dei corpi per i quali si vuole determinare la distribuzione della elettricità.

Per questo sarà necessario determinare prima i due sistemi di curve ortogonali nel piano.

Siano le loro equazioni

$$(1) \qquad u(x, y) = u \ , \ v(x, y) = v ;$$

dovremo avere

$$\frac{\partial u}{\partial x}\frac{\partial v}{\partial x} + \frac{\partial u}{\partial y}\frac{\partial v}{\partial y} = 0 ;$$

quindi

$$\frac{\partial u}{\partial x} : \frac{\partial v}{\partial y} = - \frac{\partial u}{\partial y} : \frac{\partial v}{\partial x} .$$

Quest'equazione è soddisfatta ponendo

$$\frac{\partial u}{\partial x} = - \frac{\partial v}{\partial y} ,$$

$$\frac{\partial v}{\partial x} = \frac{\partial u}{\partial y} .$$

Moltiplicando per $i = \sqrt{-1}$ la seconda equazione e sommando, si ottiene la equazione

$$\frac{\partial(u + iv)}{\partial x} = i \frac{\partial(u + iv)}{\partial y} ,$$

la quale ha per integrale

$$u + iv = f(x + iy) ,$$

dove f è una funzione arbitraria. Eguagliando u alla parte reale e v alla parte imaginaria di $f(x + iy)$, abbiamo le equazioni (1) di due sistemi di curve ortogonali.

Prendiamo

$$u + iv = \log \frac{x + iy - a}{x + iy + a} ,$$

dove a è una costante arbitraria. Avremo

$$(2) \qquad e^{u+iv} = \frac{x + iy - a}{x + iy + a} ;$$

onde

$$(3)\qquad \begin{aligned} x &= -\frac{a \operatorname{senh} u}{\cosh u - \cos v}\,, \\ y &= \frac{a \operatorname{sen} v}{\cosh u - \cos v}\,. \end{aligned}$$

Eguagliando le parti reali e le imaginarie dei due membri della equazione (2), si ottengono le due equazioni

$$e^{u} \operatorname{sen} v = \frac{2ay}{(x+a)^2 + y^2}\,,$$

$$e^{u} \cos v = \frac{x^2 + y^2 - u^2}{(x+a)^2 + y^2}\,,$$

le quali, divise una per l'altra, danno

$$(4)\qquad x^2 + \left(y - \frac{a}{\operatorname{tang} v}\right)^2 = \left(\frac{a}{\operatorname{sen} v}\right)^2.$$

L'equazione (2) può scriversi anche sotto la forma

$$e^{-u+iv} = \frac{x - iy + a}{x - iy - a}\,.$$

Sommando e sottraendo questa colla equazione (2), si ottiene

$$e^{iv} \operatorname{senh} u = -\frac{2ax}{x^2 + y^2 - a^2 - 2aiy}\,,$$

$$e^{iv} \cosh u = \frac{x^2 + y^2 + a^2}{x^2 + y^2 - a^2 - 2aiy}\,;$$

onde

$$(5)\qquad \left(x + \frac{a}{\operatorname{tangh} u}\right)^2 + y^2 = \left(\frac{a}{\operatorname{senh} u}\right)^2.$$

Le equazioni (4) e (5) rappresentano due sistemi di circonferenze che s'intersecano ortogonalmente, ed i loro parametri u e v potranno prendersi per coordinate di un punto in un piano, che rimarrà determinato dalla intersezione delle due circonferenze che passano per il medesimo.

Ponendo nella equazione (4) $y = 0$, $x = \pm a$, essa è soddisfatta. Quindi tutte le circonferenze (v) del primo sistema passano per i due punti A ed A′ dell'asse delle x, che si trovano alla distanza a dall'origine, e l'asse delle x è *asse radicale* di questo sistema di circonferenze.

Denotando con R il raggio di una circonferenza (v), e con d l'ordinata del suo centro, abbiamo

$$\mathrm{R}\,\mathrm{sen}\, v = a \;,\; d\,\mathrm{tang}\, v = a \,.$$

Dunque v è l'angolo iscritto nel segmento di circolo (v), che ha per corda AA′ e contiene il centro.

Ponendo nella equazione (5) $x = 0$, $y = \pm ai$, essa è soddisfatta. Quindi le circonferenze del secondo sistema passano per due punti immaginarii dell'asse delle y, il quale ne sarà *asse radicale.*

L'equazione (2) può scriversi anche sotto la forma

$$u^{u-iv} = \frac{x - iy - a}{x + iy + a} \,.$$

Moltiplicando questa per la equazione (2), si ottiene

$$e^{u} = \sqrt{\frac{(x-a)^2 + y^2}{(x+a)^2 + y^2}} \,.$$

Dunque il parametro u è il logaritmo neperiano del rapporto delle distanze di un punto qualunque di una circonferenza (u) ai due punti A ed A′ rapporto che è costante per tutti i punti di ciascuna circonferenza.

I punti dell'asse delle x compresi tra A ed A′ hanno la coordinata v eguale a π; per gli altri punti del medesimo asse abbiamo $v = 0$, e i punti del piano situati dalla parte delle y positive avranno v compresa tra 0 e π.

I punti dell'asse delle y hanno la coordinata $u = 0$; il punto A, che è dalla parte delle x positive, ha $u = -\infty$, e il punto A′, che è dalla parte delle x negative, $u = \infty$. Tutti i punti che sono dalla parte delle x positive hanno $u < 0$; quelli dalla parte delle x negative, $u > 0$.

Il centro di una circonferenza $u = \alpha$ *ha per coordinate* $u = 2\alpha$, $v = 0$, *e il centro di una circonferenza* $v = \beta$, *ha per coordinate* $u = 0$, $v = 2\beta$.

Infatti, le coordinate rettilinee del centro della circonferenza $u = \alpha$, sono

$$y = 0 \;,\; x = -\frac{a}{\mathrm{tangh}\,\alpha} \,.$$

Quindi dall'equazione (3) abbiamo

$$v = 0 \;,\; \frac{1}{\mathrm{tangh}\,\alpha} = \frac{\mathrm{senh}\, u}{\cosh u - 1} = \frac{1}{\mathrm{tangh}\,\frac{1}{2} u} \,;$$

onde

$$v = 0 \ , \ u = 2\alpha .$$

Le coordinate rettilinee del centro della circonferenza $v = \beta$, sono:

$$x = 0 \ , \ y = \frac{a}{\operatorname{tang} \beta} .$$

Quindi dalle equazioni (3) si deduce

$$u = 0 \ , \ \frac{1}{\operatorname{tang} \beta} = \frac{\operatorname{sen} v}{1 - \cos v} = \frac{1}{\operatorname{tang} \frac{1}{2} v} ;$$

onde

$$u = 0 \ , \ v = 2\beta .$$

Questo sistema doppio di curve ortogonali in un piano, colla rotazione intorno alla retta AA′, dà origine al seguente sistema triplo di superficie che si tagliano ortogonalmente:

1°. un sistema di sfere che hanno costante ed eguale al logaritmo neperiano di u il rapporto delle distanze dei loro punti da due punti fissi A ed A′, che chiameremo i poli del sistema;

2°. un sistema di superficie generate dalla rivoluzione intorno alla retta AA′, di segmenti di circolo descritti in un piano che passa per AA′, sopra la retta AA′, e capaci di un angolo v;

3°. un sistema di piani che passano per AA′ e fanno, con uno di essi, angoli eguali a φ.

Le coordinate di un punto saranno i tre parametri dei tre sistemi di superficie ortogonali u, v e φ, e potremo chiamarle *coordinate dipolari* col sig. Carlo Neumann che se n'è servito utilmente per il problema della teorica del calore, analogo a quello che passiamo a trattare nella teoria dell'elettricità statica.

Per avere tutti i punti dello spazio basterà far variare u da $-\infty$ a $+\infty$; v da 0 a π; φ da 0 a 2π.

Tra le coordinate dipolari e le rettilinee ortogonali, quando si prenda la retta AA′ per asse delle x, e per origine il punto di mezzo tra A ed A′, esisteranno le relazioni:

$$(6) \qquad \begin{aligned} X &= - \frac{a \operatorname{senh} u}{\cosh u - \cos v} , \\ Y &= \frac{a \operatorname{sen} v \operatorname{sen} \varphi}{\cosh u - \cos v} , \\ Z &= \frac{a \operatorname{sen} v \cos \varphi}{\cosh u - \cos v} . \end{aligned}$$

1°. *Tra le coordinate* u, v *di un punto qualunque* m *e le coordinate* u', v' *del punto* m' *reciproco ad* m *rispetto alla sfera di equazione* $u=\alpha$, *esistono le relazioni*

$$v'=v \; ; \; u+u'=2\alpha .$$

Infatti, se C è il centro della sfera di equazione $u=\alpha$, ed R il raggio della medesima, avremo

$$Cm \,.\, Cm'=R^2 ,$$

e se denotiamo con n il punto in cui la retta Cm incontra la superficie (v), abbiamo anche

$$Cm \,.\, Cn=R^2 ,$$

e quindi

$$Cm'=Cn ;$$

cioè il punto m' si trova sopra la superficie (v), e si ha

$$v'=v .$$

Poichè abbiamo

$$Cm \,.\, Cm'=CA \,.\, CA' ,$$

saranno simili i triangoli CmA, e $Cm'A'$, ed anche i triangoli CmA' e $Cm'A$, e avremo

$$(7) \qquad \frac{mA}{m'A'}=\frac{Cm}{CA'} , \quad \frac{m'A}{mA'}=\frac{CA}{Cm} ,$$

onde

$$\frac{mA \,.\, m'A}{mA' \,.\, m'A'}=\frac{CA}{CA'} ,$$

e quindi

$$e^{u+u'}=e^{2\alpha},$$

$$u+u'=2\alpha ;$$

come volevamo dimostrare.

Denotiamo con ξ e chiamiamo *parametro del punto* m, il prodotto

$$\xi=\sqrt{mA \,.\, mA'} ,$$

dove il radicale si prenderà sempre positivo. Avremo i seguenti teoremi:

2°. *I parametri* ξ *e* ξ' *di due punti* m *ed* m' *reciproci rispetto ad una sfera* (u), *stanno tra loro come le radici quadrate delle distanze di questi medesimi punti dal centro* C *della sfera.*

Infatti, dividendo una per l'altra le equazioni (7), abbiamo

$$\frac{mA \, . \, mA'}{m'A \, . \, m'A'} = \frac{\xi^2}{\xi'^2} = \frac{Cm^2}{CA \, . \, CA'} = \frac{Cm}{Cm'} \, ;$$

onde

$$\frac{\xi}{\xi'} = \frac{\sqrt{Cm}}{\sqrt{Cm'}} \, .$$

3°. *Le distanze di due punti reciproci rispetto ad una sfera* (u) *da un punto qualunque della medesima, stanno tra loro come i rispettivi parametri.*

Infatti, essendo m ed m' i due punti reciproci ed S un punto della sfera, abbiamo

$$\frac{\xi}{\xi'} = \frac{\sqrt{Cm}}{\sqrt{Cm'}} = \frac{R}{Cm'} = \frac{Cm}{R} = \frac{Sm}{Sm'} \, ,$$

poichè sono simili i due triangoli SmC e Cm'S.

Il parametro ξ si esprime facilmente in funzione delle coordinate u e v del punto m al quale appartiene, poichè abbiamo

$$mA = \sqrt{(x-a)^2 + y^2} = \frac{a\sqrt{2e^u}}{\sqrt{\cosh u - \cos v}} \, ,$$

$$mA' = \sqrt{(x+a)^2 + y^2} = \frac{a\sqrt{2e^{-u}}}{\sqrt{\cosh u - \cos v}} \, ;$$

onde

(8)
$$\xi = \frac{a\sqrt{2}}{\sqrt{\cosh u - \cos v}} \, .$$

Trasformiamo ora la equazione di Laplace in coordinate dipolari. È noto che, essendo u, v e φ un sistema di coordinate curvilinee ortogonali, se poniamo

$$\frac{1}{h_1^2} = \frac{\partial x^2}{\partial u^2} + \frac{\partial y^2}{\partial u^2} + \frac{\partial z^2}{\partial u^2} \, ,$$

$$\frac{1}{h_2^2} = \frac{\partial x^2}{\partial v^2} + \frac{\partial y^2}{\partial v^2} + \frac{\partial z^2}{\partial v^2} \, ,$$

$$\frac{1}{h_3^2} = \frac{\partial x^2}{\partial \varphi^2} + \frac{\partial y^2}{\partial \varphi^2} + \frac{\partial z^2}{\partial \varphi^2} \, ,$$

avremo

$$\Delta^2 V = h_1 h_2 h_3 \left[\frac{\partial}{\partial u}\left(\frac{h_1}{h_2 h_3}\frac{\partial V}{\partial u}\right) + \frac{\partial}{\partial v}\left(\frac{h_2}{h_3 h_1}\frac{\partial V}{\partial v}\right) + \frac{\partial}{\partial \varphi}\left(\frac{h_3}{h_1 h_2}\frac{\partial V}{\partial \varphi}\right) \right] .$$

Ora, dall'equazione (6) si ricava

$$h_1 = \frac{\cosh u - \cos v}{a} = \frac{2a}{\xi^2},$$

$$h_2 = \frac{\cosh u - \cos v}{a} = \frac{2a}{\xi^2},$$

$$h_3 = \frac{\cosh u - \cos v}{a \operatorname{sen} v} = \frac{2a}{\xi^2 \operatorname{sen} v};$$

onde la equazione $\Delta^2 V = 0$ diviene

$$\frac{\partial \xi^2 \frac{\partial V}{\partial u}}{\partial u} + \frac{\partial \xi^2 \operatorname{sen} v \frac{\partial V}{\partial v}}{\operatorname{sen} v \, \partial v} + \frac{\xi^2}{\operatorname{sen}^2 v} \frac{\partial^2 V}{\partial \varphi^2} = 0,$$

ossia

(9)
$$\xi \left(\frac{\partial^2 \xi V}{\partial u^2} + \frac{\partial^2 \xi V}{\partial v^2} + \cot v \frac{\partial \xi V}{\partial v} - \tfrac{1}{4} \xi V \right) - \\ - \xi V \left(\frac{\partial^2 \xi}{\partial u^2} + \frac{\partial^2 \xi}{\partial v^2} + \cot v \frac{\partial \xi}{\partial v} - \tfrac{1}{4} \xi \right) = 0 .$$

Ma è facile a verificarsi che, essendo

(10)
$$\xi_b = \frac{a\sqrt{2}}{\sqrt{\cosh(u+b) \cos v}},$$

si ha identicamente

(11)
$$\frac{\partial^2 \xi_b}{\partial u^2} + \frac{\partial^2 \xi_b}{\partial v^2} + \cot v \frac{\partial \xi_b}{\partial v} - \tfrac{1}{4} \xi_b = 0$$

qnalunque sia b. Onde la equazione (10) diviene

(12)
$$\frac{\partial^2 \xi V}{\partial u^2} + \frac{\partial^2 \xi V}{\partial v^2} + \cot v \frac{\partial \xi V}{\partial v} - \tfrac{1}{4} \xi V = 0 .$$

Ponendo nella equazione (12)

$$V = \frac{\xi_b}{\xi},$$

ed osservando la equazione (11), si vede che rimane soddisfatta. Quindi

(13)
$$\Delta^2 \frac{\xi_b}{\xi} = 0 .$$

Ora, $\frac{\xi_b}{\xi}$ è una funzione finita e continua per tutti i valori di u e di v fuori che quando è $u = -b$, $v = 0$, cioè è finita e continua in tutti i punti dello spazio fuori che in un punto della retta che unisce i poli. In questo punto diviene infinita, e denotando con r la distanza dei due punti di coordinate (u, v, φ) e $(-b, 0, 0)$, abbiamo [1]

$$r\frac{\xi_b}{\xi} = \frac{a}{\operatorname{senh}\frac{b}{2}}. \tag{14}$$

Infatti, si ha

$$r = a\sqrt{\left(\frac{\operatorname{senh} u}{\cosh u - \cos v} - \frac{\cosh\frac{b}{2}}{\operatorname{senh}\frac{b}{2}}\right)^2 + \frac{\operatorname{sen}^2 v}{(\cosh u - \cos v)^2}},$$

ossia

$$r = \frac{a}{\operatorname{senh}\frac{b}{2}} \frac{\sqrt{\left(\cosh\left(u + \frac{b}{2}\right) - \cosh\frac{b}{2}\cos v\right)^2 + \operatorname{senh}^2\frac{b}{2} - \operatorname{senh}^2\frac{b}{2}\cos^2 v}}{\cosh u - \cos v}.$$

Ora

$$\left(\cosh\left(u + \frac{b}{2}\right) - \cosh\frac{b}{2}\cos v\right)^2 + \operatorname{senh}^2\frac{b}{2} - \operatorname{senh}^2\frac{b}{2}\cos^2 v =$$

$$= \cosh^2\left(u + \frac{b}{2}\right) + \operatorname{senh}^2\frac{b}{2} - 2\cosh\frac{b}{2}\cosh\left(u + \frac{b}{2}\right)\cos v + \cos^2 v,$$

$$\cosh^2\left(u + \frac{b}{2}\right) + \operatorname{senh}^2\frac{b}{2} = \frac{1}{2}\left[\cosh(2u + b) + \cosh b\right],$$

$$2\cosh\frac{b}{2}\cosh\left(u + \frac{b}{2}\right) = \cosh(u + b)\cosh u;$$

con ciò la parte dell'espressione di r che sta sotto il vincolo radicale, si riduce alla forma

$$\left[\cosh(u + b) - \cos v\right](\cosh u - \cos v):$$

[1] A questo punto furono lievemente rettificati i calcoli dell'Autore, che tendevano a provare la (14) vera come formola limite, mentre essa è rigorosamente esatta.

V. C.

ed in conseguenza

$$r = \frac{a}{\operatorname{senh}\frac{b}{2}} \sqrt{\frac{\cosh(u+b) - \cos v}{\cosh u - \cos v}} = \frac{a}{\operatorname{senh}\frac{b}{2}} \cdot \frac{\xi}{\xi_b};$$

onde finalmente

$$r\frac{\xi_b}{\xi} = \frac{a}{\operatorname{senh}\frac{b}{2}}.$$

Se M è il punto dell'asse polare, che ha per coordinate $(-b, 0, 0)$, sarà

$$\xi_M = \frac{a\sqrt{2}}{\sqrt{\cosh b - 1}} = \frac{a}{\operatorname{senh}\frac{b}{2}},$$

e si potrà anche scrivere

$$r\frac{\xi_b}{\xi} = \xi_M.$$

Pertanto abbiamo il seguente teorema:

4°. *La funzione* $\frac{\xi_b}{\xi}$ *è finita e continua in tutto lo spazio fuori che nel punto di coordinate* $(-b, 0, 0)$, *dove diviene infinita come* $\frac{a}{r\operatorname{senh}\frac{b}{2}}$, *e soddisfa alla equazione di* Laplace.

Le sfere del sistema (u) non possono intersecarsi nè essere tangenti tra loro, ma incontrano tutte l'asse polare tra i due poli A ed A'; quindi, col diminuire della distanza $2a$ dei due poli, tutte le sfere si avvicinano tra loro, finchè per $a = 0$ divengono tutte tangenti. Ma quando $a = 0$, anche u e v divengono eguali a zero, e tutte le formule dimostrate fin qui risultano indeterminate. Affinchè sia possibile di trattare anche il caso in cui due sfere del sistema (u) siano tangenti tra loro, bisognerà prendere per coordinate, invece dei parametri u e v, due altri parametri dei due sistemi di superficie (u) e (v), i quali non si annullino quando $a = 0$.

Prenderemo per parametro variabile del sistema di sfere (u) la quantità μ a cui sono eguali le lunghezze inverse delle tangenti alla sfera di raggio a col centro nella metà della retta AA', condotte dal punto dove la sfera (u) incontra nel punto non compreso tra A ed A' l'asse polare AA'.

È facile a vedersi che tra u e μ avremo la relazione

$$(15)\qquad \mu = \frac{\operatorname{senh}\frac{u}{2}}{a}.$$

Prenderemo per parametro variabile del sistema di superficie (v) le quantità ν a cui sono eguali le inverse delle distanze di un polo da uno dei punti d'intersezione colle superficie (v) del piano normale ad AA' che passa per la metà di AA'. È chiaro che avremo

$$(16)\qquad \nu = \frac{\operatorname{sen}\frac{v}{2}}{a}.$$

Quando $a = 0$, le quantità μ divengono eguali alle lunghezze inverse dei diametri delle sfere (u) tutte tangenti tra loro nel punto di mezzo di AA', e le quantità ν divengono eguali alle lunghezze inverse dei diametri delle circonferenze generatrici delle superficie (v).

Abbiamo allora:

$$\cosh\frac{u}{2} = \sqrt{1 + a^2\mu^2} = 1,$$

$$\cos\frac{v}{2} = \sqrt{1 - a^2\nu^2} = 1;$$

$$(17)\qquad \frac{\operatorname{senh}\frac{u+u'}{2}}{a} = \frac{\operatorname{senh}\frac{u}{2}\cosh\frac{u'}{2}}{a} + \frac{\operatorname{senh}\frac{u'}{2}\cosh\frac{u}{2}}{a} = \mu + \mu',$$

$$(18)\qquad \frac{\operatorname{sen}\frac{v+v'}{2}}{a} = \frac{\operatorname{sen}\frac{v}{2}\cos\frac{v'}{2}}{a} + \frac{\operatorname{sen}\frac{v'}{2}\cos\frac{v}{2}}{a} = \nu + \nu'.$$

XVII.

Determinazione della funzione di Green per due sfere.

Siano C e C' i centri di due sfere esterne una all'altra, le quali abbiano rispettivamente i raggi R ed R', e sia δ la distanza CC' dei loro centri. Conduciamo un piano per la retta CC' e l'asse radicale OO' delle due circonferenze secondo le quali questo piano interseca le due sfere. Dal punto O in cui l'asse radicale incontra la retta CC', si conducano le due tangenti, che supporremo di lunghezza eguale ad a, alle due circonferenze, e si descriva, col centro in O e con un raggio eguale ad a, una circonferenza che incontrerà la retta CC′ in due punti A ed A. Prendiamo questi due punti per poli di un sistema di coordinate *dipolari*, e conserviamo tutte le notazioni del numero precedente.

È chiaro che l'equazioni delle due sfere date saranno

$$u = \alpha \ , \ u = \alpha' \ ,$$

essendo α ed α' di segno contrario, perchè le due sfere sono dalle parti opposte dell'asse radicale.

Per determinare le quantità α, α' e la distanza $2a$ dei due poli, in funzione dei raggi R ed R′ delle due sfere e della distanza δ dei loro centri, osserviamo che si hanno le relazioni:

$$R \operatorname{senh} \alpha = a \ , \ R' \operatorname{senh} \alpha' = -a \ ,$$
$$R \cosh \alpha + R' \cosh \alpha' = \delta \ ;$$

dalle quali si deduce:

$$(1) \qquad \left\{ \begin{aligned} a &= \frac{\sqrt{(R^2 + R'^2 - \delta^2)^2 - 4R^2 R'^2}}{2\delta} \ , \\ \operatorname{senh} \alpha &= \frac{a}{R} \ , \ \operatorname{senh} \alpha' = -\frac{a}{R'} \ . \end{aligned} \right.$$

Per determinare la funzione di Green $G(ex)$ per le due sfere, relativa a un punto e esterno ad ambedue, basterà costruirne una che ne abbia tutte le caratteristiche.

È noto, che indicando con $r_{\beta x}$ la distanza di due punti β ed x, se il punto β è interno alla sfera (α), e con $r_{\beta' x}$ la distanza di due punti β' ed x, se β' è interno alla sfera (α'), la funzione

$$\frac{A_\beta}{r_{\beta x}} + \frac{A_{\beta'}}{r_{\beta' x}}$$

soddisfa alla equazione di Laplace in tutto lo spazio esterno alle due sfere. In questo spazio il punto x non potendo mai coincidere con β e con β', la funzione vi si manterrà sempre finita e continua. Coll'allontanarsi all'infinito del punto x, essa moltiplicata per $r_{\gamma x}$, e le sue derivate prime moltiplicate per $r_{\gamma x}^2$ convergeranno verso quantità finite. Una somma di un numero qualunque di queste funzioni goderà delle medesime proprietà; ma se il loro numero è infinito, la serie che avremo, dovrà anche essere convergente.

Prendiamo dunque

$$(2) \qquad G(ex) = \sum_0^\infty {}_s \left(\frac{A_s}{r_{sx}} + \frac{A'_s}{r'_{sx}} \right).$$

i primi termini riferendosi a punti e_s interni alla sfera (α), i secondi a punti e'_s interni alla sfera (α'), e determiniamo questi punti e i coefficienti A_s ed A'_s in modo che sia soddisfatta l'altra caratteristica della funzione di Green.

Quando il punto x è sopra la sfera (α), dovrà aversi

$$(3) \qquad G(e\alpha) = \frac{1}{r_{e\alpha}},$$

denotando con $r_{e\alpha}$ la distanza del punto e da un punto della sfera (α); e quando il punto x è sopra la sfera (α'), dovrà aversi

$$(4) \qquad G(e\alpha') = \frac{1}{r_{e\alpha'}}.$$

Le due equazione (3) e (4) saranno verificate, quando si abbia:

$$\frac{A_0}{r_{0\alpha}} = \frac{1}{r_{e\alpha}}, \quad \frac{A'_s}{r'_{s\alpha}} + \frac{A_{s+1}}{r_{(s+1)\alpha}} = 0,$$

$$\frac{A'_0}{r'_{0\alpha'}} = \frac{1}{r_{e\alpha'}}, \quad \frac{A_s}{r_{s\alpha'}} + \frac{A'_{s+1}}{r'_{(s+1)\alpha'}} = 0.$$

Dal teorema 3° del numero precedente si deduce che queste equazioni sono soddisfatte se prendiamo

$$(5) \qquad A_s = (-1)^s \frac{\xi_s}{\xi}, \quad A'_s = (-1)^s \frac{\xi'_s}{\xi},$$

denotando ξ, ξ_s e ξ'_s rispettivamente i parametri dei punti e, e_s, e'_s, ed essendo il punto e'_s reciproco ad e_{s+1} rispetto alla sfera (α), il punto e_s reciproco ad e'_{s+1} rispetto alla sfera (α'), il punto e reciproco ad e_0 rispetto alla sfera (α) e ad e'_0 rispetto alla sfera (α').

I punti e_s ed e'_s si ottengono nel modo seguente: conduciamo le due rette Ce e C'e: il punto in cui Ce incontra la superficie (v) che passa per e sarà e_0, il punto in cui C'e incontra la medesima superficie sarà e'_0: conduciamo Ce'_0 e C'e_0: il punto in cui Ce'_0 incontra (v) sarà e_1, quello in cui C'e_0 incontra (v) sarà e'_1; conduciamo Ce'_1 e C'e_1: il punto in cui Ce'_1 incontra (v) sarà e_2, quello in cui C'e_1 incontra (v) sarà e'_2, e così seguitando indefinitamente. È chiaro che i punti e_s ed e'_s vanno indefinitamente avvicinandosi all'asse polare, e quindi i loro parametri ξ_s e ξ'_s vanno decrescendo indefinitamente. Dunque, se poniamo nel secondo membro della formula (2) i valori (5) avremo una serie con i termini alternativamente positivi e negativi indefinitamente decrescenti, e quindi convergente.

Pertanto la funzione

$$\text{(6)} \qquad G(ex) = \frac{1}{\xi} \sum_{0}^{\infty} (-1)^s \left(\frac{\xi_s}{r_{sx}} + \frac{\xi'_s}{r'_{sx}} \right)$$

avrà tutte le caratteristiche della funzione di Green per le due sfere (α) ed (α') relativa a un punto esterno e, e sarà questa funzione stessa.

La densità ϱ_e della elettricità indotta sopra la sfera (α) dalla elettricità eguale ad uno contenuta nel punto e, sarà data dalla equazione

$$\varrho_e = -\frac{1}{4\pi} \left(\frac{d\,G(ex)}{dr} - \frac{d\,\frac{1}{r_{ex}}}{dr} \right)_{r=R},$$

dove r è il raggio vettore del punto x, condotto da C. Sostituendo il valore (6), abbiamo

$$\varrho_e = -\frac{1}{4\pi} \left(\frac{1}{\xi} \sum_{0}^{\infty} (-1)^s \left(\xi_s \frac{d\,\frac{1}{r_{sx}}}{dr} + \xi'_s \frac{d\,\frac{1}{r'_{sx}}}{dr} \right) - \frac{d\,\frac{1}{r_{ex}}}{dr} \right)_{r=R}.$$

Se denotiamo con Q la quantità della elettricità sopra la sfera (α), avremo

$$Q = \int \varrho_e d\sigma,$$

dove l'integrale deve estendersi a tutta la sfera. Ma per il teorema 3° del §. IV, essendo i punti e ed e'_s esterni, ed i punti e_s interni alla sfera (α), abbiamo:

$$\int \frac{d\,\frac{1}{r_{ex}}}{dr} d\sigma = 0, \quad \int \frac{d\,\frac{1}{r'_{sx}}}{dr} d\sigma = 0, \quad \int \frac{d\,\frac{1}{r_{sx}}}{dr} d\sigma = -4\pi,$$

onde

$$\text{(7)} \qquad Q = \sum_{0}^{\infty} (-1)^s \frac{\xi_s}{\xi}.$$

Analogamente, denotando con Q' la quantità di elettricità sopra la sfera (α'), avremo

$$\text{(8)} \qquad Q' = \sum_{0}^{\infty} (-1)^s \frac{\xi'_s}{\xi}.$$

Restano ora a determinarsi i parametri ξ_s, ξ'_s in funzione delle coordinate u e v del punto e e delle costanti α, α' ed a.

Per questo basta osservare che essendo i punti e'_s ed e_{s+1} reciproci rispetto alla sfera (α), ed e_s e e'_{s+1} reciproci rispetto ad (α'), abbiamo per il teorema 1° del numero precedente, se denotiamo con u_s, v_s le coordinate di e_s, e con u'_s, v'_s le coordinate di e'_s:

$$v_s = v'_s = v$$

$$u + u_0 = 2\alpha\ ,\quad u + u'_0 = 2\alpha'$$

$$u'_s + u_{s+1} = 2\alpha\ ,\quad u_s + u'_{s+1} = 2\alpha'\ ;$$

onde, ponendo

(9)
$$\alpha - \alpha' = \varpi\ ,$$

avremo:

(10)
$$\begin{cases} u_{2s} = 2s\varpi + 2\alpha - u\ , & u_{2s-1} = 2s\varpi + u\ , \\ u'_{2s} = -2s\varpi + 2\alpha' - u\ , & u'_{2s-1} = -2s\varpi + u\ , \end{cases}$$

e quindi:

(11)
$$\begin{cases} \xi_{2s} = \dfrac{a\sqrt{2}}{\sqrt{\cosh(2s\varpi + 2\alpha - u) - \cos v}}\ , \\ \xi_{2s-1} = \dfrac{a\sqrt{2}}{\sqrt{\cosh(2s\varpi + u) - \cos v}}\ , \\ \xi'_{2s} = \dfrac{a\sqrt{2}}{\sqrt{\cosh(2s\varpi - 2\alpha' + u) - \cos v}}\ , \\ \xi'_{2s-1} = \dfrac{a\sqrt{2}}{\sqrt{\cosh(2s\varpi - u) - \cos v}}\ . \end{cases}$$

XVIII.

Distribuzione della elettricità sopra due conduttori di forma sferica in presenza uno dell'altro.

Supponiamo che sopra la elettricità libera e allo stato naturale di due conduttori di forma sferica agiscano forze elettriche qualunque, e sia P la funzione potenziale delle medesime. Denotiamo con V_e la funzione potenziale dello stato elettrico indotto da queste forze sopra i due conduttori, relativa ad un punto qualunque e esterno ad ambedue; con V_i e con $V_{i'}$ le funzioni potenziali di questo medesimo stato elettrico relative rispettivamente ai punti i interni alla prima e ai punti i interni alla seconda sfera.

Sia $u = \alpha$ l'equazione della prima, ed $u = \alpha'$ la equazione della seconda sfera. Sopra la superficie (α) dovrà aversi

$$V_e = V_i = c - P \, ,$$

e sopra la superficie (α')

$$V_e = V_{i'} = c' - P \, .$$

dove c e c' indicano due costanti.

Se nell'interno dei due conduttori non si trova alcuno dei punti d'onde emanano le forze elettriche che hanno la funzione potenzale P, sarà, in tutto lo spazio racchiuso dalla superficie (α)

$$V_i = c - P \, , \tag{1}$$

e in tutto lo spazio racchiuso dalla superficie (α')

$$V_{i'} = c' - P \, . \tag{2}$$

Per la funzione potenziale V_e relativa ai punti esterni, avremo sempre, per ciò che abbiamo dimostrato nel §. XIII,

$$V_e = \int (c - P) \, \varrho_e \, d\sigma + \int (c' - P) \, \varrho_{e'} \, d\sigma' \, , \tag{3}$$

dove il primo integrale deve estendersi a tutta la superficie (α), il secondo a tutta la superficie (α').

Ora, dal numero precedente abbiamo:

$$\int \varrho_e \, d\sigma = Q = \sum_0^\infty (-1)^s \frac{\xi_s}{\xi} \, ,$$

$$\int \varrho_{e'} \, d\sigma' = Q' = \sum_0^\infty (\quad 1)^s \frac{\xi'_s}{\xi} \, ,$$

onde

$$V_e = c\,Q + c'\,Q' - \int P \, \varrho_e \, d\sigma - \int P \, \varrho_{e'} \, d\sigma' \, . \tag{4}$$

Consideriamo il caso in cui non esistano forze elettriche esterne, cioè supponiamo

$$P = 0 ,$$

e che soltanto siano state comunicate ai due conduttori, prima di porli in presenza, al primo la quantità E, al secondo la quantità E′ di elettricità. In questo caso avremo:

$$(5) \qquad V_e = c\,Q + c'Q' = c\sum_0^\infty (-1)^s \frac{\xi_s}{\xi} + c'\sum_0^\infty (-1)^s \frac{\xi'_s}{\xi}$$

$$V_i = c \,,\; V_{i'} = c' .$$

Denotiamo con ϱ la densità della elettricità sopra la superficie (α) e con ϱ' quella della superficie (α'), osservando la relazione

$$\frac{d}{dp} = h\frac{d}{du} \text{ (1)},$$

avremo:

$$(6) \quad \left\{ \begin{aligned} \varrho &= -\frac{1}{4\pi}\frac{dV_e}{dp} = -\frac{1}{4\pi}\left(c\frac{dQ}{dp} + c'\frac{dQ'}{dp}\right) = \\ &= -\frac{1}{4\pi a}(\cosh\alpha - \cos v)\left(c\frac{dQ}{du} + c'\frac{dQ'}{du}\right)_{u=\alpha} \\ \varrho' &= -\frac{1}{4\pi}\frac{dV_e}{dp'} = -\frac{1}{4\pi}\left(c\frac{dQ}{dp'} + c'\frac{dQ'}{dp'}\right) = \\ &= -\frac{1}{4\pi a}(\cosh\alpha' - \cos v)\left(c\frac{dQ}{du} + c'\frac{dQ'}{du}\right)_{u=\alpha'} , \end{aligned} \right.$$

Per determinare le costanti c e c' osserviamo che le quantità E ed E′ di elettricità libera sopra le due sfere sono date dalle due equazioni:

$$E = \int \varrho\, d\sigma = -\frac{c}{4\pi}\int\frac{dQ}{dp}d\sigma - \frac{c'}{4\pi}\int\frac{dQ'}{dp}d\sigma ,$$

$$E' = \int \varrho' d\sigma' = -\frac{c}{4\pi}\int\frac{dQ}{dp'}d\sigma' - \frac{c'}{4\pi}\int\frac{dQ'}{dp'}d\sigma' ,$$

---

(1) Vedi Lamé, *Leçons sur les coordonnées curvilignes.* L. I.

e si ha:

$$Q = \sum_0^\infty (-1)^s \frac{\xi_s}{\xi} = \sqrt{(\cosh u - \cos v)} \left(\sum_0^\infty \frac{1}{\sqrt{\cosh(2s\varpi + 2\alpha - u) - \cos v}} \right.$$

$$\left. - \sum_1^\infty \frac{1}{\sqrt{\cosh(2s\varpi + u) - \cos v}} \right),$$

$$Q' = \sum_0^\infty (-1)^s \frac{\xi'_s}{\xi} = \sqrt{(\cosh u - \cos v)} \left(\sum_0^\infty \frac{1}{\sqrt{\cosh(2s\varpi - 2\alpha' + u) - \cos v}} \right.$$

$$\left. - \sum_1^\infty \frac{1}{\sqrt{\cosh(2s\varpi - u) - \cos v}} \right).$$

Quindi, per il teorema 4° del §. XVI, sarà

$$\Delta^2 Q = 0 ,$$

e Q si conserverà finita e continua in tutto lo spazio interno alla sfera (α), fuori che nei punti di coordinate

$$v = 0 , \quad u = 2s\varpi + 2\alpha ,$$

nei quali diverrà infinita come

$$\frac{a}{r \operatorname{senh}(s\varpi + \alpha)} .$$

Dunque, per il teorema 2° del §. IV, avremo

$$\frac{1}{4\pi} \int \frac{dQ}{dp} d\sigma = - a \sum_0^\infty \frac{1}{\operatorname{senh}(s\varpi + \alpha)} .$$

Analogamente, si trova:

$$\frac{1}{4\pi} \int \frac{dQ}{dp'} d\sigma' = a \sum_1^\infty \frac{1}{\operatorname{senh} s\varpi} ,$$

$$\frac{1}{4\pi} \int \frac{dQ'}{dp} d\sigma = a \sum_1^\infty \frac{1}{\operatorname{senh} s\varpi} ,$$

$$\frac{1}{4\pi} \int \frac{dQ'}{dp'} d\sigma' = - a \sum_0^\infty \frac{1}{\operatorname{senh}(s\varpi - \alpha')} ;$$

e quindi per determinare c e c' si hanno le due equazioni:

$$(7)\qquad \begin{cases} E = \quad ca\sum_0^\infty \frac{1}{\operatorname{senh}(s\varpi + \alpha)} - c'a\sum_1^\infty \frac{1}{\operatorname{senh} s\varpi}, \\ E' = -ca\sum_1^\infty \frac{1}{\operatorname{senh} s\varpi} + c'a\sum_0^\infty \frac{1}{\operatorname{senh}(s\varpi - \alpha')}, \end{cases}$$

e, ponendo

$$(8)\qquad a\sum_0^\infty \frac{1}{\operatorname{senh}(s\varpi + \alpha)} = \gamma_{11}\ ,\ a\sum_1^\infty \frac{1}{\operatorname{senh} s\varpi} = -\gamma_{12}$$

$$a\sum_0^\infty \frac{1}{\operatorname{senh}(s\varpi - \alpha')} = \gamma_{22}\ ,\ D = \gamma_{11}\gamma_{22} - \gamma_{12}^2,$$

si ottiene

$$(9)\qquad c = \frac{\gamma_{22} E - \gamma_{12} E'}{D}\ ,\ c' = \frac{\gamma_{11} E' - \gamma_{12} E}{D}.$$

Se i due conduttori sferici in presenza uno dell'altro sono riuniti p mezzo di un filo conduttore sottilissimo, la funzione potenziale sulle d superficie avrà lo stesso valore, e quindi

$$c = c',$$

e la differenza Δ delle elettricità libere dei due conduttori sarà

$$\Delta = E - E'.$$

Quindi avremo

$$\Delta = ca\left(\sum_0^\infty \frac{1}{\operatorname{senh}(s\varpi + \alpha)} - \sum_0^\infty \frac{1}{\operatorname{senh}(s\varpi - \alpha')}\right);$$

ed essendo

$$\varpi = \alpha - \alpha',$$

$$\Delta = ca\sum_{-\infty}^\infty \frac{1}{\operatorname{senh}\left(\frac{\alpha + \alpha'}{2} + (2s+1)\frac{\varpi}{2}\right)}.$$

Poniamo

$$F(z, \varpi) = \sum_{-\infty}^\infty \frac{1}{\operatorname{senh}\left[z + (2s+1)\frac{\varpi}{2}\right]}.$$

Questa funzione monodroma ha evidentemente per radici tutte le quantità della forma

$$m\varpi + n\pi i\,,$$

e per infiniti tutte e sole le quantità della forma

$$(2m+1)\frac{\varpi}{2} + n\pi i\,.$$

Dunque ha i soli infiniti e tutte le radici della funzione ellittica

$$\frac{\operatorname{sn}(z\,,k)}{\operatorname{cn}(z\,,k)}\,,$$

dove

$$(10)\qquad \begin{aligned} k &= 4\sqrt{q}\prod_{1}^{\infty}\left(\frac{1+q^{2n}}{1+q^{2n+1}}\right)^{4}, \\ q &= e^{\frac{-\pi^2}{\varpi}}\,. \end{aligned}$$

Avremo dunque

$$F(z\,,\varpi) = \varphi(z)\,\frac{\operatorname{sn}(z\,.\,k)}{\operatorname{cn}(z\,,k)}\,,$$

dove $\varphi(z)$ è una funzione intera.

Ora abbiamo

$$F(z+\varpi\,,\varpi) = \quad F(z\,,\varpi) = \quad \varphi(z+\varpi)\,\frac{\operatorname{sn}(z\,.\,k)}{\operatorname{cn}(z\,,k)}\,,$$

$$F(z+\pi i\,,\varpi) = -\,F(z\,,\varpi) = -\,\varphi(z+\pi i)\,\frac{\operatorname{sn}(z\,,k)}{\operatorname{cn}(z\,,k)}\,;$$

onde

$$\begin{aligned} \varphi(z+\varpi) &= \varphi(z)\,, \\ \varphi(z+\pi i) &= \varphi(z)\,, \end{aligned}$$

e quindi

$$\varphi(z) = C\,,$$

$$F(z\,,\varpi) = C\,\frac{\operatorname{sn}(z\,,k)}{\operatorname{cn}(z\,,k)}\,.$$

Moltiplicando da ambedue le parti per $\operatorname{senh}\left(z - \frac{\varpi}{2}\right)$ e passando al limite per $z = \frac{\varpi}{2}$, si ottiene:

$$1 = \lim_{z=\frac{\varpi}{2}} \frac{C \operatorname{senh}\left(z - \frac{\varpi}{2}\right)}{\operatorname{cn}(z, k)} \operatorname{sn}(z, k) = -\frac{C}{\operatorname{dn}\left(\frac{\varpi}{2}, k\right)} = -\frac{C}{k'},$$

$$C = -k',$$

$$F(z, \varpi) = -k' \frac{\operatorname{sn}(z, k)}{\operatorname{cn}(z, k)}.$$

Onde

$$\sum_{-\infty}^{\infty} \frac{1}{\operatorname{senh}\left(\frac{\alpha + \alpha'}{2} + (2s + 1)\frac{\varpi}{2}\right)} = -k' \frac{\operatorname{sn}\left(\frac{\alpha + \alpha'}{2}, k\right)}{\operatorname{cn}\left(\frac{\alpha + \alpha'}{2}, k\right)},$$

e quindi

$$\Delta = -\frac{cak' \operatorname{sn}\left(\frac{\alpha + \alpha'}{2}, k\right)}{\operatorname{cn}\left(\frac{\alpha + \alpha'}{2}, k\right)}. \tag{11}$$

Consideriamo ora i valori della funzione potenziale V_e data dalla equazione (5) per i punti che si trovano sulla linea che unisce i centri delle due sfere.

Per i punti di questa linea che si trovano tra le due sfere, abbiamo

$$v = \pi;$$

onde le equazioni (11) del numero precedente daranno

$$\xi_{2s} = \frac{a}{\cosh\left(s\varpi + \alpha - \frac{u}{2}\right)},$$

$$\xi_{2s-1} = \frac{a}{\cosh\left(s\varpi + \frac{u}{2}\right)},$$

$$\xi'_{2s} = \frac{a}{\cosh\left(s\varpi - \alpha' + \frac{u}{2}\right)},$$

$$\xi'_{2s-1} = \frac{a}{\cosh\left(s\varpi - \frac{u}{2}\right)};$$

e quindi

$$(12)\quad V_e = \cosh\frac{u}{2}\left[c\left(\sum_0^\infty \frac{1}{\cosh\left(s\varpi + \alpha - \frac{u}{2}\right)} - \sum_1^\infty \frac{1}{\cosh\left(s\varpi + \frac{u}{2}\right)}\right) + \right.$$

$$\left. + c'\left(\sum_0^\infty \frac{1}{\cosh\left(s\varpi - \alpha' + \frac{u}{2}\right)} - \sum_1^\infty \frac{1}{\cosh\left(\frac{u}{2} - s\varpi\right)}\right)\right].$$

Se $c = c'$, cioè se i due conduttori sono in comunicazione mediante un filo sottilissimo, avremo

$$(13)\quad V'_e = c\left[1 + \cosh\frac{u}{2}\left(\sum_{-\infty}^\infty \frac{1}{\cosh\left(\frac{u - \alpha - \alpha'}{2} + (2s+1)\frac{\varpi}{2}\right)} - \right.\right.$$

$$\left.\left. - \sum_{-\infty}^\infty \frac{1}{\cosh\left(\frac{u}{2} + s\varpi\right)}\right)\right]$$

Ora abbiamo

$$\sum_{-\infty}^\infty \frac{1}{\cosh\left(z + (2s+1)\frac{\varpi}{2}\right)} = i\sum_{-\infty}^\infty \frac{1}{\operatorname{senh}\left(z + \frac{\pi i}{2} + (2s+1)\frac{\varpi}{2}\right)} =$$

$$= -k'i\,\frac{\operatorname{sn}\left(z + \frac{\pi i}{2}, k\right)}{\operatorname{cn}\left(z + \frac{\pi i}{2}, k\right)} = \frac{k'}{\operatorname{dn}(z, k)},$$

e quindi

$$\sum_{-\infty}^\infty \frac{1}{\cosh\left(\frac{u - \alpha - \alpha'}{2} + (2s+1)\frac{\varpi}{2}\right)} = \frac{k'}{\operatorname{dn}\left(\frac{u - \alpha - \alpha'}{2}, k\right)},$$

$$\sum_{-\infty}^\infty \frac{1}{\cosh\left(\frac{u}{2} + s\varpi\right)} = \sum_{-\infty}^\infty \frac{1}{\cosh\left(\frac{u + \varpi}{2} + (2s+1)\frac{\varpi}{2}\right)} =$$

$$= \frac{k'}{\operatorname{dn}\left(\frac{u}{2} + \frac{\varpi}{2}, k\right)} = \operatorname{dn}\left(\frac{u}{2}, k\right),$$

e, sostituendo nell'equazione (13),

$$V'_e = c\left[1 + \cosh\frac{u}{2}\left(\frac{k}{\mathrm{dn}\left(\frac{u-\alpha-\alpha'}{2}, k\right)} - \mathrm{dn}\left(\frac{u}{2}, k\right)\right)\right] \tag{14}$$

Per i punti che si trovano sopra la retta che unisce i centri, e che hanno ambedue le sfere da una stessa parte, abbiamo

$$v = 0 .$$

Quindi

$$V_e = \mathrm{senh}\frac{u}{2}\left[c\left(\sum_0^\infty \frac{1}{\mathrm{senh}\left(s\varpi + \alpha - \frac{u}{2}\right)} - \sum_1^\infty \frac{1}{\mathrm{senh}\left(s\varpi + \frac{u}{2}\right)}\right) + \right. \tag{15}$$

$$\left. + c'\left(\sum_0^\infty \frac{1}{\mathrm{senh}\left(s\varpi - \alpha' + \frac{u}{2}\right)} - \sum_1^\infty \frac{1}{\mathrm{senh}\left(s\varpi - \frac{u}{2}\right)}\right)\right],$$

e, se $c = c'$,

$$V''_e = c\left[1 + \mathrm{senh}\frac{u}{2}\left(\sum_{-\infty}^{\infty} \frac{1}{\mathrm{senh}\left(\frac{\alpha+\alpha'-u}{2} + (2s+1)\frac{\varpi}{2}\right)} - \right.\right.$$

$$\left.\left. - \sum_{-\infty}^{\infty} \frac{1}{\mathrm{senh}\left(\frac{u}{2} + s\varpi\right)}\right)\right],$$

e in modo analogo si trova

$$V''_e = c\left[1 - \mathrm{senh}\frac{u}{2}\left(\frac{k'\mathrm{sn}\left(\frac{\alpha+\alpha'-u}{2}, k\right)}{\mathrm{cn}\left(\frac{\alpha+\alpha'-u}{2}, k\right)} + \frac{\mathrm{cn}\left(\frac{u}{2}, k\right)}{\mathrm{sn}\left(\frac{u}{2}, k\right)}\right)\right]. \tag{16}$$

Denotiamo ora con ϱ_1 e con ϱ'_1 le densità degli strati elettrici nei due punti m ed m' nei quali le sfere (α) ed (α') incontrano la linea dei centri e che si trovano tra questi medesimi centri, e con ϱ_2 e ϱ'_2 la densità negli altri due punti n ed n' dove le sfere (α) ed (α') incontrano la medesima linea. Avremo dall'equazione (6):

$$\varrho_1 = -\frac{1}{4\pi}\left(\frac{dV'_e}{dp}\right)_{u=\alpha} = -\frac{1}{4\pi}\left(\frac{dV'_e}{du}\right)_{u=\alpha} \frac{2\cosh^2\frac{1}{2}\alpha}{a}$$

$$\varrho'_1 = -\frac{1}{4\pi}\left(\frac{dV'_e}{dp}\right)_{u=\alpha'} = -\frac{1}{4\pi}\left(\frac{dV'_e}{du}\right)_{u=\alpha'} \frac{2\cosh^2\frac{1}{2}\alpha'}{a} .$$

Ora la equazione (14) dà

$$\frac{dV'_e}{du} = \frac{c}{2}\operatorname{senh}\frac{u}{2}\left(\frac{k'}{\operatorname{dn}\left(\frac{u-\alpha-\alpha'}{2}, k\right)} - \operatorname{dn}\left(\frac{u}{2}, k\right)\right) +$$

$$+\frac{k^2 c}{2}\cosh\frac{u}{2}\left(\frac{k'\operatorname{cn}\left(\frac{u-\alpha-\alpha'}{2}, k\right)\operatorname{sn}\left(\frac{u-\alpha-\alpha'}{2}, k\right)}{\operatorname{dn}^2\left(\frac{u-\alpha-\alpha'}{2}, k\right)} + \operatorname{cn}\left(\frac{u}{2}, k\right)\operatorname{sen}\left(\frac{u}{2}, k\right)\right)$$

e quindi

$$\left(\frac{dV'_e}{du}\right)_{u=\alpha} = k^2 c\cosh\frac{\alpha}{2}\operatorname{cn}\left(\frac{\alpha}{2}, k\right)\operatorname{sn}\left(\frac{\alpha}{2}, k\right),$$

$$\left(\frac{dV'_e}{du}\right)_{u=\alpha'} = k^2 c\cosh\frac{\alpha'}{2}\operatorname{cn}\left(\frac{\alpha'}{2}, k\right)\operatorname{sn}\left(\frac{\alpha'}{2}, k\right),$$

e quindi

$$\varrho_1 = -\frac{ck^2}{2\pi a}\cosh^3\frac{\alpha}{2}\operatorname{cn}\left(\frac{\alpha}{2}, k\right)\operatorname{sn}\left(\frac{\alpha}{2}, k\right),$$

$$\varrho'_1 = -\frac{ck^2}{2\pi a}\cosh^3\frac{\alpha'}{2}\operatorname{cn}\left(\frac{\alpha'}{2}, k\right)\operatorname{sn}\left(\frac{\alpha'}{2}, k\right).$$

Le due densità ϱ_1 e ϱ'_1 nei punti m ed m' essendo α ed α' di segno contrario saranno, una positiva e l'altra negativa.

Avremo inoltre:

$$\varrho_2 = -\frac{1}{2\pi}\left(\frac{dV''_e}{du}\right)_{u=\alpha}\frac{\operatorname{senh}^2\frac{\alpha}{2}}{a}$$

$$\varrho'_2 = -\frac{1}{2\pi}\left(\frac{dV''_e}{du}\right)_{u=\alpha'}\frac{\operatorname{senh}^2\frac{\alpha'}{2}}{a}.$$

Ma dall'equazione (16) si ricava

$$\frac{dV''_e}{du} = -\frac{c}{2}\cosh\frac{u}{2}\left(\frac{k'\operatorname{sn}\left(\frac{\alpha+\alpha'-u}{2}, k\right)}{\operatorname{cn}\left(\frac{\alpha+\alpha'-u}{2}, h\right)} + \frac{\operatorname{cn}\left(\frac{u}{2}, k\right)}{\operatorname{sn}\left(\frac{u}{2}, k\right)}\right) +$$

$$+\frac{c}{2}\operatorname{senh}\frac{u}{2}\left(k'\frac{\operatorname{dn}\left(\frac{\alpha+\alpha'-u}{2}, k\right)}{\operatorname{cn}^2\left(\frac{\alpha+\alpha'-u}{2}, k\right)} + \frac{\operatorname{dn}\left(\frac{\alpha}{2}, k\right)}{\operatorname{sn}^2\left(\frac{\alpha}{2}, k\right)}\right),$$

onde

$$\left(\frac{dV''_e}{du}\right)_{u=\alpha} = c \operatorname{senh} \frac{\alpha}{2} \frac{\operatorname{dn}\left(\frac{\alpha}{2}, k\right)}{\operatorname{sn}^2\left(\frac{\alpha}{2}, k\right)},$$

$$\left(\frac{dV''_e}{du}\right)_{u=\alpha'} = c \operatorname{senh} \frac{\alpha'}{2} \frac{\operatorname{dn}\left(\frac{\alpha'}{2}, k\right)}{\operatorname{sn}^2\left(\frac{\alpha'}{2}, k\right)},$$

e quindi

$$\varrho_2 = -\frac{c}{2\pi a} \operatorname{senh}^3 \frac{\alpha}{2} \frac{\operatorname{dn}\left(\frac{\alpha}{2}, k\right)}{\operatorname{sn}^2\left(\frac{\alpha}{2}, k\right)},$$

$$\varrho'_2 = -\frac{c}{2\pi a} \operatorname{senh}^3 \frac{\alpha'}{2} \frac{\operatorname{dn}\left(\frac{\alpha'}{2}, k\right)}{\operatorname{sn}^2\left(\frac{\alpha'}{2}, k\right)},$$

ed anche nei punti n ed n' si hanno elettricità di segno contrario.

Per trattare il caso in cui i due conduttori sono in contatto, converrà sostituire alle coordinate u e v le altre μ e ν determinate dalle equazioni

$$\mu a = \operatorname{senh} \frac{u}{2}, \quad \nu a = \operatorname{sen} \frac{v}{2},$$

e quindi porre $a = 0$.

Supponiamo la funzione potenziale P delle forze elettriche esterne eguale a zero; allora, sopra le superficie di ambedue i conduttori, la funzione potenziale V_e, relativa ai punti esterni, prende lo stesso valore c. Onde

$$V_e = c(Q + Q'),$$

essendo

$$Q = \sum_0^\infty (-1)^s \frac{\xi_s}{\xi}, \quad Q' = \sum_0^\infty (-1)^s \frac{\xi'_s}{\xi},$$

$$\frac{\xi_{2s}}{\xi} = \sqrt{\frac{\operatorname{senh}^2 \frac{u}{2} + \operatorname{sen}^2 \frac{v}{2}}{\operatorname{senh}^2 \left(\frac{2s\varpi + 2\alpha - u}{2}\right) + \operatorname{sen}^2 \frac{v}{2}}},$$

$$\frac{\xi_{2s-1}}{\xi} = \sqrt{\frac{\operatorname{senh}^2 \frac{u}{2} + \operatorname{sen}^2 \frac{v}{2}}{\operatorname{senh}^2 \left(\frac{2s\varpi + u}{2}\right) + \operatorname{sen}^2 \frac{v}{2}}}.$$

Denotando con β e β' i valori algebrici inversi dei diametri delle due sfere, avremo

$$\frac{\xi_{2s}}{\xi} = \sqrt{\frac{\mu^2 + \nu^2}{(2s\varpi + 2\beta - \mu)^2 + \nu^2}},$$

$$\frac{\xi_{2s-1}}{\xi} = \sqrt{\frac{\mu^2 + \nu^2}{(2s\varpi + \mu)^2 + \nu^2}},$$

essendo

$$\beta - \beta' = \varpi.$$

Analogamente

$$\frac{\xi'_{2s}}{\xi} = \sqrt{\frac{\mu^2 + \nu^2}{(2s\varpi - 2\beta' + \mu)^2 + \nu^2}},$$

$$\frac{\xi'_{2s-1}}{\xi} = \sqrt{\frac{\mu^2 + \nu^2}{(\mu - 2s\varpi)^2 + \nu^2}},$$

onde

$$V_e = c\left[1 + \sqrt{\mu^2 + \nu^2}\left(\sum_{-\infty}^{\infty} \frac{1}{\sqrt{[\beta + \beta' - \mu + (2s+1)\varpi]^2 + \nu^2}} - \right.\right.$$
$$\left.\left. - \sum_{-\infty}^{\infty} \frac{1}{\sqrt{(\mu - 2s\varpi)^2 + \nu^2}}\right)\right].$$

Nei punti esterni alle due sfere che si trovano sopra la linea dei centri sarà

$\nu = 0$, e quindi

$$V_{e''} = c\left[1 + \mu\left(\sum_{-\infty}^{\infty} \frac{1}{\beta + \beta' - \mu + (2s+1)\varpi} - \sum_{-\infty}^{\infty} \frac{1}{\mu + 2s\varpi}\right)\right].$$

Ora è noto che si ha:

$$\sum_{-\infty}^{\infty} \frac{1}{z + (2s+1)\varpi} = -\frac{\pi}{2\varpi} \operatorname{tang} \frac{\pi z}{2\omega},$$

$$\sum_{-\infty}^{\infty} \frac{1}{z + 2s\varpi} = \frac{\pi}{2\varpi} \cot \frac{\pi z}{2\varpi}.$$

Quindi

$$V_{e''} = c\left[1 - \frac{\pi\mu}{2(\beta - \beta')}\left(\operatorname{tang} \frac{\pi(\beta + \beta' - \mu)}{2(\beta - \beta')} + \cot \frac{\pi\mu}{2(\beta - \beta')}\right)\right]$$

$$= c\left(1 - \frac{\pi\mu}{2(\beta - \beta')} \frac{\cos \frac{\pi(\beta + \beta' - 2\mu)}{2(\beta - \beta')}}{\operatorname{sen} \frac{\pi\mu}{2(\beta - \beta')} \cos \frac{\pi(\beta + \beta' - \mu)}{2(\beta - \beta')}}\right).$$

Denotando con ϱ_2 e ϱ_2' le densità dello strato elettrico nei punti n ed n' dove le due sfere incontrano la linea dei centri ed osservando che per $\nu = 0$ è $h = \frac{1}{\mu}$, avremo:

$$\varrho_2 = -\frac{1}{4\pi} \frac{dV_{e''}}{dp} = -\frac{1}{4\pi}\left(h \frac{dV_{e''}}{d\mu}\right)_{\mu=\beta} = -\frac{c}{8(\beta - \beta')^2 \operatorname{sen}^2 \frac{\pi\beta}{2(\beta - \beta')}},$$

$$\varrho_2' = -\frac{1}{4\pi} \frac{dV_{e''}}{dp'} = -\frac{1}{4\pi}\left(h \frac{dV_{e''}}{d\mu}\right)_{\mu=\beta'} = -\frac{c}{8(\beta - \beta')^2 \operatorname{sen}^2 \frac{\pi\beta'}{2(\beta - \beta')}}.$$

XIX.

Determinazione dell'attrazione o ripulsione reciproca di due conduttori di forma sferica elettrizzati.

Il potenziale della elettricità distribuita nello stato di equilibrio sopra due conduttori di forma sferica che si trovano in presenza uno dell'altro con i loro centri distanti tra loro di una lunghezza δ, come abbiamo dimostrato nel §. XIV, è dato dalla formola

$$W = \tfrac{1}{2}(cE + c'E'),$$

ed essendo

$$E = c\gamma_{11} + c'\gamma_{12},$$
$$E' = c\gamma_{12} + c'\gamma_{22},$$

l'attrazione o ripulsione F tra i due conduttori è data dalla equazione

$$F = \frac{1}{2}\left(c^2 \frac{\partial \gamma_{11}}{\partial \delta} + 2cc' \frac{\partial \gamma_{12}}{\partial \delta} + c'^2 \frac{\partial \gamma_{22}}{\partial \delta}\right).$$

Ora, dalle equazioni (7) del §. XVIII, abbiamo:

$$\gamma_{11} = a \sum_0^\infty \frac{1}{\operatorname{senh}(s\varpi + \alpha)},$$

$$\gamma_{12} = -a \sum_1^\infty \frac{1}{\operatorname{senh} s\varpi},$$

$$\gamma_{22} = a \sum_0^\infty \frac{1}{\operatorname{senh}(s\varpi - \alpha')}.$$

Dalle equazioni (1) del §. XVII, si deduce:

$$\frac{\partial \alpha}{\partial \delta} = \frac{\cosh \alpha'}{R \operatorname{senh} \varpi} = \frac{R' \cosh \alpha'}{a\delta},$$

$$\frac{\partial \alpha'}{\partial \delta} = -\frac{\cosh \alpha}{R' \operatorname{senh} \varpi} = -\frac{R \cosh \alpha}{a\delta},$$

$$\frac{\partial \varpi}{\partial \delta} = \frac{\delta}{RR' \operatorname{senh} \varpi} = \frac{1}{a},$$

$$\frac{\partial a}{\partial \delta} = \frac{\cosh \alpha \cosh \alpha'}{\operatorname{senh} \varpi} = \frac{RR' \cosh \alpha \cosh \alpha'}{a\delta};$$

onde

$$\frac{\partial \gamma_{11}}{\partial \delta} = \frac{1}{\delta}\left(\frac{RR' \cosh \alpha \cosh \alpha'}{a^2}\gamma_{11} - \sum_0^\infty \frac{(s\delta + R' \cosh \alpha') \cosh (s\varpi + \alpha)}{\operatorname{senh}^2 (s\varpi + \alpha)}\right),$$

$$\frac{\partial \gamma_{12}}{\partial \delta} = \frac{1}{\delta}\left(\frac{RR' \cosh \alpha \cosh \alpha'}{a^2}\gamma_{12} + \sum_1^\infty \frac{s\delta \cosh s\varpi}{\operatorname{senh}^2 s\varpi}\right),$$

$$\frac{\partial \gamma_{22}}{\partial \delta} = \frac{1}{\delta}\left(\frac{RR' \cosh \alpha \cosh \alpha'}{a^2}\gamma_{22} - \sum_0^\infty \frac{(s\delta + R \cosh \alpha) \cosh (s\varpi - \alpha')}{\operatorname{senh}^2 (s\varpi - \alpha')}\right);$$

e quindi

$$F = \frac{1}{\delta}\left[\frac{RR' \cosh\alpha \cosh\alpha'}{a^2} W - \frac{1}{2}\left(c^2 \sum_0^\infty \frac{(s\delta + R'\cosh\alpha')\cosh(s\varpi + \alpha)}{\operatorname{senh}^2(s\varpi + \alpha)} - \right.\right.$$

$$\left.\left. - 2cc' \sum_1^\infty \frac{s\delta \cosh s\varpi}{\operatorname{senh}^2 s\varpi} + c'^2 \sum_0^\infty \frac{(s\delta + R\cosh\alpha)\cosh(s\varpi - \alpha')}{\operatorname{senh}^2(s\varpi - \alpha')}\right)\right].$$

Se le sfere hanno raggi eguali, sarà:

$$\alpha' = -\alpha \ , \ R = R' \ , \ 2R\cosh\alpha = 2R\cosh\alpha' = \delta,$$

$$W = \frac{c^2 + c'^2}{2} \sum_0^\infty \frac{a}{\operatorname{senh}(2s+1)\alpha} - cc' \sum_1^\infty \frac{a}{\operatorname{senh} 2s\alpha},$$

e quindi

$$F = \frac{1}{4}(c^2 + c'^2) \sum_1^\infty \frac{\coth\alpha - (2s+1)\coth(2s+1)\alpha}{\operatorname{senh}(2s+1)\alpha} -$$

$$- \frac{1}{2} cc' \sum_1^\infty \frac{\coth\alpha - 2s\coth 2s\alpha}{\operatorname{senh} 2s\alpha},$$

e, trascurando le potenze di $\frac{R}{\delta}$ superiori alla seconda,

$$F = \frac{cc' R^2}{\delta^2};$$

onde: due sfere eguali elettrizzate che si trovano a una distanza molto maggiore dei loro raggi, si attraggono o si respingono secondo che le funzioni potenziali sopra le due sfere hanno segni differenti o eguali, e l'azione è proporzionale direttamente ai valori delle funzioni potenziali, alle superficie delle sfere e in ragione inversa del quadrato della loro distanza.

Se poi

$$c = c',$$

sarà

$$F = \frac{c^2}{2} \sum_1^\infty (-1)^n \frac{n\coth n\alpha - \coth\alpha}{\operatorname{senh} n\alpha}.$$

XX.

Bottiglia di Leyda.

Sopra due superficie A e B di forma qualunque, separate tra loro da uno strato sottilissimo di materia coibente, siano distesi due strati di materia conduttrice. Lo strato che è a contatto colla superficie A sia posto in comunicazione con un corpo conduttore C, e quello che è a contatto colla superficie B sia posto in comunicazione con un corpo conduttore C′, e i conduttori C e C′ abbiano cariche differenti di elettricità. Denotiamo con V la funzione potenziale di tutta l'elettricità che si trova allo stato di equilibrio sui conduttori C e C′ e sopra i due strati di materia conduttrice in contatto colle superficie A e B. Nel conduttore C, e nello strato che è in comunicazione con C, avremo

$$V = c\,.$$

Nel conduttore C′ e nello strato che è in comunicazione con C′, sarà

$$V = c',$$

essendo c e c' due costanti dipendenti dalle cariche elettriche, dalla posizione e dalla forma dei conduttori e dei due strati.

Denotiamo con θ le lunghezze piccolissime ma variabili delle porzioni di normali alla superficie A comprese tra A e B, e con θ' le lunghezze delle porzioni di normali alla superficie B comprese tra B ed A,

Se prendiamo per assi coordinati la normale p a un punto m della superficie A e due rette tra loro ortogonali sul piano tangente ad A nel punto m, che passano per m, V sarà una funzione di p e delle altre due coordinate; ed è chiaro che nel punto n, dove la normale in m alla superficie A incontra la superficie B, avremo

$$V = c' = c + \theta \frac{dV}{dp} + \frac{\theta^2}{2} \frac{d^2V}{dp^2},$$

trascurando le potenze di θ superiori alla seconda.

Analogamente avremo

$$c = c' + \theta' \frac{dV}{dp'} + \frac{\theta'^2}{2} \frac{d^2V}{dp'^2}.$$

Denotando con ϱ e ϱ' le densità degli strati elettrici in contatto colla superficie B, abbiamo

$$\varrho = -\frac{1}{4\pi}\frac{dV}{dp}\ ,\ \varrho' = -\frac{1}{4\pi}\frac{dV}{dp'}\ ,$$

e, trascurando le quantità dell'ordine θ,

$$\frac{d^2V}{dp^2} = \frac{d^2V}{dp'^2}\ .$$

Onde, prendendo eguali θ e θ', avremo:

$$(1)\qquad \left\{\begin{aligned} c' - c &= -4\pi\varrho\,\theta + \frac{\theta^2}{2}\frac{d^2V}{dp^2}\ ,\\ c - c' &= -4\pi\varrho'\theta + \frac{\theta^2}{2}\frac{d^2V}{dp^2}\ .\end{aligned}\right.$$

La superficie A è una superficie di livello rispetto alla funzione V; quindi la sua equazione sarà della forma

$$f(x\,,y\,,z) = \lambda\ ,$$

essendo V funzione della sola λ. Avremo dunque:

$$\frac{dV}{dp} = \frac{dV}{d\lambda}\sqrt{\varDelta\lambda}\ ,$$

$$\frac{d^2V}{dp^2} = \left(\partial\frac{\sqrt{\varDelta\lambda}\,\frac{dV}{d\lambda}}{\partial x}\frac{\partial\lambda}{\partial x} + \partial\frac{\sqrt{\varDelta\lambda}\,\frac{dV}{d\lambda}}{\partial y}\frac{\partial\lambda}{\partial y} + \partial\frac{\sqrt{\varDelta\lambda}\,\frac{dV}{d\lambda}}{\partial z}\frac{\partial\lambda}{\partial z}\right)\frac{1}{\sqrt{\varDelta\lambda}}$$

$$= \varDelta\lambda\frac{d^2V}{d\lambda^2} + \frac{1}{2}\frac{\left(\frac{\partial\varDelta\lambda}{\partial x}\frac{\partial\lambda}{\partial x} + \frac{\partial\varDelta\lambda}{\partial y}\frac{\partial\lambda}{\partial y} + \frac{\partial\varDelta\lambda}{\partial z}\frac{\partial\lambda}{\partial z}\right)}{\varDelta\lambda}\frac{dV}{d\lambda}\ .$$

Ma abbiamo

$$\varDelta^2 V = \varDelta\lambda\frac{d^2V}{d\lambda} + \frac{dV}{d\lambda}\varDelta^2\lambda = 0\ ,$$

onde

$$\frac{d^2V}{dp^2} = -\frac{dV}{d\lambda}\left(\frac{\varDelta^2\lambda\,\varDelta\lambda - \frac{1}{2}\left(\frac{\partial\lambda}{\partial x}\frac{\partial\varDelta\lambda}{\partial x} + \frac{\partial\lambda}{\partial y}\frac{\partial\varDelta\lambda}{\partial y} + \frac{\partial\lambda}{\partial z}\frac{\partial\varDelta\lambda}{\partial z}\right)}{\varDelta\lambda}\right).$$

Ora, la equazione

$$\begin{vmatrix} \frac{\partial^2\lambda}{dx^2}-\omega, & \frac{\partial^2\lambda}{dx\,dy} & \frac{\partial^2\lambda}{\partial x\,\partial z} & \frac{\partial\lambda}{\partial x} \\ \frac{\partial^2\lambda}{\partial x\,\partial y} & \frac{\partial^2\lambda}{\partial y^2}-\omega, & \frac{\partial^2\lambda}{\partial y\,\partial z} & \frac{\partial\lambda}{\partial y} \\ \frac{\partial^2\lambda}{dz\,dx} & \frac{\partial^2\lambda}{\partial z\,\partial y} & \frac{\partial^2\lambda}{\partial z^2}-\omega, & \frac{\partial\lambda}{\partial z} \\ \frac{\partial\lambda}{\partial x} & \frac{\partial\lambda}{\partial y} & \frac{\partial\lambda}{\partial z} & 0 \end{vmatrix} = 0$$

ha per radici le due quantità

$$\frac{\sqrt{\Delta\lambda}}{R} \qquad \frac{\sqrt{\Delta\lambda}}{R'},$$

dove R ed R' denotano i raggi di massima e minima curvatura della superficie A. Avremo dunque

$$\frac{\Delta\lambda\,\Delta^2\lambda-\frac{1}{2}\left(\frac{\partial\lambda}{\partial x}\frac{\partial\Delta\lambda}{\partial x}+\frac{\partial\lambda}{\partial y}\frac{\partial\Delta\lambda}{\partial y}+\frac{\partial\lambda}{\partial z}\frac{\partial\Delta\lambda}{\partial z}\right)}{\Delta\lambda}=\sqrt{\Delta\lambda}\left(\frac{1}{R}+\frac{1}{R'}\right).$$

e quindi

$$\frac{d^2V}{dp^2}=-\frac{dV}{dp}\left(\frac{1}{R}+\frac{1}{R'}\right)=4\pi\varrho\left(\frac{1}{R}+\frac{1}{R'}\right).$$

Sostituendo nelle equazioni (1), si ottiene:

$$c'-c=-4\pi\varrho\theta+2\pi\varrho\theta^2\left(\frac{1}{R}+\frac{1}{R'}\right),$$

$$c-c'=-4\pi\varrho'\theta+2\pi\varrho\theta^2\left(\frac{1}{R}+\frac{1}{R'}\right).$$

Sommando, si ha

$$\varrho'=-\varrho\left[1-\theta\left(\frac{1}{R}+\frac{1}{R'}\right)\right];$$

e sottraendo,

$$c'-c=2\pi(\varrho'-\varrho)\theta. \tag{2}$$

Se denotiamo con du e dv gli elementi delle due linee di curvatura della superficie A in un punto m, l'elemento $d\sigma$ di questa superficie sarà

$$d\sigma = du\,dv\,;$$

l'elemento della superficie B, determinato dal prolungamento delle normali ad A, sarà

$$d\sigma' = du'\,dv'\,,$$

e avremo

$$\frac{du}{R} = \frac{du'}{R+\theta}\,,\quad \frac{dv}{R'} = \frac{dv'}{R'+\theta}\,;$$

onde

$$(3)\qquad d\sigma' = du\,dv\left(1+\frac{\theta}{R}\right)\left(1+\frac{\theta}{R'}\right) = d\sigma\left[1+\theta\left(\frac{1}{R}+\frac{1}{R'}\right)\right].$$

Avremo dunque

$$\varrho'\,d\sigma' = -\,\varrho\,d\sigma\left[1-\theta^2\left(\frac{1}{R}+\frac{1}{R'}\right)^2\right],$$

e quindi, trascurando le potenze seconde di θ,

$$(4)\qquad \varrho'\,d\sigma' = -\,\varrho d\sigma\,,$$

cioè il seguente teorema:

Se prendiamo una porzione a *di superficie* A *limitata da una curva chiusa, e la corrispondente porzione* b *di superficie* B *limitata dalla curva tracciata sopra* B *dai prolungamenti delle normali ai punti di* a, *la somma algebrica delle quantità di elettricità che si trovano sopra* a *e sopra* b, *è eguale a zero.*

Se i contorni delle due armature si corrisponderanno in modo che le normali ad A nei punti del contorno dell'armatura di A, prolungate fino alla superficie B, determino il contorno dell'armatura di questa superficie, e se denotiamo con E ed E' rispettivamente le quantità di elettricità o cariche elettriche delle due armature di A e di B, avremo approssimativamente

$$E' = -\,E\,.$$

Moltiplicando per l'elemento $d\sigma$ della superficie A l'equazione (2), si ottiene

$$\varrho'\,d\sigma - \varrho\,d\sigma = \frac{c'-c}{2\pi\theta}\,d\sigma\,;$$

ma dalle equazioni (3) si deduce

$$\varrho' d\sigma = -\varrho d\sigma \left[1 - \theta\left(\frac{1}{R} + \frac{1}{R'}\right)\right],$$

dove si sono trascurate le potenze di θ superiori alla prima. Quindi, trascurando la potenza prima di faccia alla potenza negativa di θ, abbiamo

$$-\int \varrho\, d\sigma = -E = \frac{c' - c}{4\pi} \int \frac{d\sigma}{\theta} = E'.$$

Se prendiamo uniforme la grossezza θ dello strato coibente interposto tra le due armature, θ sarà una costante; e denotando con S la superficie dell'armatura di A, avremo:

$$(5) \qquad \begin{aligned} E &= c\frac{S}{4\pi\theta} - c'\frac{S}{4\pi\theta}, \\ E' &= -c\frac{S}{4\pi\theta} + c'\frac{S}{4\pi\theta}. \end{aligned}$$

Rammentando ciò che esponemmo alla fine del §. XIII, abbiamo da queste equazioni i seguenti teoremi, i quali sono veri nel grado di approssimazione del calcolo che abbiamo fatto:

1°. *Le capacità elettriche delle due armature di una bottiglia di Leyda sono eguali e direttamente proporzionali alla superficie dell'armatura, e inversamente proporzionali alla grossezza dello strato coibente interposto.*

2°. *La carica elettrica è proporzionale alla capacità elettrica delle armature e alla differenza dei valori della funzione potenziale sopra i due conduttori mediante i quali si è caricata la bottiglia.*

Il potenziale delle due armature, cioè la funzione le cui derivate rispetto alle coordinate rettilinee e angolari che dànno la posizione dell'una relativamente all'altra, esprimono le loro azioni reciproche, sarà

$$P = -\tfrac{1}{2}(cE + c'E'),$$

che colla sostituzione dei valori di E e di E′ diviene

$$P = -\frac{(c' - c)^2 S}{8\pi\theta}.$$

Ora, se scarichiamo la bottiglia, cioè se stabiliamo la comunicazione tra le due armature, c' diviene eguale a c, e quindi

$$P = 0.$$

Onde la scarica aumenta il potenziale della quantità

$$\frac{(c'-c)^2 S}{8\pi\theta},$$

e per quello che abbiamo dimostrato nel §. IX, avremo il seguente teorema:

Gli effetti meccanici della scarica di una bottiglia di Leyda sono direttamente proporzionali alla superficie dell'armatura, al quadrato della differenza dei valori della funzione potenziale sopra i due serbatoj coi quali sono state poste in comunicazione le due armature per caricarla, e inversamente proporzionali alla grossezza dello strato coibente interposto tra le due armature.

Se la scarica non produce lavoro meccanico, nè movimento, tutto l'effetto meccanico si ridurrà a produzione di calore, e la quantità di questo sarà data dalla formula

$$C = \frac{(c'-c)^2 S}{8\pi\theta I},$$

denotando con I l'equivalente meccanico del calore.

Siano ora n bottiglie di Leyda tutte eguali tra loro, e distinguiamo con indici, posti in basso alle lettere che le esprimono, le quantità relative alle differenti bottiglie. Supponiamo che l'armatura A_1 della prima bottiglia sia in comunicazione col conduttore della macchina elettrica sopra la quale la funzione potenziale abbia il valore c'; l'armatura B_1 della prima bottiglia sia in comunicazione coll'armatura A_2 della seconda, e denotiamo con c_1 il valore della funzione potenziale sopra A_2 e B_1: l'armatura B_2 sia in comunicazione coll'armatura A_3 della terza bottiglia, e sia c_2 il valore della funzione potenziale sopra A_3 e B_2, e così di seguito; finalmente l'armatura B_n sia in comunicazione con un serbatoio sopra il quale la funzione potenziale ha il valore c. Siano rispettivamente $\varrho'_1, \varrho'_2, \varrho'_3, \ldots \varrho'_n$ le densità delle elettricità sopra le armature $A_1, A_2, A_3, \ldots A_n$; e $\varrho_1, \varrho_2, \varrho_3, \ldots \varrho_n$ le densità sopra le armature $B_1, B_2, \ldots A_n$. Trascurando le potenze di θ superiori alla prima, dalle equazioni (1) si ricava:

$$\varrho'_1 = \frac{c'-c_1}{4\pi\theta}, \quad \varrho_1 = \frac{c_1-c'}{4\pi\theta},$$

$$\varrho'_2 = \frac{c_1-c_2}{4\pi\theta}, \quad \varrho_2 = \frac{c_2-c_1}{4\pi\theta},$$

$$\ldots\ldots\ldots \quad \ldots\ldots\ldots\ldots$$

$$\varrho'_n = \frac{c_{n-1}-c}{4\pi\theta}, \quad \varrho_n = \frac{c-c_{n-1}}{4\pi\theta}.$$

Onde, denotando con $E'_1, E'_2, \ldots E'_n$ le cariche delle armature $A_1, A_2, \ldots, A_n$ e con $E_1, E_2, \ldots, E_n$ quelle delle armature $B_1, B_2, \ldots, B_n$, avremo:

$$E'_1 = \frac{c' - c_1}{4\pi\theta} S \quad , \quad E_1 = \frac{c_1 - c'}{4\pi\theta} S ,$$

$$E'_2 = \frac{c_1 - c_2}{4\pi\theta} S \quad , \quad E_2 = \frac{c_2 - c_1}{4\pi\theta} S ,$$

$$\cdots\cdots\cdots\cdots\cdots$$

$$E'_n = \frac{c_{n-1} - c}{4\pi\theta} S \quad , \quad E_n = \frac{c - c_{n-1}}{4\pi\theta} S .$$

Sommando, abbiamo

$$E'_1 + E'_2 + \cdots + E'_n = -(E_1 + E_2 + \cdots + E_n) = \frac{c' - c}{4\pi} \frac{S}{\theta} .$$

Quindi abbiamo il seguente teorema, osservato da Green:

La carica elettrica di una serie di bottiglie caricate per cascata è eguale alla carica che si otterrebbe nelle medesime circostanze da una sola bottiglia.

Il potenziale della serie di bottiglie caricate per cascata sarà

$$W = -\tfrac{1}{2}(c' E'_1 + c_1 E'_2 + c_2 E'_2 + \cdots + c E'_n + \\ + c_1 E_1 + c_2 E_2 + \cdots + c_{n-1} E_n);$$

e, sostituendo i valori (6), avremo:

$$W = -\frac{S}{8\pi\theta}[(c' - c_1)^2 + (c_1 - c_2)^2 + (c_2 - c_3)^2 + \cdots + (c_{n-1} - c)^2].$$

Poichè le $E'_1, E'_2, \ldots E'_n$ hanno tutte lo stesso segno, le quantità $c' - c_1$, $c_1 - c_2, \ldots$ sono tutte positive o tutte negative, e la loro somma è eguale a $c' - c$. Quindi la quantità tra parentesi è $< (c' - c)^2$, ossia, il potenziale delle n bottiglie caricate per cascata, è minore in valore assoluto del potenziale di una sola bottiglia caricata colla stessa macchina elettrica, e abbiamo il seguente teorema:

Gli effetti meccanici che si ottengono dalla scarica di più bottiglie di Leyda caricate per cascata sono minori di quelli che si sarebbero ottenuti dalla scarica di una sola bottiglia caricata colla stessa macchina elettrica, e sempre diminuiscono crescendo il numero delle bottiglie.

XXI.

Determinazione sperimentale dei valori della funzione potenziale di un sistema di corpi elettrizzati.

Sia V la funzione potenziale di un sistema di corpi qualunque elettrizzati, posti in presenza uno degli altri, ed S lo spazio connesso esterno a tutti questi corpi. La funzione V avrà valori costanti sopra i corpi conduttori del sistema e valori determinati, ma che potranno essere variabili da punto a punto nei corpi coibenti del sistema; e queste condizioni servono alla sua determinazione in tutto lo spazio S. Dato il metodo per determinare V analiticamente, vediamo come si possano verificare sperimentalmente i valori di questa funzione. Sia m un punto dello spazio S, ed s una sfera di materia conduttrice di raggio a e allo stato naturale, che porremo col centro in m. Se le distanze di m dai corpi elettrizzati del sistema e il raggio a della sfera s sono tali, che l'azione della elettricità di s non possa rendersi sensibile sopra l'elettricità dei corpi conduttori del sistema, la elettricità sopra la superficie della sfera s, sotto l'azione delle forze elettriche del sistema, vi si distribuirà, come abbiamo dimostrato nel §. XV, in modo che la densità sarà data dalla formula

$$4\pi\varrho = \frac{c - V}{a} - 2\frac{dV}{dr},$$

dove r denota la distanza del punto che si considera dal centro di s, e per V e $\frac{dV}{dr}$ si debbono prendere i valori che avrebbero queste funzioni nel punto della superficie s nel quale si vuole determinare la densità, se non vi fosse la sfera s.

Finchè la sfera s rimane isolata, la sua carica elettrica Q sarà eguale a zero, cioè le elettricità positive e negative che si troveranno sopra la medesima saranno eguali; e avremo

$$\int \varrho ds = 0 = ca - \frac{1}{4\pi a}\int V ds - \frac{1}{2\pi a}\int \frac{dV}{dr} ds.$$

Ora, per il teorema 1° del §. IV, abbiamo

$$\int \frac{dV}{dr} ds = 0;$$

quindi sarà

$$c = \frac{1}{4\pi a^2} \int V ds,$$

e avremo il seguente:

Teorema 1°. *In una sfera isolata s sotto l'azione di forze elettriche di un sistema qualunque, nel caso che si possa trascurare l'azione che l'elettricità che si trova sopra di lei esercita sopra quella degli altri corpi conduttori del sistema, l'elettricità si distribuisce in modo che la funzione potenziale del sistema sopra la superficie di s sia eguale al valor medio che avrebbe sopra i punti che occupa la superficie stessa quando la sfera s non vi si trovasse.*

Prendiamo ora un filo conduttore e poniamo la sfera s in comunicazione col suolo; una porzione di elettricità dalla superficie s andrà nel suolo, e la rimanente si distribuirà sopra s e sopra il filo conduttore in modo che la funzione potenziale vi sia eguale a zero. Questo durerà finchè il filo conduttore rimanga unito a s ed al suolo; ma quando si toglie la comunicazione del filo colla sfera e si allontana il filo, l'elettricità della sfera s, non essendo più sotto l'azione di quella che si trovava sul filo, prenderà un'altra posizione di equilibrio, e il valore della funzione potenziale potrà variare e tornare ad essere differente da zero. Se però il filo sarà tanto sottile che l'azione della elettricità che potrà trovarsi sopra il medesimo in vicinanza della sfera s sia trascurabile, tolto il filo, la elettricità della sfera s conserverà la medesima distribuzione, e quindi la funzione potenziale continuerà ad esservi eguale a zero. Dopo aver dunque posta la sfera s in comunicazione col suolo mediante un filo sottilissimo, ed aver poi tolta la comunicazione, avremo $c = 0$, e quindi la densità sopra la superficie di s sarà data dalla formula

$$4\pi\varrho = -\frac{V}{a} - 2\frac{dV}{dr};$$

e quindi, denotando con Q la quantità di elettricità rimasta sopra la sfera, avremo

$$Q = -\frac{1}{4\pi a} \int V ds = -a \int \frac{V ds}{4\pi a^2}. \tag{1}$$

Onde si deduce il seguente:

Teorema 2°. *La quantità di elettricità che si troverà sopra una sfera conduttrice col centro in un punto m, dopo averla posta in comunicazione col suolo mediante un filo sottilissimo, trascurando l'azione che essa potrà esercitare sopra i corpi conduttori che la circondano, sarà eguale al raggio di questa sfera moltiplicato per il valore medio che la funzione potenziale della elettricità dei corpi che la circondano, preso negativamente, prenderebbe nei punti occupati dalla superficie quando essa non vi si trovasse.*

Se il raggio di questa sfera sarà piccolissimo, questi valori della funzione potenziale sopra la sua superficie differiranno insensibilmente da quello che essa ha nel centro della sfera, e avremo, denotando con V_m questo valore,

$$Q = -aV_m,$$

e quindi:

Teorema 3°. *La quantità di elettricità di una sfera piccolissima di materia conduttrice posta col centro in un punto m, dopo che sarà stata in comunicazione col suolo mediante un filo sottilissimo, sarà eguale al prodotto, preso negativamente, del raggio della sfera moltiplicato per il valore che la funzione potenziale della elettricità dei corpi che la circondano avrebbe nel punto m se essa non vi si trovasse.*

Con una sfera di prova si determinano dunque i valori della funzione potenziale nei differenti punti di uno spazio in cui sono immersi corpi elettrizzati, purchè questi punti non si trovino troppo vicini alle superficie di quelli tra questi corpi, che sono conduttori.

Se scandagliamo colla sfera di prova un punto dello spazio interno ad un conduttore, per esempio un punto dello spazio racchiuso da una superficie sferica, troviamo sopra la sfera di prova una carica elettrica proporzionale al valore della funzione potenziale sopra la superficie della sfera, benchè in quel punto l'azione elettrica sia nulla, perchè la funzione potenziale ha in esso il medesimo valore che ha alla superficie della sfera.

Ora, se invece di far comunicare col suolo la piccola sfera s che ha il centro in un punto m, si facesse comunicare, mediante il solito filo sottilissimo, con uno dei conduttori sopra il quale la funzione potenziale ha il valore β, dopo tolta la comunicazione, avremo sempre

$$c = \beta;$$

e quindi la densità sarebbe data dalla formula

$$4\pi\varrho = \frac{\beta - V}{a} - 2\frac{dV}{dr}.$$

Onde, denotando con Q' la quantità di elettricità che si troverà sopra s, avremo

(2) $$Q' = \beta a - a\int \frac{V ds}{4\pi a^2},$$

e sottraendo da questa la equazione (1), si otterrà

$$\beta = \frac{Q' - Q}{a},$$

dalla quale si deduce il seguente processo sperimentale per determinare il valore della funzione potenziale sopra un conduttore:

Si pone una sfera di prova in un punto m non troppo vicino al conduttore, e, dopo averla posta in comunicazione col suolo, se ne determina la carica Q; *poi si scarica la sfera di prova e si ripone col centro nello stesso punto m, si pone in comunicazione col conduttore e poi se ne determina la carica* Q'; *il valore della funzione potenziale sul conduttore sarà* $\frac{Q' - Q}{a}$.

La proprietà della sfera di prova di dare il valore della funzione potenziale nei punti dello spazio esterno ai corpi elettrizzati, e non vicini a quelli, tra questi, che sono conduttori, non so se sia stata osservata da altri, ma certamente non è nota a molti fisici, i quali ritengono che dia invece l'azione elettrica; e questo può dar luogo a molti errori. Facciamone l'applicazione ad una esperienza di Faraday. Sia dato un corpo coibente K simmetrico, e simmetricamente elettrizzato intorno ad un asse X, e sia V la funzione potenziale del medesimo; poniamo al disopra di K col centro sull'asse X una sfera S di raggio a, e facciamola comunicare col suolo mediante un filo sottilissimo, e dopo scandagliamo colla sfera di prova s diversi punti dell'asse X dalla parte della sfera S opposta a quella in cui è posto K: si trova che le cariche della sfera di prova vanno crescendo sino a un certo punto dell'asse, al di là del quale decrescono indefinitamente. Ora è facile a dimostrare che la funzione potenziale della elettricità di S e di K cresce sino a un certo punto, dove acquista un valore massimo, e poi decresce indefinitamente, mentre l'azione elettrica in questo punto è nulla, e se prima era attrattiva, dopo è ripulsiva, e viceversa.

Infatti, abbiamo dal §. XV che la funzione potenziale della elettricità della sfera S, dopo che è stata in comunicazione col suolo, sopra un punto m dell'asse X distante dal centro della sfera di una lunghezza $x > a$, sarà

$$-\frac{a}{x} V\left(\frac{a^2}{x}\right),$$

essendo $V\left(\frac{a^2}{x}\right)$ il valore della funzione potenziale nel punto reciproco ad m; quindi la funzione potenziale delle elettricità di K e di S sarà

$$P = -\frac{a}{x} V\left(\frac{a^2}{x}\right) + V(x)$$

Ora questa funzione è nulla per $x = a$, e per $x = \infty$, ed è continua: dunque deve avere un massimo, il quale si troverà ponendo

$$\frac{dP}{dx} = \frac{a}{x^2} V\left(\frac{a^2}{x}\right) + \frac{a^3}{x^3} V'\left(\frac{a^2}{x}\right) + V'(x) = 0 .$$

Quindi in questo punto l'azione elettrica sara nulla e passerà dal positivo al negativo, o dal negativo al positivo, cioè dall'essere attrattiva all'essere repulsiva, o viceversa.

Supponiamo che il corpo coibente K sia una sfera elettrizzata uniformemente col centro sull'asse X: avremo

$$V = \frac{C}{x + z} ,$$

essendo z la distanza tra i centri delle due sfere; quindi

$$P = -\frac{Ca}{zx + a^2} + \frac{C}{x + z} ,$$

e, denotando con μ la distanza dal centro della sfera S del punto dell'asse X dove la funzione potenziale P ha il valore massimo, abbiamo

$$\left(\frac{dP}{dx}\right)_{x=\mu} = C\left(\frac{az}{(\mu z + a^2)^2} - \frac{1}{(\mu + z)^2}\right) = 0 ,$$

onde

$$\mu = \sqrt{az}\left(1 + \sqrt{\frac{a}{z} + \frac{a}{z}}\right) .$$

Rimane ora a considerare il caso in cui la sfera di prova sia posta a contatto con un conduttore elettrizzato. Quando si trova in punti sufficientemente lontani dai conduttori elettrizzati, si può ammettere che la elettricità indotta in essa non alteri il valore della funzione potenziale dei corpi che la circondano nei punti dove essa si trova; ma questo valore non può ammettersi che resti inalterato dall'azione dell'elettricità comunicatale, sopra le parti del conduttore che le sono prossime, e quindi la determinazione della sua carica è un problema più complicato. Limitiamoci a trattarlo nel caso più semplice.

Sia dato un conduttore di forma sferica S elettrizzato e isolato, e sia R il raggio di S. Prendiamo la sfera di prova s allo stato naturale, e sia il suo raggio a molto piccolo rispetto a R. Sia ϱ la densità elettrica costante sopra la superficie S; il valore della funzione potenziale sopra S sarà

$$c = 4\pi R \varrho .$$

Dopo che avremo portato la sfera di prova a contatto con S, a cagione della piccolezza di s rispetto ad S, la funzione potenziale delle due sfere avrà sopra la superficie di ambedue il valore c, e, per quello che abbiamo esposto alla fine del §. XVIII, nello spazio esterno alle due sfere sarà data dalla formula

$$V_e = c\left[1 + \sqrt{\mu^2 + \nu^2}\sum_{-\infty}^{\infty}\left(\frac{1}{\sqrt{(\beta + \beta' - \mu + [2s + 1]\varpi)^2 + \nu^2}} - \right.\right.$$

$$\left.\left. - \frac{1}{\sqrt{(\mu - 2s\varpi)^2 + \nu^2}}\right)\right],$$

essendo

$$\beta = \frac{1}{2a}, \quad \beta' = -\frac{1}{2R}.$$

Se denotiamo con E la quantità di elettricità che si troverà sopra la sfera di prova, avremo

$$E = -\frac{1}{4\pi}\int \frac{dV_e}{dr} d\sigma .$$

Osserviamo ora che la distanza δ di due punti, uno di coordinate (μ, ν), l'altro di coordinate (β, γ), è data da

$$\delta = \frac{\sqrt{(\mu - \beta)^2 + (\nu - \gamma)^2}}{\sqrt{\mu^2 + \nu^2}\sqrt{\beta^2 + \gamma^2}},$$

e che quindi

$$\lim_{\substack{\mu=\beta \\ \nu=\gamma}} \frac{\delta\sqrt{\mu^2 + \nu^2}}{\sqrt{(\mu - \beta)^2 + (\nu - \gamma)^2}} = \frac{1}{\sqrt{\beta^2 + \gamma^2}} .$$

Osserviamo inoltre che, nello spazio racchiuso dalla sfera di prova, la funzione V_e non diviene infinita altro che per i punti che hanno le coordinate

$$\mu = 2s\beta - 2s\beta', \quad \nu = 0;$$

$$\mu = (2s + 2)\beta - 2s\beta', \quad \nu = 0;$$

ed, applicando il teorema 2° del §. IV, avremo

$$E = -\frac{c\beta'}{2\beta^2}\sum_1^\infty \frac{1}{s\left(1-\frac{\beta'}{\beta}\right)\left(s-\frac{(s-1)\beta'}{\beta}\right)}.$$

Quindi, trascurando le potenze di $\frac{1}{\beta}$ superiori alla seconda, avremo

$$E = -\frac{c\beta'}{2\beta^2}\sum_1^\infty \frac{1}{s^2} = -\frac{\pi^2}{12}\frac{c\beta'}{\beta^2},$$

e, sostituendo i valori di c, β' e β,

$$E = \frac{\pi^2}{6} \cdot 4\pi a^2 \varrho.$$

Onde abbiamo il seguente teorema:

La carica elettrica che prende una piccola sfera di prova s allo stato naturale, quando è posta a contatto con una sfera S *isolata elettrizzata, è proporzionale direttamente alla propria superficie e alla densità dell'elettricità della sfera* S.

Se stacchiamo la sfera di prova dalla sfera S, e la sottragghiamo alla sua influenza, l'elettricità E che si trovava sopra la medesima vi si distribuirà uniformemente, e denotandone la densità con ϱ', avremo

$$\varrho' = \frac{E}{4\pi a^2} = \frac{\pi^2}{6}\varrho,$$

e abbiamo l'altro teorema:

La densità sopra una piccola sfera di prova s dopo che è stata a contatto con un conduttore sferico S, *sarà eguale alla densità della elettricità sopra la sfera* S *moltiplicata per* $\frac{\pi^2}{6}$.

XXVII.

OTTAVIANO FABRIZIO MOSSOTTI

(Dal *Giornale di matematiche ad uso degli Studenti delle Università italiane*, t. I, p. 92, Napoli, 1863).

Il dì 20 di marzo di quest'anno l'Italia ha perduto in Ottaviano Fabrizio Mossotti una delle sue più alte intelligenze, uno dei suoi più nobili caratteri; i giovani matematici ed astronomi il loro più amorevole maestro ed amico; le scienze matematiche uno de' loro più valenti cultori. Compresi di dolore annunziamo tale perdita, con poche parole intorno a questo uomo eminente.

Il Mossotti, nella sua vita scientifica di più di mezzo secolo, coltivò di preferenza l'applicazione dell'analisi alla fisica, alla meccanica razionale e alla meccanica celeste. Gli scritti che hà pubblicato sopra questi soggetti non sono notevoli per il loro numero, ma sono ammirabili per la eleganza del calcolo, la chiarezza dell'esposizione, l'ordine con cui sono condotti e i risultati che contengono. L'idrodinamica, le teoriche delle forze molecolari, della capillarità, dell'ottica, dell'elettricità e degli strumenti ottici, e la meccanica celeste devono a lui progressi e notevoli perfezionamenti. Come Gauss, Egli amava il produrre, ma non aveva premura di pubblicare i suoi lavori. Quindi ne ha lasciati alcuni inediti, quasi compiuti, che saranno raccolti e fatti conoscere al mondo scientifico dai suoi discepoli ed amici. Di altri lavori, dei quali parlava spesso, e che nella sua mente erano già condotti a termine, pare che rimangono soltanto pochi appunti.

Aveva vasta e profonda cognizione dell'analisi pura, che applicava con l'eleganza che ammirasi nelle opere di Lagrange; e se non fosse stato attratto potentemente nel campo delle indagini sulla costituzione interna dei corpi, avrebbe contribuito molto più all'avanzamento di questo ramo importante dell'umano sapere. Prima di Abel e di Jacobi, Egli aveva avuto l'idea di considerare la funzione inversa degli integrali ellittici di prima specie; ma, occupato nei problemi di fisica molecolare e di meccanica celeste non aveva dato seguito a questo pensiero che lo avrebbe condotto alle scoperte analitiche che sono state tra le più belle e feconde di questo secolo.

Il culto per la scienza, che Egli aveva per il solo desiderio di scoprire il vero, e non per fine di acquistare onori e influenze, lo rendevano alieno dal darsi cura di divulgare i proprii scritti, che quasi tutti compilati in lingua italiana, furono stampati in Italia; quindi all'Estero era conosciuto ed apprezzato molto meno di quello che meritava. I giovani matematici ed astronomi avevan tutto il suo affetto, ed era largo con essi d'incoraggiamenti e di ajuti. Di quelli che davano di sè buone speranze, Egli ne parlava volentieri e con passione, altamente lodandoli, e quando facevano qualche buon lavoro, se ne compiaceva e rallegrava come di un avvenimento fortunato per sè.

Amava grandemente l'Italia, e, non contento d'illustrarla nel campo scientifico, quasi sessagenario espose per lei la vita, guidando il battaglione universitario toscano nella battaglia di Curtatone combattuta contro gli Austriaci nel 1848.

Sempre calmo e sereno, benevolo con tutti, non si poteva avvicinare senza sentirsi compresi di amore e di riverenza per lui. Caritatevole, nessuno se ne andava scontento, che ricorreva a lui per soccorso. Quindi son molto rari quegli uomini anche celebri per valore scentifico o per altri fatti, de' quali sia stata pianta la perdita con dolore egualmente sincero e profondo.

XXVIII.

SOPRA LE FUNZIONI ALGEBRICHE DI UNA VARIABILE COMPLESSA DEFINITE DA UNA EQUAZIONE DI TERZO GRADO

(Dal *Giornale di Matematiche ad uso degli Studenti delle Università italiane*, t. III, pp. 143-145, Napoli, 1865).

Prendiamo l'equazione generale di terzo grado

$$a_0 z^3 + 3a_1 z^2 + 3a_2 z + a_3 = 0 \tag{1}$$

e supponiamo che a_0, a_1, a_2 ed a_3 siano funzioni razionali di una variabile complessa t.

Poniamo

$$D = (a_0 a_3 - a_1 a_2)^2 - 4(a_1^2 - a_0 a_2)(a_2^2 - a_1 a_3), \tag{2}$$

$$D_1 = a_1^2 - a_0 a_2. \tag{3}$$

La condizione da verificarsi affinchè l'equazione (1) abbia due radici eguali sarà espressa dall'equazione

$$D = 0, \tag{4}$$

e le condizioni da verificarsi affinchè le tre radici siano tutte eguali tra loro saranno

$$D = 0 \quad , \quad D_1 = 0, \tag{5}$$

ossia

$$\frac{a_1}{a_0} = \frac{a_2}{a_1} = \frac{a_3}{a_2}. \tag{6}$$

Se t_0 è un valore di t per il quale la equazione (1) ha tutte e tre le sue radici eguali, sarà un infinitesimo di ordine pari del discriminante D; cioè D diviso per una potenza pari di $\delta = t - t_0$, per $t = t_0$ diverrà eguale ad una quantità finita e differente da zero. Infatti, dovendo essere soddisfatte le equazioni (6) per $\delta = 0$, avremo:

$$\left\{ \begin{aligned} a_1 &= a_0(T + S_1 \delta^{m_1}), \\ a_2 &= a_1(T + S_2 \delta^{m_2}), \\ a_3 &= a_2(T + S_3 \delta^{m_3}), \end{aligned} \right. \tag{7}$$

dove T è una quantità finita e differente da zero, ed S_1, S_2, S_3 non si annullano nè divengono infinite per $\delta = 0$, ed m_1, m_2, m_3 sono numeri interi e positivi.

Sostituendo i valori (7) nelle equazioni (2) abbiamo

$$D = a_0^4 (T + S_1\delta^{m_1})^2 (T + S_2\delta^{m_2}) [(T + S_2\delta^{m_2}) (S_3\delta^{m_3} - S_1\delta^{m_1})^2 - 4(T + S_1\delta^{m_1}) (S_1\delta^{m_1} - S_2\delta^{m_2}) (S_2\delta^{m_2} - S_3\delta^{m_3})],$$

e quindi se m_3 è il minimo dei tre numeri m_1, m_2, m_3, sarà t_0 un infinitesimo di D dell'ordine $2m_3$, cioè t_0 sarà un infinitesimo di D di ordine pari.

Prendiamo ora la funzione

$$(8) \qquad z = \frac{1}{a_0}\left(- a_1 + \sqrt[3]{P} + \sqrt[3]{Q}\right),$$

dove

$$(9) \qquad \begin{cases} P = \frac{1}{2}\left(- \frac{1}{2}\frac{dD}{da_3} + a_0\sqrt{D}\right), \\ Q = \frac{1}{2}\left(- \frac{1}{2}\frac{dD}{da_3} - a_0\sqrt{D}\right), \end{cases}$$

la quale soddisfa all'equazione (1), ed avremo identicamente

$$(10) \qquad PQ = - D_1^3.$$

Sia t_0 un infinitesimo di D e D_1; a cagione della identità (10) t_0 sarà infinitesimo di PQ di ordine intero multiplo di 3; quindi se sarà infinitesimo di P di ordine $3s + m$, sarà infinitesimo di Q di ordine $3s' + n$, essendo

$$(11) \qquad m + n \equiv 0 \pmod 3;$$

ed, essendo soddisfatte l'equazioni (6), sarà infinitesimo di D di ordine pari. Dunque se facciamo percorrere all'indice di t un contorno elementare intorno all'indice di t_0, quando si torna al punto di partenza, se vogliamo conservare la continuità della funzione, $+\sqrt{D}$ tornerà ad essere $+\sqrt{D}$, $-\sqrt{D}$ tornerà ad essere $-\sqrt{D}$, ma $\sqrt[3]{P}$ diverrà $e^{\frac{2m\pi i}{3}}\sqrt[3]{P}$ e $\sqrt[3]{Q}$ diverrà $e^{\frac{2n\pi i}{3}}\sqrt[3]{Q}$, e quindi z diverrà

$$(12) \qquad \frac{1}{a_0}\left(- a_1 + e^{\frac{2m\pi i}{3}}\sqrt[3]{P} + e^{\frac{2n\pi i}{3}}\sqrt[3]{Q}\right).$$

Percorrendo coll' indice t un'altra volta lo stesso contorno, questa funzione, quando saremo tornati al punto di partenza, diverrà

$$(13) \qquad \frac{1}{a_0}\left(-a_1+e^{\frac{4m\pi i}{3}}\sqrt[3]{P}+e^{\frac{4n\pi i}{3}}\sqrt[3]{Q}\right)$$

$$=\frac{1}{a_0}\left(-a_1+e^{\frac{2n\pi i}{3}}\sqrt[3]{P}+e^{\frac{2m\pi i}{3}}\sqrt[3]{Q}\right).$$

Poichè dalla congruenza (11) si ricava

$$4m\equiv 2n \quad , \quad 4n\equiv 2m \pmod 3,$$

percorrendo un'altra volta lo stesso contorno, essa funzione riprenderà il valore (8).

Dunque se m non è $\equiv 0 \pmod 3$, nel punto indice di t_0 avremo una sostituzione circolare sopra i tre rami (8), (12) e (13) della funzione definita dalla equazione (1) ([1]).

Se poi t_0 è infinitesimo di D e non di D_1, bisognerà distinguere due casi. Se è infinitesimo d'ordine pari, percorrendo con l' indice di t un contorno elementare intorno all' indice di t_0, quando si torna al punto di partenza, ciascuno dei rami (8), (12) e (13) riprenderà lo stesso valore; se poi è un infinitesimo di ordine dispari, percorrendo il medesimo contorno $+\sqrt{D}$ diverrà $-\sqrt{D}$, e $-\sqrt{D}$ diverrà $+\sqrt{D}$, e quindi P e Q si permutano tra loro, e abbiamo in t_0 una trasposizione sopra i due rami (12) e (13).

([1]) Vedi la Memoria, *Sopra le funzioni algebriche di una variabile complessa*, inserita negli Annali delle Università toscane, t. VII (Scienze cosmologiche), pp. 101-130, Pisa, 1862; oppure queste Opere,t. II, pp. 16-44.

XXIX.

TEOREMA DI ELETTRICITÀ STATICA

(Dagli *Atti della Reale Accademia delle Scienze di Torino* t. I, pp. 24-25, Torino, 1865-66)

Dato un sistema di corpi elettrizzati, alcuni conduttori, altri coibenti, se prendiamo una piccola sfera metallica isolata s allo stato naturale, e la poniamo in un punto m, le cui distanze dai corpi conduttori del sistema abbiano un tal rapporto al raggio della sfera s, da rendere trascurabile l'azione che la elettricità indotta sopra la medesima esercita sopra i conduttori; se quindi poniamo la sfera s in comunicazione col suolo, mediante una filo metallico sottilissimo, e dopo aver tolta questa comunicazione, la sottragghiamo all'influenza del sistema e ne determiniamo la carica Q; se dopo averla scaricata la poniamo nuovamente nel punto m, quindi la poniamo in comunicazione con uno dei conduttori del sistema mediante il solito filo metallico, e dopo aver tolta questa comunicazione la sottragghiamo all'influenza del sistema e ne determiniamo la carica Q'; il valore della funzione potenziale dell'elettricità del sistema sopra il conduttore con cui si è fatta comunicare la sfera s, sarà dato dal quoziente della differenza delle due cariche Q' e Q diviso per il raggio della sfera s.

Questo teorema dà un metodo sperimentale per determinare il potenziale della elettricità di un sistema di conduttori elettrizzati, e quindi gli effetti meccanici o la produzione di calore che potrà ricavarsene scaricandolo.

XXX.

SUR LES SUBSTITUTIONS DE SIX LETTRES

(Dai *Comptes-rendus des séances de l'Académie des Sciences*, t. LXIII, p. 878, Paris, 1866).

Soient

$$\infty, 0, 1, 2, 3, 4$$

les indices de six lettres. Si l'on pose

$$\left.\begin{aligned}
\theta_0(z) &\equiv z \\
\theta_1(z) &\equiv z^3 + a \\
\theta_2(z) &\equiv \frac{(z+a)\,\}(z+ra)^2 + 3ra^2\{}{z^3} \\
\varphi_1(z) &\equiv \frac{z+a}{z} \\
\varphi_2(z) &\equiv \left(\frac{z+a}{z}\right)^3
\end{aligned}\right\} \pmod 5,$$

où l'on désigne par r un résidu quadratique du nombre 5, toutes les substitutions de six lettres seront comprises dans les trois formes

$$\left[\begin{matrix}\alpha\varphi_s(z+6) \\ z\end{matrix}\right], \left[\begin{matrix}\alpha\theta_s(z+6) \\ z\end{matrix}\right], \left[\begin{matrix}\dfrac{1}{\alpha\theta_s(z+6)} \\ z\end{matrix}\right]$$

où le coefficient α ne doit pas être $\equiv 0$.

XXXI.

SOPRA LA TEORIA DELLA CAPILLARITÀ

(Dagli *Annali delle Università toscane*, t. IX, pp. 5-24, Pisa, 1866).

I.

La teoria della capillarità è fondata sopra la ipotesi delle forze molecolari, cioè parte dal concetto che le molecole dei corpi agiscono le une sopra le altre nella direzione della retta che le unisce e con una forza direttamente proporzionale al prodotto delle loro masse, che è nulla quando la distanza delle molecole è sensibile, ha un valore finito a distanza insensibile ed è variabile colla distanza con legge incognita, ma con continuità, e muta anche segno, cioè è ripulsiva per distanze minori, attrattiva per distanze maggiori di un certo valore. A questa ipotesi ne hanno aggiunte altre differenti i sommi geometri che hanno formato questa teoria, ma sono arrivati tutti alle medesime equazioni fondamentali.

Laplace [1] e Gauss [2] hanno ammesso che i liquidi conservano sempre la stessa densità in tutti i loro punti. Poisson [3], riconoscendo questa ipotesi non corrispondente alla realtà, ha ammesso una rapida variazione di densità alla superficie, ma indipendente dalla curvatura della superficie stessa. Young [4] e Mossotti [5] hanno ammesso una tensione nel velo fluido che costituisce la superficie libera del liquido. Il Mossotti [6] ha spiegato questa tensione colla rapida variazione di densità ammessa da Poisson, ed ha applicato le condizioni di equilibrio date dalla Meccanica per un velo flessibile soggetto a una trazione alle pareti del solido derivante dalla differenza tra

(1) *Supplément au L.* X *de la Mécanique céleste.*

(2) Commentationes Societatis regiae Gottingensis recentiores, t. VII, 1830.

(3) *Nouvelle théorie de l'action capillaire.* Paris, 1831.

(4) Philosophical Transactions of the Royal Society of London, 1805.

(5) *Lezioni di Fisica Matematica.* Firenze, 1843-1845.

(6) Atti del Congresso degli Scienziati Italiani a Torino, 1840.

l'attrazione esercitata dal solido sopra il liquido e dal liquido sopra sè stesso, ed al quale sia aderente la massa liquida, che viene così tratta in alto o spinta in basso.

Nella ipotesi di Laplace e di Gauss, nello strato di liquido compreso tra la superficie libera o a contatto del solido e una superficie parallela a questa e distante della lunghezza del raggio di attività delle forze molecolari, le superficie parallele alla superficie libera o a contatto col solido ricevono azione differente nel senso della normale esterna ed interna. Quindi l'analisi deve portare, come porta di fatti, alle condizioni di equilibrio di un velo flessibile sollecitato da forze normali alla sua superficie, secondo il concetto di Young. Poisson ha trovato però che le forze normali alla superficie che si avrebbero in questo modo, non potrebbero essere capaci di produrre innalzamenti o depressioni sensibili. Quindi ha ammesso che la densità varî rapidamente alla superficie, e così ha ottenuto forze normali alla superficie del liquido, capaci di produrre effetti sensibili; e per le condizioni di equilibrio quelle stesse di un velo flessibile, come nella ipotesi di Young e di Mossotti.

Sono state eseguite moltissime esperienze per confrontare i risultati della teoria colla realtà. Il primo fatto in contradizione colla teoria fu osservato da Young. La teoria porta che nel caso di due liquidi sovrapposti in un tubo circolare cilindrico verticale di diametro capillare, la massa totale sollevata o depressa dev' essere eguale a quella che si avrebbe se il liquido inferiore fosse solo nel tubo, ed Young osservò che questa massa è notevolmente differente, nel caso dei due liquidi sovrapposti, da quella che si ha nel caso del solo liquido inferiore. Il Mossotti pose la teoria d'accordo colla realtà, ammettendo cha l'azione esercitata dalla parete del tubo sopra il contorno della superficie libera del liquido superiore, e quella al contorno della superficie di separazione dei due liquidi siano indipendenti tra loro, cioè la seconda non sia eguale alla somma delle azioni esercitate dalla parete sopra il liquido superiore alla superficie libera, e sopra il liquido inferiore, come se la superficie fosse libera. Ora questo, come vedremo, non potrebbe essere, se la densità nel liquido superiore fosse distribuita egualmente in vicinanza dei contorni della superficie libera e della superficie di separazione dei due liquidi. Gli altri fatti posteriormente osservati in contradizione colla teoria confermano il concetto di questa differenza di distribuzione di densità.

La teoria dà inoltre il seguente teorema: le quantità di liquido sollevate o depresse per capillarità da un solido immerso nel medesimo, si ottengono moltiplicando per un coefficiente, costante per solidi di medesima materia e per uno stesso liquido, la lunghezza della linea d' intersezione della superficie libera del liquido col solido. Ora le esperienze di Wertheim (1) e di Wilhelmy (2) provano al contrario che questo coefficiente varia colla curvatura della superficie del solido. Secondo la teoria, finchè non si aggiungano forze esterne non ci dovrebbe essere mutazione nella superficie libera del solido, e le esperienze di Quinke (3) provano al contrario che questa forma e il coefficiente d'innalzamento variano sensibilmente col tempo nei fenomeni capillari del mercurio. Il sig. Wilhelmy ha trovato inoltre che la condensazione dell'alcool in vicinanza delle pareti di un solido sarebbe sensibile alla bilancia, il che corrisponderebbe poco al concetto delle rarefazioni e condensazioni prodotte dalle forze molecolari nella ipotesi che queste si estendessero solo a distanze infinitesime.

Tutti questi esperimenti dimostrano che bisogna togliere dalla teoria alcune delle ipotesi che vi sono state introdotte e modificarla, ponendo in calcolo nozioni più esatte sulla natura delle forze di coesione e di adesione. Questo è lo scopo della presente Memoria.

Della ipotesi delle forze molecolari io conservo soltanto la prima parte, cioè ammetto soltanto che gli elementi dei corpi agiscano gli uni sugli altri nel senso della retta che li unisce e proporzionalmente al prodotto delle loro masse; il che porta ad ammettere che le forze di coesione e di adesione abbiano funzioni potenziali.

Se i liquidi risultassero da un sistema di punti materiali liberi perfettamente e in equilibrio sotto l'azione delle forze molecolari, è chiaro che non potrebbe aversi una differenza nei valori della funzione di queste forze nei diversi punti della massa del liquido. Perchè questa differenza produrrebbe moto finchè non si ottenesse una tal densità per cui la funzione delle forze avesse lo stesso valore in tutta la massa. Quindi non si potrebbe avere alla superficie libera del liquido quella tensione che altri fatti dimostrano e che sola è capace di produrre i fenomeni capillari. Ma questo stato di equilibrio interno non ha luogo nei corpi, e le nozioni che hanno portato nella scienza i fatti della termodinamica, fanno ritenere al contrario, che non esista mai un vero equilibrio nell'interno dei corpi, e che l'equilibrio apparente sia invece uno stato *permanente* di moti rapidissimi. Alla superficie poi del liquido ove è una continua mutazione di stato, una continua evaporazione, vi dev'essere una variazione del valore della funzione delle forze di coesione. Quindi, se si tratta di un liquido, come se fosse composto

---

(1) V. Annales de Ch. et de Ph., 3ème série, t. LXIII.

(2) V. Poggendorff's Annalen der Ph. und Ch., B. 119.

(3) V. Poggendorff's Annalen der Ph. und Ch., B. 105.

di punti in equilibrio sotto l'azione di forze che agiscono tra i medesimi, probabilmente sostituiamo una stato ideale a quello reale, e per ottenere risultati in armonia coll'esperienza, bisognerà aggiungere una ipotesi che stabilisca l'equivalenza tra lo stato di equilibrio supposto e la permanenza dei moti interni, dei quali i fenomeni fin qui osservati ci rivelano l'esistenza, ma non la natura. Io ammetterò perciò un impedimento, che col tempo possa anche in parte esser vinto, al passaggio delle particelle del liquido da uno ad un altro degli strati vicinissimi e paralleli alla superficie, passaggio che avrebbe luogo nelle molecole se le supponessimo affatto libere, in conseguenza della variabilità del valore della funzione potenziale in vicinanza della superficie.

II.

La funzione delle forze che un liquido esercita sopra un suo elemento, in cui sia concentrata l'unità di massa, è una funzione dei punti dello spazio occupato dal liquido, i cui valori dipendono dalla distribuzione della densità del liquido nella vicinanza dei punti che si considerano, e quindi è finita e continua in tutto lo spazio occupato dal liquido, se la densità di questo varia con continuità. Noi chiameremo questa funzione la *funzione potenziale della coesione* del liquido. Chiameremo anche *funzione potenziale dell'adesione* di un liquido A ad un solido o ad un altro liquido B, la funzione delle forze che il corpo B esercita sopra un elemento vicinissimo del liquido A, per le quali questo aderisce alla superficie del corpo B.

Considereremo, per più semplicità, il caso in cui siano dati due soli liquidi differenti A_1, A_2 a contatto tra loro e con un corpo solido B. Denotiamo con V_1 lo spazio occupato dal liquido A_1, con V_2 lo spazio occupato dal liquido A_2; con ϱ_1 e ϱ_2 rispettivamente le densità di A_1 e di A_2; con φ_1 e φ_2 le rispettive funzioni potenziali della coesione dei medesimi; con ψ_1 e ψ_2 le rispettive funzioni potenziali delle loro adesioni al corpo solido B; con θ_1 e θ_2 le rispettive funzioni potenziali delle adesioni di A_1 ad A_2 e di A_2 ad A_1.

È evidente che il potenziale P del sistema dei due liquidi sarà dato dalla formula

$$P = \tfrac{1}{2}\int_{V_1}(\varphi_1 + 2\psi_1 + 2\theta_1)\,\varrho_1\,dv + \tfrac{1}{2}\int_{V_2}(\varphi_2 + 2\psi_2 + 2\theta_2)\,\varrho_2\,dv\,,$$

dove colla lettera in basso al segno integrale denotiamo lo spazio al quale il medesimo deve essere esteso.

Oltre alle forze di coesione e di adesione, il sistema è sottoposto alla forza di gravità, la cui funzione potenziale è eguale a gz quando si prenda verticale l'asse delle z, e l'origine nel piano orizzontale di livello del liquido inferiore in cui è immerso il solido. Quindi, per avere il potenziale totale W del sistema dei due liquidi, bisognerà aggiungere a P la quantità

$$\int_{V_1} g\varrho_1 z\, dv + \int_{V_2} g\varrho_2 z\, dv\,,$$

e avremo

$$\text{(1)} \qquad W = \tfrac{1}{2}\int_{V_1}(\varphi_1 + 2\psi_1 + 2\theta_1 + 2gz)\,\varrho_1\, dv + \\ + \tfrac{1}{2}\int_{V_2}(\varphi_2 + 2\psi_2 + 2\theta_2 + 2gz)\,\varrho_2\, dv\,.$$

L'equilibrio del sistema si otterrà ponendo a zero la variazione prima di W, risultante dalla variazione δ_1 relativa alla densità ϱ_1, dalla variazione δ_2 relativa alla densità ϱ_2, e dalla variaziazione δ' relativa alla forma delle superficie libere dei due liquidi colla condizione che non variino le masse totali dei due liquidi. Avremo dunque per l'equilibrio

$$\text{(2)} \qquad \delta_1 W + \delta_2 W + \delta'\left(W + k_1\int_{V_1}\varrho_1\, dv + k_2\int_{V_2}\varrho_2\, dv\right) = 0\,.$$

Variando ϱ_1, variano evidentemente delle sei funzioni φ_1, φ_2, ψ_1, ψ_2, θ_1 e θ_2 soltanto φ_1 e θ_2; e variando ϱ_2, variano solo φ_2 e θ_1. Avremo dunque

$$\delta_1 W = \tfrac{1}{2}\int_{V_1}((\varphi_1 + 2\psi_1 + 2\theta_1 + 2gz)\,\delta\varrho_1 + \varrho_1\,\delta\varphi_1)\, dv + \int_{V_2}\varrho_2\,\delta\theta_2\, dv\,,$$

$$\delta_2 W = \tfrac{1}{2}\int_{V_2}((\varphi_2 + 2\psi_2 + 2\theta_2 + 2gz)\,\delta\varrho_2 + \varrho_2\,\delta\varphi_2)\, dv + \int_{V_1}\varrho_1\,\delta\theta_1\, dv\,.$$

Quando si hanno due sistemi di punti materiali S_1 e S_2, e i punti di S_1 agiscono su quelli di S_2 nel senso delle rette che li uniscono, e con intensità direttamente proporzionali al prodotto delle loro masse, se Φ_1 è la funzione potenziale delle forze con cui il sistema S_1 agisce sopra un punto del sistema S_2 in cui è concentrata l'unità di massa, e Φ_2 è la funzione potenziale delle forze con cui il sistema S_2 agisce sopra un punto di S_1 in cui sia concentrata l'unità di massa, il potenziale del sistema S_1 sopra S_2, se ϱ_1 è la densità del sistema S_1, sarà $\int \Phi_2\,\varrho_1\, dv$; e se ϱ_2

è la densità del sistema S_2, sarà anche dato da $\int \Phi_1 \varrho_2 dv$, e quindi

$$\int_{S_2} \Phi_1 \varrho_2 \, dv = \int_{S_1} \Phi_2 \varrho_1 \, dv \, .$$

La equazione sussiste anche se gli spazî S_1 e S_2 coincidono in tutto o in parte. Questo teorema è la generalizzazione di uno dato da Gauss per le forze che agiscono secondo la legge di Newton ([1]).

Pertanto avremo

$$\int_{V_1} \varrho_1 \, \delta\varphi_1 \, dv = \int_{V_1} \varphi_1 \, \delta\varrho_1 \, dv \quad , \quad \int_{V_2} \varrho_2 \, \delta\varphi_2 \, dv = \int_{V_2} \varphi_2 \, \delta\varrho_2 \, dv \, ,$$

$$\int_{V_2} \varrho_2 \, \delta\theta_2 \, dv = \int_{V_1} \theta_1 \, \delta\varrho_1 \, dv \quad , \quad \int_{V_1} \varrho_1 \, \delta\theta_1 \, dv = \int_{V_2} \theta_2 \, \delta\varrho_2 \, dv \, ,$$

e quindi

$$\delta_1 W = \int_{V_1} (\varphi_1 + \psi_1 + 2\theta_1 + gz) \, \delta\varrho_1 \, dv \, , \tag{3}$$

$$\delta_2 W = \int_{V_2} (\varphi_2 + \psi_2 + 2\theta_2 + gz) \, \delta\varrho_2 \, dv \, . \tag{4}$$

Ora, le masse dei due liquidi non possono variare; avremo dunque

$$\int_{V_1} \delta\varrho_1 \, dv = 0 \quad , \quad \int_{V_2} \delta\varrho_2 \, dv = 0 \, .$$

Ammettiamo di più che non possa variare altro che con un tempo assai lungo, la massa di liquido che si trova nei successivi strati infinitamente sottili e vicinissimi alle superficie che limitano gli spazî V_1 e V_2; avremo quindi

$$\int \delta\varrho_1 \, dv = 0 \quad , \quad \int \delta\varrho_2 \, dv = 0 \, ,$$

estendendo gli integrali a uno qualunque di questi medesimi strati. Onde si vede dalle equazioni (3) e (4) che avremo

$$\delta_1 W = 0 \quad , \quad \delta_2 W = 0 \, ,$$

([1]) V. Liouville, Journal de math. pures et appl., 1ère série, t. VII, p. 301.

quando sia

$$\varphi_1 + \psi_1 + 2\theta_1 + gz = c_1\,, \tag{5}$$

$$\varphi_2 + \psi_2 + 2\theta_2 + gz = c_2\,; \tag{6}$$

dove c_1 sia costante in tutto lo spazio V_1 fuori che in vicinanza della superficie, dove varia passando da uno degli strati paralleli alla superficie, ad un altro e c_2 sia costante in tutto lo spazio V_2, fuori che in vicinanza della superficie dove anch'essa varii passando da uno degli strati paralleli alla superficie ad un altro.

Sostituendo nella equazione (1), si ottiene

$$W = \frac{1}{2}\int_{V_1}(c_1 + \psi_1 + gz)\,\varrho_1\,dv + \frac{1}{2}\int_{V_2}(c_2 + \psi_2 + gz)\,\varrho_2\,dv\,.$$

Una funzione potenziale dà colle sue derivate le componenti dello stesso sistema di forze in uno spazio qualunque, anche quando ad essa si aggiunga una quantità qualunque costante in tutto questo spazio. Ora, nei punti dello spazio V_1 sufficientemente lontani dalle superficie che limitano questo spazio, le funzioni potenziali ψ_1 e θ_1 hanno un valore costante; parimenti, in tutti i punti dello spazio V_2 sufficientemente lontani dalle superficie che limitano questo spazio le funzioni potenziali ψ_2 e θ_2 hanno un valore costante. Quindi coll'aggiunta di costanti convenienti, si potranno in questi punti riguardare eguali a zero ψ_1 e θ_1 , ψ_2 e θ_2, e avremo nei medesimi, dalle equazioni (5) e (6)

$$\varphi_1 + gz = c_1 \quad , \quad \varphi_2 + gz = c_2\,,$$

e quindi nei punti nei quali è inoltre $z = 0$

$$\varphi_1 = c_1 \quad , \quad \varphi_2 = c_2\,;$$

e togliendo quindi dalle funzioni potenziali φ_1 e φ_2 questi loro valori, avremo eguali a zero le costanti c_1 e c_2 in questi punti e quindi in tutto lo spazio occupato dai due liquidi fuori che negli strati superficiali.

I valori delle funzioni potenziali φ_1 e φ_2 nei diversi punti dei due liquidi dipendono dalla distribuzione delle densità intorno ai medesimi, e saranno nulli questi valori in tutto un dato spazio quando la densità sia costante nel medesimo. Quindi ϱ_1 e ϱ_2 avranno valori costanti rispettivamente eguali a ϱ' e ϱ'' per tutto fuori che a distanze piccolissime dalle superficie libere del solido e dalla superficie di separazione dei due liquidi.

Denotiamo con η_1 e η_2 queste distanze dalla superficie libera S_1 del primo e dalla superficie S_2 del secondo liquido: con η questa distanza dalla superficie t_1 del solido che è a contatto col primo e dalla superficie t_2 che è a contatto col secondo liquido, e con ε queste distanze dalla superficie σ di separazione dei due liquidi. Il potenziale W potrà porsi sotto la forma

$$2W = \varrho' g \int_{V_1} z\, dv + \varrho'' g \int_{V_2} z\, dv$$

$$+ \int_{S_1} ds_1 \int_0^{\eta_1} \alpha_1 (c_1 + \psi_1)\, \varrho_1\, dp + \int_{S_2} ds_2 \int_0^{\eta_2} \alpha_2 (c_2 + \psi_2)\, \varrho_2\, dp$$

$$+ \int_{t_1} dt_1 \int_0^{\eta} \beta (c_1 + \psi_1)\, \varrho_1\, dp + \int_{t_2} dt_2 \int_0^{\eta} \beta (c_2 + \psi_2)\, \varrho_2\, dp$$

$$+ \int_{\sigma} d\sigma \int_0^{\varepsilon} \gamma ((c_1 + \psi_1)\, \varrho_1 - (c_2 + \psi_2)\, \varrho_2)\, dp$$

$$+ \int_{S_1} ds_1 \int_0^{\eta} \alpha_1 (\varrho_1 - \varrho')\, gz\, dp + \int_{t_1} dt_1 \int_0^{\eta} \beta (\varrho_1 - \varrho')\, gz\, dp$$

$$+ \int_{t_2} dt_2 \int_0^{\eta} \beta (\varrho_2 - \varrho'')\, gz\, dp + \int_{\sigma} d\sigma \int_0^{\varepsilon} \gamma (\varrho_1 - \varrho')\, gz\, dp$$

$$+ \int_{\sigma} d\sigma \int_0^{\varepsilon} \gamma (\varrho_2 - \varrho'')\, gz\, dp + \int_{S_2} ds_2 \int_0^{\eta_2} \alpha_2 (\varrho_2 - \varrho'')\, gz\, dp,$$

dove $\alpha_1\, ds_1\, dp$, $\alpha_2 ds_2\, dp$, $\beta\, dt\, dp$, $\gamma\, d\sigma\, dp$ sono rispettivamente gli elementi degli strati aderenti alle superficie S_1 , S_2 , t e σ e quindi α_1 , α_2 , β e γ sono funzioni delle distanze da queste superficie e dei punti delle medesime. Poniamo

$$\int_0^{\eta_1} \alpha_1 (c_1 + \psi_1)\, \varrho_1\, dp = a_1 \quad , \quad \int_0^{\eta_2} \alpha_2 (c_2 + \psi_2)\, \varrho_2\, dp = a_2 ,$$

$$\int_0^{\eta} \beta (c_1 + \psi_1)\, \varrho_1\, dp = b_1 \quad , \quad \int_0^{\eta} \beta (c_2 + \psi_2)\, \varrho_2\, dp = b_2 ,$$

$$\int_0^{\varepsilon} \gamma ((c_1 + \psi_1)\, \varrho_1 - (c_2 + \psi_2)\, \varrho_2)\, dp = e ,$$

$$\int_0^{\eta} \beta (\varrho_1 - \varrho')\, dp = \mu_1 \quad , \quad \int_0^{\eta} \beta (\varrho_2 - \varrho'')\, dp = \mu_2 .$$

Le quantità a_1, a_2, e e b_1, b_2, μ_1, μ_2 saranno rispettivamente funzioni soltanto dei punti delle superficie S_1, S_2, σ e t. Trascurando il peso degli strati di densità variabili aderenti alle superficie S_1, S_2 e σ, avremo

$$(7)\qquad 2W = \int_{S_2} a_1 ds_1 + \int_{S_2} a_2 ds_2 + \int_\sigma e d\sigma$$
$$+ \int_{t_1} b_1 dt_1 + \int_{t_2} b_2 dt_2 + g\int_{t_1} \mu_1 z\, dt_1 + g\int_{t_2} \mu_2 z\, dt_2$$
$$+ \varrho' \int_{V_1} gz\, dv + \varrho'' \int_{V_2} gz\, dv.$$

III.

Determiniamo ora la variazione, dovuta alla mutazione di forma della superficie S, degli integrali

$$\int_S a\, ds,$$

che si trovano nella formula (7). Ponendo

$$p = \frac{\partial z}{\partial x}\quad,\quad q = \frac{\partial z}{\partial y},$$
$$\sqrt{1 + p^2 + q^2} = P,$$

avremo

$$\int_S a\, ds = \iint a P\, dx\, dy.$$

Quindi

$$(8)\qquad \delta' \int a\, ds = \iint dx\, dy \left\{ \frac{\partial(a P \delta x)}{\partial x} + \frac{\partial (a P \delta y)}{\partial y} + a\left(\frac{\partial P}{\partial p}\delta p + \frac{\partial P}{\partial q}\delta q\right)\right\}$$
$$= -\int_0^l a d\sigma \left\{ \left(P\delta x + \frac{p}{P}\delta_0 z\right)\frac{dy}{d\sigma} - \left(P\delta y + \frac{q}{P}\delta_0 z\right)\frac{dx}{d\sigma}\right\}$$
$$-\iint \delta_0 z\, dx\, dy \left\{ a\left(\frac{\partial \frac{p}{P}}{\partial x} + \frac{\partial \frac{q}{P}}{\partial y}\right) + \frac{p}{P}\frac{\partial a}{\partial x} + \frac{q}{P}\frac{\partial a}{\partial y}\right\},$$

dove $d\sigma$ è l'elemento ed l è la lunghezza del contorno della superficie S;

$\delta_0 z$ denota la variazione di z quando rimangono invariate x ed y, e δx, δy, δz sono le variazioni che le coordinate dei punti della superficie S ricevono nel passare dalla primitiva alla forma forma variata; onde abbiamo

$$\delta z = \delta_0 z + p\,\delta x + q\,\delta y\,.$$

Siano α, β, γ i coseni degli angoli che la normale n alle superficie S fa con i tre assi; α', β', γ', i coseni degli angoli che la tangente t al contorno σ fa cogli assi, ed $\alpha'', \beta'', \gamma''$ i coseni degli angoli che la retta T normale ad n e a t fa cogli assi. Avremo

$$\delta_0 z = \frac{\alpha\,\delta x + \beta\,\delta y + \gamma\,\delta z}{\gamma}\,,$$

e quindi

$$\left(\mathrm{P}\delta x + \frac{p}{\mathrm{P}}\,\delta_0 z\right)\frac{dy}{d\sigma} - \left(\mathrm{P}\delta y + \frac{q}{\mathrm{P}}\,\delta_0 z\right)\frac{dx}{d\sigma} =$$

$$= \frac{1}{\gamma}\left(\beta'\delta x - \alpha'\delta y + (\alpha'\beta - \alpha\beta')\,(\alpha\,\delta x + \beta\,\delta y + \gamma\,\delta z)\right) =$$

$$= -\left(\alpha''\delta x + \beta''\delta y + \gamma''\delta z\right).$$

Ora, il liquido che si trova sul contorno σ non può muoversi altro che lungo la parete t con cui è a contatto. Onde se prendiamo sopra la superficie t un sistema di coordinate di Gauss, che denoteremo con u e v, dovremo avere

$$\delta x = \frac{\partial x}{\partial u}\,\delta u + \frac{\partial x}{\partial v}\,\delta v\,,$$

$$\delta y = \frac{\partial y}{\partial u}\,\delta u + \frac{\partial y}{\partial v}\,\delta v\,,$$

$$\delta z = \frac{\partial z}{\partial u}\,\delta u + \frac{\partial z}{\partial v}\,\delta v\,,$$

e quindi

$$\alpha''\delta x + \beta''\delta y + \gamma''\delta z = \left(\alpha''\,\frac{\partial x}{\partial u} + \beta''\,\frac{\partial y}{\partial u} + \gamma''\,\frac{\partial z}{\partial u}\right)\delta u +$$

$$+ \left(\alpha''\,\frac{\partial x}{\partial v} + \beta''\,\frac{\partial y}{\partial v} + \gamma''\,\frac{\partial z}{\partial v}\right)\delta v\,,$$

e denotando con $\delta\sigma_1$, $\delta\sigma_2$ gli elementi delle curve $v =$ *costante*, $u =$ *costante*, che supporremo ortogonali, sarà

$$\alpha''\delta x + \beta''\delta y + \gamma''\delta z = \cos(\mathrm{T}, \sigma_1)\,\delta\sigma_1 + \cos(\mathrm{T}, \sigma_2)\,\delta\sigma_2\,;$$

e se facciamo coincidere con σ la tangente alla curva σ_2, e denotiamo con T′ la tangente alla curva σ_1, che sarà perpendicolare alla tangente al contorno σ e alla normale alla superficie S, avremo

$$\cos(\mathrm{T}, \sigma_1) = \cos(\mathrm{T}, \mathrm{T}')\ ,\ \cos(\mathrm{T}, \sigma_2) = 0\,;$$

e quindi

$$\alpha''\delta x + \beta''\delta y + \gamma''\delta z = \cos(\mathrm{T}, \mathrm{T}')\,\delta\sigma_1\,.$$

Abbiamo inoltre

$$\frac{\partial \frac{p}{\mathrm{P}}}{\partial x} + \frac{\partial \frac{q}{\mathrm{P}}}{\partial y} = -\frac{\partial \alpha}{\partial x} - \frac{\partial \beta}{\partial y} = -\left(\frac{1}{\mathrm{R}} + \frac{1}{\mathrm{R}'}\right),$$

denotando con R ed R′ i raggi di massima e di minima curvatura della superficie S.

Sostituendo i valori trovati nella equazione (8), si ottiene

$$(9)\qquad \delta'\int_{\mathrm{S}} a\,ds = \int_0^l a\,\delta\sigma_1 \cos(\mathrm{T}, \mathrm{T}')\,d\sigma +$$
$$+\int\!\!\int \delta_0 z\,dx\,dy \left\{ a\left(\frac{1}{\mathrm{R}} + \frac{1}{\mathrm{R}'}\right) - \frac{\partial a}{\partial x}\alpha - \frac{\partial a}{\partial y}\beta \right\}.$$

Per ottenere la variazione degli integrali della formula (7) della forma

$$\int_t b\,dt,$$

nei quali la superficie t è di forma invariabile, e la variazione è dovuta al movimento del liquido lungo la medesima bisogna prendere le direzioni tra loro ortogonali $\delta\sigma_1$, $\delta\sigma_2$ nel piano tangente a t, e facendo coincidere σ_2 con σ, σ_1 coinciderà con T′, e quindi

$$\alpha''\delta x + \beta''\delta y + \gamma''\delta z = \cos(\mathrm{T}, \mathrm{T}')\,\delta\sigma_1 = \delta\sigma_1\,;$$

e poichè

$$\delta_0 z = 0\,,$$

avremo

$$(10)\qquad \delta'\int_t b\,dt = \int_0^l b\,\delta\sigma_1\,d\sigma\,.$$

Gli integrali tripli che compariscono nella formola (7) sono della forma

$$\int_V a\,dv,$$

dove a è una funzione delle coordinate x, y, z. Variando la forma delle superficie che limitano lo spazio V, abbiamo:

$$\delta' \int_V a\,dv = \delta \int\int\int a\,dx\,dy\,dz = \int\int\int \left(\frac{\partial(a\delta x)}{\partial x} + \frac{\partial(a\delta y)}{\partial y} + \frac{\partial(a\delta z)}{\partial z} \right) dx\,dy\,dz =$$

$$= \int_S a(\alpha\,\delta x + \beta\,\delta y + \gamma\,\delta z)\,ds.$$

Se le superficie che limitano V sono S_1, S_2 e t, questo integrale si decompone in tre.

Osservando che gli angoli che le parti esterne allo spazio V delle normali alle superficie S_2 ed S_1 fanno coll'asse delle z sono uno acuto e l'altro ottuso, è chiaro che, essendo sopra la superficie S_2

$$ds_2(\alpha\,\delta x_2 + \beta\,\delta y_2 + \gamma\,\delta z_2) = \gamma\,\delta_0\,z_2 ds_2 = \delta_0\,z_2 dx\,dy\,,$$

sopra la superficie S_1 sarà

$$ds_1(\alpha\,\delta x + \beta_1\delta y_1 + \gamma\delta z_1) = \gamma\,\delta_0\,z_1 ds_1 = -\,\delta_0\,z_1 dx\,dy\,.$$

Abbiamo inoltre sopra la superficie t

$$\alpha\,\delta x + \beta\,\delta y + \gamma\,\delta z = 0\,,$$

perchè il liquido a contatto colla superficie t rimane sempre a contatto durante la variazione. Quindi

$$\delta \int_V a\,dv = \int\int (a''\delta_0 z_2 - a'\delta_0 z_1)\,dx\,dy\,, \tag{11}$$

dove con a'' e a' denotiamo i valori di a corrispondenti rispettivamente ai valori z_2 e z_1 di z.

IV.

A noi, per lo scopo che ci siamo proposti, basterà limitarci a considerare il caso in cui la superficie solida a contatto coi liquidi sia cilindrica verticale. Cominciamo dal supporre un liquido solo. Avremo

$$\psi_1 = \psi_2 \quad , \quad \theta_1 = \theta_2 \quad , \quad \varrho' = \varrho''\,;$$

onde

$$e = 0 \quad , \quad b_1 = b_2 \quad , \quad \mu_1 = \mu_2 ,$$

e quindi

$$(12) \quad 2W = \int_{S_1} a_1 \, ds_1 + \int_{t_1} b_1 \, dt_1 + \int_{S_2} a_2 ds_2 + \varrho' \int_V gz \, dv + g \int_{t_1} \mu_1 z \, dt_1 .$$

Se la superficie del solido è quella di un solo piano, non vi è che una superficie libera del liquido: manca la superficie S_2. Se è composta delle superficie interne di due piani paralleli o della superficie interna di un tubo cilindrico, se non si ha riguardo al fenomeno di capillarità che si deve manifestare alla superficie esterna, e la superficie S_2 è molto grande rispetto all'estensione della superficie S_1, la variazione di quella dà luogo a una variazione trascurabile di fronte alla variazione di questa. Quindi, in ambedue i casi, avremo

$$(13) \qquad \delta' \int_{S_2} a_2 ds_2 = 0 .$$

Se poi denotiamo con ω l'angolo che fanno i piani tangenti alla superficie S_1 e alla superficie t_1, lungo la linea della loro intersezione, e denotiamo con l la lunghezza di questa linea, avremo dalla formula (9)

$$(14) \qquad \delta \int_{S_1} a_1 ds_1 = \int_0^l a_1 \cos \omega \, d\sigma \, \delta z +$$
$$+ \iint dx \, dy \left\{ a_1 \left(\frac{1}{R} + \frac{1}{R'} \right) - \left(\frac{\partial a_1}{\partial x} \cos(nx) + \frac{\partial a_1}{\partial y} \cos(ny) \right) \right\} \delta z .$$

Dalla formula (10),

$$(15) \qquad \delta' \int_{t_1} b_1 \, dt_1 = \int_0^t b_1 \, \delta z \, d\sigma ,$$

$$(16) \qquad \delta' \int \mu_1 z \, dt_1 = \int_0^l \mu_1 z \delta z \, d\sigma ;$$

e dalla formula (11), osservando che si ha $z_1 = 0$,

$$(17) \qquad \delta' \varrho' \int gz \, dv = \iint gz \varrho' \, \delta z \, dx \, dy ,$$

$$(18) \qquad \delta' k \int_{V_1} \varrho' dv = k \int_{V_1} \varrho' \, \delta z \, dx \, dy .$$

Sostituendo i valori (13), (14), (15), (16), (17) e (18) nella equazione

$$\delta' W + \delta' k \int_{V_1} \varrho' dv = 0 ,$$

dedotta dalla formula (12), si ottiene

$$\int_0^l (a_1 \cos\omega + b_1 + g\mu_1 z)\, dz\, d\sigma + \iint dx\, dy\, dz \left[g\varrho' z + k\varrho' + a_1\left(\frac{1}{R} + \frac{1}{R'}\right) - \right.$$
$$\left. - \left(\frac{\partial a_1}{\partial x}\cos(nx) + \frac{\partial a_1}{\partial y}\cos(ny)\right)\right] = 0 .$$

Onde

$$(19) \qquad g\varrho' z + k\varrho' + a_1\left(\frac{1}{R} + \frac{1}{R'}\right) - \frac{\partial a_1}{\partial x}\cos(nx) - \frac{\partial a_1}{\partial y}\cos(ny) = 0 ,$$

$$(20) \qquad a_1 \cos\omega + b_1 + g\mu_1 z = 0 .$$

Ora a_1 che dipende dalla distribuzione della densità alla superficie S_1 e dai valori che nello strato superficiale ha la quantità c_1, può riguardarsi costante sopra tutta questa superficie, fuori che in vicinanza del suo contorno, dove la densità e c_1 varieranno rapidamente, ma con continuità, a cagione del valore differente da zero che ivi acquista la funzione ψ_1. Onde il valore di a_1 nella equazione (19) sarà in tutti i punti della superficie non vicinissimi al contorno eguale ad una quantità costante a diversa dal valore di a_1 nella equazione (20), il quale sarà costante se la parete è un cilindro circolare o un piano verticale, potrebbe essere variabile se la superficie del solido fosse un cilindro non circolare. Di più essendo a costante in tutta la parte di superficie non vicinissima al solido, spariscono gli ultimi due termini, e abbiamo:

$$(21) \qquad g\varrho' z + k\varrho' + a\left(\frac{1}{R} + \frac{1}{R'}\right) = 0 ,$$

$$(22) \qquad a_1 \cos\omega + b_1 + g\mu_1 h = 0 ,$$

dove h indica l'altezza del contorno.

Prendendo il piano orizzontale di livello per piano delle xy, abbiamo in esso

$$R = \infty \quad , \quad R' = \infty ;$$

onde

$$k = 0\,,$$

e quindi l'equazione (21) diviene

$$g\varrho z + a\left(\frac{1}{R} + \frac{1}{R'}\right) = 0. \tag{23}$$

Trascurando le quantità di liquido condensate alla parete, sarà $\mu_1 = 0$, e la equazione (22) diverrà

$$a_1 \cos\omega + b_1 = 0\,. \tag{24}$$

Determiniamo ora la quantità M di liquido sollevata per capillarità. Avremo dalla equazione (19) nella quale è posto $k = 0$, ponendo mente alla equazione (20),

$$gM = g\int\int\int \varrho\, dx\, dy\, dz = g\int\int \varrho z\, dx\, dy + g\int_0^l \mu_1 z\, d\sigma =$$

$$= \int\int a_1 \left\{ \frac{\partial \frac{p}{\sqrt{1+p^2+q^2}}}{\partial x} + \frac{\partial \frac{q}{\sqrt{1+p^2+q^2}}}{\partial y} \right\} dx\, dy +$$

$$+ \int\int \left\{ \frac{\partial a_1}{\partial x} \frac{p}{\sqrt{1+p^2+q^2}} + \frac{\partial a_1}{\partial y} \frac{q}{\sqrt{1+p^2+p^2}} \right\} dx\, dy +$$

$$+ g\int_0^l \mu_1 h\, d\sigma = la_1 \cos\omega + g\mu_1 hl = -\, b_1\, l\,.$$

Quindi la massa di liquido sollevata o depressa per capillarità sarà proporzionale alla lunghezza della linea d'intersezione della superficie libera del liquido colla superficie del solido; ma il coefficiente b_1 d'innalzamento o di depressione del liquido dipendendo dalla distribuzione della densità del liquido lungo questa linea, potrà variare colla curvatura della superficie e col tempo, potendosi modificare questa distribuzione in conseguenza delle variazioni che offre la funzione potenziale φ_1 nella vicinanza di questo contorno, e che solo in un tempo più o meno lungo possono far passare parti di liquido da uno all'altro degli strati paralleli e vicinissimi alla superficie libera e alla superficie del solido.

V.

Passiamo ora a considerare il caso di due liquidi differenti sovrapposti in un tubo cilindrico circolare verticale. La funzione potenziale W è data dalla equazione (7). Abbiamo anche in questo caso

$$\delta' \int_{S_2} a_2 ds_2 = 0 .$$

Denotando con z_1 le coordinate della superficie S_1, e con z_2 quelle della superficie σ; con ω_1 l'angolo del piano tangente alla superficie cilindrica del tubo col piano tangente alla superficie S_1 lungo la loro linea d'intersezione, e con ω_2 l'angolo della superficie σ colla stessa superficie cilindrica lungo la loro intersezione; avremo:

$$\delta' \int a_1 ds_1 = \int_0^l a_1 \cos\omega_1 \, dz_1 \, ds +$$

$$+ \int\int \left\{ a_1 \left(\frac{1}{R} + \frac{1}{R'} \right) - \frac{\partial a_1}{\partial x} \cos(nx) - \frac{\partial a_1}{\partial y} \cos(ny) \right\} \delta z_1 \, dx \, dy \, ,$$

$$\delta' \int_0 e \, d\sigma = \int_0^l e \cos\omega_2 \, \delta z_2 \, ds' +$$

$$+ \int\int \left\{ e \left(\frac{1}{R_1} + \frac{1}{R_1'} \right) - \frac{\partial e}{\partial x} \cos(nx) - \frac{\partial e}{\partial y} \cos(ny) \right\} \delta z_2 \, dx \, dy \, ,$$

$$\delta' \int_{t_1} b_1 dt_1 = \int_0^l b_1 (\delta z_1 - \delta z_2) \, ds \quad , \quad \delta \int b_2 dt_2 = \int_0^l b_2 \, \delta z_2 \, ds \, ;$$

e denotando con h_1 il valore di z_1 per il contorno di S_1 e con h_2 il valore di z_2 per il contorno di σ, abbiamo:

$$\delta' \varrho' \int g z_1 dv = \varrho' g \int\int z_1 \delta z_1 \, dx \, dy - \varrho' g \int\int z_2 \delta z_2 \, dx \, dy \, ,$$

$$\delta' \varrho'' \int g z_2 dv = \varrho'' g \int\int z_2 \delta z_2 \, dx \, dy \, ,$$

$$\delta \int_{t_1} \mu_1 z \, dt = \int_0^l (\mu_1 \, h_1 \delta z_1 - \mu_1 \, h_2 \delta z_2) \, d\sigma \quad , \quad \int_{t_2} \mu_2 z \, dt = \int_0^l \mu_2 h_2 \delta z_2 \, d\sigma \, ,$$

$$\delta' k_1 \int_{V_1} \varrho' dv + \delta' k_2 \int_{V_2} \varrho_2 dv = k_1 \int\int (\delta z_1 - \delta z_2) \varrho' \, dx \, dy + k_2 \int\int \delta z_2 \varrho'' \, dx \, dy \, .$$

Onde sostituendo nella equazione

$$\delta' W + \delta' k_1 \int_{V_2} \varrho' dv + \delta' k_2 \int_{V_2} \varrho'' dv = 0 ,$$

dedotta dalla (7), si ottiene:

$$k_1 \varrho' + g \varrho' z_1 + a_1 \left(\frac{1}{R} + \frac{1}{R'} \right) - \frac{\partial a_1}{\partial x} \cos(nx) - \frac{\partial a_1}{\partial y} \cos(ny) = 0 ,$$

$$k_2 \varrho'' - k_1 \varrho' + g(\varrho'' - \varrho') z_2 + e \left(\frac{1}{R_1} + \frac{1}{R_1'} \right) = \frac{\partial e}{\partial x} \cos(n_1 x) - \frac{\partial e}{\partial y} \cos(ny) = 0 .$$

$$a_1 \cos \omega_1 + b_1 + g \mu_1 h_1 = 0 \quad , \quad e \cos \omega_2 + b_2 - b_1 + g(\mu_2 h_2 - \mu_1 h_1) = 0 .$$

Ora osserviamo che a_1 avrà un valore che potrà riguardarsi come costante ed eguale ad a sopra tutta la superficie S_1, e differente dal valore a_1 che avrà sul contorno. Lo stesso può dirsi per e, che sarà eguale ad una costante e sopra tutta la superficie σ, fuori che nei punti vicino al contorno dove avrà un valore che varierà rapidamente ma con continuità e sul contorno sarà eguale ad e' differente da e. Parimente b_1 sopra il contorno di S_1 avrà un valore b, sopra il contorno di σ un valore b', differente da b e da b_2. L'equazioni dunque potranno scriversi:

$$k_1 \varrho' + g \varrho' z_1 + a \left(\frac{1}{R} + \frac{1}{R'} \right) = 0 ,$$

$$k_2 \varrho'' - k_1 \varrho' + g(\varrho'' - \varrho') z_2 + e \left(\frac{1}{R_1} + \frac{1}{R_1'} \right) = 0 ,$$

$$a_1 \cos \omega_1 + b + \mu_1 g h_1 = 0 \quad , \quad e' \cos \omega_2 + b_2 - b' + g(\mu_2 h_2 - \mu_1 h_1) = 0 .$$

Prendendo per piano delle xy il piano orizzontale di livello del liquido inferiore si trova $k_2 = 0$ e quindi le due equazioni prendono la forma

$$g \varrho' z_1 + k + a \left(\frac{1}{R} + \frac{1}{R'} \right) = 0 ,$$

$$g(\varrho'' - \varrho') z_2 - k + e \left(\frac{1}{R_1} + \frac{1}{R_1'} \right) = 0 .$$

Trascurando le quantità di liquido condensate alla parete sarà $\mu_1 = \mu_2 = 0$, e le altre due equazioni diverranno

$$a_2 \cos \omega_1 + b = 0 \quad , \quad e' \cos \omega_2 + b_2 - b' = 0 .$$

Determiniamo la quantità di liquido sollevata. Denotandola con M avremo

$$gM = \int\int g[\varrho'(z_1 - z_2) + \varrho'' z_2]\, dx\, dy\, dz =$$

$$= \int_0^l (a_1 \cos\omega_1 + e_1 \cos\omega_2)\, d\sigma = -(b - b' + b_2)\, l\,.$$

Quindi la massa liquida sollevata o depressa sarà anche in questo caso proporzionale alla lunghezza della linea d' intersezione della superficie libera col solido; ma il coefficiente d'innalzamento o di depressione potrà variare col diametro del tubo come portano le esperienze di Wilhelmy e sarà differente da quello che si avrebbe nel caso di un sol liquido come porta la osservazione di Young.

Se però la distribuzione della densità nel liquido superiore in vicinanza del contorno della sua superficie libera e in vicinanza del contorno della superficie di separazione dei due liquidi fosse la stessa e quindi anche i valori di c_1 vi fossero eguali, avremmo

$$b = b' \quad , \quad gM = b_2 l$$

e quindi la massa sollevata o depressa sarebbe la stessa come se il liquido inferiore fosse solo nel tubo.

XXXII.

TEORIA DELLA CAPILLARITÀ

(Dal *Nuovo Cimento*, ser. I, t. XXV, pp. 81-105, 225-237. Pisa, 1867).

I.

Forze di coesione e di adesione.

Ciascun elemento di un fluido è sottoposto ad una azione degli elementi che lo circondano e gli sono vicini, la quale si manifesta nei liquidi per la resistenza che offrono quando si vogliono ridurre in parti separate, nei fluidi aeriformi quando si tolgono gli ostacoli alla loro espansione. Se un elemento di un fluido si trova in vicinanza di un solido, è sottoposto anche a un'azione del solido stesso, che si manifesta colla resistenza che s'incontra volendo distaccare il fluido dal solido. Senza indagare le ragioni di queste azioni le potremo sempre riguardare come prodotte da forze che si esercitano dagli elementi dei fluidi tra loro, e dagli elementi solidi sopra i fluidi e reciprocamente, e che dipendono soltanto dalla posizione relativa degli elementi quando la temperatura è invariabile. Le forze che agiscono tra gli elementi di uno stesso fluido si chiamano *forze di coesione*, e quelle che agiscono tra gli elementi di due fluidi differenti, o di un fluido e di un solido si dicono *forze di adesione.*

Ambedue queste specie di forze si esercitano soltanto a piccole distanze, perchè le loro azioni sono indipendenti dalle masse dei fluidi o dei solidi che si trovano a distanza non piccola dal punto dove l'azione si esercita.

Un'altra proprietà hanno queste forze che si deduce dal principio fondamentale della Fisica moderna: il principio della *conservazione delle forze*; e che consiste nell'avere esse una funzione potenziale.

Infatti, sia un sistema fluido A in contatto con un sistema solido B, e siano X , Y , Z le componenti secondo i tre assi delle forze di coesione e di adesione sopra un punto (x , y , z) del fluido. Se la densità del fluido varia con continuità da un punto all'altro, X , Y , Z saranno funzioni continue dei punti dello spazio occupato dal fluido. Supponiamo ora che le forze di coesione e di adesione non abbiano una funzione potenziale, cioè che il trinomio

$$X\,dx + Y\,dy + Z\,dz$$

non sia il differenziale esatto di una funzione, che quando esiste si chiama funzione potenziale. Le tre quantità:

$$\xi = \frac{\partial Y}{\partial z} - \frac{\partial Z}{\partial y},$$

$$\eta = \frac{\partial Z}{\partial x} - \frac{\partial X}{\partial z},$$

$$\zeta = \frac{\partial X}{\partial y} - \frac{\partial Y}{\partial x},$$

non saranno eguali a zero altro che per valori particolari di x, y e z.

Denotando con v la velocità dell'elemento dm del fluido, con v_0 la velocità iniziale, avremo la nota equazione delle forze vive

$$\frac{1}{2}\int v^2\,dm - \frac{1}{2}\int v_0^2\,dm = \int dm \int_0^s \left(X\frac{dx}{ds} + Y\frac{dy}{ds} + Z\frac{dz}{ds}\right) ds,$$

dove gl'integrali relativi a dm sono integrali tripli che debbono estendersi a tutto lo spazio occupato dal fluido, e gli integrali relativi a ds sono estesi a tutta la linea percorsa da ciascun punto nel passare dallo stato iniziale allo stato in cui è animato dalla velocità v.

Se immaginiamo ora che il sistema dopo un moto qualunque ritorni allo stato primitivo, quando le forze che agiscono nel medesimo hanno una funzione potenziale φ, abbiamo

$$X\,dx + Y\,dy + Z\,dz = d\varphi,$$

e quindi

$$\frac{1}{2}\int v^2\,dm - \frac{1}{2}\int v_0^2\,dm = \int (\varphi - \varphi_0)\,dm;$$

e se le forze dipendono dalla sola posizione relativa degli elementi del sistema, quando ritorna nel medesimo stato, è chiaro che la funzione potenziale deve riprendere lo stesso valore, quindi $\varphi = \varphi_0$, e abbiamo

$$\int v^2 dm = \int v_0^2 dm ;$$

cioè quando il sistema ritorna allo stato primitivo, qualunque siano i movimenti per i quali è passato, la forza viva non è nè aumentata, nè diminuita. Ma quando non esiste una funzione potenziale, cioè quando ξ, η e ζ sono differenti da zero, gl'integrali

$$\mathrm{I} = \int (\mathrm{X}\, dx + \mathrm{Y}\, dy + \mathrm{Z}\, dz)$$

estesi a tutta la linea percorsa dall'elemento che si considera, anche se questa linea è chiusa, e l'elemento torna al punto preciso di partenza, non sono più eguali a zero. Infatti sia c la curva chiusa percorsa dal punto (x, y, z), e immaginiamo per questa curva condotta una superficie S continua, che non si estenda all'infinito ed abbia una sola falda, se poniamo

$$p = \frac{\partial z}{\partial x} \quad , \quad q = \frac{\partial z}{\partial y} ,$$

le derivate $\frac{\partial z}{\partial x}, \frac{\partial z}{\partial y}$ essendo tratte dalla equazione della superficie S; poichè l'integrale I deve prendersi lungo la linea c che si trova sopra S, avremo

$$dz = p\, dx + q\, dy ,$$

e quindi

$$\mathrm{I} = \int_0^l \left((\mathrm{X} + \mathrm{Z}p) \frac{dx}{ds} + (\mathrm{Y} + \mathrm{Z}q) \frac{dy}{ds} \right) ds$$

$$= \iint \left(\frac{\partial (\mathrm{X} + \mathrm{Z}p)}{\partial y} - \frac{\partial (\mathrm{Y} + \mathrm{Z}q)}{\partial x} \right) dx\, dy ,$$

essendo l la lunghezza della linea c; e l'integrale doppio dovendo estendersi a tutta la proiezione della superficie S sopra il piano delle xy.

Effettuando le derivazioni abbiamo

$$\mathrm{I} = \iint (\zeta - p\, \xi - q\, \eta)\, dx\, dy .$$

Ponendo:

$$\xi^2 + \eta^2 + \zeta^2 = \varrho^2,$$

$$\xi = \varrho \cos\lambda \quad , \quad \eta = \varrho \cos\mu \quad , \quad \zeta = \varrho \cos\nu ,$$

e denotando con α, β, γ gli angoli che la normale alla superficie S fa con i tre assi, abbiamo

$$\mathrm{I} = \int\int \varrho (\cos\lambda \cos\alpha + \cos\mu \cos\beta + \cos\nu \cos\gamma) \frac{dx\, dy}{\cos\gamma} ;$$

onde

$$\mathrm{I} = \int \varrho \cos(\varrho, n)\, d\mathrm{S},$$

essendo (ϱ, n) l'angolo che la normale fa colla retta la cui direzione cogli assi fa gli angoli λ, μ, ν.

Ora si potrà prendere la linea c e la superficie S in modo che $\cos(\varrho, n)$ conservi sempre lo stesso segno, e quindi I sia differente da zero, e poichè percorrendo la linea c in senso contrario I muta segno, si potrà avere sempre per I un valore positivo, e quindi

$$\int \mathrm{I}\, dm$$

avrà tutti gli elementi positivi e sarà perciò differente da zero. Dunque potremo dar tali movimenti al sistema che quando torna al primitivo stato si abbia

$$\frac{1}{2}\int v^2\, dm - \frac{1}{2}\int v_0^2\, dm$$

differente da zero, e quindi une variazione nella forza viva del sistema senza che esso rimanga alterato, senza nessuna azione esterna: il che contradice al principio della conservazione della forza.

Una terza proprietà delle forze di coesione e di adesione si deduce dal principio dell'eguaglianza fra l'azione e la reazione, ed è che quando si hanno due sistemi B ed A che agiscono l'uno sull'altro, il potenziale di B sopra A è eguale al potenziale di A sopra B.

Queste tre proprietà saranno il fondamento della teoria della capillarità, che andiamo ad esporre.

II.

Potenziale di un sistema di fluidi a contatto tra loro e con corpi solidi.

Siano dati più fluidi $A_1, A_2, \dots A_n$ a contatto tra loro e con i corpi solidi $B_1, B_2, \dots B_m$. Siano:

$\varrho_1, \varrho_2, \dots \varrho_n$ le rispettive densità dei fluidi;
$V_1, V_2, \dots V_n$ gli spazi che rispettivamente essi occupano;
$S_1, S_2, \dots S_n$ le loro superficie libere;
$S_{tt'}$ la superficie che separa A_t da $A_{t'}$;
$S'_{tt'}$ la superficie che separa A_t da $B_{t'}$;
$\varphi_1, \varphi_2, \dots \varphi_n$ le funzioni potenziali dei fluidi sopra i loro elementi;
$\psi_1, \psi_2, \dots \psi_n$ le funzioni potenziali di tutti i solidi B sopra i fluidi;
$\theta_{tt'}$ la funzione potenziale del fluido A_t sopra il fluido $A_{t'}$.

Il potenziale del sistema degli n fluidi sarà

$$P = \frac{1}{2} \sum_1^n {}_t \int_{V_t} (\varphi_t + 2\psi_t + 2\,\Sigma_{t'}\,\theta_{t't} + 2gz)\,\varrho_t\,dv\,.$$

L'equilibrio del sistema si otterrà ponendo eguali a zero le variazioni prime di P risultanti dalle variazioni della densità dei fluidi, e degli spostamenti dei punti che non mutano le densità, colla condizione che resti invariabile la massa totale di ciascun fluido.

Potremo considerare separatamente le variazioni dovute ai cangiamenti di densità e quelle derivanti dagli spostamenti che non mutano le densità.

Per tenere conto della invariabilità delle masse porremo eguale a zero la variazione della funzione

$$W = \frac{1}{2} \sum_1^n {}_t \int_{V_t} (\varphi_t + 2\psi_t + 2\,\Sigma_{t'}\,\theta_{t't} + 2gz + 2k_t)\,\varrho_t\,dv\;;$$

dove k_t è una costante se la massa di tutto il liquido A_t è invariabile. Se però le particelle del liquido non sono perfettamente mobili, e trovano un impedimento a passare da uno ad un altro strato del medesimo, in guisa che la massa in ciascuno di questi strati sia invariabile, k_t si dovrà prendere costante in ciascuno di questi strati e variabile da uno all'altro.

Variando ϱ_t variano soltanto le funzioni:

$$\varphi_t\,,\ \theta_{t,1}\,,\ \theta_{t,2}\,,\ \ldots\ \theta_{t,t-1}\,,\ \theta_{t,t+1}\,,\ \ldots\ \theta_{t,n}\,.$$

Quindi

$$\delta \mathrm{W} = \frac{1}{2}\sum_1^n {}_t \Big[\int_{\mathrm{V}_t} (\varphi_t + 2\psi_t + 2\,\Sigma_{t'}\,\theta_{t't} + 2gz + 2k_t)\,\delta\varrho_t\,dv$$

$$+ 2\int_{\mathrm{V}_t} \varrho_1\,\delta\,\theta_{t_1}\,dv + 2\int_{\mathrm{V}_2} \varrho_2\,\delta\,\theta_{t_2}\,dv \ldots$$

$$+ 2\int_{\mathrm{V}_{t-1}} \varrho_{t-1}\,\delta\,\theta_{t,t-1}\,dv + 2\int_{\mathrm{V}_{t+1}} \varrho_{t+1}\,\delta\,\theta_{t,t+1}\,dv + \cdots$$

$$+ \int_{\mathrm{V}_t} \delta\,\varphi_t\,\varrho_t\,dv \Big]\,.$$

Ora se Φ_1 è la funzione potenziale di un sistema A_2 sopra i punti di un sistema A_1 e Φ_2 la funzione potenziale del sistema A_1 sopra i punti del sistema A_2, ϱ_1 la densità di A_1, ϱ_2 la densità di A_2, V_1 e V_2 gli spazi rispettivamente occupati da A_1 e A_2, per la terza proprietà delle forze di adesione e di coesione, avremo

$$\int_{\mathrm{V}_1} \Phi_1\,\varrho_1\,dv = \int_{\mathrm{V}_2} \Phi_2\,\varrho_2\,dv,$$

e questa eguaglianza sussisterà anche se gli spazi V_1 e V_2 coincidono in tutto o in parte. Questo teorema è la generalizzazione di uno dato da Gauss per le forze che agiscono secondo la legge di Newton (¹).

Pertanto avremo:

$$\int_{\mathrm{V}_t} \varrho_t\,\delta\,\varphi_t\,dv = \int_{\mathrm{V}_t} \varphi_t\,\delta\,\varrho_t\,dv\,,$$

$$\int_{\mathrm{V}_{t'}} \varrho_{t'}\,\delta\,\theta_{tt'}\,dv = \int_{\mathrm{V}_t} \theta_{t't}\,\delta\,\varrho_t\,dv\,;$$

(¹) V. Liouville, Journal de math. pures et appl., 1re série, t. VII, p. 301.

e quindi

$$\delta W = \sum_1^n {}_t \int_{V_t} (\varphi_t + \psi_t + 2\theta_{1t} + 2\theta_{2t} + \cdots 2\theta_{t-1,t} + 2\theta_{t+1,t} + \cdots 2\theta_{nt}$$

$$+ gz + k_t)\, \delta \varrho_t \, dv \,,$$

e questa variazione dev'essere eguale a zero, qualunque siano le variazioni $\delta\varrho_t$ nei differenti punti dello spazio V_t. Avremo dunque

$$(1) \qquad \varphi_t + \psi_t + 2\Sigma_{t'}\, \theta_{t't} + gz + k_t = 0 .$$

Riducendo con queste equazioni il valore di W, abbiamo

$$(2) \qquad W = \frac{1}{2} \sum_1^n {}_t \int_{V_t} (k_t + \psi_t + gz)\, \varrho_t \, dv .$$

Nei punti che si trovano nell'interno del fluido A_t distanti dalle superficie che limitano lo spazio occupato da esso, di lunghezze maggiori della distanza a cui si estende l'azione delle forze di adesione, le funzioni ψ_t e $\theta_{t't}$ sono costanti e vi si possono prendere eguali a zero, perchè ogni funzione potenziale contiene una costante arbitraria sommata colla parte variabile le cui derivate dànno le componenti dell'azione. Quindi dalla equazione (1) si deduce per questi punti

$$(3) \qquad \varphi_t + gz + k_t = 0 \,;$$

e poichè questa massa interna è invariabile e quindi anche k_t costante, φ_t sarà variabile di quantità dell'ordine di $g\,dz$, che è molto piccolo in confronto delle forze di coesione; ossia la funzione φ_t varierà solo per il peso del liquido che sovrasta a ogni punto. Ora il valore di φ_t in ogni punto di A_t a temperatura invariabile dipende unicamente dalla distribuzione della densità che si ha intorno a quel punto. Dunque la densità nei punti di A_t distanti dalla superficie più della distanza a cui si estende l'azione delle forze di adesione potrà riguardarsi come costante, e denoteremo con $\varrho_{t'}$ il valore della medesima.

Consideriamo ora i punti di A_t la cui distanza da S_t è minore di quella a cui si estende l'azione delle forze di coesione, e la cui distanza dalle superficie $S_{tt'}$ ed $S'_{tt'}$ è maggiore di quella a cui si estende l'azione delle forze di adesione.

Se dividiamo lo strato compreso tra la superficie S_t ed una superficie parallela e distante del raggio di attività delle forze di coesione, in un numero grandissimo di strati paralleli, in ciascuno di questi si potranno senza errore sensibile riguardare costanti φ_t, k_t e ϱ_t. Ma queste quantità non potranno conservare tutte lo stesso valore nel passare da uno strato all'altro, e potranno darsi tre casi:

1°. Sarà costante ϱ_t come hanno supposto Laplace e Gauss. Allora poichè uno strato più interno riceve la stessa azione dalla parte interna del fluido A_t e un'azione maggiore dalla parte esterna del fluido, di uno strato meno interno, φ_t sarà necessariamente variabile da strato a strato, e quindi per l'equazione (3) lo stesso avrà luogo anche per k_t.

2°. Sarà costante k_t. Allora dalla equazione (3) si deduce che anche φ_t potrà riguardarsi come costante non solo in ogni strato parziale, ma in tutto lo strato di grossezza del raggio di attività delle forze di coesione, e quindi ϱ_t sarà in quello strato variabile colla distanza della superficie, e φ_t, k_t vi si potranno prendere eguali allo zero.

3°. Saranno variabili ϱ_t, k_t e quindi anche φ_t colla distanza dalla superficie.

Il primo caso potrebbe aver luogo soltanto se le forze di coesione non fossero capaci di variare la densità del liquido; il secondo porterebbe alla conseguenza che alle superficie S_t non vi sarebbe azione alcuna delle forze di coesione, e quindi il liquido sarebbe soggetto alla sola forza di gravità, nei punti distanti dalle superficie $S_{tt'}$ e $S'_{tt'}$ più del raggio di attività delle forze di adesione, e quindi la superficie S_t vi dovrebbe essere piana, il che contradice alla esperienza. Quindi rimane possibile soltanto l'ultimo caso.

Lo stesso può dirsi degli strati aderenti alle superficie $S_{tt'}$ e $S'_{tt'}$.

La variabilità di k_t dall'uno all'altro degli strati superficiali porta alla conseguenza che in ciascuno di questi strati la massa del liquido sia invariabile, come abbiamo notato precedentemente, e che quindi le particelle del liquido non siano perfettamente mobili in vicinanza della superficie, ma vi sia un impedimento al passaggio di esse da uno strato ad un altro. Se k_t variasse col tempo vorrebbe dire che questo passaggio potrebbe aver luogo ma richiederebbe un certo tempo ad effettuarsi.

Non ci tratterremo qui nelle indagini relative alla spiegazione di questi impedimenti che rendono possibile la variabilità da strato a strato di ambedue le quantità ϱ_t e k_t e prenderemo piuttosto la medesima come un fatto sperimentale. Osserveremo soltanto che l'equilibrio interno non ha luogo nei corpi, e che le nozioni che hanno portato nella scienza i fatti della termodinamica fanno ritenere che l'equilibrio apparente non sia altro che uno stato permanente di moti rapidissimi. Quindi se si tratta di un fluido come se fosse composto di punti in equilibrio sotto l'azione di forze che agiscono tra i medesimi, probabilmente sostituiamo uno stato ideale a quello reale e per ottenere risultati conformi all'esperienza bisogna da' questa prendere i dati necessari per istabilire la equivalenza tra lo stato di equilibrio supposto e la permanenza dei moti, dei quali i fatti sin qui osservati ci rivelano la esistenza e non la natura.

Denotiamo con η_t la grossezza dello strato presso la superficie libera in cui è variabile k_t e la densità ϱ_t; con $\eta_{tt'}$ la grossezza dello strato di densità variabile presso la superficie $S_{tt'}$, e con $\eta'_{tt'}$ la grossezza dello strato di densità variabile presso la superficie $S'_{tt'}$.

È chiaro che denotando con V'_t lo spazio interno di A_t in cui la densità del liquido A_t può riguardarsi come costante, avremo

$$2W = \sum_1^n \Big\{ \varrho'_t k_t \int_{V'_t} dv + \varrho'_t g \int_{V_t} z\, dv$$

$$+ \int_{S_1} ds_t \int_0^{\eta_t} \alpha_t ((\psi_t + k_t)\varrho_t + (\varrho_t - \varrho_{t'}) gz)\, dp_t$$

$$+ \int_{S_{tt'}} ds_{tt'} \int_0^{\eta_{tt'}} \alpha_{tt'} ((\psi_t + k_t)\varrho_t + (\varrho_t - \varrho_{t'}) gz)\, dp_{tt'}$$

$$+ \int_{S'_{tt'}} ds'_{tt'} \int_0^{\eta'_{tt'}} \alpha'_{tt'} ((\psi_t + k_t)\varrho_t + (\varrho_t - \varrho_{t'}) gz)\, dp'_{tt'} \Big\} :$$

dove $\alpha_t\, dp_t\, ds_t$, $\alpha_{tt'}\, dp_{tt'}\, ds_{tt'}$, $\alpha'_{tt'}\, dp'_{tt'}\, ds'_{tt'}$, sono rispettivamente gli elementi degli strati aderenti alle superficie S_t, $S_{tt'}$, $S'_{tt'}$, e quindi α_t, $\alpha_{tt'}$ $\alpha'_{tt'}$ sono funzioni delle distanze da queste superficie e dei punti delle medesime.

Ponendo

$$\int_0^{\eta_t} \alpha_t (k_t + \psi_t)\varrho_t\, dp_t = a_t\,,$$

$$\int_0^{\eta_{tt'}} \alpha_{tt'} (k_t + \psi_t)\varrho_t\, dp_{tt'} = a_{tt'},$$

$$\int_0^{\eta'_{tt'}} \alpha'_{tt'} (k_t + \varphi_t)\, dp'_{tt'} = b_{tt'},$$

$$\int_0^{\eta'_{tt'}} \alpha'_{tt'} (\varrho_t - \varrho_{t'})\, dp'_{tt'} = \mu_{tt'},$$

trascurando il peso risultante dalle condensazioni alle superficie S_t e $S_{tt'}$, e riguardando z costante col variare della normale $p'_{tt'}$, ed aggiungendo

$$\sum_1^n c_t \int_{V_t} dv$$

per esprimere la condizione della invariabilità della massa di ciascun fluido, abbiamo per la funzione W, le cui variazioni, risultanti dagli spostamenti che non mutano le densità, poste eguali a zero daranno l'equilibrio,

$$(4) \qquad 2W = \sum_1^n \Big\{ \varrho'_t k_t V'_t + \int_{S_t} a_t\, ds + \int_{S_{tt'}} a_{tt'}\, ds + \int_{S'_{tt'}} b_{tt'}\, ds + g \int_{S'_{tt'}} \mu_{tt'}\, z\, ds + \int_{V_t} (\varrho_{t'}\, gz + c_t)\, dv \Big\}.$$

III.

Variazione del potenziale.

Se poniamo:

$$p = \frac{\partial z}{\partial x}\ , \quad q = \frac{\partial z}{\partial y}\ ,$$

$$P = \sqrt{1 + p^2 + q^2}\ ,$$

le derivate di z essendo dedotte dalla equazione della superficie S, avremo

$$\int_S a\, ds = \iint a\, P\, dx\, dy\,,$$

dove l'integrale doppio deve estendersi a tutta quanta la proiezione della superficie S sopra il piano delle x, y.

Ora osserviamo che le a che compariscono negli integrali della formula (4), sono della forma seguente

$$a = \int \alpha (k + \psi)\, \varrho\, dp\ ,$$

dove ψ ha un valore costante a distanza non piccolissima dal contorno della superficie S, e se questo contorno è sopra la superficie di un solido, in vicinanza del contorno è rapidamente variabile con continuità. Lo stesso può dirsi della densità ϱ, la quale anzi sarà variabile in vicinanza del contorno anche quando questo si trovi sopra altri fluidi. Quindi a potrà riguardarsi come costante in distanza dal contorno, ma in vicinanza di questo è rapidamente variabile, e sul contorno avrà un valore sensibilmente differente da quello che ha negli altri punti della superficie, e dipendente dalla natura dei liquidi e dei solidi che s'intersecano sopra quel contorno, e potrà anche dipendere dalla maggiore o minore curvatura della superficie dei solidi sopra i quali si trova lo stesso contorno.

Per le b che compariscono negli integrali della formula (4), si può ripetere lo stesso, e potranno riguardarsi costanti per tutta la superficie, fuori che nei punti vicinissimi al contorno, dove avranno valori dipendenti dalla natura dei fluidi che vi terminano.

Osserviamo inoltre che, se le quantità a e b variassero sensibilmente da un punto all'altro della superficie anche in distanza dal contorno, pure si potrebbero ritenere come indipendenti dalle variazioni di forma della superficie, ammettendo che le variazioni della distribuzione di densità negli strati superficiali richieda un certo tempo per effettuarsi, come tenderebbero a dimostrare le esperienze di Quinke sopra la mutabilità della superficie capillare del mercurio [1], e come saremmo indotti a supporre volendo spiegare la variabilità di k_t sopra notata.

Pertanto, se denotiamo con $\delta_1 z$ la variazione di z per la mutazione di forma della superficie, e con δx, δy, δz le variazioni delle coordinate dovute allo spostamento dei punti stessi sulla superficie, per cui

$$\delta z = \delta_1 z + p\delta x + q\delta y\,,$$

per uno spostamento arbitrario dei punti della superficie S avremo la variazione

$$\begin{aligned}\delta\int a\,ds &= \iint dx\,dy\left[\frac{\partial(a\mathrm{P}\delta x)}{\partial x}+\frac{\partial(a\mathrm{P}\delta y)}{\partial y}+a\left(\frac{\partial \mathrm{P}}{\partial p}\delta p+\frac{\partial \mathrm{P}}{\partial q}\delta q\right)\right]\\ &= \int_0^l a d\sigma\left[\left(\mathrm{P}\delta y+\frac{q}{\mathrm{P}}\delta_1 z\right)\frac{dx}{d\sigma}-\left(\mathrm{P}\delta x+\frac{p}{\mathrm{P}}\delta_1 z\right)\frac{dy}{d\sigma}\right]\\ &\quad-\iint \delta_1 z\,dx\,dy\left(\frac{\partial\dfrac{ap}{\mathrm{P}}}{\partial x}+\frac{\partial\dfrac{aq}{\mathrm{P}}}{\partial y}\right),\end{aligned}$$

dove l esprime la lunghezza del contorno σ.

---

[1] V. Poggendorff's Annalen der Ph. und Ch., B. 105.

Siano ora α, β, γ i coseni degli angoli che la normale N alla superficie S fa con i tre assi; α', β', γ quelli degli angoli della tangente T al contorno σ; $\alpha'', \beta'', \gamma''$ i coseni degli angoli che la retta T' normale a T e ad N fa con i tre assi. Avremo:

$$\alpha = -\frac{p}{P}, \quad \beta = -\frac{q}{P}, \quad \gamma = \frac{1}{P},$$

$$\alpha' = \frac{dx}{d\sigma}, \quad \beta' = \frac{dy}{d\sigma}, \quad \gamma' = \frac{dz}{d\sigma},$$

$$\alpha'' = \beta\gamma' - \beta'\gamma \quad . \quad \beta'' = \gamma\alpha' - \gamma'\alpha \quad . \quad \gamma'' = \alpha\beta' - \alpha'\beta .$$

Quindi

$$\delta_1 z = \frac{\alpha\delta x + \beta\delta y + \gamma\delta z}{\gamma},$$

$$\left(P\delta y + \frac{q}{P}\delta_1 z\right)\frac{dx}{d\sigma} - \left(P\delta x + \frac{p}{P}\delta_1 z\right)\frac{dy}{d\sigma}$$

$$= \frac{\alpha'\delta y - \beta'\delta x + (\alpha\beta' - \alpha'\beta)(\alpha\delta x + \beta\delta y + \gamma\delta z)}{\gamma}$$

$$= \alpha''\delta x + \beta''\delta y + \gamma''\delta z .$$

Denotando con δr lo spostamento le cui proiezioni sopra i tre assi sono $\delta x, \delta y, \delta z$, si ha:

$$\delta x = \delta r \cos(x, r),$$
$$\delta y = \delta r \cos(y, r),$$
$$\delta z = \delta r \cos(z, r),$$

onde

$$\delta_1 z = \delta r \frac{\cos(N, r)}{\gamma} .$$

Denotando con $\delta u, \delta v, \delta w$ le proiezioni dello spostamento δr dei punti del contorno σ sopra due direzioni ortogonali qualunque u e v nel piano normale al contorno σ e sopra la tangente a σ, avremo:

$$\delta x = \delta u \cos(u, x) + \delta v \cos(v, x) + \alpha'\delta w,$$
$$\delta y = \delta u \cos(u, y) + \delta v \cos(v, y) + \beta'\delta w,$$
$$\delta z = \delta u \cos(u, z) + \delta v \cos(v, z) + \gamma'\delta w .$$

Onde, osservando che si ha

$$\alpha'\alpha'' + \beta'\beta'' + \gamma'\gamma'' = 0 ,$$

si ottiene

$$\alpha''\delta x + \beta''\delta y + \gamma''\delta z = \delta u \cos(\mathrm{T}', u) + \delta v \cos(\mathrm{T}', v) .$$

Abbiamo inoltre

$$\frac{\partial \frac{p}{\mathrm{P}}}{\partial x} + \frac{\partial \frac{q}{\mathrm{P}}}{\partial y} = -\left(\frac{1}{\mathrm{R}} + \frac{1}{\mathrm{R}'}\right),$$

essendo R ed R′ i raggi di massima e di minima curvatura della superficie.

Sostituendo questi valori nella variazione dell'integrale, dove porremo anche ds in luogo di $dx\ dy$, si ottiene

$$(5)\qquad \delta \int_{\mathrm{S}} a\, ds = \int_0^l a\, d\sigma\, (\delta u \cos(\mathrm{T}', u) + \delta v \cos(\mathrm{T}', v)) + \int_{\mathrm{S}} ds\, \delta r \cos(\mathrm{N}, r) \left\{ a\left(\frac{1}{\mathrm{R}} + \frac{1}{\mathrm{R}'}\right) + \alpha \frac{\partial a}{\partial x} + \beta \frac{\partial a}{\partial y} \right\} .$$

Ora, poichè a si può riguardare come costante sopra la superficie S nei punti distanti dal contorno, e sui punti del contorno ha un valore a^0 differente da a, avremo

$$(6)\qquad \delta \int_{\mathrm{S}} a\, ds = \int_0^l a^0\, d\sigma\, (\delta u \cos(\mathrm{T}', u) + \delta v \cos(\mathrm{T}', v)) + a \int_{\mathrm{S}} ds\, \delta r \cos(\mathrm{N}, r) \left(\frac{1}{\mathrm{R}} + \frac{1}{\mathrm{R}'}\right) .$$

Se il contorno di S è sopra la superficie S′ di un solido, il fluido è obbligato a muoversi sopra la superficie di questo solido. Quindi, prendendo per v la direzione della normale T″ alla tangente a σ nel piano tangente alla superficie S′, δu sarà eguale a zero, e

$$\cos(\mathrm{T}', v) = \cos(\mathrm{T}', \mathrm{T}'') = \cos \omega ,$$

denotando con ω l'angolo dei piani tangenti alle superficie S ed S′ lungo la linea di loro intersezione, e quindi

$$(7)\qquad \delta \int_{\mathrm{S}} a\, ds = \int_0^l a^0\, d\sigma \cos\omega\, \delta \mathrm{T}'' + a \int_{\mathrm{S}} ds\, \delta r \cos(\mathrm{N}, r) \left(\frac{1}{\mathrm{R}} + \frac{1}{\mathrm{R}'}\right) .$$

Se poi la superficie S è di forma invariabile, è la superficie di un solido come negli integrali

$$\int_{S'_{tt'}} b_{tt'}\, ds\,,$$

che compariscono nella formula (4), avremo

$$\delta_1 z = \delta r \cos(N\,, r) = 0\,,$$

e prendendo per v la direzione T′, sarà

$$\delta u = 0\,,$$

poichè il fluido non può muoversi normalmente alla superficie, e cos (T′ , v) = = cos (T′ , T′) = 1. Onde

(8) $$\delta \int_S b ds = \int_0^l b^0 \delta T'\, d\sigma\,.$$

Gli integrali tripli che compariscono nella formula (4) sono della forma

$$\int_V a\, dv\,,$$

dove a è funzione delle coordinate $x\,, y\,, z$. Variando la forma della superficie S che limita lo spazio V e spostando comunque gli elementi, abbiamo

$$\delta \int_V a dv = \delta \int\int\int a\, dx\, dy\, dz = \int\int\int \left(\frac{\partial (a\delta x)}{\partial x} + \frac{\partial (a\delta y)}{\partial y} + \frac{\partial (a\delta z)}{\partial z} \right) dx\, dy\, dz$$

$$= \int_S a(\alpha\delta x + \beta\delta y + \gamma\delta z)\, ds = \int_S a\gamma\, ds\, \delta_1 z\,,$$

denotando con $\alpha\,, \beta\,, \gamma$ i coseni degli angoli che la normale ad S fa cogli assi.

Per le porzioni della superficie che chiude lo spazio V, che appartengono a un corpo solido e che sono di forma invariabile, abbiamo

$$\delta_1 z = 0\,;$$

ed essendo

$$\gamma \delta_1 z = \delta r \cos(N\,, r)\,,$$

si ottiene

(9) $$\delta \int_V a dv = \int_S a\, ds\, \delta r \cos(N\,, r)\,,$$

dove l'integrale del secondo membro deve estendersi soltanto alla parte della superficie che chiude lo spazio T, che è libera, o che è a contatto con un altro fluido.

Colle formule (6), (7), (8) e (9) abbiamo la variazione di ciascuno dei termini del valore di W dato dalla formula (4).

IV.

Superficie di capillarità.

Per determinare la superficie libera S_t del fluido A_t o la superficie $S_{tt'}$ che lo separa dal fiuido $A_{t'}$, basterà porre eguale a zero la variazione prima del potenziale W, derivante dalla mutazione di forma dell'una o dell'altra superficie. Considereremo soltanto le superficie $S_{tt'}$, perchè le superficie S_t si possono riguardare come superficie $S_{tt'}$ per le quali il fluido $A_{t'}$ ha la densità eguale a zero.

La mutazione di forma della superficie $S_{tt'}$ produce variazioni soltanto nella seguente parte del potenziale W

$$\int_{S_{tt'}} a_{tt'}\, ds + \int_{V_t} (\varrho_t\, gz + c_t)\, dv + \int_{V_{t'}} (\varrho_{t'}\, gz + c_{t'})\, dv\,,$$

quando non si dia alcuno spostamento ai punti che si trovano sopra la intersezione di $S_{tt'}$ cogli altri fluidi e con i solidi.

Dalla formula (5), ponendovi

$$\delta u = 0 \quad , \quad \delta v = 0\,,$$

perchè i punti del contorno si suppongono immobili, e

$$\frac{\partial a}{\partial x} = 0 \quad , \quad \frac{\partial a}{\partial y} = 0\,,$$

si ottiene

$$\delta \int_{S_{tt'}} a_{tt'}\, ds = \int_{S_{tt'}} a_{tt'} \left(\frac{1}{R} + \frac{1}{R'}\right) ds\, \delta r \cos(N\,, r)\,,$$

e dalla formula (9)

$$\delta \int_{V_t} (\varrho_t\, gz + c_t)\, dv = \int_{S_{tt'}} (\varrho_t\, gz + c_t)\, ds\, \delta r \cos(N, r),$$

$$\delta \int_{V_{t'}} (\varrho_{t'}\, gz + c_{t'})\, dv = -\int_{S_{tt'}} (\varrho_{t'}\, gz + c_{t'})\, ds\, \delta r \cos(N, r);$$

perchè rispetto agli spazî V_t e $V_{t'}$ la normale è diretta in senso contrario.

Pertanto la variazione prima dovuta alla mutazione di $S_{tt'}$ è

$$\int_{S_{tt'}} ds\, \delta r \cos(N, r) \left[c_t - c_{t'} + g(\varrho_t - \varrho_{t'})\, z + a_{tt'} \left(\frac{1}{R} + \frac{1}{R'} \right) \right],$$

la quale, dovendo annullarsi qualunque siano i valori δr in ciascun punto della superficie darà

$$c_t - c_{t'} + g(\varrho_t - \varrho_{t'})\, z + a_{tt'} \left(\frac{1}{R} + \frac{1}{R'} \right) = 0, \tag{10}$$

e questa sarà l'equazione della superficie separatrice dei due liquidi A_t ed $A_{t'}$.

Per la superficie libera S_t si dovrà porre

$$\varrho_{t'} = 0,$$

e avremo

$$c_t + g\varrho_t z + a_t \left(\frac{1}{R} + \frac{1}{R'} \right) = 0. \tag{11}$$

La equazione (10) contiene due costanti indeterminate c_t e $c_{t'}$ e la equazione (11) una costante indeterminata c_t. Queste si determineranno mediante i valori di z nei punti dove la superficie è piana, e dove in conseguenza

$$R = \infty, \quad R' = \infty,$$

e i valori di z in questi punti si otterranno colle note leggi della idrostatica.

Ma poichè la somma delle inverse dei raggi di curvatura contiene le derivate seconde di z, tanto la equazione (10) quanto la (11) non possono bastare alla determinazione della rispettiva superficie di capillarità, e occorrerà conoscere ancora altre condizioni ai limiti.

V.

Angoli delle superficie di capillarità tra loro e con i solidi.

Il contorno della superficie $S_{tt'}$ potrà esser composto di una sola curva chiusa, se la superficie è semplicemente connessa, o anche di più se la superficie è più volte connessa. Potremo però sempre considerare separatamente ciascuna delle curve chiuse, quando sono più di una. Esamineremo due casi.

1°. La curva chiusa che fa parte del contorno è sopra un solido $B_{t''}$ e quindi è intersezione delle tre superficie $S_{tt'}$, $S'_{tt''}$, $S'_{t't''}$.

2°. La curva chiusa è sopra un altro fluido $A_{t''}$ in guisa che essa è l'intersezione di tre superficie $S_{tt'}$, $S_{t't''}$, $S_{t''t}$.

Nel primo caso gli spostamenti dei punti del contorno di $S_{tt'}$ produrranno variazione soltanto nella parte seguente del potenziale W

$$\int_{S_{tt'}} a_{tt'}\, ds + \int_{S'_{tt''}} b_{tt'}\, ds + \int_{S'_{t't''}} b_{t't''}\, ds\,.$$

Dall'equazione (7), ponendovi

$$\delta r = 0\,,$$

si ottiene

$$\delta \int_{S_{tt'}} a_{tt'}\, ds = \int_0^l a^0{}_{tt}'\, d\sigma \cos\omega\, \delta T\,.$$

Dalla equazione (8) si deduce:

$$\delta \int_{S'_{tt''}} b_{tt''}\, ds = \int_0^l b^0{}_{tt''}\, d\sigma\, \delta T\,,$$

$$\delta \int_{S'_{t't''}} b_{t't''}\, ds = -\int_0^l b^0{}_{t't''}\, d\sigma\, \delta T\,,$$

poichè δT è di segno contrario rispetto alle due superficie $S'_{t't''}$ ed $S'_{tt''}$, essendo T la perpendicolare alla tangente al contorno σ e alla normale alla superficie del solido, diretta verso la parte esterna alla parte di superficie che si considera. Onde dovrà aversi per l'equilibrio

$$\int_0^l ds\, \delta T (a^0{}_{tt'} \cos\omega + b^0{}_{tt''} - b^0{}_{t't''}) = 0\,,$$

e quindi

$$a^0_{tt''} \cos \omega = b^0_{t't''} - b^0_{tt''} , \tag{12}$$

distinguendo con un apice 0 in alto i valori delle a e delle b in vicinanza del contorno.

Se la quantità $a^0_{tt'}$ dipendesse unicamente dalla natura dei due fluidi A_t ed $A_{t'}$, e le quantità $b^0_{tt'}$ dipendessero unicamente dalla natura del fluido A_t e del solido $B_{t'}$, avremmo il teorema seguente:

L'angolo secondo il quale una superficie capillare incontra un solido è costante per qualunque forma del solido e dello spazio occupato dal liquido, e dipende solo dalla natura del solido e del liquido.

Ma l'esperienze di Wertheim (1) e di Wilhelmy (2) provano invece che questo angolo varia anche colla curvatura della superficie del solido, e quelle di Quinke (3) provano che questo angolo varia sensibilmente col tempo anche senza alterazione prodotta nella natura del liquido, quando questo liquido è il mercurio.

Quanto abbiamo esposto precedentemente sopra la natura delle quantità a e b spiega i risultati di queste esperienze, e indica le limitazioni da porsi al teorema enunciato.

Nel secondo caso, quando cioè il contorno della superficie $S_{tt'}$ sia una curva chiusa intersezione di tre superficie:

$$S_{tt'} \quad S_{t't''} \quad S_{t''t} ,$$

gli spostamenti dei punti del contorno produrranno variazione soltanto nella parte seguente del potenziale W

$$\int_{S_{tt'}} a_{tt'}\, ds + \int_{S_{t't''}} a_{t't''}\, ds + \int_{S_{t''t}} a_{t''t}\, ds .$$

Ma in questo caso dall'equazione (6), ponendovi

$$\delta r = 0 ,$$

(1) V. Annales de Ch. et de Ph., 3ème série, t. LXIII.

(2) V. Poggendorff's Annalen der Ph. und Ch., B. 119.

(3) V. Poggendorff's Annalen der Ph. und Ch., B. 105.

avremo:

$$\delta \int_{S_{tt'}} a_{tt'}\, ds = \int_0^l a^0_{tt'}\, d\sigma\, (\delta u \cos(T'', u) + \delta v \cos(T'', v)),$$

$$\delta \int_{S_{t't''}} a_{t't''}\, ds = \int_0^l a^0_{t't''}\, d\sigma\, (\delta u \cos(T, u) + \delta v \cos(T, v)),$$

$$\delta \int_{S_{t''t}} a_{t''t}\, ds = \int_0^l a^0_{t''t}\, d\sigma\, (\delta u \cos(T', u) + \delta v \cos(T', v));$$

onde

$$\int_0^l d\sigma\, \delta u \left\{ a^0_{tt'} \cos(T'', u) + a^0_{t't''} \cos(T, u) + a^0_{t''t} \cos(T', u) \right\}$$

$$+ \int_0^l d\sigma\, \delta v \left\{ a^0_{tt'} \cos(T'', v) + a^0_{t't''} \cos(T, v) + a^0_{t''t} \cos(T', v) \right\} = 0,$$

e quindi:

$$a^0_{tt'} \cos(T'', u) + a^0_{t't''} \cos(T, u) + a^0_{t''t} \cos(T', u) = 0,$$

$$a^0_{tt'} \cos(T'', v) + a^0_{t't''} \cos(T, v) + a^0_{t''t} \cos(T', v) = 0.$$

Le direzioni u e v ortogonali tra loro essendo arbitrarie nel piano normale al contorno σ, e in questo piano trovandosi anche le tre direzioni T, T′, T″, potremo prendere una di queste direzioni, per esempio T″, per la direzione v, ed allora denotando rispettivamente con ω, ω', ω'' gli angoli che fanno tra loro T′ e T″, T″ e T, T e T′, ossia gli angoli dei piani tangenti alle superficie $S_{tt''}$ ed $S_{tt'}$, $S_{tt'}$ ed $S_{t't''}$, $S_{t''t}$ ed $S_{t'tt''}$, avremo:

$$\cos(T'', v) = \cos(T'', T'') = 1,$$

$$\cos(T, v) = \cos(T, T'') = \cos\omega',$$

$$\cos(T', v) = \cos(T', T'') = \cos\omega,$$

$$\cos(T'', u) = 0,$$

$$\cos(T, u) = \cos\left(\frac{\pi}{2} + (T, T'')\right) = -\operatorname{sen}\omega',$$

$$\cos(T', u) = \cos\left(\frac{\pi}{2} + (T', T'')\right) = -\operatorname{sen}\omega;$$

onde:

$$a^0_{t't''} \operatorname{sen}\omega' + a^0_{t''t} \operatorname{sen}\omega = 0,$$

$$a^0_{t't''} \cos\omega' + a^0_{t''t} \cos\omega + a^0_{tt'} = 0;$$

dalle quali, osservando che si ha

$$\omega + \omega' + \omega'' = 2\pi ,$$

si deducono le tre relazioni:

$$(13) \qquad \left\{ \begin{aligned} a^{0^2}_{t't''} &= a^{0^2}_{tt'} + a^{0^2}_{t''t} + 2a^0_{tt'}\, a^0_{t''t} \cos\omega ,\\ a^{0^2}_{t''t} &= a^{0^2}_{tt'} + a^{0^2}_{t't''} + 2a^0_{tt'}\, a^0_{t't''} \cos\omega' ,\\ a^{0^2}_{tt'} &= a^{0^2}_{t't''} + a^{0^2}_{t''t} + 2a^0_{t't''}\, a^0_{t''t} \cos\omega'' . \end{aligned} \right.$$

Se le quantità $a_{tt'}$ avessero sul contorno lo stesso valore che hanno negli altri punti della superficie $S_{tt'}$, il qual valore dipende solo dalla natura dei due liquidi A_t ed $A_{t'}$, si avrebbe il seguente teorema comunicato al sig. P. Du Bois-Reymond dal prof. F. Neumann (¹):

Gli angoli che fanno tra loro le superficie separatrici di tre fluidi che s'intersecano secondo una linea chiusa, sono i supplementi degli angoli di un triangolo i cui lati sono proporzionali a tre quantità, ciascuna delle quali dipende soltanto dalla natura di due di questi fluidi.

Questo teorema in conseguenza delle considerazioni esposte sopra rispetto ai coefficienti $a_{tt'}$ deve modificarsi soltanto nella sua ultima parte; cioè i tre lati del triangolo che determina gli angoli delle tre superficie sono proporzionali a tre quantità dipendenti ciascuna dalla natura di tutti e tre i fluidi.

VI.

Equilibrio dei fluidi nei vasi comunicanti.

Consideriamo un vaso composto di tre parti: due braccia cilindriche B e B_1 unite inferiormente da un braccio trasverso C di forma qualunque. Siano S ed S_1 le sezioni fatte nei due cilindri normalmente alle loro generatrici. Il cilindro B contenga i fluidi: $A_1, A_2, \ldots, A_m$, e l'ordine con cui sono disposti andando di alto in basso sia dato dai rispettivi indici; il cilindro B contenga i fluidi: $A_m, A_{m+1}, \ldots, A_{n-1}, A_n$, e l'ordine andando di basso in alto sia quel medesimo in cui sono scritti. Il braccio trasverso C

(¹) P. Du Bois-Reymond, *De aequilibrio fluidorum*, Berlin, 1859.

sia ripieno soltanto dal fluido A_m. Finalmente siano $\varrho_1, \varrho_2, \ldots \varrho_n$ le densità rispettive dei fluidi; S_1, S_n le superficie libere dei fluidi A_1 ed A_n, ed $S_{t,t+1}$ la superficie separatrice di due fluidi A_t, A_{t+1}.

L'equazione delle superficie

$$S_1 \,,\; S_{12} \,,\; S_{23} \,,\; \ldots \,,\; S_{n-1,n} \,,\; S_n$$

dedotte dalle formule (10) e (11), aggiungendo i termini che risultano dalla variabilità dei coefficienti:

$$a_1 \,,\; a_{12} \,,\; a_{23} \,,\; \ldots \,,\; a_{n-1,n} \,,\; a_n$$

in vicinanza delle pareti del vaso, saranno rispettivamente:

$$(14) \begin{cases} c_1 + g\varrho_1 z_1 - \dfrac{\partial(a_1 \alpha_1)}{\partial x} - \dfrac{\partial(a_1 \beta_1)}{\partial y} = 0 \,, \\ c_2 - c_1 + g(\varrho_2 - \varrho_1) z_2 - \dfrac{\partial(a_{12} \alpha_{12})}{\partial x} - \dfrac{\partial(a_{12} \beta_{12})}{\partial y} = 0 \,, \\ \cdots\cdots\cdots\cdots\cdots\cdots \\ c_m - c_{m-1} + g(\varrho_m - \varrho_{m-1}) z_m - \dfrac{\partial(a_{m-1,m} \alpha_{m-1,m})}{\partial x} - \dfrac{\partial(a_{m-1,m} \beta_{m-1,m})}{\partial y} = 0 \,; \end{cases}$$

$$(15) \begin{cases} c_m - c_{m+1} + g(\varrho_m - \varrho_{m+1}) z_{m+1} - \dfrac{\partial(a_{m,m+1} \alpha_{m,m+1})}{\partial x} - \dfrac{\partial(a_{m,m+1} \beta_{m,m+1})}{\partial y} = 0 \,, \\ \cdots\cdots\cdots\cdots\cdots\cdots \\ c_{n-1} - c_n + g(\varrho_{n-1} - \varrho_n) z_n - \dfrac{\partial(a_{n-1,n} \alpha_{n-1,n})}{\partial x} - \dfrac{\partial(a_{n-1,n} \beta_{n-1,n})}{\partial y} = 0 \,, \\ c_n + g\varrho_n z_{n+1} - \dfrac{\partial(a_n \alpha_n)}{\partial x} - \dfrac{\partial(a_n \beta_n)}{\partial y} = 0 \,. \end{cases}$$

Sommando separatamente l'equazioni (14) e (15), abbiamo:

$$(16) \begin{cases} c_m + g\left(\displaystyle\sum_1^{m-1} \varrho_s (z_s - z_{s+1}) + \varrho_m z_m \right) = \displaystyle\sum_1^{m} \left(\dfrac{\partial(\alpha_{s-1,s} a_{s-1,s})}{\partial x} + \dfrac{\partial(a_{s-1,s} \beta_{s-1,s})}{\partial y} \right), \\ c_m - g\left(\displaystyle\sum_{m+1}^{n+1} \varrho_s (z_s - z_{s+1}) - \varrho_m z_{m+1} \right) = \displaystyle\sum_{m+1}^{n+1} \left(\dfrac{\partial(a_{s-1,s} \alpha_{s-1,s})}{\partial x} + \dfrac{\partial(a_{s-1,s} \beta_{s-1,s})}{\partial y} \right), \end{cases}$$

dove bisogna porre:

$$a_{01} = a_1 \,,\quad \alpha_{01} = \alpha_1 \,,\quad \beta_{01} = \beta_1 \,,$$
$$a_{n,n+1} = a_n \,,\quad \alpha_{n,n+1} = \alpha_n \,,\quad \beta_{n,n+1} = \beta_n \,.$$

Ora osserviamo che nelle funzioni $a\alpha$, $a\beta$, si debbono prendere le derivate rapporto ad x ed y, dopo che sia supposto sostituito in esse alla coordinata z il suo valore determinato in funzione di x c di y dalle equazioni della superficie. Quindi

$$\frac{\partial(a\alpha)}{\partial x}+\frac{\partial(a\beta)}{\partial y}=a\left(\frac{\partial\alpha}{\partial x}+\frac{\partial\beta}{\partial y}+p\frac{\partial\alpha}{\partial z}+q\frac{\partial\beta}{\partial z}\right)$$
$$+\alpha\frac{\partial a}{\partial x}+\beta\frac{\partial a}{\partial y}+\frac{\partial a}{\partial z}(p\alpha+q\beta);$$

ed essendo

$$\alpha^2+\beta^2+\gamma^2=1,$$

e quindi

$$\alpha\frac{\partial\alpha}{\partial z}+\beta\frac{\partial\beta}{\partial z}+\gamma\frac{\partial\gamma}{\partial z}=0,$$

si ottiene

$$p\frac{\partial\alpha}{\partial z}+q\frac{\partial\beta}{\partial z}=\frac{\partial\gamma}{\partial z}.$$

Abbiamo inoltre

$$\gamma=p\alpha+q\beta.$$

Onde sostituendo

$$\frac{\partial(a\alpha)}{\partial x}+\frac{\partial(a\beta)}{\partial y}=a\left(\frac{\partial\alpha}{\partial x}+\frac{\partial\beta}{\partial y}+\frac{\partial\gamma}{\partial z}\right)+\alpha\frac{\partial a}{\partial x}+\beta\frac{\partial a}{\partial y}+\gamma\frac{\partial a}{\partial z},$$

e quindi i secondi membri dell'equazione (16) sono funzioni le quali come ha dimostrato Cauchy (1) non mutano per trasformazioni ortogonali delle coordinate. Dunque se prendiamo per origine delle coordinate il punto dove incontra il piano orizzontale delle x, y la retta parallela alle generatrici del cilindro, che passa per i centri di gravità delle sezioni S, e se trasformiamo ortogonalmente le coordinate prendendo per nuovo asse delle z', la retta che passa per i centri di gravità delle sezioni S, e se denotiamo con λ, μ, ν i coseni degli angoli che la verticale, o primitivo asse delle z, fa con i nuovi assi, avremo

$$z=\lambda x'+\mu y'+\nu z',$$

(1) Cauchy, *Exercices d'Analyse et de Physique mathématique*, t. 1, p. 102.

e la prima dell'equazioni (16) diverrà

$$c_m + g \sum_1^{m-1} \varrho_s [\lambda(x'_s - x'_{s+1}) + \mu(y'_s - y'_{s+1}) + \nu(z'_s - z'_{s+1})]$$

$$+ g\varrho_m(\lambda x'_m + \mu y'_m + \nu z'_m)$$

$$= \sum_1^m \left(\frac{\partial (a_{s-1,s}\, \alpha'_{s-1,s})}{\partial x'} + \frac{\partial (a_{s-1,s}\, \beta'_{s-1,s})}{\partial y'} \right).$$

Moltiplichiamo per $dx'\, dy'$ ed integriamo estendendo l'integrale a tutta l'area della sezione S. Essendo l'origine nel centro di gravità della sezione S, sarà:

$$\iint y'_s\, dx'_s\, dy'_s = 0 \quad , \quad \iint x'_s\, dx'_s\, dy'_s = 0 \,,$$

e quindi denotando con $P_1, P_2, \ldots, P_{m-1}$ i pesi delle masse fluide A_1, $A_2, \ldots, A_{m-1}$ e con P_m il peso della massa fluida A_m contenuta nel cilindro B prolungato sino al primitivo piano orizzontale delle xy, avremo

$$c_m S + \nu \sum_1^{m-1} P_s + \nu P_m = l \sum_1^m a^0_{s-1,s} \cos \omega_{s-1,s} \,,$$

denotando con $\omega_{s-1,s}$ l'angolo secondo cui la superficie $S_{s-1,s}$ incontra il vaso ed l la lunghezza del perimetro della sezione S.

Analogamente, dalla seconda delle equazioni (16) si ricava

$$c_m S' + \nu' \sum_{m+1}^{n} P'_s + \nu' P'_m = l' \sum_{m+1}^{n+1} a^0_{s-1,s} \cos \omega_{s-1,s} \,.$$

Eliminando c_m, si ottiene finalmente

$$(17) \qquad \frac{\nu}{S} \sum_1^m P_s - \frac{\nu'}{S'} \sum_m^n P'_s = \frac{l}{S} \sum_1^m a^0_{s-1,s} \cos \omega_{s-1,s}$$

$$- \frac{l'}{S'} \sum_{m+1}^{n+1} a^0_{s-1,s} \cos \omega_{s-1,s} \,.$$

Dalla equazione (12) abbiamo, poichè la natura del solido a contatto con tutti i liquidi è la medesima,

$$a^0_{s-1,s}\cos\omega_{s-1,s}+b^0_{s-1}-b^0_s=0\,,$$

$$a^0_{s,s+1}\cos\omega_{s,s+1}+b^0_s-b^0_{s+1}=0\,.$$

Osservammo però che il valore di b^0_s non è lo stesso in queste due equazioni perchè dipende non solo dalla natura del solido e del liquido A_s, ma anche da quella dell'altro liquido che passa per lo stesso contorno. Quindi converrà adottare notazioni differenti, e scriveremo:

$$a^0_{s-1,s}\cos\omega_{s-1,s}+b^s_{s-1}-b_s^{s-1}=0\,,$$

e la equazione (17) diverrà

$$\text{(18)}\qquad \frac{\nu}{S}\sum_1^m P_s-\frac{\nu'}{S'}\sum_m^n P'_s=\frac{l}{S}\sum_1^m(b_s^{s-1}-b^s_{s-1})$$

$$-\frac{l'}{S'}\sum_{m+1}^{n+1}(b_s^{s-1}-b^s_{s-1})\,.$$

Se ambedue le sezioni S ed S′ sono molto grandi $\frac{l}{S}$ ed $\frac{l'}{S'}$ saranno ambedue quantità trascurabili, e quindi

$$\frac{\nu}{S}\sum_1^m P_s=\frac{\nu'}{S'}\sum_m^n P'_s\,,$$

che è l'equazione dell'ordinario equilibrio idrostatico.

Se avessimo

$$\text{(19)}\qquad b_s^{s-1}=b_s^{s+1}\,,$$

come nella teoria di Laplace e di Poisson, sarebbe

$$\frac{\nu}{S}\sum_1^m P_s-\frac{\nu'}{S'}\sum_m^n P'_s=\frac{l'}{S'}b_m^{m+1}-\frac{l}{S}b_m^{m-1}=b_m\left(\frac{l'}{S'}-\frac{l}{S}\right),$$

cioè la differenza tra l'equilibrio idrostatico e l'equilibrio che si deve avere tenendo conto delle forze di coesione e di adesione dipenderebbe unicamente dal fluido inferiore: cioè la correzione dovuta alla capillarità non dipenderebbe che dal fluido che si trova sotto a tutti gli altri. È noto che Young osservò il primo che questo risultato non corrisponde alla realtà, e ne trasse una obiezione alla teorica di Laplace; e Mossotti [1] pose d'accordo la teorica colla esperienza rigettando la equazione (19). Noi abbiamo già notato le ragioni per le quali questa equazione non debba ammettersi.

Supponiamo ora verticali le due braccia B e B_1, circolari le sezioni S ed S′ ed aventi per raggi r ed r': avremo

$$\nu = 1\,,\ \nu' = 1\,,\ l = 2\pi r\,,\ S = \pi r^2\,,\ l' = 2\pi r'\,,\ S' = \pi r'^2 .$$

Onde

$$\frac{1}{r^2}\sum_1^m P_s - \frac{1}{r'^2}\sum_m^n P'_s = \frac{2\pi}{r}\sum_1^m (b^s_{s-1} - b_s^{s-1}) - \frac{2\pi}{r'}\sum_{m+1}^{n+1} (b^s_{s-1} - b_s^{s-1}).$$

Denotiamo con h_s l'altezza media del fluido A_s nel braccio B, e con $h_{s'}$ quella del fluido A_s nel braccio B′: avremo

$$P_s = \pi r^2\, h_s \varrho_s g\,,$$

$$P'_s = \pi r'^2\, h'_s \varrho_s g\,;$$

onde

$$\sum_1^m h_s \varrho_s - \sum_m^n h'_s \varrho_s = \frac{2}{gr}\sum_1^m (b^s_{s-1} - b_s^{s-1}) - \frac{2}{gr'}\sum_{m+1}^{n+1} (b^s_{s-1} - b_s^{s-1}).$$

Se r' è molto grande rispetto ad r, avremo

$$\sum_1^m h_s \varrho_s - \sum_m^n h'_s \varrho_s = \frac{2}{gr}\sum_1^m (b^s_{s-1} - b_s^{s-1}).$$

Se avessimo un liquido solo, si avrebbe

$$h_1 - h'_1 = -\frac{2}{g\varrho r}\, b^0{}_1\,,$$

ossia la differenza di livello sarebbe in ragione inversa del diametro del tubo.

---

[1] R. Taylor, Scient. Mem., III, 1843, pp. 564-577, 578-586.

VII.

Equilibrio di un galleggiante.

Supponiamo un corpo K di forma qualunque galleggiante in mezzo a due fluidi A_1 e A_2 contenuti in un vaso B, in modo che la parte inferiore di K sia immersa nel fluido A_2, la superiore nel fluido A_1.

Sia t_1 la superficie di K a contatto con A_1; t_2 la superficie di K a contatto con A_2; S la superficie separatrice di A_1 e A_2; V, V_1, V_2 gli spazî rispettivamente occupati da K, A_1 ed A_2; ϱ, ϱ_1, ϱ_2 le rispettive densità di questi corpi.

Per l'equilibrio basterà che si annulli la variazione del potenziale, che in questo caso sarà

$$(20)\qquad g\int_V \varrho z\,dv + \int_{V_1}(g\varrho_1 z_1 + c_1)\,dv + \int_{V_2}(g\varrho_2 z_2 + c_2)\,dv + \int_S a\,ds$$
$$+ \int_{t_1} b_1\,ds + \int_{t_2} b_2\,ds + \int_{\tau_1} c_1\,ds + \int_{\tau_2} c_2\,ds\,,$$

dove τ_1 e τ_2 denotano le parti delle pareti del vaso a contatto rispettivamente con A_1 ed A_2.

Poichè il corpo K è mobile, le variazioni da considerarsi nei punti dei due fluidi in parte sono arbitrarie e variabili comunque da un punto a un altro, e in parte derivano dal moto del corpo solido K, e quindi le variazioni delle loro coordinate hanno la forma data dalla Meccanica per i corpi rigidi (¹):

$$(21)\qquad \begin{aligned} \delta x &= \delta\varepsilon_1 + [(z-\zeta)\lambda_2 - (y-\eta)\lambda_3]\,\delta\varphi\,,\\ \delta y &= \delta\varepsilon_2 + [(x-\xi)\lambda_3 - (z-\zeta)\lambda_1]\,\delta\varphi\,,\\ \delta z &= \delta\varepsilon_3 + [(y-\eta)\lambda_1 - (x-\xi)\lambda_2]\,\delta\varphi\,. \end{aligned}$$

Se le pareti del vaso sono abbastanza lontane dal galleggiante le variazioni in tutti i punti della superficie S fuori che nella linea d'intersezione

(¹) Vedi Mossotti, *Lezioni di Meccanica razionale*, L. 23.

colla superficie K, sono arbitrarie. Sopra questa linea e sulla superficie di K sono in parte arbitrarie, in parte della forma (21). Ponendo a zero la prima parte della variazione, cioè quella arbitraria, si ottengono come nei numeri (5) e (6) la equazione della superficie S e gli angoli che essa deve fare colle pareti del vaso e del galleggiante. Rimane a considerare solo la seconda parte nella quale le variazioni delle coordinate hanno la forma (21), e che risulta dai soli primi quattro integrali del potenziale (20).

Ponendo

$$\delta r^2 = \delta x^2 + \delta y^2 + \delta z^2,$$

avremo dunque

$$(22) \qquad g \int_{t_1+t_2} \varrho z \, ds \, \delta r \cos(r, \mathrm{N}) + \int_{t_1} (g \varrho_1 z_1 + c_1) \, ds \, \delta r \cos(r, \mathrm{N})$$

$$+ \int_{t_2} (g \varrho_2 z_2 + c_2) \, ds \, \delta r \cos(r, \mathrm{N}) + \int_0^l a^0 \, d\sigma \, \delta r \cos(r, \mathrm{T}) = 0,$$

denotando con l la lunghezza della linea σ intersezione della superficie S colla superficie di K; con N la direzione della normale alla superficie di K e con T la direzione perpendicolare alla tangente al contorno σ, e alla normale alla superficie S nel punto che si considera.

Ora imaginiamo l'interno del corpo galleggiante ripieno del liquido A_2 nella sua parte inferiore fino al contorno σ, e del liquido A_1 nella sua parte superiore, e supponiamo che la superficie separatrice dei due liquidi ideati così nell'interno di K sia la superficie di capillarità, cioè sia determinata dalla equazione

$$(23) \qquad c_2 - c_1 + g(\varrho_2 - \varrho_1) z - \frac{\partial (a\alpha)}{\partial x} - \frac{\partial (a\beta)}{\partial y} = 0,$$

e dalla condizione che l'angolo che essa fa al contorno σ colla superficie di K sia eguale a quello che fa colla stessa superficie la superficie S, cioè supponiamo che sia la continuazione di S nell'interno di K.

Denotando con S' questa superficie è chiaro che gli spostamenti della forma (21) dati a tutti i punti di K renderanno nulla la variazione dell'integrale

$$\int_{S'} a \, ds.$$

Quindi, per la formula (7),

$$\int_0^l a^0\,\delta r \cos(r\,,\mathrm{T})\,d\sigma = \int_{s'} \delta r \cos(r\,,\mathrm{N})\,ds \left(\frac{\partial(a\,\alpha)}{\partial x} + \frac{\partial(a\,\beta)}{\partial y}\right),$$

e, a cagione della equazione (23),

$$\int_0^l a^0\,\delta r \cos(r\,,\mathrm{T})\,d\sigma = \int_{s'} [c_2 - c_1 + g(\varrho_2 - \varrho_1)\,z]\,ds\,\delta r \cos(r\,,\mathrm{N});$$

e, sostituendo nella equazione (22),

$$(24)\qquad g\int_{t_1+t_2} \varrho z\,ds\,\delta r \cos(r\,,\mathrm{N}) - \int_{s'+t_1} (g\varrho_1 z_1 + c_1)\,ds\,\delta r \cos(r\,,\mathrm{N})$$
$$- \int_{s'+t_2} (g\varrho_2 z_2 + c_2)\,ds\,\delta r \cos(r\,,\mathrm{N}) = 0\,.$$

Ora supponiamo $\delta\varphi = 0$, e quindi δr costante; denotiamo con V'_1 e V'_2 gli spazî occupati nell'interno di K dai due fluidi che vi abbiamo imaginati, ed osserviamo che si ha:

$$\int_{s'+t_1} ds \cos(r\,,\mathrm{N}) = 0\,,$$

$$\int_{s'+t_2} ds \cos(r\,,\mathrm{N}) = 0\,.$$

Avremo

$$g\varrho\mathrm{V} = g\varrho_1\mathrm{V}'_1 + g\varrho_2\mathrm{V}'_2\,.$$

Onde il seguente teorema:

Se un corpo galleggia nel limite di due fluidi, e la superficie separatrice di questi, di qualunque forma ella sia, s'imagina continuata nell'interno del corpo galleggiante colla stessa legge con cui è formata all'esterno, il peso del corpo galleggiante sarà uguale ai pesi dei volumi di quel corpo situati superiormente e inferiormente alla superficie separatrice, supposti ripieni del fluido nel quale sono immersi.

Questa generalizzazione del principio di Archimede è dovuta al sig. P. Du Bois-Reymond.

Prendiamo ora nelle equazioni (21) non più $\delta\varphi = 0$, ma invece soltanto

$$\delta\varepsilon_1 = \delta\varepsilon_2 = \delta\varepsilon_3 = 0;$$

avremo

$$\begin{aligned} &\delta r \cos(r, \mathrm{N}) = \alpha\delta x + \beta\delta y + \gamma\delta z = \\ (25) \quad &= \delta\varphi \{ \lambda_1 [(y-\eta)\gamma - (z-\zeta)\beta] + \lambda_2 [\alpha(z-\zeta) - (x-\xi)\gamma] \\ &+ \lambda_3 [\beta(x-\xi) - (y-\eta)\alpha] \}. \end{aligned}$$

Denotiamo con X, Y, Z le coordinate del centro di gravità del volume V; con X_1, Y_1, Z_1 quelle del centro di gravità di V_1; con X_2, Y_2, Z_2 quelle del centro di gravità di V'_1; avremo

$$(26) \left\{ \begin{aligned} &\mathrm{V}\,\mathrm{X} = \int_{t_1+t_2} z x\gamma ds, \ \mathrm{V}\,\mathrm{Y} = \int_{t_1+t_2} z y\gamma ds, \ 0 = \int_{t_1+t_2} z^2\alpha ds, \ 0 = \int_{t_1+t_2} z^2\beta ds, \\ &\mathrm{V}'_1\mathrm{X}_2 = \int_{s_1+t_2} z x\gamma ds, \ \mathrm{V}'_1\mathrm{Y}_1 = \int_{s_1+t_2} z y\gamma ds, \ 0 = \int_{s_1+t_2} z^2\alpha ds, \ 0 = \int_{s_1+t_2} z^2\beta ds, \\ &\mathrm{V}'_2\mathrm{X}_2 = \int_{s'+t_2} z x\gamma ds, \ \mathrm{V}'_2\mathrm{Y}_2 = \int_{s'+t_2} z y\gamma ds, \ 0 = \int_{s'+t_2} z^2\alpha ds, \ 0 = \int_{s'+t_2} z^2\beta ds. \end{aligned} \right.$$

Sostituendo nella equazione (24) il valore (25), ponendo a zero separatamente i coefficienti di ξ, η, ζ, e di λ_1, λ_2, λ_3, e riducendo colle formule (26), si ottiene:

$$\begin{aligned} \varrho\,\mathrm{X}\,\mathrm{V} &= \varrho_1\,\mathrm{X}_1\,\mathrm{V}'_1 + \varrho_2\,\mathrm{X}_2\,\mathrm{V}'_2, \\ \varrho\,\mathrm{Y}\,\mathrm{V} &= \varrho_1\,\mathrm{Y}_1\,\mathrm{V}'_1 + \varrho_2\,\mathrm{Y}_2\,\mathrm{V}'_2, \end{aligned}$$

e abbiamo inoltre

$$\varrho\mathrm{V} = \varrho_1\,\mathrm{V}'_1 + \varrho_2\,\mathrm{V}'_2.$$

Abbiamo anche:

$$\begin{aligned} \mathrm{X}\,\mathrm{V} &= \mathrm{X}_1\,\mathrm{V}'_1 + \mathrm{X}_2\,\mathrm{V}'_2, \\ \mathrm{Y}\,\mathrm{V} &= \mathrm{Y}_1\,\mathrm{V}'_1 + \mathrm{Y}_2\,\mathrm{V}'_2, \\ \mathrm{V} &= \mathrm{V}'_1 + \mathrm{V}'_2. \end{aligned}$$

Onde:

$$\begin{aligned} \varrho_1\,\mathrm{V}'_1\,(\mathrm{X}-\mathrm{X}_1) + \varrho_2\,\mathrm{V}'_2\,(\mathrm{X}-\mathrm{X}_2) &= 0, \\ \mathrm{V}'_1\,(\mathrm{X}-\mathrm{X}_1) + \mathrm{V}'_2\,(\mathrm{X}-\mathrm{X}_2) &= 0, \\ \varrho_1\,\mathrm{V}_1\,(\mathrm{Y}-\mathrm{Y}_1) + \varrho_2\,\mathrm{V}'_2\,(\mathrm{Y}-\mathrm{Y}_2) &= 0, \\ \mathrm{V}'_1\,(\mathrm{Y}-\mathrm{Y}_1) + \mathrm{V}'_2\,(\mathrm{Y}-\mathrm{Y}_2) &= 0; \end{aligned}$$

e quindi:

$$X = X_1 = X_2 ,$$

$$Y = Y_1 = Y_2 ;$$

e si ha il teorema il quale è dovuto al sig. P. Du Bois-Reymond:

I centri di gravità dei tre volumi V, V'_1 e V'_2 *sono sopra una medesima verticale.*

Ambedue questi teoremi sopra i galleggianti, come abbiamo veduto, sono indipendenti dalle supposizioni che si fanno nelle teoriche di Laplace e di Poisson rispetto alle quantità denotate con a e con b.

XXXIII.

SOPRA LE FUNZIONI SFERICHE.

(Dagli *Annali di matematica pura ed applicata*, serie II, t. I, pp. 81-87, Milano, 1867).

Una funzione arbitrariamente data sopra tutti i punti della superficie di una sfera, anche se discontinua lungo alcune linee, purchè queste si trovino tra loro a distanza finita, se ha un sol valore in ogni punto e si conserva sempre finita, può esprimersi analiticamente in un solo modo per mezzo di una serie convergente di funzioni sferiche. Questo teorema, di somma importanza nell'applicazione dell'Analisi alla Fisica matematica e alla Meccanica celeste, fu dimostrato da Lejeune Dirichlet nel t. XVII del Giornale di Crelle, con tutto il rigore desiderabile. Ma per altre superficie, oltre la sfera esistono funzioni analoghe alle sferiche, per mezzo delle quali si può esprimere in serie convergente una funzione arbitrariamente data sopra tutti i punti della superficie. Tra queste si possono notare le funzioni di Lamé per l'ellissoide. La dimostrazione dell'enunciato teorema, che passo ad esporre, oltre alla sua semplicità, ha il vantaggio di potersi immediatamente generalizzare senza difficoltà.

Lemma I. *Se una funzione* V *dei punti di un dato spazio connesso* T *soddisfa alla equazione*

$$(1) \qquad \Delta^2 V = \frac{\partial^2 V}{\partial x^2} + \frac{\partial^2 V}{\partial y^2} + \frac{\partial^2 V}{\partial z^2} = 0,$$

e sopra una porzione finita di una superficie S *compresa in* T, *soddisfà alle due equazioni*

$$(2) \qquad V = 0 \ , \ \frac{dV}{dp} = 0,$$

denotando con p la normale alla superficie S, *non potrà nello spazio* T *avere valori differenti da zero, a meno che in qualche punto di questo spazio, essa o le sue derivate prime cessino di essere finite e continue.*

In fatti, se la funzione V ha valori differenti da zero in vicinanza della superficie S, potremo sempre prendere una parte T′ dello spazio T adiacente ad S, e così piccola che in essa V abbia tutti i suoi valori dello stesso segno. Supponiamo che vi abbia tutti i valori positivi. Per quanto piccolo possa essere lo spazio T′, una parte T″ di esso si potrà sempre supporre compresa tra la superficie S e una superficie sferica Σ che abbia il centro O fuori di T″.

Denotiamo con r la distanza di un punto qualunque dal centro O, e con R il raggio della sfera Σ.

Le due funzioni V ed $\frac{1}{r}$ saranno in T″ ambedue finite e continue insieme colle loro derivate prime, e soddisferanno alla equazione (1). Quindi, per il teorema di Green,

$$\int V \frac{d\frac{1}{r}}{dp} ds = \int \frac{dV}{dp} \frac{ds}{r},$$

dove gl'integrali debbono essere estesi a tutta la superficie che chiude T″, della quale una parte è una porzione di superficie S, l'altra una porzione di sfera Σ.

Ora, sopra S, abbiamo soddisfatte le equazioni (2); quindi gl'integrali relativi si annullano. Sopra Σ essendo r costante (¹) ed uguale al raggio R della sfera, l'integrale del secondo membro si può scrivere

$$\frac{1}{R} \int \frac{dV}{dp} ds$$

ed intendere inoltre l'integrazione estesa a tutta la superficie che limita lo spazio T″, poichè si viene così solo ad aggiungere all'integrale una parte ad elementi tutti nulli. Ma essendo V finita e continua insieme colle sue derivate prime nell'interno dello spazio T″, abbiamo, per un teorema noto (²),

$$\int \frac{dV}{dp} ds = 0.$$

(¹) A questo punto furono lievemente modificate alcune linee del testo originale per togliere di mezzo una svista, nella quale l'Autore era caduto.

V. C.

(²) Vedi la mia Memoria, *Teorica delle forze che agiscono secondo la legge di Newton*, Nuovo Cimento, ser. I, t. XVIII, p. 398 (oppure queste Opere, t. II, p. 55).

Rimane dunque

$$\int V \frac{d\frac{1}{r}}{dp} ds = -\int V dw = 0 ,$$

dove dw è l'elemento di superficie sferica di raggio eguale alla unità, e l'integrale è esteso a tutta la porzione Σ della sfera di raggio R. Questa conseguenza contradice alla supposizione che V sia positiva in tutto lo spazio T'. Analogamente si dimostra che non può avere in questo spazio valori tutti negativi. Dunque deve esservi eguale a zero. Così continuando di strato in strato si vede che V dovrà essere eguale a zero in tutto lo spazio T, a meno che non si ammettano discontinuità in essa o nelle sue derivate prime.

Lemma II. *Non può esservi altro che una sola funzione che in un dato spazio connesso* T *soddisfaccia alla equazione* (1), *sia finita e continua insieme colle sue derivate prime, e sopra una porzione finita di una superficie* S *situata in questo spazio, tanto essa quanto la sua derivata rispetto alla normale ad* S *prendano dati valori.*

In fatti, supponiamo che vi siano due funzioni V e V', che soddisfacciano a queste condizioni. Poniamo V — V' = U. Avremo sopra S

$$U = 0 \ , \ \frac{dU}{dp} = 0 ,$$

dunque per il lemma I, in tutto lo spazio T, sarà U = 0, e quindi V=V'; come volevamo dimostrare.

Ora sia data una superficie chiusa S e sopra la medesima una funzione v finita e continua e con un solo valore in ogni punto. Si potrà determinare sempre una funzione V che nello spazio T, racchiuso dalla superficie S, si conservi insieme colle sue derivate finita e continua, soddisfaccia all'equazione (1), e sopra S sia eguale a v; e sarà data dal teorema di Green sotto la forma

$$V' = \frac{1}{4\pi} \int \frac{dV}{dp} \frac{ds}{\varrho} - \frac{1}{4\pi} \int V \frac{d\frac{1}{\varrho}}{dp} ds , \tag{3}$$

dove ϱ denota la distanza del punto (x', y', z') a cui corrisponde il valore V' dal punto (x, y, z) che è solo variabile nella integrazione da estendersi a tutta la superficie S.

È chiaro che potrà aversi dalla formula (3) una serie convergente per esprimere V', quando si abbia una serie convergente per $\frac{1}{\varrho}$. Ma poichè $\frac{1}{\varrho}$

diviene infinito quando il punto (x', y', z') coincide col punto (x, y, z), la serie che dà $\frac{1}{\varrho}$ deve cessare di esser convergente per un valore di $\frac{1}{\varrho}$, quando il punto (x', y', z') è sopra la superficie; quindi la convergenza della serie che si sarebbe ottenuta per V, rimarrebbe dubbia per i punti della superficie S. L'altra difficoltà che si presenta deriva dal comparire nella formula (3), non solo i valori della funzione V sopra la superficie che sono dati, ma anche quelli della sua derivata $\frac{dV}{dp}$ che non son dati e sono una conseguenza di quelli della funzione. Vediamo come si possono superare queste due difficoltà, limitandoci a considerare per S una sfera di raggio R.

Teorema. *Una funzione dei punti di una sfera, sempre finita e discontinua soltanto lungo linee separate da intervalli finiti, è sempre esprimibile per una serie convergente di funzioni sferiche.*

Poniamo l'origine delle coordinate nel centro O oella sfera, e siano (r', θ', φ') le coordinate polari di un punto (x, y, z), (r, θ, φ) quelle di un punto (x, y, z). La distanza inversa di questi due punti, finchè $r' < r$, sarà data dalla serie convergente

$$(4) \qquad \frac{1}{\varrho} = \sum_{0}^{\infty} \frac{r'^n}{r^{n+1}} P_n(\theta, \varphi; \theta', \varphi'),$$

essendo P_n le note funzioni di Legendre.

Sostituendo il valore (4) nella formula (3), abbiamo

$$V' = \frac{1}{4\pi} \sum_{0}^{\infty} r'^n \int \left(\frac{P_n}{R^{n+1}} \frac{dV}{dr} - V P_n \frac{d \frac{1}{r^{n+1}}}{dr} \right) R^2 dw .$$

Ma dal teorema di Green, essendo nell'interno della sfera

$$\Delta^2 r^n P_n = 0 \quad , \quad \Delta^2 V = 0 ,$$

abbiamo

$$\int \left(R^{n+2} P_n \frac{dV}{dr} - n V P_n R^{n+1} \right) dw = 0;$$

ossia

$$\int P_n \frac{dV}{dr} dw = \frac{n}{R} \int V P_n dw ;$$

onde

$$(5) \qquad V' = \frac{1}{4\pi} \sum_{0}^{\infty} (2n+1) \frac{r'^n}{R^n} \int V P_n dw .$$

Se prendiamo

$$V = r^n Y_n ,$$

essendo Y_n una funzione sferica, sarà

$$\Delta^2 r^n Y_n = 0 ,$$

e quindi, sostituendo nella (5), si deducono le due relazioni note

$$\int Y_m P_n dw = 0, \tag{6}$$

quando m non è $= n$, e

$$\int Y_n P_n dw = \frac{4\pi}{2n+1} Y'_n . \tag{7}$$

Dati i valori di V sopra la sfera S, abbiamo determinata la continuazione della funzione nello spazio interno T, in modo che soddisfaccia all'equazione (1) e si mantenga sempre finita e continua insieme colle sue derivate prime. Dunque sopra la superficie della sfera saranno determinate anche le derivate $\frac{dV}{dr}$, prese procedendo verso l'interno, e quindi, per il lemma II, la funzione non potrà continuarsi altro che in un solo modo anche all'esterno, in guisa che non si abbiano discontinuità in essa e nelle sue derivate prime attraversando la superficie. Ond'è che, se prendiamo una altra sfera S' concentrica colla prima, e di raggio $R' > R$, la funzione V, se si vuole che si conservi finita e continua insieme colle sue derivate prime nello spazio compreso tra le due sfere e vi soddisfaccia all'equazione (1), avrà valori determinati sopra la sfera di raggio R'; il quale non si può prendere infinitamente grande, perchè in qualche punto dello spazio esterno ad S, la funzione V o le sue derivate prime debbono, come è noto, cessare di essere continue.

Pertanto nello spazio interno ad S', denotando con ω i valori di V sopra la sfera S', avremo

$$V = \frac{1}{4\pi} \sum_0^\infty (2n+1) \left(\frac{r'}{R'}\right)^n \int \omega P_n dw = \sum_0^\infty \frac{r'^n}{R'^n} Y_n .$$

Sopra la superficie S che è tutta nello spazio racchiuso da S', e in cui $r' = R < R'$, avremo dunque in serie convergente

$$V = \sum_0^\infty Y_n .$$

Moltiplicando per $P_n\, dw$ i due membri di questa equazione, integrando per tutta la sfera ed osservando le equazioni (6) e (7), abbiamo sopra la sfera

$$(8) \qquad V' = \frac{1}{4\pi} \sum_{0}^{\infty} (2n+1) \int V P_n\, dw\,,$$

che è la serie nota di cui volevamo dimostrare la convergenza.

In questa dimostrazione è supposto che la funzione V sia sopra la sfera S finita e continua in tutti i punti. Se la funzione V fosse sempre finita, ma discontinua lungo linee separate da intervalli finiti, bisognerebbe, nello applicare il teorema di Green, escludere spazî tubulari di diametro infinitesimo che avessero per assi queste linee; quindi si dovrebbero aggiungere nella formula (5) gl' integrali relativi alle parti di queste superficie che rimangono dalla parte interna della sfera, e alla formula (8) gl' integrali relativi a tutte intere queste superficie, i quali sono tutti eguali a zero, perchè V ha sopra queste superficie valori finiti ([1]). Dunque la serie (8) sarà convergente anche in questo caso e darà i valori della funzione per tutta la sfera, fuorchè nelle linee di discontinuità. Nei punti di queste linee darà i valori medî tra quelli verso i quali converge la funzione data, dalle due parti della linea.

In fatti, sia $d\sigma$ un elemento della linea lungo la quale è la discontinuità della data funzione; sia p l'arco di geodetica normale a $d\sigma$ da una parte e p' dall'altra. Si prendano sopra p e p' due lunghezze eguali ad η. Sia α il limite verso cui converge il valore della funzione data V, quando ci avviciniamo a $d\sigma$ lungo p, ed α' quello verso cui converge quando ci avviciniamo a $d\sigma$ lungo p'. Sopra p sarà $V = \alpha + \varepsilon$, e sopra p' analogamente $V = \alpha' + \varepsilon'$, dove ε ed ε' sono due quantità che si possono rendere piccole quanto si vuole, diminuendo sufficientemente la lunghezza η. Ora, consideriamo il rettangolo che ha per altezza $d\sigma$ e per base 2η, e determiniamo l' integrale di un termine della formula (8), prendendo invece dei valori dati dalla funzione V, i valori di una funzione continua che prenda i medesimi valori di quella all'estremità p e p'. Siano β e β' questi valori che differiranno da α e da α', tanto poco quanto si vuole, e prendiamo

$$v = \beta + \frac{x(\beta' - \beta)}{2\eta}\,,$$

([1]) Vedi Christoffel, *Zur Theorie der einwerthigen Potentiale*, Journal für die r. und ang. Mathematik, t. 64, pp. 321-368.

contando le x sopra le geodetiche a partire dalla estremità di p. Avremo

$$d\sigma \int_0^{2\eta} \mathrm{P}_n v\, dx = \eta\, \mathrm{P}_n\, d\sigma(\beta' + \beta)\,.$$

Calcoliamo ora lo stesso integrale coi valori dati dalla funzione V. Trascurando le quantità di secondo ordine avremo, sopra p

$$\mathrm{V} = \beta + \frac{x(\alpha - \beta)}{\eta}\,,$$

e sopra p'

$$\mathrm{V}' = \beta' + (x - 2\eta)\,\frac{(\beta' - \alpha')}{\eta}\,;$$

onde

$$d\sigma \int_0^{2\eta} \mathrm{V}\mathrm{P}_n\, dx = d\sigma \int_0^{2\eta} \mathrm{V}\mathrm{P}_n\, dx + d\sigma \int_\eta^{2\eta} \mathrm{V}'\, \mathrm{P}_n\, dx =$$

$$= \eta\, d\sigma\, \mathrm{P}_n \left(\frac{\beta' + \alpha'}{2} + \frac{\beta + \alpha}{2}\right) = \eta\, d\sigma\, \mathrm{P}_n(\beta' + \beta)\,.$$

Dunque, se la funzione è discontinua lungo linee separate da intervalli finiti, la serie (8) rappresenta una funzione che ha per tutto i medesimi valori della funzione data, fuori che nei punti di discontinuità dove ha i valori medî tra quelli che vi prende la data funzione.

Pisa, 12 marzo 1867.

XXXIV.

SOPRA LA DETERMINAZIONE DELLE TEMPERATURE NEI CORPI SOLIDI OMOGENEI

(Dalle *Memorie della Società italiana delle Scienze (detta dei XL)*, Ser. III, t. I, parte II, pp. 165-190. Firenze, 1868).

La determinazione delle temperature di un corpo solido omogeneo, quando queste sono note in un dato tempo in tutto il corpo, e sono date in alcune parti della superficie in tutto il tempo che si considera, mentre altre parti sono esposte all'aria libera, della quale sono note le temperature, è stata ridotta da Fourier e da Poisson alla integrazione di una equazione a derivate parziali lineare di secondo ordine, con date condizioni ai limiti. Nella presente Memoria dimostro prima che esiste sempre una sola funzione del tempo e dei punti del corpo, che sodisfa a quella equazione a derivate parziali e a queste condizioni ai limiti, e trovo alcuni principii analoghi a quelli ai quali suol ridursi la meccanica razionale. Quindi per eseguire la integrazione applico il metodo della funzione moltiplicatrice, che è di tanto vantaggio in altre parti della fisica matematica, e che pone in luce un principio importante, cioè che ad ogni fenomeno di propagazione continua ne corrisponde uno identico dovuto ad un'azione a distanza, che varia con legge determinata, il quale colla proposizione reciproca rende possibile di concepire ogni stato della materia, o come dipendente solo dallo stato dei punti infinitamente vicini, o come dovuto ad azioni esercitate a distanza.

Ho determinato poi le temperature stazionarie di una sfera con una sorgente costante di calore in un punto, quando con tutta la sua superficie sia esposta all'aria libera, e di una mezza sfera quando nella parte piana sia mantenuta a temperature date, e la parte sferica della superficie sia esposta all'aria libera.

Nel caso delle temperature variabili ho considerato i due casi di un parallelepipedo rettangolo e di una sfera le cui superficie sono mantenute a temperature date comunque, i quali ambedue dànno una nuova applicazione delle funzioni *Jacobiane*. Ho osservato poi che la determinazione delle temperature dei corpi celesti dipende dalla stessa funzione moltiplicatrice. Onde, tenendo anche conto delle variazioni di temperatura dello spazio in cui si trova l'astro, le quali debbono avvenire col tempo secondo la ipotesi di Poisson, ho ottenuto le temperature dei diversi strati di un corpo celeste per mezzo di due integrali definiti, il primo de' quali è un integrale semplice che ha per elementi i valori delle temperature iniziali moltiplicati per la differenza di due funzioni *Jacobiane*, e il secondo è un integrale doppio che ha per elementi i valori delle temperature dello spazio moltiplicati anch'essi per la differenza di due funzioni *Jacobiane*. Con una trasformazione di primo ordine di queste funzioni, dalla formola adattata a un tempo grandissimo da che è principiato il raffreddamento, si deduce quella adattata ai tempi prossimi al principio del medesimo. Dal primo integrale si può anche ottenere facilmente la espressione che il mio amico Brioschi dedusse dalla serie data da Fourier per la temperatura degli strati prossimi alla superficie [1].

I.

Il problema generale della determinazione delle temperature nei corpi solidi omogenei, come è noto, si riduce alla risoluzione del seguente problema di analisi:

Determinare una funzione v del tempo t, e dei punti di uno spazio connesso S, la quale soddisfaccia alle seguenti condizioni:

1° Sia finita e continua insieme colle sue derivate prime rapporto alle coordinate, da $t=0$ a $t=\infty$ e in tutto lo spazio S, ed in questo campo verifichi la equazione

$$\frac{\partial v}{\partial t} - k \Delta^2 v = 0 , \tag{1}$$

dove col simbolo Δ^2 denotiamo la somma delle tre derivate seconde rapporto alle tre coordinate rettilinee ortogonali, e k è uguale al rapporto della conducibilità interna al prodotto del calorico specifico C moltiplicato per la densità D del corpo;

---

(1) Giornale dell'i. r. Istituto lombardo di Scienze, Lettere ed Arti, e Biblioteca italiana. Nuova Serie, t. I (1847), pp. 295-303.

2° Sopra una parte σ' della superficie σ che si limita lo spazio S sia

$$v = V, \tag{2}$$

essendo V una funzione arbitraria dei punti di σ' e del tempo; e sopra la rimanente porzione σ'' della superficie σ verifichi la equazione

$$\frac{dv}{dp} = h(v - \zeta), \tag{3}$$

dove p denota la normale alla superficie σ'' contata andando da σ'' verso l'interno dello spazio S; h è il rapporto della conducibilità esterna alla conducibilità interna, e ζ una funzione arbitrariamente data del tempo e dei punti di σ'';

3° Per $t = 0$ sia

$$v = v_0,$$

essendo v_0 una funzione arbitrariamente data in tutti i punti di S.

Se le funzioni V e ζ sono indipendenti dal tempo, v_0 sodisfa alla seconda condizione, ed è

$$\Delta^2 v_0 = 0; \tag{4}$$

è evidente che tutte tre le poste condizioni saranno sodisfatte prendendo

$$v = v_0,$$

e sarà v indipendente dal tempo, cioè le temperature del solido saranno stazionarie e il flusso permanente.

Dimostriamo che la funzione che dà le temperature stazionarie, esiste sempre quando V e ζ sono indipendenti dal tempo, e che è unica.

Prendiamo la espressione

$$\Omega_v = \int_S \Delta v \, ds + h \int_{\sigma''} (v - \zeta)^2 \, d\sigma'',$$

dove con Δ denotiamo la somma dei tre quadrati delle derivate prime rapporto alle coordinate rettilinee ortogonali, e consideriamo il campo infinito delle funzioni dei punti di S, le quali sono finite e continue insieme colle loro derivate prime, e prendono sopra σ' valori uguali a quelli della funzione V. È evidente che tra queste infinite funzioni ve ne sarà almeno una che renderà Ω_v un minimo, e quindi

$$\delta\Omega_v = 0\,,$$

e riducendo la variazione con metodi noti,

$$-\int_{\sigma'}\delta v\frac{dv}{dp}\,d\sigma' - \int_{\sigma''}\delta v\left(\frac{dv}{dp} - h(v-\zeta)\right)d\sigma'' - \int_{S}\delta v \Delta^2 v\,ds = 0\,,$$

Ora, sopra σ',

$$\delta v = 0\,,$$

perchè ivi la funzione non varia. Inoltre le variazioni sopra σ'' essendo arbitrarie indipendenti da quelle in S, non potrà verificarsi questa equazione a meno che non sia, sopra σ'',

$$\frac{dv}{dp} = h(v-\zeta)\,, \tag{3'}$$

e in tutto lo spazio S

$$\Delta^2 v = 0\,. \tag{4'}$$

Dunque esisterà almeno una funzione che sodisferà la seconda condizione e la equazione (4), e che quindi darà temperature stazionarie.

Dimostriamo ora che questa funzione è unica. Supponiamo infatti che di queste funzioni ne esistano due, v ed u. Ambedue renderanno un minimo Ω. Avremo quindi:

$$\Omega_v = \Omega_{v+u-v} = \Omega_v + \int_S \Delta(u-v)\,ds + h\int_{\sigma''}(u-v)^2\,d\sigma''\,,$$

$$\Omega_u = \Omega_{u+v-u} = \Omega_u + \int_S \Delta(u-v)\,ds + h\int_{\sigma''}(u-v)^2\,d\sigma''\,;$$

e sommando

$$0 = 2\int_S \Delta(u - v)\, ds + 2h\int_{\sigma''}(u - v)^2\, d\sigma'',$$

che non può verificarsi a meno che non sia

$$u - v = \text{costante}$$

in tutto S; ma

$$u - v = 0$$

sopra σ' e σ'', cioè sopra tutta la superficie σ; quindi

$$\text{costante} = 0\,,$$

ed

$$u = v$$

in tutto il corpo. Abbiamo dunque il seguente

Teorema I. — *Esiste sempre una funzione v ed una sola che in tutto uno spazio connesso S è finita e continua insieme colle sue derivate prime e vi sodisfa alla equazione*

$$\Delta^2 v = 0\,,$$

sopra una parte σ' della superficie che limita S è uguale a V, e nella rimanente σ'' sodisfa alla equazione

$$\frac{dv}{dp} = h(v - \zeta)\,;$$

e soltanto quando le temperature in un dato tempo sono espresse da questa funzione, rimangono stazionarie e il flusso permanente.

Poichè, denotando con H la conducibilità esterna e con K la conducibilità interna del corpo, abbiamo

$$h = \frac{\text{H}}{\text{K}}\,,$$

sarà

$$K\Omega_v = \frac{K^2 \int_S \Delta v\, ds}{K} + \frac{H^2 \int_{\sigma''} (v - \zeta)^2\, d\sigma''}{H},$$

e $K^2 \Delta v$ ed $H^2 (v - \zeta)^2$ sono proporzionali ai quadrati dei flussi del calore, si ottiene il seguente

Teorema II. — *Affinchè le temperature siano stazionarie, è necessario e sufficiente che siano minimi i quadrati dei flussi divisi per le conducibilità.*

Se $V = 0$ e $\zeta = 0$, la funzione, che sodisfa alle condizioni del teorema, è

$$v = 0 .$$

Quindi non può aversi stato permanente di temperature quando il corpo abbia in qualche parte temperature diverse da zero; e quando tutte le temperature sono uguali a zero, non è possibile alcun flusso.

II.

Se la funzione v_0, che esprime le temperature iniziali, non sodisfa alla equazione

$$\Delta^2 v_0 = 0 ,$$

ma soltanto alla seconda condizione del § I, le temperature del solido non saranno stazionarie, ma variabili col tempo. Ora la funzione v, come funzione di t, è soggetta alla sola condizione di essere continua e di avere la sua derivata prima finita; quindi è evidente che si potrà prendere in modo che sodisfi alla equazione

$$\frac{\partial v}{\partial t} - k\Delta^2 v = 0 ,$$

ossia, poichè $k = \dfrac{K}{CD}$,

$$CD \frac{\partial v}{\partial t} = K\Delta^2 v . \tag{5}$$

Esiste dunque sempre una funzione che sodisfa alle condizioni del § I, quando V e ζ sono indipendenti dal tempo.

In questo caso la funzione

$$(6) \qquad \Omega = \frac{K}{2}\int_S \Delta v \, ds + \frac{H}{2}\int_{\sigma''} (v - \zeta)^2 \, d\sigma''$$

non sarà un minimo, e la sua variazione nel tempo dt sarà

$$(7) \qquad \frac{d\Omega}{dt} dt = - K dt \int_S \frac{\partial v}{\partial t} \Delta^2 v \, ds \, ;$$

sostituendo nella equazione (7) il valore di $K\Delta^2 v$ tratto dalla (5), si ottiene

$$\frac{d\Omega}{dt} dt = - CD \, dt \int_S \left(\frac{\partial v}{\partial t}\right)^2 ds,$$

e integrando fra $t = 0$ e $t = t'$, si ha

$$(8) \qquad \Omega_0 - \Omega_t = CD \int_0^t dt \int_S \left(\frac{\partial v}{\partial t}\right)^2 ds \, ,$$

la quale esprime un principio generale che può enunciarsi nel modo seguente:

Teorema III. — *Se le temperature iniziali non sono stazionarie e le condizioni alla superficie sono indipendenti dal tempo, le variazioni di temperatura avvengono in modo, che la somma dei quadrati delle variazioni delle temperature, estesa a tutto il corpo da $t = 0$ a $t = t'$ e moltiplicata per* CD, *è uguale alla diminuzione della metà della somma dei rapporti dei quadrati dei flussi alle conducibilita.*

L'equazione (8) ci mostra che dopo un tempo più o meno lungo dovranno aversi le temperature stazionarie, qualunque siano le iniziali. Infatti, il secondo membro necessariamente aumenta col tempo finchè le temperature non sono stazionarie; quindi deve aumentare anche il primo, ed Ω_t convergere al valore minimo.

Se V e ζ sono variabili col tempo, la variazione di Ω è data da

$$- K \int_S \frac{\partial v}{\partial t} \Delta^2 v \, ds - K \int_{\sigma'} \frac{\partial V}{\partial t} \frac{dv}{dp} \, d\sigma' - H \int_{\sigma''} \frac{\partial \zeta}{\partial t} (v - \zeta) \, d\sigma'' ;$$

quindi, prendendo

$$\mathrm{CD}\frac{\partial v}{\partial t} = \mathrm{K}\,\Delta^2 v\,,$$

invece della equazione (8), abbiamo

$$(9)\quad \int_0^t dt \left\{ \mathrm{CD}\int_{\mathrm{S}}\left(\frac{\partial v}{\partial t}\right)^2 ds + \mathrm{K}\int_{\sigma'}\frac{\partial \mathrm{V}}{\partial t}\frac{dv}{dp}\,d\sigma' + \mathrm{H}\int_{\sigma''}\frac{\partial \zeta}{\partial t}(v-\zeta)\,d\sigma'' \right\} =$$

$$= \Omega_0 - \Omega_t\,;$$

ed abbiamo il seguente

Teorema IV. — *Le temperature di un corpo variano in modo, che la somma dei quadrati delle variazioni moltiplicata per* CD *in tutto il corpo e in tutto il tempo da* $t=0$ *a* $t=t'$, *più la somma delle variazioni delle temperature date sopra la superficie moltiplicate per i rispettivi flussi, più la somma delle variazioni della funzione* ζ *moltiplicate per i flussi che vi corrispondono alla superficie, sia uguale alla diminuzione della metà della somma dei rapporti dei quadrati dei flussi iniziali alle conducibilità.*

Rimane ora da dimostrare che le condizioni poste al principio del § I determinano la funzione v, in guisa che non vi possono essere due funzioni differenti che le sodisfacciano tutte.

Supponiamo che vi siano due funzioni v ed u, che in tutto il tempo ed in tutto lo spazio S sodisfacciano a quelle condizioni. Ponendo

$$w = v - u\,,$$

avremo

$$\frac{dw}{dp} = k\,\Delta^2 w$$

in tutto S. Sopra la superficie σ'

$$w = 0\,,$$

e sopra σ''

$$\frac{dw}{dp} = hw.$$

Per $t = 0$

$$w = 0\,;$$

ora abbiamo veduto che con queste condizioni si ha (§ I)

$$w = 0$$

in tutto il tempo ed in tutto lo spazio S. Dunque

$$v = u.$$

Quindi

Teorema V. — *Esiste sempre una funzione ed una sola che sodisfa a tutte le condizioni del* § I.

III.

È noto che una funzione v finita e continua insieme colle sue derivate prime in uno spazio connesso S, che in questo sodisfa alla equazione

$$\Delta^2 v = 0\,, \tag{10}$$

è data dalla formola

$$v' = \frac{1}{4\pi}\int_\sigma \left(u\frac{dv}{dp} - v\frac{du}{dp}\right) d\sigma\,, \tag{11}$$

essendo al solito σ la superficie che limita S, p la normale a σ contata andando verso l'interno di S, ed u una funzione che sodisfa in S alla equazione

$$\Delta^2 u = 0\,,$$

che nel solo punto α' di coordinate (x', y', z'), cui si riferisce il valore v', cessa di esser finita e continua, e in esso diviene infinita come $\frac{1}{\rho_{\alpha\alpha'}}$, denotando con $\rho_{\alpha\alpha'}$ la distanza dal punto α' del punto α di coordinate (x, y, z). Poniamo

$$u = \frac{1}{\rho_{\alpha\alpha'}} + G, \tag{12}$$

ed assoggettiamo G alle condizioni, che possono sempre essere soddisfatte, di verificare in S la equazione

$$\Delta^2 G = 0,$$

di avere sopra una parte σ' della superficie σ i valori della funzione $-\frac{1}{\rho_{\alpha\alpha'}}$, e sopra la rimanente parte σ'' di verificare la equazione

$$\frac{dG}{dp} - hG = \frac{h}{\rho_{\alpha\alpha'}} - \frac{d\frac{1}{\rho_{\alpha\alpha'}}}{dp},$$

e di essere finita e continua insieme colle sue derivate prime in tutto lo spazio S.

Ponendo questa funzione G nel valore (12) di u, abbiamo una funzione che sodisfa nello spazio S alla equazione

$$\Delta^2 u = 0,$$

sopra σ'

$$u = 0;$$

sopra σ''

$$\frac{du}{dp} = hu,$$

e se descriviamo una sfera infinitesima intorno al punto α', sopra la superficie di questa sfera avrà valori costanti. Quindi u rappresenta le temperature stazionarie in un solido omogeneo che ha una temperatura costante sopra una sfera piccolissima col centro nel punto α', ossia che ha in un punto dato α' qualunque una sorgente costante di calore, che ha una parte σ' di superficie alla temperatura zero, e l'altra σ'' esposta all'aria libera che pure è alla temperatura zero.

Sostituendo questa funzione u nella formola (11) abbiamo

$$(13) \qquad v' = -\frac{1}{4\pi}\int_{\sigma'} v \frac{du}{dp} d\sigma' - \frac{1}{4\pi}\int_{\sigma''} u \left(\frac{dv}{dp} - hv\right) d\sigma''.$$

Onde, determinata per un corpo solido di data forma la funzione G, e quindi la u, saranno determinate le temperature stazionarie corrispondenti a temperature date comunque in una parte di superficie, qualunque anche sieno le temperature degli spazî ai quali sono esposte le parti libere della superficie.

IV.

Lo spazio S occupato dal solido sia una sfera di raggio R, e tutta la superficie di questa sia mantenuta a temperature date.

La funzione u in questo caso è

$$u = \frac{1}{\rho_{\alpha\alpha'}} - \frac{R}{r'\rho_{\alpha\beta'}},$$

dove r' è la distanza del punto α' dal centro della sfera, e β' è il punto reciproco ad α' rispetto alla sfera di raggio R, cioè è il punto che si trova sul prolungamento di r' alla distanza $\frac{R^2}{r'}$ dal centro della sfera. Da quanto abbiamo detto sul significato generale di u nel numero precedente si ricava il seguente

Teorema VI. — *La temperatura stazionaria di una sfera che ha in un punto α' una sorgente costante di calore, e la superficie mantenuta ad una temperatura costante uguale a zero, è uguale alla funzione potenziale del punto α', e del punto reciproco ad α' rispetto alla sfera, quando da questi emanino due forze una attrattiva e l'altra ripulsiva, che agiscono secondo la legge di Newton, e le cui intensità sono nel rapporto di r' ad* R; *e il flusso permanente del calore in ogni punto della sfera è uguale in intensità e direzione all'azione che vi eserciterebbero queste forze.*

Se le temperature saranno sopra la superficie della sfera mantenute costantemente uguali a quelle espresse dalla funzione arbitrariamente data V, avremo, per le temperature stazionarie,

$$v' = \frac{1}{4\pi}\int_\sigma \frac{\mathrm{V}d\,\dfrac{1}{\varrho_{\alpha\alpha'}}}{dr} - \frac{\mathrm{R}}{4\pi r'}\int_\sigma \frac{\mathrm{V}d\,\dfrac{1}{\varrho_{\alpha\beta'}}}{dr}\,d\sigma\,.$$

V.

Sia ora la sfera di raggio R immersa in uno spazio le cui temperature siano date nelle diverse direzioni, ed h sia il rapporto della conducibilità esterna alla interna. Dovremo determinare la funzione u in modo che sia in tutta la sfera

$$\Delta^2 u = 0\,, \tag{4)''}$$

e sopra la superficie

$$\frac{du}{dr} + hu = 0\,;$$

poichè

$$\frac{du}{dp} = -\frac{du}{dr}\,.$$

La funzione che sodisfa a queste condizioni è

$$u = \frac{1}{\varrho_{\alpha\alpha'}} + \frac{\mathrm{R}}{r'\varrho_{\alpha\beta'}} + \frac{(1-2h\mathrm{R})\,\mathrm{R}^{2h\mathrm{R}-1}}{r'^{h\mathrm{R}}}\int_{\frac{\mathrm{R}^2}{r'}}^{\infty} \frac{dx}{x^{h\mathrm{R}}\varrho_{\alpha\gamma}}\,, \tag{14}$$

dove γ denota un punto sopra il prolungamento di r' distante dal centro di una lunghezza x. Tutti i termini di questa funzione verificano la equazione (4), poichè

$$\Delta^2\,\frac{1}{\varrho_{\alpha\delta}} = 0\,,$$

qualunque sia il punto δ. Abbiamo poi, per $r = \mathrm{R}$,

$$\frac{du}{dr} = -\frac{1}{\mathrm{R}\varrho_{\alpha\alpha'}} + \frac{(1-2h\mathrm{R})\,\mathrm{R}^{2h\mathrm{R}-1}}{r'^{h\mathrm{R}}} \int_{\frac{\mathrm{R}^2}{r'}}^{\infty} \frac{dx}{x^{h\mathrm{R}}} \left\{ \frac{d\frac{1}{\varrho_{\alpha\gamma}}}{dr} \right\}_{r=\mathrm{R}}.$$

Ma

$$\frac{d\frac{1}{\varrho_{\alpha\gamma}}}{dr} = -\frac{x}{r}\frac{d\frac{1}{\varrho_{\alpha\gamma}}}{dx} - \frac{1}{r\,\varrho_{\alpha\gamma}};$$

onde

$$\frac{du}{dr} = -\frac{1}{\mathrm{R}\varrho_{\alpha\alpha'}} - \frac{(1-2h\mathrm{R})\,\mathrm{R}^{2h\mathrm{R}-2}}{r'^{h\mathrm{R}}} \int_{\frac{\mathrm{R}^2}{r'}}^{\infty} dx \left\{ \frac{1}{x^{h\mathrm{R}-1}} \frac{d\frac{1}{\varrho_{\alpha\gamma}}}{dx} + \frac{1}{x^{h\mathrm{R}}\varrho_{\alpha\gamma}} \right\},$$

$$hu = \frac{2h\mathrm{R}}{\mathrm{R}\varrho_{\alpha\alpha'}} + \frac{(1-2h\mathrm{R})\,\mathrm{R}^{2h\mathrm{R}-2}}{r'^{h\mathrm{R}}} \int_{\frac{\mathrm{R}^2}{r'}}^{\infty} \frac{h\mathrm{R}dx}{x^{h\mathrm{R}}\varrho_{\alpha\gamma}};$$

e quindi

$$\frac{du}{dr} + hu = \frac{(2h\mathrm{R}-1)}{\mathrm{R}} \left\{ \frac{1}{\varrho_{\alpha\alpha'}} + \frac{\mathrm{R}^{2h\mathrm{R}-1}}{r'^{h\mathrm{R}}} \int_{\frac{\mathrm{R}^2}{r'}}^{\infty} \frac{d}{dx}\left(\frac{x^{1-h\mathrm{R}}}{\varrho_{\alpha\gamma}}\right) dx \right\} =$$

$$\frac{2h\mathrm{R}-1}{\mathrm{R}} \left(\frac{1}{\varrho_{\alpha\alpha'}} - \frac{\mathrm{R}}{r'\varrho_{\alpha\beta'}} \right)_{r=\mathrm{R}} = 0.$$

Osservando il significato della funzione u trovato al § III, abbiamo il seguente

Teorema VII. — *Le temperature stazionarie dei punti di una sfera di raggio* R, *la quale ha in un suo elemento* α' *una sorgente costante di calore, e la superficie esposta all'aria libera alla temperatura zero, sono date dalla funzione potenziale del punto* α', *del punto* β' *reciproco ad* α' *rispetto alla sfera, e di una retta che si estende da* β' *all'infinito nella direzione del raggio che va ad* α', *quando una materia che agisca colla legge di Newton sia in* α' *colla densità* 1, *in* β' *colla densità* $\frac{\mathrm{R}}{r'}$, *e nei punti* γ

della retta colle densità $\frac{(1-2hR)\,R^{2hR-1}}{r'^{hR}x^{hR}}$, *denotando con* x *le loro distanze dal centro.*

Se una sfera sia esposta colla sua superficie all'aria libera, ma le condizioni di temperatura nelle differenti direzioni si mantengano continuamente differenti, allora alla superficie avremo

$$\frac{dv}{dp}=h(v-\zeta),$$

essendo ζ una funzione dei punti della superficie, e quindi, prendendo per u la funzione (14), avremo dalla equazione (13), in cui σ' è posto uguale a zero e σ'' è la superficie totale della sfera σ di raggio R,

$$v=\frac{h}{4\pi}\int_{\sigma}u\zeta\,d\sigma.$$

Questa funzione non è altro che il potenziale della materia, di cui u è funzione potenziale, sopra una materia distribuita sopra la superficie della sfera colla densità $\frac{h\zeta}{4\pi}$.

VI.

Prendiamo ora un solido omogeneo terminato da una mezza sfera di raggio R e da un piano ω che passa per il centro della sfera.

È facile a verificarsi che la funzione

$$(15)\qquad u=\frac{1}{\rho_{\alpha\alpha'}}+\frac{R}{r'\rho_{\alpha\beta'}}+(1-2hR)\frac{R^{2hR-1}}{r'^{hR}}\int_{\frac{R^2}{r'}}^{\infty}\frac{dx}{x^{hR}\rho_{\alpha\gamma}}$$

$$-\frac{1}{\rho_{\alpha\alpha''}}-\frac{R}{r'\rho_{\alpha\beta''}}-(1-2hR)\frac{R^{2hR-1}}{r'^{hR}}\int_{\frac{R^2}{r'}}^{\infty}\frac{dx}{x^{hR}\rho_{\alpha\gamma'}},$$

dove α'', β'', γ' sono punti simmetrici rispettivamente ai punti α', β', γ rispetto al piano ω, sodisfa alle seguenti condizioni. In tutto il solido è

$$\Delta^2 u = 0 ;$$

sopra il piano ω

$$u = 0 ;$$

sopra la superficie della mezza sfera

$$\frac{du}{dp} = hu .$$

Quindi se il piano ω è mantenuto a temperatura costante espressa da una funzione V dei suoi punti, e se lo spazio, in cui è immerso il solido, è alla temperatura zero, dalla formula (13) avremo

$$v' = \frac{1}{4\pi} \int_\omega \mathrm{V} \frac{du}{dz} d\omega ,$$

dove v' denota la temperatura stazionaria che avrà il punto qualunque α' del solido; u è dato dalla formula (15), e z rappresenta la coordinata rettilinea ortogonale che è normale al piano ω, del punto α a cui si riferisce la integrazione.

VII.

Quando le temperature sono variabili bisogna determinare una funzione che sodisfi a tutte le condizioni poste al principio del § I. Questa funzione esiste sempre ed è unica come abbiamo veduto. Per averne il valore in un punto qualunque α', dopo il tempo t', moltiplichiamo per $u\, dt\, ds$ la equazione

$$(1') \qquad \frac{dv}{dt} - k \Delta^2 v = 0 ,$$

ed integriamo da $t = 0$ a $t = t' - \varepsilon$, ed in tutto lo spazio connesso S occupato dal solido, essendo u una funzione finita e continua insieme colle sue derivate prime rapporto alle coordinate, finchè $t < t'$, ma che per $t = t'$ diviene zero per tutto S, fuori che in un punto α' dove diviene infinita. Pertanto, per quanto piccolo si prenda ε, avremo sempre

$$\int_0^{t'-\varepsilon} dt \int_S u\left(\frac{\partial v}{\partial t} - k\Delta^2 v\right) ds = 0\,,$$

e, colle note riduzioni,

$$\int_S (uv)_{t'-\varepsilon}\, ds - \int_S u_0 v_0\, ds + k\int_0^{t'-\varepsilon} dt \int \left(u\frac{dv}{dp} - v\frac{du}{dp}\right) d\sigma$$

$$- \int_0^{t'-\varepsilon} dt \int_S v\left(\frac{\partial u}{\partial t} + k\Delta^2 u\right) ds = 0\,.$$

Affinchè in questa equazione rimanga il solo valore ignoto di v corrispondente a $t = t'$ nel punto α', dovrà essere primieramente

$$\frac{\partial u}{\partial t} + k\Delta^2 u = 0\,.$$

Prendendo poi sopra la parte σ' della superficie σ del corpo, in cui la temperatura è uguale a V,

$$u = 0\,,$$

e sopra la rimanente σ''

$$\frac{du}{dp} = hu\,,$$

avremo

$$\int_S (uv)_{t'-\varepsilon}\, ds = \int_S u_0 v_0\, ds + k\int_0^{t'-\varepsilon} dt \int_{\sigma'} \mathrm{V}\frac{du}{dp}\, d\sigma' + kh\int_0^{t'-\varepsilon} dt \int_{\sigma''} u\zeta\, d\sigma''\,.$$

Ora, col diminuire di ε la funzione u converge a zero in tutto lo spazio S, fuori che nel punto α', dove cresce oltre ogni limite; dunque, denotando con v' il valore di v in α' per $t = t'$, avremo

$$\lim_{\varepsilon=0} \int_S (uv)_{t'-\varepsilon}\, ds = v'\,.\lim_{\varepsilon=0} \int_{S_1} u_{t'-\varepsilon}\, ds_1\,,$$

essendo S_1 uno spazio qualunque contenuto in S, e che contiene α'. Onde ponendo

$$(16)\qquad \lim_{\varepsilon=0} \int_{S_1} u_{t'-\varepsilon}\, ds_1 = U,$$

avremo

$$(17)\qquad v' = \frac{1}{U} \cdot \left(\int_S u_0 v_0\, ds + k \int_0^{t'} dt \int_{\sigma'} V \frac{du}{dp}\, d\sigma' + kh \int_0^{t'} dt \int_{\sigma''} u\zeta\, d\sigma'' \right).$$

Poniamo

$$(18)\qquad u = \frac{e^{-\frac{\varrho^2 \alpha\alpha'}{4k(t'-t)}}}{(t'-t)^{\frac{3}{2}}} + G,$$

dove G è una funzione definita dalle seguenti condizioni:

1° È finita e continua insieme colle sue derivate prime rispetto alle coordinate in tutto lo spazio S da $t=0$ a $t=t'$, ed in questo campo sodisfa alla equazione

$$\frac{\partial G}{\partial t} + k \Delta^2 G = 0;$$

2° In tutto il tempo, sopra σ', è

$$G = -\frac{e^{-\frac{\varrho^2 \alpha\alpha'}{4k(t'-t)}}}{(t'-t)^{\frac{3}{2}}},$$

e sopra σ'',

$$\frac{dG}{dp} - hG = \frac{1}{(t'-t)^{\frac{3}{2}}} \left(h e^{-\frac{\varrho^2 \alpha\alpha'}{4k(t'-t)}} - \frac{d}{dp} \cdot e^{-\frac{\varrho^2 \alpha\alpha'}{4k(t'-t)}} \right);$$

3° Per $t=t'$, in tutto S, è

$$G = 0.$$

Queste condizioni rientrano in quelle del § 1, e quindi esiste sempre una funzione che le soddisfa.

Con questa funzione G la u, data dalla formola (8), verifica tutte le condizioni alle quali dev'essere assoggettata secondo il numero precedente. Sostituendola nella formola (16), e ponendo mente alla condizione terza a cui soddisfa la G, abbiamo

$$\mathrm{U} = \lim_{\varepsilon=0} \int_{-\infty}^{\infty} \frac{e^{-\left(\frac{x-x'}{2\sqrt{k\varepsilon}}\right)^2}}{\sqrt{\varepsilon}} dx \int_{-\infty}^{\infty} \frac{e^{-\left(\frac{y-y'}{2\sqrt{k\varepsilon}}\right)^2}}{\sqrt{\varepsilon}} dy \int_{-\infty}^{\infty} \frac{e^{-\left(\frac{z-z'}{2\sqrt{k\varepsilon}}\right)^2}}{\sqrt{\varepsilon}} dz .$$

Onde

$$\mathrm{U} = 8\sqrt{k^3 \pi^3} ,$$

e quindi la formola (17) diviene

$$(19) \quad v' = \frac{1}{8\sqrt{k^3 \pi^3}} \left\{ \int_{\mathrm{S}} u_0 v_0 \, ds + k \int_0^{t'} dt \int_{\sigma'} \mathrm{V} \frac{du}{dp} d\sigma' + \int_0^{t'} dt \int_{\sigma''} khu\zeta d\sigma'' \right\} ;$$

ed abbiamo la temperatura di un punto qualunque del corpo dopo un dato tempo espressa per le temperature iniziali, per le temperature dei punti di una parte della superficie in tutto il tempo precedente, e per le temperature dello spazio a cui è esposta l'altra parte di superficie.

VIII.

Determiniamo la funzione u nel caso in cui il solido sia un parallelepipedo rettangolo, e siano date le temperature sopra tutte le facce.

Prendiamo per assi delle coordinate tre rette parallele a tre spigoli ortogonali tra loro. Siano

$$x = \xi \quad , \quad x = \xi' ,$$
$$y = \eta \quad , \quad y = \eta' ,$$
$$z = \zeta \quad , \quad z = \zeta' ,$$

le equazioni delle sei facce. Denotando con a, b, c le lunghezze degli spigoli, avremo

$$\xi - \xi' = a \quad , \quad \eta - \eta' = b \quad , \quad \zeta - \zeta' = c .$$

Conduciamo per il punto m di coordinate (x', y', z') una retta parallela all'asse delle x; essa incontrerà le due facce parallele al piano yz, in due punti di cui le coordinate x saranno ξ e ξ'. Questi punti siano p, p'. Prolunghiamo la retta pp' indefinitamente dalle due parti, e prendiamo, sopra i due prolungamenti, i punti

$$\begin{gathered} p_1 , p_2 , p_3 , \dots p_s \dots , \\ p'_1 , p'_2 , p'_3 , \dots p'_s \dots . \end{gathered}$$

dei quali i primi rimarranno nello spazio esterno al parallelepipedo dalla parte della faccia $x = \xi$, e i secondi dalla parte della faccia $x = \xi'$; e prendiamoli in modo che sia

$$\begin{gathered} p\,p_1 = mp \ , \ p\,p_2 = p\,p'_1 , \dots p\,p_s = p\,p'_{s-1} \dots , \\ p'p'_1 = mp' \ , \ p'p'_2 = p'p_1 , \dots p'p'_s = p'p_{s-1} \dots . \end{gathered}$$

Denotiamo con ξ_s l'ordinata di p_s, con ξ'_s quella di p'_s; avremo

$$\begin{aligned} \xi - x' &= \xi_1 - \xi \ , \dots \xi_s - \xi = \xi - \xi'_{s-1} \ , \\ x' - \xi' &= \xi' - \xi'_1 \ , \dots \xi' - \xi'_s = \xi_{s-1} - \xi' \ ; \end{aligned}$$

ossia

$$\begin{gathered} \xi'_s + \xi_{s-1} = 2\xi' \ , \\ \xi_s + \xi'_{s-1} = 2\xi \ ; \end{gathered}$$

dalle quali si deduce

$$(20) \quad \left\{ \begin{aligned} \xi_{2s+1} &= 2s(\xi - \xi') + 2\xi - x' \quad , \quad \xi'_{2s+1} = 2s(\xi' - \xi) + 2\xi' - x' \ , \\ \xi_{2s} &= 2s(\xi - \xi') + x' \qquad\quad , \quad \xi'_{2s} = 2s(\xi' - \xi) + x' \ . \end{aligned} \right.$$

Prendiamo ora la funzione

$$\Omega_1(x) = e^{-\tau(x-x')^2} + \sum_{1}^{\infty} (-1)^n \left\{ e^{-\tau(x-\xi_n)^2} + e^{-\tau(x-\xi'_n)^2} \right\} ;$$

dove

$$\tau = \frac{1}{4k(t'-t)} .$$

Sostituendovi i valori (20) abbiamo

$$\Omega_1(x) = \sum_{-\infty}^{\infty} e^{-\tau(x-x'+2na)^2} - \sum_{-\infty}^{\infty} e^{-\tau(2\xi-x-x'+2na)^2} .$$

Se prendiamo

$$\Omega_2(y) = \sum_{-\infty}^{\infty} e^{-\tau(y-y'+2nb)^2} - \sum_{-\infty}^{\infty} e^{-\tau(2\eta-y-y'+2nb)^2} ,$$

$$\Omega_3(z) = \sum_{-\infty}^{\infty} e^{-\tau(z-z'+2nc)^2} - \sum_{-\infty}^{\infty} e^{-\tau(2\zeta-z-z'+2nc)^2} ,$$

ed

$$u = \frac{\Omega_1(x)\,\Omega_2(y)\,\Omega_3(z)}{(t'-t)^{\frac{3}{2}}} ,$$

è facile a verificarsi che saranno soddisfatte tutte le condizioni poste per la u. Infatti, tutti i termini saranno della forma

$$\frac{e^{-\frac{\rho_{\alpha\beta}^2}{4k(t'-t)}}}{(t'-t)^{\frac{3}{2}}} ;$$

e quindi, soddisfanno alla equazione (1). Tutti i punti β con cui sono costruiti quei termini sono fuori dello spazio occupato dal parallelepipedo eccettuato uno solo che è il punto m; ed abbiamo inoltre

$$\Omega_1(\xi) = 0 \quad , \quad \Omega_1(\xi') = 0 ,$$
$$\Omega_2(\eta) = 0 \quad , \quad \Omega_2(\eta') = 0 ,$$
$$\Omega_3(\zeta) = 0 \quad , \quad \Omega_3(\zeta') = 0 .$$

Ora, dalla teorica delle funzioni ellittiche, ponendo

$$\Theta_{00}(z, \omega) = \sum_{-\infty}^{\infty} e^{i\pi\left((2n)^2 \frac{\omega}{4} + 2nz\right)},$$

abbiamo

$$\sum_{-\infty}^{\infty} e^{-\tau(x-x'+2na)^2} = \frac{\sqrt{\pi}}{a\sqrt{\tau}}\, \Theta_{00}\left(\frac{x-x'}{2a}, \frac{\pi i}{4a^2\tau}\right);$$

onde

$$\Omega_1(x) = \frac{\sqrt{\pi k(t'-t)}}{a} \left\{ \begin{array}{l} \Theta_{00}\left(\dfrac{x-x'}{2a}, \dfrac{\pi k i(t'-t)}{a^2}\right) \\ -\,\Theta_{00}\left(\dfrac{2\xi - x - x'}{2a}, \dfrac{\pi k i(t'-t)}{a^2}\right) \end{array} \right\};$$

e quindi

$$u = \frac{\sqrt{\pi^3 k^3}}{abc} \left\{ \Theta_{00}\left(\frac{x-x'}{2a}, \frac{\pi k i(t'-t)}{a^2}\right) - \Theta_{00}\left(\frac{2\xi - x - x'}{2a}, \frac{\pi k i(t'-t)}{a^2}\right) \right\}$$

$$\left\{ \Theta_{00}\left(\frac{y-y'}{2a}, \frac{\pi k i(t'-t)}{b^2}\right) - \Theta_{00}\left(\frac{2\eta - y - y'}{2b}, \frac{\pi k i(t'-t)}{b^2}\right) \right\}$$

$$\left\{ \Theta_{00}\left(\frac{z-z'}{2c}, \frac{\pi k i(t'-t)}{c^2}\right) - \Theta_{00}\left(\frac{2\zeta - z - z'}{2c}, \frac{\pi k i(t'-t)}{c^2}\right) \right\}.$$

Questa funzione u sostituita nella equazione (19), dove si pone σ'' uguale a zero e per σ' si prendono le sei facce del parallelepipedo, serve a determinare le temperature di un punto qnalunque del corpo dopo un tempo qualunque, quando siano date le temperature iniziali, e quelle delle superficie del parallelepipedo. Considerata poi come funzione di t' soddisfa la equazione (1), ed esprime le temperature variabili di un parallelepipedo che nel tempo $t' = t$ era per tutto alla temperatura zero, fuori che nel punto (x', y', z'), dove aveva una temperatura grandissima, e che in tutto il tempo ha la superficie mantenuta alla temperatura zero.

IX.

Il metodo del paragrafo precedente dà anche la funzione u nel caso in cui il solido occupi lo spazio compreso tra due sfere concentriche, una di raggio R e l'altra di raggio minore R′, e siano uguali le temperature iniziali nei punti equidistanti dal centro, e uguali tra loro in tutto il tempo le temperature dei punti della superficie sferica di raggio R, e uguali pure tra loro le temperature dei punti della superficie sferica di raggio R′.

In questo caso la equazione (1), essendo u funzione del solo raggio vettore r, diviene, come è noto,

$$\frac{\partial\, ru}{\partial t} + k\frac{\partial^2 ru}{\partial r^2} = 0\,, \tag{21}$$

e dovrà essere inoltre

$$ru = 0$$

sopra ambedue le superficie sferiche; e per $t = t'$ in tutto il solido fuori che nei punti nei quali $r = r'$, dovrà essere

$$u = 0\,,$$

e in quei punti

$$u = \infty\,.$$

In questo caso invece di tre fattori nella funzione u basta prenderne uno solo, e sostituire in esso r ad x, R a ξ ed R′ a ξ'. Si può dunque prendere

$$ru = \frac{\sqrt{\pi k}}{\mathrm{R}-\mathrm{R}'}\left\{\begin{array}{l} \Theta_{00}\left(\dfrac{r-r'}{2(\mathrm{R}-\mathrm{R}')}\,,\,\dfrac{\pi k i(t'-t)}{(\mathrm{R}-\mathrm{R}')^2}\right) \\ -\,\Theta_{00}\left(\dfrac{2\mathrm{R}-r-r'}{2(\mathrm{R}-\mathrm{R}')}\,,\,\dfrac{\pi k i(t'-t)}{(\mathrm{R}-\mathrm{R}')^2}\right)\end{array}\right\}; \tag{22}$$

ed è facile a verificare come soddisfi a tutte le condizioni cui deve soddisfare ru.

Per avere la funzione u nel caso che il solido sia una sfera, è evidente che basterà porre nella formola (22)

$$R' = 0\,;$$

e avremo

$$(23)\qquad ru = \frac{\sqrt{\pi k}}{R}\left\{\begin{array}{l}\Theta_{00}\left(\dfrac{r-r'}{2R}\,,\,\dfrac{\pi k i(t'-t)}{R^2}\right)\\ -\,\Theta_{00}\left(\dfrac{r+r'}{2R}\,,\,\dfrac{\pi k i(t'-t)}{R^2}\right)\end{array}\right\}.$$

Con i valori di u, tratti dalla equazione (23), la formola (19), in cui è posto σ'' uguale a zero, dà le temperature dei differenti strati della sfera dopo un tempo qualunque, conoscendo le temperature iniziali e le temperature della superficie in tutto il tempo.

X.

Quando il raggio della sfera è molto grande, come nel caso dei corpi celesti, la formola (23) serve a determinarne le temperature anche nel caso che siano variabili col tempo le temperature degli spazî che essi attraversano, e non si conoscano altro che queste e le temperature iniziali.

Infatti, bisogna per ciò determinare una funzione u che soddisfaccia in tutta la sfera alla equazione (21); per $t = t'$ sia nulla per tutto, fuori che nei punti distanti dal centro di r', e sopra la superficie della sfera sia

$$(24)\qquad \frac{du}{dr} + hu = 0\,.$$

La funzione data dalla formola (23) non solo soddisfa alle prime condizioni, ma anche alla equazione (24) quando R è molto grande. Infatti, questa equazione può scriversi nel modo seguente

$$(25)\qquad \left(\frac{d\,ru}{dr}\right)_{r=\mathrm{R}}+\left(h-\frac{1}{\mathrm{R}}\right)\mathrm{R}u=0\,.$$

Sostituendo i valori dati dalla formola (23) nella equazione (25), e trascurando le potenze di $\frac{1}{\mathrm{R}}$ superiori alla prima, abbiamo che quest'ultima è soddisfatta.

Quando $k(t'-t)$ è molto grande e confrontabile colla grandezza di R^2, il che accadrà se il numero degli anni che ha durato il raffreddamento non è molto piccolo in confronto del numero dei metri contenuti nel quadrato del raggio del corpo celeste, poste in luogo delle funzioni jacobiane, le serie che le esprimono, queste risulteranno molto convergenti. Ma se questo numero di anni fosse di molto inferiore, allora quelle serie sarebbero molto lentamente convergenti. Ma dalla teoria delle funzioni ellittiche abbiamo

$$\Theta_{00}(\omega z\,,\,\omega)\,e^{i\pi\omega z^2}=\frac{1}{\sqrt{-i\omega}}\,\Theta_{00}\left(z\,,\,-\frac{1}{\omega}\right);$$

onde

$$\Theta_{00}\left(\frac{r-r'}{2\mathrm{R}}\,,\,\frac{\pi k i(t'-t)}{\mathrm{R}^2}\right)=\frac{\mathrm{R}e^{-\frac{(r-r')^2}{4k(t'-t)}}}{\sqrt{\pi k(t'-t)}}\,\Theta_{00}\left(\frac{(r-r')\,\mathrm{R}i}{2\pi k(t'-t)}\,,\,\frac{\mathrm{R}^2 i}{\pi k(t'-t)}\right),$$

$$\Theta_{00}\left(\frac{r+r'}{2\mathrm{R}}\,,\,\frac{\pi k i(t'-t)}{\mathrm{R}^2}\right)=\frac{\mathrm{R}e^{-\frac{(r+r')^2}{4k(t'-t)}}}{\sqrt{\pi k(t'-t)}}\,\Theta_{00}\left(\frac{(r+r')\,\mathrm{R}i}{2\pi k(t'-t)}\,,\,\frac{\mathrm{R}^2 i}{\pi k(t'-t)}\right);$$

e quindi

$$(26)\qquad ru=\frac{1}{\sqrt{t'-t}}\left\{\begin{aligned}&e^{-\frac{(r-r')^2}{4k(t'-t)}}\,\Theta_{00}\left(\frac{(r-r')\,\mathrm{R}i}{2k\pi(t'-t)}\,,\,\frac{\mathrm{R}^2 i}{k\pi(t'-t)}\right)\\-\,&e^{-\frac{(r+r')^2}{4k(t'-t)}}\,\Theta_{00}\left(\frac{(r+r')\,\mathrm{R}i}{2k\pi(t'-t)}\,,\,\frac{\mathrm{R}^2 i}{k\pi(t'-t)}\right)\end{aligned}\right\},$$

la quale può esprimersi in serie che sarà molto convergente, quando il numero di anni dai quali dura il raffreddamento è piccolo di fronte al numero dei metri contenuti nel quadrato del raggio del corpo celeste.

Sostituendo nella equazione (19), in cui σ' è zero, il valore di u tratto o dalla equazione (23), o dalla (26), abbiamo la temperatura in uno strato qualunque del corpo celeste di cui sono date le temperature iniziali e quelle degli spazî da esso attraversati.

XXXV.

SOPRA LA DETERMINAZIONE DELLE TEMPERATURE VARIABILI DI UNA LASTRA TERMINATA

(Dagli *Annali di matematica pura ed applicata*, serie II, t. I, pp. 373-380, Milano, 1868).

Abbiamo creduto superfluo ristampare la presente Memoria, perchè i risultati in essa contenuti si deducono immediatamente da quelli della successiva col n°. XXXVII, supponendo uguali fra loro le due conducibilità principali.

V. C.

XXXVI.

SOPRA LA ELETTRODINAMICA

(Dal *Nuovo Cimento*, ser. I, t. XXVII, pp. 402-407, Pisa 1868).

I.

Gauss, in una lettera a Weber, pubblicata nel volume V della Collezione delle sue Opere, scriveva nel 1845 che, per dedurre le forze da aggiungersi a quella che si esercita tra le particelle di elettricità in quiete, quando esse sono in moto relativo, convenga supporre che l'azione non sia istantanea, ma che si propaghi col tempo, in modo simile a quello che si è trovato per la luce, ed aggiungeva che lasciò questo genere di ricerche nel 1836, senza riuscirvi, ma però colla speranza di riuscirvi più tardi, e coll'opinione che fosse necessario di formarsi una rappresentazione costruibile del *come* questa propagazione avvenisse. Nel 1858 Riemann presentò all'Accademia delle Scienze di Gottinga un articolo pubblicato dopo la sua morte nel n°. 6 degli Annali di Poggendorf del 1867, in cui deduceva il potenziale di due correnti chiuse costanti, l'una sull'altra, ammettendo che l'azione dell'elettricità si propaghi nello spazio con velocità uniforme uguale a quella della luce, e supponendo che la corrente consista nel movimento delle due elettricità, positiva e negativa, che vanno contemporaneamente nel filo in direzioni opposte, ed aggiungendo che le somme dei prodotti delle elettricità positive e negative moltiplicate per una funzione delle coordinate dei punti del filo, siano trascurabili rispetto alle somme delle sole elettricità positive o delle sole negative moltiplicate per la stessa funzione. Questo concetto della corrente elettrica, tutto ideale, è poco in armonia con ciò che si conosce di essa, e pare che Riemann non ne fosse soddisfatto, avendo ritirato l'articolo dalla Segreteria dell'Accademia, ed essendosi astenuto dal pubblicarlo. Quindi mi sembra che non sarà senza importanza il dimostrare come si possano spiegare le azioni elettrodinamiche per mezzo della loro propagazione col tempo, e ritenendo che l'azione della elettricità dinamica sia secondo la legge di Newton come quella della elettricità statica, senza fondarsi sopra quel concetto, e supponendo invece che la corrente consista in una polarizzazione periodica degli elementi del filo, che è più in armonia con tutti i fatti conosciuti.

II.

Il potenziale di una corrente chiusa costante, sopra un'altra corrente chiusa costante, quale è stato verificato dalle più accurate esperienze, è

$$P = \varepsilon\varepsilon' \int_s \int_{s'} \frac{\cos(ds\,,ds')}{r}\, ds\, ds' \,,$$

dove, $\varepsilon\,,\varepsilon'$ sono le intensità delle due correnti; r la distanza di due elementi ds e ds' delle curve chiuse percorse dalle correnti; $(ds\,,ds')$ l'angolo che questi fanno tra loro; e gli integrali debbono essere estesi a tutti i contorni di queste curve.

Ora, essendo $(x\,,y\,,z)$ le coordinate di un punto della curva s, e (x',y',z') quelle di un punto della curva s', sarà

$$r^2 = (x - x')^2 + (y - y')^2 + (z - z')^2 .$$

Onde

$$\frac{1}{2}\frac{d^2(r^2)}{ds\,ds'} = -\frac{dx}{ds}\frac{dx'}{ds'} - \frac{dy}{ds}\frac{dy'}{ds'} - \frac{dz}{ds}\frac{dz'}{ds'} = -\cos(ds\,,ds'),$$

e quindi

$$P = -\frac{\varepsilon\varepsilon'}{2}\int_s \int_{s'} \frac{d^2(r^2)}{ds\,ds'}\,\frac{ds\,ds'}{r} \,.$$

Integrando per parti prima rapporto ad s, e poi rapporto ad s', ed osservando che gl'integrali di differenziali di funzioni continue estesi a tutta una curva chiusa sono nulli, abbiamo

(1) $$P = -\frac{\varepsilon\varepsilon'}{2}\int_s \int_{s'} r^2\, \frac{d^2\frac{1}{r}}{ds\,ds'}\, ds\, ds' \,.$$

III.

Gli elementi delle due curve s ed s' siano polarizzati periodicamente cioè agiscano gli uni sugli altri come se fossero elementi magnetici coll'assse nella direzione delle tangenti alle curve, e che avessero i rispettivi momenti m ed m' variabili col tempo, cioè

$$m = f(t)\, ds \quad , \quad m' = \mathrm{F}(t)\, ds' ,$$

dove $f(t)$ e $\mathrm{F}(t)$ sono funzioni che riprendono i medesimi valori ad intervalli piccolissimi di tempo uguali a p.

Supponendo che l'azione si propaghi nello spazio colla velocità c, il potenziale di una linea sull'altra in un intero periodo, sarà

$$\text{(2)} \qquad \mathrm{W} = \int_0^p dt \int_s \int_{s'} f(t) \mathrm{F}\left(t - \frac{r}{c}\right) \frac{d^2 \frac{1}{r}}{ds\, ds'}\, ds\, ds' .$$

I momenti delle correnti abbiano non solo lo stesso periodo, ma variino anche colla stessa legge, e possano differire soltanto nella fase. Allora avremo

$$f(t) = e\,\varphi(t),$$
$$\mathrm{F}(t) = e'\varphi(t + \sigma),$$

essendo $\sigma < p$.

A cagione della piccolezza di σ e di $\frac{r}{c}$ potremo porre

$$\mathrm{F}\left(t - \frac{r}{c}\right) = e'\varphi\left(t + \sigma - \frac{r}{c}\right)$$
$$= e'\varphi(t) + \left(\sigma - \frac{r}{c}\right)\varphi'(t) + \left(\sigma - \frac{r}{c}\right)^2 \frac{\varphi''(t)}{2} .$$

Sostituendo nella formula (2) questo valore, ed osservando che abbiamo

$$\int_s \int_{s'} \frac{d^2 \frac{1}{r}}{ds\, ds'}\, ds\, ds' = 0 ,$$

e che a cagione della periodicità di $\varphi(t)$, è

$$\int_0^p \varphi(t)\, \varphi'(t)\, dt = 0 ,$$

si ottiene

$$W = \frac{e e'}{2} \int_0^p \varphi(t)\, \varphi''(t)\, dt \int_s \int_{s'} \left(\sigma - \frac{r}{c}\right)^2 \frac{d^2 \frac{1}{r}}{ds\, ds'}\, ds\, ds' .$$

Ora sia la durata p di un periodo molto piccola anche rispetto al tempo in cui l'azione elettrica si propaga alla unità di distanza, in guisa che σ possa trascurarsi rispetto ad $\frac{r}{c}$. Allora avremo

$$W = \frac{e e'}{2} \int_0^p \frac{\varphi(t)\, \varphi''(t)}{c^2}\, dt \int_s \int_{s'} r^2 \frac{d^2 \frac{1}{r}}{ds\, ds'}\, ds\, ds' .$$

A cagione della periodicità di $\varphi(t)$, integrando per parti, si ottiene

$$\int_0^p \varphi(t)\, \varphi''(t)\, dt = - \int_0^p (\varphi'(t))^2\, dt .$$

Quindi, ponendo

$$\int_0^p (\varphi'(t))^2\, dt = a^2 ,$$

$$\frac{a e}{c} = \varepsilon \quad , \quad \frac{a e'}{c} = \varepsilon' \ (*) ,$$

avremo

$$W = - \frac{\varepsilon \varepsilon'}{2} \int_s \int_{s'} r^2 \frac{d^2 \frac{1}{r}}{ds\, ds'}\, ds\, ds'$$

che coincide col potenziale dato dalla formula (1), e come in quella ε ed ε' sono quantità proporzionali alle intensità delle due correnti.

Dunque, le azioni elettrodinamiche possono spiegarsi, ammettendo che si propaghino nello spazio con velocità uguale a quella della luce, che si esercitino secondo la legge di Newton come le azioni elettrostatiche, che le correnti consistano in una specie di polarizzazione dei loro elementi, variabile periodicamente, che la legge della variazione sia uguale in tutte le correnti, e che la durata del periodo sia piccola anche rispetto al tempo che impiega l'azione a propagarsi alla unità di distanza.

Pisa, 25 maggio 1868.

(*) Nella Memoria originale il denominatore c è stato dimenticato. O. T.

XXXVII.

SOPRA LA DETERMINAZIONE DELLE TEMPERATURE VARIABILI DI UNA LASTRA TERMINATA, QUANDO LA CONDUCIBILITÀ NON È LA STESSA IN TUTTE LE DIREZIONI

(Dal *Nuovo Cimento*, ser. I, t. XXVIII, pp. 115-124, Pisa, 1868)

I.

Sia data una lastra di grossezza trascurabile rispetto all'altre dimensioni, e che abbia la superficie piana, terminata e connessa. Il contorno sia composto di una o di più linee chiuse, e quindi l'ordine della sua connessione possa anche essere moltiplice.

Denotiamo con v le temperature dei punti della lastra in un tempo t. Siano date comunque le temperature dei varî punti della lastra quando $t=0$, e indichiamole con v_0; e siano date anche in modo affatto arbitrario le temperature dei punti delle linee $c_1, c_2, \ldots, c_s$ che formano il contorno, in tutto il tempo trascorso da $t=0$ a un tempo qualunque t'. Queste temperature le denoteremo con $V_1, V_2, \ldots, V_s$ e saranno in generale variabili da punto a punto del contorno e col tempo. Le funzioni $V_1, V_2, \ldots, V_s$ potranno essere anche discontinue in alcuni punti separati, e v_0 lungo linee separate, ma sì le une che l'altra non potranno essere mai infinite.

Per determinare v avremo le seguenti condizioni:

1°. La funzione v sarà finita e continua insieme colle sue derivate prime rapporto alle coordinate, in tutta la superficie della lastra e in tutto il tempo, e soddisferà tra questi limiti alla equazione a derivate parziali:

$$\frac{\partial v}{\partial t} + hv - k_1 \frac{\partial^2 v}{\partial x^2} - k_2 \frac{\partial^2 v}{\partial y^2} = 0, \tag{1}$$

dove:

$$h = \frac{2H}{c\varrho\sigma} \quad , \quad k_1 = \frac{K_1}{c\varrho} \quad , \quad k_2 = \frac{K_2}{c\varrho} ,$$

essendo H la conducibilità esterna, K_1 e K_2 le conducibilità interne nella direzione degli assi principali di conducibilità [1], ai quali abbiamo supposti paralleli gli assi delle coordinate, c il calorico specifico, ϱ la densità del corpo, e σ la grossezza della lastra.

2°. Quando è $t = 0$, sarà:

$$v = v_0 ,$$

essendo v_0 una funzione dei punti della superficie della lastra affatto arbitraria.

3°. Sopra le linee $c_1, c_2, c_3, \ldots, c_s$ sarà:

$$v = V_1 , v = V_2 , \ldots , v = V_s ,$$

rispettivamente, e le funzioni V saranno funzioni dei punti delle linee c e del tempo, affatto arbitrarie.

Queste condizioni determinano completamente il valore di v in un punto qualunque (x', y') della superficie della lastra, dopo un tempo t' qualunque.

II.

Sia u una funzione dei punti della superficie della lastra e del tempo, finita e continua insieme colle sue derivate prime rapporto alle coordinate, in tutta questa superficie e in tutto il tempo da $t = 0$ a $t = t' - \varepsilon$, essendo ε una quantità piccola quanto si vuole. Moltiplichiamo per $u\,dt\,dx\,dy$ il primo membro della equazione (1), ed integriamo estendendo l'integrale triplo a tutto il tempo da 0 a $t' - \varepsilon$, e a tutta la superficie della lastra. Avremo:

$$\iiint u\left(\frac{\partial v}{\partial t} + hv - k_1\frac{\partial^2 v}{\partial x^2} - k_2\frac{\partial^2 v}{\partial y^2}\right) dt\,dx\,dy = 0 .$$

Integrando per parti e applicando un teorema noto, si ottiene:

$$(2)\quad \left\{\begin{aligned} &\iint (uv)_{t'-\varepsilon}\,dx\,dy - \iint (uv)_0\,dx\,dy - \\ &-\int_0^{t'-\varepsilon} dt\,\Sigma_m \int_{c_m} \left[u\left(k_1\frac{\partial v}{\partial x}\frac{dy}{ds_m} - k_2\frac{\partial v}{\partial y}\frac{dx}{ds_m}\right) - \right. \\ &\qquad \left. - V_m\left(k_1\frac{\partial u}{\partial x}\frac{dy}{ds_m} - k_2\frac{\partial u}{\partial y}\frac{dx}{ds_m}\right)\right] ds_m \\ &-\iiint v\left(\frac{\partial u}{\partial t} - hu + k_1\frac{\partial^2 u}{\partial x^2} + k_2\frac{\partial^2 u}{\partial y^2}\right) dt\,dx\,dy = 0 , \end{aligned}\right.$$

---

[1] V. una Memoria di Duhamel nel Journal de l'École Polytechnique, cah. XXI.

dove i primi integrali doppî sono estesi a tutta la superficie della lastra, ed s_m denota l'arco della linea c_m contato da un suo punto fisso preso comunque, e movendosi in modo che l'interno della superficie resti a sinistra. L'integrale triplo è esteso a tutta la superficie della lastra e a tutto il tempo da 0 a $t' - \varepsilon$.

Per ottenere il valore di v nel punto (x', y') nel tempo t', bisognerà che passando al limite per $\varepsilon = 0$, dalla equazione (2) spariscano tutti i valori di v fuori che questo, e i valori dati, cioè quelli che corrispondono a $t = 0$, e quelli che si hanno in tutto il tempo sopra i punti del contorno. Si tratta dunque di determinare il moltiplicatore u in modo da produrre questo effetto. Dovrà quindi u essere tale da render nullo l'integrale triplo, da render nullo l'integrale doppio che contiene $\frac{\partial v}{\partial x}$, $\frac{\partial v}{\partial y}$, e da fare sparire dal primo integrale doppio tutti i valori di v corrispondenti a $t = t'$, fuori che quello corrispondente al punto (x', y'). Dovrà (*) dunque la funzione u soddisfare alle seguenti condizioni:

1°. Dovrà essere finita e continua insieme colle sue derivate prime, in tutta la superficie della lastra, e da $t = 0$ a $t = t' - \varepsilon$, essendo ε piccolo quanto si vuole, e tra questi limiti dovrà soddisfare alla equazione:

$$(3) \qquad \frac{\partial u}{\partial t} - hu + k_1 \frac{\partial^2 u}{\partial x^2} + k_2 \frac{\partial^2 u}{\partial y^2} = 0.$$

2°. Dovrà essere

$$u = 0$$

in tutti i punti del contorno e in tutto il tempo da zero a $t' - \varepsilon$.

3°. Dovrà convergere indefinitamente a zero in tutti i punti della lastra fuori che nel punto (x', y'), quando ε converge a zero, e deve convergere all'infinito coll'avvicinarsi al punto (x', y') e col convergere di ε a zero.

(*) Dal suo modo di scrivere, parrebbe che l'A. ritenesse per necessarie le condizioni enunciate, mentre nel testo non c'è nessun tentativo di dimostrazione di questo fatto. Questa mancanza non porta con sè nessun incoveniente, bastando intendere i diversi dovrà dell'A. nel senso di *è sufficiente*; certamente però la condizione 3ª deve essere completata con l'aggiunta che esista il $\lim_{\varepsilon=0} \int_0 u_{t'-\varepsilon} d\omega$ e sia diverso da zero.

O. T.

Quando la u soddisferà a queste tre condizioni, la equazione (2) passando al limite per $\varepsilon = 0$, darà:

$$(4) \qquad v' = \frac{\int\int (uv)_0 \, dx \, dy - \int_0^{t'} dt \, \Sigma \int_{c_m} \mathrm{V}_m \left(k_1 \frac{\partial u}{\partial x} \frac{dy}{ds_m} - k_2 \frac{\partial u}{\partial y} \frac{dx}{ds_m} \right) ds_m}{\lim\limits_{\varepsilon=0} \int_{\mathrm{O}} u_{t'-\varepsilon} \, d\omega}$$

essendo O l'area di una curva chiusa qualunque descritta intorno al punto (x', y') e $d\omega$ il suo elemento.

III.

La prima e la terza condizione poste per la funzione u sono soddisfatte prendendo una serie convergente in tutta la superficie della lastra e in tutto il tempo da zero a $t' - \varepsilon$, della forma:

$$(5) \qquad u = \frac{\Sigma \mathrm{A}_n e^{-\frac{(x-\xi_n)^2}{4k_1(t'-t)} - \frac{(y-\eta_n)^2}{4k_2(t'-t)} + ht}}{t'-t},$$

dove ξ_n, η_n sono coordinate di punti esterni alla lastra, tutti, fuori che uno solo, il quale deve essere il punto (x', y').

Infatti, ciascun termine della serie (5) soddisfa alla equazione (3), e quando t converge a t' tutti i termini convergono a zero, fuori che quello in cui $\xi = x'$ e $\eta = y'$, il quale converge a zero in tutti i punti a distanza finita dal punto (x', y') e converge all'infinito nei punti infinitamente vicini a (x', y').

Pertanto, quando saranno determinati i punti (ξ_n, η_n) esterni alla superficie della lastra, e i coefficienti A_n in modo che sia soddisfatta la seconda condizione posta per la u, la formula (5) darà la funzione cercata.

Prendendo il coefficiente A del termine, in cui $\xi = x'$, $\eta = y'$, uguale all'unità, avremo

$$\lim_{\varepsilon=0} \int_{\mathrm{O}} u_{t'-\varepsilon} \, d\omega = e^{ht'} \lim_{\varepsilon=0} \int_{-\infty}^{+\infty} \frac{e^{-\left(\frac{x-\xi}{2\sqrt{k_1\varepsilon}}\right)^2} dx}{\sqrt{\varepsilon}} \int_{-\infty}^{+\infty} \frac{e^{-\left(\frac{y-\eta}{2\sqrt{k_2\varepsilon}}\right)^2} dy}{\sqrt{\varepsilon}}$$

$$= 4\pi \, e^{ht'} \sqrt{k_1 k_2} \, ;$$

dove per l'area O abbiamo preso tutto il piano, e abbiamo trascurato tutti gli altri termini di u, perchè al limite sono tutti nulli. Sostituendo questo valore nella formula (4), abbiamo per il valore di v nel punto (x', y') nel tempo t':

$$(6) \qquad v' = \frac{e^{-ht'}}{4\pi\sqrt{k_1 k_2}} \int\int (uv)_0 \, dx \, dy$$
$$- \frac{e^{-ht'}}{4\pi} \int_0^{t'} dt \, \Sigma \int_{C_m} \mathrm{V}_m \left(\sqrt{\frac{k_1}{k_2}} \frac{\partial u}{\partial x} \frac{dy}{ds_m} - \sqrt{\frac{k_2}{k_1}} \frac{\partial u}{\partial y} \frac{dx}{ds_m} \right) ds_m .$$

IV.

Determiniamo ora A_n, ξ_n, η_n nella serie (5), in modo che sia $u = 0$ sopra il contorno, e che la serie stessa si conservi convergente in tutta la superficie della lastra e in tutto il tempo. La difficoltà di questo problema dipende unicamente dalla forma del contorno. Diamone la soluzione nel caso che la superficie della lastra sia un rettangolo, e che i suoi lati siano paralleli agli assi principali di conducibilità.

Siano $2a$, $2b$ le lunghezze dei due lati del rettangolo. Poniamo l'origine delle coordinate nel punto d'intersezione delle due diagonali, e prendiamo per asse delle x una retta parallela al lato di lunghezza $2a$, e per asse delle y una retta parallela al lato di lunghezza $2b$. Tiriamo per il punto (x', y') una retta parallela all'asse delle y, e prolunghiamola indefinitamente da ambedue le parti. Siano m il punto (x', y'): p il punto in cui questa retta incontra il lato del rettangolo che rimane dalla parte positiva dell'asse delle x; e q il punto dove incontra il lato del rettangolo che rimane dalla parte negativa dello stesso asse. Prendiamo ora nella parte di questa retta, che rimane fuori del rettangolo dalla parte positiva, i punti:

$$m_1, m_2, m_3, \ldots, m_n, \ldots$$

e fuori del rettangolo dalla parte negativa, i punti:

$$m'_1, m'_2, m'_3, \ldots, m'_n, \ldots$$

in modo che sia:

$$\begin{array}{lcl} pm_1 = pm & ; & qm'_1 = qm \\ pm_2 = pm'_1 & ; & qm'_2 = qm_1 \\ \cdot\ \cdot\ \cdot\ \cdot\ \cdot\ \cdot & ; & \cdot\ \cdot\ \cdot\ \cdot\ \cdot\ \cdot \\ \cdot\ \cdot\ \cdot\ \cdot\ \cdot\ \cdot & ; & \cdot\ \cdot\ \cdot\ \cdot\ \cdot\ \cdot \\ pm_n = pm'_{n-1} & ; & qm'_n = qm_{n-1} . \end{array}$$

Denotando con η_n la ordinata di m_n e con η'_n la ordinata di m'_n, avremo:

$$\eta_n + \eta'_{n-1} = 2b \quad , \quad \eta'_n + \eta_{n-1} = -2b ;$$

onde

$$(7) \quad \begin{cases} \eta_{2n} = 4nb + y' & ; \quad \eta'_{2n} = -4nb + y' , \\ \eta_{2n+1} = 2(2n+1)b - y' & ; \quad \eta'_{2n+1} = -2(2n+1)b - y' . \end{cases}$$

Tiriamo ora per il punto m una retta parallela all'asse delle x, e sopra di essa prendiamo analogamente i punti esterni al rettangolo dalle due parti che abbiano le ascisse ξ_n, ξ'_n date dalle equazioni seguenti:

$$(8) \quad \begin{cases} \xi_{2n} = 4na + x' & ; \quad \xi'_{2n} = -4na + x' , \\ \xi_{2n+1} = 2(2n+1)a - x' & ; \quad \xi'_{2n+1} = -2(2n+1)a - x' . \end{cases}$$

Tiriamo ora per ciascuno di questi punti una parallela all'asse delle y, e per ciascuno dei punti m_n, m'_n una parallela all'asse delle x. Questi due sistemi di rette parallele colle loro intersezioni determineranno un sistema di punti doppiamente infinito, i quali saranno tutti esterni alla superficie del rettangolo, e le loro coordinate corrisponderanno ai quattro tipi seguenti:

$$(\xi_n , \eta_m) \quad , \quad (\xi_n , \eta'_m) \quad , \quad (\xi'_n , \eta_m) \quad , \quad (\xi'_n , \eta'_m) .$$

Poniamo

$$\tau_1 = 4k_1(t' - t) \quad , \quad \tau_2 = 4k_2(t' - t) ,$$

e prendiamo le serie convergenti:

$$\Omega(x , x' , a) = e^{-\frac{(x-x')^2}{\tau_1}} + \sum_1^\infty (-1)^n \left(e^{-\frac{(x-\xi_n)^2}{\tau_1}} + e^{-\frac{(x-\xi'_n)^2}{\tau_1}} \right) ,$$

$$\Omega(y , y' , b) = e^{-\frac{(y-y')^2}{\tau_2}} + \sum_1^\infty (-1)^n \left(e^{-\frac{(y-\eta_n)^2}{\tau_2}} + e^{-\frac{(y-\eta'_n)^2}{\tau_2}} \right) .$$

Avremo, come è facile verificarsi:

$$\Omega(a , x' , a) = 0 \quad , \quad \Omega(-a , x' , a) = 0$$

$$\Omega(b , y' , b) = 0 \quad , \quad \Omega(-b , y' , b) = 0 .$$

Quindi la funzione

$$(9) \qquad u = \frac{e^{ht}}{t'-t}\,\Omega(x\,,x'\,,a)\,\Omega(y\,,y'\,,b)\,,$$

la quale è della forma (5), soddisferà anche alla seconda condizione posta per la u, cioè si annullerà, qualunque sia t, sopra tutto il contorno della lastra rettangolare.

V.

Determiniamo la funzione $\Omega(x\,,x'\,,a)$; e perciò sostituiamo in essa a ξ_n e ξ'_n i loro valori dati dalle formule (8). Avremo:

$$\Omega(x\,,x'\,,a) = e^{-\frac{(x-x')^2}{\tau_1}} \sum_{-\infty}^{+\infty} e^{-\frac{4^2n^2a^2}{\tau_1} + 2.4na\frac{x-x'}{\tau_1}}$$

$$- e^{-\frac{(x+x')^2}{\tau_1}} \sum_{-\infty}^{+\infty} e^{-4^2\frac{(2n+1)^2}{4}\frac{a^2}{\tau_1} + 4(2n+1)a\frac{x+x'}{\tau_1}}\,.$$

Le due serie sono funzioni *Jacobiane*. Infatti essendo:

$$\Theta_{0,0}(z\,,\omega) = \sum_{-\infty}^{+\infty} e^{\pi i\left(4n^2\frac{\omega}{4} + 2nz\right)}$$

$$\Theta_{1,0}(z\,,\omega) = \sum_{-\infty}^{+\infty} e^{\pi i\left((2n+1)^2\frac{\omega}{4} + (2n+1)z\right)}\,,$$

se poniamo

$$(10) \qquad \omega = \frac{4^2a^2i}{\pi\tau_1}\,,$$

avremo:

$$(11) \qquad \Omega(x\,,x'\,,a) = e^{-\frac{(x-x')^2}{\tau_1}}\,\Theta_{0,0}\left(\frac{4ai(x-x')}{\pi\tau_1}\,,\frac{4^2a^2i}{\pi\tau_1}\right) -$$

$$- e^{-\frac{(x+x')^2}{\tau_1}}\,\Theta_{1,0}\left(\frac{4ai(x+x')}{\pi\tau_1}\,,\frac{4^2a^2i}{\pi\tau_1}\right).$$

Ora prendiamo le formule seguenti, che sono casi particolari di una formula dimostrata dal sig. Hermite, nel vol. III della serie 2ª del Giornale di Liouville:

$$e^{\pi i \omega z^2} \Theta_{0,0}(\omega z \,, \omega) = \frac{1}{\sqrt{-i\omega}} \Theta_{0,0}\left(z \,, -\frac{1}{\omega}\right),$$

$$e^{\pi i \omega z'^2} \Theta_{1,0}(\omega z' , \omega) = \frac{1}{\sqrt{-i\omega}} \Theta_{0,1}\left(z' \,, -\frac{1}{\omega}\right),$$

dove:

$$\Theta_{0,1}(z \,, \omega) = \sum_{-\infty}^{+\infty} (-1)^n e^{\pi i \left(4n^2 \frac{\omega}{4} + 2nz\right)} .$$

e poniamo:

$$z = \frac{x - x'}{4a} \quad , \quad z' = \frac{x + x'}{4a} .$$

Avremo:

$$e^{-\frac{(x-x')^2}{\tau_1}} \Theta_{0,0}\left(\frac{4ai(x-x')}{\pi\tau_1} \,, \frac{4^2a^2i}{\pi\tau_1}\right) = \frac{\sqrt{\pi\tau_1}}{4a} \Theta_{0,0}\left(\frac{x-x'}{4a} \,, \frac{\pi\tau_1 i}{4^2a^2}\right),$$

$$e^{-\frac{(x+x')^2}{\tau_1}} \Theta_{1,0}\left(\frac{4ai(x+x')}{\pi\tau_1} \,, \frac{4^2a^2i}{\pi\tau_1}\right) = \frac{\sqrt{\pi\tau_1}}{4a} \Theta_{0,1}\left(\frac{x+x'}{4a} \,, \frac{\pi\tau_1 i}{4^2a^2}\right).$$

Sostituendo nella formula (11) si ottiene:

$$\Omega(x \,, x' \,, a) = \frac{\sqrt{\pi\tau_1}}{4a}\left[\Theta_{0,0}\left(\frac{x-x'}{4a} \,, \frac{\pi\tau_1 i}{4^2a^2}\right) - \Theta_{0,1}\left(\frac{x+x'}{4a} \,, \frac{\pi\tau_1 i}{4^2a^2}\right)\right],$$

ed analogamente:

$$\Omega(y \,, y' \,, b) = \frac{\sqrt{\pi\tau_2}}{4b}\left[\Theta_{0,0}\left(\frac{y-y'}{4b} \,, \frac{\pi\tau_2 i}{4^2b^2}\right) - \Theta_{0,1}\left(\frac{y+y'}{4b} \,, \frac{\pi\tau_2 i}{4^2b^2}\right)\right].$$

Ponendo questi valori nella formula (9), dopo aver sostituito a τ_1 e a τ_2 i loro valori $4k_1(t'-t)$ e $4k_2(t'-t)$, abbiamo:

$$(12) \quad u = \frac{\pi\sqrt{k_1 k_2}\, e^{ht}}{4ab}\left[\Theta_{0,0}\left(\frac{x-x'}{4a} \,, \frac{\pi k_1 i(t'-t)}{4a^2}\right) - \Theta_{0,1}\left(\frac{x+x'}{4a} \,, \frac{\pi k_1 i(t'-t)}{4a^2}\right)\right] \times$$

$$\times \left[\Theta_{0,0}\left(\frac{y-y'}{4b} \,, \frac{\pi k_2 i(t'-t)}{4b^2}\right) - \Theta_{0,1}\left(\frac{y+y'}{4b} \,, \frac{\pi k_2 i(t'-t)}{4b^2}\right)\right].$$

Dedotti da questa i valori di u per $t=0$, e di $\frac{\partial u}{\partial y}$ per $y=\pm b$, e di $\frac{\partial u}{\partial x}$ per $x=\pm a$, dovremo sostituirli nella formula (6), che in questo caso diviene:

$$v' = \frac{e^{-ht'}}{4\pi\sqrt{k_1 k_2}} \int_{-a}^{+a}\int_{-b}^{+b} u_0 v_0 \, dx\, dy +$$

$$+ \frac{e^{-ht'}}{4\pi} \int_0^{t'} dt \left\{ \sqrt{\frac{k_2}{k_1}} \int_{-a}^{+a} \left[V_1 \left(\frac{\partial u}{\partial y}\right)_{y=b} + V_3 \left(\frac{\partial u}{\partial y}\right)_{y=-b} \right] dx \right.$$

$$\left. - \sqrt{\frac{k_1}{k_2}} \int_{-b}^{+b} \left[V_2 \left(\frac{\partial u}{\partial x}\right)_{x=a} + V_4 \left(\frac{\partial u}{\partial x}\right)_{x=-a} \right] dy \right\}.$$

XXXVIII.

SOPRA LA DETERMINAZIONE DELLE TEMPERATURE VARIABILI DI UN CILINDRO

(Dagli *Annali delle Università toscane*, t. X, pp. 143-158, Pisa, 1868)

I.

In una Memoria *Sopra la determinazione delle temperature nei corpi solidi ed omogenei* (¹), io ho dato una formula generale per esprimere le temperature variabili di un corpo solido, qualunque siano le temperature iniziali, e le condizioni alla superficie. Denotando con v_0 la funzione arbitraria che dà le temperature iniziali in tutto lo spazio S occupato dal corpo, con V la funzione dei punti di una parte σ' della superficie del corpo, che n'esprime la temperatura data comunque, con ζ una funzione dei punti della parte rimanente σ'' della superficie σ del corpo quando ne sia tolta la parte σ', che dipende dalla temperatura dello spazio che circonda σ'', e dalla posizione e intensità delle sorgenti di calore dalle quali riceve calore per irraggiamento; ho espresso la temperatura v' in un punto qualunque α' del corpo dopo il tempo t' per la formula:

$$(1)\qquad v'=\frac{1}{\mathrm{U}}\left\{\int_{\mathrm{S}} u_0\, v_0\, ds + k\int_0^{t'} dt\int_{\sigma'} \mathrm{V}\,\frac{du}{dp}\,d\sigma' + kh\int_0^{t'} dt\int_{\sigma''} u\zeta\, d\sigma''\right\}$$

dove ds denota l'elemento dello spazio S, p la normale alla superficie σ contata andando verso l'interno di S; u è una funzione che soddisfa alle seguenti condizioni:

1°. È finita e continua insieme colle sue derivate prime rispetto alle coordinate in tutto lo spazio S, e vi soddisfa alla equazione:

$$(2)\qquad \frac{\partial u}{\partial t}+k\left(\frac{\partial^2 u}{\partial x^2}+\frac{\partial^2 u}{\partial y^2}+\frac{\partial^2 u}{\partial z^2}\right)=0$$

in tutto il tempo, da 0 a t'.

(¹) Memorie della Società Italiana delle scienze, ser. III, t. I, P. II.

2°. Sopra σ' è uguale a zero e sopra σ'' soddisfa alla equazione:

$$\frac{du}{dp} = hu \; ; \tag{3}$$

3°. Coll'avvicinarsi di t a t' converge a zero per tutto fuori che nel punto α' dove cresce oltre ogni limite.

La U è definita dalla seguente formula:

$$U = \lim_{\varepsilon=0} \int_T u_{t'-\varepsilon} \, ds, \tag{4}$$

essendo T uno spazio qualunque che comprende α'.

In questa Memoria io determino la funzione u che deve porsi nella equazione (1), quando il corpo abbia la forma di un cilindro circolare retto e le temperature iniziali siano simmetriche rispetto all'asse del cilindro.

II.

Converrà premettere due teoremi di Analisi, il primo dei quali era già stato dimostrato, in modo però meno semplice, dai chiarissimi signori Liouville (1) e Bonnet (2), e il secondo, per quanto io so, non è stato ancora dimostrato da altri.

Da un teorema dovuto a Fourier abbiamo che il valore di una funzione di una variabile reale x', che si conserva finita da $-\infty$ a $+\infty$ e che all'infinito converge a zero, e diviene discontinua essa o la sua derivata, soltanto in punti tra loro a distanze finite, è espresso dalla formula:

$$v = \frac{1}{\pi} \int_0^\infty dz \int_{-\infty}^\infty v_x \cos z(x - x') \, dx \, ,$$

e sostituendo alla funzione circolare gli esponenziali:

$$v' = \frac{1}{2\pi} \int_{-\infty}^\infty dz e^{-zx'i} \int_{-\infty}^\infty v_x e^{zxi} dx \, . \tag{5}$$

Ora sia dato v_x per tutti i valori di x compresi tra a e b, essendo $b > a > 0$. Avremo:

$$\int_a^b v_x e^{zxi} \, dx = \psi(z) \, .$$

---

(1) Journal de Liouville, ser. I, t. I.

(2) Mémoires couronnés et mémoires des savants étrangères de l'Académie Royale de Belgique, t. XXIII.

Rimanendo affatto arbitrarî i valori di v_x tra $-\infty$ ed a, e tra b e $+\infty$, potremo prenderli in modo che sia:

$$\int_{-\infty}^{\infty} v_x e^{zxi} dx = \varphi(z),$$

essendo $\varphi(z)$ una funzione data di z. Infatti potremo sempre determinare una funzione W_x che sia uguale a zero tra a e b, e che renda:

$$\int_{-\infty}^{a} W_x e^{zxi} dx + \int_{b}^{\infty} W_x e^{zxi} dx = \int_{-\infty}^{\infty} W_x e^{zxi} dx = \varphi(z) - \psi(z).$$

Poichè moltiplicando per $\frac{e^{-zx'i} dz}{2\pi}$ e integrando tra $-\infty$ e $+\infty$, abbiamo:

$$\frac{1}{2\pi}\int_{-\infty}^{\infty} e^{-zx'i} dz \int_{-\infty}^{\infty} W_x e^{zxi} dx = W'_x = \frac{1}{2\pi}\int_{-\infty}^{\infty} e^{-zx'i}(\varphi(z) - \psi(z))\, dz \text{ (*)}.$$

Prendendo dunque per v_x tra a e b i valori dati, e tra $-\infty$ ed a e tra b ed ∞ i valori dati per W_x dalla formula precedente, avremo:

$$\int_{-\infty}^{\infty} v_x e^{zxi} dx = \varphi(z), \tag{6}$$

e $\varphi(z)$ sarà una funzione arbitrariamente data, ma che non diviene mai infinita per i valori reali di z.

(*) È inutile dirlo, la dimostrazione del Betti non è corretta. Basta riflettere al fatto che l'equazione

$$\int_{-\infty}^{+\infty} v_x e^{zxi} dx = \varphi(z),$$

dove $\varphi(z)$ è una funzione nota in tutto l'intervallo da $-\infty$ a $+\infty$, determina in modo completo ed univoco i valori di v_x in tutto lo stesso intervallo da $-\infty$ a $+\infty$, quindi non possono fissarsi i valori di v_x in nessun intervallo parziale. È chiaro che un risultato come quello asserito dal Betti avrebbe richiesto una verifica completa; ed è questa verifica che fallisce appena si tenta. Del resto, per i bisogni del problema trattato in questa Memoria, i risultati cercati dal Betti in questo paragrafo sono stati ottenuti, notoriamente, più tardi, dal Dini nel modo più generale e più completo (*Serie di Fourier*, pag. 174 e seg.). Malgrado queste osservazioni io ho creduto di far riprodurre com'è la Memoria del Betti, sia perchè non è agevole, restando nel suo ordine di idee, di introdurre il rigore nella dimostrazione sua, sia perchè mi sembrava di mancare di rispetto alla sua memoria introducendovi delle modificazioni troppo arbitrarie.

O. T.

Sostituendo il valore (6) nella equazione (5) abbiamo:

$$v'_x = \frac{1}{2\pi}\int_{-\infty}^{\infty} \varphi(z)\, e^{-zix'} dz\,.$$

Supponiamo ora che la funzione $\varphi(z)$ sia monodroma ed abbia dalla parte delle quantità imaginarie negative i soli infiniti di 1° ordine:

$$g_1 - hi\,,\; g_2 - hi\,,\; g_3 - hi\,, \ldots\,;$$

cioè tutti questi infiniti si trovino sopra una parallela all'asse delle quantità reali ad una distanza h.

Descriviamo una mezza circonferenza col centro nell'origine e col raggio ϱ, dalla parte negativa delle quantità imaginarie, avremo:

$$\frac{1}{2\pi}\int_{-\rho}^{\rho} e^{-izx'}\varphi(z)\, dz + \frac{i\varrho}{2\pi}\int_{0}^{-\pi} e^{-ix'\rho e^{i\theta}} e^{i\theta}\varphi(\varrho e^{i\theta})\, d\theta$$
$$= \sum \lim_{z=g_s-hi} (z - g_s + hi)\,\varphi(z)\, e^{-izx'}\,,$$

estendendo la somma a tutti gl'infiniti di φ contenuti nel semicerchio.

Ora facciamo crescere indefinitamente il raggio ϱ. Poichè:

$$\lim_{\rho=\infty} \varrho e^{-ix'\rho\cos\theta + x'\rho\,\mathrm{sen}\,\theta} = 0$$

per θ compreso tra $-\pi$ e 0, e $x' > 0$, il secondo termine del primo membro della equazione precedente converge a zero, e abbiamo:

$$\frac{1}{2\pi}\int_{-\infty}^{\infty} e^{-izx'}\varphi(z)\, dz = v'_x = \sum \lim_{z=g_s-hi} (z - g_s + hi)\,\varphi(z)\, e^{-izx'}\,,$$

e se $\varphi(z)$ converge a 0 per valori reali infiniti di z, il resto delle serie, cioè:

$$\frac{1}{2\pi}\left\{\int_{-\infty}^{-\rho} \varphi(z)\, e^{-izx'} dz + \int_{\rho}^{\infty} \varphi(z)\, e^{-izx'} dz\right\}$$

convergerà a zero col crescere di ϱ, e quindi il secondo membro sarà una serie evidentemente convergente.

Ponendo:

$$\lim_{z=g_s-hi} (z - g_s + hi)\,\varphi(z) = A_s\,,$$

abbiamo:

$$v'_x = \sum A_s\, e^{-ig_s x' + hx'}\,,$$

e questo qualunque sia la parte imaginaria h degl' infiniti. Quindi anche se converge a zero, e gl' infiniti sono tutti reali. Allora

$$v' = \sum A_s \, e^{-ig_s \alpha'} \ (^*),$$

e abbiamo il seguente:

Lemma I. *Se la equazione trascendente:*

$$\frac{1}{\varphi(z)} = 0$$

ha un numero infinito di radici reali:

$$g_1 \, , g_2 \, , g_3 \, , \ldots$$

e nessuna complessa colla parte imaginaria negativa, una funzione arbitrariamente data tra i limiti reali e positivi a e b, potrà, nei casi nei quali è applicabile il teorema di Fourier, esprimersi per mezzo di una serie convergente di coseni e seni della variabile moltiplicata per tutte le radici di questa equazione trascendente, se però il primo membro della equazione per z reale e infinito cresce oltre ogni limite.

III.

Se $g_1 \, , g_2 \, , g_3 \, , \ldots$ sono le radici tutte reali di una equazione trascendente che non ha radici complesse colla parte imaginaria negativa, e all' infinito reale ha un infinito, per ciò che abbiamo dimostrato nel Lemma I, potremo esprimere una funzione che sia uguale a zero per tutti i valori compresi tra 0 ed $r' - \zeta$, e sia uguale ad $\dfrac{1}{(\varrho - r)^{\frac{3}{2}}}$ tra $r = r' - \zeta$ ed $r = r'$, e che non muti valore mutando segno ad r, per una serie:

$$\sum_1^\infty a_s \cos g_s r \, .$$

(*) Dalla sua presunta dimostrazione, il Betti ottiene, per rappresentare la funzione *arbitrariamente data* nell' intervallo compreso fra a e b, una serie troppo speciale dovendo, nel caso generale, ogni termine della serie essere una combinazione lineare di $e^{-ig_s x'}$ e di $e^{ig_s x'}$.

O. T.

Quindi moltiplicando per $\frac{dr}{\sqrt{r'^2 - r^2}}$ ed integrando tra 0 ed r', avremo:

$$\int_0^{r'} \sum_1^{\infty} a_s \cos g_s r \frac{dr}{\sqrt{r'^2 - r^2}} = \sum_1^{\infty} a_s \int_0^{r'} \frac{\cos g_s r}{\sqrt{r'^2 - r^2}} dr = \int_{r'-\zeta}^{r'} \frac{dr}{\sqrt{(r'^2 - r^2)(\varrho - r)^3}}.$$

Ma ponendo:

$$r = r' - x,$$

abbiamo:

$$\int_{r'-\zeta}^{r'} \frac{dr}{\sqrt{(r'^2 - r^2)(\varrho - r)^3}} = \int_0^{\zeta} \frac{dx}{\sqrt{x(2r' - x)(\varrho - r' + x)^3}}.$$

Se $r' - \varrho$ non è $< \zeta$, questo integrale converge verso zero, col diminuire di ζ; e se $r' - \varrho < \zeta$ cresce oltre ogni limite col diminuire di ζ. Dunque la serie convergente:

$$\sum_1^{\infty} a_s \int_0^{r'} \frac{\cos g_s r}{\sqrt{r'^2 - r^2}} dr$$

sarà una funzione di ϱ e di ζ che convergerà a zero col diminuire di ζ, se ϱ è differente da r', e crescerà oltre ogni limite se $r' = \varrho$.

Ponendo:

$$r = r' \cos \omega,$$

abbiamo:

$$\int_0^{r'} \frac{\cos g_s r}{\sqrt{r'^2 - r^2}} dr = \int_0^{\frac{\pi}{2}} \cos(g_s r' \cos \omega)\, d\omega = \frac{\pi}{2} \mathrm{I}(g_s r')$$

essendo $\mathrm{I}(r)$ una funzione di Bessel. Quindi abbiamo il seguente.

Lemma II. *Se le quantità in numero infinito:*

$$g_1, g_2, g_3, \ldots$$

sono gli infinitesimi reali e di 1º ordine di una funzione trascendente monodroma, la quale non ha infinitesimi complessi colla parte imaginaria negativa, ed ha un infinito all'infinito reale, si potrà sempre determinare una serie convergente di funzioni di Bessel:

$$\sum_1^{\infty} a_s \mathrm{I}(g_s r'),$$

la quale abbia zero per somma per tutti i valori reali di r' differenti da una quantità ϱ, e per $r' = \varrho$ abbia per somma l'infinito.

IV.

Sia il corpo solido omogeneo del quale si vogliono determinare le temperature variabili, un cilindro circolare retto, la base del quale sia un cerchio di raggio R, e l'altezza sia uguale a Z.

Prendiamo l'origine delle coordinate rettilinee ortogonali nel centro della base inferiore, e per asse delle z l'asse del cilindro.

Poniamo:

$$r^2 = x^2 + y^2 .$$

L'equazione della base inferiore, della base superiore e della superficie convessa del cilindro saranno rispettivamente:

$$z = 0 \quad , \quad z = \mathrm{Z} \quad , \quad r = \mathrm{R} .$$

Determiniamo ora la funzione u che soddisfa alle tre condizioni notate nel §. I.

La equazione (2) quando si voglia u soltanto funzione di z e di r, diviene:

$$\frac{\partial u}{\partial t} + k\left(\frac{\partial^2 u}{\partial r^2} + \frac{1}{r}\frac{\partial u}{\partial r} + \frac{\partial^2 u}{\partial z^2}\right) = 0 ,$$

ed è soddisfatta se prendiamo:

$$u = w_{mn} = \varphi_m(z)\,\psi_n(r)\, e^{-k\mu_m^2(t'-t)-k\nu_n^2(t'-t)} ,$$

$$\frac{d^2\varphi_m}{dz^2} + \mu_m^2\varphi_m = 0 ,$$

$$\frac{d^2\psi_n}{dr^2} + \frac{1}{r}\frac{d\psi_n}{dr} + \nu_n^2\psi_n = 0 ,$$

ossia, se φ_m e ψ_n debbono essere funzioni finite e continue per tutti i valori finiti delle rispettive variabili:

$$\varphi_m = a_m \cos \mu_m z + b_m \operatorname{sen} \mu_m z ,$$

$$\psi_n = c_n \mathrm{I}(\nu_n r) .$$

Quindi la funzione u soddisfarà alla prima condizione del §. I prendendo:

$$u = \sum(a_m \cos \mu_m z + b_m \operatorname{sen} \mu_m z)\, e^{-k\mu_m^2(t'-t)} \sum c_n \mathrm{I}(\nu_n r)\, e^{-k\nu_n^2(t'-t)}$$

quando le serie siano ambedue convergenti in tutto lo spazio occupato dal cilindro.

Quanto alla seconda condizione ci limiteremo al caso in cui σ' è uguale a zero, e σ'' è tutta la superficie del cilindro, cioè ci limiteremo al caso in cui la equazione (3) debba essere soddisfatta sopra le due facce e sopra la superficie convessa, gli altri casi risolvendosi in modo analogo.

La equazione (3) dà:

$$(7) \qquad \left(\frac{\partial u}{\partial z} - hu\right)_{z=0} = 0\,,$$

$$(8) \qquad \left(\frac{\partial u}{\partial z} + hu\right)_{z=Z} = 0\,,$$

$$(9) \qquad \left(\frac{\partial u}{\partial r} + hu\right)_{r=R} = 0\,.$$

Le prime due saranno soddisfatte quando si abbia:

$$\mu_m b_m - h a_m = 0\,,$$
$$\mu_m (b_m \cos \mu_m Z - a_m \operatorname{sen} \mu_m Z)$$
$$+ h(a_m \cos \mu_m Z + b_m \operatorname{sen} \mu_m Z) = 0\,;$$

ossia:

$$a_m = \frac{b_m \mu_m}{h}\,,$$

$$(10) \qquad 2\mu_m \cos \mu_m Z + \frac{h^2 - \mu_m^2}{h} \operatorname{sen} \mu_m Z = 0\,.$$

La equazione (9) sarà soddisfatta se le quantità ν_n saranno radici della equazione:

$$(11) \qquad \left(\frac{d}{dr} \mathrm{I}(\nu_n r) + h\mathrm{I}(\nu_n r)\right)_{r=R} = 0\,.$$

Prendendo dunque per le μ_m e le ν_n le radici delle due equazioni (10) e (11) la funzione:

$$(12) \quad u = \sum a_m (\mu_m \cos \mu_m z + h \operatorname{sen} \mu_m z)\, e^{-k\mu_m^2(t'-t)} \sum c_n \mathrm{I}(\nu_n r)\, e^{-k\nu_n^2(t'-t)}$$

soddisfarà anche alla 2ª condizione.

V.

Affinchè la funzione u data dalla formula (12) soddisfaccia alla terza condizione del §. I bisognerà determinare:

$$w = \sum a_m (\mu_m \cos \mu_m z + h \operatorname{sen} \mu_m z)$$

in modo che sia uguale a zero tra $z=0$ e $z=z'-\varsigma$, e tra $z=z'+\varsigma$ e $z=Z$, ed uguale ad $\frac{1}{\varsigma}$ tra $z=z'-\varsigma$ e $z=z'+\varsigma$. Questo sarà possibile per il Lemma I, perchè la equazione che si ottiene dividendo l'unità per il primo membro della (10) ed eguagliando a zero, ha tutti gli infiniti reali ed ha un infinito all'infinito reale. La determinazione dei coefficienti a_m può farsi con i metodi noti. Infatti moltiplicando per $(\mu_n \cos \mu_n z + h \operatorname{sen} \mu_n z)dz$, ed integrando tra 0 e Z, ed osservando che si ha:

$$\int_0^Z (\mu_m \cos \mu_m z + h \operatorname{sen} \mu_m z)(\mu_n \cos \mu_n z + h \operatorname{sen} \mu_n z)\, dz = 0$$

finchè m è differente da n, e che quando m è uguale ad n:

$$\int_0^Z (\mu_m \cos \mu_m z + h \operatorname{sen} \mu_m z)^2\, dz = \frac{Z\mu_m^2 + h(hZ+2)}{2} \quad (*)$$

si ottiene:

$$a_m = \frac{2\int_0^Z w(\mu_m \cos \mu_m z + h \operatorname{sen} \mu_m z)\, dz}{Z\mu_m^2 + h(hZ+2)};$$

ma:

$$\int_0^Z w(\mu_m \cos \mu_m z + h \operatorname{sen} \mu_m z)\, dz =$$

$$= \frac{1}{\varsigma}\int_{z'-\varsigma}^{z'+\varsigma} (\mu_m \cos \mu_m z + h \operatorname{sen} \mu_m z)\, dz =$$

$$= \frac{2}{\varsigma}\left(\cos \mu_m z' \operatorname{sen} \mu_m \varsigma + \frac{h}{\mu_m} \operatorname{sen} \mu_m z' \operatorname{sen} \mu_m \varsigma\right).$$

Quindi:

$$a_m = \frac{4 \operatorname{sen} \mu_m \varsigma (\mu_m \cos \mu_m z' + h \operatorname{sen} \mu_m z')}{\mu_m \varsigma (Z\mu_m^2 + h(hZ+2))},$$

e passando al limite per ς uguale a zero:

$$a_m = \frac{4(\mu_m \cos \mu_m z' + h \operatorname{sen} \mu_m z')}{Z\mu_m^2 + h(hZ+2)}.$$

(*) Nella Memoria originale, al secondo membro di questa formula, è scritto

$$\frac{\mu_m^2 + h(h+2)}{2}.$$

O. T.

Onde la funzione:

$$4\sum_{1}^{\infty}\frac{(\mu_m\cos\mu_m z'+h\,\mathrm{sen}\,\mu_m z')\,(\mu_m\cos\mu_m z+h\,\mathrm{sen}\,\mu_m z)\,e^{-k\mu_m^2(t'-t)}}{Z\mu_m^2+h(hZ+2)}$$

per $t=t'$ è nulla in tutto il cilindro fuori che nel piano $z=z'$, dove diviene infinita come $\frac{1}{\varsigma}$.

Quanto alla serie:

$$w'=\sum_{1}^{\infty}c_n\,\mathrm{I}(\nu_n r)$$

dovrà determinarsi in modo che sia:

$$w'=0$$

tra $r=0$ ed $r=r'-\varsigma$ e tra $r=r'+\varsigma$ e $r=\mathrm{R}$, e sia uguale ad $\frac{1}{\varsigma}$ tra $r=r'-\varsigma$ ed $r=r'+\varsigma$. Questo è possibile a cagione del Lemma II, perchè la funzione formata dividendo l'unità per il primo membro della equazione (11) ha tutti gl'infiniti reali e un infinito all'infinito reale.

Osservando che si ha:

$$\int_0^{\mathrm{R}} r\,\mathrm{I}(\nu_m r)\,\mathrm{I}(\nu_n r)\,dr=0$$

finchè m è differente da n, e:

$$\int_0^{\mathrm{R}}\mathrm{I}^2(\nu_n r)\,r\,dr=\frac{\mathrm{R}^2\,\mathrm{I}^2(\nu_n\mathrm{R})}{2}\left(1+\frac{h^2}{\nu_n^2}\right),$$

si ottiene:

$$c_n=\frac{2\int_0^{\mathrm{R}}w'\,\mathrm{I}(\nu_n r)\,r\,dr}{\mathrm{R}^2\left(1+\frac{h^2}{\nu_n^2}\right)\mathrm{I}^2(\nu_n\mathrm{R})};$$

ma:

$$\int_0^{\mathrm{R}}w'\,\mathrm{I}(\nu_n r)\,r\,dr=\frac{1}{\varsigma}\int_{r'-\varsigma}^{r'+\varsigma}\mathrm{I}(\nu_n r)\,r\,dr=2r'\,\mathrm{I}(\nu_n r')+\varsigma\delta;$$

dove δ non diviene infinito per $\varsigma = 0$; quindi passando al limite por $\varsigma = 0$;

$$c_n = \frac{4r' \, I(\nu_n r')}{R^2 \left(1 + \frac{h^2}{\nu_n^2}\right) I^2(\nu_n R)},$$

e la funzione:

$$w' = \frac{4r'}{R^2} \sum_1^\infty \frac{I(\nu_n r') \, I(\nu_n r)}{I^2(\nu_n R) \left(1 + \frac{h^2}{\nu_n^2}\right)}$$

sarà uguale a zero per tutti i valori di r compresi tra 0 ed R fuori che per $r = r'$, e per questo valore diverrà infinita come $\frac{1}{\varsigma}$.

Pertanto la funzione:

$$(13) \quad u = \frac{16r'}{R^2} \sum_1^\infty \frac{e^{-k\mu_m^2(t'-t)} (\mu_m \cos \mu_m z' + h \operatorname{sen} \mu_m z') (\mu_m \cos \mu_m z + h \operatorname{sen} \mu_m z)}{Z\mu_m^2 + h(hZ + 2)} \times$$

$$\times \sum_1^\infty e^{-k\nu_n^2(t'-t)} \frac{I(\nu_n r') \, I(\nu_n r)}{I^2(\nu_n R) \left(1 + \frac{h^2}{\nu_n^2}\right)}$$

soddisfa a tutte tre le condizioni del §. I.

VI.

Se v_0 è funzione soltanto di z e di r, cioè se le temperature iniziali sono simmetriche intorno all'asse del cilindro, e se $\zeta = 0$, avremo dalla formula (1), per determinare la temperatura v' in un punto α' del cilindro dopo il tempo t':

$$(14) \qquad v' = \frac{2\pi}{U} \int_0^Z dz \int_0^R u_0 \, v_0 \, r \, dr ,$$

essendo:

$$(15) \qquad U = 2\pi \lim_{\varepsilon = 0} \int_0^Z dz \int_0^R u_{t'-\varepsilon} \, r \, dr .$$

Sostituendo il valore (13) nella equazione (15) e passando al limite, abbiamo:

$$(16) \qquad U = 2\pi \lim_{\varsigma = 0} \int_{z'-\varsigma}^{z'+\varsigma} \frac{dz}{\varsigma} \int_{r'-\varsigma}^{r'+\varsigma} \frac{r \, dr}{\varsigma} = 8\pi r' ;$$

quindi sostituendo i valori (13) e (16) nella equazione (14), abbiamo:

$$v' = \frac{4}{R^2} \sum_{1}^{\infty}{}_m \sum_{1}^{\infty}{}_n \frac{(\mu_m \cos \mu_m z' + h \operatorname{sen} \mu_m z')}{Z \mu_m^2 + h(hZ + 2)} \frac{I(\nu_n r')\, e^{-k(\mu_m^2 + \nu_n^2)t'}}{I(\nu_n R)\left(1 + \frac{h^2}{\nu_n^2}\right)} \times$$

$$\times \int_0^Z (\mu_m \cos \mu_m z + h \operatorname{sen} \mu_m z)\, dz \int_0^R \frac{v_0\, r\, I(\nu_n r)}{I(\nu_n R)}\, dr,$$

e questa formula darà, espresse per una serie doppia convergente, le temperature variabili di un cilindro immerso in uno spazio a temperatura costante, quando le temperature iniziali siano simmetriche intorno all'asse.

XXXIX.

SOPRA LA DISTRIBUZIONE DELLE CORRENTI ELETTRICHE IN UNA LASTRA RETTANGOLARE

(Dal *Nuovo Cimento*, serie II, t. III, pp. 91-98, Pisa, 1870).

Sia data una lastra rettangolare di materia perfettamente conduttrice della elettricità, e i punti di mezzo di due lati opposti del rettangolo siano posti in comunicazione con i poli di una pila, e proponiamoci di determinare la distribuzione delle correnti elettriche sopra la lastra.

Prendiamo l'origine delle coordinate in un vertice del rettangolo, e per assi i lati che passano per questo vertice. Il lato che è sull'asse delle x sia uguale ad a, quello che è sull'asse delle y sia uguale a b, e i poli della pila siano in comunicazione con i punti di coordinate $\left(0, \frac{b}{2}\right)$ e $\left(a, \frac{b}{2}\right)$.

È noto che la funzione potenziale u deve soddisfare alle seguenti condizioni che la determinano ([1]):

1°. Dev'essere finita, continua e a un sol valore insieme colle sue derivate prime in tutto il rettangolo fuori che nei punti $\left(0, \frac{b}{2}\right)$, $\left(a, \frac{b}{2}\right)$, nei quali deve divenire infinita in uno come $-\mathrm{A}\log r_1$, nell'altro come $+\mathrm{A}\log r_2$, essendo:

$$r_1^2 = x^2 + \left(y - \frac{b}{2}\right)^2$$

$$r_2^2 = (x-a)^2 + \left(y - \frac{b}{2}\right)^2.$$

2°. Deve soddisfare alla equazione:

$$\frac{\partial^2 u}{\partial x^2} + \frac{\partial^2 u}{\partial y^2} = 0$$

in tutto il rettangolo.

([1]) Vedi negli Annali delle Università Toscane la Memoria sulla *Teoria matematica dell'induzione* del prof. Felici, tomo III, pag. 113.

3°. Deve aversi:

$$\frac{\partial u}{\partial x} = 0$$

per $x = 0$, e per $x = a$;

$$\frac{\partial u}{\partial y} = 0$$

per $y = 0$, e per $y = b$.

Se prendiamo ora una funzione v determinata dalle relazioni:

$$\frac{\partial u}{\partial x} = \frac{\partial v}{\partial y} \quad , \quad \frac{\partial u}{\partial y} = -\frac{\partial v}{\partial x}$$

avremo che $u + iv$ sarà funzione di $z = x + iy$. In vicinanza del punto $\left(0, \frac{b}{2}\right)$ dovendo essere:

$$u = -\frac{A}{2} \log\left[x^2 + \left(y - \frac{b}{2}\right)^2\right] + \eta$$

dove η è una quantità che non diviene infinita nel punto $\left(0, \frac{b}{2}\right)$, sarà:

$$u + iv = -\frac{A}{2} \log\left[x^2 + \left(y - \frac{b}{2}\right)^2\right] + i \int \left(\frac{\partial v}{\partial x} dx + \frac{\partial v}{\partial y} dy\right) + \eta$$

$$= -\frac{A}{2} \log\left[x^2 + \left(y - \frac{b}{2}\right)^2\right] + i \int \left(\frac{\partial u}{\partial x} dy - \frac{\partial u}{\partial y} dx\right) + \eta$$

$$= -\frac{A}{2} \log\left[x^2 + \left(y - \frac{b}{2}\right)^2\right] - A \int \frac{\left[ix\, dy - i\left(y - \frac{b}{2}\right) dx\right]}{x^2 + \left(y - \frac{b}{2}\right)^2} + \eta'$$

$$= -\frac{A}{2} \log\left[x^2 + \left(y - \frac{b}{2}\right)^2\right] - A \int \frac{dx + i\,dy}{x + iy - \frac{bi}{2}} + A \int \frac{x dx + \left(y - \frac{b}{2}\right) dy}{x^2 + \left(y - \frac{b}{2}\right)^2} + \eta'$$

$$= -A \log\left(x + iy - \frac{bi}{2}\right) + \eta' = -A \log\left(z - \frac{bi}{2}\right) + \eta'.$$

Analogamente si dimostra che nel punto $\left(a, \frac{b}{2}\right)$ dovremo avere:

$$u + iv = A \log\left(z - a - \frac{bi}{2}\right) + \eta''.$$

Avremo poi:

$$\frac{\partial u}{\partial x} = 0$$

per $x = 0$ e $x = a$ se sopra questi lati:

$$\frac{\partial v}{\partial y} = 0,$$

e sarà:

$$\frac{\partial u}{\partial y} = 0$$

per $y = 0$, e per $y = b$ se sopra questi lati sia:

$$\frac{\partial v}{\partial x} = 0;$$

ossia sarà soddisfatta la terza condizione se sopra tutto il contorno $v =$ cost.

Quindi il problema da risolversi è ridotto al seguente:

Determinare una funzione $u + iv$ di una variabite complessa $z = x + iy$ che soddisfaccia alle seguenti condizioni:

1°. Sia finita, continua e a un sol valore in tutto il rettangolo, fuori che nei punti $\frac{bi}{2}$, e $a + \frac{bi}{2}$, nei quali divenga rispettivamente infinita come: $-A \log\left(z - \frac{bi}{2}\right)$ e come $A \log\left(z - a - \frac{bi}{2}\right)$.

2°. Sopra tutto il contorno abbia la parte immaginaria uguale a una data costante che potremo prendere uguale a zero.

Queste condizioni determinano la funzione a meno di una costante reale che non influisce nella determinazione delle correnti che sono determinate solo dalle derivate della funzione potenziale.

Ora se K e K′ sono i due integrali ellittici completi di prima specie, e k il modulo, la funzione:

$$u + iv = \frac{A}{2} \log dn^2(z, k)$$

quando si prenda:

$$K = a \quad , \quad K' = \frac{b}{2} ,$$

soddisfarà alle due condizioni precedenti, e quindi la sua parte reale sarà la funzione potenziale cercata.

Avremo infatti quando $y = 0$:

$$u = \frac{A}{2} \log dn^2 x \quad , \quad v = 0 ;$$

quando $y = 2K'$

$$u = \frac{A}{2} \log dn^2 x \quad , \quad v = 0$$

quando $x = 0$

$$u = \frac{A}{2} \log dn^2 iy \quad , \quad v = 0$$

quando $x = K$

$$u = \frac{A}{2} \log dn^2 (K + iy) \text{ (*)} , \quad v = 0 .$$

Quindi $v = 0$ sopra tutto il contorno del rettangolo, e la seconda condizione è soddisfatta.

La funzione $dn(z, k)$ non diviene zero nel rettangolo altro che nel punto $z = K + iK'$, e non diviene infinita altro che nel punto $z = K'i$.

Dunque $\frac{A}{2} \log dn^2(z, k)$ è finita, continua e a un sol valore in tutto il rettangolo fuori che in questi due punti; nel primo dei quali $dn z$ divenendo infinita come $\frac{-i}{z - iK'}$, e nel secondo infinitesima come $z - K - iK'$; $\frac{A}{2} \log dn^2(z, k)$ diviene nel primo punto infinita come $-A \log(z - iK')$ e nel secondo come $A \log(z - K - iK')$.

Dunque sono soddisfatte ambedue le condizioni che determinano la funzione.

(*) Nella Memoria originale è scritto semplicemente $u = \frac{A}{2} \log dn^2 iy$. La formola corretta che il Betti pensava potrebbe essere

$$u = \frac{A}{2} (\log k'^2 - \log dn^2 iy) .$$

O. T.

Le equazioni:

$$u = \text{costante}$$

danno le curve di egual potenziale, e le equazioni:

$$v = \text{costante}$$

le linee di massimo fisso. Ora essendo:

$$e^{\frac{u+iv}{A}} = dn(x + iy, k)$$

$$e^{\frac{u-iv}{A}} = dn(x - iy, k)$$

avremo:

$$\begin{aligned} e^{\frac{2u}{A}} &= dn(x + iy, k)\, dn(x - iy, k) \\ &= \frac{dn^2(iy, k) - k^2 sn^2(x, k)\, cn^2(iy, k)}{1 - k^2 sn^2(x, k)\, sn^2(iy, k)} \\ &= \frac{dn^2(y, k') - k^2 sn^2(x, k)}{cn^2(y, k') + k^2 sn^2(x, k)\, sn^2(y, k')}. \end{aligned}$$

Le equazioni delle linee di ugual potenziale saranno dunque:

$$dn^2(y, k') - k^2 sn^2(x, k) = C[cn^2(y, k') + k^2 sn^2(x, k)\, sn^2(y, k')].$$

Per $C = k'$, abbiamo che l'equazione è soddisfatta da:

$$x = \frac{K}{2}$$

poichè:

$$k^2 sn^2\left(\frac{K}{2}, k\right) = 1 - k'.$$

Dunque la linea parallela all'asse delle y che divide il rettangolo per metà è una linea di ugual potenziale.

Essendo:

$$e^{\frac{u}{A}}\left(\cos\frac{v}{A} + i\,\text{sen}\,\frac{v}{A}\right) = dn(x + iy, k)$$

$$e^{\frac{u}{A}}\left(\cos\frac{v}{A} - i\,\text{sen}\,\frac{v}{A}\right) = dn(x - iy, k)$$

onde:

$$2e^{\frac{u}{A}} \cos \frac{v}{A} = dn(x + iy \, , k) + dn(x - iy \, , k)$$

$$2ie^{\frac{u}{A}} \operatorname{sen} \frac{v}{A} = dn(x + iy \, , k) - dn(x - iy \, , k)$$

$$\operatorname{tang} \frac{v}{A} = - i \frac{dn(x + iy \, , k) - dn(x - iy \, , k)}{dn(x + iy \, , k) + dn(x + iy \, , k)}$$

$$= \quad i \frac{k^2 \, sn(x \, , k) \, sn(iy \, , k) \, cn(x \, , k) \, cn(iy \, , k)}{dn(x \, , k) \, dn(iy \, , k)}$$

$$= - \frac{k^2 \, sn(x \, , k) \, sn(y \, , k') \, cn(x \, , k)}{dn(x \, , k) \, dn(y \, , k') \, cn(y \, , k')}$$

le equazioni delle linee di massimo flusso saranno:

$$C \, sn(x \, , k) \, sn(y \, , k') \, cn(x \, , k) + dn(x \, , k) \, dn(y \, , k') \, cn(y \, , k') = 0 \, .$$

Per $y = K'$, e $C = 0$ la equazione è soddisfatta. Quindi la linea parallela all'asse delle x che divide il rettangolo per metà è una linea di massimo flusso.

XL.

SOPRA GLI SPAZI DI UN NUMERO QUALUNQUE DI DIMENSIONI

(Dagli *Annali di matematica pura ed applicata*, serie II, t. IV, pp. 140-158, Milano, 1871).

I.

Siano $z_1, z_2, \ldots z_n$ n variabili che possono prendere tutti i valori reali da $-\infty$ a $+\infty$. Il campo n volte infinito dei sistemi di valori di queste variabili lo diremo uno *spazio* di n dimensioni e lo denoteremo con S_n (*). Un sistema $(z_1^0, z_2^0, \ldots, z_n^0)$ determinerà un punto L_0 di questo spazio, e $z_1^0, z_2^0, \ldots, z_n^0$ si diranno le *coordinate* di questo punto.

Un sistema di m equazioni determinerà un campo dei sistemi di valori di $n-m$ variabili indipendenti, che sarà uno spazio S_{n-m} di altrettante dimensioni, contenuto in S_n. Uno spazio di una sola dimensione che forma una semplice continuità lo chiameremo una *linea*.

Sia:

$$F(z_1, z_2, \ldots, z_n) = 0 \tag{1}$$

la equazione di uno spazio S_{n-1} di $n-1$ dimensioni. Se la funzione F è continua e ad un sol valore per tutti i valori reali delle coordinate, lo spazio S_{n-1} in generale separerà S_n in due regioni, in una delle quali sarà $F < 0$, e nell'altra $F > 0$; e non si potrà con variazioni continue dal sistema di valori delle coordinate di un punto della prima regione passare al sistema di valori delle coordinate di un punto dell'altra regione senza passare per un sistema di valori che soddisfaccia alla equazione (1). Le due regioni

(*) Nel corso della Memoria, il Betti chiama anche spazio ad n dimensioni ciò che, più precisamente, secondo la sua stessa definizione, si dovrebbe chiamare una regione ad n dimensioni, o una parte di uno spazio ad n dimensioni.

O. T.

saranno due spazî di n dimensioni limitati dallo spazio S_{n-1}. Se dal sistema di valori delle coordinate di un punto qualunque di una delle due regioni si potrà sempre con variazione continua passare al sistema di valori delle coordinate di un altro punto qualunque della medesima regione senza passare per i valori delle coordinate di un punto di S_{n-1}, si dirà che questa regione è uno spazio *connesso*.

Siano:

$$(2)\qquad \begin{cases} z_1 = z_1(u_1\,, u_2\,, \ldots\,, u_{n-1})\,, \\ z_2 = z_2(u_1\,, u_2\,, \ldots\,, u_{n-1})\,, \\ \cdot\;\cdot\;\cdot\;\cdot\;\cdot\;\cdot\;\cdot\;\cdot\;\cdot\;\cdot \\ \cdot\;\cdot\;\cdot\;\cdot\;\cdot\;\cdot\;\cdot\;\cdot\;\cdot\;\cdot \\ z_n = z_n(u_1\,, u_2\,, \ldots\,, u_{n-1})\,, \end{cases}$$

tali funzioni continue e ad un sol valore, che sostituite nella equazione (1) la soddisfacciano identicamente. Lo spazio S_{n-1} si potrà riguardare come il campo dei sistemi di valori delle $n-1$ variabili reali: $u_1\,, u_2\,, \ldots\,, u_{n-1}$.

È evidente che in S_{n-1} saranno soddisfatte le $n-1$ equazioni:

$$(3)\qquad \frac{\partial F}{\partial z_1}\frac{\partial z_1}{\partial u_m} + \frac{\partial F}{\partial z_2}\frac{\partial z_2}{\partial u_m} + \cdots + \frac{\partial F}{\partial z_n}\frac{\partial z_n}{\partial u_m} = 0\,,$$

che si ottengono prendendo successivamente per m i numeri $1, 2, \ldots, n-1$:

Denotando con $A_1\,, A_2\,, \ldots\,, A_n$ quantità indeterminate qualunque, e ponendo:

$$(4)\qquad \Delta = \begin{vmatrix} A_1 & \frac{\partial z_1}{\partial u_1} & \frac{\partial z_1}{\partial u_2} & \cdots & \frac{\partial z_1}{\partial n_{n-1}} \\ A_2 & \frac{\partial z_2}{\partial u_1} & \frac{\partial z_2}{\partial u_2} & \cdots & \frac{\partial z_2}{\partial u_{n-1}} \\ \cdot & \cdot & \cdot & \cdot & \cdot \\ \cdot & \cdot & \cdot & \cdot & \cdot \\ A_n & \frac{\partial z_n}{\partial u_1} & \frac{\partial z_n}{\partial u_2} & \cdots & \frac{\partial z_n}{\partial u_{n-1}} \end{vmatrix}\,,$$

$$(5)\qquad \mu^2 = \sum_1^n{}_m \left(\frac{\partial F}{\partial z_m}\right)^2\,,$$

$$(6)\qquad M^2 = \sum_1^n{}_m \left(\frac{\partial \Delta}{\partial A_m}\right)^2\,,$$

dalle equazioni (3) otterremo:

$$\frac{\partial F}{\partial z_m} = \frac{\mu}{M} \frac{\partial \Delta}{\partial A_m}. \tag{7}$$

Ora sia L una linea determinata dalle equazioni:

$$z_1 = l_1(t), \; z_2 = l_2(t), \ldots, z_n = l_n(t) \tag{8}$$

Se la equazione (1), sostituendovi questi valori, è soddisfatta soltanto da un numero finito di valori reali di t, la linea L intersecherà lo spazio S_{n-1} soltanto in un numero finito di punti. Sia T_0 uno di questi punti di intersezione corrispondente a $t = t_0$. Sarà:

$$F[l_1(t_0), l_2(t_0), \ldots, l_n(t_0)] = 0.$$

Consideriamo ora i due punti di L corrispondenti a:

$$t = t_0 + \delta t_0$$
$$t = t_0 - \delta t_0$$

essendo δt_0 un infinitesimo.

Per il primo di questi valori di t la funzione F diviene:

$$\delta F = \delta t_0 \sum_1^n {}_m \frac{\partial F}{\partial z_m} \frac{dl_m}{dt_0},$$

per il secondo:

$$\delta' F = - \delta t_0 \sum_1^n {}_m \frac{\partial F}{\partial z_m} \frac{dl_m}{dt_0},$$

Rammentando le equazioni (7) si ottiene:

$$\left\{ \begin{aligned} \delta F &= \frac{\mu D}{M} \delta t_0 \\ \delta' F &= - \frac{\mu D}{M} \delta t_0 \end{aligned} \right. \tag{9}$$

essendo D il determinante Δ nel quale alle A_m sono sostituite le quantità $\frac{dl_m}{dt_0}$.

Se ora prendiamo pei radicali che dànno μ ed M il segno positivo, e fissiamo convenientemente l'ordine delle $z_1, z_2, \ldots, z_m$, e percorriamo la linea L facendo crescere t con continuità, dalle equazioni (9) si deduce (*) che se $D > 0$, quando L interseca S_{n-1} nel punto T_0, si esce da quella regione in cui $F < 0$ e si entra in quella in cui $F > 0$, e viceversa se $D < 0$, si esce da quella in cui $F > 0$ e si entra in quella in cui $F < 0$.

Se poniamo:

$$ds_n^2 = dz_1^2 + dz_2^2 + \cdots + dz_n^2,$$

e ds_n è *l'elemento lineare di* S_n (nel qual caso Riemann chiama *piano* lo spazio S_n), nello spazio S_{n-1} l'elemento lineare ds_{n-1} sarà dato dalla formula:

$$ds_{n-1}^2 = \sum\sum E_{rs}\, du_r\, du_s,$$

essendo:

$$E_{rs} = \sum \frac{\partial z_m}{\partial u_r} \frac{\partial z_m}{\partial u_s},$$

e per una nota proprietà dei determinanti sarà:

$$(10) \qquad M^2 = \sum \left(\frac{\partial \Delta}{\partial A_m}\right)^2 = \begin{vmatrix} E_{11} & E_{21} & \dots & E_{n-1,1} \\ E_{12} & E_{22} & \dots & E_{n-1,2} \\ \cdot & \cdot & \cdot & \cdot \\ \cdot & \cdot & \cdot & \cdot \\ E_{1,n-1} & E_{2,n-1} & \dots & E_{n-1,n-1} \end{vmatrix}.$$

Se:

$$dS_n = dz_1\, dz_2 \dots dz_n$$

è l'*elemento dello spazio* S_n, l'elemento di S_{n-1} sarà:

$$(11) \qquad dS_{n-1} = M du_1\, du_2 \dots du_{n-1}.$$

Sia ora:

$$F_1(u_1, u_2, \dots, u_{n-1}) = 0$$

la equazione di uno spazio S_{n-2} contenuto in S_{n-1}. Se F_1 è una funzione continua e ad un sol valore, S_{n-2} in generale separerà S_{n-1} in due regioni, in una delle quali sarà $F_1 < 0$ e nell'altra $F_1 > 0$. Potrà riguardarsi S_{n-2} come il campo di $n-2$ variabili reali, e potrà ripetersi ciò che abbiamo

---

(*) Evidentemente qui la frase del Betti è da intendersi così,.... facendo crescere t con continuità, per le (9), si può fare in modo che se.....

O. T.

detto per S_{n-1}. L'elemento lineare sarà sempre una forma omogenea di 2° grado, ma i coefficienti avranno una forma differente, come pure differente sarà il coefficiente M per mezzo del quale si ottiene l'elemento dello spazio S_{n-2}. Analoghe osservazioni valgono per gli spazî di un minor numero di dimensioni.

II.

Diremo che uno spazio S_{n-m} di $n-m$ dimensioni è *linearmente connesso*, se prendendo in esso due punti qualunque si potrà condurre una linea continua che senza uscire da S_{n-m} vada da uno di questi punti all'altro.

Diremo che uno spazio S_{n-1} è *chiuso*, se divide S_n in due spazî linearmente connessi, in modo che da un punto di uno di questi non si possa condurre una linea continua a un punto qualunque dell'altro che non intersechi S_{n-1}. Diremo che uno spazio linearmente connesso S_{n-2} è *chiuso* se divide uno spazio chiuso S_{n-1} in due regioni ciascuna linearmente connessa e tali che non si possa da un punto qualunque di una di esse condurre una linea continua tutta contenuta in S_{n-1}, a un punto qualunque dell'altra che non intersechi S_{n-2}: e così di seguito.

Considerando, invece di una sola, un numero qualunque di disuguaglianze:

$$F_1 < 0\,,\, F_2 < 0\,, \ldots ,\, F_m < 0$$

determineremo una parte R di uno spazio S_t che potrà essere connessa linearmente. La totalità degli spazî di $t-1$ dimensioni:

$$F_1 = 0\,,\, F_2 = 0\,, \ldots ,\, F_m = 0$$

che limita R in modo che da un punto qualunque di R non si può condurre una linea continua a un punto fuori di R, che non intersechi alcuno di questi spazî, si chiamerà il *contorno* di R.

Si dirà che uno spazio è *finito* se le coordinate di tutti i suoi punti hanno valori finiti.

Uno spazio finito e linearmente connesso o sarà chiuso o avrà un contorno.

III.

Uno spazio finito ha proprietà indipendenti dalla grandezza delle sue dimensioni, e dalla forma dei suoi elementi. Queste proprietà che si riferiscono soltanto al modo di connessione delle sue parti, furono considerate da Listing per gli spazî ordinarii in una Memoria intitolata: *Der Census räumlicher Complexe*, e furon determinate da Riemann per le superficie.

Oltre la connessione lineare che si presenta sola nelle superficie, io ho osservato che negli spazî di un numero di dimensioni maggiore di due si possono considerare altre specie di connessioni.

Se in uno spazio R di n dimensioni limitato da uno o più spazî di $n-1$ dimensioni, ogni spazio chiuso di m dimensioni, essendo $m<n$, è il contorno di una parte di uno spazio linearmente connesso di $m+1$ dimensioni, tutta quanta contenuta in R, avremo una connessione secondo $m+1$ dimensioni, e diremo che R ha *semplice* la connessione di m^{esima} specie. Se uno spazio R ha semplici tutte le connessioni, diremo che è *semplicemente connesso.* Se invece in R si può immaginare un numero p_m di spazî chiusi di m dimensioni che non possano formare il contorno di una parte linearmente connessa di uno spazio di $m+1$ dimensioni, tutta quanta contenuta in R, e tali che ogni altro spazio chiuso di m dimensioni formi solo o con una parte di essi o con tutti il contorno di una parte linearmente connessa di uno spazio di $m+1$ dimensioni tutta quanta contenuta in R, diremo che R ha di $(p_m+1)^{\text{esimo}}$ ordine la connessione di m^{esima} specie.

Esempi. Nello spazio ordinario, quello compreso tra due sfere concentriche ha di 2° ordine la connessione di 2ª specie, e semplice quella di 1ª specie.

Lo spazio compreso da un anello ha semplice la connessione di 2ª specie, e di 2° ordine quella di 1ª specie.

Lo spazio compreso tra due anelli uno interno all'altro ha di 2° ordine la connessione di 2ª specie, e di 3° ordine quella di 1ª specie.

Lo spazio compreso tra una sfera e un anello ha di 2° ordine ambedue le connessioni.

Per giustificare la definizione che abbiamo data delle differenti specie di connessione, è necessario dimostrare che per ogni spazio limitato R il numero p_m è determinato, cioè che comunque si conducano gli spazî chiusi di m dimensioni che godono la esposta proprietà, il loro numero è sempre lo stesso. Perciò ci fonderemo, come ha fatto Riemann per provare il teorema corrispondente relativo alle snperficie, sopra il lemma seguente:

Se un sistema A *insieme con un altro sistema* C *di spazî chiusi di m dimensioni forma il contorno di uno spazio* S_{m+1} *di* $m+1$ *dimensioni linearmente connesso contenuto tutto quanto in* R, *e se un altro sistema* B *di spazî chiusi di m dimensioni forma insieme col sistema* C *il contorno di uno spazio linearmente connesso* S'_{m+1} *contenuto tutto in* R; *il sistema* A *col sistema* B *formerà il contorno di uno spazio di* $m+1$ *dimensioni linearmente connesso contenuto tutto in* R.

Infatti i due spazî S_{m+1} ed S'_{m+1} saranno o da parti opposte, o dalla stessa parte del contorno C (*). Nel primo caso lo spazio composto di S_{m+1} e di S'_{m+1} avrà per contorno il sistema A col sistema B; nel secondo caso togliendo S'_{m+1} da S_{m+1} rimarrà uno spazio che avrà per contorno il sistema A col sistema B.

Se t spazi chiusi di m dimensioni $A_1, A_2, \ldots, A_t$ *non possono formare soli, e con ogni altro spazio chiuso di m dimensioni formano il contorno di uno spazio linearmente connesso di* $m+1$ *dimensioni tutto quanto contenuto in* R; *e se un altro sistema di t' spazi chiusi di m dimensioni,* $B_2, B_2, \ldots, B_{t'}$, *gode la stessa proprietà, sarà* $t = t'$.

Infatti, supponiamo $t' > t$. Se C è uno spazio chiuso qualunque di m dimensioni, tanto il sistema $(A_1, A_2, \ldots, A_t, C)$ quanto il sistema $(A_1, A_2, \ldots, A_t, B_1)$ formerà il contorno di uno spazio linearmente connesso di $m+1$ dimensioni tutto contenuto in R; quindi tanto il sistema $(A_2, A_3, \ldots, A_t, C)$ quanto il sistema $(A_2, A_3, \ldots, A_t, B_1)$ formerà insieme con A_1 il contorno di uno spazio linearmente connesso di $m+1$ dimensioni tutto contenuto in R; e in conseguenza, per il lemma precedente, il sistema $(A_2, A_3, \ldots, A_t, C)$ insieme col sistema $(A_2, A_3, \ldots, A_t, B_1)$ cioè il sistema $(B_1, A_2, A_3, \ldots, A_t, C)$ formerà il contorno di uno spazio di $m+1$ dimensioni tutto contenuto in R. Così il sistema $(B_1, A_2, A_3, \ldots, A_t)$ unito con uno spazio chiuso qualunque C forma il contorno di uno spazio linearmente connesso di $m+1$ dimensioni; e ora seguitando sostituiremo successivamente a uno degli spazî A uno degli spazî B, e avremo finalmente che il sistema $(B_1, B_2, \ldots, B_t)$ formerà con uno spazio qualunque chiuso, e quindi anche con B_{t+1} il contorno di uno spazio di $m+1$ dimensioni linearmente connesso contenuto tutto in R, e questo è in contraddizione con ciò che abbiamo supposto se $t' > t$. Ugualmente si dimostra che non può essere $t > t'$. Dunque $t = t'$ come volevamo dimostrare.

IV.

Quando supponiamo rotta la connessione di uno spazio limitato R lungo uno spazio di un minor numero di dimensioni, che ha il contorno sopra il contorno di R, si dice che si fa in R una *sezione trasversa*.

Se da uno spazio di m dimensioni se ne separa una parte infinitesima che abbia per contorno uno spazio infinitesimo di $m-1$ dimensioni, diremo che vi si fa un *punto sezione*.

(*) La dimostrazione, come quasi tutta la Memoria, si fonda sulla intuizione; si può quindi osservare che, esercitandosi questa intuizione in uno spazio ad un numero di dimensioni anche maggiore di 3, la dimostrazione stessa è imperfetta.

O. T.

Se uno spazio limitato R si può ridurre ad un altro R′ senza farvi nessuna sezione trasversa e soltanto mediante continui ingrandimenti e impiccolimenti delle sue parti, diremo che R può con *trasformazione continua* ridursi ad R′.

Due spazî limitati R ed R′ che si possono ridurre uno all'altro mediante trasformazione continua avranno uguali gli ordini di tutte le specie di connessione. Ora un punto è semplicemente connesso, dunque ogni spazio che con trasformazione continua può ridursi ad un punto sarà semplicemente connesso.

Ad uno spazio che ha un contorno si può sempre con trasformazione continua far perdere una dimensione.

Infatti sia R questo spazio, m il numero delle sue dimensioni, C il suo contorno, S_m lo spazio di cui è parte, e $u_1, u_2, u_3, \ldots, u_m$ denotino un sistema di coordinate in S_m. Immaginiamo un sistema $m-1$ volte infinito di linee che occupino con continuità tutto quanto S_m, per esempio le linee che hanno per equazioni:

$$u_2 = a_2, \; u_3 = a_3, \ldots, u_{m-1} = a_{m-1}$$

dove $a_2, a_3, \ldots, a_{m-1}$ prendono tutti i valori da $-\infty$ a $+\infty$, e di questo sistema consideriamo soltanto quella parte che contiene le linee che incontrano il contorno C di R. Ciascuna di queste linee continue col crescere di u_1 incontrando C, tante volte entrerà in R e altrettante ne uscirà, e si potrà con trasformazione continua avvicinare indefinitamente ciascun punto d'ingresso al punto di egresso successivo, e così far perdere ad R una dimensione come volevamo dimostrare.

Ad uno spazio chiuso si può sempre con trasformazione continua far perdere una dimensione, dopo averci fatto un punto sezione.

Infatti, dopo avervi fatto un punto sezione lo spazio acquista un contorno, e quindi per il teorema precedente può sempre con trasformazione continua perdere una dimensione.

Se in uno spazio chiuso R *di* m *dimensioni si fa un solo punto sezione, non si mutano gli ordini delle sue connessioni; ma se vi si fanno* $s+1$ *punti sezione, l'ordine di* $(m-1)^{esima}$ *specie aumenta di* s *unità, mentre gli ordini di connessione di specie inferiore non mutano.*

Infatti, sia $\alpha+1$ l'ordine di connessione di $(m-1)^{esima}$ specie dello spazio chiuso R di m dimensioni. Potremo immaginare in R un sistema A di α spazî chiusi di $m-1$ dimensioni che non formi solo, ma con ogni altro spazio chiuso C di $m-1$ dimensioni formi il contorno di una parte di R. Poichè R è chiuso il sistema A con C lo dividerà in due regioni separate, R′ e R″, ambedue aventi il medesimo contorno, cioè il sistema A con C. Ora se facciamo in R un punto sezione, questo sarà in una delle due regioni; supponiamolo in R′. È chiaro che allora il sistema A con C non formerà più tutto il contorno di R′, ma però farà sempre tutto il contorno di R″. Dunque l'ordine di connessione di $(m-1)^{esima}$ specie di R non sarà mutato da un sol punto sezione. Ma se facciamo in R due punti sezione, potremo sempre prendere C in modo che uno di questi punti sia in R′ e l'altro in R″, e quindi il sistema A con C non formerà più il contorno di una parte di R, e sarà necessario aggiungere un altro spazio chiuso di $m-1$ dimensioni per avere tutto il contorno di una parte di R. Dunque con due punti sezione si aumenta di una unità l'ordine di connessione di $(m-1)^{esima}$ specie di R. Analogamente si dimostra che con $3, 4, \ldots, s+1$ punti sezione si aumenta quest'ordine di $2, 3, \ldots, s$ unità.

Ora sia $\beta+1$ l'ordine di connessione di $(m-t-1)^{esima}$ specie di R, essendo $0 < t < m$; si potrà immaginare in R un sistema A di spazî chiusi di $m-t-1$ dimensioni che non formi solo il contorno di uno spazio T di $m-t$ dimensioni tutto contenuto in R. Siano quanti si vogliano i punti sezione fatti in R, purchè in numero finito; potremo sempre col dato contorno condurre T in modo che non passi per ciascuno di questi punti sezione. Dunque un numero finito qualunque di punti sezione non muta gli ordini di connessione di specie inferiore alla $(m-1)^{esima}$.

Poichè non si mutano gli ordini delle connessioni di uno spazio chiuso R facendovi un sol punto sezione, per determinare questi ordini sarà indifferente riguardare R come chiuso o come avente un contorno infinitesimo. Dunque si potrà ritenere uno spazio finito come limitato sempre da un contorno, e quindi gli si potrà sempre far perdere una dimensione con trasformazione continua, senza mutare gli ordini delle sue connessioni.

V.

Per rendere semplicemente connesso, mediante sezioni trasverse semplicemente connesse, uno spazio finito R *di n dimensioni, è necessario e sufficiente di fare* p_{n-1} *sezioni lineari,* p_{n-2} *di due,* p_{n-3} *di tre, ...* p_1 *di* $n-1$ *dimensioni, se* p_1+1, $p_2+1, \ldots, p_{n-1}+1$ *sono rispettivamente gli ordini delle sue connessioni di* 1^a, $2^a, \ldots (n-1)^{esima}$ *specie.*

Infatti, essendo $p_{n-1}+1$ l'ordine di connessione di $(n-1)^{esima}$ specie di R, potremo immaginare in esso un sistema A di p_{n-1} spazî chiusi di $n-1$ dimensioni che non formi solo il contorno di una parte di R, ma lo formi con ogni altro spazio chiuso di $n-1$ dimensioni. Si avranno così più regioni limitate, ciascuna delle quali avrà per contorno tutto o parte del sistema A e una parte del contorno di R; quindi facendo perdere a queste regioni con trasformazione continua una dimensione, esse si ridurranno al sistema A, connesso lungo spazî di $n-2$ dimensioni. Dunque R si potrà ridurre con trasformazione continua ad uno spazio R_1 di $n-1$ dimensioni formato di p_{n-1} spazî chiusi A di $n-1$ dimensioni connessi tra loro lungo spazî di $n-2$ dimensioni, ed R_1 avrà uguali a quelli di R gli ordini delle connessioni di $(n-2)^{esima}$, $(n-3)^{esima}$, ..., 1^a specie. Ora senza mutare gli ordini delle connessioni di R_1, potremo farvi al più tanti punti sezione quanti sono gli spazî chiusi dei quali è formato, cioè p_{n-1}. Sia R'_1 lo spazio R_1 in cui sono fatti questi punti sezione.

Riducendo R'_1 ad R con trasformazione continua, i punti sezione acquistano una dimensione e divengono linee continue, che vanno da un punto del contorno di R ad un altro punto del medesimo contorno, cioè divengono sezioni lineari trasverse e così gli ordini delle connessioni di specie inferiore alla $(n-1)^{esima}$ restano ancora gli stessi. Dunque in R si può fare soltanto un numero p_{n-1} di sezioni trasverse che non mutano i suoi ordini di connessione di specie inferiore alla $(n-1)^{esima}$.

Ora ciascuna di queste p_{n-1} sezioni trasverse lineari attraversa uno dei p_{n-1} spazî chiusi A, che al più si potevano condurre in R in modo che non formassero soli il contorno di una porzione di R, ma che lo formassero quando ad essi se ne aggiungeva un altro di $n-1$ dimensioni. Dunque dopo aver condotte queste sezioni trasverse, ciascuno degli spazî A non è più chiuso, e quindi ogni spazio chiuso di $n-1$ dimensioni diviene il contorno di una porzione di R ed è resa semplice la connessione di R di $(n-1)^{esima}$ specie.

Dunque per rendere semplice la connessione di $(n-1)^{esima}$ specie di R mediante sezioni trasverse semplicemente connesse senza mutare gli ordini delle connessioni di specie inferiore, è necessario e sufficiente di farvi p_{n-1} sezioni trasverse lineari.

Lo spazio R'_1 di $n-1$ dimensioni, al quale si è ridotto con trasformazione continua lo spazio R in cui sono fatte le p_{n-1} sezioni lineari trasverse, avendo un punto sezione in ognun degli spazî chiusi dei quali è formato, e avendo l'ordine di connessione di $(n-2)^{esima}$ specie uguale a p_{n-2}, potrà con trasformazione continua perdere una dimensione, e ridursi a uno spazio R_2 formato di p_{n-2} spazî chiusi di $n-2$ dimensioni connessi lungo spazî di $n-3$ dimensioni. Ora senza mutare gli ordini delle connessioni di R_2 possiamo farvi al più p_{n-2} punti sezione. Denotiamo con R'_2 lo spazio R_2 in cui sono fatti questi punti sezioni. Riducendo R'_2 ad R, i punti sezione di R'_2 acquistano due dimensioni e divengono spazî di due dimensioni che hanno il contorno sopra il contorno di R, e sono semplicemente connessi perchè riducibili a un punto con trasformazione continua, e quindi sono sezioni trasverse di due dimensioni. Denoteremo con R″ lo spazio R in cui sono fatte le sezioni trasverse di una e di due dimensioni. Le sezioni trasverse di due dimensioni rendono semplice la connessione di $(n - 2)^{esima}$ specie. Dunque per ridurre R mediante sezioni trasverse semplicemente connesse ad uno spazio R″ che abbia semplici le connessioni di $(n - 1)^{esima}$ ed $(n - 2)^{esima}$ specie senza mutare gli ordini delle connessioni di specie inferiori, è necessario e sufficiente farci p_{n-1} sezioni trasverse lineari e p_{n-2} di due dimensioni. Così seguitando per le connessioni di specie inferiori.

Quando uno spazio finito R *è ridotto semplicemente connesso mediante sezioni trasverse semplicemente connesse, ogni spazio chiuso di m dimensioni condotto in* R *forma con altrettanti spazi chiusi di m dimensioni quante sono le sezioni trasverse di* $n - m$ *dimensioni che esso incontra, il contorno di uno spazio di* $m + 1$ *dimensioni tutto contenuto in* R.

Infatti se $p_m + 1$ è l'ordine di connessione di m^{esima} specie di R, ogni spazio chiuso C di m dimensioni formerà con un sistema A di p_m spazî chiusi di m dimensioni il contorno di uno spazio S di $m + 1$ dimensioni tutto contenuto in R. Ora ciascuno degli spazî A sarà intersecato da una e da una soltanto delle sezioni trasverse di $n - m$ dimensioni che fanno parte di quelle che rendono R semplicemente connesso, e quindi poichè ciascuna di queste sezioni ha il contorno sopra il contorno di R, se C formerà con s degli spazi A il contorno di S, dovrà intersecare precisamente le s sezioni trasverse che intersecano quelli s spazî chiusi del sistema A.

Per maggior chiarezza facciamo alcune applicazioni allo spazio ordinario.

Lo spazio compreso tra due sfere concentriche si riduce semplicemente connesso mediante una sola sezione trasversa lineare che va da un punto della superficie sferica maggiore a un punto qualunque della minore.

Lo spazio compreso da una superficie anulare si riduce semplicemente connesso mediante una sola sezione trasversa superficiale fatta lungo il meridiano della superficie.

Lo spazio compreso tra due superficie anulari si riduce semplicemente connesso mediante una sola sezione trasversa lineare che va da un pnnto della superficie anulare maggiore a uno della minore, e mediante due sezioni trasverse superficiali ambedue condotte per la sezione lineare; una fatta lungo il meridiano e una lungo l'equatore della superficie.

Lo spazio compreso tra una sfera e un anello si riduce semplicemente connesso mediante una sezione lineare trasversa che va dalla superficie della sfera a quella dell'anello, e l'altra superficiale che terminando alla sezione lineare va pure dalla superficie dell'anello a quella della sfera.

VI.

Sia dato uno spazio R di n dimensioni limitato da un numero qualunque di spazî chiusi di $n-1$ dimensioni: $S'_{n-1}, S''_{n-1}, \ldots, S^{(t)}_{n-1}$ i quali abbiano per equazioni

$$F_1 = 0 \,,\, F_2 = 0 \,, \ldots ,\, F_t = 0 \,,$$

e R sia determinato dalle disuguaglianze:

$$(1) \qquad F_1 < 0 \,,\, F_2 < 0 \,, \ldots ,\, F_t < 0 \,.$$

Siano: $X_1, X_2, \ldots, X_n$ n funzioni dei punti di R finite e continue; prendiamo a considerare l'integrale n^{uplo}:

$$\Omega_n = \int_n \left(\frac{\partial X_1}{\partial z_1} + \frac{\partial X_2}{\partial z_2} + \cdots + \frac{\partial X_n}{\partial z_n} \right) dz_1\, dz_2 \ldots dz_n$$

esteso a tutto lo spazio R.

Distinguendo con indici pari i valori di X_r nei punti nei quali la linea Z_r che ha per equazioni:

$$(2) \qquad z_1 = a_1 \,,\, z_2 = a_2 \,, \ldots ,\, z_{r-1} = a_{r-1} \,,\, z_{r+1} = a_{r+1} \,, \ldots ,\, z_n = a_n$$

col crescere di z_r, attraversando uno degli spazî S_{n-1}, entra nello spazio R nel quale sono soddisfatte tutte le disuguaglianze (1), e distinguendo con indici dispari i valori di X_r nei punti nei quali la linea Z_r attraversando uno degli spazî S_{n-1} esce dallo spazio R, avremo:

$$\int \frac{\partial X_r}{\partial z_r} dz_r = X_r^0 - X'_r + X''_r - X'''_r + \cdots$$

Onde:

$$\Omega_n = \sum \int_{n-1} (X_r^0 - X'_r + X''_r - X'''_r + \cdots)\, dz_1\, dz_2 \ldots dz_{r-1}\, dz_{r+1} \ldots dz_n \,.$$

Ora il numero dei punti nei quali la linea Z_r incontra ciascuno degli spazî chiusi S_{n-1} è pari, e in quanti di essi Z_r entra in R da altrettanti esce. Per esempio lo spazio S'_{n-1} sarà incontrato da Z_r nei punti $0, 2l_1+1, 2l_2, 2l_3+1, \ldots$, e la parte dell'integrale Ω_n che si riferisce ai punti di S'_{n-1} sarà:

$$\Omega'_n = \int_{n-1} (X_r^0 - X_r^{(2l_1+1)} + X_r^{(2l_2)} - X_r^{(2l_3+1)} + \cdots)\, dz_1\, dz_2 \ldots dz_{r-1}\, dz_{r+1} \ldots dz_n \,.$$

Considerando S'_{n-1} come il campo delle $n-1$ variabili reali: $u'_1, u'_2, \ldots u'_{n-1}$, avremo:

$$dz_1\, dz_2 \ldots dz_{r-1}\, dz_{r+1} \ldots dz_n = \pm \frac{\partial \Delta}{\partial A_r} du'_1\, du'_2 \ldots du'_{n-1}$$

dove è da prendersi il segno $+$ o il segno $-$ secondo che $\frac{\partial \Delta}{\partial A_r}$ è $>$ oppure è <0.

Ora da ciò che abbiamo dimostrato nel primo paragrafo risulta che si può sempre prendere l'ordine delle $z_1, z_2, \ldots, z_m$ in modo che il segno di $\frac{\partial \Delta}{\partial A_r}$ sia uguale a quello di $\frac{\partial F_1}{\partial z_r}$, essendo $F_1 = 0$ l'equazione di S'_{n-1}.

Ora $\frac{\partial F_1}{\partial z_r} < 0$ nei punti di S'_{n-1} nei quali Z_r entra in R, e $\frac{\partial F_1}{\partial z_r} > 0$ nei punti nei quali esce. Avremo dunque:

$$\int_{n-1} X_r^0\, dz_1\, dz_2 \ldots dz_{r-1}\, dz_{r+1} \ldots dz_n = -\int_{n-1} X_r^0 \frac{\partial \Delta}{\partial A_r} du'_1\, du'_2 \ldots du'_{n-1}$$

$$\int_{n-1} X_r^{(2l_1+1)} dz_1\, dz_2 \ldots dz_{r-1}\, dz_{r+1} \ldots dz_n = \int_{n-1} X_r^{(2l_1+1)} \frac{\partial \Delta}{\partial A_r} du'_1\, du'_2 \ldots du'_{n-1}.$$

. . . .

Onde:

$$\Omega'_n = -\int_{n-1} \left(X_r^0 \frac{\partial \Delta}{\partial A_r} + X_r^{(2l_1+1)} \frac{\partial \Delta}{\partial A_r} + \cdots \right) du'_1\, du'_2 \ldots du'_{n-1}$$

ossia:

$$\Omega'_n = -\int_{n-1} X_r \frac{\partial \Delta}{\partial A_r} du'_1\, du'_2 \ldots du'_{n-1}$$

esteso a tutto lo spazio S'_{n-1}.

Analoga riduzione si può fare per gli altri spazî, e si ottiene

$$\Omega_n = -\sum \int_{n-1} X_r \frac{\partial \Delta}{\partial A_r} du'_1\, du'_2 \ldots du'_{n-1} - \sum \int_{n-1} X_r \frac{\partial \Delta}{\partial A_r} du''_1\, du''_2 \ldots du''_{n-1} - \cdots$$

Ma:

$$\sum X_r \frac{\partial \Delta}{\partial A_r} = \begin{vmatrix} X_1 & \frac{\partial z_1}{\partial u_1} & \cdots & \frac{\partial z_1}{\partial u_{n-1}} \\ X_2 & \frac{\partial z_2}{\partial u_1} & \cdots & \frac{\partial z_2}{\partial u_{n-1}} \\ \cdot & \cdot & \cdot & \cdot \\ X_n & \frac{\partial z_n}{\partial u_1} & \cdots & \frac{\partial z_n}{\partial u_{n-1}} \end{vmatrix}.$$

Dunque:

$$(3)\qquad \Omega_n = -\sum_t \int_{n-1} \begin{vmatrix} X_1 & \frac{\partial z_1}{\partial u_1^{(t)}} & \cdots & \frac{\partial z_1}{\partial u_{n-1}^{(t)}} \\ X_2 & \frac{\partial z_2}{\partial u_1^{(t)}} & \cdots & \frac{\partial z_2}{\partial u_{n-1}^{(t)}} \\ \cdot & \cdot & \cdot & \cdot \\ X_n & \frac{\partial z_n}{\partial u_1^{(t)}} & \cdots & \frac{\partial z_n}{\partial u_{n-1}^{(t)}} \end{vmatrix} du_1^{(t)}\, du_2^{(t)} \ldots du_{n-1}^{(t)}\,.$$

Se $(z_1^0, z_2^0, \ldots, z_n^0)$ è un punto di $S_{n-1}^{(t)}$, una linea che passa per questo punto ed ha per equazioni:

$$z_1 - z_1^0 = \frac{\partial F_t}{\partial z_1^0}\frac{\varrho}{\mu}$$

$$z_2 - z_2^0 = \frac{\partial F_t}{\partial z_2^0}\frac{\varrho}{\mu}$$

$$\cdot\quad\cdot\quad\cdot\quad\cdot\quad\cdot\quad\cdot$$

$$\cdot\quad\cdot\quad\cdot\quad\cdot\quad\cdot\quad\cdot$$

$$z_n - z_n^0 = \frac{\partial F_t}{\partial z_n^0}\frac{\varrho}{\mu} \quad (*)$$

si dice la normale allo spazio $S_{n-1}^{(t)}$; e siccome di quì abbiamo:

$$\varrho^2 = (z_1 - z_1^0)^2 + (z_2 - z_2^0)^2 + \cdots + (z_n - z_n^0)^2,$$

ϱ si chiama la distanza del punto $(z_1, z_2, \ldots, z_n)$ da $(z_2^0 . z_2^0, \ldots, z_n^0)$. Se ϱ è infinitesimo e uguale a dp_t, abbiamo:

$$\frac{dz_r}{dp_t} = \frac{\partial F_t}{\partial z_r}\frac{1}{\mu}.$$

Ma:

$$\frac{\partial F_t}{\partial z_r} = \frac{\partial \Delta}{\partial A_r}\frac{\mu}{M},$$

onde:

$$\frac{dz_r}{dp_t} = \frac{\partial \Delta}{\partial A_r}\frac{1}{M}.$$

(*) μ ha il significato del § I. O. T.

Onde sostituendo:

$$\Omega_n = -\sum_t \int_{n-1} \left(X_1 \frac{dz_1}{dp_t} + X_2 \frac{dz_2}{dp_t} + \cdots + X_u \frac{dz_n}{dp_t} \right) M\, du_1^{(t)} du_2^{(t)} \ldots du_{n-1}^{(t)} .$$

Ma essendo $dS_{n-1}^{(t)}$ l'elemento dello spazio $S_{n-1}^{(t)}$, abbiamo:

$$dS_{n-1}^{(t)} = M du_1^{(t)} du_2^{(t)} \ldots du_{n-1}^{(t)} ,$$

onde:

$$\Omega_n = -\sum_t \int_{S_{n-1}^{(t)}} \sum_r X_r \frac{dz_r}{dp_t} dS_{n-1}^{(t)} .$$

Quindi se:

$$X_r = \frac{\partial V}{\partial z_r} ,$$

avremo:

$$\Omega_n = \int_R \left(\frac{\partial^2 V}{\partial z_1^2} + \frac{\partial^2 V}{\partial z_2^2} + \cdots + \frac{\partial^2 V}{\partial z_n^n} \right) dR$$

$$= -\sum_t \int_{S_{n-1}^{(t)}} \frac{dV}{dp_t} dS_{n-1}^{(t)} ,$$

e perciò se:

$$(4) \qquad \frac{\partial^2 V}{\partial z_1^2} + \frac{\partial^2 V}{\partial z_2^2} + \cdots + \frac{\partial^2 V}{\partial z_n^2} = 0$$

in tutto lo spazio R, sarà:

$$(5) \qquad \sum_t \int_{S_{n-1}^{(t)}} \frac{dV}{dp_t} dS_{n-1}^{(t)} = 0 .$$

Se lo spazio R ha semplice la connessione di $(n-1)^{\text{esima}}$ specie, ogni spazio chiuso C di $n-1$ dimensioni condotto in esso, forma il contorno di una porzione di R; quindi se la equazione (4) è soddisfatta per tutto R, e vi sono finite e continue V e le sue derivate prime, sarà sempre:

$$\int_C \frac{dV}{dp_c} dC = 0.$$

Se poi lo spazio R ha la connessione di specie $(n-1)^{\text{esima}}$ di ordine $p_{n-1}+1$, condotti in esso p_{n-1} spazî chiusi $A_1, A_2, \ldots, A_{p_{n-1}}$ di $n-1$ dimensioni, ogni spazio chiuso C contenuto in R formerà col sistema A il contorno di una parte di R: e se $a_1, a_2, \ldots, a_{p_{n-1}}$ sono le sezioni trasverse lineari che attraversano rispettivamente gli spazî chiusi $A_1, A_2, \ldots, A_{p_{n-1}}$, e rendono semplice la connessione di $(n-1)^{\text{esima}}$ specie dello spazio R,

C formerà il contorno di una parte di R con quelli spazî del sistema che sono attraversati dalle sezioni a che incontra C.

Ponendo dunque:

$$\int_{A_r} \frac{dV}{dp_t} dA_r = M_r$$

avremo:

$$\int_C \frac{dV}{dp_c} dC + \sum M_r = 0$$

estendendo la somma a tutti i valori di r che sono indici delle sezioni trasverse incontrate da C, ed abbiamo il seguente teorema:

Se lo spazio R *ha la connessione di* $(n-1)^{esima}$ *specie di ordine* $p_{n-1}+1$, *se con sezioni trasverse lineari si rende semplice questa connessione, e* C *è uno spazio chiuso di* $n-1$ *dimensioni, contenute in* R, *l'integrale*:

$$\int_C \frac{dV}{dp_c} dC$$

differirà da zero di tanti moduli di periodicità quante sono le sezioni trasverse lineari che attraversa lo spazio C.

Poichè due spazi di $n-1$ dimensioni che hanno uno stesso contorno formano insieme uno spazio chiuso, avremo ancora il seguente teorema:

Dato, nello spazio R *di* n *dimensioni, che ha la connessione di* $(n-1)^{esima}$ *specie di ordine* $p_{n-1}+1$, *uno spazio chiuso* Γ *di* $n-2$ *dimensioni, resa mediante* p_{n-1} *sezioni lineari semplice questa connessione, l'integrale precedente esteso a uno spazio* C' *che ha per contorno* Γ *e incontra* s *sezioni trasverse lineari, differirà dal medesimo integrale esteso a uno spazio* C' *che ha lo stesso contorno e non incontra alcuna sezione, dei moduli di periodicità relativi a quelle sezioni, e quindi se lo spazio* R *ha semplice la connessione di* $(n-1)^{esima}$ *specie l'integrale esteso a uno spazio qualunque* C *contenuto in* R *che ha per contorno* Γ *avrà sempre lo stesso valore.*

VII.

In uno spazio chiuso R di n dimensioni che ha la connessione di 1ª specie di ordine p_1+1, siano $s_1, s_2, \dots, s_{p_1}$ le p_1 sezioni trasverse semplicemente connesse di $n-1$ dimensioni che rendono semplice la connessione di 1ª specie di R. Siano $L_1, L_2, \dots, L_{p_1}$ p_1 linee chiuse che rispettivamente attraversano le sezioni $s_1, s_2, \dots, s_{p_1}$, e che sono tali che ogni altra linea l chiusa, con quelle delle linee L che attraversano le medesime sezioni che essa attraversa, forma il contorno di uno spazio C di due dimensioni contenuto tutto in R.

Siano:

(1) $$z_1 = z_1(u)\,,\; z_2 = z_2(u)\,,\; \ldots\,,\; z_n = z_n(u)$$

le equazioni della linea l, e prendiamo a considerare l'integrale:

$$\Omega_1 = \sum \int X_r\, dz_r = \sum \int X_r \frac{dz_r}{du}\, du$$

esteso a tutta la linea l, essendo le X_r finite e continue in tutta R.

Ora la linea l formando parte del contorno di C, se lo spazio C sarà determinato dall'equazione:

$$z_1 = z_1(v_1\,,\, v_2)\,,\; z_2 = z_2(v_1\,,\, v_2)\,,\; \ldots\,,\; z_n = z_n(v_1\,,\, v_2)$$

avremo:

$$\frac{dz_r}{du}\, du = \frac{\partial z_r}{\partial v_1}\, dv_1 + \frac{\partial z_r}{\partial v_2}\, dv_2$$

e quindi:

$$\Omega_1 = \int \sum X_r \frac{\partial z_r}{\partial v_1}\, dv_1 + \int \sum X_r \frac{\partial z_r}{\partial v_2}\, dv_2\,.$$

Ora per quello che abbiamo dimostrato nel paragrafo precedente:

$$\iint \left[\frac{\partial}{\partial v_2}\left(\sum X_r \frac{\partial z_r}{\partial v_1}\right) - \frac{\partial}{\partial v_1}\left(\sum X_r \frac{\partial z_r}{\partial v_2}\right)\right] dv_1\, dv_2$$
$$= \int \sum X_r \frac{\partial z_r}{\partial v_1}\, dv_1 + \int \sum X_r \frac{\partial z_r}{\partial v_2}\, dv_2$$

dove l'integrale doppio è esteso a tutto lo spazio C e il semplice a tutto il sistema di linee $l\,,\, L_1\,,\, L_2\,,\ldots$ che formano il contorno di C.

Ma abbiamo:

$$\iint \left[\frac{\partial}{\partial v_2}\left(\sum X_r \frac{\partial z_r}{\partial v_1}\right) - \frac{\partial}{\partial v_1}\left(\sum X_r \frac{\partial z_r}{\partial v_2}\right)\right] dv_1\, dv_2$$

$$= \iint \sum \frac{\partial X_r}{\partial z_t} \begin{vmatrix} \frac{\partial z_r}{\partial v_1} & \frac{\partial z_r}{\partial v_2} \\ \frac{\partial z_t}{\partial v_1} & \frac{\partial z_t}{\partial v_2} \end{vmatrix} dv_1\, dv_2 = \sum \iint \left(\frac{\partial X_r}{\partial z_t} - \frac{\partial X_t}{\partial z_r}\right) dz_r\, dz_t\,.$$

Quindi l'integrale doppio è nullo se in tutto R sono verificate anche le equazioni:

$$\frac{\partial X_r}{\partial z_t} - \frac{\partial X_t}{\partial z_r} = 0. \tag{2}$$

Dunque l'integrale

$$\sum \int X_r \, dz_r$$

esteso a tutte le linee l, L_1, L_2, ... che formano il contorno di uno spazio C, è sempre nullo, qualunque sia la linea chiusa l, se le X_r soddisfano le (2) e sono finite e continue in R. Da ciò si ricava il teorema seguente:

Se in uno spazio R *di n dimensioni, che ha la connessione di 1ª specie di ordine* p_1, *sono* $s_1, s_2, \ldots, s_{p_1}$ *le sezioni trasverse di* $n-1$ *dimensioni, semplicemente connesse che rendono semplice la connessione di 1ª specie di* R, *ed* $L_1, L_2, \ldots, L_{p_1}$ p_1 *linee chiuse che incontrano rispettivamente le sezioni* $s_1, s_2, \ldots, s_{p_1}$ *e poniamo*:

$$M_t = \sum \int_{L_t} X_r \, dz_r,$$

l'integrale:

$$\sum \int_{Z^0}^{Z'} X_r \, dz_r$$

esteso tra due punti Z^0 *e* Z' *lungo una linea che incontra più sezioni s, differirà da quello preso lungo una linea che va dal punto* Z^0 *al punto* Z' *senza incontrare nessuna sezione s, delle quantità* M *relative alle sezioni s incontrate, prese queste positivamente o negativamente secondo che sono incontrate progredendo in una o in altra direzione; se poi la connessione di 1ª specie dello spazio* R *è semplice, l'integrale preso lungo una linea qualunque che in* R *va da* Z^0 *a* Z' *ha sempre lo stesso valore.*

XLI.

TEORIA DELLA ELASTICITÀ

(Dal *Nuovo Cimento*, ser. II, t. VII-VIII, pp. 5-21, 69-97, 158-180, 357-367, an. 1872; t. IX, pp. 34-43, an. 1873; t. X, pp. 58-84, id. id., Pisa).

I.

Deformazione di un corpo.

I corpi solidi non sono perfettamente rigidi come si considerano nella Meccanica razionale, ma tutti sotto l'azione di certe forze, senza rompere la loro connessione, possono mutare entro certi limiti di forma e di estensione, e quindi possono variare le distanze dei loro punti infinitamente vicini, cioè le grandezze dei loro elementi lineari. Limitiamoci a considerare queste deformazioni nel caso in cui i rapporti tra le variazioni degli elementi lineari e gli elementi stessi siano quantità talmente piccole che si possano trascurare le potenze di ordine superiore di fronte a quelle di ordine inferiore.

Sia S lo spazio occupato da un dato corpo, e siano x, y, z le coordinate di uno dei suoi punti. Il quadrato dell'elemento lineare che ha una estremità nel punto (x, y, z) e l'altra nel punto $(x+dx, y+dy, z+dz)$, sarà:

$$ds^2 = dx^2 + dy^2 + dz^2 ,$$

e la sua variazione:

$$ds\,\delta ds = dx\,d\delta x + dy\,d\delta y + dz\,d\delta z .$$

Poniamo:

$$\delta x = u \;,\; \delta y = v \;,\; \delta z = w .$$

Le u, v, w saranno funzioni di x, y, z che supporremo finite e continue insieme colle loro derivate in tutto lo spazio S.

Sostituendo ed effettuando le differenziazioni, avremo:

$$ds\,\delta\,ds = \frac{\partial u}{\partial x}\,dx^2 + \frac{\partial v}{\partial y}\,dy^2 + \frac{\partial w}{\partial z}\,dz^2$$

$$+\left(\frac{\partial v}{\partial z} + \frac{\partial w}{\partial y}\right) dz\,dy + \left(\frac{\partial w}{\partial x} + \frac{\partial u}{\partial z}\right) dz\,dx + \left(\frac{\partial u}{\partial y} + \frac{\partial v}{\partial x}\right) dx\,dy\,.$$

Pongo:

$$\frac{\partial u}{\partial x} = a\,,\quad \frac{\partial v}{\partial y} = b\,,\quad \frac{\partial w}{\partial z} = c$$

(1)

$$\frac{\partial v}{\partial z} + \frac{\partial w}{\partial y} = 2f\,,\quad \frac{\partial w}{\partial x} + \frac{\partial u}{\partial z} = 2g\,,\quad \frac{\partial u}{\partial y} + \frac{\partial v}{\partial x} = 2h$$

ed ottengo:

$$\frac{\delta\,ds}{ds} = a\,\frac{dx^2}{ds^2} + b\,\frac{dy^2}{ds^2} + c\,\frac{dz^2}{ds^2} +$$

(2)

$$+\,2f\,\frac{dy}{ds}\,\frac{dz}{ds} + 2g\,\frac{dz}{ds}\,\frac{dx}{ds} + 2h\,\frac{dx}{ds}\,\frac{dy}{ds}\,.$$

Le quantità $\frac{dx}{ds}\,,\ \frac{dy}{ds}\,,\ \frac{dz}{ds}$ sono uguali ai coseni degli angoli che la direzione dell'elemento ds fa con i tre assi; il primo membro della equazione (2) deve essere per la supposizione fatta talmente piccolo che se ne possano trascurare le potenze superiori di fronte alle inferiori, qualunque sia la direzione dell'elemento ds, quindi anche le sei grandezze $a\,,b\,,c\,,f\,,g\,,h$ debbono essere dello stesso ordine di piccolezza.

Se l'elemento è parallelo all'asse delle x, abbiamo:

$$\frac{\delta\,ds}{ds} = a$$

se all'asse delle y:

$$\frac{\delta\,ds}{ds} = b$$

se a quello delle z:

$$\frac{\delta\,ds}{ds} = c\,.$$

Quindi $a\,,b\,,c$ non sono altro che i rapporti degli allungamenti degli elementi paralleli agli assi, agli elementi stessi, cioè i *coefficienti di allungamento* nelle direzioni degli assi.

Moltiplichiamo per $dx\,dy$ la equazione:

$$2h = \frac{\partial u}{\partial y} + \frac{\partial v}{\partial x}$$

ed integriamo a tutta la superficie di un rettangolo che giace in un piano parallelo al piano xy, con i lati paralleli agli assi delle x e delle y e di lunghezze ξ, η che denoteremo ordinatamente con ξ_1, η_1, ξ_2, η_2; avremo per un noto teorema di analisi:

$$2\iint h\,dx\,dy = \iint \left(\frac{\partial u}{\partial y} + \frac{\partial v}{\partial x}\right) dx\,dy$$

$$= \int \left(v\frac{dy}{ds} - u\frac{dx}{ds}\right) ds = -\int_{\xi_1} u\,dx + \int_{\eta_1} v\,dy + \int_{\xi_2} u\,dx - \int_{\eta_2} v\,dy .$$

Poniamo:

$$\xi u' = \int_{\xi_1} u\,dx \quad , \quad \eta v' = \int_{\eta_1} v\,dy$$

$$\xi u'' = \int_{\xi_2} u\,dx \quad , \quad \eta v'' = \int_{\eta_2} v\,dy$$

$$h'\xi\eta = \iint h\,dx\,dy$$

avremo:

$$2h' = \frac{u'' - u'}{\eta} + \frac{v' - v''}{\xi} .$$

Se il rettangolo è infinitesimo h è costante in tutta l'area, e quindi $h' = h$.

Ora denotiamo con ξ'_1, η'_1, ξ'_2, η'_2 le lunghezze dei lati ξ_1, η_1, ξ_2, η_2 dopo la deformazione, poichè il rettangolo è infinitesimo, avremo:

$$\xi'_1 = (1 + a)\,\xi \quad , \quad \eta'_1 = (1 + b)\,\eta ,$$

$$\xi'_2 = \left(1 + a + \frac{\partial a}{\partial y}\eta\right)\xi \quad , \quad \eta'_2 = \left(1 + b + \frac{\partial b}{\partial x}\xi\right)\eta$$

e quindi trascurando le quantità di ordine superiore:

$$\xi'_1 = \xi'_2 \quad , \quad \eta'_1 = \eta'_2 .$$

Dunque il rettangolo è parallelogrammo anche dopo la deformazione.

Sia ora α l'angolo che la direzione di ξ'_1 fa coll'asse delle x, e β l'angolo che la direzione di η'_1 fa coll'asse delle y; avremo:

$$u'' - u' = \eta'_1 \cos\left(\frac{\pi}{2} - \beta\right) = \eta'_1 \operatorname{sen} \beta$$

$$v' - v'' = \xi'_1 \cos\left(\frac{\pi}{2} - \alpha\right) = \xi'_1 \operatorname{sen} \alpha$$

Ora poichè α e β sono infinitesimi, abbiamo:

$$\frac{u'' - u'}{\eta} = \beta \quad , \quad \frac{v' - v''}{\xi} = \alpha$$

e quindi:

$$2h = \alpha + \beta ,$$

ed h rappresenta la semisomma degli angoli che η' fa coll'asse delle x, e ξ' coll'asse delle y, ossia la metà dell'angolo che bisogna togliere da un angolo retto per aver l'angolo del parallelogrammo. La quantità h rappresenta anche la semisomma dei rapporti delle lunghezze delle quali hanno scorso l'uno rispetto all'altro i lati opposti del rettangolo, alle loro distanze; è perciò che si chiama *coefficiente di scorrimento* nella direzione del piano xy; analogamente g e f sono i coefficienti di scorrimento nelle direzioni dei piani xz e zy.

Poniamo:

$$\Theta = a + b + c = \frac{\partial u}{\partial x} + \frac{\partial v}{\partial y} + \frac{\partial w}{\partial z}$$

moltiplichiamo questa equazione per l'elemento $d\mathrm{S}$ dello spazio, e integriamo ad una porzione qualunque S_1 dello spazio occupato dal corpo, avremo:

$$\int_{\mathrm{S}_1} \Theta \, d\mathrm{S} = \int_{\mathrm{S}_1} \left(\frac{\partial u}{\partial x} + \frac{\partial v}{\partial y} + \frac{\partial w}{\partial z}\right) d\mathrm{S} = \int_\sigma (u\alpha + v\beta + w\gamma) \, d\sigma$$

denotando con α, β, γ i coseni degli angoli che la normale alla superficie σ che forma il contorno di S_1 fa cogli assi.

Ora $(u\alpha + v\beta + w\gamma) \, d\sigma$ è il volume del prisma generato dal moto dell'elemento $d\sigma$, positivo se il movimento è verso l'esterno di S_1, negativo se verso l'interno di S_1; quindi l'integrale esteso a tutta la superficie è la misura dell'aumento di volume della porzione S_1 del corpo. Se consideriamo una porzione infinitesima del corpo, Θ è costante e abbiamo:

$$\Theta = \frac{\Delta S_1}{S_1},$$

ossia Θ è il rapporto dell'aumento di volume di un elemento del corpo al volume dell'elemento stesso e si chiama il *coefficiente di dilatazione.*

Tracciamo nel corpo una curva chiusa e piana s il cui piano S sia parallelo al piano xy: avremo per un teorema di analisi:

$$\int_S \left(\frac{\partial u}{\partial y} - \frac{\partial v}{\partial x}\right) dS = -\int_s \left(u\frac{dx}{ds} + v\frac{dy}{ds}\right) ds.$$

Se s è una circonferenza infinitesima, u, v e $\frac{\partial u}{\partial y} - \frac{\partial v}{\partial x}$ si possono ritenere costanti, e denotando con τ la componente dello spostamento nella direzione della tangente, con r il raggio del cerchio, avremo:

$$\left(\frac{\partial u}{\partial y} - \frac{\partial v}{\partial x}\right) S = -\int_0^{2\pi} \tau\, r\, d\theta = -2\pi r \tau.$$

Poniamo $\tau = r\omega$ avremo:

$$\frac{\partial u}{\partial y} - \frac{\partial v}{\partial x} = \frac{-2\pi r^2 \omega}{\pi r^2} = -2\omega.$$

Quindi $\frac{1}{2}\left(\frac{\partial u}{\partial y} - \frac{\partial v}{\partial x}\right)$ denota l'angolo di cui ha rotato l'elemento circolare intorno al suo centro. Analogamente $\frac{1}{2}\left(\frac{\partial v}{\partial z} - \frac{\partial w}{\partial y}\right)$, $\frac{1}{2}\left(\frac{\partial w}{\partial x} - \frac{\partial u}{\partial z}\right)$ sono gli angoli di cui hanno rotato gli elementi piani circolari paralleli ai piani yz, xz intorno ai loro centri.

Le funzioni u, v, w sono determinate in tutto lo spazio S occupato dal corpo, e quindi è cognita la deformazione del corpo stesso, quando sono dati:

1° le funzioni a, b, c, f, g, h ossia i coefficienti di allungamento nella direzione degli assi, e i coefficienti di scorrimento parallelamente ai piani coordinati in tutto lo spazio S;

2° i valori di u, v, w, e tre relazioni di primo grado tra le sei derivate $\frac{\partial u}{\partial y}, \frac{\partial u}{\partial z}, \frac{\partial v}{\partial x}, \frac{\partial v}{\partial z}, \frac{\partial w}{\partial x}, \frac{\partial w}{\partial y}$, in un sol punto di S.

Infatti, supponiamo che esistano due sistemi differenti di funzioni u', v', w' e u'', v'', w'' che soddisfacciano ad ambedue le condizioni precedenti, cioè che soddisfacciano alle medesime equazioni (1), e in un punto, che potrà prendersi per origine delle coordinate, prendano i medesimi valori, e le loro derivate soddisfacciano alle medesime relazioni lineari.

Poniamo:

$$u' - u'' = U \quad , \quad v' - v'' = V \quad , \quad w' - w'' = W \, .$$

Sottraendo le equazioni corrispondenti avremo.

$$(3) \qquad \frac{\partial U}{\partial x} = 0 \quad , \quad \frac{\partial V}{\partial y} = 0 \quad , \quad \frac{\partial W}{\partial z} = 0$$

$$(4) \qquad \frac{\partial U}{\partial y} + \frac{\partial V}{\partial x} = 0 \quad , \quad \frac{\partial V}{\partial z} + \frac{\partial W}{\partial y} = 0 \quad , \quad \frac{\partial W}{\partial x} + \frac{\partial U}{\partial z} = 0$$

dalle quali si deduce facilmente:

$$\frac{\partial^2 U}{\partial y^2} = \frac{\partial^2 U}{\partial z^2} = \frac{\partial^2 U}{\partial z \, \partial y} = 0$$

$$\frac{\partial^2 V}{\partial x^2} = \frac{\partial^2 V}{\partial z^2} = \frac{\partial^2 V}{\partial z \, \partial x} = 0$$

$$\frac{\partial^2 W}{\partial x^2} = \frac{\partial^2 W}{\partial y^2} = \frac{\partial^2 W}{\partial x \, \partial y} = 0$$

e quindi:

$$U = A_0 + A_1 y + A_2 z$$

$$V = B_0 + B x + B_2 z$$

$$W = C_0 + C x + C_1 y$$

dove $A_0, A_1, \ldots$ sono costanti. Sostituendo nelle (4) si ricava:

$$A_1 = - B \quad , \quad A_2 = - C \quad , \quad C_1 = - B_2$$

e quindi:

$$U = A_0 + A_1 y - C z$$

$$V = B_0 - A_1 x + B_2 z$$

$$W = C_0 + C x - B_2 y \, .$$

Ma per

$$x = y = z = 0$$

dovendo essere:

$$u' = u'' \quad , \quad v' = v'' \quad , \quad w' = w''$$

e tutte le derivate prime di u', v', w' dovendo essere pure rispettivamente uguali alle derivate prime di u'', v'', w'' sarà

$$U = V = W = 0$$

e le derivate prime di U, V, W saranno tutte uguali a zero, e quindi:

$$A_0 = B_0 = C_0 = A_1 = C = B_2 = 0 .$$

Dunque in tutto lo spazio S:

$$U = 0 \quad , \quad V = 0 \quad , \quad W = 0,$$

e quindi:

$$u' = u'' \quad , \quad v' = v'' \quad , \quad w' = w''$$

come volevamo dimostrare.

Consideriamo ora il caso in cui a, b, c, f, g, h siano costanti in tutto lo spazio S, e ohe nell'origine delle coordinate sia:

$$u = v = w = 0 \tag{5}$$

$$\frac{\partial u}{\partial y} - \frac{\partial v}{\partial x} = 0 \quad , \quad \frac{\partial w}{\partial y} - \frac{\partial v}{\partial z} = 0 \quad , \quad \frac{\partial u}{\partial z} - \frac{\partial w}{\partial x} = 0 . \tag{6}$$

Avremo la deformazione che i signori Thompson e Tait hanno chiamato *deformazione omogenea*, nella loro Opera intitolata: *Natural Philosophy*.

Per il teorema precedente un sol sistema di funzioni soddisfarà a queste condizioni.

Prendiamo:

$$\begin{aligned} u &= A + A_1 x + A_2 y + A_3 z \\ v &= B + B_1 x + B_2 y + B_3 z \\ w &= C + C_1 x + C_2 y + C_3 z \end{aligned} \tag{7}$$

dove le A, B, C sono costanti.

Sostituiamo nelle (1), e avremo:

$$A_1 = a \quad , \quad B_2 = b \quad , \quad C_3 = c$$

$$A_2 + B_1 = 2h$$

$$A_3 + C_1 = 2g$$

$$B_3 + C_2 = 2f .$$

Ponendo $x = y = z = 0$, le equazioni (7) e quelle ottenute dalle (3) e (4) sostituendo in esse i valori (7), dànno:

$$A = B = C = 0$$

$$A_2 - B_1 = 0 \quad , \quad A_3 - C_1 = 0 \quad , \quad B_3 - C_2 = 0$$

onde:

$$A_2 = B_1 = h \quad , \quad A_3 = C_1 = g \quad , \quad B_3 = C_2 = f$$

e quindi:

$$u = ax + hy + gz$$

$$v = hx + by + fz$$

$$w = gx + fy + cz$$

e denotando con x', y', z' le coordinate del punto (x, y, z) dopo la deformazione:

$$x' = (1 + a)\,x + hy + gz = \frac{\partial F}{\partial x}$$

$$y' = hx + (1 + b)\,y + fz = \frac{\partial F}{\partial y}$$

$$z' = gx + fy + (1 + c)\,z = \frac{\partial F}{\partial z}$$

essendo:

$$(8) \quad 2F = (1 + a)\,x^2 + (1 + b)\,y^2 + (1 + c)\,z^2 + 2fyz + 2gzx + 2hxy .$$

Determiniamo il luogo dei punti che avanti la deformazione si trovano sopra la retta:

$$\frac{x - x_0}{\alpha} = \frac{y - y_0}{\beta} = \frac{z - z_0}{\gamma} = \varrho$$

avremo:

$$x' - x'_0 = [(1 + a)\,\alpha + h\beta + g\gamma]\,\varrho$$

$$y' - y'_0 = [h\alpha + (1 + b)\,\beta + f\gamma]\,\varrho$$

$$z' - z'_0 = [g\alpha + f\beta + (1 + c)\,\gamma]\,\varrho .$$

Dunque i punti in linea retta avanti la deformazione sono in linea retta anche dopo, e la direzione di questa retta dipende soltanto dalla direzione di quella, e quindi i punti che si trovano sopra rette parallele avanti la deformazione, sono sopra rette parallele anche dopo.

Affinchè la direzione di una retta non muti colla deformazione dovrà essere:

$$(1+a)\,\alpha + h\beta + g\gamma = \lambda\alpha$$
$$h\alpha + (1+b)\,\beta + f\gamma = \lambda\beta$$
$$g\alpha + f\beta + (1+c)\,\gamma = \lambda\gamma$$

le quali equazioni dànno le direzioni dei tre assi principali dell'ellissoide che ha per equazione la (8).

Dunque vi sono in ogni punto soltanto tre direzioni ortogonali fra loro nelle quali le rette non mutano direzione nella deformazione.

Se riferiamo l'ellissoide (8) a questi assi avremo:

$$2\mathrm{F} = \mathrm{A}x^2 + \mathrm{B}y^2 + \mathrm{C}z^2$$

e la trasformazione che dà la deformazione diviene:

$$x' = \mathrm{A}x$$
$$y' = \mathrm{B}y$$
$$z' = \mathrm{C}z.$$

II.

Potenziale delle forze elastiche.

Una deformazione prodotta in un corpo solido elastico, se non oltrepassa certi limiti, dà origine a forze interne che tendono a riportare il corpo nello stato primitivo, le quali si dicono *forze elastiche.* Se durante la deformazione e il ritorno del corpo allo stato primitivo, la temperatura si mantiene costante (*), il lavoro meccanico fatto dalle forze esterne nel produrre la deformazione è uguale al lavoro meccanico fatto dalle forze elastiche nel ricondurre il corpo allo stato primitivo. Infatti abbiamo in questo caso un ciclo chiuso invertibile di trasformazioni, e per il secondo principio della termodinamica, se Q è il calore assorbito o emesso dal corpo durante la deformazione, Q′ quello emesso o assorbito nel ritornare allo stato primitivo

(*) Ogni deformazione elastica è accompagnata ordinariamente da sviluppo o assorbimento di calore, però può essere accompagnata o seguita anche da altri fenomeni fisici. Affinchè quindi l'enunciato del teorema sia preciso bisognerebbe aggiungere che, oltre alla temperatura, si mantengono costanti tutte le altre proprietà fisiche del corpo.

O. T.

e T la temperatura costante alla quale avvengono le trasformazioni, avremo:

$$\frac{Q}{T}-\frac{Q'}{T}=0$$

onde:

$$Q=Q'.$$

Dunque non si ha nè produzione nè consumo di calore, e quindi il lavoro consumato dev'essere uguale al lavoro prodotto (1). Ora il lavoro fatto dalle forze elastiche per ricondurre il corpo che ha ricevuto una data deformazione allo stato primitivo non può dipendere dagli stati intermedî per i quali è passato nel prendere quella deformazione, dunque anche il lavoro uguale fatto dalle forze esterne per deformare il corpo sarà indipendente dagli stati intermedî per i quali esse fanno passare il corpo, e dipenderà soltanto dallo stato iniziale e dallo stato finale del corpo, e sarà funzione a un sol valore, finita e continua delle sole quantità che determinano questi due stati. Questa funzione presa negativamente non è altro che il potenziale delle forze elastiche del corpo, poichè il potenziale di un sistema soggetto a forze che dipendono solo dalla posizione relativa dei suoi elementi è il lavoro meccanico fatto da queste forze nel passaggio del sistema da uno stato fisso allo stato attuale, e quella funzione esprime invece il lavoro consumato in questo passaggio.

Per avere il potenziale del corpo basterà decomporlo in elementi infinitesimi, determinare il potenziale di ciascuno e integrare. Decomponiamo il corpo in elementi parallelepipedi, e questi nello stato di equilibrio siano rettangoli con i lati paralleli ai tre assi, e con i lati di lunghezza ξ,η,ζ. In un elemento infinitesimo si possono considerare costanti le sei quantità a,b,c,f,g,h che determinano in una deformazione infinitesima qualunque la variazione dell'elemento lineare, quindi l'elemento dopo una deformazione qualunque avrà sempre la forma di un parallelepipedo, e la sua forma sarà determinata da sei quantità che possono essere i tre lati e i tre angoli di un angolo solido, e il potenziale sarà una funzione di queste sei quantità finita, continua e a un sol valore insieme colle sue derivate. Dopo una deformazione determinata dai coefficienti di allungamento e di scorrimento: a,b,c,f,g,h, i tre lati saranno:

$$\xi(1+a)\quad,\quad \eta(1+b)\quad,\quad \zeta(1+c)$$

---

(1) Questo teorema è dovuto a W. Thompson. V. Quarterly Journal of Mathematics, volume I.

e gli angoli:

$$\frac{\pi}{2} - f \quad , \quad \frac{\pi}{2} - g \quad , \quad \frac{\pi}{2} - h$$

e quindi il potenziale denotandolo con P sarà:

$$P = F\left(\xi(1+a)\,,\, \eta(1+b)\,,\, \zeta(1+c)\,,\, \frac{\pi}{2} - f\,,\, \frac{\pi}{2} - g\,,\, \frac{\pi}{2} - h\right).$$

Ora la funzione F potendosi per valori piccolissimi di $a\xi$, $b\eta$, ... applicare il teorema di Taylor, avremo:

$$\begin{aligned} P = & F\left(\xi\,,\,\eta\,,\,\zeta\,,\,\frac{\pi}{2}\,,\,\frac{\pi}{2}\,,\,\frac{\pi}{2}\right) \\ & + \frac{\partial F}{\partial \xi}\xi a + \frac{\partial F}{\partial \eta}\eta b + \cdots \\ & + \frac{1}{2}\frac{\partial^2 F}{\partial \xi^2} a^2 \xi^2 + \cdots \\ & + \cdots\cdots \end{aligned}$$

Il primo termine esprimendo il potenziale nello stato di equilibrio del corpo, che è quello da cui il potenziale stesso si conta, sarà uguale a zero. Nello stato di equilibrio (*) poi dovendo la variazione prima del potenziale essere uguale a zero, sarà uguale a zero anche la parte che contiene linearmente le a, b, c, f, g, h. Dovendo poi essere un massimo il valore del potenziale, affinchè l'equilibrio sia stabile, dovrà la variazione seconda essere sempre negativa. Quindi il potenziale delle forze elastiche è dato da una forma negativa di secondo grado omogenea delle quantità:

$$a\,,\,b\,,\,c\,.\,f\,,\,g\,,\,h\,.$$

Ponendo:

$$(9) \qquad \begin{aligned} a &= x_1 \quad , \quad b = x_2 \quad , \quad c = x_3 \\ f &= x_4 \quad , \quad g = x_5 \quad , \quad h = x_6 \end{aligned}$$

avremo per il potenziale di un elemento:

$$P = \Sigma\Sigma\, A_{rs}\, x_r\, x_s\,.$$

(*) Lo stato di equilibrio di cui parla l'autore è quello che corrisponde a forze esterne nulle, ossia quello che ordinariamente si chiama *stato naturale* del corpo.

O. T.

Se il corpo è omogeneo i coefficienti A_{rs} saranno evidentemente costanti in tutto il corpo.

Se il corpo è *isotropo*, cioè se le forze elastiche sono uguali in tutte le direzioni, il potenziale delle forze elastiche di un elemento avrà uguali i coefficienti delle variabili corrispondenti quando sia riferito a due differenti sistemi di assi coordinati. Quindi se prendiamo invece degli assi x, y, z altri tre assi ortogonali x', y', z' tali che x' e y' coincidano con x e y e z' abbia la direzione opposta z, sarà per un punto qualunque:

$$x' = x \quad , \quad y' = y \quad , \quad z' = -z$$
$$u' = u \quad , \quad v' = v \quad , \quad w' = -w$$

e per conseguenza:

$$x'_1 = \frac{\partial u'}{\partial x'} = \frac{\partial u}{\partial x} = x_1 ,$$

$$x'_2 = \frac{\partial v'}{\partial y'} = \frac{\partial v}{\partial y} = x_2 ,$$

$$x'_3 = \frac{\partial w'}{\partial z'} = \frac{\partial w}{\partial z} = x_3 ,$$

$$x'_4 = \frac{\partial v'}{\partial z'} + \frac{\partial w'}{\partial y'} = -\frac{\partial v}{\partial z} - \frac{\partial w}{\partial y} = -x_4$$

$$x'_5 = \frac{\partial w'}{\partial x'} + \frac{\partial u'}{\partial z'} = -\frac{\partial w}{\partial x} - \frac{\partial u}{\partial z} = -x_5$$

$$x'_6 = \frac{\partial u'}{\partial y'} + \frac{\partial v'}{\partial x'} = \frac{\partial u}{\partial y} + \frac{\partial v}{\partial x} = x_6$$

e quindi:

$$\Sigma\Sigma A_{rs} x_r x_s = \Sigma\Sigma \pm A_{rs} x'_r x'_s$$

dove si deve prendere il segno negativo soltanto quando uno solo dei due indici r ed s è uguale a uno dei due numeri 4 e 5. Dovendo essere uguali i coefficienti dei prodotti delle variabili corrispondenti, avremo:

$$A_{14} = A_{24} = A_{34} = A_{64} = 0$$
$$A_{15} = A_{25} = A_{35} = A_{65} = 0 .$$

Mutando la direzione al solo asse delle y si trova analogamente:

$$A_{16} = A_{26} = A_{36} = A_{56} = 0$$

e mutando la direzione del solo asse delle x si trova:

$$A_{45} = 0 .$$

Quindi rimane:

$$P = A_{11} x_1^2 + A_{22} x_2^2 + A_{33} x_3^2 + A_{44} x_4^2 + A_{55} x_5^2 + A_{66} x_6^2$$
$$+ 2 A_{12} x_1 x_2 + 2 A_{23} x_2 x_3 + 2 A_{31} x_1 x_3 :$$

Mutando x in y e y in x si trova:

$$A_{11} = A_{22} \quad , \quad A_{13} = A_{23}$$
$$A_{44} = A_{55}$$

e mutando y in z e z in y:

$$A_{22} = A_{33} \quad , \quad A_{55} = A_{66} \quad , \quad A_{12} = A_{31}$$

onde:

$$P = A_{11}(x_1^2 + x_2^2 + x_3^2) + A_{44}(x_4^2 + x_5^2 + x_6^2)$$
$$+ 2 A_{12}(x_1 x_2 + x_2 x_3 + x_3 x_1)$$

e ponendo:

$$A_{12} = A \quad , \quad A_{11} - A_{12} = B \quad , \quad A_{44} = C$$
$$P = A(x_1 + x_2 + x_3)^2 + B(x_1^2 + x_2^2 + x_3^2)$$
$$+ C(x_4^2 + x_5^2 + x_6^2)$$

e sostituendo i valori (9) delle x:

$$(10) \qquad \begin{aligned} P = A \left(\frac{\partial u}{\partial x} + \frac{\partial v}{\partial y} + \frac{\partial w}{\partial z}\right)^2 + B \left(\frac{\partial u^2}{\partial x^2} + \frac{\partial v^2}{\partial y^2} + \frac{\partial w^2}{\partial z^2}\right) \\ + C\left[\left(\frac{\partial v}{\partial z} + \frac{\partial w}{\partial y}\right)^2 + \left(\frac{\partial w}{\partial x} + \frac{\partial u}{\partial z}\right)^2 + \left(\frac{\partial u}{\partial y} + \frac{\partial v}{\partial x}\right)\right] . \end{aligned}$$

Facciamo ora la seguente trasformazione di coordinate:

$$\begin{aligned} x' &= \quad x \cos\varphi + y \operatorname{sen}\varphi & \qquad u &= u' \cos\varphi - v' \operatorname{sen}\varphi \\ y' &= - x \operatorname{sen}\varphi + y \cos\varphi & v &= u' \operatorname{sen}\varphi + v' \cos\varphi \\ z' &= \quad z & w &= w' \end{aligned}$$

avremo:

$$\frac{\partial u}{\partial x}=\frac{\partial u'}{\partial x'}\cos^2\varphi+\frac{\partial v'}{\partial y'}\operatorname{sen}^2\varphi-\left(\frac{\partial u'}{\partial y'}+\frac{\partial v'}{\partial x'}\right)\operatorname{sen}\varphi\cos\varphi$$

$$\frac{\partial v}{\partial y}=\frac{\partial u'}{\partial x'}\operatorname{sen}^2\varphi+\frac{\partial v'}{\partial y'}\cos^2\varphi+\left(\frac{\partial u'}{\partial y'}+\frac{\partial v'}{\partial x'}\right)\operatorname{sen}\varphi\cos\varphi$$

$$\frac{\partial w}{\partial z}=\frac{\partial w'}{\partial z'}$$

onde:

$$\frac{\partial u}{\partial x}+\frac{\partial v}{\partial y}+\frac{\partial w}{\partial z}=\frac{\partial u'}{\partial x'}+\frac{\partial v'}{\partial y'}+\frac{\partial w'}{\partial z'}$$

$$\frac{\partial u^2}{\partial x^2}+\frac{\partial v^2}{\partial y^2}+\frac{\partial w^2}{\partial z^2}=\frac{\partial u'^2}{\partial x'^2}+\frac{\partial v'^2}{\partial y'^2}+\frac{\partial w'^2}{\partial z'^2}+\frac{1}{2}\left(\frac{\partial u'}{\partial y'}+\frac{\partial v'}{\partial x'}\right)^2$$

$$-\frac{1}{2}\left[2\left(\frac{\partial u'}{\partial x'}-\frac{\partial v'}{\partial y'}\right)\operatorname{sen}\varphi\cos\varphi+\left(\frac{\partial u'}{\partial y'}+\frac{\partial v'}{\partial x'}\right)(\cos^2\varphi-\operatorname{sen}^2\varphi)\right]^2.$$

Abbiamo inoltre:

$$\frac{\partial u}{\partial y}=\frac{\partial u'}{\partial x'}\operatorname{sen}\varphi\cos\varphi-\frac{\partial v'}{\partial y'}\operatorname{sen}\varphi\cos\varphi+\frac{\partial u'}{\partial y'}\cos^2\varphi-\frac{\partial v'}{\partial x'}\operatorname{sen}^2\varphi$$

$$\frac{\partial v}{\partial x}=\frac{\partial u'}{\partial x'}\operatorname{sen}\varphi\cos\varphi-\frac{\partial v'}{\partial y'}\operatorname{sen}\varphi\cos\varphi-\frac{\partial u'}{\partial y'}\operatorname{sen}^2\varphi+\frac{\partial v'}{\partial x'}\cos^2\varphi$$

$$\frac{\partial u}{\partial y}+\frac{\partial v}{\partial x}=2\left(\frac{\partial u'}{\partial x'}-\frac{\partial v'}{\partial y'}\right)\operatorname{sen}\varphi\cos\varphi+\left(\frac{\partial u'}{\partial y'}+\frac{\partial v'}{\partial x'}\right)(\cos^2\varphi-\operatorname{sen}^2\varphi)$$

$$\frac{\partial u}{\partial z}=\frac{\partial u'}{\partial z'}\cos\varphi-\frac{\partial v'}{\partial z'}\operatorname{sen}\varphi$$

$$\frac{\partial w}{\partial x}=\frac{\partial w'}{\partial x'}\cos\varphi-\frac{\partial w'}{\partial y'}\operatorname{sen}\varphi$$

$$\frac{\partial u}{\partial z}+\frac{\partial w}{\partial x}=\left(\frac{\partial u'}{\partial z'}+\frac{\partial w'}{\partial x'}\right)\cos\varphi-\left(\frac{\partial v'}{\partial z'}+\frac{\partial w'}{\partial y'}\right)\operatorname{sen}\varphi$$

$$\frac{\partial v}{\partial z}=\frac{\partial u'}{\partial z'}\operatorname{sen}\varphi+\frac{\partial v'}{\partial z'}\cos\varphi$$

$$\frac{\partial w}{\partial y}=\frac{\partial w'}{\partial x'}\operatorname{sen}\varphi+\frac{\partial w'}{\partial y'}\cos\varphi$$

$$\frac{\partial v}{\partial z}+\frac{\partial w}{\partial y}=\left(\frac{\partial u'}{\partial z'}+\frac{\partial w'}{\partial x'}\right)\operatorname{sen}\varphi+\left(\frac{\partial v'}{\partial z'}+\frac{\partial w'}{\partial y'}\right)\cos\varphi.$$

Sostituendo i valori trovati nella equazione (10), abbiamo:

$$P = A\left(\frac{\partial u'}{\partial x'} + \frac{\partial v'}{\partial y'} + \frac{\partial w'}{\partial z'}\right)^2$$

$$+ B\left(\frac{\partial u'^2}{\partial x'^2} + \frac{\partial v'^2}{\partial y'^2} + \frac{\partial w'^2}{\partial z'^2}\right)$$

$$+ C\left[\left(\frac{\partial v'}{\partial z'} + \frac{\partial w'}{\partial y'}\right)^2 + \left(\frac{\partial u'}{\partial z'} + \frac{\partial w'}{\partial x'}\right)^2\right]$$

$$+ \frac{B}{2}\left(\frac{\partial u'}{\partial y'} + \frac{\partial v'}{\partial x'}\right)^2$$

$$+ \left(C - \frac{B}{2}\right)\left\{2\left(\frac{\partial u'}{\partial x'} - \frac{\partial v'}{\partial y'}\right) \operatorname{sen}\varphi \cos\varphi + \left(\frac{\partial u'}{\partial y'} + \frac{\partial v'}{\partial x'}\right)(\cos^2\varphi - \operatorname{sen}^2\varphi)\right\}^2$$

la quale avrà la stessa forma che nel primitivo sistema di coordinate soltanto quando sia:

$$C = \frac{B}{2} \text{ (*)}$$

ossia:

$$P = A\Theta^2 + B\Delta^2$$

essendo:

$$\Theta = a + b + c$$

$$\Delta^2 = a^2 + b^2 + c^2 + 2f^2 + 2g^2 + 2h^2.$$

Come abbiamo veduto Θ è il coefficiente di dilatazione. Vediamo ora che cosa significa Δ^2.

Prendiamo per origine il centro di gravità, e per assi gli assi principali d'inerzia dell'elemento avanti la deformazione, denotando con x', y', z' le coordinate di un punto dopo la deformazione, avremo:

$$x' = (1 + a)\, x + hy + gz$$

$$y' = hx + (1 + b)\, y + fz$$

$$z' = gx + fy + (1 + c)\, z$$

(*) Nel calcolo precedente sono stati corretti diversi errori di calcolo che portavano alla conseguenza $C = 2B$, invece che a $C = \frac{B}{2}$

O. T.

e sarà:

$$\int x\,dS = 0 \quad , \quad \int y\,dS = 0 \quad , \quad \int z\,dS = 0$$

$$\int yz\,dS = 0 \quad , \quad \int zx\,dS = 0 \quad , \quad \int xy\,dS = 0 \,.$$

Se l'elemento avanti la deformazione si è preso in modo che siano uguali i tre integrali:

$$\int x^2\,dS = \int y^2\,dS = \int z^2\,dS$$

e quindi uguali i tre momenti d'inerzia che denoteremo con $2m$, avremo:

$$\int \left((x'-x)^2 + (y'-y)^2 + (z'-z)^2\right) dS$$
$$= (a^2 + b^2 + c^2 + 2f^2 + 2g^2 + 2h^2)\, m\,.$$

Ossia:

$$\Delta^2 = \frac{\int [(x'-x)^2 + (y'-y)^2 + (z'-z)^2]\, dS}{m}$$

cioè uguale al rapporto tra la somma dei quadrati degli spostamenti di tutti i suoi punti alla metà del momento d'inerzia dell'elemento rispetto ad uno degli assi.

III.

Equazioni di equilibrio dei corpi solidi elastici omogenei.

Per determinare le relazioni che debbono esistere tra le forze che agiscono sopra un corpo solido elastico omogeneo, e le deformazioni degli elementi dello stesso, affinchè si abbia equilibrio, ci varremo del seguente principio di Lagrange: affinchè un sistema, i cui moti virtuali sono invertibili, sia in equilibrio, è necessario e sufficiente che il lavoro meccanico fatto dalle forze in un moto virtuale qualunque, sia uguale a zero.

Siano X, Y, Z le componenti delle forze acceleratrici che agiscono su ciascun punto del corpo; L, M, N le componenti delle forze che agiscono su ciascun punto della superficie di esso, e ϱ la densità costante. Diamo ad ogni punto del corpo deformato un moto virtuale: e denotiamo con δu,

δv, δw le variazioni che per questo modo prenderanno u, v, w. Il lavoro fatto in questo moto dalle forze date sarà evidentemente:

$$\int_S \varrho (X\,\delta u + Y\delta v + Z\,\delta w)\,dS + \int_\sigma (L\,\delta u + M\,\delta v + N\,\delta w)\,d\sigma$$

essendo S lo spazio occupato dal corpo e σ la sua superficie. Il lavoro fatto dalle forze elastiche sarà uguale all'aumento del potenziale di tutto il corpo che è:

$$\Phi = \int_S P\,dS.$$

Onde per il principio di Lagrange:

$$(11)\qquad \delta\Phi + \int_S \varrho(X\delta u + Y\delta v + Z\delta w)\,dS + \int_\sigma (L\delta u + M\delta v + N\delta w)\,d\sigma = 0.$$

Ora, denotando con α, β, γ i coseni degli angoli che la normale diretta verso l'interno del corpo fa cogli assi positivi, abbiamo:

$$\begin{aligned}
\delta\Phi = \int_S \Big[& \frac{\partial P}{\partial a}\frac{\partial \delta u}{\partial x} + \frac{\partial P}{\partial b}\frac{\partial \delta v}{\partial y} + \frac{\partial P}{\partial c}\frac{\partial \delta w}{\partial z} \\
& + \frac{\partial P}{2\,\partial f}\left(\frac{\partial \delta w}{\partial y} + \frac{\partial \delta v}{\partial z}\right) + \frac{\partial P}{2\,\partial g}\left(\frac{\partial \delta u}{\partial z} + \frac{\partial \delta w}{\partial x}\right) + \frac{\partial P}{2\,\partial h}\left(\frac{\partial \delta u}{\partial y} + \frac{\partial \delta v}{\partial x}\right)\Big] dS \\
= -\int_\sigma \Big[& \left(\frac{\partial P}{\partial a}\alpha + \frac{\partial P}{2\,\partial h}\beta + \frac{\partial P}{2\,\partial g}\gamma\right)\delta u \\
& + \left(\frac{\partial P}{2\,\partial h}\alpha + \frac{\partial P}{\partial b}\beta + \frac{\partial P}{2\,\partial f}\gamma\right)\delta v \\
& + \left(\frac{\partial P}{2\,\partial g}\alpha + \frac{\partial P}{2\,\partial f}\beta + \frac{\partial P}{\partial c}\gamma\right)\delta w \Big] d\sigma \\
- \int_S \Big\{ & \left(\frac{\partial}{\partial x}\frac{\partial P}{\partial a} + \frac{\partial}{\partial y}\frac{\partial P}{2\,\partial h} + \frac{\partial}{\partial z}\frac{\partial P}{2\,\partial g}\right)\delta u \\
& + \left(\frac{\partial}{\partial x}\frac{\partial P}{2\,\partial h} + \frac{\partial}{\partial y}\frac{\partial P}{\partial b} + \frac{\partial}{\partial z}\frac{\partial P}{2\,\partial f}\right)\delta v \\
& + \left(\frac{\partial}{\partial x}\frac{\partial P}{2\,\partial g} + \frac{\partial}{\partial y}\frac{\partial P}{2\,\partial f} + \frac{\partial}{\partial z}\frac{\partial P}{\partial c}\right)\delta w \Big\} dS.
\end{aligned}$$

Sostituendo nella (11) ed eguagliando a zero i coefficienti di $\delta u, \delta v, \delta w$ nell'integrale triplo e doppio separatamente, si ottengono le equazioni di equilibrio:

$$(12)\qquad \begin{aligned} \varrho X &= \frac{\partial}{\partial x}\frac{\partial P}{\partial a} + \frac{\partial}{\partial y}\frac{\partial P}{2\,\partial h} + \frac{\partial}{\partial z}\frac{\partial P}{2\,\partial g} \\ \varrho Y &= \frac{\partial}{\partial x}\frac{\partial P}{2\,\partial h} + \frac{\partial}{\partial y}\frac{\partial P}{\partial b} + \frac{\partial}{\partial z}\frac{\partial P}{2\,\partial f} \\ \varrho Z &= \frac{\partial}{\partial x}\frac{\partial P}{2\,\partial g} + \frac{\partial}{\partial y}\frac{\partial P}{2\,\partial f} + \frac{\partial}{\partial z}\frac{\partial P}{\partial c}\,. \end{aligned}$$

$$(13)\qquad \begin{aligned} L &= \frac{\partial P}{\partial a}\alpha + \frac{\partial P}{2\,\partial h}\beta + \frac{\partial P}{2\,\partial g}\gamma \\ M &= \frac{\partial P}{2\,\partial h}\alpha + \frac{\partial P}{\partial b}\beta + \frac{\partial P}{2\,\partial f}\gamma \\ N &= \frac{\partial P}{2\,\partial g}\alpha + \frac{\partial P}{2\,\partial f}\beta + \frac{\partial P}{\partial c}\gamma\,. \end{aligned}$$

A queste equazioni aggiungeremo le altre che esprimono che sono impediti i moti che un elemento potrebbe prendere se fosse rigido, cioè:

$$u = v = w = 0\ ,\quad \frac{\partial u}{\partial y} - \frac{\partial v}{\partial x} = \frac{\partial v}{\partial z} - \frac{\partial w}{\partial y} = \frac{\partial w}{\partial x} - \frac{\partial u}{\partial z} = 0\,,$$

in un punto che si prende per origine delle coordinate.

Queste equazioni determinano le funzioni u, v, w in tutto il corpo.

Infatti, supponiamo che esistano due sistemi differenti di funzioni:

$$u', v', w' \quad ; \quad u'', v'', w''$$

che soddisfacciano contemporaneamente a tutte queste equazioni. Denotiamo con $P', a', b', \ldots$; e con $P'', a'', b'', \ldots$; i valori rispettivi di $P, a, b, \ldots$, quando si sostituiscono il primo e il secondo dei due sistemi di valori di u, v, w. Poniamo:

$$u' - u'' = U \quad , \quad v' - v'' = V \quad , \quad w' - w'' = W$$

e denotiamo con $\Pi, A, B, \ldots$ i valori rispettivi di $P, a, b, \ldots$ quando vi si sostituiscano U, V, W ad u, v, w.

Ora essendo P una funzione omogenea di secondo grado di a, b, c, f, g, h le sue derivate conterranno al primo grado queste medesime quantità; quindi abbiamo:

$$\frac{\partial P'}{\partial a'} - \frac{\partial P''}{\partial a''} = \frac{\partial \Pi}{\partial A}$$

$$\frac{\partial P'}{\partial b'} - \frac{\partial P''}{\partial b''} = \frac{\partial \Pi}{\partial B}$$

$$\cdots\cdots\cdots$$

Sostituendo nelle equazioni (12) e (13) i valori u', v', w' e poi u'', v'', w'' e sottraendo avremo:

$$(14)\qquad \begin{aligned} &\frac{\partial}{\partial x}\frac{\partial \Pi}{\partial A} + \frac{\partial}{\partial y}\frac{\partial \Pi}{2\,\partial H} + \frac{\partial}{\partial z}\frac{\partial \Pi}{2\,\partial G} = 0 \\ &\frac{\partial}{\partial x}\frac{\partial \Pi}{2\,\partial H} + \frac{\partial}{\partial y}\frac{\partial \Pi}{\partial B} + \frac{\partial}{\partial z}\frac{\partial \Pi}{2\,\partial F} = 0 \\ &\frac{\partial}{\partial x}\frac{\partial \Pi}{2\,\partial G} + \frac{\partial}{\partial y}\frac{\partial \Pi}{2\,\partial F} + \frac{\partial}{\partial z}\frac{\partial \Pi}{\partial C} = 0 \end{aligned}$$

in tutto lo spazio occupato dal corpo, e:

$$(15)\qquad \begin{aligned} &\alpha\frac{\partial \Pi}{\partial A} + \beta\frac{\partial \Pi}{2\,\partial H} + \gamma\frac{\partial \Pi}{2\,\partial G} = 0 \\ &\alpha\frac{\partial \Pi}{2\,\partial H} + \beta\frac{\partial \Pi}{\partial B} + \gamma\frac{\partial \Pi}{2\,\partial F} = 0. \\ &\alpha\frac{\partial \Pi}{2\,\partial G} + \beta\frac{\partial \Pi}{2\,\partial F} + \gamma\frac{\partial \Pi}{\partial C} = 0 \end{aligned}$$

sopra tutta la superficie del corpo.

Moltiplichiamo la prima delle (14) per $U\,dS$, la seconda per $V\,dS$, la terza per $W\,dS$, sommiamo e integriamo a tutto lo spazio occupato dal corpo. Applicando la integrazione per parti, avremo:

$$\begin{aligned} -\int_\sigma \Big[&U\left(\alpha\frac{\partial \Pi}{\partial A} + \beta\frac{\partial \Pi}{2\,\partial H} + \gamma\frac{\partial \Pi}{2\,\partial G}\right) \\ &+ V\left(\alpha\frac{\partial \Pi}{2\,\partial H} + \beta\frac{\partial \Pi}{\partial B} + \gamma\frac{\partial \Pi}{2\,\partial F}\right) \\ &+ W\left(\alpha\frac{\partial \Pi}{2\,\partial G} + \beta\frac{\partial \Pi}{2\,\partial F} + \gamma\frac{\partial \Pi}{\partial C}\right)\Big] d\sigma \end{aligned}$$

$$-\int_S \left[\frac{\partial U}{\partial x}\frac{\partial \Pi}{\partial A} + \frac{\partial V}{\partial y}\frac{\partial \Pi}{\partial B} + \frac{\partial W}{\partial z}\frac{\partial \Pi}{\partial C} \right.$$

$$+\frac{1}{2}\left(\frac{\partial U}{\partial y} + \frac{\partial V}{\partial x}\right)\frac{\partial \Pi}{\partial H} + \frac{1}{2}\left(\frac{\partial V}{\partial z} + \frac{\partial W}{\partial y}\right)\frac{\partial \Pi}{\partial F}$$

$$\left. +\frac{1}{2}\left(\frac{\partial W}{\partial x} + \frac{\partial U}{\partial z}\right)\frac{\partial \Pi}{\partial G}\right] dS = 0 .$$

Gli elementi dell' integrale esteso alla superficie sono, a cagione delle (15), tutti uguali a zero. Quindi l' integrale esteso allo spazio S è uguale a zero. Ricordando il significato delle quantità A , B , C , ... e l'equazioni (1), avremo:

$$\int_S \left(A \frac{\partial \Pi}{\partial A} + B \frac{\partial \Pi}{\partial B} + C \frac{\partial \Pi}{\partial C} \right.$$

$$\left. + F \frac{\partial \Pi}{\partial F} + G \frac{\partial \Pi}{\partial G} + H \frac{\partial \Pi}{\partial H} \right) dS = 0 .$$

Essendo Π una funzione omogenea di secondo grado di A , B , C , F , G , H si ha:

$$2 \int_S \Pi \, dS = 0 .$$

Ora Π non può avere valori positivi, quindi essendo una funzione continua in tutto il corpo, non potrà l' integrale essere uguale a zero se non sia:

$$\Pi = 0$$

in tutto lo spazio S. Ma Π non può essere nulla, essendo una forma negativa, altro che quando sia:

$$A = B = C = F = G = H = 0 ;$$

dunque (n. II):

$$U = u' - u'' = l + ry - qz ,$$

$$V = v' - v'' = m + pz - rx ,$$

$$W = w' - w'' = n + qx - py .$$

Ora per $x = y = z = 0$:

$$U = V = W = 0 , \quad \frac{\partial U}{\partial y} - \frac{\partial V}{\partial x} = 0 , \quad \frac{\partial V}{\partial z} - \frac{\partial W}{\partial y} = 0 , \quad \frac{\partial W}{\partial x} - \frac{\partial U}{\partial z} = 0$$

onde:

$$l = m = n = p = q = r = 0$$

e quindi:

$$U = 0 \quad , \quad V = 0 \quad , \quad W = 0 ,$$

cioè:

$$u' = u'' \quad , \quad v' = v'' \quad , \quad w' = w''$$

in tutto lo spazio S, come volevamo dimostrare.

IV.

Decomposizione delle forze che agiscono sopra tutti gli elementi di un corpo.

Le componenti: X, Y, Z delle forze che agiscono sopra tutti i punti dello spazio S occupato da un corpo, siano funzioni finite, continue e a un sol valore, insieme colle loro derivate, in tutto lo spazio S. Poniamo:

$$\frac{\partial X}{\partial x} + \frac{\partial Y}{\partial y} + \frac{\partial Z}{\partial z} = \Phi , \tag{16}$$

$$F = - \frac{1}{4\pi} \int_S \frac{\Phi' \, dS'}{r} , \tag{17}$$

dove:

$$r^2 = (x - x')^2 + (y - y')^2 + (z - z')^2 ,$$

e sono distinti con un apice i valori relativi ai punti x', y', z', rispetto ai quali deve effettuarsi la integrazione. Avremo in tutto lo spazio S, per un teorema noto:

$$\Delta^2 F = \Phi . \tag{18}$$

Sia φ una funzione finita, continua e a un sol valore, insieme colle sue derivate, che soddisfa alla equazione:

$$\Delta^2 \varphi = 0 \tag{19}$$

in tutto lo spazio S, e alla equazione:

$$\left(X - \frac{\partial F}{\partial x} - \frac{\partial \varphi}{\partial x} \right) \alpha + \left(Y - \frac{\partial F}{\partial y} - \frac{\partial \varphi}{\partial y} \right) \beta + \left(Z - \frac{\partial F}{\partial z} - \frac{\partial \varphi}{\partial z} \right) \gamma = 0 \tag{20}$$

sopra tutta la superficie σ contorno dello spazio S, essendo α, β, γ i coseni degli angoli che la normale a σ diretta verso l'interno di S fa cogli assi positivi.

Poniamo:

$$f = F + \varphi \tag{21}$$

e

$$\begin{aligned} X &= \frac{\partial f}{\partial x} + G \\ Y &= \frac{\partial f}{\partial y} + H \\ Z &= \frac{\partial f}{\partial z} + K . \end{aligned} \tag{22}$$

Avremo per l'equazioni (18), (19) e (16), in tutto lo spazio S:

$$\Delta^2 f = \Phi \tag{23}$$

$$\frac{\partial G}{\partial x} + \frac{\partial H}{\partial y} + \frac{\partial K}{\partial z} = 0 ; \tag{24}$$

e per la equazione (20), sopra tutta la superficie σ:

$$G\alpha + H\beta + K\gamma = 0 . \tag{25}$$

Siano ora:

$$A = -\frac{1}{4\pi}\int_S \frac{G' dS'}{r} \quad , \quad B = -\frac{1}{4\pi}\int_S \frac{H' dS'}{r} , \tag{26}$$

$$C = -\frac{1}{4\pi}\int_S \frac{K' dS'}{r} ,$$

sarà:

$$\Delta^2 A = G \quad , \quad \Delta^2 B = H \quad , \quad \Delta^2 C = K ,$$

e in conseguenza delle equazioni (24) e (25):

$$\frac{\partial A}{\partial x} + \frac{\partial B}{\partial y} + \frac{\partial C}{\partial z} = -\frac{1}{4\pi}\int_\sigma \frac{G\alpha + H\beta + K\gamma}{r} d\sigma$$

$$- \frac{1}{4\pi}\int_S \left(\frac{\partial G'}{\partial x'} + \frac{\partial H'}{\partial y'} + \frac{\partial K'}{\partial z'}\right) \frac{dS'}{r} = 0 .$$

Quindi:

$$\Delta^2 A = \frac{\partial}{\partial y}\left(\frac{\partial A}{\partial y} - \frac{\partial B}{\partial x}\right) - \frac{\partial}{\partial z}\left(\frac{\partial C}{\partial x} - \frac{\partial A}{\partial z}\right) = G$$

$$\Delta^2 B = \frac{\partial}{\partial z}\left(\frac{\partial B}{\partial z} - \frac{\partial C}{\partial y}\right) - \frac{\partial}{\partial x}\left(\frac{\partial A}{\partial y} - \frac{\partial B}{\partial x}\right) = H$$

$$\Delta^2 C = \frac{\partial}{\partial x}\left(\frac{\partial C}{\partial x} - \frac{\partial A}{\partial z}\right) - \frac{\partial}{\partial y}\left(\frac{\partial B}{\partial z} - \frac{\partial C}{\partial y}\right) = K$$

e ponendo:

$$(27) \qquad \begin{aligned} U &= \frac{\partial B}{\partial z} - \frac{\partial C}{\partial y} \\ V &= \frac{\partial C}{\partial x} - \frac{\partial A}{\partial z} \\ W &= \frac{\partial A}{\partial y} - \frac{\partial B}{\partial x} \end{aligned}$$

avremo:

$$(28) \qquad \begin{aligned} G &= \frac{\partial W}{\partial y} - \frac{\partial V}{\partial z} \\ H &= \frac{\partial U}{\partial z} - \frac{\partial W}{\partial x} \\ K &= \frac{\partial V}{\partial x} - \frac{\partial U}{\partial y} \end{aligned}$$

e quindi:

$$(29) \qquad \begin{aligned} X &= \frac{\partial f}{\partial x} + \frac{\partial W}{\partial y} - \frac{\partial V}{\partial z} \\ Y &= \frac{\partial f}{\partial y} + \frac{\partial U}{\partial z} - \frac{\partial W}{\partial x} \\ Z &= \frac{\partial f}{\partial z} + \frac{\partial V}{\partial x} - \frac{\partial U}{\partial y} \, . \end{aligned}$$

Poichè dall'equazione (27) si deduce:

$$\frac{\partial U}{\partial x} + \frac{\partial V}{\partial y} + \frac{\partial W}{\partial z} = 0$$

avremo dalle (28) e (29):

$$(30)\qquad \begin{aligned} \frac{\partial Y}{\partial z} - \frac{\partial Z}{\partial y} &= \frac{\partial H}{\partial z} - \frac{\partial K}{\partial y} = \Delta^2 U \\ \frac{\partial Z}{\partial x} - \frac{\partial X}{\partial z} &= \frac{\partial K}{\partial x} - \frac{\partial G}{\partial z} = \Delta^2 V \\ \frac{\partial X}{\partial y} - \frac{\partial Y}{\partial x} &= \frac{\partial G}{\partial y} - \frac{\partial H}{\partial x} = \Delta^2 W. \end{aligned}$$

Imaginiamo nello spazio S una sfera s di raggio ε, e consideriamo la parte di essa compresa tra due sfere concentriche di raggio r ed $r + dr$. Prendiamo le componenti nella direzione del raggio r, dei dne sistemi di forze $\left(\frac{\partial f}{\partial x}, \frac{\partial f}{\partial y}, \frac{\partial f}{\partial z}\right)$ e (G, H, K). Denotando con α, β, γ i coseni degli angoli che la direzione di r fa con i tre assi, con τ la superficie, con T il volume della sfera di raggio r, avremo per il primo sistema:

$$\varrho\, dr \int_\tau \left(\frac{\partial f}{\partial x}\alpha + \frac{\partial f}{\partial y}\beta + \frac{\partial f}{\partial z}\gamma\right) d\tau = \varrho\, dr \int_T \Phi\, dT,$$

$$\varrho\, dr \int_\tau (G\alpha + H\beta + K\gamma)\, d\tau = \varrho\, dr \int_T \left(\frac{\partial G}{\partial x} + \frac{\partial H}{\partial y} + \frac{\partial K}{\partial z}\right) dT = 0.$$

Integrando a tutta la sfera, supposta così piccola che Φ vi si possa ritenere costante e rammentando la equazione (24), otterremo:

$$\varrho \int_0^\varepsilon dr \int_\tau \left(\frac{\partial f}{\partial x}\alpha + \frac{\partial f}{\partial y}\beta + \frac{\partial f}{\partial z}\gamma\right) ds = \frac{\pi\varepsilon^4\varrho}{3}\Phi,$$

$$\varrho \int_0^\varepsilon dr \int_\tau (G\alpha + H\beta + K\gamma)\, d\tau = 0.$$

Dunque il sistema di forze $\left(\frac{\partial f}{\partial x}, \frac{\partial f}{\partial y}, \frac{\partial f}{\partial z}\right)$ tende a variare il volume di un elemento sferico e questa azione è direttamente proporzionale al valore di Φ; sarebbe nulla quando fosse:

$$\Phi = \Delta^2 f = 0;$$

e il sistema (G, H, K) non esercita alcuna azione che tenda a variare i volumi degli elementi del corpo.

Ora prendiamo a considerare la porzione di s compresa tra due sfere concentriche di raggio r ed $r + dr$, e due piani perpendicolari all'asse delle z distanti di $r d\theta$. Un elemento di questa porzione di s sarà:

$$r^2 \operatorname{sen} \theta \, d\theta \, d\varphi \, dr .$$

Le componenti del sistema di forze $\left(\frac{\partial f}{\partial x}, \frac{\partial f}{\partial y}, \frac{\partial f}{\partial z}\right)$ nelle direzioni delle tangenti al cerchio di raggio $r \operatorname{sen} \theta$, ponendo:

$$dl = r \operatorname{sen} \theta \, d\varphi$$

saranno:

$$\varrho r \, dr \, d\theta \int_l \left(\frac{\partial f}{\partial x} \frac{\partial x}{\partial l} + \frac{\partial f}{\partial y} \frac{\partial y}{\partial l} + \frac{\partial f}{\partial z} \frac{\partial z}{\partial l} \right) dl = 0$$

per un teorema noto di analisi, essendo f finita, continua e a un sol valore, insieme colle sue derivate, in tutto lo spazio s. Dunque le forze che hanno la funzione potenziale f non tendono a produrre nessuna rotazione negli elementi del corpo.

Prendiamo ora le componenti nelle direzioni delle tangenti al cerchio di raggio $r \operatorname{sen} \theta$, del sistema di forze (G, H, K), avremo:

$$\varrho r \, d\theta \, dr \int_l \left(\mathrm{G} \frac{dx}{dl} + \mathrm{H} \frac{dy}{dl} + \mathrm{K} \frac{dz}{dl} \right) dl$$

$$= \varrho r \, d\theta \, dr \int_\omega \left(\frac{\partial \mathrm{G}}{\partial y} - \frac{\partial \mathrm{H}}{\partial x} \right) d\omega$$

essendo ω l'area del cerchio di raggio $r \operatorname{sen} \theta$.

Queste forze dànno ciascuna una coppia il cui momento rispetto all'asse z, si ottiene moltiplicando per la distanza $r \operatorname{sen} \theta$ da questo asse; abbiamo quindi per il momento della coppia relativa all'asse delle z, se la sfera è infinitesima:

$$\varrho r^2 \operatorname{sen} \theta \, d\theta \, dr \int_\omega \left(\frac{\partial \mathrm{G}}{\partial y} - \frac{\partial \mathrm{H}}{\partial x} \right) d\omega$$

$$= \varrho \pi r^4 \operatorname{sen}^3 \theta \, d\theta \, dr \left(\frac{\partial \mathrm{G}}{\partial y} - \frac{\partial \mathrm{H}}{\partial x} \right).$$

Estendendo a tutta la sfera di raggio ε, e denotando con M_z il momento della coppia che tende a farla ruotare intorno all'asse delle z, avremo:

$$\mathrm{M}_z = \varrho \pi \left(\frac{\partial \mathrm{G}}{\partial y} - \frac{\partial \mathrm{H}}{\partial x} \right) \int_0^\varepsilon r^4 \, dr \int_0^\pi \operatorname{sen}^3 \theta \, d\theta .$$

Poniamo:

$$m = 2\pi\varrho \int_0^\varepsilon r^4\, dr \int_0^\pi \operatorname{sen}^3\theta\, d\theta$$

avremo:

$$M_z = \frac{m}{2}\left(\frac{\partial G}{\partial y} - \frac{\partial H}{\partial x}\right)$$

ed m è il momento d'inerzia della sfera rispetto all'asse delle z. Analogamente avremo:

$$M_y = \frac{m}{2}\left(\frac{\partial K}{\partial x} - \frac{\partial G}{\partial z}\right)$$

$$M_x = \frac{m}{2}\left(\frac{\partial H}{\partial z} - \frac{\partial K}{\partial y}\right)$$

e anche, a cagione delle equazioni (30):

$$M_x = \frac{m}{2}\Delta^2 U \quad , \quad M_y = \frac{m}{2}\Delta^2 V \quad , \quad M_z = \frac{m}{2}\Delta^2 W$$

ed abbiamo il seguente teorema:

Se le componenti delle forze che agiscono sopra tutti i punti di un corpo, sono funzioni finite, continue e a un sol valore, insieme colle loro derivate, dei punti dello spazio occupato dal corpo stesso, potranno sempre decomporsi in due sistemi: dei quali uno ha una funzione potenziale f, e tende a variare i volumi degli elementi con un'azione proporzionale al valore di $\Delta^2 f$, e non tende a produrre rotazione alcuna negli elementi; l'altro non ha una funzione potenziale, non tende a variare i volumi degli elementi, ma tende a far rotare gli elementi, e i momenti delle coppie che tendono a far rotare un elemento sferico intorno a tre assi paralleli agli assi coordinati e che passano per il centro, sono uguali rispettivamente alla metà del momento d'inerzia della sfera moltiplicata per le tre differenze delle derivate che dovrebbero annullarsi affinchè il sistema di forze avesse una funzione potenziale. Le componenti del secondo sistema di forze possono sempre porsi sotto la forma:

$$\frac{\partial W}{\partial y} - \frac{\partial V}{\partial z} \quad , \quad \frac{\partial U}{\partial z} - \frac{\partial W}{\partial x} \quad , \quad \frac{\partial V}{\partial x} - \frac{\partial U}{\partial y} \, ,$$

e i momenti delle coppie componenti sono uguali alla metà del momento d'inerzia dell'elemento moltiplicata rispettivamente per $\Delta^2 U$, $\Delta^2 V$, $\Delta^2 W$.

Le forze del primo sistema le chiameremo forze *di dilatazione senza rotazione*, e quelle del secondo forze *di rotazione senza dilatazione*.

V.

Determinazione dei sistemi di spostamenti che fanno equilibrio a forze che agiscono sopra tutti gli elementi di un corpo solido elastico isotropo.

Quando il corpo elastico è isotropo il potenziale delle forze elastiche è (n.° 2):

$$P = A\Theta^2 + B\Lambda^2.$$

Poichè P non può avere valori positivi, qualunque siano i valori reali e sempre positivi di Θ^2 e Λ^2, i coefficienti numerici A e B dovranno essere negativi, e denotando con λ e μ i valori assoluti di questi numeri, avremo:

$$\begin{aligned} P = &-\lambda\left(\frac{\partial u}{\partial x} + \frac{\partial v}{\partial y} + \frac{\partial w}{\partial z}\right)^2 \\ &-\mu\left(\frac{\partial u^2}{\partial x^2} + \frac{\partial v^2}{\partial y^2} + \frac{\partial w^2}{\partial z^2}\right) \\ &-\frac{\mu}{2}\left[\left(\frac{\partial v}{\partial z} + \frac{\partial w}{\partial y}\right)^2 + \left(\frac{\partial w}{\partial x} + \frac{\partial u}{\partial z}\right)^2 + \left(\frac{\partial u}{\partial y} + \frac{\partial v}{\partial x}\right)^2\right] \end{aligned} \tag{31}$$

e l'equazioni di equilibrio per tutti i punti dello spazio S, divengono:

$$\begin{aligned} &\varrho X + (2\lambda + \mu)\frac{\partial\Theta}{\partial x} + \mu\Delta^2 u = 0 \\ &\varrho Y + (2\lambda + \mu)\frac{\partial\Theta}{\partial y} + \mu\Delta^2 v = 0 \\ &\varrho Z + (2\lambda + \mu)\frac{\partial\Theta}{\partial z} + \mu\Delta^2 w = 0, \end{aligned} \tag{32}$$

essendo:

$$\Delta^2 = \frac{\partial^2}{\partial x^2} + \frac{\partial^2}{\partial y^2} + \frac{\partial^2}{\partial z^2};$$

e quelle relative ai punti della superficie σ contorno dello spazio S:

$$\begin{aligned} &L + 2\left(\lambda\Theta + \mu\frac{\partial u}{\partial x}\right)\alpha + \mu\left(\frac{\partial u}{\partial y} + \frac{\partial v}{\partial x}\right)\beta + \mu\left(\frac{\partial u}{\partial z} + \frac{\partial w}{\partial x}\right)\gamma = 0 \\ &M + \mu\left(\frac{\partial v}{\partial x} + \frac{\partial u}{\partial y}\right)\alpha + 2\left(\lambda\Theta + \mu\frac{\partial v}{\partial y}\right)\beta + \mu\left(\frac{\partial v}{\partial z} + \frac{\partial w}{\partial y}\right)\gamma = 0 \\ &N + \mu\left(\frac{\partial w}{\partial x} + \frac{\partial u}{\partial z}\right) + \mu\left(\frac{\partial w}{\partial y} + \frac{\partial v}{\partial z}\right)\beta + 2\left(\lambda\Theta + \mu\frac{\partial w}{\partial z}\right)\gamma = 0. \end{aligned} \tag{33}$$

La determinazione degli spostamenti che fanno equilibrio ai due sistemi di forze (X, Y, Z) ed (L, M, N) si può fare separatamente. Basterà porre:

$$u = u' + u'' \quad , \quad v = v' + v'' \quad , \quad w = w' + w'' \tag{34}$$

e determinare u', v', w' in modo che soddisfacciano alle equazioni (32), e quindi u'', v'', w'' in modo che soddisfacciano alle (32) nelle quali è posto $X = Y = Z = 0$, e alle (33) nelle quali ad L, M, N sono aggiunti i termini che contengono le derivate di u', v', w' dopo che in esse sono sostituiti i valori (34).

La determinazione di u', v', w' si può fare in generale, quando X, Y e Z siano funzioni finite, continue e a un sol valore, insieme colle loro derivate, in tutto lo spazio S, e quindi possono porsi sotto la forma:

$$X = \frac{\partial f}{\partial x} + \frac{\partial W}{\partial y} - \frac{\partial V}{\partial z},$$

$$Y = -\frac{\partial W}{\partial x} + \frac{\partial f}{\partial y} + \frac{\partial U}{\partial z},$$

$$Z = \frac{\partial V}{\partial x} - \frac{\partial U}{\partial y} - \frac{\partial f}{\partial z}.$$

Infatti, se prendiamo le funzioni u, v, w sotto la forma:

$$u = \frac{\partial \Psi}{\partial x} + \frac{\partial \theta_3}{\partial x} - \frac{\partial \theta_2}{\partial z},$$

$$v = -\frac{\partial \theta_3}{\partial x} + \frac{\partial \Psi}{\partial y} + \frac{\partial \theta_1}{\partial z},$$

$$w = \frac{\partial \theta_2}{\partial x} - \frac{\partial \theta_1}{\partial y} + \frac{\partial \Psi}{\partial z},$$

avremo:

$$\Theta = \Delta^2 \Psi,$$

$$\Delta^2 u = \frac{\partial \Theta}{\partial x} + \frac{\partial \Delta^2 \theta_3}{\partial y} - \frac{\partial \Delta^2 \theta_2}{\partial z},$$

$$\Delta^2 v = -\frac{\partial \Delta^2 \theta_3}{\partial x} + \frac{\partial \Theta}{\partial y} + \frac{\partial \Delta^2 \theta_1}{\partial z},$$

$$\Delta^2 w = \frac{\partial \Delta^2 \theta_2}{\partial x} - \frac{\partial \Delta^2 \theta_1}{\partial y} + \frac{\partial \Theta}{\partial z},$$

e quindi l'equazioni (32) divengono:

$$\varrho\left(\frac{\partial f}{\partial x}+\frac{\partial W}{\partial y}-\frac{\partial V}{\partial z}\right)+2(\lambda+\mu)\frac{\partial \varDelta^2\Psi}{\partial x}$$

$$+\mu\frac{\partial \varDelta^2\theta_3}{\partial y}-\mu\frac{\partial \varDelta^2\theta_2}{\partial z}=0,$$

$$\varrho\left(-\frac{\partial W}{\partial x}+\frac{\partial f}{\partial y}+\frac{\partial U}{\partial z}\right)-\mu\frac{\partial \varDelta^2\theta_3}{\partial x}$$

$$+2(\lambda+\mu)\frac{\partial \varDelta^2\Psi}{\partial y}+\mu\frac{\partial \varDelta^2\theta_1}{\partial z}=0,$$

$$\varrho\left(\frac{\partial V}{\partial x}-\frac{\partial U}{\partial y}+\frac{\partial f}{\partial z}\right)+\mu\frac{\partial \varDelta^2\theta_2}{\partial x}$$

$$-\mu\frac{\partial \varDelta^2\theta_1}{\partial y}+2(\lambda+\mu)\frac{\partial \varDelta^2\Psi}{\partial z}=0,$$

le quali sono evidentemente soddisfatte prendendo:

$$\Psi=\frac{\varrho}{8\pi(\lambda+\mu)}\int_S\frac{f'dS'}{r},$$

$$\theta_1=\frac{\varrho}{4\pi\mu}\int_S\frac{U'dS'}{r},$$

$$\theta_2=\frac{\varrho}{4\pi\mu}\int_S\frac{V'dS'}{r},$$

$$\theta_3=\frac{\varrho}{4\pi\mu}\int_S\frac{W'dS'}{r},$$

$$u=\frac{\varrho}{8\pi(\lambda+\mu)}\frac{\partial}{\partial x}\int_S\frac{f'dS'}{r}+\frac{\varrho}{4\pi\mu}\frac{\partial}{\partial y}\int_S\frac{W'dS'}{r}-\frac{\varrho}{4\pi\mu}\frac{\partial}{\partial z}\int_S\frac{V'dS'}{r}$$

$$v=-\frac{\varrho}{4\pi\mu}\frac{\partial}{\partial x}\int_S\frac{W'dS'}{r}+\frac{\varrho}{8\pi(\lambda+\mu)}\frac{\partial}{\partial y}\int_S\frac{f'dS'}{r}+\frac{\varrho}{4\pi\mu}\frac{\partial}{\partial z}\int_S\frac{U'dS'}{r}$$

$$w=\frac{\varrho}{4\pi\mu}\frac{\partial}{\partial x}\int_S\frac{V'dS'}{r}-\frac{\varrho}{4\pi\mu}\frac{\partial}{\partial y}\int_S\frac{U'dS'}{r}+\frac{\varrho}{8\pi(\lambda+\mu)}\frac{\partial}{\partial z}\int_S\frac{f'dS'}{r}$$

Effettuando le derivazioni si ottiene:

$$u = \frac{\varrho}{8\pi(\lambda+\mu)}\int_S \frac{f'}{r^2}\cos(rx)\,dS' + \frac{\varrho}{4\pi\mu}\int_S (W'\cos(ry) - V'\cos(rz))\frac{dS'}{r^2}$$

$$v = \frac{\varrho}{8\pi(\lambda+\mu)}\int_S \frac{f'}{r^2}\cos(ry)\,dS' + \frac{\varrho}{4\pi\mu}\int_S (U'\cos(rz) - W'\cos(rx))\frac{dS'}{r^2}$$

$$w = \frac{\varrho}{8\pi(\lambda+\mu)}\int_S \frac{f'}{r^2}\cos(rz)\,dS' + \frac{\varrho}{4\pi\mu}\int_S (V'\cos(rx) - U'\cos(ry))\frac{dS'}{r^2}\,.$$

Poniamo:

$$U = J\cos\alpha \quad , \quad V = J\cos\beta \quad , \quad W = J\cos\gamma$$

essendo $J = \sqrt{U^2 + V^2 + W^2}$, avremo:

$$\cos(px)\,\mathrm{sen}(Jr) = \cos\gamma\cos(ry) - \cos\beta\cos(rz)$$

$$\cos(py)\,\mathrm{sen}(Jr) = \cos\alpha\cos(rz) - \cos\gamma\cos(rx)$$

$$\cos(pz)\,\mathrm{sen}(Jr) = \cos\beta\cos(rx) - \cos\alpha\cos(ry)$$

essendo p la normale al piano delle rette r ed J. Sostituendo nelle precedenti si ha:

$$u = \frac{\varrho}{8\pi(\lambda+\mu)}\int_S \frac{f'\cos(rx)}{r^2}\,dS' + \frac{\varrho}{4\pi\mu}\int_S \frac{J'\,\mathrm{sen}(J'r)}{r^2}\cos(p'x)\,dS'$$

$$v = \frac{\varrho}{8\pi(\lambda+\mu)}\int_S \frac{f'\cos(ry)}{r^2}\,dS + \frac{\varrho}{4\pi\mu}\int_S \frac{J'\,\mathrm{sen}(J'r)}{r^2}\cos(p'y)\,dS'$$

$$w = \frac{\varrho}{8\pi(\lambda+\mu)}\int_S \frac{f'\cos(rz)}{r^2}\,dS + \frac{\varrho}{4\pi\mu}\int_S \frac{J'\,\mathrm{sen}(Jz)}{r^2}\cos(p'z)\,dS'\,.$$

Ora gli elementi dei secondi integrali del secondo membro sono le componenti dell'azione che un elemento di corrente di intensità $\frac{\varrho J'}{4\pi\mu}$ la cui direzione fa cogli assi gli angoli α', β', γ', esercita sopra un polo magnetico situato nel punto x, y, z; e gli elementi dei primi sono le componenti dell'azione che una massa di materia $\frac{\varrho f' dS'}{8\pi(\lambda+\mu)}$ concentrata nel punto x', y', z' esercita sopra l'unità di materia concentrata nel punto x, y, z. Pertanto abbiamo il seguente teorema:

Se le forze che agiscono sopra tutti gli elementi di un corpo solido elastico isotropo si decompongono in due sistemi; uno di dilatazione senza rotazione, e l'altro di rotazione senza dilatazione, ed f denota la funzione potenziale del primo sistema, ed U , V , W *le funzioni che determinano il secondo sistema; faranno equilibrio al primo sistema spostamenti le cui componenti in ogni punto sono proporzionali alle componenti dell'azione che su quel punto in cui fosse concentrata materia di massa uno, eserciterebbe una materia che occupasse lo spazio* S *colla densità in ciascun punto proporzionale al valore di f, e che agisse secondo la legge di Newton; e faranno equilibrio al secondo sistema di forze spostamenti le cui componenti siano proporzionali alle componenti dell'azione che su quel punto, se vi fosse un polo magnetico eserciterebbe un sistema di correnti elettriche che percorressero lo spazio* S *e che avessero per componenti del loro moto in ogni punto i valori delle funzioni* $\frac{\varrho U}{4\pi\mu}, \frac{\varrho V}{4\pi\mu}, \frac{\varrho W}{4\pi\mu}$.

VI.

Teorema generale intorno alle deformazioni che fanno equilibrio a forze che agiscono soltanto alle superficie.

Siano due sistemi di spostamenti u', v', w'; u'', v'', w''; a questi sistemi facciano equilibrio le forze applicate alle superficie che hanno rispettivamente per componenti L′, M′, N′; L″, M″, N″. Essendo:

$$X = Y = Z = 0$$

le equazioni (12) divengono:

$$\frac{\partial}{\partial x}\frac{\partial P'}{\partial a'} + \frac{\partial}{\partial y}\frac{\partial P'}{2\partial h'} + \frac{\partial}{\partial z}\frac{\partial P'}{2\partial g'} = 0$$

$$\frac{\partial}{\partial x}\frac{\partial P'}{2\partial h'} + \frac{\partial}{\partial y}\frac{\partial P'}{\partial b'} + \frac{\partial}{\partial z}\frac{\partial P'}{2\partial f'} = 0$$

$$\frac{\partial}{\partial x}\frac{\partial P'}{2\partial g'} + \frac{\partial}{\partial y}\frac{\partial P'}{2\partial f'} + \frac{\partial}{\partial z}\frac{\partial P'}{\partial c'} = 0.$$

Moltiplichiamo la prima equazione per $u''d$S, la seconda per $v''d$S, la terza per $w''d$S, sommiamo e integriamo a tutto lo spazio S occupato dal corpo. Effettuando la solita integrazione per parti e ponendo mente alle equazioni (13) che debbono esser verificate alle superficie:

$$L' = \frac{\partial P'}{\partial a'} \alpha + \frac{\partial P'}{2\partial h'} \beta + \frac{\partial P'}{2\partial g'} \gamma$$

$$M' = \frac{\partial P'}{2\partial h'} \alpha + \frac{\partial P'}{\partial b'} \beta + \frac{\partial P'}{2\partial f'} \gamma$$

$$N' = \frac{\partial P'}{2\partial g'} \alpha + \frac{\partial P'}{2\partial f'} \beta + \frac{\partial P'}{\partial c'} \gamma$$

avremo:

$$0 = -\int_\sigma (L'u'' + M'v'' + N'v'')\, d\sigma$$
$$-\int_S \left(\frac{\partial P'}{\partial a'} a'' + \frac{\partial P'}{\partial b'} b'' + \frac{\partial P'}{\partial c'} b'' \right.$$
$$\left. + \frac{\partial P'}{\partial f'} f'' + \frac{\partial P'}{\partial g'} g'' + \frac{\partial P'}{\partial h'} h'' \right) dS.$$

Applicando lo stesso processo alle equazioni relative ad u'', v'', w'' si trova:

$$0 = -\int_\sigma (L''u' + M''v' + N''w')\, d\sigma$$
$$-\int_S \left(\frac{\partial P''}{\partial a''} a' + \frac{\partial P''}{\partial b''} b' + \frac{\partial P''}{\partial c''} c' + \frac{\partial P''}{\partial f''} f' + \frac{\partial P''}{\partial g''} g' + \frac{\partial P''}{\partial h''} h' \right) dS.$$

Ora essendo P′ e P″ le funzioni che si ottengono dalla funzione omogenea P di 2° grado quando alle sei variabili a, b, ... si sostituiscono una volta a', b' ... e l'altra a'', b'', ..., si ha:

$$\frac{\partial P'}{\partial a'} a'' + \cdots \qquad = \frac{\partial P''}{\partial a''} a' + \cdots$$

dunque:

$$(35) \qquad \int_\sigma (L'u'' + M'v'' + N'v'')\, d\sigma = \int_\sigma (L''u' + M''v' + N''w')\, d\sigma$$

e abbiamo il seguente teorema:

Se in un corpo solido elastico omogeneo, due sistemi di spostamenti fanno equilibrio a due sistemi di forze applicate alla superficie, la somma dei prodotti delle componenti delle forze del primo sistema per le componenti degli spostamenti negli stessi punti del secondo, è uguale alla somma dei prodotti delle componenti delle forze del secondo sistema per le componenti degli spostamenti nei medesimi punti del primo.

Prendiamo:

$$u'' = l + ry - qz$$
$$v'' = m + pz - rx$$
$$w'' = n + qx - py$$

avremo:

$$a'' = b'' = c'' = f'' = g'' = h'' = 0$$

$$\frac{\partial P''}{\partial a''} = \frac{\partial P''}{\partial b''} = \cdots = 0$$

e quindi:

$$L'' = 0 \quad , \quad M'' = 0 \quad , \quad N'' = 0 .$$

Sostituendo nella equazione (35) si ottiene:

$$l \int_\sigma L' d\sigma + m \int_\sigma M' d\sigma + n \int_\sigma N' d\sigma$$
$$+ p \int_\sigma (M'z - N'y)\, d\sigma + q \int_\sigma (N'x - L'z)\, d\sigma$$
$$+ r \int_\sigma (L'y - M'x)\, d\sigma = 0$$

la quale dovendo essere verificata qualunque siano l, m, n, p, q ed r dà le sei note equazioni che sarebbero necessarie e sufficienti per l'equilibrio, se il corpo fosse rigido; e quindi si ha il teorema noto che per l'equilibrio dei corpi elastici sono necessarie le condizioni che assicurano l'equilibrio dei corpi rigidi.

Ora prendiamo:

$$u'' = a_1 x + a_6 y + a_5 z$$
$$v'' = a_6 x + a_2 y + a_4 z$$
$$w'' = a_5 x + a_4 y + a_3 z$$

avremo:

$$a'' = a_1 \ , \ b'' = a_2 \ , \ c'' = a_3$$
$$f'' = a_4 \ , \ g'' = a_5 \ , \ h'' = a_6$$
$$P'' = \Sigma_r \Sigma_s A_{rs} a_r a_s ,$$

e quindi:

$$
(36)\qquad
\begin{aligned}
\frac{\partial P''}{\partial a''} &= 2\Sigma_s A_{1s} a_s = C_1 \\
\frac{\partial P''}{\partial b''} &= 2\Sigma_s A_{2s} a_s = C_2 \\
\frac{\partial P''}{\partial c''} &= 2\Sigma_s A_{3s} a_s = C_3 \\
\frac{\partial P''}{\partial f''} &= 2\Sigma_s A_{4s} a_s = 2\,C_4 \\
\frac{\partial P''}{\partial g''} &= 2\Sigma_s A_{5s} a_s = 2\,C_5 \\
\frac{\partial P''}{\partial h''} &= 2\Sigma_s A_{6s} a_s = 2\,C_6\,.
\end{aligned}
$$

Qualunque siano i valori di C_1, C_2, ..., purchè non siano tutti uguali a zero, potremo determinare sempre le sei quantità a_1, a_2, ... in modo che queste equazioni siano soddisfatte.

Sostituendo nelle equazioni (13) si ottiene:

$$
\begin{aligned}
L'' &= C_1\alpha + C_6\beta + C_5\gamma \\
M'' &= C_6\alpha + C_2\beta + C_4\gamma \\
N'' &= C_5\alpha + C_4\beta + C_3\gamma
\end{aligned}
$$

e la equazione (35) dà:

$$
\begin{aligned}
\int_\sigma [L'(a_1x + a_6y + a_5z) &+ M'(a_6x + a_2y + a_4z) \\
N'(a_5x + a_4y + a_3z)]\, d\sigma \\
= \int_\sigma [u'(C_1\alpha + C_6\beta + C_5\gamma) &+ v'(C_6\alpha + C_2\beta + C_4\gamma) \\
+ w'(C_5\alpha + C_4\beta + C_3\gamma)]\, d\sigma\,.
\end{aligned}
$$

Essendo costanti le quantità C, e per un teorema noto di analisi:

$$
\begin{aligned}
-\int_\sigma F\alpha\, d\sigma &= \int_S \frac{\partial F}{\partial x}\, dS\,, \\
-\int_\sigma F\beta\, d\sigma &= \int_S \frac{\partial F}{\partial y}\, dS\,, \\
-\int_\sigma F\gamma\, d\sigma &= \int_S \frac{\partial F}{\partial z}\, dS\,,
\end{aligned}
$$

avremo:

$$\int_\sigma \{ L'(a_1 x + a_6 y + a_5 z) + M'(a_6 x + a_2 y + a_4 z)$$
$$+ N'(a_5 x + a_4 y + a_3 z)\} \, d\sigma$$
$$= - C_1 \int_S \frac{\partial u'}{\partial x} dS - C_2 \int_S \frac{\partial v'}{\partial y} dS - C_3 \int_S \frac{\partial w'}{\partial z} dS$$
$$- C_4 \int_S \left(\frac{\partial v'}{\partial z} + \frac{\partial w'}{\partial y} \right) dS - C_5 \int_S \left(\frac{\partial w'}{\partial x} + \frac{\partial u'}{\partial z} \right) dS$$
$$- C_6 \int_S \left(\frac{\partial u'}{\partial y} + \frac{\partial v'}{\partial x} \right) dS .$$

Denotiamo con $a_s^{(0)}$ i valori delle a_s che si ricavano dalle (33) quando si pone:

$$C_1 = C_2 = C_3 = 1 ,$$
$$C_4 = C_5 = C_6 = 0$$

e con $a_s^{(r)}$ quelli che si ottengono quando si pongono uguali a zero tutte le C, fuori che C_r che si prende uguale alla unità, e denotando con u_r'', v_r'', w_r'' i valori di u'', v'', w'', quando si pongono per le a_s i valori $a_s^{(r)}$, avremo:

$$\int_S \Theta' dS = - \int_\sigma (L' u_0'' + M' v_0'' + N' w_0'') \, d\sigma \tag{37}$$

(38)

$$\int_S \frac{\partial u'}{\partial x} dS = - \int_\sigma (L' u_1'' + M' v_1'' + N' w_1'') \, d\sigma$$
$$\int_S \frac{\partial v'}{\partial y} dS = - \int_\sigma (L' u_2'' + M' v_2'' + N' w_2'') \, d\sigma$$
$$\int_S \frac{\partial w'}{\partial z} dS = - \int_\sigma (L' u_3'' + M' v_4'' + N' w_2'') \, d\sigma$$
$$\int_S \left(\frac{\partial v'}{\partial z} + \frac{\partial w'}{\partial y} \right) dS = - \int_\sigma (L' u_4'' + M' v_4'' + N' w_4'') \, d\sigma$$
$$\int_S \left(\frac{\partial w'}{\partial x} + \frac{\partial u'}{\partial z} \right) dS = - \int_\sigma (L' u_5'' + M' v_5'' + N' w_5'') \, d\sigma$$
$$\int_S \left(\frac{\partial u'}{\partial y} + \frac{\partial v'}{\partial x} \right) dS = - \int_\sigma (L' u_6'' + M' v_6'' + N' w_6'') \, d\sigma$$

le quali danno le variazioni di volume, le somme di tutti gli allungamenti nelle direzioni dei tre assi, e di tutti gli scorrimenti paralleli ai tre piani coordinati, in funzione delle componenti delle forze.

Quando il corpo è isotropo:

$$\Sigma_r \Sigma_s A_{rs} a_r a_s = -\lambda(a_1 + a_2 + a_3)^2$$
$$-\mu\left[a_1^2 + a_2^2 + a_3^2 + 2(a_4^2 + a_5^2 + a_6^2)\right]$$

onde:

$$A_{11} = A_{22} = A_{33} = -(\lambda + \mu)$$
$$A_{44} = A_{55} = A_{66} = -2\mu$$
$$A_{12} = A_{23} = A_{31} = -2\lambda$$
$$A_{14} = A_{15} = A_{16} = A_{24} = A_{25} = A_{26}$$
$$= A_{34} = A_{35} = A_{36} = A_{45} = A_{56} = A_{64} = 0$$

e le equazioni (36) divengono:

$$2(\lambda + \mu)\, a_1 + 2\lambda a_2 + 2\lambda a_3 = -C_1$$
$$2\lambda a_1 + 2(\lambda + \mu)\, a_2 + 2\lambda a_3 = -C_2$$
$$2\lambda a_1 + 2\lambda a_2 + 2(\lambda + \mu)\, a_3 = -C_3$$
$$2\mu a_4 = -C_4 \quad , \quad 2\mu a_5 = -C_5 \quad , \quad 2\mu a_6 = -C_6 \, .$$

Quindi ponendo:

$$C_1 = C_2 = C_3 = 1 \quad , \quad C_4 = C_5 = C_6 = 0$$

avremo:

$$a_1 = a_2 = a_3 = -\frac{1}{2(3\lambda + \mu)}$$
$$a_4 = a_5 = a_6 = 0$$

$$u_0'' = -\frac{x}{2(3\lambda + \mu)}$$

$$v_0'' = -\frac{y}{2(3\lambda + \mu)}$$

$$w_0'' = -\frac{z}{2(3\lambda + \mu)}$$

e quindi la equazione (37) darà:

$$\text{(39)} \qquad \int_S \Theta' dS = \frac{1}{2(3\lambda + \mu)} \int_\sigma (L'x + M'y + N'z)\, d\sigma .$$

Se le forze sono normali alla superficie e costanti, cioè se:

$$L' = p\alpha \quad , \quad M' = p\beta \quad , \quad N' = p\gamma ,$$

poichè:

$$\int_\sigma x\alpha \, d\sigma = \int_\sigma y\beta \, d\sigma = \int_\sigma z\gamma \, d\sigma = -\int_S dS = -S ,$$

denotando con $\varDelta S$ la variazione di volume del corpo, avremo:

$$\frac{\varDelta S}{S} = -\frac{3p}{2(3\lambda + \mu)}$$

che dà il rapporto della variazione di volume al volume del corpo.

Ponendo:

$$C_1 = 1 \quad , \quad C_2 = C_3 = C_4 = C_5 = C_6 = 0$$

abbiamo:

$$a_1 = -\frac{2\lambda + \mu}{2\mu(3\lambda + \mu)}$$

$$a_2 = \frac{\lambda}{2\mu(3\lambda + \mu)}$$

$$a_3 = \frac{\lambda}{2\mu(3\lambda + \mu)}$$

$$a_4 = a_5 = a_6 = 0$$

$$u_1'' = -\frac{(2\lambda + \mu)x}{2\mu(3\lambda + \mu)}$$

$$v_1'' = \frac{\lambda y}{2\mu(3\lambda + \mu)}$$

$$w_1'' = \frac{\lambda z}{2\mu(3\lambda + \mu)}$$

e quindi dalla prima delle equazioni (38):

$$\int_S \frac{\partial u'}{\partial x} dS = \frac{1}{2\mu(3\lambda + \mu)} \int_\sigma ((2\lambda + \mu) L'x - \lambda y M' - \lambda z N') \, d\sigma$$

e a cagione della equazione (39):

$$(40) \qquad \int_S \frac{\partial u'}{\partial x} dS = -\frac{\lambda}{\mu}\int_S \Theta' dS + \frac{1}{2\mu}\int_\sigma L'x\, d\sigma .$$

Analogamente:

$$(40) \qquad \begin{aligned} \int_S \frac{\partial v'}{\partial y} dS &= -\frac{\lambda}{\mu}\int_S \Theta' dS + \frac{1}{2\mu}\int_\sigma M'y\, d\sigma \\ \int_S \frac{\partial w'}{\partial z} dS &= -\frac{\lambda}{\mu}\int_S \Theta' dS + \frac{1}{2\mu}\int_\sigma N'z\, d\sigma . \end{aligned}$$

Ponendo:

$$C_1 = C_2 = C_3 = C_5 = C_6 = 0$$
$$C_4 = 1$$

abbiamo:

$$a_1 = a_2 = a_3 = a_5 = a_6 = 0$$

$$a_4 = -\frac{1}{2\mu}$$

$$u_4'' = 0$$

$$v_4'' = -\frac{z}{2\mu}$$

$$w_4'' = -\frac{y}{2\mu}$$

e dalla quarta delle equazioni (38):

$$(41) \qquad \int_S \left(\frac{\partial v'}{\partial z} + \frac{\partial w'}{\partial y}\right) dS = \frac{1}{2\mu}\int_\sigma (M'z + N'y)\, d\sigma$$

e analogamente:

$$(41) \qquad \begin{aligned} \int_S \left(\frac{\partial w'}{\partial x} + \frac{\partial u'}{\partial z}\right) dS &= \frac{1}{2\mu}\int_\sigma (N'x + L'z)\, d\sigma \\ \int_S \left(\frac{\partial u'}{\partial y} + \frac{\partial v'}{\partial x}\right) dS &= \frac{1}{2\mu}\int_\sigma (L'y + M'x)\, d\sigma . \end{aligned}$$

VII.

Deformazione di una sfera sotto l'azione della gravità.

Sia una sfera S di materia solida elastica omogenea isotropa, soggetta all'azione della gravità g. Prendiamo l'origine delle coordinate nel centro della sfera, e l'asse delle z positive in direzione opposta a quella della gravità. Sia R il raggio della sfera, ed f la funzione potenziale della gravità; potremo prendere:

$$f = g(\mathrm{R} - z).$$

Poniamo:

$$u = u' + u'' \quad , \quad v = v' + v'' \quad , \quad w = w' + w''.$$

Per le componenti u', v', w' degli spostamenti che fanno equilibrio alla forza $(0, 0, -g)$ nell'interno del corpo potremo prendere (n.° V):

$$u' = \frac{g\varrho}{8\pi(\lambda + \mu)} \frac{\partial}{\partial x} \int_{\mathrm{S}} \frac{(\mathrm{R} - z')\, d\mathrm{S}'}{r}$$

$$v' = \frac{g\varrho}{8\pi(\lambda + \mu)} \frac{\partial}{\partial y} \int_{\mathrm{S}} \frac{(\mathrm{R} - z')\, d\mathrm{S}'}{r}$$

$$w' = \frac{g\varrho}{8\pi(\lambda + \mu)} \frac{\partial}{\partial z} \int_{\mathrm{S}} \frac{(\mathrm{R} - z')\, d\mathrm{S}'}{r}.$$

Ora la funzione potenziale:

$$\mathrm{V} = \int_{\mathrm{S}} \frac{(\mathrm{R} - z')\, d\mathrm{S}'}{r}$$

per i punti interni ad S è data dalla equazione:

$$\mathrm{V} = 2\pi \left[\mathrm{R}^2 \left(\mathrm{R} - \frac{z}{3} \right) - (x^2 + y^2 + z^2) \left(\frac{\mathrm{R}}{3} - \frac{z}{5} \right) \right]$$

e per i punti esterni ad S dalla equazione:

$$\mathrm{V} = \frac{4\pi \mathrm{R}^3}{3\sqrt{x^2 + y^2 + z^2}} \left(1 - \frac{\mathrm{R}^2 z}{5(x^2 + y^2 + z^2)} \right)$$

come è facile a verificarsi per mezzo del teorema dato da Dirichlet nel vol. 29 del Giornale di Crelle. Quindi avremo:

$$u' = -\frac{g\varrho x\left(\frac{R}{3} - \frac{z}{5}\right)}{2(\lambda + \mu)}$$

$$v' = -\frac{g\varrho y\left(\frac{R}{3} - \frac{z}{5}\right)}{2(\lambda + \mu)}$$

$$w' = -\frac{g\varrho}{4(\lambda + \mu)}\left(\frac{R^2 + 2Rz}{3} - \frac{3z^2 + x^2 + y^2}{5}\right)$$

onde:

$$\Theta' = \frac{\partial u'}{\partial x} + \frac{\partial v'}{\partial y} + \frac{\partial w'}{\partial z} = -\frac{g\varrho(R - z)}{2(\lambda + \mu)}$$

$$2\left(\lambda\Theta' + \mu\frac{\partial u'}{\partial x}\right) = -\frac{g\varrho}{\lambda + \mu}\left(\frac{(3\lambda + \mu)R}{3} - \frac{(5\lambda + \mu)z}{5}\right)$$

$$2\left(\lambda\Theta' + \mu\frac{\partial v'}{\partial y}\right) = -\frac{g\varrho}{\lambda + \mu}\left(\frac{(3\lambda + \mu)R}{3} - \frac{(5\lambda + \mu)z}{5}\right)$$

$$2\left(\lambda\Theta' + \mu\frac{\partial w'}{\partial z}\right) = -\frac{g\varrho}{\lambda + \mu}\left(\frac{(3\lambda + \mu)R}{3} - \frac{(5\lambda + 3\mu)z}{5}\right)$$

$$\frac{\partial u'}{\partial y} + \frac{\partial v'}{\partial x} = 0$$

$$\frac{\partial v'}{\partial z} + \frac{\partial w'}{\partial y} = \frac{g\varrho y}{5(\lambda + \mu)}$$

$$\frac{\partial w'}{\partial x} + \frac{\partial u'}{\partial z} = \frac{g\varrho x}{5(\lambda + \mu)}.$$

Poichè i coseni degli angoli che la normale alla superficie della sfera fa cogli assi sono rispettivamente:

$$\alpha = -\frac{x}{R}\ ,\quad \beta = -\frac{y}{R}\ ,\quad \gamma = -\frac{z}{R}$$

le componenti delle tensioni alla superficie saranno:

$$(42)\qquad \begin{aligned} L' &= \frac{g\varrho x}{(\lambda+\mu)R}\left(\frac{(3\lambda+\mu)R}{3} - \frac{(5\lambda+2\mu)z}{5}\right) \\ M' &= \frac{g\varrho y}{(\lambda+\mu)R}\left(\frac{(3\lambda+\mu)R}{5} - \frac{(5\lambda+2\mu)z}{5}\right) \\ N' &= \frac{g\varrho}{(\lambda+\mu)R}\left(\frac{(3\lambda+\mu)Rz}{3} - \frac{\mu R^2+(5\lambda+2\mu)z^2}{5}\right). \end{aligned}$$

Ora, denotando con σ la superficie della sfera, abbiamo:

$$\int_\sigma L'd\sigma = 0 \quad , \quad \int_\sigma M'd\sigma = 0 ,$$

$$\begin{aligned} \int_\sigma N'd\sigma &= -\frac{g\varrho}{(\lambda+\mu)R}\left(\frac{4\pi\mu R^4}{5} + \frac{5\lambda+2\mu}{5}\int_\sigma z^2\, d\sigma\right) \\ &= -\frac{4}{3}\pi g\varrho R^2 . \end{aligned}$$

Quindi non si potrà avere l'equilibrio con sole deformazioni, e dovremo applicare alla superficie forze in direzione dell'asse delle z, la risultante delle quali sia uguale ed opposta al peso della sfera. Denotando con Z queste forze, gli spostamenti (u'', v'', w'') dovranno soddisfare in tutta la sfera all'equazioni (32), nelle quali sono prese uguali a zero le componenti delle forze, ed all'equazioni:

$$L' + 2\left(\lambda\Theta'' + \mu\frac{\partial u''}{\partial x}\right)\alpha + \mu\left(\frac{\partial u''}{\partial y} + \frac{\partial v''}{\partial x}\right)\beta + \mu\left(\frac{\partial u''}{\partial z} + \frac{\partial w''}{\partial x}\right)\gamma = 0$$

$$M' + \mu\left(\frac{\partial v''}{\partial x} + \frac{\partial u''}{\partial y}\right)\alpha + 2\left(\lambda\Theta'' + \mu\frac{\partial v''}{\partial y}\right)\beta + \mu\left(\frac{\partial v''}{\partial z} + \frac{\partial w''}{\partial y}\right)\gamma = 0$$

$$N' + Z + \mu\left(\frac{\partial w''}{\partial x} + \frac{\partial u''}{\partial z}\right)\alpha + \mu\left(\frac{\partial w''}{\partial y} + \frac{\partial v''}{\partial z}\right)\beta + 2\left(\lambda\Theta'' + \mu\frac{\partial w''}{\partial z}\right)\gamma = 0$$

sopra tutta la superficie σ. Quindi potremo applicare le equazioni (39) e (40).

Sostituendo nella equazione (39) i valori di L′, M′, N′ dati dalle (42), avremo:

$$\int_S \Theta'' dS = \frac{g\varrho R^2}{6(\lambda+\mu)}\int_\sigma d\sigma - \frac{g\varrho(5\lambda+2\mu)R}{10(\lambda+\mu)(3\lambda+\mu)}\int_\sigma z\,d\sigma$$

$$-\frac{\mu g\varrho R}{10(3\lambda+\mu)(\lambda+\mu)}\int_\sigma z\,d\sigma - \frac{1}{2(3\lambda+\mu)}\int_\sigma Z\,z\,d\sigma$$

$$=\frac{2}{3}\frac{\pi g\varrho R^4}{\lambda+\mu} - \frac{1}{2(3\lambda+\mu)}\int_\sigma Z\,z\,d\sigma .$$

Abbiamo inoltre:

$$\int_S \Theta' dS = -\frac{g\varrho}{2(\lambda+\mu)}\int_S (R-z)\,dS = -\frac{2}{3}\frac{\pi g\varrho R^4}{\lambda+\mu} .$$

Onde, essendo:

$$\Theta = \Theta' + \Theta''$$

avremo:

$$\int_S \Theta\, dS = -\frac{1}{2(3\lambda+\mu)}\int_\sigma Z\,z\,d\sigma .$$

Se le forze Z sono applicate tutte alla stessa distanza $-c$ dal piano orizzontale che passa per il centro, sarà:

$$\int_S \Theta\, dS = \frac{c}{2(3\lambda+\mu)}\int_\sigma Z\,d\sigma .$$

Ma:

$$\int_\sigma Z\,d\sigma = \frac{4\pi}{3} g\varrho R^3$$

quindi:

$$\int_S \Theta\, dS = \frac{2}{3}\frac{\pi c g\varrho R^3}{3\lambda+\mu}$$

$$\Delta S = \frac{cg\varrho}{2(3\lambda+\mu)} S$$

e si ha il teorema:

La variazione di volume di una sfera sotto l'azione della gravità, tenuta in equilibrio da forze applicate ai punti di un parallelo orizzontale, è proporzionale direttamente al suo volume, e alla distanza a cui si trova dal piano orizzontale che passa per il centro, il parallelo cui sono applicate le forze.

Sostituendo nella prima delle equazioni (40) i valori di L′, M′, N′ dati dalle (42) abbiamo:

$$\int_S \frac{\partial u''}{\partial x} dS = -\frac{\lambda}{\mu}\int_S \Theta'' dS + \frac{1}{2\mu}\int_\sigma L' x\, d\sigma$$

$$= -\frac{2\lambda\pi g\varrho R^4}{3\mu(\lambda+\mu)} + \frac{\lambda}{2\mu(3\lambda+\mu)}\int_\sigma Z z\, d\sigma$$

$$+ \frac{g\varrho}{2\mu(\lambda+\mu)R}\int_\sigma\left(\frac{(3\lambda+\mu)}{3} R x^2 - \frac{(5\lambda+2\mu)}{5} z x^2\right) d\sigma .$$

Ma:

$$\int_\sigma x^2 d\sigma = \frac{4}{3}\pi R^4 \quad , \quad \int_\sigma z x^2 d\sigma = 0 \ (*)$$

onde:

$$\int_S \frac{\partial u''}{\partial x} dS = \frac{2 g\varrho\pi R^4}{9(\lambda+\mu)} + \frac{\lambda}{2\mu(3\lambda+\mu)}\int_\sigma Z z\, d\sigma .$$

Abbiamo inoltre:

$$\int_S \frac{\partial u'}{\partial x} dS = -\frac{2 g\varrho\pi R^4}{9(\lambda+\mu)}$$

onde:

$$\int_S \frac{\partial u}{\partial x} dS = \frac{\lambda}{2\mu(3\lambda+\mu)}\int_\sigma Z z\, d\sigma .$$

Analogamente:

$$\int_S \frac{\partial v}{\partial y} dS = \frac{\lambda}{2\mu(3\lambda+\mu)}\int_S Z z\, d\sigma$$

$$\int_S \frac{\partial w}{\partial z} dS = -\frac{2\lambda+\mu}{2\mu(3\lambda+\mu)}\int_\sigma Z z\, d\sigma .$$

Quindi abbiamo contrazione nella direzione verticale e dilatazione nella orizzontale, e queste stanno sempre tra loro come $2\lambda+\mu$ sta a λ.

(*) Nella Memoria originale è scritto $\int_\sigma z x\, d\sigma = 0$ perchè nel calcolo era stato trascurato un fattore x. In questo punto inoltre, sono stati corretti diversi errori di stampa.

O. T.

VIII.

Dilatazione di un elemento qualunque di un corpo elastico isotropo sotto l'azione di forze che agiscono soltanto alla superficie.

Se prendiamo:

$$u'' = \frac{\partial \frac{1}{r}}{\partial x} + \xi \quad , \quad v'' = \frac{\partial \frac{1}{r}}{\partial y} + \eta \quad , \quad w'' = \frac{\partial \frac{1}{r}}{\partial z} + \zeta ,$$

dove r è la distanza di un punto qualunque di coordinate (x , y , z) da un punto di coordinate (x' , y' , z') dello spazio S occupato dal corpo, poichè:

$$\Delta^2 \frac{1}{r} = 0 ,$$

avremo:

$$\Theta'' = \frac{\partial \xi}{\partial x} + \frac{\partial \eta}{\partial y} + \frac{\partial \zeta}{\partial z} ,$$

$$\Delta^2 u'' = \Delta^2 \xi \quad , \quad \Delta^2 v'' = \Delta^2 \eta \quad , \quad \Delta^2 w'' = \Delta^2 \zeta .$$

Quindi se le tre funzioni ξ , η , ζ sono finite, continue e a un sol valore, insieme colle loro derivate, e soddisfano alle tre equazioni:

(43)
$$\begin{gathered} (2\lambda + \mu) \frac{\partial \Theta}{\partial x} + \mu \Delta^2 u = 0 , \\ (2\lambda + \mu) \frac{\partial \Theta}{\partial y} + \mu \Delta^2 v = 0 , \\ (2\lambda + \mu) \frac{\partial \Theta}{\partial z} + \mu \Delta^2 w = 0 , \end{gathered}$$

in tutto lo spazio S, anche le tre funzioni u'' , v'' , w'', soddisfaranno a queste equazioni, e saranno finite, continue e a un sol valore, insieme colle loro derivate, in tutto lo spazio S', che si ottiene togliendo da S uno spazio s piccolo quanto si vuole che contenga il punto (x' , y' , z') nel quale la funzione $\frac{1}{r}$ e le sue derivate divengono infinite. Quindi potremo applicare il teorema del n.° VI, purchè si prenda il contorno di S' che è composto della superficie σ che forma il contorno dello spazio S, e della superficie σ' contorno dello spazio s.

Nello spazio S' gli spostamenti (u', v', w') fanno equilibrio alle forze (L', M', N') che agiscono sopra la superficie σ, e alle tensioni (X', Y', Z') che agiscono sopra la superficie σ' e sono date dall'equazioni:

$$(44)\qquad \begin{aligned} -X' &= 2\left(\lambda\Theta' + \mu\frac{\partial u'}{\partial x}\right)\alpha + \mu\left(\frac{\partial v'}{\partial x} + \frac{\partial u'}{\partial y}\right)\beta + \mu\left(\frac{\partial u'}{\partial z} + \frac{\partial w'}{\partial x}\right)\gamma \\ -Y' &= \mu\left(\frac{\partial v'}{\partial x} + \frac{\partial u'}{\partial y}\right)\alpha + 2\left(\lambda\Theta' + \mu\frac{\partial v'}{\partial y}\right)\beta + \mu\left(\frac{\partial v'}{\partial z} + \frac{\partial w'}{\partial y}\right)\gamma \\ -Z' &= \mu\left(\frac{\partial w'}{\partial x} + \frac{\partial u'}{\partial z}\right)\alpha + \mu\left(\frac{\partial w'}{\partial y} + \frac{\partial v'}{\partial z}\right)\beta + 2\left(\lambda\Theta' + \mu\frac{\partial w'}{\partial z}\right)\gamma \end{aligned}$$

e gli spostamenti (u'', v'', w'') fanno equilibrio alle forze (X'', Y'', Z'') componenti delle tensioni che producono sopra σ e σ' gli spostamenti $\left(\frac{\partial \frac{1}{r}}{\partial x}, \frac{\partial \frac{1}{r}}{\partial y}, \frac{\partial \frac{1}{r}}{\partial z}\right)$ e alle forze (X_0, Y_0, Z_0) componenti delle tensioni prodotte sopra σ e σ' dagli spostamenti (ξ, η, ζ). Pertanto la equazione (35) diviene:

$$(45)\qquad \begin{aligned} &\int_\sigma \left[L'\left(\frac{\partial \frac{1}{r}}{\partial x} + \xi\right) + M'\left(\frac{\partial \frac{1}{r}}{\partial y} + \eta\right) + N'\left(\frac{\partial \frac{1}{r}}{\partial z} + \zeta\right)\right] d\sigma \\ &+ \int_{\sigma'} \left[X'\left(\frac{\partial \frac{1}{r}}{\partial x} + \xi\right) + Y'\left(\frac{\partial \frac{1}{r}}{\partial y} + \eta\right) + Z'\left(\frac{\partial \frac{1}{r}}{\partial z} + \zeta\right)\right] d\sigma' \\ &= \int_\sigma [(X'' + X_0)\, u' + (Y'' + Y_0)\, v' + (Z'' + Z_0)\, w']\, d\sigma \\ &+ \int_{\sigma'} [(X'' + X_2)\, u' + (Y'' + Y_0)\, v' + (Z'' + Z_0)\, w']\, d\sigma'. \end{aligned}$$

Se prendiamo per s una sfera infinitesima col centro nel punto (x', y', z'), poichè X_0, Y_0, Z_0, ξ, η, ζ, X', Y', Z', u', v', w' sono quantità sempre finite e continue, avremo:

$$\int_{\sigma'} (X'\xi + Y'\eta + Z'\gamma)\, d\sigma' = 0$$

$$\int_{\sigma'} (X_0 u' + Y_0 v' + Z_0 w)\, d\sigma' = 0 .$$

Abbiamo inoltre:

$$X'' = -2\mu\left(\frac{\partial^2 \frac{1}{r}}{\partial x^2}\alpha + \frac{\partial^2 \frac{1}{r}}{\partial x\,\partial y}\beta + \frac{\partial^2 \frac{1}{r}}{\partial x\,\partial z}\gamma\right)$$

e poichè, se denotiamo con p la normale alla superficie diretta verso l'interno dello spazio S':

$$\alpha = \frac{dx}{dp} \quad , \quad \beta = \frac{dy}{dp} \quad , \quad \gamma = \frac{dz}{dp}.$$

Sarà:

$$X'' = -2\mu\frac{d}{dp}\frac{\partial\frac{1}{r}}{\partial x}$$

$$Y'' = -2\mu\frac{d}{dp}\frac{\partial\frac{1}{r}}{\partial y}$$

$$Z'' = -2\mu\frac{d}{dp}\frac{\partial\frac{1}{r}}{\partial z}$$

e quindi la equazione (45) diviene:

$$\begin{aligned}(46)\quad &\int_{\sigma'}\left(X'\frac{\partial\frac{1}{r}}{\partial x} + 2\mu u'\frac{d}{dp}\frac{\partial\frac{1}{r}}{\partial x} + Y'\frac{\partial\frac{1}{r}}{\partial y} + 2\mu v'\frac{d}{dp}\frac{\partial\frac{1}{r}}{\partial y}\right.\\ &\qquad\left. + Z'\frac{\partial\frac{1}{r}}{\partial z} + 2\mu w'\frac{d}{dp}\frac{\partial\frac{1}{r}}{\partial z}\right)d\sigma'\\ &= \int_\sigma\Bigg\{(X''+X_0)\,u' + (Y''+Y_0)\,v' + (Z''+Z_0)\,w'\\ &-\left[L'\left(\frac{\partial\frac{1}{r}}{\partial x}+\xi\right) + M'\left(\frac{\partial\frac{1}{r}}{\partial y}+\eta\right) + N'\left(\frac{\partial\frac{1}{r}}{\partial z}+\xi\right)\right]\Bigg\}\,d\sigma.\end{aligned}$$

Ora sopra la sfera σ':

$$\frac{d}{dp} = \frac{d}{dr}.$$

Quindi:

$$\alpha = \frac{dx}{dr} \quad , \quad \beta = \frac{dy}{dr} \quad , \quad \gamma = \frac{dz}{dr}$$

$$\frac{\partial \frac{1}{r}}{\partial x} \frac{dy}{dr} = \frac{\partial \frac{1}{r}}{\partial y} \frac{dx}{dr},$$

$$\frac{\partial \frac{1}{r}}{\partial y} \frac{dz}{dr} = \frac{\partial \frac{1}{r}}{\partial z} \frac{dy}{dr},$$

. . . .

. . . .

e dall'equazioni (44) si ottiene:

$$X' \frac{\partial \frac{1}{r}}{\partial x} = -2\lambda\Theta' \frac{\partial \frac{1}{r}}{\partial x} \frac{dx}{dr} - \mu \frac{\partial \frac{1}{r}}{\partial x} \frac{du'}{dr}$$

$$- \mu \left(\frac{\partial u'}{\partial x} \frac{\partial \frac{1}{r}}{\partial x} + \frac{\partial v'}{\partial x} \frac{\partial \frac{1}{r}}{\partial y} + \frac{\partial w'}{\partial x} \frac{\partial \frac{1}{r}}{\partial z} \right) \frac{dx}{dr}$$

$$Y' \frac{\partial \frac{1}{r}}{\partial y} = -2\lambda\Theta' \frac{\partial \frac{1}{r}}{\partial y} \frac{dy}{dr} - \mu \frac{\partial \frac{1}{r}}{\partial y} \frac{dv'}{dr}$$

$$- \mu \left(\frac{\partial u'}{\partial y} \frac{\partial \frac{1}{r}}{\partial x} + \frac{\partial v'}{\partial y} \frac{\partial \frac{1}{r}}{\partial y} + \frac{\partial w'}{\partial y} \frac{\partial \frac{1}{r}}{\partial z} \right) \frac{dy}{dr}$$

$$Z' \frac{\partial \frac{1}{r}}{\partial z} = -2\lambda\Theta' \frac{\partial \frac{1}{r}}{\partial z} \frac{dz}{dr} - \mu \frac{\partial \frac{1}{r}}{\partial z} \frac{dw'}{\partial r}$$

$$- \mu \left(\frac{\partial u'}{\partial z} \frac{\partial \frac{1}{r}}{\partial x} + \frac{\partial v'}{\partial z} \frac{\partial \frac{1}{r}}{\partial y} + \frac{\partial w'}{\partial z} \frac{\partial \frac{1}{r}}{\partial z} \right) \frac{dz}{dr}$$

onde:

$$X'\frac{\partial\frac{1}{r}}{\partial x}+Y'\frac{\partial\frac{1}{r}}{\partial y}+Z'\frac{\partial\frac{1}{r}}{\partial z}$$

$$=-2\lambda\Theta'\frac{d\frac{1}{r}}{dr}-2\mu\left(\frac{du'}{dr}\frac{\partial\frac{1}{r}}{\partial x}+\frac{dv'}{dr}\frac{\partial\frac{1}{r}}{\partial y}+\frac{dw'}{dr}\frac{\partial\frac{1}{r}}{\partial z}\right).$$

Ora:

$$\int_{\sigma'}\Theta'\frac{d\frac{1}{r}}{dr}d\sigma'=-4\pi\Theta$$

essendo Θ il valore di Θ' nel punto (x', y', z'). Inoltre:

$$\int_{\sigma'}\left(\frac{du'}{dr}\frac{\partial\frac{1}{r}}{\partial x}-u'\frac{d}{dr}\frac{\partial\frac{1}{r}}{\partial x}\right)d\sigma'$$

$$=\int_{\sigma'}\left(\frac{du'}{dr}\frac{\alpha}{r^2}-u'\frac{d}{dr}\frac{\alpha}{r^2}\right)d\sigma' \text{ (*)}$$

$$=\int_{\sigma'}\frac{d(u'\alpha r^2)}{r^4\,dr}d\sigma'.$$

Ma:

$$\int_s\frac{\partial u'}{\partial x}ds=-\int_{\sigma'}u'\alpha\,d\sigma'=-\int_{\varpi}u'\alpha r^2\,d\varpi$$

essendo ϖ la superficie della sfera di raggio uguale alla unità. Quindi:

$$\int_0^r r^2\,dr\int_{\varpi}\frac{\partial u'}{\partial x}d\varpi=-\int_{\varpi}u'\alpha r^2\,d\varpi$$

e derivando rapporto ad r:

$$\int_{\varpi}\frac{\partial u'}{\partial x}d\varpi=4\pi\frac{\partial u'}{\partial x}=-\int_{\varpi}\frac{d(u'\alpha r^2)}{r^2\,dr}d\varpi=-\int_{\sigma'}\frac{d(u'\alpha r^2)}{r^4\,dr}d\sigma'$$

$$\int_{\sigma'}\left(\frac{du'}{dr}\frac{\partial\frac{1}{r}}{\partial x}-u'\frac{d}{dr}\frac{\partial\frac{1}{r}}{\partial x}\right)d\sigma'=-4\pi\frac{\partial u'}{\partial x}$$

(*) In questo calcolo α, β, γ rappresentano i coseni della normale a σ' diretta verso l'interno di s.

O. T.

e analogamente:

$$\int_{\sigma'}\left(\frac{du'}{dr}\frac{\partial\frac{1}{r}}{\partial y}-v'\frac{d}{dr}\frac{\partial\frac{1}{r}}{\partial y}\right)d\sigma'=-4\pi\frac{\partial v'}{\partial y}$$

$$\int_{\sigma'}\left(\frac{du'}{dr}\frac{\partial\frac{1}{r}}{\partial z}-w'\frac{d}{dr}\frac{\partial\frac{1}{r}}{\partial z}\right)d\sigma'=-4\pi\frac{\partial w'}{\partial z}$$

e quindi:

$$\int_{\sigma'}\left[X'\frac{\partial\frac{1}{r}}{\partial x}+Y'\frac{\partial\frac{1}{r}}{\partial y}+Z'\frac{\partial\frac{1}{r}}{\partial z}\right.$$

$$\left.+2\mu\left(u'\frac{d}{dr}\frac{\partial\frac{1}{r}}{\partial x}+v'\frac{d}{dr}\frac{\partial\frac{1}{r}}{\partial y}+w'\frac{d}{dr}\frac{\partial\frac{1}{r}}{\partial z}\right)\right]d\sigma'$$

$$=8\pi(\lambda+\mu)\Theta$$

e la equazione (46) dà:

$$\Theta=-\frac{1}{8\pi(\lambda+\mu)}\int_{\sigma}\left\{\left[L'\left(\frac{\partial\frac{1}{r}}{\partial x}+\xi\right)+M'\left(\frac{\partial\frac{1}{r}}{\partial y}+\eta\right)\right.\right.$$

$$\left.\left.+N'\left(\frac{\partial\frac{1}{r}}{\partial z}+\zeta\right)\right]-[(X''+X_0)u'+(Y''+Y_0)v'+(Z''+Z_0)w'\right\}d\sigma.$$

Ora:

$$X''=-2\mu\frac{d}{dp}\frac{\partial\frac{1}{r}}{\partial x},$$

$$Y''=-2\mu\frac{d}{dp}\frac{\partial\frac{1}{r}}{\partial y},$$

$$Z''=-2\mu\frac{d}{dp}\frac{\partial\frac{1}{r}}{\partial z}.$$

Onde:

$$\Theta = -\frac{1}{8\pi(\lambda+\mu)}\int_\sigma\left(L'\frac{\partial\frac{1}{r}}{\partial x} + 2\mu u'\frac{d}{dp}\frac{\partial\frac{1}{r}}{\partial x}\right.$$

$$(47) \qquad + M'\frac{\partial\frac{1}{r}}{\partial y} + 2\mu v'\frac{d}{dp}\frac{\partial\frac{1}{r}}{\partial y} + N'\frac{\partial\frac{1}{r}}{\partial z} + 2\mu w'\frac{d}{dp}\frac{\partial\frac{1}{r}}{\partial z}$$

$$\left. + L'\xi - X_0 u' + M'\eta - Y_0 v' + N'\zeta - Z_0 w'\right) d\sigma.$$

Quindi quando fosse determinato un sistema di funzioni ξ, η, ζ finite, continue e a un sol valore insieme colle loro derivate, che soddisfacessero alle equazioni (43) in tutto lo spazio S, e sulla superficie σ alle altre:

$$X_0 - 2\mu\frac{d}{dp}\frac{\partial\frac{1}{r}}{\partial x} = 0$$

$$Y_0 - 2\mu\frac{d}{dp}\frac{\partial\frac{1}{r}}{\partial y} = 0$$

$$Z_0 - 2\mu\frac{d}{dp}\frac{\partial\frac{1}{r}}{\partial z} = 0$$

si avrebbe la funzione Θ che dà il coefficiente di dilatazione di un elemento qualunque del corpo, espresso soltanto per le forze date (L', M', N'). La determinazione delle funzioni ξ, η, ζ che corrispondono alle funzioni di Green nella determinazione delle funzioni potenziali, offre in generale molta difficoltà. Ma si può procedere anche con un altro metodo per fare sparire dalla espressione (47) i valori di u', v', w'. Questo metodo è una generalizzazione di quello che io ho dato nella mia Memoria: *Sopra le funzioni sferiche*, pubblicata nel primo volume degli Annali di matematica per risolvere il problema analogo per le funzioni potenziali.

Lo spazio S occupato dal corpo sia compreso tra due sfere concentriche, la maggiore σ_1 di raggio R_1, la minore σ_2 di raggio R_2. Prendiamo nella equazione (47):

$$\xi = \eta = \zeta = 0:$$

avremo:

$$
(48)\quad \begin{aligned}
\Theta = -\frac{1}{8\pi(\lambda+\mu)} \Bigg\{ & \int_{\sigma_1} \Bigg[L'_1 \frac{\partial \frac{1}{r}}{\partial x} + M'_1 \frac{\partial \frac{1}{r}}{\partial y} + N'_1 \frac{\partial \frac{1}{r}}{\partial z} \\
& + 2\mu \left(u'_1 \frac{d}{dp_1} \frac{\partial \frac{1}{r}}{\partial x} + v'_1 \frac{d}{dp_1} \frac{\partial \frac{1}{r}}{\partial y} + w'_1 \frac{d}{dp_1} \frac{\partial \frac{1}{r}}{\partial z} \right) \Bigg] d\sigma_1 \\
& + \int_{\sigma_2} \Bigg[L'_2 \frac{\partial \frac{1}{r}}{\partial x} + M'_2 \frac{\partial \frac{1}{r}}{\partial y} + N'_2 \frac{\partial \frac{1}{r}}{\partial z} \\
& + 2\mu \left(u'_2 \frac{d}{dp_2} \frac{\partial \frac{1}{r}}{\partial x} + v'_2 \frac{d}{dp_2} \frac{\partial \frac{1}{r}}{\partial y} + w'_2 \frac{d}{dp_2} \frac{\partial \frac{1}{r}}{\partial z} \right) \Bigg] d\sigma_2 \Bigg\}
\end{aligned}
$$

dove sono distinti coll'indice rispettivo i valori che si riferiscono alle due superficie.

Se distinguiamo con un apice le coordinate del punto interno allo spazio S, a cui si riferisce il valore di Θ, avremo in serie convergente in ugual grado per tutti i punti della superficie σ_1:

$$\frac{1}{r} = \sum_0^\infty \frac{\varrho'^n P_n}{R_1^{n+1}} \quad (*)$$

e per tutti i punti della superficie σ_2:

$$\frac{1}{r} = \sum_0^\infty \frac{R_2^n P_n}{\varrho'^{n+1}} \,.$$

(*) Il Betti espone il suo metodo con insufficiente chiarezza. In breve, si può dire, esso consiste nello sviluppare le derivate di $\frac{1}{r}$ e quindi la Θ, data dalla (48), in serie di funzioni sferiche e nell'eliminare poi le incognite da ciascun termine di questa serie per mezzo del teorema di reciprocità. Quest'ultima quistione diventa risolubile facilmente a causa della semplicità delle funzioni sferiche.

O. T.

Poniamo:

$$V_n = \varrho^n P_n$$

$$U_n = \frac{P_n}{\varrho^{n+1}} = \frac{V_n}{\varrho^{2n+1}};$$

sarà sopra σ_1:

$$\frac{\partial \frac{1}{r}}{\partial x} = \sum_0^\infty \varrho'^n \frac{\partial U_n}{\partial x}$$

$$\frac{\partial \frac{1}{r}}{\partial y} = \sum_0^\infty \varrho'^n \frac{\partial U_n}{\partial y}$$

$$\frac{\partial \frac{1}{r}}{\partial z} = \sum_0^\infty \varrho'^n \frac{\partial U_n}{\partial z}$$

e $\frac{\partial U_n}{\partial x}, \frac{\partial U_n}{\partial y}, \frac{\partial U_n}{\partial z}$ saranno funzioni di x, y, z, omogenee di grado $-(n+2)$ che soddisfano alla equazione:

$$\Delta^2 = 0$$

e quindi:

$$\frac{\partial U_n}{\partial x} = \frac{Y_{n+1}}{R_1^{n+2}}, \quad \frac{\partial U_n}{\partial y} = \frac{Y'_{n+1}}{R_1^{n+2}}, \quad \frac{\partial U_n}{\partial z} = \frac{Y''_{n+1}}{R_1^{n+2}}$$

essendo Y_{n+1}, Y'_{n+1}, Y''_{n+1} funzioni sferiche di ordine $n+1$.

Sopra σ_2 avremo:

$$\frac{\partial \frac{1}{r}}{\partial x} = \sum_0^\infty \frac{\partial V_n}{\partial x} \frac{1}{\varrho'^{n+1}}$$

$$\frac{\partial \frac{1}{r}}{\partial y} = \sum_0^\infty \frac{\partial V_n}{\partial y} \frac{1}{\varrho'^{n+1}}$$

$$\frac{\partial \frac{1}{r}}{\partial z} = \sum_0^\infty \frac{\partial V_n}{\partial z} \frac{1}{\varrho'^{n+1}}$$

e sarà:

$$\frac{\partial V_n}{\partial x} = R_2^{n-1} Z_{n-1}\ ,\quad \frac{\partial V_n}{\partial y} = R_2^{n-1} Z'_{n-1}\ ,\quad \frac{\partial V_n}{\partial z} = R_2^{n-1} Z''_{n-1}$$

e Z_{n-1}, Z'_{n-1}, Z''_{n-1} funzioni sferiche di ordine $n-1$.

Ora:

$$\frac{d}{dp_1} = -\frac{d}{d\varrho}\,.$$

Quindi:

$$\frac{d}{dp_1}\frac{\partial U_n}{\partial x} = \frac{n+2}{R_1^{n+3}} Y_{n+1} = \frac{n+2}{R_1}\frac{\partial U_n}{\partial x}$$

$$\frac{d}{dp_1}\frac{\partial U_n}{\partial y} = \frac{n+2}{R_1^{n+3}} Y'_{n+1} = \frac{n+2}{R_1}\frac{\partial U_n}{\partial y}$$

$$\frac{d}{dp_1}\frac{\partial U_n}{\partial z} = \frac{n+2}{R_1^{n+3}} Y''_{n+1} = \frac{n+2}{R_1}\frac{\partial U_n}{\partial z}$$

Abbiamo inoltre:

$$\frac{d}{dp_2} = \frac{d}{d\varrho}$$

quindi:

$$\frac{d}{dp_2}\frac{\partial V_n}{\partial x} = (n-1)\, R_2^{n-2} Z_{n-1} = \frac{n-1}{R_2}\frac{\partial V_n}{\partial x}$$

$$\frac{d}{dp_2}\frac{\partial V_n}{\partial y} = (n-1)\, R_2^{n-2} Z'_{n-1} = \frac{n-1}{R_2}\frac{\partial V_n}{\partial y}$$

$$\frac{d}{dp_2}\frac{\partial V_n}{\partial z} = (n-1)\, R_2^{n-2} Z''_{n-1} = \frac{n-1}{R_2}\frac{\partial V_n}{\partial z}\,.$$

Sostituendo nella formola (48) i valori trovati si ottiene:

$$(49)\quad \begin{aligned} \Theta = -\frac{1}{8\pi(\lambda+\mu)}\sum_0^\infty \Bigg\{ & \frac{\varrho'^n}{R_1^n}\Bigg(\int_\varpi (L'_1 Y_{n+1} + M'_1 Y'_{n+1} + N'_1 Y''_{n+1})\, d\varpi \\ & + \frac{2\mu(n+2)}{R_1}\int_\varpi (u'_1 Y_{n+1} + v'_1 Y'_{n+1} + w'_1 Y''_{n+1})\, d\varpi\Bigg) \\ & + \frac{R_2^{n+1}}{\varrho'^{n+1}}\Bigg(\int_\varpi (L'_2 Z_{n-1} + M'_2 Z'_{n-1} + N'_2 Z''_{n-1})\, d\varpi \\ & + \frac{2\mu(n-1)}{R_2}\int_\varpi (u'_2 Z_{n-1} + v'_2 Z'_{n-1} + w'_2 Z''_{n-1})\, d\varpi\Bigg)\Bigg\}\,. \end{aligned}$$

Prendiamo gli spostamenti:

$$u_n = f_n(\varrho)\frac{\partial U_n}{\partial x} + f_{-n-1}(\varrho)\frac{\partial V_n}{\partial x}$$

$$v_n = f_n(\varrho)\frac{\partial U_n}{\partial y} + f_{-n-1}(\varrho)\frac{\partial V_n}{\partial y}$$

$$w_n = f_n(\varrho)\frac{\partial U_n}{\partial z} + f_{-n-1}(\varrho)\frac{\partial V_n}{\partial z}$$

dove:

$$f_n\quad(\varrho) = A_n + B_n\,\varrho^2 + C_n\,\varrho^{2n+3}$$

$$f_{-n-1}(\varrho) = A'_n + B'_n\,\varrho^2 + C'_n\,\varrho^{-2n+1}.$$

Saranno soddisfatte le equazioni (43) quando si abbiano le due:

$$(2\lambda + \mu)[2n\,B'_n - (n+1)(2n+3)\,C_n] + 2\mu(2n+1)\,B'_n = 0$$

$$(2\lambda + \mu)[2(n+1)\,B_n + n(2n-1)\,C'_n] + 2\mu(2n+1)\,B_n = 0$$

ossia:

$$C_n = 2\alpha_n\,B'_n \quad , \quad C'_n = 2\alpha_{-n-1}\,B_n$$

essendo:

$$\alpha_n = \frac{n(2\lambda+\mu) + (2n+1)\,\mu}{(n+1)(2n+3)(2\lambda+\mu)}$$

e per $n = 0$:

$$B_0 = 0\ (^*).$$

Denotiamo con (F'_n, G'_n, H'_n) e con (F''_n, G''_n, H''_n) le componenti delle forze che rispettivamente debbono applicarsi alle superficie σ_1 e σ_2 per tenere in equilibrio il corpo dopo che ha ricevuto gli spostamenti (u_n, v_n, w_n). Ponendo:

$$F_n(\varrho) = 2\lambda\,\Theta_n\frac{x}{\varrho} + \mu\left(\frac{\partial u_n}{\partial\varrho} + \frac{\partial u_n}{\partial x}\frac{x}{\varrho} + \frac{\partial v_n}{\partial x}\frac{y}{\varrho} + \frac{\partial w_n}{\partial x}\frac{z}{\varrho}\right)$$

$$G_n(\varrho) = 2\lambda\,\Theta_n\frac{y}{\varrho} + \mu\left(\frac{\partial v_n}{\partial\varrho} + \frac{\partial u_n}{\partial y}\frac{x}{\varrho} + \frac{\partial v_n}{\partial y}\frac{y}{\varrho} + \frac{\partial w_n}{\partial y}\frac{z}{\varrho}\right)$$

$$H_n(\varrho) = 2\lambda\,\Theta_n\frac{z}{\varrho} + \mu\left(\frac{\partial w_n}{\partial\varrho} + \frac{\partial u_n}{\partial z}\frac{x}{\varrho} + \frac{\partial v_n}{\partial z}\frac{y}{\varrho} + \frac{\partial w_n}{\partial z}\frac{z}{\varrho}\right)$$

(*) A_0 e C_0 restano indeterminate e nel seguito, non si saprebbe dire se per una svista o per desiderio di simmetria, C_0 è indicato con B'_0. O. T.

avremo:

$$F'_n = F_n(R_1) \quad , \quad G'_n = G_n(R_1) \quad , \quad H'_n = H_n(R_1)$$
$$F''_n = -F_n(R_2) \quad , \quad G''_n = -G_n(R_2) \quad , \quad H''_n = -H_n(R_2).$$

Quindi:

$$F_0 = -2[2\mu A_0 - (3\lambda + \mu) B'_0 \varrho^3] \frac{Y_1}{\varrho^3}$$

e ponendo:

$$\beta_n = \frac{1 - \alpha_n}{n + 2}$$

$$F_1 = -6\mu(A_1 + B_1 \varrho^2 - \beta_1 B'_1 \varrho^5) \frac{Y_2}{\varrho^4}$$
$$+ 2\mu(1 - \alpha_{-2}) B_1 \frac{Z_0}{\varrho^2}$$

e per $n > 1$:

$$F_n = -2\mu(n + 2)(A_n + B_n \varrho^2 - \beta_n B'_n \varrho^{2n+3}) \frac{Y_{n+1}}{\varrho^{n+3}}$$
$$+ 2\mu(n - 1)(A'_n + B'_n \varrho^2 - \beta_{-n-1} B_n \varrho^{-2n+1}) \varrho^{n-2} Z_{n-1} \quad (*)$$

dalle quali si ricava:

$$F'_0 = -2[2\mu A_0 - (3\lambda + \mu) B'_0 R_1^3] \frac{Y_1}{R_1^3}$$

$$F''_0 = 2[2\mu A_0 - (3\lambda + \mu) B'_0 R_2^3] \frac{Y_1}{R_2^3}$$

$$F'_1 = -6\mu(A_1 + B_1 R_1^2 - \beta_1 B'_1 R_1^5) \frac{Y_2}{R_1^4}$$
$$+ 2\mu(1 - \alpha_{-2}) B_1 \frac{Z_0}{R_1^2}$$

$$F''_1 = 6\mu(A_1 + B_1 R_2^2 - \beta_1 R_2^5 B'_1) \frac{Y_2}{R_2^4}$$
$$- 2\mu(1 - \alpha_{-2}) B_1 \frac{Z_0}{R_2^2}$$

(*) In tutta la quistione trattata qui dal Betti è utile tener presente le due identità:

$$(2n + 1) \frac{x}{\varrho^2} U_n = -\frac{\partial U_n}{\partial x} + \varrho^{-2n-1} \frac{\partial V_n}{\partial x} \quad , \quad (2n + 1) \frac{x}{\varrho^2} V_n = \frac{\partial V_n}{\partial x} - \varrho^{2n+1} \frac{\partial U_n}{\partial x} .$$

Si avverta, inoltre, che in tutto questo calcolo si è cercato di eliminare non pochi errori di stampa che compaiono nella Memoria originale. O. T.

e per $n > 1$:

$$F'_n = -2\mu(n+2)(A_n + B_n R_1^2 - \beta_n B'_n R_1^{2n+3}) \frac{Y_{n+1}}{R_1^{n+3}}$$

$$+ 2\mu(n-1)(A'_n + B'_n R_1^2 - \beta_{-n-1} B_n R_1^{-2n+1}) R_1^{n-2} Z_{n-1}$$

$$F''_n = 2\mu(n+2)(A_n + B_n R_2^2 - \beta_n B'_n R_2^{2n+3}) \frac{Y_{n+1}}{R_2^{n+3}}$$

$$- 2\mu(n-1)(A'_n + B'_n R_2^2 - \beta_{-n-1} B_n R_2^{-2n+1}) R_2^{n-2} Z_{n-1}$$

ed analoghe espressioni per G'_n, H'_n ; G''_n, H''_n.

Ora abbiamo nel corpo due stati di equilibrio: quello in cui sopra σ_1 si hanno le forze (L'_1, M'_1, N'_1) e gli spostamenti (u'_1, v'_1, w'_1) e sopra σ_2 le forze (L'_2, M'_2, N'_2) e gli spostamenti (u'_2, v'_2, w'_2); e quello in cui sopra σ_1 abbiamo le forze (F'_n, G'_n, H'_n) e gli spostamenti (u'_n, v'_n, w'_n), sopra σ_2 le forze (F''_n, G''_n, H''_n) e gli spostamenti (u''_n, v''_n, w''_n), e quindi:

$$\begin{aligned}(52)\qquad &\int_{\sigma_1}(F'_n u'_1 + G'_n v'_1 + H'_n w'_1)\, d\sigma_1 + \int_{\sigma_2}(F''_n u'_2 + G''_n v'_2 + H''_n w'_2)\, d\sigma_2 \\ &= \int_{\sigma_1}(L'_1 u'_n + M'_1 v'_n + N'_n w'_n)\, d\sigma_1 + \int_{\sigma_2}(L'_2 u''_n + M'_2 v''_n + N'_2 w''_n)\, d\sigma_2 .\end{aligned}$$

Ora determiniamo le costanti A_n, B_n, A'_n, B'_n in modo che sia:

$$\begin{aligned}(53)\qquad &F'_0 = \frac{4\mu Y_1}{R_1^3} \quad , \quad F''_0 = 0 \\ &F'_n = 2\mu(n+2)\frac{\varrho'^n Y_{n+1}}{R_1^{n+3}} \quad , \quad F''_n = 2\mu(n-1)\frac{R_2^{n-2}}{\varrho'^{n+1}} Z_{n-1} .\end{aligned}$$

Per ciò dovremo soddisfare alle seguenti equazioni:

$$2\mu A_0 - (3\lambda + \mu) B'_0 R_1^3 = -2\mu$$

$$2\mu A_0 - (3\lambda + \mu) B'_0 R_1^3 = 0$$

$$B_1 = 0$$

$$A_1 - \beta_1 B'_1 R_1^5 = -\varrho'$$

$$A_1 - \beta_1 B'_1 R_2^5 = 0 \ (*)$$

(*) A'_1 resta indeterminata e nel seguito è posta dal Betti tacitamente eguale a zero.
O. T.

e per $n > 1$:

$$A_n + B_n R_1^2 - \beta_n R_1^{2n+3} B'_n = -\varrho'^n$$

$$A_n + B_n R_2^2 - \beta_n R_2^{2n+3} B'_n = 0$$

$$A'_n + B'_n R_1^2 - \beta_{-n-1} R_1^{-2n+1} B_n = 0$$

$$A'_n + B'_n R_2^2 - \beta_{-n-1} R_2^{-2n+1} B_n = -\frac{1}{\varrho'^{n+1}}$$

dalle quali, ponendo:

$$R_2 = \eta R_1$$

si ricava:

$$A_0 = \frac{\eta^3}{1-\eta^3}\ ,\quad B'_0 R_1^3 = \frac{2\mu}{(1-\eta^3)(3\lambda+\mu)}$$

$$A_1 = \frac{\varrho'\eta^5}{1-\eta^5}\ ,\quad B'_1 R_1^5 = \frac{\varrho'}{\beta_1(1-\eta^5)}$$

$$= \frac{5\varrho'}{1-\eta^5}\cdot\frac{2\lambda+\mu}{3\lambda+\mu}$$

e per $n > 1$, essendo:

$$\xi_n = \beta_n \beta_{-n-1}(1-\eta^{2n-1})(1-\eta^{2n+3}) + \eta^{2n-1}(1-\eta^2)^2$$

$$\frac{B_n}{R_1^n} = \beta_n \eta^n \frac{(1-\eta^{2n+3})}{\xi_n}\frac{R_2^{n-1}}{\varrho'^{n+1}} - \eta^{2n-1}\frac{(1-\eta^2)}{\xi_n}\frac{\varrho'^n}{R_1^{n+2}}$$

$$R'_n R_1^{n+1} = \beta_{-n-1}\frac{(1-\eta^{2n-1})}{\xi^n}\frac{\varrho'^n}{R_1^{n+2}} + \eta^n\frac{(1-\eta^2)}{\xi_n}\frac{R_2^{n-1}}{\varrho'^{n+1}}$$

e quindi osservando che le derivate di V_0 sono uguali a zero abbiamo:

(54)
$$u'_0 = \left(-1 + \frac{3(\lambda+\mu)}{(3\lambda+\mu)(1-\eta^3)}\right)\frac{Y_1}{R_1^2}$$

$$u''_0 = \frac{3(\lambda+\mu)\eta^3}{(3\lambda+\mu)(1-\eta^3)}\frac{Y_1}{R_2^2}$$

(54)
$$u'_1 = \left[\left(-1 + \frac{5(\lambda+\mu)}{(3\lambda+\mu)(1-\eta^5)}\right)Y_2 + \frac{5(2\lambda+\mu)}{(3\lambda+\mu)(1-\eta^5)}Z_0\right]\frac{\varrho'}{R_1^3}$$

$$u''_1 = \left(\frac{5(\lambda+\mu)\eta^5}{(3\lambda+\mu)(1-\eta^5)}Y_2 + \frac{5\eta^5(2\lambda+\mu)}{(3\lambda+\mu)(1-\eta^5)}Z_0\right)\frac{\varrho'}{R_2^3}$$

e per $n > 1$:

(54)
$$u'_n = \left[-\frac{\varrho'^n}{R_1^{n+2}} + \frac{2(2n+1)(\lambda+\mu)}{(n+1)(n+2)(2\lambda+\mu)\xi_n}\left(\beta_{-n-1}(1-\eta^{2n-1})\frac{\varrho'^n}{R_1^{n+2}} + \eta^n(1-\eta^2)\frac{R_2^{n-1}}{\varrho'^{n+1}}\right)\right] Y_{n+1}$$
$$- \frac{2(2n+1)(\lambda+\mu)\eta^n}{n(n-1)(2\lambda+\mu)\xi_n}\left(\beta_n(1-\eta^{2n+3})\frac{R_2^{n-1}}{\varrho'^{n+1}} - \eta^{n-1}(1-\eta^2)\frac{\varrho'^n}{R_1^{n+2}}\right) Z_{n-1}$$
$$u''_n = \frac{2(2n+1)(\lambda+\mu)\eta^{n+1}}{(n+1)(n+2)(2\lambda+\mu)\xi_n}\left(\beta_{-n-1}(1-\eta^{2n-1})\frac{\varrho'^n}{R_1^{n+2}} + \eta^n(1-\eta^2)\frac{R_2^{n-1}}{\varrho'^{n+1}}\right) Y_{n+1}$$
$$- \left[\frac{R_2^{n-1}}{\varrho'^{n+1}} + \frac{2(2n+1)(\lambda+\mu)}{n(n-1)(2\lambda+\mu)\xi_n}\left(\beta_n(1-\eta^{2n+3})\frac{R_2^{n-1}}{\varrho'^{n+1}} - \eta^{n-1}(1-\eta^2)\frac{\varrho'^n}{R_2^{n+2}}\right)\right] Z_{n-1} \text{ (*)}.$$

Sostituendo nella (52) i valori (53) e (54) e riducendo con essa la (49) si ottiene.

$$\Theta = -\frac{5(2\lambda+\mu)}{8\pi(1-\eta^5)(3\lambda+\mu)(\lambda+\mu)} \cdot \frac{\varrho'}{R_1}\int_\varpi ((L'_1 + \eta^4 L'_2) Z_0$$
$$+ (M'_1 + \eta^4 M'_2) Z'_0 + (N'_1 + \eta^4 N'_2) Z''_0)\, d\varpi$$
$$- \frac{1}{4\pi(2\lambda+\mu)}\left\{\sum_0^\infty \left[\frac{2n+1}{(n+1)(n+2)\xi_n}\left(\beta_{-n-1}(1-\eta^{2n-1})\frac{\varrho'^n}{R_1^n}\right.\right.\right.$$
$$\left. + \eta^{n-2}(1-\eta^2)\frac{R_2^{n+1}}{\varrho'^{n+1}}\right)\int_\varpi \left((L'_1 + \eta^{n+3} L'_2) Y_{n+1} + (M'_1 + \eta^{n+3} M'_2) Y'_{n+1}\right.$$
$$\left.\left. + (N'_1 + N'_2 \eta^{n+3}) Y''_{n+1}\right) d\varpi\right] - \sum_2^\infty \left[\frac{2n+1}{n(n-1)\xi_n}\left(\beta_n(1-\eta^{2n+3})\right.\right.$$
$$\left.\frac{R_2^{n+1}}{\varrho'^{n+1}} - \eta^{n+1}(1-\eta^2)\frac{\varrho'^n}{R_1^n}\right)\int_\varpi \left((L'_1 \eta^{n-2} + L'_2) Z_{n-1}\right.$$
$$\left.\left.\left. + (M'_1 \eta^{n-2} + M'_2) Z'_{n-1} + (N'_1 \eta^{n-2} + N'_2) Z''_{n-1}\right) d\varpi\right]\right\}.$$

Se le forze applicate alle due superficie si fanno separatamente equilibrio, quando il corpo è reso rigido, si avrà:

$$\int_\varpi L'_1\, d\varpi = \int_\varpi L'_2\, d\varpi = \int_\varpi M'_1\, d\varpi = \cdots = 0$$

(*) Per $n = 0$ ed $n = 1$, $u'_n, u''_n, \ldots$ acquistano forma indeterminata i cui limiti coincidono con i valori di $u'_0, u''_0, u'_1, u''_1, \ldots$ O. T.

e quindi sparirà il termine che contiene Z_0, Z'_0, Z''_0. Basta però che $L'_1, L'_2, M'_1, \ldots$ siano esprimibili per funzioni sferiche perchè questo termine si annulli. Infatti in tal caso, soltanto la parte costante che non può influire sulla deformazione del corpo potrebbe dare un risultato differente da zero.

Quando le forze sono normali alle due superficie e costanti, abbiamo:

$$L'_1 = -F_1 \frac{x}{\varrho} = F_1 Y_1 \ , \ M'_1 = F_1 Y'_1 \ , \ N'_1 = F_1 Y''_1$$

$$L'_2 = -F_2 Y_1 \ , \ M'_2 = -F_2 Y'_1 \ , \ N'_2 = -F_2 Y''_1$$

onde:

$$\Theta = -\frac{3(F_1 - \eta^3 F_2)}{8\pi(3\lambda + \mu)(1 - \eta^3)} \int_\varpi (Y_1^2 + Y_1'^2 + Y_1''^2)\, d\varpi$$

$$+ \frac{5}{8\pi(2\lambda + \mu)\xi_2}\left(\beta_2(1 - \eta^7)\frac{R_2^3}{\varrho'^3} - \eta^3(1 - \eta^2)\frac{\varrho'^2}{R_1^2}\right)(F_1 - F_2)\int_\varpi (Y_1 Z_1 + Y'_1 Z'_1 + Y''_1 Z''_1)\, d\varpi$$

Ma:

$$Y_1^2 + Y_1'^2 + Y_1''^2 = 1$$

$$Y_1 Z_1 + Y'_1 Z'_1 + Y''_1 Z''_1 = -2P_2$$

quindi:

$$\int_\varpi (Y_1^2 + Y_1'^2 + Y_1''^2)\, d\varpi = 4\pi$$

$$\int_\varpi (Y_1 Z_1 + Y'_1 Z'_1 + Y''_1 Z''_1)\, d\varpi = 0$$

e rimane:

$$\Theta = \frac{3(F_2 \eta^3 - F_1)}{2(3\lambda + \mu)(1 - \eta^3)} .$$

Quando:

$$R_2 = 0 \ , \ \eta = 0$$

il corpo è una sfera e abbiamo per questa:

$$\Theta = -\frac{1}{8\pi}\sum_0^\infty \frac{(2n+1)(2n+3)}{(2n^2 + 4n + 3)\lambda + (n^2 + n + 1)\mu}\frac{\varrho'^n}{R_1^n}\int_\varpi (L'_1 Y_{n+1}$$

$$+ M'_1 Y'_{n+1} + N'_1 Y''_{n+1})\, d\varpi .$$

IX.

Rotazione di un elemento qualunque di un corpo elastico isotropo sotto l'azione di forze che agiscono soltanto alla superficie.

Poniamo:

$$u'' = \frac{\partial \frac{1}{r}}{\partial y} + \xi \;,\quad v'' = -\frac{\partial \frac{1}{r}}{\partial x} + \eta \;,\quad w'' = \zeta \;,$$

dove al solito:

$$r^2 = (x - x')^2 + (y - y')^2 + (z - z')^2 \,,$$

e ξ, η, ζ sono funzioni finite, continue e a un sol valore insieme colle loro derivate, che soddisfano all'equazioni (43) in tutto lo spazio S occupato dal corpo. Le funzioni u'', v'', w'' soddisfaranno all'equazioni (43) e saranno finite, continue e a un sol valore insieme colle loro derivate in tutto lo spazio S' che si ottiene togliendo dallo spazio S una sfera s piccola quanto si vuole che abbia per centro il punto (x', y', z'). Sia σ il contorno di S, σ' quello di s, σ e σ' formeranno il contorno di S'.

Siano: X'', Y'', Z'' le componenti delle forze che debbono applicarsi al contorno per aver l'equilibrio dopo gli spostamenti $\left(\frac{\partial \frac{1}{r}}{\partial y}, -\frac{\partial \frac{1}{r}}{\partial x}, 0\right)$, e X_0, Y_0, Z_0 quelle da applicarsi per aver l'equilibrio dopo gli spostamenti (ξ, η, ζ). Avremo sopra la parte di contorno σ:

$$X'' = -\mu \left(\frac{d}{dp} \frac{\partial \frac{1}{r}}{\partial y} + \frac{\partial^2 \frac{1}{r}}{\partial x \, \partial y} \alpha - \frac{\partial^2 \frac{1}{r}}{\partial x^2} \beta\right)$$

$$Y'' = -\mu \left(-\frac{d}{dp} \frac{\partial \frac{1}{r}}{\partial x} + \frac{\partial^2 \frac{1}{r}}{\partial y^2} \alpha - \frac{\partial^2 \frac{1}{r}}{\partial x \, \partial y} \beta\right)$$

$$Z'' = -\mu \left(\frac{\partial^2 \frac{1}{r}}{\partial y \, \partial z} \alpha - \frac{\partial^2 \frac{1}{r}}{\partial x \, \partial z} \beta\right)$$

e sopra la parte di contorno σ':

$$X'' = -\mu \left(\frac{d}{dr} \frac{\partial \frac{1}{r}}{\partial y} + \frac{\partial^2 \frac{1}{r}}{\partial x \, \partial y} \frac{dx}{dr} - \frac{\partial^2 \frac{1}{r}}{\partial x^2} \frac{dy}{dr} \right)$$

$$Y'' = -\mu \left(-\frac{d}{dr} \frac{\partial \frac{1}{r}}{\partial x} + \frac{\partial^2 \frac{1}{r}}{\partial y^2} \frac{dx}{dr} - \frac{\partial^2 \frac{1}{r}}{\partial x \, \partial y} \frac{dy}{dr} \right)$$

$$Z'' = -\mu \left(\frac{\partial^2 \frac{1}{r}}{\partial y \, \partial z} \frac{dx}{dr} - \frac{\partial^2 \frac{1}{r}}{\partial x \, \partial z} \frac{dy}{dr} \right)$$

Siano (L', M', N') le componenti delle forze date che agiscono alla superficie σ, ed (u', v', w') le componenti degli spostamenti che fanno equilibrio a queste forze. Alla superficie σ' agiranno le tensioni (X', Y', Z') date dall'equazioni:

$$X' = -\left[2\lambda\Theta' \frac{dx}{dr} + \mu \left(\frac{du'}{dr} + \frac{\partial u'}{\partial x} \frac{dx}{dr} + \frac{\partial v'}{\partial x} \frac{dy}{dr} + \frac{\partial w'}{\partial x} \frac{dz}{dr} \right) \right]$$

$$Y' = -\left[2\lambda\Theta' \frac{dy}{dr} + \mu \left(\frac{dv'}{dr} + \frac{\partial u'}{\partial y} \frac{dx}{dr} + \frac{\partial v'}{\partial y} \frac{dy}{dr} + \frac{\partial w'}{\partial y} \frac{dz}{dr} \right) \right]$$

$$Z' = -\left[2\lambda\Theta' \frac{dz}{dr} + \mu \left(\frac{dw'}{\partial r} + \frac{\partial u'}{\partial z} \frac{dx}{dr} + \frac{\partial v'}{\partial z} \frac{dy}{dr} + \frac{\partial w'}{\partial z} \frac{dz}{dr} \right) \right]$$

Quindi al sistema di forze $(X'' + X_0, Y'' + Y^0, Z'' + Z_0)$, che agiscono sul contorno di S', fanno equilibrio gli spostamenti (u'', v'', w''); e al sistema di forze (L', M', N') che agiscono sopra la parte σ e (X', Y', Z') che agiscono sopra la parte σ' dello stesso contorno, fanno equilibrio gli spostamenti (u', v', w'), e si può applicare la equazione (35). Avremo dunque:

$$\int_\sigma (L'u'' + M'v'' + N'w'') \, d\sigma + \int_{\sigma'} (X'u'' + Y'v'' + Z'w'') \, d\sigma'$$

$$= \int_\sigma [(X'' + X_0) \, u' + (Y'' + Y_0) \, v' + (Z'' + Z_0) \, w'] \, d\sigma$$

$$+ \int_{\sigma'} [(X'' + X_0) \, u' + (Y'' + Y_0) \, v' + (Z'' + Z_0) \, w'] \, d\sigma' .$$

Ora si può prendere infinitesimo il raggio della sfera σ' e le funzioni $X', Y', Z'; X_0, Y_0, Z_0; \xi, \eta, \zeta; u', v', w'$ sono sempre finite; quindi:

$$\int_{\sigma'} (X'\xi + Y'\eta + Z'\zeta)\, d\sigma' = 0,$$

$$\int_{\sigma'} (X_0 u' + Y_0 v' + Z_0 w')\, d\sigma' = 0,$$

e l'equazione precedente diviene:

$$(55)\qquad \int_\sigma \left(X' \frac{\partial \frac{1}{r}}{\partial y} - Y' \frac{\partial \frac{1}{r}}{\partial x} - X'' u' - Y'' v' - Z'' w' \right) d\sigma'$$

$$= \int_{\sigma'} [(X'' + X_0) u' + (Y'' + Y_0) v' + (Z'' + Z_0) w' - L'u'' - M'v'' - N'w''] \, d\sigma.$$

Sostituendo i valori trovati per X' e Y', abbiamo:

$$X' \frac{\partial \frac{1}{r}}{\partial y} - Y' \frac{\partial \frac{1}{r}}{\partial x} = 2\mu \left(\frac{dv'}{dr} \frac{\partial \frac{1}{r}}{\partial x} - \frac{du'}{dr} \frac{\partial \frac{1}{r}}{\partial y} \right)$$

$$+ \frac{\mu}{r^2} \left(\frac{\partial v'}{\partial x} - \frac{\partial u'}{\partial y} \right) + \mu \frac{\partial \frac{1}{r}}{\partial z} \left[\left(\frac{\partial w'}{\partial y} - \frac{\partial v'}{\partial z} \right) \frac{dx}{dr} + \left(\frac{\partial u'}{\partial z} - \frac{\partial w'}{\partial x} \right) \frac{dy}{dr} \right.$$

$$\left. + \left(\frac{\partial v'}{\partial x} - \frac{\partial u'}{\partial y} \right) \frac{dz}{dr} \right]$$

e sostituendo i valori che X'', Y'', Z'' hanno sopra σ', si ottiene:

$$u' X'' + v' Y'' + w' Z'' = 2\mu \left(v' \frac{d}{dr} \frac{\partial \frac{1}{r}}{\partial x} - u' \frac{d}{dr} \frac{\partial \frac{1}{r}}{\partial y} \right)$$

$$+ \mu \left\{ \frac{dx}{dr} \left(v' \frac{\partial^2 \frac{1}{r}}{\partial z^2} - w' \frac{\partial^2 \frac{1}{r}}{\partial y\, \partial z} \right) + \frac{dy}{dr} \left(w' \frac{\partial^2 \frac{1}{r}}{\partial x\, \partial z} - u' \frac{\partial^2 \frac{1}{r}}{\partial z^2} \right) \right.$$

$$\left. + \frac{dz}{dr} \left(u' \frac{\partial^2 \frac{1}{r}}{\partial y\, \partial z} - v' \frac{\partial^2 \frac{1}{r}}{\partial x\, \partial z} \right) \right\}$$

e quindi:

$$X' \frac{\partial \frac{1}{r}}{\partial y} - Y' \frac{\partial \frac{1}{r}}{\partial x} - u'X'' - v'Y'' - w Z''$$

$$= 2\mu \left(\frac{dv'}{dr} \frac{\partial \frac{1}{r}}{\partial x} - \frac{du'}{dr} \frac{\partial \frac{1}{r}}{\partial y} - v' \frac{d}{dr} \frac{\partial \frac{1}{r}}{\partial x} + u' \frac{d}{dr} \frac{\partial \frac{1}{r}}{\partial y} \right)$$

$$+ \frac{\mu}{r^2} \left(\frac{\partial v'}{\partial x} - \frac{\partial u'}{\partial y} \right) + \mu \left\{ \frac{dx}{dr} \left(\frac{\partial w' \frac{\partial \frac{1}{r}}{\partial z}}{\partial y} - \frac{\partial v' \frac{\partial \frac{1}{r}}{\partial z}}{\partial z} \right) \right.$$

$$+ \frac{dy}{dr} \left(\frac{\partial u' \frac{\partial \frac{1}{r}}{\partial z}}{\partial z} - \frac{\partial w' \frac{\partial \frac{1}{r}}{\partial z}}{\partial x} \right)$$

$$\left. + \frac{dz}{dr} \left(\frac{\partial v' \frac{\partial \frac{1}{r}}{\partial z}}{\partial x} - \frac{\partial u' \frac{\partial \frac{1}{r}}{\partial z}}{\partial y} \right) \right\}.$$

Poniamo:

$$\frac{z - z'}{r} = \gamma$$

ed osserviamo che si ha:

$$\frac{\partial \frac{1}{r^2}}{\partial x} \frac{dy}{dr} = \frac{\partial \frac{1}{r^2}}{\partial y} \frac{dx}{dr},$$

. . . .

avremo:

$$X' \frac{\partial \frac{1}{r}}{\partial y} - Y' \frac{\partial \frac{1}{r}}{\partial x} - u'X'' - v'Y'' - w'Z''$$

$$= 2\mu \left(\frac{dv'}{dr} \frac{\partial \frac{1}{r}}{\partial x} - \frac{du'}{dr} \frac{\partial \frac{1}{r}}{dy} - v' \frac{d}{dr} \frac{\partial \frac{1}{r}}{\partial x} + u' \frac{d}{dr} \frac{\partial \frac{1}{r}}{\partial y} \right)$$

$$+\frac{\mu}{r^2}\left(\frac{\partial v'}{\partial x}-\frac{\partial u'}{\partial y}\right)+\frac{\mu}{r^2}\left[\frac{dx}{dr}\left(\frac{\partial(v'\gamma)}{\partial z}-\frac{\partial(w'\gamma)}{\partial y}\right)\right.$$

$$\left.+\frac{dy}{dr}\left(\frac{\partial(w'\gamma)}{\partial x}-\frac{\partial(u'\gamma)}{\partial z}\right)+\frac{dz}{dr}\left(\frac{\partial(u'\gamma)}{\partial y}-\frac{\partial(v'\gamma)}{\partial x}\right)\right].$$

Ora sopra σ' abbiamo r costante, e nell' interno di s, le funzioni u', v', w', γ sempre finite, continue e a un sol valore insieme colle loro derivate. Quindi per un teorema noto:

$$\int_{\sigma'}\frac{d\sigma'}{r}\left[\frac{dx}{dr}\left(\frac{\partial(v'\gamma)}{\partial z}-\frac{\partial(w'\gamma)}{\partial y}\right)+\frac{dy}{dr}\left(\frac{\partial(w'\gamma)}{\partial x}-\frac{\partial(u'\gamma)}{\partial z}\right)\right.$$

$$\left.+\frac{dz}{dr}\left(\frac{\partial(u'\gamma)}{\partial y}-\frac{\partial(v'\gamma)}{\partial x}\right)\right]$$

$$=\frac{1}{r}\int_s\left[\frac{\partial}{\partial x}\left(\frac{\partial(v'\gamma)}{\partial z}-\frac{\partial(w'\gamma)}{\partial y}\right)+\frac{\partial}{\partial y}\left(\frac{\partial(w'\gamma)}{\partial x}-\frac{\partial(u'\gamma)}{\partial z}\right)\right.$$

$$\left.+\frac{\partial}{\partial z}\left(\frac{\partial(u'\gamma)}{\partial y}-\frac{\partial(v'\gamma)}{\partial x}\right)\right]ds=0$$

e integrando si ha:

$$\int_{\sigma'}\left(X'\frac{\partial\frac{1}{r}}{\partial y}-Y'\frac{\partial\frac{1}{r}}{\partial x}-u'X''-v'Y''-w'Z''\right)d\sigma'$$

$$=2\mu\int_{\sigma'}\left(\frac{dv'}{dr}\frac{\partial\frac{1}{r}}{\partial x}-v'\frac{d}{dr}\frac{\partial\frac{1}{r}}{\partial x}-\frac{du'}{dr}\frac{\partial\frac{1}{r}}{\partial y}+u'\frac{d}{dr}\frac{\partial\frac{1}{r}}{\partial y}\right)d\sigma'$$

$$+\mu\int_{\sigma'}\frac{d\sigma'}{r^2}\left(\frac{\partial v'}{\partial x}-\frac{\partial u'}{\partial y}\right)=4\pi\mu\left(\frac{\partial u'}{\partial y}-\frac{\partial v'}{\partial x}\right)$$

e la equazione (55) dà:

$$\frac{\partial u'}{\partial y}-\frac{\partial v'}{\partial x}=\frac{1}{4\pi\mu}\int_\sigma[(X''+X_0)\,u'+(Y''+Y_0)\,v'+(Z''+Z_0)\,w']\,d\sigma$$

$$-\frac{1}{4\pi\mu}\int_\sigma\left[L'\left(\frac{\partial\frac{1}{r}}{\partial y}+\xi\right)-M'\left(\frac{\partial\frac{1}{r}}{\partial x}-\eta\right)+N'\zeta\right]d\sigma \quad (*)$$

(*) Questa formula, nella Memoria originale, non contiene il termine $N'\zeta$ sotto l'integrale esteso a σ, e dei termini analoghi mancano le due formole seguenti.

O. T.

e analogamente:

$$\frac{\partial v'}{\partial z}-\frac{\partial w'}{\partial y}=\frac{1}{4\pi\mu}\int_\sigma [X_1''+X_0')\,u'+(Y_1''+Y_0')\,v'+(Z_1''+Z_0')\,w']\,d\sigma$$

$$-\frac{1}{4\pi\mu}\int_\sigma\left[M'\left(\frac{\partial\frac{1}{r}}{\partial z}+\eta_1\right)-N'\left(\frac{\partial\frac{1}{r}}{\partial y}-\zeta_1\right)+L'\xi_1\right]d\sigma$$

$$\frac{\partial w'}{\partial x}-\frac{\partial u'}{\partial z}=\frac{1}{4\pi\mu}\int_\sigma [(X_2''+X_0'')\,u'+(Y_2''+Y_0'')\,v'+(Z_2''+Z_0'')\,w']\,d\sigma$$

$$-\frac{1}{4\pi\mu}\int_\sigma\left[N'\left(\frac{\partial\frac{1}{r}}{\partial x}+\zeta_2\right)-L'\left(\frac{\partial\frac{1}{r}}{\partial z}-\xi_2\right)+M'\eta_2\right]d\sigma$$

e rimarrebbero a determinare le funzioni $\xi,\eta,\zeta;\xi_1,\eta_1,\zeta_1;\xi_2,\eta_2,\zeta_2$, in modo che fosse:

$$X_0+X''=0\quad,\quad Y_0+Y''=0\quad;\quad Z_0+Z''=0$$

$$X_0'+X_1''=0\quad,\quad Y_0'+Y_1''=0\quad,\quad Z_0'+Z_1''=0$$

$$X_0''+X_2''=0\quad,\quad Y_0''+Y_2''=0\quad,\quad Z_0''+Z_2''=0,$$

Prendendo:

$$\xi=\eta=\zeta=\xi_1=\eta_1=\zeta_1=\cdots=0$$

abbiamo:

$$\frac{\partial u'}{\partial y}-\frac{\partial v'}{\partial x}=\frac{1}{4\pi\mu}\int_\sigma\left(X''u'+Y''v'+Z''w'-L'\frac{\partial\frac{1}{r}}{\partial y}+M'\frac{\partial\frac{1}{r}}{\partial x}\right)d\sigma$$

$$\frac{\partial v'}{\partial z}-\frac{\partial w'}{\partial y}=\frac{1}{4\pi\mu}\int_\sigma\left(X_1''u'+Y_1''v'+Z_1''w'-M'\frac{\partial\frac{1}{r}}{\partial z}+N'\frac{\partial\frac{1}{r}}{\partial y}\right)d\sigma$$

$$\frac{\partial w'}{\partial x}-\frac{\partial u'}{\partial z}=\frac{1}{4\pi\mu}\int_\sigma\left(X_2''u'+Y_2''v'+Z_2''w'-N'\frac{\partial\frac{1}{r}}{\partial x}+L'\frac{\partial\frac{1}{r}}{\partial z}\right)d\sigma.$$

X.

Determinazione della deformazione di un corpo elastico isotropo sotto l'azione di forze qualunque.

Abbiamo veduto nel paragrafo V come si può determinare la deformazione di un corpo elastico isotropo sotto l'azione di forze qualunque, quando si sappia determinarla nel caso che sia sotto l'azione di forze che agiscono soltanto alla superficie, e nei due paragrafi precedenti abbiamo dato un metodo per la determinazione in questo ultimo caso delle quattro funzioni:

$$\Theta = \frac{\partial u}{\partial x} + \frac{\partial v}{\partial y} + \frac{\partial w}{\partial z}$$

$$\varphi_1 = \frac{\partial v}{\partial z} - \frac{\partial w}{\partial y}$$

$$\varphi_2 = \frac{\partial w}{\partial x} - \frac{\partial u}{\partial y}$$

$$\varphi_3 = \frac{\partial u}{\partial y} - \frac{\partial v}{\partial x}.$$

Determinate le funzioni $\Theta, \varphi_1, \varphi_2, \varphi_3$ per ottenere la funzione u abbiamo l'equazione:

$$\mu \Delta^2 u + (2\lambda + \mu) \frac{\partial \Theta}{\partial x} = 0 \tag{56}$$

che deve essere soddisfatta in tutto lo spazio S occupato dal corpo, e la equazione:

$$2\mu \frac{du}{dp} + \mathrm{L} + 2\lambda\alpha\Theta + \mu(\varphi_2\gamma - \varphi_3\beta) = 0 \tag{57}$$

che dev'essere soddisfatta sopra tutta la superficie σ contorno dello spazio S.

Se moltiplichiamo la equazione (57) per $d\sigma$ ed integriamo estendendo l'integrale a tutta la superficie σ, abbiamo:

$$2\mu \int_\sigma \frac{du}{dp} d\sigma + \int_\sigma \mathrm{L}\, d\sigma + 2\lambda \int_\sigma \alpha\Theta\, d\sigma + \mu \int_\sigma (\varphi_2\gamma - \varphi_3\beta)\, d\sigma = 0. \tag{58}$$

Ma:

$$\int_\sigma \alpha\Theta \, d\sigma = -\int_S \frac{\partial\Theta}{\partial x} dS ,$$

$$\int_\sigma (\varphi_2\gamma - \varphi_3\beta) \, d\sigma = \int_S \left(\frac{\partial\varphi_3}{\partial y} - \frac{\partial\varphi_2}{\partial x}\right) dS$$

$$\int_\sigma \frac{du}{dp} dS = \frac{2\lambda + \mu}{\mu} \int_S \frac{\partial\Theta}{\partial x} dS .$$

Onde la equazione (58) diviene:

$$\int_S \left[2(\lambda + \mu) \frac{\partial\Theta}{\partial x} + \mu \left(\frac{\partial\varphi_3}{\partial y} - \frac{\partial\varphi_2}{\partial z}\right)\right] dS + \int_\sigma L \, d\sigma = 0 .$$

Ora:

$$(2\lambda + \mu) \frac{\partial\Theta}{\partial x} + \mu\Delta^2 u = 2(\lambda + \mu) \frac{\partial\Theta}{\partial x} + \mu \left(\frac{\partial\varphi_3}{\partial y} - \frac{\partial\varphi_2}{\partial z}\right) = 0$$

quindi:

$$\int_\sigma L \, d\sigma = 0$$

ossia la somma delle componenti parallele all'asse delle x delle forze che agiscono alle superficie dev'essere uguale a zero; lo stesso troveremmo per le altre due componenti come avevamo già trovato nel paragrafo VI.

Reciprocamente se:

$$\int_\sigma L \, d\sigma = 0$$

avremo dalla equazione (57):

$$\int_\sigma \frac{du}{dp} d\sigma = \frac{2\lambda + \mu}{\mu} \int_S \frac{\partial\Theta}{\partial x} dS .$$

Quindi la determinazione della funzione u è ridotta alla determinazione in uno spazio S di una funzione che vi sodisfa alla equazione:

$$\Delta^2 f = F$$

quando sono dati i valori di $\frac{df}{dp}$ sopra tutto il contorno, ed è sodisfatta per questi la condizione:

$$\int_\sigma \frac{df}{dp}\, d\sigma = -\int_S F\, dS .$$

Questa funzione esiste ed è determinata a meno di una costante quando i valori di $\frac{df}{dp}$ siano continui come nel caso che consideriamo.

Quello che abbiamo detto per u può ripetersi per v e per w.

XI.

Deformazione di un cilindro retto sotto l'azione di forze che agiscono sopra le basi.

Denotiamo con ω_1 ed ω_2 le due basi e con σ la superficie laterale di un cilindro retto di altezza l. Prendiamo l'origine delle coordinate nel centro di gravità della base ω_1, il piano di questa per piano delle x, y, e la direzione positiva delle z dalla parte in cui si trova il cilindro. Sopra la base ω_1 agiscano le forze (L_1, M_1, N_1), sopra la base ω_2 le forze (L_2, M_2, N_2), e nessuna forza alla superficie laterale σ.

Siano u', v', w' tre funzioni finite, continue e a un sol valore insieme colle loro derivate che sodisfano all'equazioni (43) in tutto lo spazio occupato dal cilindro che supporremo elastico, omogeneo e isotropo. Per il teorema del numero VI, avremo:

$$\begin{aligned} &\int_{\omega_1}(L_1 u_1' + M_1 v_1' + N_1 w_1')\, d\omega_1 + \int_{\omega_2}(L_2 u_2' + M_2 v_2' + N_2 w_2')\, d\omega_2 \\ (59)\quad &= \int_{\omega_1}(L_1' u_1 + M_1' v_1 + N_1' w_1)\, d\omega_1 + \int_{\omega_2}(L_2' u_2 + M_2' v_2 + N_2' w_2)\, d\omega_2 \\ &+ \int_\sigma (L_0' u_0 + M_0' v_0 + N_0' w_0)\, d\sigma \end{aligned}$$

dove (u, v, w) denotano gli spostamenti che fanno equilibrio alle forze (L_1, M_1, N_1) (L_2, M_2, N_2), ed (L', M', N') le forze che fanno equilibrio agli spostamenti (u', v', w') e sono distinti cogl'indici 0, 1 e 2 rispettivamente i valori relativi alle superficie σ, ω_1 ed ω_2.

Ponendo:

$$A = 2\left(\lambda\Theta + \mu\frac{\partial u}{\partial x}\right) \quad , \quad F = \mu\left(\frac{\partial v}{\partial z} + \frac{\partial w}{\partial y}\right)$$

$$B = 2\left(\lambda\Theta + \mu\frac{\partial v}{\partial y}\right) \quad , \quad G = \mu\left(\frac{\partial w}{\partial x} + \frac{\partial u}{\partial z}\right)$$

$$C = 2\left(\lambda\Theta + \mu\frac{\partial w}{\partial z}\right) \quad , \quad H = \mu\left(\frac{\partial u}{\partial y} + \frac{\partial v}{\partial x}\right)$$

l'equazioni (43) divengono:

$$\frac{\partial A'}{\partial x} + \frac{\partial H'}{\partial y} + \frac{\partial G'}{\partial z} = 0$$

$$\frac{\partial H'}{\partial x} + \frac{\partial B'}{\partial y} + \frac{\partial F'}{\partial z} = 0$$

$$\frac{\partial G'}{\partial x} + \frac{\partial F'}{\partial y} + \frac{\partial C'}{\partial z} = 0 .$$

Denotando con α , β , γ i coseni degli angoli che la normale alla superficie del cilindro, diretta verso l'interno fa cogli assi, e distinguendo cogli indici $0 , 1 , 2$ i valori relativi alle superficie σ , ω_1 ed ω_2, avremo:

$$\gamma_0 = 0$$
$$\alpha_1 = \beta_1 = 0 \ , \ \gamma_1 = 1$$
$$\alpha_2 = \beta_2 = 0 \ , \ \gamma_2 = -1$$

e quindi:

$$L'_0 = - A'_0\alpha_0 - H'_0\beta_0$$
$$M'_0 = - H'_0\alpha_0 - B'_0\beta_0$$
$$N'_0 = - G'_0\alpha_0 - F'_0\beta_0$$

$$L'_1 = - G'_1 \ , \ L'_2 = G'_2$$
$$M'_1 = - F'_1 \ , \ M'_2 = F'_2$$
$$N'_1 = - C'_1 \ , \ N'_2 = C'_2 .$$

Se in tutto lo spazio S le funzioni u' , v' , w' sodisfano alle tre equazioni a derivate parziali di 2° ordine:

(60) $$\frac{\partial G'}{\partial z} = 0 \quad , \quad \frac{\partial F'}{\partial z} = 0$$

(61) $$\frac{\partial G'}{\partial x} + \frac{\partial F'}{\partial y} + \frac{\partial C'}{\partial z} = 0$$

e alle tre di 1° ordine:

$$(62)\qquad A' = 0 \quad , \quad H' = 0 \quad , \quad B' = 0$$

saranno evidentemente sodisfatte le equazioni (43), G' ed F' saranno indipendenti da z, e quindi:

$$G'_1 = G'_2 \quad , \quad F'_1 = F'_2$$

e se sopra il contorno delle sezioni rette del cilindro è sodisfatta la equazione:

$$G'_0 \alpha_0 + F'_0 \beta_0 = 0$$

avremo:

$$L'_0 = \quad M'_0 = \quad N'_0 = 0$$

$$L'_1 = - L'_2 = - G'$$

$$M'_1 = - M'_2 = - F'$$

e quindi la equazione (59) diverrà:

$$(63)\qquad \int_{\omega_1} [(u_2 - u_1) G' + (v_2 - v_1) F'] \, d\omega_1 - \int_{\omega_1} w_1 C'_1 \, d\omega_1 + \int_{\omega_2} w_2 C'_2 \, d\omega_2$$

$$= \int_{\omega_1} (L_1 u'_1 + M_1 v'_1 + N_1 w'_1) \, d\omega_1 + \int_{\omega_2} (L_2 u'_2 + M_2 v'_2 + N_2 w'_2) \, d\omega_2 .$$

L'equazioni (62) dànno:

$$\frac{\partial u'}{\partial y} + \frac{\partial v'}{\partial x} = 0 \quad , \quad \frac{\partial u'}{\partial x} - \frac{\partial v'}{\partial y} = 0$$

quindi:

$$u' + i v' = \varphi(x + iy \, , z) .$$

Dalle due equazioni (60) si ricava:

$$\frac{\partial^2 \varphi}{\partial z^2} = - \frac{\partial^2 w'}{\partial x \, \partial z} - i \frac{\partial^2 w'}{\partial y \, \partial z} = f(x + iy \, , z)$$

onde:

$$\frac{\partial^3 w'}{\partial x^2 \, \partial z} = \frac{\partial^3 w'}{\partial y^2 \, \partial z} \quad , \quad \frac{\partial^3 w'}{\partial x \, \partial y \, \partial z} = 0 .$$

Ma dalle (62) si ha anche:

$$\frac{\partial u'}{\partial x} = -\frac{\lambda}{2\lambda + \mu} \frac{\partial w'}{\partial z}$$

$$\frac{\partial^2 u'}{\partial x^2} + \frac{\partial^2 u'}{\partial y^2} = 0$$

e quindi:

$$\frac{\partial^3 w'}{\partial x^2 \partial z} + \frac{\partial^3 w'}{\partial y^2 \partial z} = 0$$

$$\frac{\partial^3 w'}{\partial x^2 \partial z} - \frac{\partial^3 w'}{\partial y^2 \partial z} = 0$$

$$\frac{\partial^3 w'}{\partial x^2 \partial z} = \frac{\partial^3 w'}{\partial y^2 \partial z} = \frac{\partial^3 w'}{\partial x \, \partial y \, \partial z} = 0 .$$

Onde la funzione $\frac{\partial^2 \varphi}{\partial z^2}$ non contiene $x + iy$ ed è funzione della sola z.

Dalla equazione (61) si ricava:

$$\frac{\partial^3 w'}{\partial x^2 \partial z} + \frac{\partial^3 w'}{\partial y^2 \partial z} + 2 \frac{\partial^3 w'}{\partial z^3} = 0$$

da cui:

$$\frac{\partial^3 w'}{\partial z^3} = 0$$

e quindi $\frac{\partial w'}{\partial z}$ è di primo grado rispetto a z, come pure $\frac{\partial^2 \varphi}{\partial z^2}$, e abbiamo:

$$\frac{\partial^2 \varphi}{\partial z^2} = a + bz + (a' + b'z) \, i .$$

Dalle equazioni:

$$\frac{\partial u'}{\partial x} = -\frac{\lambda}{2\lambda + \mu} \frac{\partial w'}{\partial z}$$

$$\frac{\partial v'}{\partial y} = -\frac{\lambda}{2\lambda + \mu} \frac{\partial w'}{\partial z}$$

si deduce derivando e sommando:

$$\frac{\partial^2}{\partial x \, \partial y} (u' + iv') = -\frac{\lambda}{2\lambda + \mu} \left(\frac{\partial^2 w'}{\partial y \, \partial z} + i \frac{\partial^2 w'}{\partial x \, \partial z} \right)$$

onde:

$$\frac{\partial^2 \varphi}{\partial x^2} = -\frac{\lambda}{2\lambda+\mu}\left(\frac{\partial^2 w'}{\partial x\,\partial z} - i\,\frac{\partial^2 w'}{\partial y\,\partial z}\right)$$

$$= \frac{\lambda}{2\lambda+\mu}\left[a + bz - (a' + b'z)\,i\right].$$

Onde ponendo:

$$\tau = \frac{\lambda}{2\lambda+\mu}$$

$$\varphi = \tau\left[a + bz - (a' + b'z)\,i\right]\frac{(x+iy)^2}{2}$$

$$+ (x+iy)\,\varphi_1(z) + \varphi_2(z).$$

Ma:

$$\frac{\partial^2 \varphi}{\partial z^2} = (x+iy)\,\frac{\partial^2 \varphi_1}{\partial z^2} + \frac{\partial^2 \varphi_2}{\partial z^2} = a + bz + (a' + b'z)\,i$$

e quindi:

$$\frac{\partial^2 \varphi_1}{\partial z^2} = 0 \quad , \quad \frac{\partial^2 \varphi_2}{\partial z^2} = a + bz + (a' + b'z)\,i$$

$$\varphi_1 = c + ez + (c' + e'z)\,i$$

$$\varphi_2 = h + kz + \frac{az^2}{2} + \frac{bz^3}{6} + \left(h' + k'z + \frac{a'z^2}{2} + \frac{b'z^3}{6}\right)i$$

e finalmente:

$$\varphi = h + kz + \frac{az^2}{2} + \frac{bz^3}{6} + \left(h' + k'z + \frac{a'z^2}{2} + \frac{b'z^3}{6}\right)i$$

$$+ \left[c + ez + (c' + e'z)\,i\right](x+iy)$$

$$+ \tau\left[a + bz - (a' + b'z)\,i\right]\frac{(x+iy)^2}{2}$$

onde:

$$u' = h + kz + \frac{az^2}{2} + \frac{bz^3}{6} + (c + ez)\,x - (c' + e'z)\,y$$

$$+ \tau\left((a + bz)\,\frac{x^2 - y^2}{2} + (a' + b'z)\,xy\right)$$

$$v' = h' + k'z + \frac{a'z^2}{2} + \frac{b'z^3}{6} + (c + ez)\,y + (c' + e'z)\,x$$

$$+ \tau\left((a' + b'z)\,\frac{y^2 - x^2}{2} + (a + bz)\,xy\right).$$

Ora:

$$\frac{\partial u'}{\partial x} = -\tau\frac{\partial w'}{\partial z} = c + ez + \tau[(a + bz)x + (a' + b'z)y]$$

e quindi:

$$w' = -\frac{cz + \frac{ez^2}{2}}{\tau} - \left[\left(az + \frac{bz^2}{2}\right)x + \left(a'z + \frac{b'z^2}{2}\right)y\right] + W(x, y)$$

Con questi valori l'equazioni (60), (62) sono sodisfatte; e la (61) diviene:

$$\frac{\partial G'}{\partial x} + \frac{\partial F'}{\partial y} + \frac{\partial C'}{\partial z} = (2\lambda + \mu)\frac{\partial \Theta'}{\partial z} + \mu\Delta^2 w'$$

$$= \mu\left(\frac{\partial^2 W}{\partial x^2} + \frac{\partial^2 W}{\partial y^2} - \frac{2}{\tau}[e + \tau(bx + b'y)]\right) = 0$$

che sarà sodisfatta prendendo:

$$W = \frac{e}{\tau}\frac{x^2 + y^2}{2} + bxy^2 + b'yx^2 + U$$

e

$$\frac{\partial^2 U}{\partial x^2} + \frac{\partial^2 U}{\partial y^2} = 0$$

Quindi:

$$w' = -\frac{cz + \frac{ez^2}{2}}{\tau} - \left(az + \frac{bz^2}{2}\right)x - \left(a'z + \frac{b'z^2}{2}\right)y$$

$$+ \frac{e}{\tau}\frac{x^2 + y^2}{2} + bxy^2 + b'yx^2 + U,$$

ed avremo:

$$G' = \mu\left(k + \frac{1+\tau}{\tau}ex - e'y + (\tau + 2)b'xy + \frac{b}{2}[\tau x^2 + (2 - \tau)y^2] + \frac{\partial U}{\partial x}\right)$$

$$F' = \mu\left(k' + e'x + (1 + \tau)\frac{e}{\tau}y + (\tau + 2)bxy + \frac{b'}{2}[\tau y^2 + (2 - \tau)x^2] + \frac{\partial U}{\partial y}\right)$$

$$C' = -2\mu(1 + \tau)\left(\frac{c + ez}{\tau} + (a + bz)x + (a' + b'z)y\right).$$

Se:

$$V = 0$$

è la equazione del contorno della sezione retta, rimane da sodisfare alla equazione:

$$G' \frac{\partial V}{\partial x} + F' \frac{\partial V}{\partial y} = 0$$

sopra tutto il contorno della sezione.

Sostituiamo nella equazione (63) i valori trovati di u', v', w', G', F' e C' ed eguagliamo separatamente i termini moltiplicati nei due membri per le costanti arbitrarie c, a ed a'. Avremo le tre equazioni seguenti:

$$(67) \quad \int_\omega \left((L_1 + L_2)\, x + (M_1 + M_2)\, y - \frac{l}{\tau} N_2 \right) d\omega = - \frac{2\mu(1+\tau)}{\tau} \int_\omega (w_2 - w_1)\, d\omega$$

$$(68) \quad \int_\omega \left(\frac{l^2 L_2}{2} + \frac{\tau(x^2 - y^2)}{2} (L_1 + L_2) + \tau xy (M_1 + M_2) - lx N_2 \right) d\omega = - 2\mu(1+\tau) \int_\omega (w_2 - w_1)\, x\, d\omega$$

$$(69) \quad \int_\omega \left(\frac{l^2 M_2}{2} + \tau xy (L_1 + L_2) + \frac{\tau(y^2 - x^2)}{2} (M_1 + M_2) - ly N_2 \right) d\omega = - 2\mu(1+\tau) \int_\omega (w_2 - w_1)\, y\, d\omega .$$

Se le forze applicate alle basi sono uguali in intensità e in direzione in ciascun punto di ciascuna base, avremo:

$$L_1 + L_2 = 0 \quad , \quad M_1 + M_2 = 0 \quad , \quad N_1 + N_2 = 0$$

e le tre equazioni precedenti divengono:

$$\int_\omega (w_2 - w_1)\, d\omega = \frac{lN}{2\mu(1+\tau)}$$

$$\int_\omega (w_2 - w_1)\, x\, d\omega = - \frac{l^2 L}{4\mu(1+\tau)}$$

$$\int_\omega (w_2 - w_1)\, y\, d\omega = - \frac{l^2 M}{4\mu(1+\tau)}$$

essendo:

$$\int_\omega L_2\, d\omega = L \ , \ \int_\omega M_2\, d\omega = M \ , \ \int_\omega N_2\, d\omega = N$$

$$\int_\omega x\, d\omega = \int_\omega y\, d\omega = 0 .$$

Denotando con δ l'allungamento del cilindro, dalla prima abbiamo:

$$\delta = \frac{l\,N_2}{2\mu(1+\tau)} = \frac{2\lambda+\mu}{2\mu(3\lambda+\mu)}\, l\,N_2$$

come si deduce anche dall'equazioni (40). Ora dalla (39) si ha:

$$\int_S \Theta' dS = (l+\delta)\,\omega' - l\omega = (l+\delta)\,(\omega'-\omega) + \delta\omega = \frac{l\omega\,N_2}{2(3\lambda+\mu)}$$

essendo ω' la base dopo la deformazione. Quindi:

$$\omega' = \omega - \frac{\lambda}{\mu(3\lambda+\mu)}\,\omega \ \ (*)$$

e il coefficiente di ristringimento della sezione è:

$$-\frac{\lambda}{\mu(3\lambda+\mu)} .$$

Il coefficiente di contrazione lineare sarà la metà, cioè $\frac{\lambda}{2\mu(3\lambda+\mu)}$, e il rapporto dei coefficienti di contrazione lineare e di allungamento sarà:

$$\frac{\lambda}{2\lambda+\mu} .$$

Le altre due equazioni dicono che le forze parallele alle basi, producono spostamenti nel senso dell'asse e dànno le coordinate del centro di gravità di una materia distribuita sopra una delle basi con densità proporzionale allo spostamento relativo.

L'equazioni trovate sono indipendenti dalla forma della sezione perchè G' ed F' sono indipendenti dalle costanti c, a ed a', e quindi l'equazione al contorno della sezione è sodisfatta da sè.

(*) per $N_{2=1}$. O. T.

Eguagliando separatamente nella equazione (63) i termini moltiplicati nei due membri per le costanti e', b e b' dopo aver posto:

$$k = gb \quad , \quad k' = g'b'$$

$$U = e'U' + bU_1 + b'U'_1$$

e supponendo le basi simmetriche rispetto agli assi delle x e delle y, si ha:

$$l\int_\omega (M_2 x - L_2 y)\, d\omega = \mu \int_\omega \left[(u_2 - u_1)\left(\frac{\partial U'}{\partial x} - y\right) + (v_2 - v_1)\left(\frac{\partial U'}{\partial y} + x\right)\right] d\omega,$$

(70)
$$\left(lg + \frac{l^3}{6}\right)\int_\omega L_2\, d\omega + \frac{\tau l}{2}\int_\omega (x^2 - y^2)\, L_2\, d\omega$$
$$= \mu \int_\omega \Bigg[(u_2 - u_1)\left(\frac{\tau x^2 + (2-\tau)\, y^2}{2} + g + \frac{\partial U_1}{\partial x}\right)$$
$$+ (v_2 - v_1)\left((\tau + 2)\, xy + \frac{\partial U_1}{\partial y}\right)\Bigg] d\omega - 2\mu(1+\tau)\, l\int_\omega x w_2\, d\omega .$$

Ora dalla (68) si ricava:

$$2\mu(1+\tau)\int_\omega x w_2\, d\omega = 2\mu(1+\tau)\int_\omega x(w_2 - w_1)\, d\omega$$
$$= -\frac{l^2}{2}\int_\omega L_2\, d\omega$$

onde:

(71)
$$\left(gl - \frac{l^3}{3}\right)\int_\omega L_2\, d\omega + \frac{\tau l}{2}\int_\omega (x^2 - y^2)\, L_2\, d\omega$$
$$= \mu \int_\omega \Bigg[(u_2 - u_1)\left(\frac{\tau x^2 + (2-\tau)\, y^2}{2} + g + \frac{\partial U_1}{\partial x}\right)$$
$$+ (v_2 - v_1)\left((\tau + 2)\, xy + \frac{\partial U_1}{\partial y}\right)\Bigg] d\omega$$

e analogamente:

(72)
$$\left(g'l - \frac{l^3}{3}\right)\int_\omega M_2\, d\omega + \frac{\tau l}{2}\int_\omega (y^2 - x^2)\, M_2\, d\omega$$
$$= \mu \int_\omega \Bigg[(u_2 - u_1)\left((\tau + 2)\, xy + \frac{\partial U'_1}{\partial x}\right)$$
$$+ (v_2 - v_1)\left(\frac{\tau y^2 + (2-\tau)\, x^2}{2} + g' + \frac{\partial U'_1}{\partial y}\right)\Bigg] d\omega .$$

Le funzioni U', U_1, U'_1 debbono sodisfare in tutto il corpo all'equazioni:

$$\Delta^2 U' = 0 \quad , \quad \Delta^2 U_1 = 0 \quad , \quad \Delta^2 U'_1 = 0$$

e sopra la superficie laterale σ alle seguenti:

$$(73) \qquad \left(\frac{\partial U'}{\partial x} - y\right)\frac{\partial V}{\partial x} + \left(\frac{\partial U'}{\partial y} + x\right)\frac{\partial V}{\partial y} = 0$$

$$(74) \qquad \left(\frac{\partial U_1}{\partial x} + g + \frac{\tau x^2 + (2-\tau) y^2}{2}\right)\frac{\partial V}{\partial x} + \left(\frac{\partial U_1}{\partial y} + (\tau + 2)\, xy\right)\frac{\partial V}{\partial y} = 0$$

$$\left(\frac{\partial U'_1}{\partial x} + (\tau + 2)\, xy\right)\frac{\partial V}{\partial x} + \left(\frac{\partial U'_1}{\partial y} + g' + \frac{\tau y^2 + (2-\tau) x^2}{2}\right)\frac{\partial V}{\partial y} = 0$$

Se le basi del cilindro sono ellissi di equazione:

$$\frac{x^2}{A^2} + \frac{y^2}{B^2} = 1$$

l'equazione (73) diviene:

$$\left(\frac{\partial U'}{\partial x} - y\right)\frac{x}{A^2} + \left(\frac{\partial U'}{\partial y} + x\right)\frac{y}{B^2} = 0 .$$

La funzione:

$$U' = \frac{B^2 - A^2}{A^2 + B^2}\, xy$$

sodisfa alla:

$$\Delta^2 U' = 0$$

e alla precedente. Con questo valore di U' la equazione (70) diviene:

$$- lG = - \frac{2\mu A^2 B^2}{A^2 + B^2}\int_\omega \left((u_2 - u_1)\frac{y}{B^2} - (v_2 - v_1)\frac{x}{A^2}\right) d\omega$$

dove:

$$G = \int_\omega (L_2 y - M_2 x)\, d\omega$$

che denota la grandezza delle coppie applicate alle due basi.

Ora se consideriamo l'ellisse omotetica al contorno della base, che passa per il punto (x, y), la cui equazione sarà:

$$\frac{x^2}{A^2} + \frac{y^2}{B^2} = h^2$$

essendo $h^2 < 1$, e denotiamo con μ e ν i coseni degli angoli che la tangente all'ellisse fa cogli assi delle x e delle y, e con p la distanza dal centro dell'ellisse della tangente stessa (*), avremo:

$$\frac{x}{A^2} = -\frac{\nu}{p} \quad , \quad \frac{y}{B^2} = \frac{\mu}{p} .$$

Se τ è lo spostamento relativo dei punti delle due basi corrispondenti alle stesse coordinate x, y; e μ', ν' i coseni degli angoli che questo spostamento fa cogli assi delle x e delle y, avremo:

$$u_2 - u_1 = \tau \mu'$$

$$v_2 - v_1 = \tau \nu'$$

e quindi:

$$(u_2 - u_1) \frac{y}{B^2} - (v_2 - v_1) \frac{x}{A^2} = \frac{\tau}{p} (\mu\mu' + \nu\nu') = \frac{\tau \cos(\tau, t)}{p} .$$

Denotando con θ l'angolo di cui ha girato il raggio vettore r intorno al centro, abbiamo:

$$\tau \cos(\tau, t) = r\theta ,$$

quindi prendendo il valor medio di questa rotazione che darà la torsione del cilindro, ed osservando che è uguale per tutte le ellissi omotetiche il rapporto $\frac{r}{p}$ corrispondente alla stessa direzione del raggio vettore e che quindi si possono prendere i valori di queste quantità relativi al contorno, avremo:

$$l\mathrm{G} = \frac{\mu \theta A^2 B^2}{A^2 + B^2} \int_0^{2\pi} r^2 \, d\varphi$$

$$l\mathrm{G} = \frac{2 \mu \pi A^3 B^3 \theta}{A^2 + B^2} .$$

La funzione:

$$U_1 = m(x^3 - 3xy^2)$$

(*) Veramente è soltanto $p = \frac{1}{\sqrt{\frac{x^2}{A^4} + \frac{y^2}{B^4}}}$, mentre la distanza in quistione ne differisce pel fattore h^2. Il risultato però non viene alterato perchè al contorno $h = 1$.

O. T.

sodisfa alla equazione:

$$\Delta^2 U_1 = 0$$

in tutto il cilindro; e se prendiamo:

$$m = \frac{(2-\tau)B^2 + (\tau+4)A^2}{6(B^2+3A^2)}$$

$$g = -\frac{A^2[B^2+2(\tau+1)A^2]}{B^2+3A^2}$$

sodisfa alla (74) sopra tutta la superficie laterale σ del cilindro.

Sostituendo nella (71) ed osservando che si ha:

$$\int_\omega x^2\, d\omega = \frac{\pi A^3 B}{4} \quad , \quad \int_\omega y^2\, d\omega = \frac{\pi A B^3}{4}$$

si ottiene:

$$\mu(u_2 - u_1) = \frac{l\left(g - \frac{l^2}{3} + \frac{\tau}{8}(A^2 - B^2)\right)L_2}{\left(\frac{\tau A^2}{8} + \frac{(2-\tau)B^2}{8} + \frac{3m}{4}(A^2 - B^2)\right) + g}$$

che dà la flessione del cilindro.

Nel caso delle basi circolari abbiamo:

$$A = B$$

$$m = \frac{1}{4} \quad , \quad g = -\frac{2\tau+3}{4}R^2$$

onde:

$$u_2 - u_1 = \left(\frac{(8\lambda+3\mu)}{2\mu(3\lambda+\mu)}\, l + \frac{2(2\lambda+\mu)}{3\mu(3\lambda+\mu)}\frac{l^3}{R^2}\right)L_2\,.$$

Quindi se il raggio è piccolo rispetto alla lunghezza l, la freccia è approssimativamente proporzionale al cubo della lunghezza, e se è grande molto rispetto alla lunghezza è approssimativamente proporzionale alla lunghezza.

XII.

Deformazione di un corpo omogeneo elastico isotropo sotto l'azione del calore.

Se ad un corpo omogeneo elastico isotropo K che si trova a una data temperatura in equilibrio di elasticità, si comunica calore in modo che la sua temperatura varii, e l'aumento di questa sia dato da una funzione U delle coordinate dei punti di K, è evidente che questa variazione tenderà a produrre una trasformazione del corpo K, che consisterà nel variare tutti gli elementi lineari e il coefficiente di allungamento sarà proporzionale al valore di U in questo punto. Avremo dunque:

$$\frac{\delta ds}{ds} = \frac{\partial u}{\partial x}\frac{dx^2}{ds^2} + \frac{\partial v}{\partial y}\frac{dy^2}{ds^2} + \frac{\partial w}{\partial z}\frac{dz^2}{ds^2}$$

$$+\left(\frac{\partial v}{\partial z} + \frac{\partial w}{\partial y}\right)\frac{dy}{ds}\frac{dz}{ds} + \left(\frac{\partial w}{\partial x} + \frac{\partial u}{\partial z}\right)\frac{dz}{ds}\frac{dx}{ds} + \left(\frac{\partial u}{\partial y} + \frac{\partial v}{\partial x}\right)\frac{dx}{ds}\frac{dy}{ds}$$

$$= k\mathrm{U}$$

e k sarà il coefficiente di dilatazione lineare del corpo K.

Dovendo questa equazione esser sodisfatta qualunque sia la direzione dell'elemento, potremo prendere successivamente uguali a zero due delle tre quantità $\frac{dx}{ds}, \frac{dy}{ds}, \frac{dz}{ds}$ e l'altra uguale ad uno; avremo quindi:

$$(75)\qquad \frac{\partial u}{\partial x} = k\mathrm{U}\ ,\quad \frac{\partial v}{\partial y} = k\mathrm{U}\ ,\quad \frac{\partial w}{\partial z} = k\mathrm{U}.$$

Potremo prenderne una uguale a zero e due uguali a $\frac{1}{\sqrt{2}}$, e avremo:

$$(76)\qquad \frac{\partial v}{\partial z} + \frac{\partial w}{\partial y} = 0\ ,\quad \frac{\partial w}{\partial x} + \frac{\partial u}{\partial z} = 0\ ,\quad \frac{\partial u}{\partial y} + \frac{\partial v}{\partial x} = 0.$$

Dalle ultime, derivando, si ha:

$$\frac{\partial^2 w}{\partial x\,\partial y} + \frac{\partial^2 u}{\partial z\,\partial y} = 0$$

$$\frac{\partial^2 v}{\partial x\,\partial z} + \frac{\partial^2 u}{\partial z\,\partial y} = 0.$$

Sommando e ponendo mente alla prima si ottiene:

$$\frac{\partial^2 u}{\partial z\, \partial y} = 0$$

e analogamente:

$$\frac{\partial^2 v}{\partial x\, \partial z} = 0 \quad , \quad \frac{\partial^2 w}{\partial x\, \partial y} = 0$$

e quindi:

$$\frac{\partial^3 u}{\partial x\, \partial y\, \partial z} = 0 \quad , \quad \frac{\partial^3 v}{\partial x\, \partial y\, \partial z} = 0 \quad , \quad \frac{\partial^3 w}{\partial x\, \partial y\, \partial z} = 0$$

e sostituendo i valori tratti dalle (75):

$$\frac{\partial^2 \mathrm{U}}{\partial y\, \partial z} = \frac{\partial^2 \mathrm{U}}{\partial z\, \partial x} = \frac{\partial^2 \mathrm{U}}{\partial x\, \partial y} = 0 .$$

Dunque il corpo non potrà trasformarsi come porterebbe la variazione di temperatura data U, se U non è della forma:

$$\mathrm{U} = \varphi_1(x) + \varphi_2(y) + \varphi_3(z) .$$

Le equazioni (75) integrate daranno:

$$u = \int \varphi_1(x)\, dx + x\varphi_2(y) + x\varphi_3(z) + \psi_1(y\, , z)$$

$$v = y\varphi_1(x) + \int \varphi_2(y)\, dy + y\varphi_3(z) + \psi_2(z\, , x)$$

$$w = z\varphi_1(x) + z\varphi_2(y) + \int \varphi_3(z)\, dz + \psi_3(x\, , y) \ (^*) .$$

Derivando la prima rapporto ad y, la seconda rapporto ad x, sommando ed osservando la terza delle (76) si ha:

$$x\varphi_2'(y) + y\varphi_1'(x) + \frac{\partial \psi_1}{\partial y} + \frac{\partial \psi_2}{\partial x} = 0 .$$

Derivando rapporto ad x:

$$\varphi_2'(y) + y\varphi_1''(x) + \frac{\partial^2 \psi_2}{\partial x^2} = 0$$

(*) In queste formole le φ_1, φ_2, φ_3 sono quelle che entrano in U divise per k, ma nel seguito ritornano ad essere quelle che entrano in U.

O. T.

e derivando rapporto ad y:

$$\varphi_2''(y) + \varphi_1''(x) = 0$$

e analogamente si trova:

$$\varphi_1''(x) + \varphi_3''(z) = 0$$

$$\varphi_3''(z) + \varphi_2''(y) = 0$$

e quindi:

$$\varphi_1''(x) = 0 \quad , \quad \varphi_2''(y) = 0 \quad , \quad \varphi_3(z) = 0$$

$$\varphi_1(x) = a_1 x + b_1 \quad , \quad \varphi_2(y) = a_2 y + b_2 \quad , \quad \varphi_3(z) = a_3 z + b_3$$

e quindi non potrà aversi la trasformazione che tende a produrre la variazione di temperatura U, a meno che non sia:

$$U = a_1 x + a_2 y + a_3 z + C$$

ossia a meno che U non sia una funzione lineare delle coordinate.

La deformazione corrispondente a questa variazione di temperatura sarà:

$$u = kx(a_1 x + a_2 y + a_3 z) - k\frac{a_1}{2}(x^2 + y^2 + z^2)$$

$$v = ky(a_1 x + a_2 y + a_3 z) - k\frac{a_2}{2}(x^2 + y^2 + z^2)$$

$$w = kz(a_1 x + a_2 y + a_3 z) - k\frac{a_3}{2}(x^2 + y^2 + z^2) \text{ (*)}.$$

Quando U non è una funzione lineare delle coordinate, avverrà una deformazione per la quale si produrranno forze elastiche, e si avrà l'equilibrio, quando la variazione prima del potenziale sarà uguale a zero. Ma in questo caso le forze del calore sono nulle soltanto quando sono soddisfatte le equazioni (75) e (76), e non quando sono nulle $\frac{\partial u}{\partial x}, \frac{\partial v}{\partial y}, \frac{\partial w}{\partial z}$ e si verificano le (76). Dunque il potenziale si otterrà da quello che si è ottenuto per il caso che non variasse la temperatura, ponendovi $\frac{\partial u}{\partial x} - kU$ invece

(*) In queste formole è fatta astrazione da spostamenti rigidi ed è trascurata, senza ragione, la costante C.

O. T.

di $\frac{\partial u}{\partial x}$, $\frac{\partial v}{\partial y} - kU$ in luogo di $\frac{\partial v}{\partial y}$, e $\frac{\partial w}{\partial z} - kU$ in luogo di $\frac{\partial w}{\partial z}$. Dunque il potenziale di un elemento sarà:

$$P = -\lambda(\Theta - 3kU)^2 - \mu\left(\frac{\partial u}{\partial x} - kU\right)^2$$

$$-\mu\left(\frac{\partial v}{\partial y} - kU\right)^2 - \mu\left(\frac{\partial w}{\partial z} - kU\right)^2$$

$$-\frac{\mu}{2}\left[\left(\frac{\partial v}{\partial z} + \frac{\partial w}{\partial y}\right)^2 + \left(\frac{\partial w}{\partial x} + \frac{\partial u}{\partial z}\right)^2 + \left(\frac{\partial u}{\partial y} + \frac{\partial v}{\partial x}\right)^2\right],$$

il potenziale di tutto il corpo:

$$\int_K P\,dK$$

e per l'equilibrio sarà necessario e sufficiente che si abbia:

$$\delta\int_K P\,dK = 0.$$

Da questa equazione col solito processo si ottengono le equazioni:

$$(2\lambda + \mu)\frac{\partial\Theta}{\partial x} + \mu\Delta^2 u = 2k(3\lambda + \mu)\frac{\partial U}{\partial x}$$

$$(2\lambda + \mu)\frac{\partial\Theta}{\partial y} + \mu\Delta^2 v = 2k(3\lambda + \mu)\frac{\partial U}{\partial y}$$

$$(2\lambda + \mu)\frac{\partial\Theta}{\partial z} + \mu\Delta^2 w = 2k(3\lambda + \mu)\frac{\partial U}{\partial z}$$

che debbono esser sodisfatte in tutto lo spazio occupato dal corpo, e le altre che debbono esser verificate alla superficie che ne forma il contorno:

$$2\left(\lambda\Theta + \mu\frac{\partial u}{\partial x}\right)\alpha + \mu\left(\frac{\partial u}{\partial y} + \frac{\partial v}{\partial x}\right)\beta + \mu\left(\frac{\partial u}{\partial z} + \frac{\partial w}{\partial x}\right)\gamma$$
$$= 2k(3\lambda + \mu)\,U\alpha$$

(77) $$\mu\left(\frac{\partial v}{\partial x} + \frac{\partial u}{\partial y}\right)\alpha + 2\left(\lambda\Theta + \mu\frac{\partial v}{\partial y}\right)\beta + \mu\left(\frac{\partial v}{\partial z} + \frac{\partial w}{\partial y}\right)\gamma$$
$$= 2k(3\lambda + \mu)\,U\beta$$

$$\mu\left(\frac{\partial w}{\partial x} + \frac{\partial u}{\partial z}\right)\alpha + \mu\left(\frac{\partial w}{\partial y} + \frac{\partial v}{\partial z}\right)\beta + 2\left(\lambda\Theta + \mu\frac{\partial w}{\partial z}\right)\gamma$$
$$= 2k(3\lambda + \mu)\,U\gamma.$$

Queste equazioni furono date quasi contemporaneamente da Duhamel (¹) e da F. Neumann (²).

Ora se u', v', w' sono le componenti di spostamenti che sodisfano in tutto lo spazio occupato dal corpo K, all'equazioni (43), e se L', M', N' sono le componenti delle forze che applicate alle superficie σ contorno del corpo K, fanno equilibrio agli spostamenti u', v', w', si dimostra come nel n. VI che si ha:

$$\int_\sigma (L'u + M'v + N'w)\, d\sigma$$

$$= -2k(3\lambda + \mu)\int_\sigma U(u'\alpha + v'\beta + w'\gamma)\, d\sigma$$

$$-2k(3\lambda + \mu)\int_K \left(u' \frac{\partial U}{\partial x} + v' \frac{\partial U}{\partial y} + w' \frac{\partial U}{\partial z}\right) dK.$$

Ma:

$$\int_K \left(u' \frac{\partial U}{\partial x} + v' \frac{\partial U}{\partial y} + w' \frac{\partial U}{\partial z}\right) dK$$

$$= -\int_\sigma U(u'\alpha + v'\beta + w'\gamma)\, d\sigma - \int_K U\Theta' dK$$

e quindi:

$$\int_\sigma (L'u + M'v + N'w)\, d\sigma = 2k(3\lambda + \mu)\int_K U\Theta' dK.$$

Se prendiamo:

$$u' = x \;,\; v' = y \;,\; w' = z$$

saranno soddisfatte le equazioni (43) e avremo:

$$L' = -2(3\lambda + \mu)\,\alpha$$

$$M' = -2(3\lambda + \mu)\,\beta$$

$$N' = -2(3\lambda + \mu)\,\gamma$$

quindi:

$$\int_\sigma (u\alpha + v\beta + w\gamma)\, d\sigma = -3k\int_K U dK.$$

(¹) Mémoires presentées à l'Académie de Paris. T. V, 1838, pag. 440.
(²) Abhandlungen der Berliner Akademie aus dem Jahre 1841, II.

Onde:

$$\int_K \Theta dK = 3k \int_K U dK$$

cioè *la variazione totale di volume è indipendente dalla forma e dai coefficienti di elasticità del corpo, e si ottiene moltiplicando l'aumento totale della temperatura per tre volte il coefficiente di dilatazione lineare.*

Supponiamo ora che il corpo sia limitato da due sfere concentriche. L'origine delle coordinate sia nel centro e i raggi delle due sfere siano R_1 ed R_2 ed $R_1 > R_2$.

Prendiamo:

$$u' = \frac{\partial \frac{1}{r}}{\partial x} \quad , \quad v' = \frac{\partial \frac{1}{r}}{\partial y} \quad , \quad w' = \frac{\partial \frac{1}{r}}{\partial z}$$

dove:

$$r^2 = (x - x')^2 + (y - y')^2 + (z - z')^2 .$$

Queste tre funzioni sodisfaranno le equazioni (43), e con un processo di calcolo uguale a quello tenuto nel n. VIII, denotando con Θ_0 il valore trovato ivi per Θ ed osservando che invece dell'equazione (52) abbiamo in questo caso la seguente:

$$\int_{\sigma_1} (F'_n u_1 + G'_n v_1 + H'_n w_1)\, d\sigma_1 + \int_{\sigma_2} (F''_n u_2 + G''_n v_2 + H''_n w_2)\, d\sigma_2$$

$$= -2k(3\lambda + \mu)\left[\int_{\sigma_1} U_1(u'_n \alpha + v'_n \beta + w'_n \gamma)\, d\sigma_1 + \int_{\sigma_2} U_2(u''_n \alpha + v''_n \beta + w''_n \gamma)\, d\sigma_2\right.$$

$$\left. + \int_S \left(\frac{\partial U}{\partial x} u_n + \frac{\partial U_n}{\partial y} v_n + \frac{\partial U_n}{\partial z} w_n\right) dS\right]$$

si ottiene:

$$(78) \qquad \Theta = \Theta_0 - \frac{k(3\lambda + \mu)}{4\pi(\lambda + \mu)} \left[\sum_0^\infty \int_S \left(\frac{\partial U}{\partial x} u_n + \frac{\partial U}{\partial y} v_n + \frac{\partial U}{\partial z} w_n\right) dS\right.$$

$$\left. - \int_{S'} \left(\frac{\partial U}{\partial x} \frac{\partial \frac{1}{r}}{\partial x} + \frac{\partial U}{\partial y} \frac{\partial \frac{1}{r}}{\partial y} + \frac{\partial U}{\partial z} \frac{\partial \frac{1}{r}}{\partial z}\right) dS'\right]$$

dove S' denota tutto lo spazio occupato dal corpo, esclusa una sfera infinitesima descritta intorno al punto (x', y', z'), punto a cui si riferisce il valore di Θ.

Se U è funzione soltanto della distanza ϱ dal centro, abbiamo il valore di Θ_0 dalla formula trovata nel n. VIII nel caso delle forze costanti sopra le due sfere che formano il contorno del corpo, ponendovi:

$$F_2 = -2k(3\lambda + \mu)\, U_2$$

$$F_1 = -2k(3\lambda + \mu)\, U_1$$

cioè:

$$\Theta_0 = \frac{3k(U_1 R_1^3 - U_2 R_2^3)}{R_1^3 - R_2^3}. \tag{79}$$

Abbiamo inoltre:

$$\int_S \left(\frac{\partial U_n}{\partial x} u_n + \frac{\partial U_n}{\partial y} v_n + \frac{\partial U_n}{\partial z} w_n \right) dS \tag{80}$$

$$= \int_{R_2}^{R_1} \frac{dU}{d\varrho} d\varrho \int_\varpi (u_n Y_1 + v_n Y_1' + w_n Y_1'')\, d\varpi = 0$$

per n differente da zero ed:

$$= \frac{4\pi}{1-\eta^3} \int_{R_2}^{R_1} \left(\eta^3 + \frac{2\mu\varrho^3}{(3\lambda+\mu) R_1^3} \right) \frac{dU}{d\varrho} d\varrho$$

$$= -4\pi U_1 + \frac{12\pi(\lambda+\mu)}{3\lambda+\mu} \frac{(U_1 R_1^3 - U_2 R_2^3)}{R_1^3 - R_2^3} - \frac{24\,\mu\pi}{(3\lambda+\mu)(R_1^3 - R_2^3)} \int_{R_2}^{R_1} U\varrho^2\, d\varrho$$

per $n = 0$. Abbiamo inoltre:

$$\int_{S'} \left(\frac{\partial U}{\partial x} \frac{\partial \frac{1}{r}}{\partial x} + \frac{\partial U}{\partial y} \frac{\partial \frac{1}{r}}{\partial y} + \frac{\partial U}{\partial z} \frac{\partial \frac{1}{r}}{\partial z} \right) dS' \tag{81}$$

$$= \int_{\sigma_1} U_1 \frac{d\frac{1}{r}}{d\varrho} d\sigma_1 - \int_{\sigma_2} U_2 \frac{d\frac{1}{r}}{d\varrho} d\sigma_2 - \int_{\sigma'} U \frac{d\frac{1}{r}}{dr} d\sigma'$$

$$= -4\pi U_1 - 4\pi U.$$

Sostituendo i valori (79) (80) e (81) nella equazione (78) si ottiene:

$$\Theta = \frac{k}{\lambda+\mu} \left((3\lambda+\mu)\, U + \frac{6\mu}{R_1^3 - R_2^3} \int_{R_2}^{R_1} U\varrho^2\, d\varrho \right). \tag{82}$$

Ora se poniamo:

$$\varrho Q = xu + yv + zw$$

Q sarà lo spostamento nella direzione del raggio vettore, e avremo:

$$\Theta = \frac{d(\varrho^2 Q)}{\varrho^2 d\varrho} = \frac{dQ}{d\varrho} + \frac{2Q}{\varrho} \tag{83}$$

e sostituendo il valore di Θ dato dalla equazione (83) nella (82):

$$\frac{d(\varrho^2 Q)}{d\varrho} = \frac{k}{\lambda + \mu}\left((3\lambda + \mu)\varrho^2 U + \frac{6\mu\varrho^2}{R_1^3 - R_2^3}\int_{R_2}^{R_1} U\varrho^2 d\varrho\right)$$

e integrando:

$$\varrho^2 Q - R_2^2 Q_2 = \frac{k}{\lambda + \mu}\left((3\lambda + \mu)\int_{R_2}^{\varrho} U\varrho^2 d\varrho + \frac{2\mu(\varrho^3 - R_2^3)}{R_1^3 - R_2^3}\int_{R_2}^{R_1} U\varrho^2 d\varrho\right). \tag{84}$$

Le tre equazioni (77) che debbono esser sodisfatte sopra le superficie σ_1 e σ_2 trasformate in coordinate polari si riducono alla unica:

$$(\lambda + \mu)\frac{dQ}{d\varrho} + \frac{2\lambda Q}{\varrho} = k(3\lambda + \mu)U$$

la quale, a cagione della (83), diviene:

$$(\lambda + \mu)\Theta - \frac{2\mu Q}{\varrho} = k(3\lambda + \mu)U$$

onde sostituendo il valore di Θ dato dalla (82) si ha sopra la superficie σ_2:

$$\frac{6k\mu}{R_1^3 - R_2^3}\int_{R_2}^{R_1} U\varrho^2 d\varrho - 2\mu\frac{Q_2}{R_2} = 0 \text{ (*)}.$$

Onde:

$$Q_2 = \frac{3kR_2}{R_1^3 - R_2^3}\int_{R_2}^{R_1} U\varrho^2 d\varrho$$

e sostituendo questo valore nella (84) si ha finalmente:

$$Q = \frac{3k}{\varrho^2(R_1^3 - R_2^3)}\left(R_1^3\int_{R_2}^{\varrho} U\varrho^2 d\varrho + R_2^3\int_{\varrho}^{R_1} U\varrho^2 d\varrho\right)$$

$$+ \frac{2\mu k}{(\lambda + \mu)\varrho^2(R_1^3 - R_2^3)}\left(\varrho^3\int_{R_2}^{R_1} U\varrho^2 d\varrho - R_1^3\int_{R_2}^{\varrho} U\varrho^2 d\varrho - R_2^3\int_{\varrho}^{R_1} U\varrho^2 d\varrho\right).$$

(*) Anche in queste pagine abbiamo cercato di eliminare diverse trascuratezze che s'incontrano nella redazione delle formole nella Memoria originale.

O. T.

Per $\varrho = R_1$ si avrà:

$$Q_1 = \frac{3kR_1}{R_1^3 - R_2^3}\int_{R_2}^{R_1} U\varrho^2 d\varrho$$

e per il coefficiente di dilatazione Θ:

$$\Theta = \frac{d(\varrho^2 Q)}{\varrho^2 d\varrho} = 3kU + \frac{2\mu k}{(\lambda+\mu)(R_1^3 - R_2^3)}\left(3\int_{R_2}^{R_1} U\varrho^2 d\varrho - U(R_1^3 - R_2^3)\right).$$

Per la sfera piena:

$$R_2 = 0$$

onde:

$$Q = \frac{3k}{\varrho^2}\int_0^\varrho U\varrho^2 d\varrho + \frac{2\mu k}{(\lambda+\mu)\varrho^2 R_1^3}\left(\varrho^3\int_0^{R_1} U\varrho^2 d\varrho - R_1^3\int_0^\varrho U\varrho^2 d\varrho\right)$$

che coincide colla formula data da F. Neumann (1) e Borchardt (2).

Se le superficie σ_1 e σ_2 sono in contatto con sorgenti costanti di calore, si hanno temperature stazionarie determinate dalla equazione:

$$\Delta^2 U = 0.$$

Quindi:

$$U = A + \frac{B}{\varrho}$$

ove:

$$A = \frac{U_1 R_1 - U_2 R_2}{R_1 - R_2}$$

$$B = -R_1 R_2 \frac{(U_1 - U_2)}{R_1 - R_2}$$

$$\Theta = 3k\left(A + \frac{B}{\varrho}\right) - \frac{2\mu k B}{(\lambda+\mu)\varrho}\left(1 - \frac{3\varrho}{2}\frac{R_1^2 - R_2^2}{R_1^3 - R_2^3}\right)$$

$$Q = k\left[A\varrho + \frac{3B}{2} - \frac{3}{2}\frac{B R_1^2 R_2^2 (R_1 - R_2)}{\varrho^2 (R_1^3 - R_2^3)}\right]$$

$$+ \frac{B\mu k}{(\lambda+\mu)\varrho^2(R_1^3 - R_2^3)}\left[\left(\varrho^3(R_1 + R_2) + R_1 R_2\right)(R_1 - R_2) - \varrho^2(R_1^3 - R_2^3)\right].$$

---

(1) Abhandlungen der Berliner Akademie aus dem Jahre 1841, II.

(2) Monatsberichte der k. A. der Wissenschaften zu Berlin von Januar 1873.

XLII.

SOPRA L'EQUAZIONI DI EQUILIBRIO DEI CORPI SOLIDI ELASTICI (*)

(Dagli *Annali di matematica pura ed applicata*, serie II, t. VI, pp. 101-111, Milano, 1874).

In questa Memoria dimostro un teorema che, nella teorica delle forze elastiche dei corpi solidi, tiene il luogo che il teorema di Green ha nella teorica delle forze che agiscono secondo la legge di Newton, e quanto alle applicazioni mi limito a dedurne formule analoghe a quella di Green per le funzioni potenziali, per esprimere il coefficiente di condensazione e le componenti della rotazione di un elemento qualunque di un corpo solido elastico, omogeneo ed isotropo deformato per l'azione di forze date arbitrariamente. Altre applicazioni si troveranno nella Teorica della elasticità che si pubblica nel « Nuovo Cimento ».

Sia S lo spazio occupato da un corpo solido elastico omogeneo e σ la superficie che ne forma il contorno; ϱ la sua densità; X , Y , Z le componenti, secondo tre assi ortogonali x , y , z, delle forze che agiscono in tutti i punti del corpo; L , M , N le componenti delle forze che agiscono alla superficie σ. Siano u , v , w le componenti degli spostamenti che i punti del corpo hanno ricevuto quando il corpo si è deformato, in guisa che le forze elastiche sviluppate fanno equilibrio alle forze date. Denotiamo con P il potenziale di queste forze elastiche in un elemento del corpo. Se poniamo:

$$\frac{\partial u}{\partial x} = a \; , \; \frac{\partial v}{\partial y} = b \; , \; \frac{\partial w}{\partial z} = c$$

$$\frac{\partial v}{\partial z} + \frac{\partial w}{\partial y} = 2f \; , \; \frac{\partial w}{\partial x} + \frac{\partial u}{\partial z} = 2g \; , \; \frac{\partial u}{\partial y} + \frac{\partial v}{\partial x} = 2h$$

(*) Il contenuto di questa Memoria è la riproduzione, quasi integrale, di risultati contenuti nei nn. VIII e IX della Memoria prec. con, in di più, la considerazione delle forze di massa e qualche semplificazione nell'esposizione dei calcoli e nella scelta delle notazioni. O. T.

il potenziale P sarà una funzione omogenea di secondo grado delle sei quantità a, b, c, f, g, h, con i coefficienti costanti se il corpo è omogeneo. Affinchè il corpo solido sia in equilibrio è necessario e sufficiente che in tutto lo spazio S siano soddisfatte le equazioni a derivate parziali di 2° ordine

$$(1)\qquad \begin{cases} \varrho X = \dfrac{\partial}{\partial x}\dfrac{\partial P}{\partial a} + \dfrac{\partial}{\partial y}\dfrac{\partial P}{2\partial h} + \dfrac{\partial}{\partial z}\dfrac{\partial P}{2\partial g} \\ \varrho Y = \dfrac{\partial}{\partial x}\dfrac{\partial P}{2\partial h} + \dfrac{\partial}{\partial y}\dfrac{\partial P}{\partial b} + \dfrac{\partial}{\partial z}\dfrac{\partial P}{2\partial f} \\ \varrho Z = \dfrac{\partial}{\partial x}\dfrac{\partial P}{2\partial g} + \dfrac{\partial}{\partial y}\dfrac{\partial P}{2\partial f} + \dfrac{\partial}{\partial z}\dfrac{\partial P}{\partial c} \end{cases}$$

e sopra tutta la superficie σ le equazioni a derivate parziali di 1° ordine

$$(2)\qquad \begin{cases} L = \dfrac{\partial P}{\partial a}\alpha + \dfrac{\partial P}{2\partial h}\beta + \dfrac{\partial P}{2\partial g}\gamma \\ M = \dfrac{\partial P}{2\partial h}\alpha + \dfrac{\partial P}{\partial b}\beta + \dfrac{\partial P}{2\partial f}\gamma \\ N = \dfrac{\partial P}{2\partial g}\alpha + \dfrac{\partial P}{2\partial f}\beta + \dfrac{\partial P}{\partial c}\gamma \end{cases}$$

dove α, β, γ denotano i coseni degli angoli che la normale alla superficie σ, diretta verso l'interno dello spazio S, fa colle direzioni positive degli assi delle x, y e z.

Siano dati due sistemi di forze X, Y, Z, L, M, N applicate allo stesso corpo solido elastico, e distinguiamo con un apice le forze del 1° sistema e le componenti degli spostamenti che loro fanno equilibrio, e con due apici le forze e gli spostamenti del 2° sistema. Moltiplichiamo rispettivamente le tre equazioni (1) nelle quali tutte le quantità sono distinte con un apice per $u''dS, v''dS, w''dS$, sommiamo e integriamo a tutto lo spazio S. Effettuando la nota integrazione per parti nel secondo membro e ponendo mente all'equazioni (2), avremo

$$(3)\qquad \begin{cases} \varrho \displaystyle\int_S (X'u'' + Y'v'' + Z'w'')\, dS = -\int_\sigma (L'u'' + M'v'' + N'w'')\, d\sigma \\ -\displaystyle\int_S \left(\frac{\partial P'}{\partial a'}a'' + \frac{\partial P'}{\partial b'}b'' + \frac{\partial P'}{\partial c'}c'' + \frac{\partial P'}{\partial f'}f'' + \frac{\partial P'}{\partial g'}g'' + \frac{\partial P'}{\partial h'}h''\right) dS. \end{cases}$$

Applicando lo stesso processo all'equazioni (1) con due apici, si trova

$$(4)\quad \begin{cases} \varrho\int_S (X''u'+Y''v'+Z''w')\,dS = -\int_\sigma (L''u'+M''v'+N''w')\,d\sigma \\ -\int_S\left(\frac{\partial P''}{\partial a''}a'+\frac{\partial P''}{\partial b''}b'+\frac{\partial P''}{\partial c''}c'+\frac{\partial P''}{\partial f''}f'+\frac{\partial P''}{\partial g''}g'+\frac{\partial P''}{\partial h''}h'\right)dS. \end{cases}$$

Ora essendo P' e P'' le funzioni che si ottengono sostituendo, nella funzione omogenea di 2° grado P, alle a, b, c, f, g, h una volta le stesse lettere con un apice e l'altra con due, sarà

$$\frac{\partial P'}{\partial a'}a''+\frac{\partial P'}{\partial b'}a''+\cdots=\frac{\partial P''}{\partial a''}a'+\frac{\partial P''}{\partial b''}b'+\cdots$$

quindi sottraendo la equazione (4) dalla (3) si ottiene

$$\int_\sigma (L'u''+M'v''+N'w'')\,d\sigma+\varrho\int_S (X'u''+Y'v''+Z'w'')\,dS$$
$$=\int_\sigma (L''u'+M''v'+N''w')\,d\sigma+\varrho\int_S (X''u'+Y''v'+Z''w')\,dS.$$

Onde il seguente teorema:

Se, in un corpo solido elastico omogeneo, due sistemi di spostamenti fanno rispettivamente equilibrio a due sistemi di forze, la somma dei prodotti delle componenti delle forze del primo sistema per le corrispondenti componenti degli spostamenti degli stessi punti nel secondo sistema è uguale alla somma dei prodotti delle componenti delle forze del secondo sistema per le componeati degli spostamenti nei medesimi punti del primo sistema.

In questo teorema è supposto che le componenti degli spostamenti nei due sistemi siano funzioni finite continue e a un sol valore insieme colle loro derivate prime in tutto lo spazio S.

Se il corpo è isotropo il potenziale P ha la forma:

$$P=-\lambda(a+b+c)^2-\mu(a^2+b^2+c^2+2f^2+2g^2+2h^2)$$

e le equazioni (1) divengono

$$(5)\quad \begin{cases} (2\lambda+\mu)\frac{\partial\Theta}{\partial x}+\mu\Delta^2 u+\varrho X=0 \\ (2\lambda+\mu)\frac{\partial\Theta}{\partial y}+\mu\Delta^2 v+\varrho Y=0 \\ (2\lambda+\mu)\frac{\partial\Theta}{\partial z}+\mu\Delta^2 w+\varrho Z=0 \end{cases}$$

e le equazioni (2)

$$(6)\quad \begin{cases} L + 2\left(\lambda\Theta + \mu \dfrac{\partial u}{\partial x}\right)\alpha + \mu\left(\dfrac{\partial u}{\partial y} + \dfrac{\partial v}{\partial x}\right)\beta + \mu\left(\dfrac{\partial u}{\partial z} + \dfrac{\partial w}{\partial x}\right)\gamma = 0 \\ M + \mu\left(\dfrac{\partial v}{\partial x} + \dfrac{\partial u}{\partial y}\right)\alpha + 2\left(\lambda\Theta + \mu \dfrac{\partial v}{\partial y}\right)\beta + \mu\left(\dfrac{\partial v}{\partial z} + \dfrac{\partial w}{\partial y}\right)\gamma = 0 \\ N + \mu\left(\dfrac{\partial w}{\partial x} + \dfrac{\partial u}{\partial z}\right)\alpha + \mu\left(\dfrac{\partial w}{\partial y} + \dfrac{\partial v}{\partial z}\right)\beta + 2\left(\lambda\Theta + \mu \dfrac{\partial w}{\partial z}\right)\gamma = 0 \end{cases}$$

dove

$$\Theta = \frac{\partial u}{\partial x} + \frac{\partial v}{\partial y} + \frac{\partial w}{\partial z}$$

e

$$\Delta^2 = \frac{\partial^2}{\partial x^2} + \frac{\partial^2}{\partial y^2} + \frac{\partial^2}{\partial z^2} .$$

Se prendiamo

$$u'' = \frac{\partial \frac{1}{r}}{\partial x} + \xi \quad , \quad v'' = \frac{\partial \frac{1}{r}}{\partial y} + \eta \quad , \quad w'' = \frac{\partial \frac{1}{r}}{\partial z} + \zeta$$

dove r denota la distanza di un punto qualunque di coordinate (x, y, z) da un punto di coordinate (x', y', z') dello spazio S occupato dal corpo, poichè

$$\Delta^2 \frac{1}{r} = 0$$

avremo

$$\Theta'' = \frac{\partial \xi}{\partial x} + \frac{\partial \eta}{\partial y} + \frac{\partial \zeta}{\partial z}$$

$$\Delta^2 u'' = \Delta^2 \xi \quad , \quad \Delta^2 v'' = \Delta^2 \eta \quad , \quad \Delta^2 w'' = \Delta^2 \zeta ;$$

quindi se le tre funzioni ξ, η, ζ sono finite, continue e a un sol valore insieme colle loro derivate, e soddisfano alle tre equazioni (5), nelle quali $X = Y = Z = 0$ in tutto lo spazio S, anche le tre funzioni u'', v'', w'' soddisferanno nello stesso spazio a queste equazioni, e saranno finite, continue e a un sol valore insieme colle loro derivate in tutto lo spazio S′, che si ottiene togliendo da S uno spazio s piccolo quanto si vuole che contenga il punto (x', y', z'), nel quale la funzione $\frac{1}{r}$ e le sue derivate divengono infinite. Quindi abbiamo, nella parte di corpo solido che occupa lo spazio S′, il sistema delle forze (X', Y', Z') che agiscono sopra ciascun punto di S', delle forze (L', M', N') che agiscono sopra la parte σ del contorno di questo spazio, e delle tensioni (L'_1, M'_1, N'_1) che agiscono sopra l'altra parte σ' del contorno, essendo σ' la superficie che separa lo spazio S dallo spazio s, e il sistema degli spostamenti (u', v', w') che fanno equilibrio a queste forze. Abbiamo inoltre il sistema di forze che risultano dalle tensioni (L'', M'', N'') ed (L''_1, M''_1, N''_1) prodotte rispettivamente alle superficie σ e σ' dagli spostamenti $\left(\frac{\partial \frac{1}{r}}{\partial x}, \frac{\partial \frac{1}{r}}{\partial y}, \frac{\partial \frac{1}{r}}{\partial z}\right)$, e di quelle che risultano dalle tensioni $(L^0 . M^0, N^0)$ ed (L^0_1, M^0_1, N^0_1) prodotte dagli spostamenti (ξ, η, ζ), e il sistema degli spostamenti (u'', v'', w'') che fanno equilibrio a questo sistema di forze. Quindi possiamo applicare il teorema precedente, ed osservando che lo spazio s può prendersi infinitesimo, e perciò

$$\int_{\sigma'}(L^0_1 u' + M^0_1 v' + N^0_1 w')\, d\sigma' = 0\,,$$

$$\int_{\sigma'}(L'_1 \xi + M'_1 \eta + N'_1 \zeta)\, d\sigma' = 0\,,$$

e che

$$X'' = Y'' = Z'' = 0\,,$$

si ottiene

$$(7)\quad \left\{ \begin{aligned} &\int_\sigma \left[L'\left(\frac{\partial \frac{1}{r}}{\partial x} + \xi\right) + M'\left(\frac{\partial \frac{1}{r}}{\partial y} + \eta\right) + N'\left(\frac{\partial \frac{1}{r}}{\partial z} + \zeta\right)\right] d\sigma \\ &\qquad + \int_{\sigma'}\left(L'_1 \frac{\partial \frac{1}{r}}{\partial x} + M'_1 \frac{\partial \frac{1}{r}}{\partial y} + N'_1 \frac{\partial \frac{1}{r}}{\partial z}\right) d\sigma' \\ &+ \varrho \int_{S'} \left[X\left(\frac{\partial \frac{1}{r}}{\partial x} + \xi\right) + Y'\left(\frac{\partial \frac{1}{r}}{\partial y} + \eta\right) + Z'\left(\frac{\partial \frac{1}{r}}{\partial z} + \zeta\right)\right] dS' = \\ &= \int_\sigma [(L'' + L^0)\, u' + (M'' + M^0)\, v' + (N'' + N^0)\, w']\, d\sigma \\ &\qquad + \int_{\sigma'}(L''_1 u' + M''_1 v' + N''_1 w')\, d\sigma'. \end{aligned} \right.$$

Ora sostituendo i valori di L'_1, M'_1, N'_1 tratti dalle (6), ed osservando che se prendiamo per σ' una sfera col centro nel punto (x', y', z') abbiamo sopra σ'

$$\alpha = \frac{dx}{dr} \quad , \quad \beta = \frac{dy}{dr} \quad , \quad \gamma = \frac{dz}{dr}$$

e quindi:

$$\int_{\sigma'} \left(L'_1 \frac{\partial \frac{1}{r}}{\partial x} + M'_1 \frac{\partial \frac{1}{r}}{\partial y} + N'_1 \frac{\partial \frac{1}{r}}{\partial z} \right) d\sigma'$$

$$= - \int_{\sigma'} \left[2\lambda \Theta' \frac{d \frac{1}{r}}{dr} + 2\mu \left(\frac{du'}{dr} \frac{\partial \frac{1}{r}}{\partial x} + \frac{dv'}{dr} \frac{\partial \frac{1}{r}}{\partial x} + \frac{dw'}{dr} \frac{\partial \frac{1}{r}}{\partial z} \right) \right] d\sigma'$$

e sostituendo per L''_1, M''_1, N''_1 i valori dati dalle equazioni (6) quando in esse si ponga

$$u = \frac{\partial \frac{1}{r}}{\partial x} \quad , \quad v = \frac{\partial \frac{1}{r}}{\partial y} \quad , \quad w = \frac{\partial \frac{1}{r}}{\partial z} ,$$

si ottiene

$$\int_{\sigma'} (L''_1 u' + M''_1 v' + N''_1 w') \, d\sigma' =$$

$$= - 2\mu \int_{\sigma'} \left(u' \frac{d}{dr} \frac{\partial \frac{1}{r}}{\partial x} + v' \frac{d}{dr} \frac{\partial \frac{1}{r}}{\partial y} + w' \frac{d}{dr} \frac{\partial \frac{1}{r}}{\partial z} \right) d\sigma' .$$

Onde:

$$\int_{\sigma'} \left(L'_1 \frac{\partial \frac{1}{r}}{\partial x} + M'_1 \frac{\partial \frac{1}{r}}{\partial y} + N'_1 \frac{\partial \frac{1}{r}}{\partial z} \right) d\sigma' - \int_{\sigma'} (L''_1 u' + M''_1 v' + N''_1 w') \, d\sigma' =$$

$$= - 2\lambda \int_{\sigma'} \Theta' \frac{d \frac{1}{r}}{dr} d\sigma' - 2\mu \int_{\sigma'} \left(\frac{du'}{dr} \frac{\partial \frac{1}{r}}{\partial x} - u' \frac{d}{dr} \frac{\partial \frac{1}{r}}{\partial x} \right) d\sigma'$$

$$- 2\mu \int_{\sigma'} \left(\frac{dv'}{dr} \frac{\partial \frac{1}{r}}{\partial y} - v' \frac{d}{dr} \frac{\partial \frac{1}{r}}{\partial y} \right) d\sigma' - 2\mu \int_{\sigma'} \left(\frac{dw'}{dr} \frac{\partial \frac{1}{r}}{\partial z} - w' \frac{d}{dr} \frac{\partial \frac{1}{r}}{\partial z} \right) d\sigma'$$

$$= 8\pi(\lambda + \mu) \Theta$$

denotando con Θ il valore di Θ' nel punto x', y', z'.

Sostituendo nella equazione (7) si ottiene

$$8\pi(\lambda+\mu)\,\Theta = -\int_\sigma \left[L'\left(\frac{\partial \frac{1}{r}}{\partial x}+\xi\right) + M'\left(\frac{\partial \frac{1}{r}}{\partial y}+\eta\right) + N'\left(\frac{\partial \frac{1}{r}}{\partial z}+\zeta\right)\right] d\sigma$$

$$+\int_\sigma [(L''+L^0)\,u' + (M''+M^0)\,v' + (N''+N^0)w']\,d\sigma$$

$$-\varrho\int_{S'} \left[X'\left(\frac{\partial \frac{1}{r}}{\partial x}+\xi\right) + Y'\left(\frac{\partial \frac{1}{r}}{\partial y}+\eta\right) + Z'\left(\frac{\partial \frac{1}{r}}{\partial z}+\zeta\right)\right] dS'.$$

Essendo la sfera s infinitesima e $\xi, \eta, \zeta, X', Y', Z'$ funzioni sempre finite sarà:

$$\int_s (X'\xi + Y'\eta + Z'\zeta)\,ds = 0;$$

abbiamo inoltre, denotando con ε il raggio della sfera infinitesima s, e con ϖ la superficie della sfera di raggio uguale all'unità,

$$\int_s \left(X'\frac{\partial \frac{1}{r}}{\partial x} + Y'\frac{\partial \frac{1}{r}}{\partial y} + Z'\frac{\partial \frac{1}{r}}{\partial z}\right) ds = -\int_0^\varepsilon \int_\varpi (X'\alpha + Y'\beta + Z'\gamma)\,dr\,d\varpi$$

che è infinitesimo dell'ordine di ε. Dunque l'integrale triplo, invece di estenderlo allo spazio S' si può estendere allo spazio S' più lo spazio s, ossia allo spazio S.

Se ora le funzioni ξ, η, ζ si prendono in modo che sia

$$L^0 + L'' = 0$$

$$M^0 + M'' = 0$$

$$N^0 + N'' = 0$$

avremo:

$$8\pi(\lambda+\mu)\,\Theta = -\int_\sigma \left[L'\left(\frac{\partial \frac{1}{r}}{\partial x}+\xi\right) + M'\left(\frac{\partial \frac{1}{r}}{\partial y}+\eta\right) + N'\left(\frac{\partial \frac{1}{r}}{\partial z}+\zeta\right)\right] d\sigma$$

$$-\varrho\int_{S} \left[X'\left(\frac{\partial \frac{1}{r}}{\partial x}+\xi\right) + Y'\left(\frac{\partial \frac{1}{r}}{\partial y}+\eta\right) + Z'\left(\frac{\partial \frac{1}{r}}{\partial z}+\zeta\right)\right] dS$$

e così il coefficiente di condensazione Θ espresso per le sole quantità date (L', M', N', X', Y', Z').

Le tre funzioni ξ, η, ζ, che qui tengono il luogo che la funzione di Green ha nella espressione delle funzioni potenziali, hanno un significato fisico, come lo ha la funzione di Green nella elettrostatica.

Infatti:

$$L^0 = -L'' = 2\mu \frac{d}{dp} \frac{\partial \frac{1}{r}}{\partial x},$$

$$M^0 = -M'' = 2\mu \frac{d}{dp} \frac{\partial \frac{1}{r}}{\partial y},$$

$$N^0 = -N'' = 2\mu \frac{d}{dp} \frac{\partial \frac{1}{r}}{\partial z}.$$

quindi il teorema:

Le funzioni ξ, η, ζ esprimono le componenti degli spostamenti che prende un corpo elastico isotropo per fare equilibrio a forze applicate alla superficie soltanto, l'azione delle quali è per ogni punto di applicazione uguale in intensità e direzione a quella esercitata da un elemento magnetico situato nel punto (x', y', z'), di momento 2μ, coll'asse parallelo alla normale alla superficie nel punto di applicazione, sopra un polo magnetico situato in questo punto.

Prendiamo:

$$u'' = \frac{\partial \frac{1}{r}}{\partial y} + \xi \quad , \quad v'' = -\frac{\partial \frac{1}{r}}{\partial x} + \eta \quad , \quad w'' = \zeta$$

dove r ha sempre lo stesso significato e ξ, η, ζ sono funzioni finite, continue e a un sol valore insieme colle loro derivate, che soddisfano in tutto lo spazio S all'equazioni (5), nelle quali:

$$X'' = Y'' = Z'' = 0.$$

Le funzioni u'', v'', w'' saranno anch'esse finite, continue e a un sol valore e soddisferanno alle stesse equazioni in tutto lo spazio S' che si ottiene togliendo da S la sfera infinitesima s che ha il centro nel punto (x', y', z').

Denotiamo con L'_1, M'_1, N'_1 le componenti delle tensioni dovute agli spostamenti u', v', w' sopra la superficie sferica σ' contorno dello spazio s: con L'', M'', N'' le componenti delle tensioni, dovute agli spostamenti $\left(\frac{\partial \frac{1}{r}}{\partial y}, -\frac{\partial \frac{1}{r}}{\partial x}, 0\right)$, sopra la superficie σ, e con L''_1, M''_1, N''_1 le componenti delle tensioni dovute agli stessi spostamenti sopra σ'; con L^0, M^0, N^0 le componenti delle tensioni sopra σ, dovute agli spostamenti (ξ, η, ζ) e con L^0_1, M^0_1, N^0_1 quelle sopra σ' dovute ai medesimi spostamenti. Osservando che si ha

$$\int_{\sigma'} (L'_1 \xi + M'_1 \eta + N'_1 \zeta)\, d\sigma' = 0,$$

$$\int_{\sigma'} (L^0_1 u' + M^0_1 v' + N^0_1 w')\, d\sigma' = 0,$$

e che

$$X'' = Y'' = Z'' = 0$$

avremo, applicando il nostro teorema

$$(8)\quad \left\{ \begin{aligned} &\int_\sigma \left[L'\left(\frac{\partial \frac{1}{r}}{\partial y} + \xi\right) + M'\left(-\frac{\partial \frac{1}{r}}{\partial x} + \eta\right) + N'\zeta \right] d\sigma + \int_{\sigma'} \left(L'_1 \frac{\partial \frac{1}{r}}{\partial y} - M'_1 \frac{\partial \frac{1}{r}}{\partial x} \right) d\sigma' \\ &\qquad + \varrho \int_{S'} \left[X'\left(\frac{\partial \frac{1}{r}}{\partial y} + \xi\right) + Y'\left(-\frac{\partial \frac{1}{r}}{\partial x} + \eta\right) + Z'\zeta \right] dS' \\ &\qquad = \int_\sigma \left[(L'' + L^0) u' + (M'' + M^0) v' + (N'' + N^0) w' \right] d\sigma \\ &\qquad\qquad + \int_{\sigma'} (L''_1 u' + M''_1 v' + N''_1 w')\, d\sigma'. \end{aligned} \right.$$

Sostituendo i valori delle componenti delle tensioni L', M', abbiamo

$$L' \frac{\partial \frac{1}{r}}{\partial y} - M' \frac{\partial \frac{1}{r}}{\partial x} = 2\mu \left(\frac{dv'}{dr} \frac{\partial \frac{1}{r}}{\partial x} - \frac{du'}{dr} \frac{\partial \frac{1}{r}}{\partial y} \right) + \frac{\mu}{r^2} \left(\frac{\partial v'}{\partial x} - \frac{\partial u'}{\partial y} \right)$$

$$+ \mu \frac{\partial \frac{1}{r}}{\partial z} \left[\left(\frac{\partial w'}{\partial y} - \frac{\partial v'}{\partial z} \right) \frac{dx}{dr} + \left(\frac{\partial u'}{\partial z} - \frac{\partial w'}{\partial x} \right) \frac{dy}{dr} + \left(\frac{\partial v'}{\partial x} - \frac{\partial u'}{\partial y} \right) \frac{dz}{dr} \right]$$

e sostituendo i valori delle componenti delle tensioni L_1'', M_1'', N_1'', dovute agli spostamenti $\left(\frac{\partial \frac{1}{r}}{\partial y}, -\frac{\partial \frac{1}{r}}{\partial x}, 0\right)$ sopra la superficie σ', si ha

$$L_1'' u' + M_1'' v' + N_1'' w' = 2\mu \left(v' \frac{d}{dr} \frac{\partial \frac{1}{r}}{\partial x} - u' \frac{d}{dr} \frac{\partial \frac{1}{r}}{\partial y} \right)$$

$$+ \mu \left[\frac{dx}{dr} \left(v' \frac{\partial^2 \frac{1}{r}}{\partial z^2} - w' \frac{\partial^2 \frac{1}{r}}{\partial y\, \partial z} \right) + \frac{dy}{dr} \left(w' \frac{\partial^2 \frac{1}{r}}{\partial x\, \partial z} - u' \frac{\partial^2 \frac{1}{r}}{\partial z^2} \right) \right.$$

$$\left. + \frac{dz}{dr} \left(u' \frac{\partial^2 \frac{1}{r}}{\partial y\, \partial z} - v' \frac{\partial^2 \frac{1}{r}}{\partial x\, \partial z} \right) \right].$$

Onde:

$$L_1' \frac{\partial \frac{1}{r}}{\partial y} - M_1' \frac{\partial \frac{1}{r}}{\partial x} - L_1'' u' - M_1'' v' - N_1'' w' =$$

$$= 2\mu \left(\frac{dv'}{dr} \frac{\partial \frac{1}{r}}{\partial x} - v' \frac{d}{dr} \frac{\partial \frac{1}{r}}{\partial x} - \frac{du'}{dr} \frac{\partial \frac{1}{r}}{\partial y} + u' \frac{d}{dr} \frac{\partial \frac{1}{r}}{\partial y} \right) + \frac{\mu}{r^2} \left(\frac{\partial v'}{\partial x} - \frac{\partial u'}{\partial y} \right)$$

$$+ \mu \left[\frac{dx}{dr} \left(\frac{\partial \, w' \frac{\partial \frac{1}{r}}{\partial z}}{\partial y} - \frac{\partial \, v' \frac{\partial \frac{1}{r}}{\partial z}}{\partial z} \right) + \frac{dy}{dr} \left(\frac{\partial \, u' \frac{\partial \frac{1}{r}}{\partial z}}{\partial z} - \frac{\partial \, w' \frac{\partial \frac{1}{r}}{\partial z}}{\partial x} \right) \right.$$

$$\left. + \frac{dz}{dr} \left(\frac{\partial \, v' \frac{\partial \frac{1}{r}}{\partial z}}{\partial z} - \frac{\partial \, u' \frac{\partial \frac{1}{r}}{\partial z}}{\partial y} \right) \right].$$

Poniamo:

$$\frac{z - z'}{r} = \gamma$$

ed osserviamo che si ha

$$\frac{\partial \frac{1}{r}}{\partial y} \frac{dx}{dr} = \frac{\partial \frac{1}{r}}{\partial x} \frac{dy}{dr}, \ldots$$

avremo:

$$L_1' \frac{\partial \frac{1}{r}}{\partial y} - M_1' \frac{\partial \frac{1}{r}}{\partial x} - L_1''u' - M_1''v' - N_1''w' =$$

$$= 2\mu\left(\frac{dv'}{dr}\frac{\partial \frac{1}{r}}{\partial x} - v'\frac{d}{dr}\frac{\partial \frac{1}{r}}{\partial x} - \frac{du'}{dr}\frac{\partial \frac{1}{r}}{\partial y} + u'\frac{d}{dr}\frac{\partial \frac{1}{r}}{\partial y}\right) + \frac{\mu}{r^2}\left(\frac{\partial v'}{\partial x} - \frac{\partial u'}{\partial y}\right)$$

$$+ \frac{\mu}{r^2}\left[\frac{dx}{dr}\left(\frac{\partial(v'\gamma)}{\partial z} - \frac{\partial(w'\gamma)}{\partial y}\right) + \frac{dy}{dr}\left(\frac{\partial(w'\gamma)}{\partial x} - \frac{\partial(u'\gamma)}{\partial z}\right) + \frac{dz}{dr}\left(\frac{\partial(u'\gamma)}{\partial y} - \frac{\partial(v'\gamma)}{\partial x}\right)\right].$$

Moltiplicando per $d\sigma'$ e integrando a tutta la superficie σ', se osserviamo che r è costante sopra σ', ed u', v', w', γ sono funzioni finite e continue insieme colle loro derivate in tutto lo spazio s, e quindi l'integrale dell'ultimo termine per un teorema noto è uguale a zero, avremo:

$$\int_{\sigma'}\left(L_1' \frac{\partial \frac{1}{r}}{\partial y} - M_1' \frac{\partial \frac{1}{r}}{\partial x} - L_1''u' - M_1''v' - N_1''w'\right) d\sigma'$$

$$= 2\mu\int_{\sigma'}\left(\frac{dv'}{dr}\frac{\partial \frac{1}{r}}{\partial x} - v'\frac{d}{dr}\frac{\partial \frac{1}{r}}{\partial x} - \frac{du'}{dr}\frac{\partial \frac{1}{r}}{\partial y} + u'\frac{d}{dr}\frac{\partial \frac{1}{r}}{\partial y}\right) d\sigma'$$

$$+ \mu\int_{\sigma'}\left(\frac{\partial v'}{\partial x} - \frac{\partial u'}{\partial y}\right)\frac{d\sigma'}{r^2} = 4\pi\mu\left(\frac{\partial u'}{\partial y} - \frac{\partial v'}{\partial x}\right).$$

Sostituendo nella equazione (8) si ottiene:

$$4\mu\pi\left(\frac{\partial u'}{\partial y} - \frac{\partial v'}{\partial x}\right) = -\int_{\sigma}\left[L'\left(\frac{\partial \frac{1}{r}}{\partial y} + \xi\right) + M'\left(-\frac{\partial \frac{1}{r}}{\partial x} + \eta\right) + N'\zeta\right] d\sigma$$

$$+ \int_{\sigma}[(L'' + L^0)\,u' + (M'' + M^0)\,v' + (N'' + N^0)\,w']\,d\sigma$$

$$-\varrho\int_{S}\left[X'\left(\frac{\partial \frac{1}{r}}{\partial y} + \xi\right) + Y'\left(\frac{\partial \frac{1}{r}}{\partial x} + \eta\right) + Z'\zeta\right] dS.$$

Abbiamo posto lo spazio S invece di S' perchè anche in questo caso l'integrale esteso alla sfera infinitesima s è uguale a zero.

Se determiniamo ξ, η, ζ in modo che sia sopra σ:

$$L'' + L^0 = 0 \quad , \quad M'' + M^0 = 0 \quad , \quad N'' + N^0 = 0 ,$$

avremo:

$$4\pi\mu\left(\frac{\partial u'}{\partial y} - \frac{\partial v'}{\partial x}\right) = -\int_\sigma \left[L'\left(\frac{\partial \frac{1}{r}}{\partial y} + \xi\right) + M'\left(-\frac{\partial \frac{1}{r}}{\partial x} + \eta\right) + Z'\zeta \right] d\sigma$$

$$-\varrho\int_S \left[X'\left(\frac{\partial \frac{1}{r}}{\partial y} + \xi\right) + Y'\left(-\frac{\partial \frac{1}{r}}{\partial x} + \eta\right) + Z'\zeta \right] dS$$

cioè la componente della rotazione dell'elemento che si trova nel punto (x', y', z') espressa per le sole forze che agiscono sul corpo.

Formule analoghe si hanno per le altre due componenti.

XLIII.

UN TEOREMA SOPRA LE FUNZIONI POTENZIALI.

(Dal *Nuovo Cimento*, ser. II, t. XII, pp. 75-79, Pisa, 1874).

Le derivate seconde della funzione potenziale di un corpo di forma e densità qualunque, sono finite in tutto lo spazio, e discontinue soltanto lungo le superficie che formano il contorno del corpo, o separano porzioni di esso nelle quali le densità differiscono di quantità finite. La differenza dei valori che le derivate seconde hanno dalle due parti di queste superficie è data dal seguente

TEOREMA. — *Se* x_1, x_2, x_3, *sono le coordinate rettilinee ortogonali di un punto qualunque,* a_1, a_2, a_3 *i coseni degli angoli che la normale alla superficie di un corpo* K *fa rispettivamente con i tre assi delle coordinate,* ϱ *è la densità,* V_1 *la funzione potenziale di* K *nei punti esterni,* V_0 *nei punti interni, in un punto qualunque della superficie sarà sempre:*

$$(1) \qquad \frac{\partial^2 V_0}{\partial x_r \, \partial x_s} - \frac{\partial^2 V_1}{\partial x_r \, \partial x_s} = -4\pi \varrho a_r a_s .$$

Da questo si deduce immediatamente la differenza dei valori delle derivate seconde rispetto a due direzioni qualunque.

Se α_1, α_2, α_3 ; α'_1, α'_2, α'_3 denotano rispettivamente i coseni degli angoli che due direzioni l ed l' fanno cogli assi, avremo:

$$\frac{dV}{dl} = \sum \frac{\partial V}{\partial x_r} \alpha_r$$

$$\frac{d^2 V}{dl \, dl'} = \sum \sum \frac{\partial^2 V}{\partial x_r \, \partial x_s} \alpha_r \alpha'_s$$

onde:

$$(2) \qquad \frac{d^2 V_0}{dl \, dl'} - \frac{d^2 V_1}{dl \, dl'} = -4\pi\varrho \cos(l , p) \cos(l' , p)$$

essendo p la normale alla superficie. Dalla (2) si ha immediatamente

$$\frac{d^2 V_0}{dp^2} - \frac{d^2 V_1}{dp^2} = -4\pi\varrho .$$

Se la densità del corpo K è discontinua lungo una superficie σ, le derivate seconde della funzione potenziale convergeranno verso valori differenti dalle due parti di σ.

Siano S_0 ed S_1 gli spazî occupati dal corpo dalle parti opposte di σ, ϱ_0 e ϱ_1 le densità, V_0 e V_1 i valori della funzione potenziale rispettivamente in S_0 ed S_1; U la funzione potenziale della porzione di K che occupa S_0, W quella della porzione che occupa S_1, e distinguiamo cogl' indici 0 ed 1 i valori di U e W secondo che si riferiscono a punti interni o esterni allo spazio occupato dalla porzione di K alla quale appartengono. Avremo evidentemente:

$$\frac{\partial^2 V_0}{\partial x_i \partial x_r} = \frac{\partial^2 U_0}{\partial x_i \partial x_r} + \frac{\partial^2 W_1}{\partial x_i \partial x_r}$$

$$\frac{\partial^2 V_1}{\partial x_i \partial x_r} = \frac{\partial^2 U_1}{\partial x_i \partial x_r} + \frac{\partial^2 W_0}{\partial x_i \partial x_r} .$$

Sottraendo, ed osservando la equazione (1) per le funzioni U e W, si ottiene al limite:

$$\frac{\partial^2 V_0}{\partial x_i \partial x_r} - \frac{\partial^2 V_1}{\partial x_i \partial x_r} = -4\pi(\varrho_0 - \varrho_1)\, a_i\, a_r .$$

Dal precedente teorema si deduce quello relativo alla discontinuità delle derivate prime della funzione potenziale di una superficie, dato da Clausius [1].

Infatti, sia σ la superficie, δ la densità della materia distesa sopra la medesima, σ_1 la superficie luogo geometrico delle estremità delle normali a σ tutte di una stesso lunghezza h. Denotiamo con S_0 lo spazio compreso tra σ e σ_1, con S_1 lo spazio esterno a S_0 che termina a σ_1. Consideriamo il corpo K che occupa S_0, e che ha la densità uguale a ϱ lungo la normale a σ nel punto ove la densità superficiale è δ, e sia

$$\varrho h = \delta .$$

Passando al limite per $h = 0$, la massa del corpo K diverrà uguale evi-

---

(1) *Die Potentialfunction und das Potential von R. Clausius*, § 27.

dentemente alla massa distesa sopra la superficie σ, e la funzione potenziale di K diverrà eguale alla funzione potenziale di σ.

Prendiamo ora a considerare una normale alla superficie σ in un punto μ, la quale come è noto sarà normale anche a σ_1 in un punto μ_1, e sul prolungamento della normale prendiamo in S_1 un punto m distante da μ_1 di una lunghezza h. Denotiamo con V_1 e V_0 rispettivamente la funzione potenziale di K in S_1 e in S_0. Se h è sufficientemente piccolo, avremo:

$$\left(\frac{\partial V_1}{\partial x_i}\right)_m = \left(\frac{\partial V_1}{\partial x_i}\right)_{\mu_1} - \sum_r \left(\frac{\partial^2 V_1}{\partial x_i\,\partial x_r}\right)_{\mu_1} a_r h + \cdots$$

$$\left(\frac{\partial V_0}{\partial x_i}\right)_{\mu_1} = \left(\frac{\partial V_0}{\partial x_i}\right)_{\mu} + \sum_r \left(\frac{\partial^2 V_0}{\partial x_i\,\partial x_r}\right)_{\mu} a_r h + \cdots$$

Sommando e osservando che essendo continue le derivate prime:

$$\left(\frac{\partial V_1}{\partial x_i}\right)_{\mu_1} = \left(\frac{\partial V_0}{\partial x_i}\right)_{\mu_1} \quad , \quad \left(\frac{\partial V_0}{\partial x_i}\right)_{\mu} = \left(\frac{\partial V'}{\partial x_i}\right)_{\mu} ,$$

dove V' denota la funzione potenziale nello spazio esterno a K che termina alla superficie σ, si ottiene:

$$\left(\frac{\partial V_1}{\partial x_i}\right)_m - \left(\frac{\partial V'}{\partial x_i}\right)_{\mu} = \sum_r \left[\left(\frac{\partial^2 V_0}{\partial x_i\,\partial x_r}\right)_{\mu} - \left(\frac{\partial^2 V_1}{\partial x_i\,\partial x_r}\right)_{\mu_1}\right] a_r h + \cdots$$

Passando al limite per $h=0$, a cagione dell'equazione (1) si ha

$$\left(\frac{\partial V_1}{\partial x_i}\right)_{\mu} - \left(\frac{\partial V'}{\partial x_i}\right)_{\mu} = -\,4\pi\varrho h a_i = -\,4\pi a_i \delta \ (^*).$$

(*) La dimostrazione del Betti, così com'è qui presentata, certamente non regge; e non è facile dire fino a qual punto ciò dipende da trascuratezza nella redazione di questa Nota ragione per cui la ho lasciata inalterata. La debolezza della dimostrazione sta principalmente nell'uso della formola

$$\left(\frac{\partial^2 V_0}{\partial x_i\,\partial x_r}\right)_{\mu} - \left(\frac{\partial^2 V_1}{\partial x_i\,\partial x_r}\right)_{\mu_1} = -\,4\pi\varrho\, a_i a_r$$

la quale si può applicare soltanto al limite, per $h=0$. Nel caso dell'A. poi, al limite il corpo K diventa la superficie σ e la detta formola non è più contenuta nella (1). La dimostrazione si può migliorare, ma sembra difficile renderla esente da qualunque obbiezione.

O. T.

Se l è una direzione qualunque che fa con gli assi angoli i cui coseni sono α_1, α_2, α_3 avremo:

$$\frac{dV}{dl} = \sum \frac{\partial V}{\partial x_i} \alpha_i$$

onde

$$\frac{dV_1}{dl} - \frac{dV'}{dl} = -4\pi\delta \cos(l, p) \tag{3}$$

$$\frac{dV_1}{dp} - \frac{dV'}{dp} = -4\pi\delta.$$

La equazione (3) esprime il teorema di Clausius.

XLIV.

SOPRA LA FUNZIONE POTENZIALE DI UNA ELLISSE OMOGENEA

(Dagli *Atti della Reale Accademia dei Lincei,* ser. II, vol. II, pp. 262-263, Roma, 1874-75)

La funzione potenziale di un ellissoide eterogeneo, la cui densità è costante in ogni strato elementare omotetico alla superficie, e variabile da uno strato all'altro con una legge determinata, come ho dimostrato nella *Teorica delle forze che agiscono secondo la legge di Newton*, è data dalla formula:

$$V = 2\pi abc \int_0^1 F(h)\, h\, dh \int_{\lambda_0}^{\infty} \frac{d\lambda}{\sqrt{(\lambda + a^2)(\lambda + b^2)(\lambda + c^2)}} \tag{1}$$

essendo

$$\frac{x^2}{a^2} + \frac{y^2}{b^2} + \frac{z^2}{c^2} = 1$$

la equazione della superficie,

$$h^2 = \frac{x^2}{a^2} + \frac{y^2}{b^2} + \frac{z^2}{c^2}$$

l'equazioni delle ellissoidi omotetiche tra loro e alla superficie; denotando λ_0 la massima radice della equazione

$$\frac{x^2}{\lambda + a^2} + \frac{y^2}{\lambda + b^2} + \frac{z^2}{\lambda + c^2} = h^2,$$

ed $F(h)$ esprimendo la densità.

La materia dm contenuta in un cilindro elementare la cui base è un elemento du della sezione principale normale all'asse z, e che termina alla superficie, sarà:

$$dm = 2du \int_0^{c\sqrt{1-\left(\frac{x^2}{a^2}+\frac{y^2}{b^2}\right)}} F(h)\,dz = 2du \int_0^{c\sqrt{1-\left(\frac{x^2}{a^2}+\frac{y^2}{b^2}\right)}} F\left(\sqrt{\frac{x^2}{a^2}+\frac{y^2}{b^2}+\frac{z^2}{c^2}}\right) dz \ (*).$$

Se

$$(2) \qquad F(h) = \frac{\sigma}{\sqrt{1-h^2}}$$

avremo:

$$dm = \pi\sigma c\,du\,,$$

e quindi in ogni cilindro elementare la quantità di materia sarà proporzionale direttamente alla base.

Sostituendo nella (1) il valore (2), integrando per parti ed osservando che ad $h=0$ corrisponde $\lambda_0 = \infty$, abbiamo per la funzione potenziale di questo ellissoide

$$V = 2\pi abc\sigma \int_{\lambda_0}^{\infty} \sqrt{1 - \frac{x^2}{\lambda+a^2} - \frac{y^2}{\lambda+b^2} - \frac{z^2}{\lambda+c^2}} \times \\ \times \frac{d\lambda}{\sqrt{(\lambda+a^2)(\lambda+b^2)(\lambda+c^2)}}\,.$$

Poniamo

$$c\sigma = \delta$$

e facciamo crescere indefinitamente σ e diminuire c in modo che rimanga costante δ; l'ellissoide conservando la stessa massa diverrà un'ellisse omogenea, e il suo potenziale sarà

$$V = 2\pi ab\delta \int_{\lambda_0}^{\infty} \sqrt{1 - \frac{x^2}{\lambda+a^2} - \frac{y^2}{\lambda+b^2} - \frac{z^2}{\lambda}} \cdot \frac{d\lambda}{\sqrt{\lambda(\lambda+a^2)(\lambda+b^2)}}$$

dove λ_0 è la massima radice della equazione

$$\frac{x^2}{\lambda+a^2} + \frac{y^2}{\lambda+b^2} + \frac{z^2}{\lambda} = 1\,.$$

(*) Nella Nota originale è trascurato il fattore 2 ed è posto 1 per limite superiore dei due integrali. O. T.

XLV.

SOPRA IL MOTO DI UN SISTEMA DI UN NUMERO QUALUNQUE DI PUNTI (*).

(Dagli *Atti della Reale Accademia dei Lincei*, ser. III, Transunti, t. I, pp. 129-130, Roma, 1876-77).

Dato un sistema di un numero qualunque di punti che si attraggono o si respingono reciprocamente con forze funzioni soltanto delle loro distanze, e che quindi ha un potenziale dipendente solo dalla sua configurazione, e dati la configurazione e il moto iniziali, è possibile e vantagioso risolvere separatamente i due problemi: determinare prima in funzione del tempo la configurazione e la velocità dei suoi cangiamenti, e poi dedurne la posizione del sistema rispetto a un piano di direzione invariabile, e ad una retta di direzione fissa nel medesimo? Lagrange, per il primo, nel 1772 trattò in questo modo il problema dei tre corpi, e precisamente un secolo dopo, Otto Hesse nel Giornale di Crelle trattò ugualmente lo stesso problema. Non fu effettuata finora, per quanto è a mia notizia, la separazione dei due problemi nel caso generale di un numero qualunque di punti, che io ho l'onore di comunicare a questa illustre Accademia.

Siano: $m_1, m_2, m_3, \ldots m_n$ le masse degli n punti del sistema: $\xi_{ii'}, \eta_{ii'}, \zeta_{ii'}$ le coordinate di m_i relative al punto $m_{i'}$; $r_{ii'}$ la distanza di m_i da $m_{i'}$; $u_{ii'}$ la velocità con cui il punto m_i si muove relativamente al punto $m_{i'}$.

Dall'equazioni ordinarie della Dinamica si deducono $\frac{n(n-1)}{2}$ equazioni che esprimono le derivate seconde delle $r_{ii'}^2$ per le $r_{ii'}$ e per le $u_{ii'}$; altrettante equazioni che dànno le derivate prime delle $u_{ii'}^2$ espresse per le $r_{ii'}$, per le derivate prime delle $r_{ii'}$, e per $\frac{(n-1)(n-2)}{2}$ delle quantità:

$$\varrho_{ii'i''} = \xi_{ii'} \xi'_{i'i''} + \eta_{ii'} \eta'_{i'i''} + \zeta_{ii'} \zeta'_{i'i''} - \xi'_{ii'} \xi_{i'i''} - \eta'_{ii'} \eta_{i'i''} - \zeta'_{ii'} \zeta_{i'i''} ;$$

(*) Questa Nota è un sunto dei risultati contenuti nella Mem. XLVII. O. T.

e finalmente $\frac{(n-1)(n-2)}{2}$ equazioni che dànno le derivate prime di queste ϱ espresse per le r. Abbiamo quindi $\frac{(2n-1)(2n-2)}{2}$ integrazioni da effettuare, cioè molte di più che se non separiamo i due problemi. Ma questo aumento è soltanto apparente. Infatti, consideriamo il sistema composto degli n punti $m_{i'}$ e degli $n-1$ che hanno per coordinate: $\xi'_{1i}, \eta'_{1i}, \zeta'_{1i}$. Le distanze di questi $2n-1$ punti si esprimono per le $\frac{(2n-1)(2n-2)}{2}$ quantità: le r, r', u, ϱ. Fra queste distanze si hanno $\frac{(2n-4)(2n-5)}{2}$ relazioni espresse per determinanti simmetrici di 4° ordine. Abbiamo dunque $\frac{(2n-4)(2n-5)}{2}$ integrali del nostro sistema di equazioni differenziali e rimangono a effettuarsi soltanto $6n-9$ integrazioni. Due altri integrali del nostro sistema, indipendenti dai precedenti, si hanno dall'integrale delle forze vive e da uno che è una combinazione di quelli delle aree. Quindi rimangono soltanto $6n-11$ integrazioni da effettuarsi. Se prendiamo per variabile indipendente una ϱ invece del tempo, si hanno $3n-6$ equazioni di secondo ordine tra le sole r. Integrate queste equazioni si ottiene, effettuando una quadratura, la ϱ espressa per il tempo. Quindi con $6n-12$ integrazioni e una quadratura si può determinare in funzione del tempo la configurazione del sistema e le velocità dei suoi cangiamenti. Risoluto questo problema si ottiene la posizione del sistema rispetto a un piano invariabile, e ad una retta di direzione fissa nel medesimo, per mezzo degli altri due integrali delle aree e di una quadratura. Pertanto abbiamo il seguente:

Teorema. *La integrazione dell'equazioni del moto di un sistema di n punti, che si attraggono o si respingono reciprocamente con forze funzioni soltanto delle loro distanze, si può ridurre all'integrazione di $3n-6$ equazioni differenziali di 2° ordine fra altrettante distanze reciproche, con una variabile indipendente, che dopo effettuate le integrazioni, si determina in funzione del tempo, mediante una quadratura. Determinate le distanze reciproche dei punti in funzione del tempo, se ne può dedurre mediante una sola quadratura, il moto del sistema rispetto a un piano invariabile di direzione e a una retta di direzione fissa nel medesimo.*

XLVI.

SOPRA I SISTEMI TRIPLI DI SUPERFICIE ISOTERME E ORTOGONALI

(Dagli *Annali di matematica pura ed applicata*, serie II, t. VIII, pp. 138-145, Milano, 1877)

È noto il seguente teorema dovuto a Lamé:

Non esistono altri sistemi tripli di superficie ortogonali e isoterme, fuori che quelli dei quali fanno parte superficie cilindriche e coniche, i sistemi di superficie di secondo grado omofocali, e il sistema di paraboloidi che è un caso limite di questo ultimo.

La dimostrazione che ha dato di questo teorema il suo scuopritore è molto complicata, e soltanto mediante considerazioni geometriche è stata dal sig. Serret diminuita questa complicanza. Quindi mi è sembrato non inutile di pubblicare la seguente dimostrazione che è interamente analitica e semplice.

Affinchè un sistema triplo di superficie sia ortogonale e isotermo è necessario e sufficiente che denotando con

$$y_1 = \text{cost.} \qquad y_2 = \text{cost.} \qquad y_3 = \text{cost.}$$

l'equazioni dei tre sistemi di superficie, e con x_1, x_2, x_3 le coordinate cartesiane, l'elemento lineare dello spazio espresso per le coordinate curvilinee y_1, y_2, y_3, prenda la forma

$$ds^2 = dx_1^2 + dx_2^2 + dx_3^2 = \psi_2\psi_3\, dy_1^2 + \psi_3\psi_1\, dy_2^2 + \psi_1\psi_2\, dy_3^2$$

dove ψ_i è una funzione delle y che non contiene la y_i.

Le condizioni trovate in generale da Riemann, Christoffel e Liepschitz per l'equivalenza delle forme differenziali omogenee di secondo grado e che per questo caso furono trovate da Lamé, sono espresse da due sistemi di equazioni a derivate parziali, ai quali può darsi la seguente forma:

$$
(1)\quad \left\{
\begin{aligned}
&\psi_2 \frac{\partial^2 \log \sqrt{\psi_1}}{\partial y_2^2} + \psi_3 \frac{\partial^2 \log \sqrt{\psi_1}}{\partial y_3^2} = -\psi_1 \frac{\partial \log \sqrt{\psi_2}}{\partial y_1} \frac{\partial \log \sqrt{\psi_3}}{\partial y_1} + \\
&\qquad + \psi_2 \frac{\partial \log \sqrt{\psi_3}}{\partial y_2} \frac{\partial \log \sqrt{\psi_1}}{\partial y_2} + \psi_3 \frac{\partial \log \sqrt{\psi_1}}{\partial y_3} \frac{\partial \log \sqrt{\psi_2}}{\partial y_3} \\
&\psi_3 \frac{\partial^2 \log \sqrt{\psi_2}}{\partial y_3^2} + \psi_1 \frac{\partial^2 \log \sqrt{\psi_2}}{\partial y_1^2} = \psi_1 \frac{\partial \log \sqrt{\psi_2}}{\partial y_1} \frac{\partial \log \sqrt{\psi_3}}{\partial y_1} - \\
&\qquad - \psi_2 \frac{\partial \log \sqrt{\psi_3}}{\partial y_2} \frac{\partial \log \sqrt{\psi_1}}{\partial y_2} + \psi_3 \frac{\partial \log \sqrt{\psi_1}}{\partial y_3} \frac{\partial \log \sqrt{\psi_2}}{\partial y_3} \\
&\psi_1 \frac{\partial^2 \log \sqrt{\psi_3}}{\partial y_1^2} + \psi_2 \frac{\partial^2 \log \sqrt{\psi_3}}{\partial y_2^2} = \psi_1 \frac{\partial \log \sqrt{\psi_2}}{\partial y_1} \frac{\partial \log \sqrt{\psi_3}}{\partial y_1} + \\
&\qquad + \psi_2 \frac{\partial \log \sqrt{\psi_3}}{\partial y_2} \frac{\partial \log \sqrt{\psi_1}}{\partial y_2} - \psi_3 \frac{\partial \log \sqrt{\psi_1}}{\partial y_3} \frac{\partial \log \sqrt{\psi_2}}{\partial y_3}
\end{aligned}
\right.
$$

$$
(2)\quad \left\{
\begin{aligned}
&-\psi_1 \frac{\partial \psi_2}{\partial y_3} \frac{\partial \psi_3}{\partial y_2} + \psi_2 \frac{\partial \psi_3}{\partial y_2} \frac{\partial \psi_1}{\partial y_3} + \psi_3 \frac{\partial \psi_1}{\partial y_2} \frac{\partial \psi_2}{\partial y_3} = 0 \\
&\psi_1 \frac{\partial \psi_2}{\partial y_3} \frac{\partial \psi_3}{\partial y_1} - \psi_2 \frac{\partial \psi_3}{\partial y_1} \frac{\partial \psi_1}{\partial y_3} + \psi_3 \frac{\partial \psi_1}{\partial y_3} \frac{\partial \psi_2}{\partial y_1} = 0 \\
&\psi_1 \frac{\partial \psi_2}{\partial y_1} \frac{\partial \psi_3}{\partial y_2} + \psi_2 \frac{\partial \psi_3}{\partial y_1} \frac{\partial \psi_1}{\partial y_2} - \psi_3 \frac{\partial \psi_1}{\partial y_2} \frac{\partial \psi_2}{\partial y_1} = 0 .
\end{aligned}
\right.
$$

Affinchè l'equazioni (2) coesistano dovrà essere

$$
0 = \begin{vmatrix}
-\frac{\partial \psi_1}{\partial y_2} \frac{\partial \psi_2}{\partial y_1} & \frac{\partial \psi_2}{\partial y_1} \frac{\partial \psi_3}{\partial y_2} & \frac{\partial \psi_3}{\partial y_1} \frac{\partial \psi_1}{\partial y_2} \\
\frac{\partial \psi_1}{\partial y_2} \frac{\partial \psi_2}{\partial y_3} & -\frac{\partial \psi_2}{\partial y_3} \frac{\partial \psi_3}{\partial y_2} & \frac{\partial \psi_3}{\partial y_2} \frac{\partial \psi_1}{\partial y_3} \\
\frac{\partial \psi_1}{\partial y_3} \frac{\partial \psi_2}{\partial y_1} & \frac{\partial \psi_2}{\partial y_3} \frac{\partial \psi_3}{\partial y_1} & -\frac{\partial \psi_3}{\partial y_1} \frac{\partial \psi_1}{\partial y_3}
\end{vmatrix} =
$$

$$
0 = \left(\frac{\partial \psi_2}{\partial y_1} \frac{\partial \psi_1}{\partial y_3} \frac{\partial \psi_3}{\partial y_2} + \frac{\partial \psi_1}{\partial y_2} \frac{\partial \psi_2}{\partial y_3} \frac{\partial \psi_3}{\partial y_1} \right)^2 .
$$

Ora le derivate delle funzioni ψ non possono annullarsi altro che quando alcuno dei sistemi di superficie è cilindrico o conico; non possono neppure divenire infinite, quindi se i sistemi di superficie non ne contengono dei cilindrici nè dei conici dovrà essere

$$\frac{\partial\psi_2}{\partial y_1}\frac{\partial\psi_1}{\partial y_3}\frac{\partial\psi_3}{\partial y_2}+\frac{\partial\psi_1}{\partial y_2}\frac{\partial\psi_2}{\partial y_3}\frac{\partial\psi_3}{\partial y_1}=0$$

ossia

$$\begin{vmatrix} 0 & \frac{\partial\psi_1}{\partial y_2} & \frac{\partial\psi_1}{\partial y_3} \\ \frac{\partial\psi_2}{\partial y_1} & 0 & \frac{\partial\psi_2}{\partial y_3} \\ \frac{\partial\psi_3}{\partial y_1} & \frac{\partial\psi_3}{\partial y_2} & 0 \end{vmatrix}=0.$$

Questa equazione esprime la condizione necessaria e sufficiente perchè una delle tre funzioni, per esempio, ψ_2, sia una funzione delle altre due indipendente dalle y_1, y_2, y_3. Avremo dunque

$$\psi_2=\psi_2(\psi_1, \psi_3).$$

Sostituendo nella seconda dell'equazioni (2), avremo:

$$\psi_2=\psi_1\frac{\partial\psi_2}{\partial\psi_1}+\psi_3\frac{\partial\psi_2}{\partial\psi_3}.$$

Dunque ψ_2 è funzione omogenea, di grado primo, di ψ_1 e ψ_3. Onde

$$\psi_2=\psi_1 f\left(\frac{\psi_3}{\psi_1}\right).$$

Ponendo

$$\frac{\psi_3}{\psi_1}=\alpha$$

avremo

$$(3)\qquad \begin{cases} \psi_3=\psi_1\alpha \\ \psi_2=\psi_1 f(\alpha). \end{cases}$$

Poniamo

$$\frac{d\log\sqrt{f(\alpha)}}{d\log\sqrt{\alpha}}=f' \quad , \quad \frac{d^2\log\sqrt{f(\alpha)}}{(d\log\sqrt{\alpha})^2}=f''.$$

Poichè ψ_2 non contiene y_2, e ψ_3 è indipendente da y_3, avremo:

$$(4)\qquad \left\{ \begin{aligned} \frac{\partial \log \sqrt{\psi_1}}{\partial y_3} &= -\frac{\partial \log \sqrt{\alpha}}{\partial y_3} \\ \frac{\partial \log \sqrt{\psi_1}}{\partial y_2} &= -f' \frac{\partial \log \sqrt{\alpha}}{\partial y_2} \end{aligned} \right.$$

e sostituendo i valori (3) e (4) nelle equazioni (1) si ottiene:

$$\frac{\partial^2 \log \sqrt{\alpha}}{\partial y_1^2} + f(1-f') \frac{\partial^2 \log \sqrt{\alpha}}{\partial y_2^2} = f' \left(\frac{\partial \log \sqrt{\alpha}}{\partial y_1} \right)^2 + $$
$$+ f(f'' + f'^2 - f') \left(\frac{\partial \log \sqrt{\alpha}}{\partial y_2} \right)^2 - \alpha(1-f') \left(\frac{\partial \log \sqrt{\alpha}}{\partial y_3} \right)^2$$

$$\alpha \frac{\partial^2 \log \sqrt{\alpha}}{\partial y_3^2} + ff' \frac{\partial^2 \log \sqrt{\alpha}}{\partial y_2^2} = f' \left(\frac{\partial \log \sqrt{\alpha}}{\partial y_1} \right)^2 - $$
$$- f(f'' + f'^2 - f') \left(\frac{\partial \log \sqrt{\alpha}}{\partial y_2} \right)^2 - \alpha(1-f') \left(\frac{\partial \log \sqrt{\alpha}}{\partial y_3} \right)^2$$

$$f' \frac{\partial^2 \log \sqrt{\alpha}}{\partial y_1^2} - \alpha(1-f') \frac{\partial^2 \log \sqrt{\alpha}}{\partial y_3^2} = (f' - f'') \left(\frac{\partial \log \sqrt{\alpha}}{\partial y_1} \right)^2 - $$
$$- f(f'^2 - f') \left(\frac{\partial \log \sqrt{\alpha}}{\partial y_2} \right)^2 + \alpha(1 - f' - f'') \left(\frac{\partial \log \sqrt{\alpha}}{\partial y_3} \right)^2 .$$

Se moltiplichiamo la prima di queste equazioni per f', la seconda per $f' - 1$, la terza per -1 e le sommiamo, avremo:

$$0 = (f'' + 2f'^2 - 2f') \left[\left(\frac{\partial \log \sqrt{\alpha}}{\partial y_1} \right)^2 + f \left(\frac{\partial \log \sqrt{\alpha}}{\partial y_2} \right)^2 + \alpha \left(\frac{\partial \log \sqrt{\alpha}}{\partial y_3} \right)^2 \right].$$

Poichè la forma dell'elemento lineare è positiva, $\psi_1\psi_2$ e $\psi_1\psi_3$ sono positivi sempre e quindi anche $\frac{\psi_2}{\psi_1}$ e $\frac{\psi_3}{\psi_1}$ ossia f ed α. Dunque il 2° fattore non può essere zero, se tutti i termini non sono nulli, ossia α costante, ma se è costante α, sarà costante anche $f(\alpha)$ e quindi ψ_2 e ψ_3 non potranno differire da ψ_1 altro che per un fattore costante. Ma ψ_3 non contiene y_3 quindi ψ_1 non conterrà y_3, ψ_2 non contiene y_2, quindi ψ_1 non conterrà neppure y_2 e non potrà essere altro che una costante; e quindi anche ψ_2

e ψ_3 costanti, e l'elemento lineare ha i coefficienti costanti e i tre sistemi di superficie sono tre sistemi di piani ortogonali. Avremo dunque necessariamente, escludendo questo caso,

$$f'' + 2f'^2 - 2f' = 0 .$$

Ma

$$f' = \frac{d \log \sqrt{f}}{d \log \sqrt{\alpha}} = \frac{df}{d\alpha}\frac{\alpha}{f} \quad , \quad f'' = 2\frac{d^2 f}{d\alpha^2}\frac{\alpha^2}{f} + 2\frac{df}{d\alpha}\frac{a}{f} - 2\alpha^2\left(\frac{df}{d\alpha}\right)^2\frac{1}{f^2}$$

onde:

$$f'' + 2f'^2 - 2f' = 2\frac{d^2 f}{d\alpha^2}\frac{\alpha^2}{f} = 0$$

$$f = c + c'\alpha$$

ossia

$$\psi_2 = c\psi_1 + c'\psi_3$$

ed inchiudendo le costanti in ψ_1 e ψ_3,

$$\psi_2 = \psi_1 + \psi_3 .$$

Ma ψ_2 non contiene y_2. Quindi:

$$\frac{\partial \psi_1}{\partial y_2} = -\frac{\partial \psi_3}{\partial y_2}$$

e poichè ψ_1 non contiene y_1, e ψ_3 non contiene y_3, queste due derivate saranno funzioni della sola y_2 e avremo

$$\psi_1 = \quad A_2 - A_3$$

$$\psi_3 = - A_2 + A_1$$

e

$$\psi_2 = \quad A_1 - A_3$$

ed A_i funzione soltanto di y_i.

La forma dell'elemento lineare per tutti i sistemi tripli di superficie isoterme ortogonali che non contengono sistemi cilindrici e conici, sarà dunque

$$(5) \quad ds^2 = (A_1 - A_2)(A_1 - A_3)\,\theta_1\, dy_1^2 + (A_2 - A_3)(A_1 - A_2)\,\theta_2\, dy_2^2 + \\ + (A_1 - A_3)(A_2 - A_3)\,\theta_3\, dy_3^2$$

dove le θ_i e le A_i sono funzioni soltanto di y_i.

Determiniamo ora tutte le sostituzioni che dànno all'elemento lineare la forma (5).

Ponendo

$$B_i = (A_i - A_{i+1})(A_i - A_{i+2})\,\theta_i$$

bisogna integrare il sistema di equazioni

$$(6) \qquad \frac{\partial^2 x}{\partial y_\alpha \partial y_\beta} = \sum_s \frac{(\alpha s \beta)}{B_s} \frac{\partial x}{\partial y_s}$$

dove:

$$(\alpha s \beta) = \tfrac{1}{2}\left(\frac{\partial B_{\alpha s}}{\partial y_\beta} + \frac{\partial B_{s\beta}}{\partial y_\alpha} - \frac{\partial B_{\alpha\beta}}{\partial y_s}\right)$$

cioè:

$$(iii) = \tfrac{1}{2}\frac{\partial B_i}{\partial y_i}\,,\quad (iii') = \tfrac{1}{2}\frac{\partial B_i}{\partial y_{i'}}\,,\quad (ii'i) = -\tfrac{1}{2}\frac{\partial B_i}{\partial y_{i'}}\,,\quad (ii'i'') = 0.$$

Poniamo

$$\frac{\partial x}{\partial y_i} = p_i$$

avremo

$$\frac{\partial p_\alpha}{\partial y_\beta} = \sum_s \frac{(\alpha s \beta)}{B_s} p_s$$

e affinchè

$$f(p_1 p_2 p_3\,,\, y_1 y_2 y_3) = \text{cost.}$$

sia un integrale di questo sistema di equazioni, è necessario e sufficiente che sia una soluzione comune del sistema di equazioni a derivate parziali:

$$(7) \qquad \left\{ \begin{aligned} A_1(f) &= \sum_i \frac{\partial f}{\partial p_i} \sum_s (is1)\frac{p_s}{B_s} + \frac{\partial f}{\partial y_1} = 0 \\ A_2(f) &= \sum_i \frac{\partial f}{\partial p_i} \sum_s (is2)\frac{p_s}{B_s} + \frac{\partial f}{\partial y_2} = 0 \\ A_3(f) &= \sum_i \frac{\partial f}{\partial p_i} \sum_s (is3)\frac{p_s}{B_s} + \frac{\partial f}{\partial y_3} = 0. \end{aligned} \right.$$

Questo sistema è Jacobiano quando sono soddisfatte l'equazioni (1) e (2). Infatti affinchè sia tale è necessario e sufficiente che sia

$$A_r[A_s(f)] - A_s[A_r(f)] = \sum_i C_i \frac{\partial f}{\partial p_i} + \sum_i C'_i \frac{\partial f}{\partial y_i} = 0$$

dove:

$$(8)\qquad C_\nu = \sum_\mu \begin{vmatrix} \sum_l (\mu l r)\frac{p_l}{B_l}\,, & \sum_l (\mu l s)\frac{p_l}{B_l} \\ (\nu\mu r)\frac{1}{B_\mu}\,, & (\nu\mu s)\frac{1}{B_\mu} \end{vmatrix} + \frac{\partial}{\partial y_r}\sum_l (\nu l s)\frac{p_l}{B_l} - \frac{\partial}{\partial y_s}\sum_l (\nu l r)\frac{p_l}{B_l}$$

ossia:

$$C_\nu = \sum_l \frac{p_l}{B_l}\left\{\sum_\mu \frac{1}{B_\mu}\begin{vmatrix}(\mu l r)\,, (\mu l s) \\ (\nu\mu r)\,, (\nu\mu s)\end{vmatrix} + \right.$$

$$\left. + \frac{\partial}{\partial y_r}(\nu l s) - \frac{\partial}{\partial y_s}(\nu l r) + \frac{(\nu l r)}{B_l}\frac{\partial B_l}{\partial y_s} - \frac{(\nu l s)}{B_l}\frac{\partial B_l}{\partial y_r}\right\}.$$

Ora l'equazioni (1) e (2) non sono altro che condizioni di trasformabilità, cioè:

$$\frac{\partial}{\partial y_r}(\nu l s) - \frac{\partial}{\partial y_s}(\nu l r) + \sum_\mu \frac{1}{B_\mu}\begin{vmatrix}(\nu\mu r)\,, (\nu\mu s) \\ (l\mu r)\,, (l\mu s)\end{vmatrix} = 0$$

onde quando queste siano soddisfatte, avremo sostituendo nella (8)

$$C_\nu = \sum_l \frac{p_l}{B_l}\left\{\sum_\mu \frac{1}{B_\mu}\begin{vmatrix}(\mu l r) + (l\mu r)\,, & (\mu l s) + (l\mu s) \\ (\nu\mu r)\,, & (\nu\mu s)\end{vmatrix} + \frac{1}{B_l}\begin{vmatrix}\frac{\partial B_l}{\partial y_s} & \frac{\partial B_l}{\partial y_r} \\ (\nu l s) & (\nu l r)\end{vmatrix}\right\}.$$

Ma:

$$(\mu l r) + (l\mu r) = \frac{\partial B_{l\mu}}{\partial y_r}$$

$$(\mu l s) + (l\mu s) = \frac{\partial B_{l\mu}}{\partial y_s}$$

onde:

$$C_\nu = 0\,.$$

Abbiamo inoltre

$$C'_\nu = 0$$

perchè sono costanti tutti i coefficienti delle derivate parziali rispetto alle y_i. Dunque il sistema (7) è Jacobiano ed ha $6 - 3$, ossia tre, soluzioni.

Pertanto avremo tre equazioni tra le p le y e tre costanti arbitrarie; onde le p saranno determinate in funzione delle y e di tre costanti, e quindi:

$$(9)\qquad x = \int \sum p_i\, dy_i$$

ed x funzione determinata delle y di tre costanti e di una additiva.

Poichè l'equazioni (6) sono lineari rispetto alle p e alle loro derivate, gli integrali più generali avranno la forma

$$p_i = \sum a_s \, Y_{si}$$

dove a_1, a_2 e a_3 sono le tre costanti arbitrarie, e le Y_{si} funzioni soltanto delle y_i e non delle costanti arbitrarie, che sodisfano all'equazioni (6). Prendiamo tre sistemi di valori per le costanti: λ_i, μ_i, ν_i. Avremo

$$p_i = \sum \lambda_s Y_{si} \quad , \quad p'_i = \sum \mu_s Y_{si} \quad , \quad p''_i = \sum \nu_s Y_{si} .$$

Affinchè le tre funzioni x, x', x'' che otterremo dalla (9) diano (*) la forma (5) è necessario che si abbia

$$(8) \quad p_1^2 + p_1'^2 + p_1''^2 = B_1 \; , \; p_2^2 + p_2'^2 + p_2''^2 = B_2 \; , \; p_3^2 + p_3'^2 + p_3''^2 = B_3$$

onde

$$\sum_s (\lambda_s^2 + \mu_s^2 + \nu_s^2) \, Y_{s1}^2 + 2 \sum_{s,s'} (\lambda_s \lambda_{s'} + \mu_s \mu_{s'} + \nu_s \nu_{s'}) \, Y_{s1} Y_{s'1} = B_1$$

$$\sum_s (\lambda_s^2 + \mu_s^2 + \nu_s^2) \, X_{s2}^2 + 2 \sum_{s,s'} (\lambda_s \lambda_{s'} + \mu_s \mu_{s'} + \nu_s \nu_{s'}) \, Y_{s2} Y_{s'2} = B_2$$

$$\sum_s (\lambda_s^2 + \mu_s^2 + \nu_s^2) \, Y_{s3}^2 + 2 \sum_{s,s'} (\lambda_s \lambda_{s'} + \mu_s \mu_{s'} + \nu_s \nu_{s'}) \, Y_{s3} Y_{s'3} = B_3 .$$

Se

$$\sum_s Y_{si}^2 = B_i$$

saranno soddisfatte le (8) quando si abbia

$$\lambda_s^2 + \mu_s^2 + \nu_s^2 = 1 \quad , \quad \lambda_s \lambda_{s'} + \mu_s \mu_{s'} + \nu_s \nu_{s'} = 0$$

ossia quando siano λ, μ, ν i coseni degli angoli che determinano la direzione di un sistema triplo di assi ortogonali, rispetto agli assi coordinati. Quindi le costanti degli integrali determinano soltanto la posizione delle superficie isoterme e non la loro natura e trovato un sistema, questo è l'unico.

Basterà dunque trovare una sola soluzione che dia all'elemento lineare la forma (5).

(*) diano cioè all'espressione $dx^2 + dx'^2 + dx''^2$ la forma (5). Per rendere intelligibile questo punto, abbiamo fatto diverse correzioni, nelle formole, cercando di interpretare il pensiero dell'A. Altre correzioni sono state fatte in altri punti della Memoria.

O. T.

Le equazioni (6) in questo caso divengono

$$2\frac{\partial^2 x}{\partial y_1\,\partial y_2}=\frac{A_1'\frac{\partial x}{\partial y_2}-A_2'\frac{\partial x}{\partial y_1}}{A_1-A_2}\ ,\quad 2\frac{\partial^2 x}{\partial y_2\,\partial y_3}=\frac{A_2'\frac{\partial x}{\partial y_3}-A_3'\frac{\partial x}{\partial y_2}}{A_2-A_3}\ ,$$

$$2\frac{\partial^2 x}{\partial y_3\,\partial y_1}=\frac{A_1'\frac{\partial x}{\partial y_3}-A_3'\frac{\partial x}{\partial y_1}}{A_1-A_3}$$

la quali sono soddisfatte prendendo

$$x=\sqrt{C}\,.\,f_1 f_2 f_3$$

$$\frac{2f_i'}{f_i}=\frac{A_i'}{A_i-a_1}\ (^*)\ ,\ f_i^2=A_i-a_1.$$

Onde una soluzione è

$$x_1=\sqrt{C_1}\sqrt{(A_1-a_1)(A_2-a_1)(A_3-a_1)}\ .$$

Altre due si avranno prendendo due altri valori per a_1

$$x_2=\sqrt{C_2}\sqrt{(A_1-a_2)(A_2-a_2)(A_3-a_2)}$$

$$x_3=\sqrt{C_3}\sqrt{(A_1-a_3)(A_2-a_3)(A_3-a_3)}$$

Quindi:

$$\frac{x_1^2}{A_1-a_1}+\frac{x_2^2}{A_1-a_2}+\frac{x_3^2}{A_1-a_3}=1\,,$$

$$\frac{x_1^2}{A_2-a_1}+\frac{x_2^2}{A_2-a_2}+\frac{x_3^2}{A_2-a_3}=1\,,$$

$$\frac{x_1^2}{A_3-a_1}+\frac{x_2^2}{A_3-a_2}+\frac{x_3^2}{A_3-a_3}=1\,,$$

se

$$C_1=\frac{1}{(a_1-a_2)(a_1-a_3)}$$

$$C_2=\frac{1}{(a_2-a_1)(a_2-a_3)}$$

$$C_3=\frac{1}{(a_3-a_1)(a_3-a_2)}\ .$$

(*) Nella Memoria originale è scritto $2f_i'=\frac{A_i'}{f_i}$

O. T.

Questa sostituzione fa acquistare all'elemento lineare la forma

$$ds^2 = \frac{(A_1 - A_2)(A_1 - A_3) A_1'^2}{(A_1 - a_1)(A_1 - a_2)(A_1 - a_3)} dy_1^2 + \frac{(A_2 - A_3)(A_1 - A_2) A_2'^2}{(A_2 - a_1)(A_2 - a_2)(A_2 - a_3)} dy_2^2 +$$

$$\frac{(A_1 - A_3)(A_2 - A_3) A_3'^2}{(A_3 - a_1)(A_3 - a_2)(A_3 - a_3)} dy_3^2$$

e prendendo:

$$\frac{dA_i}{\sqrt{(A_i - a_1)(A_i - a_2)(A_i - a_3)}} = \sqrt{\theta_i} \, . \, dy_i$$

abbiamo la forma (5). Il sistema di superficie è unico. Con che riman dimostrato il teorema di Lamé.

XLVII.

SOPRA IL MOTO DI UN SISTEMA DI UN NUMERO QUALUNQUE DI PUNTI CHE SI ATTRAGGONO O SI RESPINGONO TRA LORO

(Dagli *Annali di matematica pura ed applicata*, serie II, t. VIII, pp. 301-311, Milano, 1877)

La determinazione del moto di un sistema di un numero qualunque n di punti che si attraggono o si respingono reciprocamente con forze funzioni soltanto delle loro distanze, e che quindi ha un potenziale dipendente soltanto dalla sua configurazione, si può ottenere mediante la risoluzione dei due problemi seguenti: 1.° dati la configurazione e il moto iniziali del sistema, determinare per un tempo qualunque le $3n-6$ quantità che determinano la configurazione e le loro derivate prime; 2.° determinate in funzione del tempo queste quantità dedurne le coordinate e le componenti delle velocità di ciascuno degli n punti, rispetto a tre assi fissi nello spazio. Fu il primo, Lagrange, nel 1772 (1) che fece questa separazione nel problema dei tre corpi, e ridusse la risoluzione del 1.° problema alla effettuazione di 7 integrazioni, e la risoluzione del 2.° a una sola quadratura. Un secolo dopo Otto Hesse trattò (2), però meno felicemente, la stessa separazione nello stesso problema. In questa Memoria io considero il problema generale degli n corpi, e riduco la risoluzione del 1.° problema alla effettuazione di $6n-12$ integrazioni e a una quadratura, e ne deduco la risoluzione del 2.° mediante una sola quadratura. Quindi il problema dei tre corpi è ridotto soltanto a 6 integrazioni.

I.

Siano n punti $m_1, m_2, \dots m_n$ che si attraggono o si respingono con una forza funzione soltanto della loro distanza. Denotiamo rispettivamente con m_1,

(1) Oeuvres de Lagrange, t. 6, pag. 229.
(2) Crelle, vol. 74, pag. 97.

$m_2, \dots m_n$ le loro masse, con r_{ab} la distanza di m_a da m_b, con x_a, y_a, z_a le coordinate cartesiane di m_a, e poniamo

$$(1) \qquad \xi_{ab} = x_a - x_b \quad , \quad \eta_{ab} = y_a - y_b \quad , \quad \zeta_{ab} = z_a - z_b .$$

Il potenziale del sistema sarà

$$(2) \qquad \mathrm{P} = \sum_{ab} m_a m_b f(r_{ab})$$

e ponendo

$$(3) \qquad (ab) = -\frac{f'(r_{ab})}{r_{ab}}$$

le equazioni del moto saranno

$$\frac{d^2 x_a}{dt^2} = \sum_s m_s (sa)\, \xi_{sa} ,$$

$$\frac{d^2 y_a}{dt^2} = \sum_s m_s (sa)\, \eta_{sa} ,$$

$$\frac{d^2 z_a}{dt^2} = \sum_s m_s (sa)\, \zeta_{sa} .$$

Sottraendo da queste equazioni rispettivamente quelle che si ottengono mutando l'indice a nell'indice b, avremo

$$(4) \qquad \begin{cases} \dfrac{d^2 \xi_{ab}}{dt^2} = -\mathrm{M}(ab)\, \xi_{ab} + \sum\limits_c m_c \left[(ab)\, \xi_{ab} + (bc)\, \xi_{bc} + (ca)\, \xi_{ca}\right] \\ \dfrac{d^2 \eta_{ab}}{dt^2} = -\mathrm{M}(ab)\, \eta_{ab} + \sum\limits_c m_c \left[(ab)\, \eta_{ab} + (bc)\, \eta_{bc} + (ca)\, \eta_{ca}\right] \\ \dfrac{d^2 \zeta_{ab}}{dt^2} = -\mathrm{M}(ab)\, \zeta_{ab} + \sum\limits_c m_c \left[(ab)\, \zeta_{ab} + (bc)\, \zeta_{bc} + (ca)\, \zeta_{ca}\right] \end{cases}$$

dove

$$\mathrm{M} = \sum_s m_s .$$

II.

Poniamo:

$$(5) \qquad p_{abc} = \xi_{ab}\, \xi_{bc} + \eta_{ab}\, \eta_{bc} + \zeta_{ab}\, \zeta_{bc} .$$

Avremo

$$p_{abc} + p_{acb} = \sum (\xi_{ab} + \xi_{ca})\, \xi_{bc}$$

ed essendo

$$\xi_{ab} + \xi_{ca} = \xi_{cb}$$

otterremo

(6)
$$p_{abc} + p_{acb} = - r_{bc}^2$$

e analogamente

$$p_{bca} + p_{bac} = - r_{ac}^2$$

$$p_{cab} + p_{cba} = - r_{ab}^2$$

sommando la prima e la terza e sottraendo la seconda di quest'equazioni, avremo

(7)
$$p_{abc} = \frac{r_{ac}^2 - r_{ab}^2 - r_{bc}^2}{2}$$

e quindi p_{abc} funzione delle sole distanze scambievoli dei punri m.

Se ora moltiplichiamo rispettivamente le equazioni (4) per $\xi_{ab}, \eta_{ab}, \zeta_{ab}$, sommiamo e poniamo

(8)
$$q_{abc} = (ab) - (bc)$$

avremo

$$\xi_{ab} \frac{d^2 \xi_{ab}}{dt^2} + \eta_{ab} \frac{d^2 \eta_{ab}}{dt^3} + \zeta_{ab} \frac{d^2 \zeta_{ab}}{dt^2} = - \mathrm{M}(ab)\, r_{ab}^2 + \sum_s m_s (p_{sab}\, q_{sab} + p_{sba}\, q_{sba}).$$

Ponendo

$$\left(\frac{d\xi_{ab}}{dt}\right)^2 + \left(\frac{d\eta_{ab}}{dt}\right)^2 + \left(\frac{d\zeta_{ab}}{dt}\right)^2 = u_{ab}^2$$

e sommando questa colla equazione precedente, otterremo

(9)
$$\tfrac{1}{2} \frac{d^2 (r_{ab})^2}{dt^2} = u_{ab}^2 - \mathrm{M}(ab)\, r_{ab}^2 + \sum_s m_s (p_{sab}\, q_{sab} + p_{sba}\, q_{sba}).$$

III.

Poniamo

(10)
$$\varrho_{abc} = \sum \xi'_{ab}\, \xi_{bc} - \sum \xi_{ab}\, \xi'_{bc}$$

denotando le derivate al modo di Lagrange.

Con una trasposizione degl' indici a e c si ha

$$\varrho_{cba} = \sum \xi'_{cb}\, \xi_{ba} - \sum \xi_{cb}\, \xi'_{ba}$$

e sommando

$$\varrho_{abc} + \varrho_{cba} = 0 . \tag{11}$$

Dunque le ϱ_{abc} per una trasposizione degl' indici estremi non mutano in valore assoluto ma soltanto nel segno.

Permutando circolarmente i tre indici si ha

$$\varrho_{bca} = \sum \xi'_{bc}\, \xi_{ca} - \sum \xi_{bc}\, \xi'_{ca}$$

sottraendo questa equazione dalla (10), abbiamo

$$\varrho_{abc} - \varrho_{bca} = 0 . \tag{12}$$

Dunque le ϱ_{abc} non mutano valore permutando circolarmente i tre indici.

Poichè qualunque permutazione degl' indici si ottiene mediante una sola trasposizione e una sostituzione circolare, le permutazioni sugl' indici non dànno nessuna nuova funzione ϱ_{abc}.

Tra le quattro funzioni ϱ_{abc}, ϱ_{bcd}, ϱ_{cda}, ϱ_{dab} esiste sempre una relazione. Infatti

$$\varrho_{abc} = \sum \xi'_{ab}\, \xi_{bc} - \sum \xi_{ab}\, \xi'_{bc}$$

$$\varrho_{bcd} = \sum \xi'_{bc}\, \xi_{cd} - \sum \xi_{bc}\, \xi'_{cd}$$

$$\varrho_{cda} = \sum \xi'_{cd}\, \xi_{da} - \sum \xi_{cd}\, \xi'_{da}$$

$$\varrho_{dab} = \sum \xi'_{da}\, \xi_{ab} - \sum \xi_{da}\, \xi'_{ab}$$

sommando la prima e la terza, e sottraendo la seconda e la quarta di queste equazioni, si ha

$$\varrho_{abc} - \varrho_{bcd} + \varrho_{cda} - \varrho_{dab} \begin{array}{l} = \sum (\xi'_{ab} + \xi'_{cd})(\xi_{bc} + \xi_{da}) \\ - \sum (\xi'_{bc} + \xi'_{da})(\xi_{ab} + \xi_{cd}) \end{array}$$

ed essendo

$$\xi_{ab} + \xi_{cd} = -(\xi_{bc} + \xi_{da})$$

$$\xi'_{ab} + \xi'_{cd} = -(\xi'_{bc} + \xi'_{da})$$

avremo

$$\varrho_{abc} - \varrho_{bcd} + \varrho_{cda} - \varrho_{dab} = 0 \tag{13}$$

quindi per mezzo delle $\dfrac{(n-1)(n-2)}{2}$ funzioni con un indice comune ed uguale per esempio alla unità, si esprimono tutte le altre, e il numero delle ϱ_{abc} essenzialmente distinte è uguale ad $\frac{(n-1)(n-2)}{2}$.

Sommando colla (10) la equazione

$$p'_{abc} = \sum \xi'_{ab}\,\xi_{bc} + \sum \xi_{ab}\,\xi'_{bc}$$

abbiamo

$$(14) \qquad \sum \xi'_{ab}\,\xi_{bc} = \tfrac{1}{2}(p'_{abc} + \varrho_{abc}).$$

Se ora moltiplichiamo le equazioni (4) rispettivamente per ξ'_{ab}, η'_{ab}, ζ'_{ab} e sommiamo, avremo

$$(15) \qquad \tfrac{1}{2}\frac{du^2_{ab}}{dt} = \mathrm{M}f'(r_{ab})\,r'_{ab} + \tfrac{1}{2}\sum_s m_s(\varrho_{asb}\,q_{asb} + p'_{sab}\,q_{sab} + p'_{sba}\,q_{sba}).$$

IV.

Moltiplichiamo rispettivamente le equazioni (4) per ξ_{bc}, η_{bc}, ζ_{bc} e sommiamo. Osservando che si ha

$$\sum \xi_{bd}\,\xi_{bc} = \sum \xi_{bd}(\xi_{bd} + \xi_{dc}) = p_{bdc} + r^2_{bd}$$

$$\sum \xi_{da}\,\xi_{bc} = \sum \xi_{da}(\xi_{bd} + \xi_{dc}) = p_{bda} - p_{cda}$$

otteniamo

$$\sum \xi''_{ab}\,\xi_{bc} = -\mathrm{M}(ab)\,p_{abc} + \\ + \sum_s m_s[(ab)\,p_{abc} + (bs)\,(p_{bsc} + r^2_{bs}) + (sa)\,(p_{bsa} - p_{csa})]$$

$$\sum \xi''_{cb}\,\xi_{ba} = -\mathrm{M}(bc)\,p_{abc} + \\ + \sum_s m_s[(bc)\,p_{abc} + (cs)\,(p_{csb} - p_{asc}) + (sb)\,(p_{asb} + r^2_{bs})]$$

sottraendo si ottiene

$$(16)\ (*) \qquad \left\{ \begin{aligned} \frac{d\varrho_{abc}}{dt} &= -m_b\,p_{abc}\,q_{abc} - m_c\,p_{bca}\,q_{bca} - m_a\,p_{cab}\,q_{cab} \\ &+ \sum_s m_s(p_{bsc}\,q_{bsc} + p_{csa}\,q_{csa} + p_{asb}\,q_{asb}). \end{aligned} \right.$$

(*) La sommatoria rispetto ad s, in questa formola, deve intendersi estesa a tutti i valori diversi da a, b, c. O. T.

V.

Le equazioni (9), (15) e (16) insieme coll'equazione

$$\frac{dr_{ab}}{dt} = r'_{ab} \tag{17}$$

formano un sistema di $\frac{(2n-1)(2n-2)}{2}$ equazioni differenziali di 1° ordine fra altrettante funzioni r, r', u e ϱ. Queste $\frac{(2n-1)(2n-2)}{2}$ quantità sono funzioni delle $\frac{(2n-1)(2n-2)}{2}$ distanze reciproche dei $2n-1$ punti che hanno per coordinate

$$(0, 0, 0) \quad , \quad (\xi_{1a}, \eta_{1a}, \zeta_{1a}) \quad , \quad (\xi'_{1a}, \eta'_{1a}, \zeta'_{1a}),$$

le quali hanno tra loro $\frac{(2n-4)(2n-5)}{2}$ relazioni, quindi si avranno altrettante equazioni tra le quantità r, r', u e ϱ. Queste relazioni si otterranno inalzando a quadrato, ed uguagliando a zero, i determinanti dei tre tipi seguenti

$$\begin{vmatrix} \xi_{12} & \xi_{13} & \xi_{1a} & \xi_{1b} \\ \eta_{12} & \eta_{13} & \eta_{1a} & \eta_{1b} \\ \zeta_{12} & \zeta_{13} & \zeta_{1a} & \zeta_{1b} \\ 0 & 0 & 0 & 0 \end{vmatrix} = 0 \,, \quad \begin{vmatrix} \xi_{12} & \xi_{13} & \xi_{1a} & \xi'_{1b} \\ \eta_{12} & \eta_{13} & \eta_{1a} & \eta'_{1b} \\ \zeta_{12} & \zeta_{13} & \zeta_{1a} & \zeta'_{1b} \\ 0 & 0 & 0 & 0 \end{vmatrix} = 0 \,, \quad \begin{vmatrix} \xi_{12} & \xi_{13} & \xi'_{1a} & \xi'_{1b} \\ \eta_{12} & \eta_{13} & \eta'_{1a} & \eta'_{1b} \\ \zeta_{12} & \zeta_{13} & \zeta'_{1a} & \zeta'_{1b} \\ 0 & 0 & 0 & 0 \end{vmatrix} = 0 .$$

Il numero dei primi è di $\frac{(n-3)(n-4)}{2}$; il numero dei secondi è di $(n-1)(n-3)$, il numero dei terzi è di $\frac{(n-1)(n-2)}{2}$. Quindi in tutti saranno precisamente $\frac{(2n-4)(2n-5)}{2}$.

Inalzando a quadrato e ponendo

$$\pi_{abc} = \xi'_{ab}\,\xi'_{bc} + \eta'_{ab}\,\eta'_{bc} + \zeta'_{ab}\,\zeta'_{bc}$$

avremo:

$$
(18) \qquad L_{ab} = \begin{vmatrix} -r_{12}^2 & p_{213} & p_{21a} & p_{21b} \\ p_{312} & -r_{13}^2 & p_{31a} & p_{31b} \\ p_{a12} & p_{a13} & -r_{1a}^2 & p_{a1b} \\ p_{b12} & p_{b13} & p_{b1a} & -r_{1b}^2 \end{vmatrix} = 0
$$

$$
(19) \quad M_{ab} = \begin{vmatrix} -r_{12}^2 & p_{213} & p_{21a} & \frac{1}{2}(p'_{b12} + \varrho_{b12}) \\ p_{312} & -r_{13}^2 & p_{31a} & \frac{1}{2}(p'_{b13} + \varrho_{b13}) \\ p_{a12} & p_{a13} & -r_{1a}^2 & \frac{1}{2}(p'_{b1a} + \varrho_{b1a}) \\ \frac{1}{2}(p'_{b12} + \varrho_{b12}) & \frac{1}{2}(p'_{b13} + \varrho_{b13}) & \frac{1}{2}(p'_{b1a} + \varrho_{b1a}) & -u_{1b}^2 \end{vmatrix} = 0
$$

$$
(20) \quad N_{ab} = \begin{vmatrix} -r_{12}^2 & p_{213} & \frac{1}{2}(p'_{a12} + \varrho_{a12}) & \frac{1}{2}(p'_{b12} + \varrho_{b12}) \\ p_{312} & -r_{13}^3 & \frac{1}{2}(p'_{a13} + \varrho_{a13}) & \frac{1}{2}(p'_{b13} + \varrho_{b13}) \\ \frac{1}{2}(p'_{a12} + \varrho_{a12}) & \frac{1}{2}(p'_{a13} + \varrho_{a13}) & -u_{1a}^2 & \pi_{a1b} \\ \frac{1}{2}(p'_{b12} + \varrho_{b12}) & \frac{1}{2}(p'_{b13} + \varrho_{b13}) & \pi_{a1b} & -u_{1b}^2 \end{vmatrix} = 0
$$

Nei casi nei quali gl'indici a e b siano uguali ai due indici 2 e 3, o uno dei due indici a e b sia uguale a uno dei due indici 2 e 3, si hanno differenti alcuni elementi del determinante, che si ottengono con molta facilità.

VI.

Dalle equazioni (4) si deduce

$$
\begin{vmatrix} \xi_{ab} & \xi''_{ab} \\ \eta_{ab} & \eta''_{ab} \end{vmatrix} = \sum_s m_s \left\{ \begin{vmatrix} \xi_{ab} & \xi_{bs} \\ \eta_{ab} & \eta_{bs} \end{vmatrix} (bs) + \begin{vmatrix} \xi_{ab} & \xi_{sa} \\ \eta_{ab} & \eta_{sa} \end{vmatrix} (sa) \right\}
$$

onde

$$
\sum_{ab} m_a m_b \begin{vmatrix} \xi_{ab} & \xi''_{ab} \\ \eta_{ab} & \eta''_{ab} \end{vmatrix} = 0 .
$$

Analogamente

$$
\sum_{ab} m_a m_b \begin{vmatrix} \eta_{ab} & \eta''_{ab} \\ \zeta_{ab} & \zeta''_{ab} \end{vmatrix} = 0
$$

$$
\sum_{ab} m_a m_b \begin{vmatrix} \zeta_{ab} & \zeta''_{ab} \\ \xi_{ab} & \xi''_{ab} \end{vmatrix} = 0 .
$$

Integrando e ponendo

$$\alpha_{ab} = \begin{vmatrix} \eta_{ab} & \eta'_{ab} \\ \zeta_{ab} & \zeta'_{ab} \end{vmatrix} , \quad \beta_{ab} = \begin{vmatrix} \zeta_{ab} & \zeta'_{ab} \\ \xi_{ab} & \xi'_{ab} \end{vmatrix} , \quad \gamma_{ab} = \begin{vmatrix} \xi_{ab} & \xi'_{ab} \\ \eta_{ab} & \eta'_{ab} \end{vmatrix}$$

avremo

$$(21) \qquad \left\{ \begin{array}{l} \sum m_a\, m_b\, \alpha_{ab} = c_1 \\ \sum m_a\, m_b\, \beta_{ab} = c_2 \\ \sum m_a\, m_b\, \gamma_{vb} = c_3 \end{array} \right.$$

dalle quali, inalzando a quadrato, sommando e ponendo

$$K^2 = c_1^2 + c_2^2 + c_3^2$$

si deduce

$$(22) \qquad K^2 = \sum m_a^2\, m_b^2 (\alpha_{ab}^2 + \beta_{ab}^2 + \gamma_{ab}^2) + \\ + 2 \sum m_a\, m_b\, m_c\, m_d (\alpha_{ab}\, \alpha_{cd} + \beta_{ab}\, \beta_{cd} + \gamma_{ab}\, \gamma_{cd}).$$

Per un noto teorema dei determinanti

$$(23) \qquad \alpha_{ab}^2 + \beta_{ab}^2 + \gamma_{ab}^2 = r_{ab}^2 (u_{ab}^2 - r'^2_{ab})$$

$$(24) \qquad \alpha_{ab}\, \alpha_{cd} + \beta_{ab}\, \beta_{cd} + \gamma_{ab}\, \gamma_{cd} = (p_{acd} - p_{bcd})(\pi_{acd} - \pi_{bcd}) - \\ - \tfrac{1}{4} \{ (p'_{acd} - p'_{bcd})^2 - (\varrho_{acd} - \varrho_{bcd})^2 \}.$$

Onde, sostituendo nella equazione (22) i valori (23) e (24) si ha

$$(25) \left\{ \begin{array}{l} \sum m_a^2\, m_b^2\, r_{ab}^2 (u_{ab}^2 - r'^2_{ab}) + 2 \sum m_a\, m_b\, m_c\, m_d \{ (p_{acd} - p_{bcd})(\pi_{acd} - \pi_{bcd}) \\ \qquad - \tfrac{1}{4} [(p'_{acd} - p'_{bcd})^2 - (\varrho_{acd} - \varrho_{bcd})^2] \} = K^2. \end{array} \right.$$

Ora moltiplichiamo rispettivamente le equazioni (4) per $m_a m_b \xi'_{ab}$, $m_a m_b \eta'_{ab}$, $m_a m_b \zeta'_{ab}$ e sommiamo; avremo

$$\tfrac{1}{2} \frac{d}{dt} \sum m_a\, m_b\, u_{ab}^2 = - M \sum m_a\, m_b (ab)\, r_{ab}\, r'_{ab}.$$

Ma dalle equazioni (3) e (2) si ha

$$- \sum m_a\, m_b (ab)\, r_{ab}\, r'_{ab} = \sum m_a\, m_b\, f'(r_{ab})\, r'_{ab} = \frac{dP}{dt}.$$

Onde

$$\tfrac{1}{2}\frac{d}{dt}\sum m_a\, m_b\, u_{ab}^2 = \mathrm{M}\frac{d\mathrm{P}}{dt}$$

e integrando

(26) $$\tfrac{1}{2}\sum m_a\, m_b\, u_{ab}^2 = \mathrm{MP} + h.$$

VII.

Tra le $(2n-1)(n-1)$ quantità r, r', u e ϱ, abbiamo le equazioni (18), (19) e (20) in numero di $(n-2)(2n-5)$, e le due equazioni (25) e (26). Quindi in tutto $2n^2-9n+12$ equazioni, le quali possono riguardarsi come altrettanti integrali del sistema di $(2n-1)(n-1)$ equazioni differenziali di 1° ordine (9), (15), (16) e (17). Rimangono dunque a effettuarsi soltanto $(2n-1)(n-1)-2n^2+9n-12=6n-11$ integrazioni. Poichè il tempo t non comparisce esplicitamente in questo sistema di equazioni, se prendiamo per variabile indipendente una delle ϱ per es. ϱ_{213}, sarà da farsi un'integrazione di meno. Dunque con $6n-12$ integrazioni potremo determinare tutte le quantità r, r', u e ϱ in funzione di ϱ_{213} e di $6n-12$ costanti arbitrarie. Poi per mezzo di una quadratura dall'equazione (16) in cui è posto $a=2, b=1, c=3$ ricaveremo t espresso per ϱ_{213} e anche ϱ_{213} in funzione di t, e quindi le quantità r, r', u e ϱ espresse in funzione del tempo e delle costanti arbitrarie.

Le costanti arbitrarie saranno $6n-9$, cioè $6n-12$ portate dalle integrazioni, una dalla quadratura e le due h e K. Per determinarle basterà che siano date le $3n-6$ quantità che determinano la configurazione iniziale, le $3n-6$ derivate delle medesime rispetto al tempo, tre sole delle velocità relative iniziali u.

Così è ridotta la risoluzione del 1° problema alla effettuazione di $6n-12$ integrazioni e ad una quadratura.

VIII.

Per risolvere il secondo problema, cioè per dedurre dalla risoluzione del primo problema la determinazione del moto del sistema rispetto a un sistema di assi fisso nello spazio, ci serviremo delle equazioni (21), nelle quali, se prendiamo per piano delle xy il piano invariabile, dovrà porsi

(27) $$c_1=0 \quad , \quad c_2=0 \quad , \quad \mathrm{K}=c_3$$

e del principio della conservazione del centro di gravità.

Poniamo

$$\text{(28)} \qquad G_{abc} = \begin{vmatrix} \xi_{ab} & \xi_{bc} & \xi'_{bc} \\ \eta_{ab} & \eta_{bc} & \eta'_{bc} \\ \zeta_{ab} & \zeta_{bc} & \zeta'_{bc} \end{vmatrix}.$$

Inalzando a quadrato, avremo

$$\text{(29)} \qquad G^2_{abc} = \begin{vmatrix} r^2_{ab} & p_{abc} & \frac{1}{2}(p'_{abc} - \varrho_{abc}) \\ p_{abc} & r^2_{bc} & -\frac{1}{2}(p'_{abc} + p'_{acb}) \\ \frac{1}{2}(p'_{abc} - \varrho_{abc}) & -\frac{1}{2}(p'_{abc} + p'_{acb}) & u^2_{bc} \end{vmatrix}$$

cioè G_{abc}, che esprime il sestuplo del volume della piramide che ha per vertici i punti m_a, m_b, m_c e il punto di coordinate $(\xi'_{bc}, \eta'_{bc}, \zeta'_{bc})$ (*), è funzione soltanto delle quantità r, r', u, e ϱ.

Dalle (28) si ha immediatamente

$$\text{(30)} \qquad G_{aba} = 0$$

e riprendendo i valori di α_{ab}, β_{ab}, γ_{ab} del n. VI

$$\text{(31)} \qquad \begin{cases} \alpha_{ab}\,\xi_{cd} + \beta_{ab}\,\eta_{cd} + \gamma_{ab}\,\zeta_{cd} = \alpha_{ab}\,\xi_{ca} + \beta_{ab}\,\eta_{ca} + \gamma_{ab}\,\zeta_{ca} - \\ \qquad - \alpha_{ab}\,\xi_{da} - \beta_{ab}\,\eta_{da} - \gamma_{ab}\,\zeta_{da} = G_{cab} - G_{dab}. \end{cases}$$

Poniamo anche

$$\text{(32)} \qquad \Gamma_{abc} = \begin{vmatrix} \xi'_{ab} & \xi_{bc} & \xi'_{bc} \\ \eta'_{ab} & \eta_{bc} & \eta'_{bc} \\ \zeta'_{ab} & \zeta_{bc} & \zeta'_{bc} \end{vmatrix}.$$

Inalzando a quadrato, otterremo

$$\text{(33)} \qquad \Gamma^2_{abc} = \begin{vmatrix} u^2_{ab} & \pi_{abc} & \frac{1}{2}(p'_{abc} + \varrho_{abc}) \\ \pi_{abc} & u^2_{bc} & -\frac{1}{2}(p'_{abc} + p'_{acb}) \\ \frac{1}{2}(p'_{abc} + \varrho_{abc}) & -\frac{1}{2}(p'_{abc} + p'_{acb}) & r^2_{bc} \end{vmatrix}.$$

(*) I vertici del tetraedro, qui come in seguito, bisogna prenderli un po' diversamente; la cosa è però di secondaria importanza. In tutta questa Memoria sono stati corretti diversi errori di stampa che non ho creduto di segnalare dettagliatamente.

O. T.

Quindi Γ_{abc}, cioè il sestuplo del volume della piramide che ha per vertici i punti m_b, m_c e i due di coordinate $(\xi'_{ab}, \eta'_{ab}, \zeta'_{ab})$, $(\xi'_{bc}, \eta'_{bc}, \zeta'_{bc})$, è funzione soltanto delle quantità r, r', u e ϱ. La espressione di Γ_{abc} si deduce da quella di G_{abc}, mutando le r nelle u, le p nelle π e viceversa, mutando il segno alle ϱ, e lasciando invariate le p'.

Dalla (33) si deduce immediatamente

$$\Gamma_{aba} = 0 \tag{34}$$

$$\alpha_{ab}\,\xi'_{cd} + \beta_{ab}\,\eta'_{cd} + \gamma_{ab}\,\zeta'_{cd} = \Gamma_{cab} - \Gamma_{dab}. \tag{35}$$

Moltiplichiamo ora le equazioni (21), nelle quali sono posti i valori (27), rispettivamente per ξ_{cd}, η_{cd}, ζ_{cd}, sommiamo, osservando la (31), avremo

$$K\zeta_{cd} = \sum m_a\, m_b(G_{cab} - G_{dab}) \tag{36}$$

e moltiplicando per ξ'_{cd}, η'_{cd}, ζ'_{cd}, sommando, ed osservando l'equazione (35), otterremo

$$K\,\zeta'_{cd} = \sum m_a\, m_b(\Gamma_{cab} - \Gamma_{dab}). \tag{37}$$

Se moltiplichiamo rispettivamente per α_{cd}, β_{cd}, γ_{cd} e sommiamo, osservando le equazioni (23) e (24), avremo

$$\begin{aligned} K\gamma_{cd} = \sum m_a\, m_b \Big\{ &(p_{cab} - p_{dab})\,(\pi_{cab} - \pi_{dab}) - \\ &- \tfrac{1}{4}\left[(p'_{cab} - p'_{dab})^2 - (\varrho_{cab} - \varrho_{dab})^2\right]\Big\}. \end{aligned} \tag{38}$$

Poniamo ora

$$\delta^2_{ab} = \xi^2_{ab} + \eta^2_{ab} = r^2_{ab} - \zeta^2_{ab}$$

a cagione dell'equazione (36) le δ_{ab} saranno funzioni delle sole r, r', u e ϱ. Ponendo

$$\xi_{cd} = \delta_{cd}\cos\varphi_{cd}$$

$$\eta_{cd} = \delta_{cd}\,\mathrm{sen}\,\varphi_{cd}$$

avremo

$$\gamma_{cd} = \delta^2_{sd}\,\varphi'_{cd}$$

e dalla (38) si ricaverà φ'_{cd} mediante una quadratura e così avremo ξ_{cd}, η_{cd}, ζ_{cd} espresse per il tempo e le costanti arbitrarie. Trovate le coordinate relative di due soli punti del sistema si hanno tutte le altre senza ulteriori integrazioni. Infatti abbiamo

$$\xi_{cd}\,\xi_{cb} + \eta_{cd}\,\eta_{cb} = -p_{bcd} - \zeta_{cd}\,\zeta_{cb} = l$$

ed l funzione soltanto del tempo e delle costanti arbitrarie. Quindi

$$\delta_{cd}\,\delta_{cb}\cos(\varphi_{cd}-\varphi_{cb})=l$$

dalla quale si ricava φ_{cb} e in conseguenza ξ_{cb}, η_{cb}, ζ_{cb} in funzione del tempo e delle costanti arbitrarie.

IX.

Determinate le coordinate relative in funzione del tempo e delle costanti arbitrarie si avranno le coordinate assolute per mezzo del principio della conservazione del centro di gravità. Se X , Y , Z sono le coordinate del centro di gravità, avremo

$$X=A_1t+B_1\quad,\quad Y=A_2t+B_2\quad,\quad Z=A_3t+B_3$$

$$\sum m_a x_a = MX$$

$$\sum m_a y_a = MY$$

$$\sum m_a z_a = MZ\,.$$

Ora

$$x_a=\xi_{ab}+x_b\quad,\quad y_a=\eta_{ab}+y_b\quad,\quad z_a=\zeta_{ab}+z_b$$

dando a b tutti i valori da 1 ad n e moltiplicando rispettivamente le equazioni che si ottengono per m_b e sommando si ottiene

$$Mx_a=MX+\sum_b m_b\,\xi_{ab}$$

$$My_a=MY+\sum_b m_b\,\eta_{ab}$$

$$Mz_a=MZ+\sum_b m_b\,\zeta_{ab}\,.$$

Quindi con $6n-12$ integrazioni e una sola quadratura si determina la configurazione del sistema indipendentemente dalla sua posizione nello spazio Con un'altra sola quadratura si ottiene poi il moto del sistema rispetto a tre assi fissi nello spazio.

XLVIII.

SOPRA IL POTENZIALE DI UN SISTEMA DI CONDUTTORI ISOLATI CARICHI DI ELETTRICITÀ E DI COIBENTI ELETTRIZZATI COMUNQUE

(Dal *Nuovo Cimento*, ser. III, t. II, pp. 249-252, Pisa, 1877).

Siano dati un numero qualunque di corpi conduttori isolati: $K_1, K_2, \ldots K_n$, ai quali siano state rispettivamente comunicate le quantità di elettricità: $E_1, E_2, \ldots E_n$, e uno o più corpi coibenti elettrizzati comunque, i quali occupino uno spazio che denoteremo con S. Siano: ϱ la densità elettrica in un elemento qualunque dello spazio S; σ la superficie o il complesso di superficie che limitano questo spazio; σ_l la superficie del conduttore K_l; V la funzione potenziale di tutta l'elettricità del sistema, quando in tutti i conduttori questa si trovi in equilibrio; c_l il valore di V sopra il conduttore K_l. È noto che la funzione V sarà espressa dalla formola

$$V = \Sigma_l \, c_l \, u_l + w \tag{1}$$

dove u_l è la funzione potenziale dell'elettricità in equilibrio del solo sistema dei conduttori, che si avrebbe, quando tutti i conduttori, eccettuato K_l, si ponessero in comunicazione colla Terra, e a K_l si comunicasse tanta elettricità quanta è necessaria per portare sopra di esso il valore della funzione potenziale al valore uguale alla unità; w denota la funzione potenziale dei coibenti elettrizzati nel caso che tutti i conduttori K_l fossero posti in comunicazione colla Terra. Quindi:

$$u_l = 1$$

sopra K_l,

$$u_l = 0$$

sopra tutti gli altri conduttori,

$$w = 0$$

sopra tutti i conduttori, e

$$\Delta^2 w = 4\pi\varrho \tag{2}$$

nello spazio S. Se poniamo:

$$\gamma_{sl} = \frac{1}{4\pi}\int \frac{du_s}{dp_l}\, d\sigma_l \quad , \quad N_l = \frac{1}{4\pi}\int \frac{dw}{dp_l}\, d\sigma_l \tag{3}$$

avremo:

$$E_l = \Sigma_s\, c_s\, \gamma_{sl} + N_l \tag{4}$$

$$\gamma_{sl} = \gamma_{ls}$$

ed N_l denoterà la quantità di elettricità che rimarrebbe sul conduttore K_l quando in presenza dei coibenti elettrizzati tutti i conduttori fossero stati posti in comunicazione colla Terra.

Ora il potenziale P dell'elettricità di tutto il sistema sarà:

$$P = \tfrac{1}{2}\, \Sigma_l \int_{\sigma_l} V\varrho_l\, d\sigma_l + \tfrac{1}{2}\int_S V\varrho\, dS. \tag{5}$$

Ma sopra σ_l abbiamo:

$$V = c_l \quad , \quad \int_{\sigma_l} \varrho_l\, d\sigma_l = E_l$$

onde:

$$\int_{\sigma_l} V\varrho_l\, d\sigma_l = c_l\, E_l. \tag{6}$$

Ponendo mente alle equazioni (1) e (2) si ottiene:

$$\int_S V\varrho\, dS = \frac{1}{4\pi}\int_S V\Delta^2 w\, dS$$

$$= \frac{1}{4\pi}\, \Sigma_l\, c_l \int_S u_l\, \Delta^2 w\, dS + \frac{1}{4\pi}\int_S w\, \Delta^2 w\, dS.$$

Per il teorema di Green abbiamo:

$$\int_S u_l\, \Delta^2 w\, dS = \int_\sigma u_l \frac{dw}{dp}\, d\sigma - \int_\sigma w\, \frac{du_l}{dp}\, d\sigma$$

dove le derivate rispetto alla normale p sono prese andando verso lo spazio esterno ad S. Ma per lo stesso teorema, essendo $w = 0$ sopra tutti i conduttori ed $u_l = 1$ sopra K_l, $u_l = 0$ sopra tutti gli altri conduttori:

$$\int_\sigma u_l \frac{dw}{dp} d\sigma + \int_{\sigma_l} \frac{dw}{dp_l} d\sigma_l = \int_\sigma w \frac{du_l}{dp} d\sigma$$

onde:

$$\int_{\sigma_l} \frac{dw}{dp_l} d\sigma_l = 4\pi N_l = - \int_\sigma u_l \frac{dw}{dp} d\sigma + \int_\sigma w \frac{du_l}{dp} d\sigma$$

e

(7) $$\int_S u_l \Delta^2 w \, dS = - 4\pi N_l .$$

Poniamo:

(8) $$\frac{1}{4\pi} \int_S w \, \Delta^2 w \, dS = \int_S w \varrho \, dS = 2Q$$

Q denoterà il potenziale dei coibenti elettrizzati quando tutti i conduttori siano stati posti in comunicazione colla Terra.

Sostituendo nella equazione (5) i valori (6), (7) e (8) avremo:

$$P = \tfrac{1}{2} \Sigma_l \, c_l (E_l - N_l) + Q .$$

Ma dalle equazioni (4) si ricava:

$$c_l = \Sigma_s \, q_{sl} (E_s - N_s)$$

$$q_{sl} = q_{ls} .$$

Onde:

(9) $$P = \tfrac{1}{2} \Sigma_s \Sigma_l \, q_{sl} (E_s - N_s)(E_l - N_l) + Q .$$

Quando non vi siano i coibenti elettrizzati

$$Q = 0 \quad , \quad N_l = 0$$

e quindi:

(10) $$P = \tfrac{1}{2} \Sigma_s \Sigma_l \, q_{sl} \, E_s \, E_l$$

che è la espressione del potenziale di n conduttori elettrizzati data da Helmholtz e Thomson.

Pertanto avremo il seguente teorema:

Il potenziale di un sistema di conduttori carichi di elettricità e di coibenti elettrizzati comunque è uguale al potenziale dei coibenti, che si avrebbe quando tutti i conduttori fossero in comunicazione colla Terra, più il potenziale che si avrebbe per i conduttori sottratti all'azione dei coibenti, quando nella espressione di questo si sostituissero alle quantità di elettricità comunicate a ciascun conduttore, queste quantità stesse diminuite delle quantità che rispettivamente rimarrebbero sopra i conduttori stessi, se sotto l'azione dei coibenti fossero stati posti in comunicazione colla Terra.

XLIX.

SOPRA UNA ESTENSIONE DEI PRINCIPII GENERALI DELLA DINAMICA

(Dagli *Atti della Reale Accademia dei Lincei*, ser. III, t. II, Transunti, pp. 32-34, Roma, 1877-78)

Nelle lezioni di Riemann pubblicate dal sig. Hattendorff col titolo: *Schwere, Elektricität und Magnetismus* si trovano esposte le condizioni necessarie e sufficienti affinchè sia verificato il principio di Hamilton nel moto di un sistema libero o soggetto a legami indipendenti dal tempo, quando le forze dipendono non solo dalla posizione e configurazione, ma anche dal moto del sistema (*). Se queste condizioni sono soddisfatte, Riemann ha dimostrato che è verificato anche il principio delle forze vive. Nella sua dimostrazione egli suppone che la funzione delle forze contenga soltanto razionalmente e al 2° grado le derivate delle coordinate rispetto al tempo. Ma la dimostrazione vale anche per il caso generale, e si ha l'estensione del principio delle forze vive contenuta nel seguente:

Teorema 1°. Quando è verificato il principio di Hamilton e la funzione delle forze V dipende dalle coordinate: q_s e dalle loro derivate prime rispetto al tempo: q'_s, è sempre verificato il principio delle forze vive:

$$T = P + h$$

(*) In questa Nota il Betti suppone, in altri termini, che le componenti della forza acceleratrice applicata ad un punto del sistema materiale, abbiano la forma:

$$X_s = \frac{\partial V}{\partial x_s} - \frac{d}{dt}\frac{\partial V}{\partial x_s'} \quad , \quad Y_s = \frac{\partial V}{\partial y_s} - \frac{d}{dt}\frac{\partial V}{\partial y_s'} \quad , \quad Z_s = \frac{\partial V}{\partial z_s} - \frac{d}{dt}\frac{\partial V}{\partial z_s'}$$

dove V è funzione delle x e delle x'. Quasi contemporaneamente al Betti la quistione che forma oggetto della presente Nota è stata approfondita da A. Mayer nei Math. Ann., Bd. XIII, p. 20, 1878. Si può consultare anche Lévy, Comptes-rendus, t. XCV, p. 772, anno 1882.

O. T.

dove T è la forza viva, P il potenziale del sistema, e questo si deduce dalla funzione delle forze mediante la equazione

$$P = V - \Sigma_s \frac{\partial V}{\partial q'_s} q'_s .$$

Io ho osservato che di una estensione analoga sono suscettibili anche gli altri due principî: quello della conservazione del moto del centro di gravità e quello della conservazione delle aree, ed ho l'onore di presentare a questa illustre Accademia l'enunciato dei due nuovi principî generali.

Teorema 2°. Quando è verificato il principio di Hamilton e la funzione delle forze dipende soltanto dalle coordinate e dalle loro derivate prime rispetto al tempo, affinchè sia verificato il principio della conservazione del moto del centro di gravità, è necessario e sufficiente che V non varii mutando l'origine delle coordinate, e comunicando a tutti i punti una stessa velocità nella stessa direzione.

Teorema 3°. Se la funzione delle forze V fosse invariabile per la mutazione dell'origine, ma cangiasse comunicando a ciascun punto una ugual velocità in ugual direzione, dei sei integrali relativi al centro di gravità non se ne avrebbero altri che tre:

$$MX' + \frac{\partial V}{\partial X'} = a_1$$

$$MY' + \frac{\partial V}{\partial Y'} = a_2$$

$$MZ' + \frac{\partial V}{\partial Z'} = a_3$$

dove X, Y, Z sono le coordinate del centro di gravità, M la massa del sistema e in V sono sostituiti alle coordinate i loro valori espressi per le coordinate del centro di gravità e per le coordinate relative.

Teorema 4°. Quando è verificato il principio di Hamilton, la funzione delle forze V dipende soltanto dalle coordinate e dalle loro derivate rispetto al tempo, e non varia mutando comunque la direzione degli assi, allora V sarà funzione soltanto delle distanze: r_s dei punti dall'origine, delle distanze: r_{sl} dei punti tra loro, delle loro derivate rispetto al tempo: r'_s, r'_{sl}, delle velocità assolute: v_s e delle velocità relative: v_{sl}, e avremo sempre i tre integrali primi delle equazioni differenziali del moto del sistema, relativi alle projezioni delle aree:

$$\Sigma_s \left(m_s + 2 \frac{\partial V}{\partial v_s^2} - 2\Sigma_l \frac{\partial V}{\partial v_{sl}^2} \right) \frac{dA_s}{dt} + 2\Sigma_{sl} \frac{\partial V}{\partial v_{sl}^2} \frac{dA_{sl}}{dt} = c_1$$

$$\Sigma_s \left(m_s + 2 \frac{\partial V}{\partial v_s^2} - 2\Sigma_l \frac{\partial V}{\partial v_{sl}^2} \right) \frac{dB_s}{dt} + 2\Sigma_{sl} \frac{\partial V}{\partial v_{sl}^2} \frac{dB_{sl}}{dt} = c_2$$

$$\Sigma_s \left(m_s + 2 \frac{\partial V}{\partial v_s^2} - 2\Sigma_l \frac{\partial V}{\partial v_{sl}^2} \right) \frac{dC_s}{dt} + 2\Sigma_{sl} \frac{\partial V}{\partial v_{sl}^2} \frac{dC_{sl}}{dt} = c_3$$

dove A_s, B_s, C_s rappresentano le projezioni dell'area descritta da r_s intorno all'origine e A_{sl}, B_{sl}, C_{sl} quelle dell'area descritta dal raggio r_{sl} intorno al punto m_s.

Se V dipenderà soltanto da r_s, r_{sl} ed r'_s, r'_{sl} si avrà il principio della conservazione delle aree ordinario.

Fra le derivate rispetto al tempo delle projezioni delle aree descritte da r_s, r_{sl} e dal raggio vettore del centro di gravità che potremo denotare con Q, R, S, avremo sempre

$$\Sigma_s m_s \frac{dA_s}{dt} = M \frac{dQ}{dt} + \frac{1}{M} \Sigma_{sl} m_s m_l \frac{dA_{sl}}{dt}$$

$$\Sigma_s m_s \frac{dB_s}{dt} = M \frac{dR}{dt} + \frac{1}{M} \Sigma_{sl} m_s m_l \frac{dB_{sl}}{dt}$$

$$\Sigma_s m_s \frac{dC_s}{dt} = M \frac{dS}{dt} + \frac{1}{M} \Sigma_{sl} m_s m_l \frac{dC_{sl}}{dt} .$$

L.

SOPRA LA TEORIA DEI CONDENSATORI (*)

(Dal *Nuovo Cimento*, ser. III, t. V, pp. 119-133, Pisa, 1879)

La teoria matematica dei condensatori, quando non si ha riguardo alla azione del coibente, fu data per la prima volta da Giorgio Green nell'opuscolo intitolato: *An Essay on the application of mathematical analysis to the theories of Electricity and Magnetism*, pubblicato a Nottingham nel 1828, e ristampato poi nei volumi 39, 44, 47 del giornale di Crelle. Il sig. R. Clausius nel volume 86 degli Annalen der Physik und Chemie di Poggendorff, pubblicato nel 1852 fece osservare che in questa teoria si tiene soltanto conto della elettricità che deve trovarsi sopra le facce dell'armatura che sono in contatto col coibente, trascurando affatto quella delle altre parti delle superficie delle armature; ed ha trattato il caso della tavola di Franklin con armature circolari, quando la loro grossezza sia infinitesima e si possano riguardare come superficie. Nel libro di prossima pubblicazione intitolato: *La teorica delle forze che agiscono secondo la legge di Newton e sue paplicazioni all'Elettricità e al Magnetismo* io ho determinato la funzione potenziale dell'elettricità in equilibrio sopra una tavola di Franklin, quando le due armature si estendano indefinitamente da una parte, e da un'altra siano terminate a uno stesso piano normale alle loro facce, senza supporre infinitesima la loro grossezza. Ma senza considerare le armature come superficie matematiche si può anche completare la teoria di Green, e determinare l'ordine di grandezza delle cariche che si trovano sopra le parti delle loro superficie che non sono in contatto col coibente tanto per la tavola di Franklin quanto per la bottiglia di Leyda nel modo che vado ad esporre.

(*) Questa Memoria è riprodotta nel § sui condensatori del libro dell'A.: *La teoria delle forze che agiscono.....*

O. T.

Un condensatore è formato da due strati di materia conduttrice separati da uno strato sottilissimo di materia coibente. Se lo strato coibente è una lastra piana il condensatore sarà una tavola di Franklin, se è la parete di una bottiglia sarà la bottiglia di Leyda.

Siano K e K′ i due strati conduttori, C lo strato coibente, σ e σ' rispettivamente le superficie di K e K′ che sono in contatto con C, e σ_1 e σ'_1 le rimanenti superficie di questi strati. Denotiamo con γ e γ' le rispettive capacità elettriche di K e di K′ e con γ_1 il coefficiente d'induzione, cioè la massa di elettricità che si trova sopra uno dei due conduttori quando sopra esso la funzione potenziale è uguale a zero e sopra l'altro è uguale alla unità. Se comunichiamo rispettivamente ai due conduttori K e K′ le masse elettriche E ed E′, la funzione potenziale V di questa elettricità in equilibrio sopra i due conduttori sarà uguale a una costante h sopra K e ad una costante h' sopra K′, ed avremo

$$(1) \qquad E = h\gamma + h'\gamma_1 ,$$

$$(2) \qquad E' = h\gamma_1 + h'\gamma' ,$$

Se denotiamo con P il potenziale, sarà

$$(3) \qquad P = \frac{1}{2}(\gamma h^2 + 2\gamma_1 hh' + \gamma' h'^2).$$

Se le superficie σ e σ' sono chiuse, e σ' è contenuta nello spazio racchiuso da σ, ponendo in comunicazione fra loro i conduttori K e K′, e caricandoli di tanta elettricità che si abbia

$$h = h' = 1 ,$$

sopra σ' l'elettricità libera sarà uguale a zero, e sopra σ_1 avremo la quantità di elettricità γ_0 che sarebbe sopra σ_1 se non esistesse σ' nel suo interno e sopra σ_1 fosse $h = 1$. Quindi le equazioni (1) e (2) daranno

$$\gamma_0 = \gamma + \gamma_1 \quad , \quad 0 = \gamma_1 + \gamma' ;$$

onde

$$(4) \qquad \gamma_1 = -\gamma' \quad , \quad \gamma - \gamma' = \gamma_0 .$$

Se la superficie σ è superficie di livello rispetto alla funzione potenziale Q′ che sopra σ' è uguale alla unità sarà facile determinare γ. Infatti, se denotiamo con Q'_1 il valore costante che questa funzione Q′ prende sopra la superficie di livello σ, la funzione

$$W = \frac{Q' - 1}{Q'_1 - 1}$$

sarà uguale a zero sopra σ' ed uguale all'unità sopra σ, e darà la funzione potenziale nello spazio racchiuso tra σ e σ' della elettricità che si trova sopra queste superficie. Quindi se γ'_0 denota la capacità elettrica di σ' quando non vi è σ, cioè ponendo

$$\gamma'_0 = \frac{1}{4\pi} \int_{\sigma'} \frac{dQ'}{dp} d\sigma',$$

la massa di elettricità γ_1 che si troverà sopra σ' in comunicazione colla terra quando la funzione potenziale sopra σ è uguale all'unità, sarà

$$\gamma_1 = -\gamma' = \frac{\gamma'_0}{Q'_1 - 1}, \tag{5}$$

e sostituendo nella seconda delle equazioni (4) avremo

$$\gamma = \gamma_0 - \frac{\gamma'_0}{Q'_1 - 1}. \tag{6}$$

Supponiamo ora che le superficie σ', σ e σ_1 siano ellissoidi omofocali. Se denotiamo con a', b', c' i semiassi di σ', con c e c_1 rispettivamente i semiassi minori di σ e di σ_1, ponendo

$$l^2 = a'^2 - c'^2, \quad k^2 = \frac{a'^2 - b'^2}{a'^2 - c'^2},$$

avremo, osservando che γ_0 è il valore di M quando $V_i = 1$ (*)

$$\gamma_0 = -\frac{l}{\operatorname{amtg} \frac{l}{c_1}}, \quad \gamma'_0 = -\frac{l}{\operatorname{amtg} \frac{l}{c'}},$$

$$Q'_1 = \frac{\operatorname{amtg} \frac{l}{c}}{\operatorname{amtg} \frac{l}{c'}},$$

essendo k il modulo delle funzioni ellittiche.

(*) Il simbolo V_i è un simbolo del libro dell'A. già citato, dove rappresenta il valore che il potenziale di una massa elettrica in equilibrio sopra la superficie di un ellissoide acquista su questo ellissoide. O. T.

Sostituendo i valori trovati nelle equazioni (5) e (6) otterremo

$$\gamma_1 = -\gamma' = -\frac{l}{\operatorname{amtg}\frac{l}{c} - \operatorname{amtg}\frac{l}{c'}},$$

$$\gamma = -l\left(\frac{1}{\operatorname{amtg}\frac{l}{c_1}} - \frac{1}{\operatorname{amtg}\frac{l}{c} - \operatorname{amtg}\frac{l}{c'}}\right).$$

Se $a' = b'$ cioè se l'ellissoidi sono di rivoluzione il modulo k diviene uguale a zero e la funzione *amtg* diviene *arctang*; se $b' = c'$ cioè se l'ellissoidi sono di rivoluzione intorno all'asse maggiore, il modulo k diviene uguale all'unità e quindi la funzione *amtg* diviene una funzione logaritmica. Se abbiamo $a' = b' = c' = \mathrm{R}'$, $c = \mathrm{R}$ e $c_1 = \mathrm{R}_1$, cioè se l'ellissoidi sono sfere concentriche, avremo $l = 0$ e quindi

$$\gamma_1 = -\gamma' = \frac{\mathrm{RR}'}{\mathrm{R} - \mathrm{R}'}, \quad \gamma = -\left(\mathrm{R}_1 + \frac{\mathrm{RR}'}{\mathrm{R} - \mathrm{R}'}\right).$$

In quest'ultimo caso se non vi fosse lo strato K′ e sopra K la funzione potenziale fosse uguale all'unità la massa E_0 di elettricità sopra K sarebbe

$$\mathrm{E}_0 = -\mathrm{R}_1.$$

Se invece vi è anche lo strato K′ e questo è in comunicazione colla terra, la massa E di elettricità che dovrà trovarsi sopra K affinchè la funzione potenziale vi sia uguale all'unità, sarà

$$\mathrm{E} = \mathrm{E}_0\left(1 + \frac{\mathrm{R}}{\mathrm{R}_1}\,\frac{\mathrm{R}'}{\mathrm{R} - \mathrm{R}'}\right).$$

L'energia: $-\mathrm{P}$, cioè il lavoro meccanico che si potrà produrre colla scarica del condensatore si otterrà dall'equazione (3) ponendovi $h = 1$, $h' = 0$, e avremo

$$\mathrm{P} = \frac{1}{2}\mathrm{R}_1\left(1 + \frac{\mathrm{R}}{\mathrm{R}_1}\,\frac{\mathrm{R}'}{\mathrm{R} - \mathrm{R}'}\right).$$

Supponiamo ora che le superficie σ e σ' degli strati conduttori K e K′ le quali sono in contatto collo strato coibente C non siano chiuse; la superficie σ_1 sarà una continuazione della superficie σ e formerà con σ l'intero contorno di K, e σ'_1 sarà una continuazione di σ' e formerà con σ' l'intero contorno di K′.

Supponiamo inoltre che le superficie σ e σ' siano i luoghi geometrici dell'estremità delle normali innalzate sopra una superficie s e prolungate di una lunghezza costante ed uguale a $\frac{1}{2}g$ dalle due parti opposte di s.

Siano comunicate ai due strati isolati K e K′ tali masse di elettricità, che la loro funzione potenziale sia uguale ad h sopra K e ad h' sopra K′. Cominciamo dal determinare le densità elettriche sopra le superficie σ e σ'.

Se μ e μ' sono i punti nei quali la normale in un punto m della superficie s incontra rispettivamente le due superficie σ e σ', poichè V è una funzione a cui nello spazio non occupato da massa può applicarsi il teorema di Taylor, avremo rispettivamente nei punti μ' e μ

$$\text{(7)} \qquad \begin{aligned} h' &= h + g\left(\frac{dV}{dp}\right)_0 + \frac{g^2}{2}\left(\frac{d^2V}{dp^2}\right)_0 + \cdots \\ h &= h' - g\left(\frac{dV}{dp}\right)' + \frac{g^2}{2}\left(\frac{d^2V}{dp^2}\right)' + \cdots \end{aligned}$$

dove coll'indice zero denotiamo i valori nel punto μ, coll'apice quelli nel punto μ'.

Prendendo ora per origine delle coordinate cartesiane il punto m, per asse delle z la normale $\mu\mu'$, e per assi delle x e delle y le tangenti alle due linee di curvatura di s nel punto m, ed osservando che nello spazio esterno ai conduttori è: $\Delta^2 V = 0$, avremo

$$\text{(8)} \qquad \left(\frac{d^2V}{dp^2}\right)_0 = \frac{\partial^2 V}{\partial z^2} = -\frac{\partial^2 V}{\partial x^2} - \frac{\partial^2 V}{\partial y^2}.$$

La superficie σ è una superficie di livello, e l'asse delle z è normale a σ nel punto μ; dunque in questo punto sarà

$$\frac{\partial V}{\partial x} = 0 \quad , \quad \frac{\partial V}{\partial y} = 0,$$

il valore di V nel punto di σ di coordinate $\left(dx\,,0\,,-\frac{1}{2}g + dz\right)$ sarà uguale a quello che ha nel punto di coordinate $\left(0\,,0\,,-\frac{1}{2}g\right)$, e quindi

$$\frac{\partial V}{\partial z}dz + \frac{\partial^2 V}{\partial x^2}\frac{dx^2}{2} = 0.$$

Ora la retta condotta per μ parallelamente all'asse delle x è tangente a una linea di curvatura di σ, e se denotiamo con R_0 il raggio di curvatura corrispondente, il quale sarà intrinsecamente positivo o negativo secondo che la linea di curvatura volgerà nel punto μ la convessità o la concavità verso la regione delle z positive, avremo

$$dz = -\frac{dx^2}{2R_0},$$

onde

$$\frac{\partial^2 V}{\partial x^2} = \frac{1}{R_0}\frac{\partial V}{\partial z}.$$

Denotando con R_0' l'altro raggio di curvatura di σ nel punto μ, otterremo analogamente

$$\frac{\partial^2 V}{\partial y^2} = \frac{1}{R_0'}\frac{\partial V}{\partial z},$$

e quindi l'equazione (8) diverrà

$$\left(\frac{d^2V}{dp^2}\right)_0 = -\left(\frac{\partial V}{\partial z}\right)_0\left(\frac{1}{R_0}+\frac{1}{R_0'}\right). \tag{9}$$

Se denotiamo con R_1 ed R_1' i raggi di curvatura di σ' nel punto μ', avremo analogamente

$$\left(\frac{d^2V}{dp^2}\right)' = -\left(\frac{\partial V}{\partial z}\right)'\left(\frac{1}{R_1}+\frac{1}{R_1'}\right). \tag{10}$$

Sostituendo nell'equazione (7) i valori (9) e (10) ed osservando che si ha

$$\left(\frac{\partial V}{\partial z}\right)_0 = \left(\frac{dV}{dp}\right)_0 = 4\pi\varrho,$$

$$\left(\frac{\partial V}{\partial z}\right)' = \left(\frac{dV}{dp}\right)' = -4\pi\varrho',$$

otterremo

$$\begin{aligned} h'-h &= 4\pi\varrho g\left[1-\frac{g}{2}\left(\frac{1}{R_0}+\frac{1}{R_0'}\right)\right]+\cdots \\ h-h' &= 4\pi\varrho' g\left[1+\frac{g}{2}\left(\frac{1}{R_1}+\frac{1}{R_1'}\right)\right]+\cdots \end{aligned} \tag{11}$$

Se la grossezza g dello strato coibente C è molto piccola in confronto alle dimensioni delle superficie σ e σ', potremo limitare le serie che formano i secondi membri delle (11) ai soli termini che abbiamo scritto; e denotando con R ed R' i raggi di curvatura di s nel punto m, sarà

$$R_0 = R - \frac{g}{2}, \quad R_0' = R' - \frac{g}{2},$$

$$R_1 = R + \frac{g}{2}, \quad R_1' = R' + \frac{g}{2},$$

e nei limiti di approssimazione a cui ci arrestiamo, potremo sostituire nei termini moltiplicati per g^2, ad R_0, R_0', e ad R_1, R_1' le quantità corrispondenti R ed R', e ponendo

$$\frac{1}{R} + \frac{1}{R'} = \tau,$$

avremo dalle (11)

$$(12) \qquad \begin{aligned} \varrho &= \frac{h' - h}{4\pi g}\left(1 + \frac{g\tau}{2}\right), \\ \varrho' &= -\frac{h' - h}{4\pi g}\left(1 - \frac{g\tau}{2}\right). \end{aligned}$$

Ora se denotiamo rispettivamente con du_0, dv_0; du', dv'; du, dv gli elementi delle linee di curvatura nei punti corrispondenti μ, μ' ed m delle superficie σ, σ' ed s, abbiamo

$$du_0 : du' : du = R - \frac{g}{2} : R + \frac{g}{2} : R,$$

$$dv_0 : dv' : dv = R' - \frac{g}{2} : R' + \frac{g}{2} : R';$$

onde

$$du_0 = du\left(1 - \frac{g}{2R}\right), \quad du' = du\left(1 + \frac{g}{2R}\right),$$

$$dv_0 = dv\left(1 - \frac{g}{2R'}\right), \quad dv' = dv\left(1 + \frac{g}{2R'}\right),$$

dalle quali moltiplicando si deduce

$$(13) \qquad d\sigma = ds\left(1 - \frac{g\tau}{2}\right), \quad d\sigma' = ds\left(1 + \frac{g\tau}{2}\right).$$

Moltiplicando rispettivamente le (12) per le (13) otterremo

$$\varrho\, d\sigma = \frac{h'-h}{4\pi g}\left(1-\frac{g^2\tau^2}{4}\right) ds\,,$$

$$\varrho' d\sigma' = -\frac{h'-h}{4\pi g}\left(1-\frac{g^2\tau^2}{4}\right) ds\,.$$

Onde

(14) $$\varrho' d\sigma' = -\varrho\, d\sigma\,,$$

e nei limiti d'approssimazione stabiliti

$$\varrho' d\sigma' = -\varrho\, d\sigma = -\frac{h'-h}{4\pi g}\, ds\,,$$

e quando sia $h=1$, $h'=-1$, avremo

(15) $$\varrho' d\sigma' = -\varrho\, d\sigma = \frac{ds}{2\pi g}\,.$$

Se denotiamo con v la funzione potenziale della elettricità distribuita sopra le superficie σ e σ' colle densità determinate dall'equazione (15), e con r_0, r' ed r rispettivamente le distanze dei punti μ, μ' ed m dal punto e a cui il valore di v si riferisce, avremo

(16) $$v = \frac{1}{2\pi g}\int_s ds\left(\frac{1}{r_0}-\frac{1}{r'}\right).$$

Se le distanze del punto e dai punti m della superficie sono tutte maggiori di $\frac{1}{2}g$, come è per i punti di σ_1 e di σ'_1, sarà in serie convergente

$$\frac{1}{r_0} = \sum_0^\infty \frac{(-1)^n g^n}{2^n.1.2.3\ldots n}\,\frac{d^n\frac{1}{r}}{dp^n}\,,$$

$$\frac{1}{r_1} = \sum_0^\infty \frac{g^n}{2^n.1.2.3\ldots n}\,\frac{d^n\frac{1}{r}}{dp^n}$$

onde

$$\frac{1}{r_0}-\frac{1}{r_1} = -\sum_0^\infty \frac{g^{2n+1}}{2^{2n}.1.2.3\ldots(2n+1)}\,\frac{d^{2n+1}\frac{1}{r}}{dp^{2n+1}}\,.$$

Sostituendo questo valore nella equazione (16), poichè a questa serie può applicarsi l' integrazione, avremo

$$(17)\qquad V = -\frac{1}{2\pi}\sum_{0}^{\infty}\frac{g^{2n}}{2^{2n}.1.2.3...(2n+1)}\int_s \frac{d^{2n+1}\frac{1}{r}}{dp^{2n+1}}\,ds\,.$$

Denotando con ω la grandezza apparente della superficie s veduta dal punto e, abbiamo per il primo termine

$$\frac{1}{2\pi}\int_s \frac{d\frac{1}{r}}{dp}\,ds = \frac{\omega}{2\pi}\,.$$

Determiniamo l'ordine di grandezza degli altri, limitandoci al caso della tavola di Franklin e della bottiglia di Leyda.

Nella tavola di Franklin la superficie s è piana, e possiamo prendere l'asse delle z normale ad s. Poniamo

$$U_{2n+1} = \frac{d^{2n+1}\frac{1}{r}}{dp^{2n+1}} = \frac{\partial^{2n+1}\frac{1}{r}}{dz^{2n+1}} = \frac{\partial^2 U_{2n-1}}{\partial z^2}\,.$$

Nell' intorno di s avremo la funzione U_{2n-1} e le sue derivate finite e continue e sarà sodisfatta l'equazione: $\Delta^2 U_{2n-1} = 0$, quindi per un teorema noto, se denotiamo con η il contorno di s, sarà

$$\int_s U_{2n+1}\,ds = -\iint\left(\frac{\partial^2 U_{2n-1}}{\partial x^2} + \frac{\partial^2 U_{2n-1}}{\partial y^2}\right)dx\,dy$$

$$-\int_\eta\left(\frac{\partial U_{2n-1}}{\partial x}\frac{\partial y}{\partial\eta} - \frac{\partial U_{2n-1}}{\partial y}\frac{dx}{d\eta}\right)d\eta\,.$$

Ma dalla teoria delle funzioni di Legendre, abbiamo

$$\frac{\partial U_{2n-1}}{\partial x} = \frac{\partial^{2n}\frac{1}{r}}{\partial x\,\partial z^{2n-1}} = \frac{X_{2n}}{r^{2n+1}}$$

$$\frac{\partial U_{2n-1}}{\partial y} = \frac{\partial^{2n}\frac{1}{r}}{\partial y\,\partial z^{2n-1}} = \frac{Y_{2n}}{r^{2n+1}}$$

dove X_{2n} e Y_{2n} sono due funzioni sferiche; quindi

$$\int_s U_{2n+1}\, ds = \int \left(X_{2n} \frac{dy}{d\eta} - Y_{2n} \frac{dx}{d\eta} \right) \frac{d\eta}{r^{2n+1}} .$$

Denotando con r_1 la minima distanza del punto e dal contorno η avremo

$$\int_s U_{2n+1}\, ds = \frac{A_{2n+1}}{r_1^{2n+1}} ,$$

ed A_{2n+1} sarà una quantità dell'ordine della dimensione di η.

Nella bottiglia di Leyda la superficie s è un cilindro circolare retto, e il contorno η è formato dalle circonferenze delle basi. Prendiamo l'asse del cilindro per asse delle z, e poniamo

$$x = t \cos\theta \ , \ y = t \operatorname{sen}\theta .$$

Avremo

$$U_{2n+1} = \frac{\partial^2 U_{2n-1}}{\partial t^2} = \frac{\partial U_{2n}}{\partial t} .$$

La equazione $\Delta^2 U_{2n-1} = 0$ in questo caso diviene

$$\frac{\partial t \dfrac{\partial U_{2n-1}}{\partial t}}{\partial t} = - t \frac{\partial^2 U_{2n-1}}{\partial z^2} - \frac{1}{t} \frac{\partial^2 U_{2n-1}}{\partial \theta^2} .$$

Denotando con R il raggio delle basi del cilindro, sopra la superficie s sarà

$$R U_{2n+1} + U_{2n} = - R \frac{\partial^2 U_{2n-1}}{\partial z^2} - \frac{1}{R} \frac{\partial^2 U_{2n-1}}{\partial \theta^2} ,$$

$$ds = R\, dz\, d\theta .$$

Onde

$$R \int U_{2n+1}\, ds + \int U_{2n}\, ds = - R^2 \iint \left(\frac{\partial^2 U_{2n-1}}{\partial z^2} + \frac{1}{R^2} \frac{\partial^2 U_{2n-1}}{\partial \theta^2} \right) dz\, d\theta$$

$$= R^2 \int_\eta \left(\frac{\partial U_{2n-1}}{\partial z} \frac{d\theta}{d\eta} - \frac{1}{R^2} \frac{\partial U_{2n-1}}{\partial \theta} \frac{dz}{d\eta} \right) d\eta .$$

Osservando che si ha

$$\frac{\partial U_{2n-1}}{\partial z} = \frac{P_{2n}}{r^{2n+1}} , \ \frac{dz}{d\eta} = 0 ,$$

otterremo

$$R\int_s U_{2n+1}\,ds+\int_s U_{2n}\,ds=R\int\frac{P_{2n}}{r^{2n+1}}\,d\eta=\frac{RB_{2n-1}}{r_1^{2n+1}},$$

essendo B_{2n-1} una quantità dell'ordine di grandezza di R.

Avremo dunque le seguenti equazioni:

$$R\int_s U_{2n+1}\,ds+\int_s U_{2n}\quad ds=\frac{RB_{2n-1}}{r_1^{2n+1}},$$

$$R\int_s U_{2n}\quad ds+\int_s U_{2n-1}\,ds=\frac{RB_{2n-2}}{r_1^{2n}},$$

. . . .

$$R\int_s U_2\quad ds+\int_s U_1\quad ds=\frac{RB_0}{r_1^2},$$

dalle quali osservando che si ha

$$\int_s U_1\,ds=\omega,$$

si ricava

$$\int_s U_{2n+1}\,ds=\frac{1}{r_1^{2n+1}}\left[\omega r_1\left(\frac{r_1}{R}\right)^{2n}-\sum_0^{2n-1}(-1)^s B_s\left(\frac{r_1}{R}\right)^{2n-s-1}\right]=\frac{A_{2n+1}}{r_1^{2n+1}}.$$

Dunque tanto nel caso della tavola di Franklin quanto in quello della bottiglia di Leyda la equazione (17) darà

$$v=-\frac{\omega}{2\pi}-\frac{1}{2\pi}\sum_1^{\infty}\frac{1}{1.2.3\ldots(2n+1)}\left(\frac{g}{2r_1}\right)^{2n}\frac{A_{2n+1}}{r_1},$$

dove A_{2n+1} è una quantità dell'ordine di grandezza delle dimensioni del contorno. Onde il secondo termine è già di terzo ordine rispetto al primo e quindi trascurabile nei limiti di approssimazione che ci siamo assegnati. Avremo dunque

$$v=-\frac{\omega}{2\pi};\tag{18}$$

e nei punti distanti dalla superficie s più di $\frac{1}{2}g$, la funzione potenziale dell'elettricità, data dalle equazioni (15) sopra σ e σ', sara uguale alla funzione di un doppio strato omogeneo disteso sopra s.

Denótando con w la funzione potenziale della elettricità in equilibrio che si troverà sopra σ_1 e σ'_1, dovremo avere sopra σ_1

$$V_0 = w_0 + v_0 = 1\,,$$

e sopra σ'_1:

$$V' = w' + v' = -1\,.$$

Se σ_1 e σ'_1 sono i luoghi geometrici dell'estremità delle normali ad s prolungate dalle due parti di s, di una lunghezza costante uguale ad $\frac{1}{2}q$, e q è dello stesso ordine di grandezza di g, avremo

$$v_0 = \quad 1 - \frac{1}{4\pi} q \left(\frac{d\omega}{dp}\right)_0 + \cdots$$

$$v' = -1 + \frac{1}{4\pi} q \left(\frac{d\omega}{dp}\right)_0 + \cdots$$

Per un noto teorema dovuto a Stokes, si ha

$$\frac{1}{4\pi}\left(\frac{d\omega}{dp}\right)_0 = \frac{1}{4\pi}\int_\eta \frac{\operatorname{sen}(rt)\cos(pn)}{r^2}\, d\eta = \frac{a_1}{r_1}\,,$$

dove a_1 è dell'ordine delle dimensioni del contorno η. Dovrà dunque essere sopra σ_1

(19) $$w_0 = \frac{qa_1}{r_1}\,,$$

e sopra σ'_1

(20) $$w' = -\frac{qa_1}{r_1}\,.$$

Ora se uniamo σ_1 e σ'_1 mediante una superficie σ_2 che avrà una dimensione dell'ordine di grandezza di g, avremo una superficie chiusa τ, e potremo determinare una funzione potenziale che sopra le parti σ_1 e σ'_1 di τ abbia i valori dati dalle equazioni (19) e (20) e sopra σ_2 valori che si attaccano con continuità ai precedenti. Essendo tutti questi valori dell'ordine di grandezza del rapporto di g ad r in tutta la superficie τ, fuori che in un tratto vicino al contorno η la cui estensione è dell'ordine di grandezza di g, sarà w una funzione di questo ordine di grandezza, e dello stesso ordine sarà la densità sopra σ_1 e σ'_1, e quindi nei limiti di approssimazione assegnati trascurabile rispetto alla densità della elettricità di σ e σ' che è dell'ordine di grandezza di $\frac{1}{g}$.

Per calcolare le masse E ed E' dell'elettricità di K e di K' quando $h = 1$, $h' = -1$, basterà dunque tener conto soltanto di quella che si trova sopra la superficie σ e σ', e dalle equazioni (15) e (12) avremo

$$E' = \int_{\sigma'} \varrho' d\sigma' = \frac{s}{2\pi g} = \gamma_1 - \gamma',$$

$$E = \int_{\sigma} \varrho \, d\sigma = -\frac{s}{2\pi g} = \gamma - \gamma_1,$$

onde

$$\gamma = \gamma', \quad \gamma_1 - \gamma = \frac{s}{2\pi g}.$$

Sia ora γ_0 la capacità del conduttore τ che sarà uguale approssimativamente alla capacità dei due conduttori K e K' quando sopra ambidue sia $h = h' = 1$. Sommando le equazioni (1) e (2) avremo

$$\gamma_0 = \gamma + 2\gamma_1 + \gamma' = 2(\gamma + \gamma_1),$$

e quindi

$$\gamma_1 + \gamma = \frac{1}{2}\gamma_0,$$

$$\gamma_1 - \gamma = \frac{s}{2\pi g},$$

dalle quali si ricava

$$\gamma = \gamma' = \frac{\gamma_0 \pi g - s}{4\pi g},$$

$$\gamma_1 = \frac{\gamma_0 \pi g + s}{4\pi g}$$

e per l'energia potenziale $-$P dall'equazione (3) avremo

$$P = \frac{s(h - h')^2 - \pi g \gamma_0 (h + h')^2}{8\pi g}.$$

Nel caso della tavola di Franklin, quando s sia un circolo di raggio R abbiamo

$$\gamma_0 = -\frac{2R}{\pi},$$

ed è

$$s = \pi R^2;$$

avremo quindi

$$-P = \frac{\pi R^2 (h-h')^2 + 2gR(h+h')^2}{8\pi g}.$$

LI.

SOPRA L'EQUILIBRIO DI UNA MASSA DI GAZ PERFETTO ISOLATA NELLO SPAZIO

(Dal *Nuovo Cimento*, ser. III, t. VII, pp. 26-35, Pisa, 1880)

Nella termodinamica si prendono per unità di massa e di lavoro rispettivamente il chilogrammo e il chilogrammetro, cioè queste unità si riferiscono alla gravità sopra la superficie terrestre, e ciò torna utile per le applicazioni ai fenomeni che si presentano sopra la terra. Ma quando si tratta di masse qualunque, libere negli spazî celesti, sopra le quali agiscono le sole forze newtoniane che emanano dai loro elementi, conviene prendere invece le unità assolute, cioè quelle che si riferiscono alle sole unità di lunghezza e di tempo.

Imaginiamo due sfere omogenee ed uguali, che abbiano i loro centri a una distanza uguale alla unità di lunghezza; se le loro masse sono tali che ciascuna eserciti sopra l'altra un'attrazione uguale alla unità assoluta di forza, ciascuna di queste masse sarà uguale alla unità assoluta di massa.

È facile determinare in chilogrammi il peso dell'unità assoluta di massa sopra la superficie della terra. Infatti, se prendiamo per unità di lunghezza il millimetro e per unità di tempo il secondo, la gravità alla superficie della terra espressa in unità assolute di forza sarà

$$g = 9800 .$$

Ma denotando con M la massa della terra espressa in unità assolute, con R la lunghezza del raggio terrestre espressa in millimetri, si ha

$$g = \frac{M}{R^2} .$$

Se μ è la massa terrestre espressa in chilogrammi, prendendo la densità media uguale a 5,6, abbiamo:

$$10^6 \mu = \frac{4\pi}{3} \cdot 5{,}6 \cdot R^3 .$$

Ora i numeri M e μ sono in ragione inversa delle rispettive unità di massa; dunque il rapporto m dell'unità assoluta al chilogrammo sarà:

$$m = \frac{\mu}{\mathrm{M}} = \frac{4\pi \cdot 5{,}6 \cdot \mathrm{R}}{3 \cdot 10^6 . g},$$

cioè l'unità assoluta calcolata a meno di $^1/_{100}$ è uguale a 15 chilogrammi e un quarto.

Un chilogrammetro espresso in unità assolute di lavoro sarà uguale a $\frac{1000\, g}{m}$; una caloria assoluta sarà m volte la caloria ordinaria. Poichè una caloria ordinaria equivale a 424 chilogrammetri, una caloria assoluta equivarrà a 424000 g unità assolute di lavoro. L'equivalente meccanico del calore sarà dunque in unità assolute:

$$\mathrm{E} = 424000\, g$$

ed

$$\frac{1}{\mathrm{E}} = \mathrm{A} = \frac{1}{424000\, g},$$

esprimerà il numero di calorie a cui è equivalente l'unità assoluta di lavoro.

Consideriamo una massa M di un gaz perfetto immobile e isolata nello spazio. Sotto l'azione delle forze newtoniane che si esercitano tra i suoi elementi, prenderà la forma di una sfera e la densità si distribuirà uniformemente intorno al centro. Denotando con V la funzione potenziale di tutta la massa sopra uno dei suoi punti, con p la pressione e con ϱ la densità, per l'equilibrio dovremo avere la nota equazione:

$$(1) \qquad \frac{dp}{dr} = \varrho \frac{d\mathrm{V}}{dr},$$

e tra la pressione, la densità e la temperatura assoluta T l'altra:

$$(2) \qquad p = \frac{c_p - c_v}{\mathrm{A}} \varrho \mathrm{T}$$

dove c_p denota il calorico specifico a pressione costante e c_v quello a volume costante.

Se R è il raggio della sfera e la densità ϱ, che è funzione soltanto del rapporto tra la distanza del punto attratto dal centro della sfera e il raggio R, è data dalla equazione:

$$(3) \qquad \varrho = \mathrm{F}'\left(1 - \frac{r^2}{\mathrm{R}^2}\right),$$

la funzione potenziale V di tutta la massa sopra uno dei suoi punti sarà:

$$(4)\qquad V = 2\pi R^3 \int_0^{\frac{1}{R}} F(1 - r^2 u^2)\, du \text{ (}^1\text{)},$$

dove F denota la primitiva di F′ che è uguale a zero quando la variabile è uguale a zero.

Integrando per parti, la (4) diviene:

$$(5)\qquad V = 2\pi R^2 F\left(1 - \frac{r^2}{R^2}\right) + 4\pi R^3 r^2 \int_0^{\frac{1}{R}} F'(1 - r^2 u^2)\, u^2\, du\,.$$

Derivando la (4) rispetto ad r abbiamo:

$$(6)\qquad \frac{dV}{dr} = -\, 4\pi R^3 r \int_0^{\frac{1}{R}} F'(1 - r^2 u^2)\, u^2\, du\,.$$

Sommando la (5) colla (6) moltiplicata per r si ottiene:

$$(7)\qquad V = 2\pi R^2 F\left(1 - \frac{r^2}{R^2}\right) - \frac{dV}{dr}\, r\,.$$

Il potenziale P della massa sopra se stessa sarà ([2]):

$$(8)\qquad P = 2\pi \int_0^R V F'\left(1 - \frac{r^2}{R^2}\right) r^2\, dr =$$

$$= 4\pi^2 R^2 \int_0^R F\left(1 - \frac{r^2}{R^2}\right) F'\left(1 - \frac{r^2}{R^2}\right) r^2\, dr - 2\pi \int_0^R \frac{dV}{dr} F'\left(1 - \frac{r^2}{R^2}\right) r^3 dr\,.$$

Ora

$$2\int_0^R \frac{dV}{dr} F'\left(1 - \frac{r^2}{R^2}\right) r^3\, dr = -\, R^2 \int_0^R \frac{dV}{dr}\, r^2 d\, F\left(1 - \frac{r^2}{R^2}\right) =$$

$$= R^2 \int_0^R F\left(1 - \frac{r^2}{R^2}\right) \frac{d}{dr}\left(r^2 \frac{dV}{dr}\right) dr\,.$$

---

(1) Vedi: *Teorica delle forze newtoniane e sue applicazioni alla elettrostatica e al magnetismo*, del prof. Enrico Betti. Pisa, Tip. Nistri, 1879, pag. 83.

(2) Vedi: *Teorica delle forze newtoniane* ecc., pag. 119.

Ma

$$\frac{1}{r^2}\frac{d\left(r^2\frac{dV}{dr}\right)}{dr} = -4\pi\varrho = -4\pi F'\left(1-\frac{r^2}{R^2}\right)$$

onde:

$$2\pi\int_0^R \frac{dV}{dr} F'\left(1-\frac{r^2}{R^2}\right) r^3 dr = -4\pi^2 R^2 \int_0^R F\left(1-\frac{r^2}{R^2}\right) F'\left(1-\frac{r^2}{R^2}\right) r^2 dr$$

e la equazione (8) diviene:

$$P = -4\pi\int_0^R \frac{dV}{dr}\varrho r^3 dr .$$

Ponendo mente alla equazione (1), si deduce:

$$P = -4\pi\int_0^R \frac{dp}{dr} r^3 dr .$$

Integrando per parti, se la pressione alla superficie è uguale a zero, avremo:

$$(9) \qquad P = 12\pi\int_0^R p r^2 dr .$$

Il numero Q di calorie contenute in tutta la massa sarà dato dalla equazione

$$Q = 4\pi c_v \int_0^R T\varrho r^2 dr ,$$

la quale, osservando la (2), dà

$$(10) \qquad Q = \frac{4\pi c_v A}{c_p - c_v}\int_0^R p r^2 dr .$$

Dividendo la (9) per la (10), e ponendo

$$\frac{c_p}{c_v} = k ,$$

si ricava

$$(11) \qquad AP = 3(k-1)\,Q$$

ed abbiamo il seguente teorema

« In una massa di gaz perfetto in equilibrio, il potenziale diviso per « l'equivalente meccanico del calore è uguale al numero di calorie contenute

« nella massa moltiplicato per tre volte il rapporto del calorico specifico a « pressione costante al calorico specifico a volume costante diminuito della « unità ».

Questo teorema è stato dato dal sig. Augusto Ritter nelle Memorie pubblicate negli Annali di Wiedemann sotto il titolo: *Untersuchungen ueber die Constitution gazförmiger Weltkörper.*

Se la massa gazosa perde una quantità δQ di calore, diminuirà di volume e quindi il potenziale aumenterà di δP, e il lavoro fatto dalle forze per questo aumento si convertirà in una quantità $A\delta P$ di calore. Il calore che rimarrà nella massa aumenterà di $\delta q = A\delta P - \delta Q$; il potenziale diverrà $P + \delta P$, e per l'equilibrio dovremo avere

$$AP + A\delta P = 3(k-1)(A\delta P + Q - \delta Q).$$

Sottraendo la (11) si ottiene

$$(3k-4)\,A\delta P = 3(k-1)\,\delta Q$$

$$\delta q = A\delta P - \delta Q = \frac{1}{3k-4}\,\delta Q$$

ed abbiamo il seguente teorema

« Quando la massa gazosa perde una quantità di calore δQ, la quan- « tità di calore contenuto nella massa aumenta di una quantità uguale « a $\dfrac{\delta Q}{3k-4}$ ».

Se questa quantità di calore si distribuisce uniformemente in tutta la massa in guisa che ogni elemento dM di massa ne riceva una quantità uguale dq, avremo

$$dq = -\frac{\delta Q\, dM}{(3k-4)\,M},$$

ne risulterà un aumento di temperatura δT, e avremo

$$\frac{dq}{dM} = c_v\,\delta T = -\frac{\delta Q}{(3k-4)\,M};$$

onde

$$\frac{\delta Q}{M\,\delta T} = -(3c_p - 4\,c_v).$$

Ora per l'aria

$$c_p = 0{,}2375 \quad , \quad c_v = 0{,}1684$$

onde

$$\frac{\delta Q}{M} = -0{,}0389\,\delta T\,,$$

ed abbiamo il teorema

« Se il calore che perde o acquista la massa si distribuisce uniforme-
« mente in tutta la massa, in modo che ogni elemento di massa ne perda
« o acquisti quantità uguali, il calorico specifico della sfera è negativo e
uguale a — 0,0389.

Se si allontana o si avvicina al centro una massa di gaz uguale alla unità, affinchè la sua temperatura divenga uguale a quella che ha il gaz alla nuova distanza è necessario variare di δQ la quantità del calore contenuto in essa, ed abbiamo

$$\delta Q = \left(c_p \frac{dT}{dr} - A \frac{dp}{dr}\frac{1}{\varrho}\right) dr = \left(c_p \frac{dT}{dr} - A \frac{dV}{dr}\right) dr\,.$$

Onde se non è verificata la equazione

$$c_p \frac{dT}{dr} = A \frac{dV}{dr} \tag{12}$$

il gaz nella nuova posizione avrà una temperatura più alta o più bassa della temperatura del suo intorno, e non sarà in equilibrio. Dunque affinchè si abbia un equilibrio tale che per ogni spostamento nella direzione del raggio non venga tolto, è necessario che sia verificata la (12). Questo equilibrio che il sig. Reye ha chiamato equilibrio *indifferente* e che si potrebbe chiamare col sig. Ritter equilibrio termico, è quello a cui tende una massa gazosa.

Dalla equazione (12), osservando la nota equazione

$$\Delta^2 V = \frac{1}{r^2}\frac{d}{dr}\left(r^2 \frac{dV}{dr}\right) = -4\pi\varrho$$

si deduce

$$c_p \frac{d}{dr}\left(r^2 \frac{dT}{dr}\right) = -4\pi A\varrho r^2.$$

Moltiplicando per $T dr$, integrando tra 0 ed R, e supponendo $T = 0$ alla superficie, si ha

$$c_p \int_0^R T \frac{d}{dr}\left(r^2 \frac{dT}{dr}\right) dr = -c_p \int_0^R \frac{dT^2}{dr^2}\, r^2\, dr =$$

$$= -4\pi A \int_0^R \varrho T r^2\, dr = -\frac{AQ}{c_v}\,.$$

Sostituendo il valore di $\frac{dT}{dr}$ dato dalla (12), si deduce

$$(13) \qquad A\int_0^R \frac{dV^2}{dr^2} r^2 dr = \frac{c_p}{c_v} Q = kQ.$$

Ora

$$\int_0^R \frac{dV^2}{dr^2} r^2 dr = R^2 \left(V \frac{dV}{dr}\right)_R - \int_0^R V \frac{d}{dr}\left(r^2 \frac{dV}{dr}\right) dr =$$

$$= R^2 \left(V \frac{dV}{dr}\right)_R + 4\pi \int_0^R V\varrho\, r^2\, dr = R^2 \left(V \frac{dV}{dr}\right)_R + 2P.$$

Ma per $r = R$ si ha

$$V = \frac{M}{R}, \quad \frac{dV}{dr} = -\frac{M}{R^2}.$$

Onde

$$\int_0^R \frac{dV^2}{dr^2} r^2\, dr = 2P - \frac{M^2}{R},$$

e la equazione (13) diviene

$$2AP - kQ = \frac{AM^2}{R},$$

la quale, ponendo mente alla equazione (11), dà

$$(14) \qquad R = \frac{AM^2}{(5k - 6)\, Q}.$$

Onde il seguente teorema

« In una massa di gaz perfetto che si conserva sempre in equilibrio « meccanico e termico, il raggio della sfera che essa occupa è sempre diret- « tamente proporzionale al quadrato della massa e in ragione inversa della « quantità di calore che contiene ».

Denotiamo con μ la massa, e con r il raggio della terra, e sia:

$$M = n\mu \quad , \quad R = sr;$$

avremo

$$\frac{Q}{M} = \frac{A}{5k - 6} \frac{n}{s} \frac{\mu}{r}.$$

Ora:

$$\frac{\mu}{r} = gr \quad , \quad 5k - 6 = 1{,}05 \quad , \quad A = \frac{1}{424000\, g},$$

quindi sarà:

$$\frac{Q}{M}=\frac{n}{s}\frac{r}{445200}=\frac{14308\,n}{s}.$$

Per il sole abbiamo presentemente:

$$n=354936 \quad , \quad s=112,06;$$

onde:

$$\frac{n}{s}=3169 \quad , \quad \frac{Q}{M}=45213436.$$

Se la massa del sole fosse tutta allo stato di gaz perfetto la quantità media di calore contenuta nella unità di massa vi sarebbe uguale a 45 milioni di calorie.

Se un tempo la massa solare si fosse estesa sino a comprendere l'orbita di Nettuno, ossia se avesse avuto un raggio uguale a 31 volte la distanza della terra al sole, sarebbe stato allora:

$$s=743504,$$

e quindi:

$$\frac{n}{s}=0,477,$$

$$\frac{Q}{M}=0,477\times14308=6825:$$

la quantità media di calore contenuta nella unità di massa vi sarebbe stata uguale a 6825 calorie.

Da quell'epoca fino al presente avrebbe aumentato la quantità di calore in esso contenuto di 45206611 M calorie. Moltiplicando per $3k-4=0,23$ questo numero avremo il numero delle calorie che il Sole in questo intervallo di tempo avrebbe disperso negli spazî celesti. Questo numero sarebbe stato uguale a 10397520 M, essendo M il numero dell'unità assolute di massa che esso contiene; cioè

$$M=n\mu=ngr^2=14.10^{22}.$$

Se vi fu tempo in cui nell'unità di massa del sole era contenuta in media una sola caloria, il raggio della sfera da essa occupato fu allora uguale a 6825 volte la distanza del sole da Nettuno.

57

LII E LIII.

SOPRA IL MOTO DI UN ELLISSOIDE FLUIDO ETEROGENEO (*)

(Dagli *Atti della Reale Accademia dei Lincei*, Transunti, ser. III, t. V, pp. 201-202, Roma, 1881; riprodotta nel *Nuovo Cimento*, ser. III, t. IX, pp. 218-220, Pisa, 1881).

La determinazione del moto e della figura di una massa fluida soggetta alle forze newtoniane di attrazione tra i suoi elementi, quando sono date le condizioni iniziali e la forma ellissoidale, è stata trattata colla maggior generalità soltanto nel caso che il fluido sia omogeneo. Ora la ipotesi della omogeneità non permette di applicare i risultati alla teorica della figura dei pianeti, perchè non può supporsi che la loro massa sia omogenea. Perciò io ho preso a trattare la quistione supponendo il fluido eterogeneo.

Denotando con a, b, c i semiassi della superficie della massa in un tempo t qualunque, ho supposto la densità ϱ variabile colla legge espressa dalla formula

$$\varrho = \mathrm{F}'(1 - h^2),$$

essendo h il rapporto di omotetia dell'ellissoide ometetica alla superficie, sopra la quale si trova il punto di densità ϱ; cioè ho supposto la densità costante in ogni strato omotetico alla superficie e variabile da strato a strato.

Denotando con θ, ψ e φ i tre angoli di Eulero che determinano la posizione degli assi principali della superficie rispetto a tre assi fissi, con θ_1, ψ_1 e φ_1 i tre angoli di Eulero che determinano la posizione del sistema di assi introdotto da Riemann nel caso del fluido omogeneo, la risoluzione del problema si riduce alla determinazione di un integrale completo della

---

(*) Questa Nota è un sunto della Memoria seguente, sullo stesso argomento, alla quale rimandiamo anche per le osservazioni che vanno fatte sui risultati enunciati dall'A.

O. T.

equazione a derivate parziali di primo ordine con 9 variabili indipendenti:

$$\frac{1}{2}\left\{\frac{\left(\frac{p_1}{b}-\frac{p_2}{a}\right)^2+\left(\frac{p_2}{c}-\frac{p_3}{b}\right)^2+\left(\frac{p_3}{a}-\frac{p_1}{c}\right)^2}{\frac{1}{a^2}+\frac{1}{b^2}+\frac{1}{c^2}}\right\}+\frac{1}{4}\left\{\frac{(g+g_1)^2}{(b-c)^2}+\frac{(g-g_1)^2}{(b+c)^2}+\right.$$

$$\left.+\frac{(h+h_1)^2}{(c-a)^2}+\frac{(h-h_1)^2}{(c+a)^2}+\frac{(k+k_1)^2}{(a-b)^2}+\frac{(k-k_1)^2}{(a+b)^2}\right\}-$$

$$-\frac{3}{4}\pi abc\frac{\int_0^1 F^2(1-h^2)\,dh}{\int_0^1 F'(1-h^2)h^4dh}\int_0^\infty\frac{\lambda}{D}=\text{costante}$$

dove F è la primitiva di F' che si annulla quando la variabile è uguale a zero, e si ha

$$g=\frac{P_3+P_2\cos\theta}{\operatorname{sen}\theta}\operatorname{sen}\psi-P_1\cos\psi\ ,\ g_1=\frac{P_3'+P_2'\cos\theta_1}{\operatorname{sen}\theta_1}\operatorname{sen}\psi_1-P_1'\cos\psi_1,$$

$$h=\frac{P_3+P_2\cos\theta}{\operatorname{sen}\theta}\cos\psi+P_1\cos\psi\ ,\ h_1=\frac{P_3'+P_2'\cos\theta_1}{\operatorname{sen}\theta_1}\cos\psi_1+P_1'\operatorname{sen}\psi_1,$$

$$k=P_2\qquad ,\ k_1=P_2'$$

$$p_1=\frac{\partial V}{\partial a}\ ,\ p_2=\frac{\partial V}{\partial b}\ ,\ p_3=\frac{\partial V}{\partial c}\ ,$$

$$P_1=\frac{\partial V}{\partial\theta}\ ,\ P_2=\frac{\partial V}{\partial\psi}\ ,\ P_3=\frac{\partial V}{\partial\varphi}\ ,$$

$$P_1'=\frac{\partial V}{\partial\theta_1}\ ,\ P_2'=\frac{\partial V}{\partial\psi_1}\ ,\ P_3'=\frac{\partial V}{\partial\varphi_1}\ .$$

Di questa equazione si hanno facilmente 5 integrali, che colla equazione stessa formano un sistema Jacobiano di 6 equazioni a derivate parziali di 1° ordine con 9 variabili. Dunque con i metodi di Lie e di Meyer la determinazione dell'integrale completo e quindi la risoluzione del problema in tutta la sua generalità è ridotta a trovare un solo integrale comune a 6 equazioni differenziali ordinarie, un solo integrale comune a 4 equazioni differenziali ordinarie, e un solo comune a due sole equazioni ordinarie, come nel problema dei tre corpi.

Nel caso in cui la figura della massa si conserva invariabile, il moto è permanente, e le equazioni, che debbono essere verificate tra i semiassi e le quantità che determinano il moto, non differiscono da quelle trovate nel caso della omogeneità, altro che per il fattore

$$\frac{\frac{3}{8}\int_0^1 F^2(1-h^2)\,dh}{\int_0^1 F'(1-h^2)\,h^4 dh}$$

che vi comparisce in un sol termine. Dunque conoscendo il moto della massa e la sua figura, potremo dedurre il valore di questo fattore e quindi una condizione a cui deve soddisfare la legge di distribuzione della densità nell'interno della massa.

LIV.

SOPRA I MOTI CHE CONSERVANO LA FIGURA ELLISSOIDALE A UNA MASSA FLUIDA ETEROGENEA

(Dagli *Annali di matematica pura ed applicata*, serie II, t. X, pp. 173-187, Milano, 1881).

La determinazione dei moti per i quali è conservata la figura ellissoidale di una massa fluida (*), soggetta alle sole forze di attrazione newtoniana tra i suoi elementi, è stata trattata, nel caso che il fluido sia omogeneo, da Dirichlet [1] e nella via aperta da questo eminente geometra hanno progredito Dedekind [2], Brioschi [3], Riemann [4] e Padova [5]. La ipotesi della omogeneità rende però inapplicabili alla teorica della figura dei pianeti i risultati ottenuti; perciò io ho creduto utile di considerare invece il fluido

---

(*) In questa Memoria l'A. prende abbaglio. Dirichlet, infatti, non studia i moti che conservano alla massa fluida la figura ellissoidale; dimostra, invece, soltanto che, quando le particelle di una massa fluida omogenea si attirano con la legge di Newton, le equazioni di Lagrange sono soddisfatte supponendo le coordinate di un punto della massa, all'istante t, funzioni lineari delle coordinate dello stesso punto all'istante iniziale, con l'altra ipotesi compatibile con la precedente che la massa sia, inizialmente e quindi sempre, limitata da una superficie ellissoidale. È vero che, malgrado il modo di esprimersi, il Betti resta nel campo delle ipotesi di Dirichlet. Ma il punto fondamentale che a lui è sfuggito, è che soltanto nella ipotesi dell'omogeneità è possibile soddisfare sicuramente alla condizione che la pressione assuma ad ogni istante, sulla superficie dell'ellissoide, un valore costante.

Sull'argomento, oltre agli autori citati dal Betti, si possono consultare: Tedone, *Il moto di un ellissoide fluido...*, Annali della R. Scuola norm. di Pisa, vol. VII, 1895; Stekloff, *Problème du mouvement d'une masse fluide...*, Annales de l'école normale supérieure, serie 3ª, tomo 25, anno 1908 e serie 3ª, tomo 26, anno 1909.

O. T.

(1) Crelle, vol. 58, pag. 181.

(2) Crelle, vol. 58, pag. 217.

(3) Crelle, vol. 59, pag. 63.

(4) Abhandlungen der K. G. der Wissenschaften von Göttingen, Bd. 8.

(5) Annali della R. Scuola Normale superiore di Pisa, vol. 1°.

eterogeneo, e colla densità variabile da uno ad un altro degli strati omotetici alla superficie della massa. Con questo non aumentano affatto le difficoltà della integrazione: tutte l'equazioni rimangono le stesse, soltanto un termine vi comparisce moltiplicato per un coefficiente numerico il valore del quale dipende dalla legge con cui varia la densità da strato a strato, e si riduce alla unità nel caso che questa sia costante.

Dirichlet ha trovato che nei moti i quali conservano alla massa fluida la figura ellissoidale le coordinate di un elemento del fluido si possono esprimere per funzioni lineari omogenee delle coordinate iniziali e che quindi la determinazione dei coefficienti e in conseguenza delle coordinate dell'elemento dipende da 8 equazioni differenziali ordinarie di 2° ordine, che si deducono dall'equazioni fondamentali della Idrodinamica sotto la forma data loro da Lagrange. Di queste equazioni egli ha trovato 7 integrali primi soltanto; quindi per la soluzione generale rimanevano ancora da integrarsi 9 equazioni differenziali ordinarie di primo ordine. Riemann ha decomposto la sostituzione di Dirichlet e quindi il moto del fluido in due: uno dei quali è la rotazione intorno al centro, del sistema degli assi principali dell'ellissoide, l'altro è quello a cui è dovuta la deformazione della massa. Così ha reso più evidente la natura del moto, ed ha ottenuto, per la determinazione di questo e della figura, 2 equazioni differenziali di 2° ordine e 6 di 1°, con tre integrali primi. Quindi restava ancora da integrare un sistema di 7 equazioni differenziali di 1° ordine.

Con i metodi generali della Dinamica io, servendomi delle variabili di Riemann, ho costruito l'equazione a derivate parziali di 1° ordine, la quale con un suo integrale completo dà per mezzo di semplici derivazioni tutti gl'integrali dell'equazioni differenziali del moto. Per dedurre questa equazione da quella che esprime il principio di Hamilton bisogna in questo aggiungere alla energia cinetica aumentata del potenziale del sistema la derivata rispetto al tempo di una funzione delle variabili che deve conservarsi costante in conseguenza della invariabilità della massa, moltiplicata per un coefficiente indeterminato. Ora io trovo che la derivata rapporto al tempo di questo coefficiente è eguale alla differenza tra il valore della pressione alla superficie e il valor medio della pressione in tutta la massa moltiplicata per un coefficiente numerico il cui valore dipende dalla legge con cui la densità varia da strato a strato. Trovo quindi il valore della derivata del coefficiente indeterminato espresso per le quantità che determinano il moto e la figura, e in conseguenza ottengo il valor medio della pressione espresso per la pressione alla superficie e per queste quantità.

Dall'equazioni canoniche ho anche dedotto un'equazione analoga a quella trovata da Jacobi per un sistema di punti soggetto a forze che hanno una funzione potenziale funzione omogenea delle coordinate, dalla quale si possono dedurre analoghe conseguenze rispetto alla stabilità del movimento.

Della equazione a derivate parziali di 1° ordine con 9 variabili indipendenti trovo facilmente 5 integrali Jacobiani. Quindi per ottenere la soluzione generale resta soltanto a trovare un integrale completo di una equazione a derivate parziali di 1° ordine con 4 variabili indipendenti, cioè un solo integrale di un sistema di 6, un solo integrale di un sistema di 4, e un solo integrale di un sistema di 2 equazioni differenziali ordinarie di 1° ordine.

§ 1.

Sia data una massa fluida che abbia la figura di un ellissoide di semi-assi: A_1, A_2, A_3. La densità ϱ non sia costante, ma varii soltanto da una all'altra dell'ellissoidi omotetiche alla superficie, quando per centro di omotetia si prenda il centro di figura della massa; cioè sia ϱ funzione soltanto del rapporto di ometetia h. Potremo prendere

$$\varrho = F'(1 - h^2). \tag{1}$$

I moti del fluido siano tali che, sotto l'azione delle sole forze di attrazione newtoniana tra i suoi elementi, la massa conservi sempre la forma di un ellissoide. Dopo un tempo t qualunque siano: a_1, a_2, a_3 i semi-assi della superficie; x, y, z le coordinate, riferite agli assi principali dell'ellissoide iniziale, dell'elemento di fluido le cui coordinate iniziali riferite agli stessi assi erano x_0, y_0, z_0; e ξ, η, ζ siano le coordinate dello stesso elemento riferito agli assi principali nella posizione che essi avranno nel tempo t. Avremo evidentemente

$$\left\{\begin{aligned} \xi &= \alpha x + \beta y + \gamma z\,, \\ \eta &= \alpha' x + \beta' y + \gamma' z\,, \\ \zeta &= \alpha'' x + \beta'' y + \gamma'' z\,, \end{aligned}\right. \tag{2}$$

ed α, β, γ, ... saranno i coseni degli angoli che gli assi principali dopo il tempo t fanno cogli assi principali nella posizione iniziale.

Se i moti sono tali che, gli elementi i quali nella posizione iniziale si trovavano sopra l'ellissoide omotetico alla superficie, di equazione

$$\frac{x_0^2}{A_1^2} + \frac{y_0^2}{A_2^2} + \frac{z_0^2}{A_3^2} = h^2,$$

dopo un tempo qualunque si trovino sopra l'ellissoide che ha lo stesso rapporto di omotetia colla superficie, avremo

$$\frac{\xi^2}{a_1^2}+\frac{\eta^2}{a_2^2}+\frac{\zeta^2}{a_3^2}=h^2,$$

e quindi

$$\frac{\xi^2}{a_1^2}+\frac{\eta^2}{a_2^2}+\frac{\zeta^2}{a_3^2}=\frac{x_0^2}{A_1^2}+\frac{y_0^2}{A_2^2}+\frac{z_0^2}{A_3^2};$$

onde

$$(3)\qquad \left\{\begin{aligned} \frac{\xi}{a_1}&=\alpha_1\frac{x_0}{A_1}+\beta_1\frac{y_0}{A_2}+\gamma_1\frac{z_0}{A_3},\\ \frac{\eta}{a_2}&=\alpha_1'\frac{x_0}{A_1}+\beta_1'\frac{y_0}{A_2}+\gamma_1'\frac{z_0}{A_3},\\ \frac{\zeta}{a_3}&=\alpha_1''\frac{x_0}{A_1}+\beta_1''\frac{y_0}{A_2}+\gamma_1''\frac{z_0}{A_3},\end{aligned}\right.$$

e i coefficienti $\alpha_1\,\beta_1\,\gamma_1\ldots$ sono i coseni degli angoli che un sistema di assi A' fa cogli assi iniziali.

Calcoliamo la forza viva T del sistema per questa specie di moti.

Denotando con S lo spazio occupato dalla massa avremo

$$T=\frac{1}{2}\int_S \varrho(x'^2+y'^2+z'^2)\,dS,$$

o anche

$$(4)\qquad T=\frac{1}{2}\int_S \varrho(\xi'^2+\eta'^2+\zeta'^2)\,dS,$$

quando si ponga

$$(5)\qquad \left\{\begin{aligned} \xi'&=\alpha\,x'+\beta\,y'+\gamma\,z',\\ \eta'&=\alpha'\,x'+\beta'\,y'+\gamma'\,z',\\ \zeta'&=\alpha''x'+\beta''y'+\gamma''z'.\end{aligned}\right.$$

Dall'equazioni (2) si ricava

$$(6)\qquad \left\{\begin{aligned} \xi'&=\frac{d\xi}{dt}-q_3\eta+q_2\zeta,\\ \eta'&=\frac{d\eta}{dt}-q_1\zeta+q_3\xi,\\ \zeta'&=\frac{d\zeta}{dt}-q_2\xi+q_1\eta,\end{aligned}\right.$$

essendo q_1, q_2, q_3 le componenti secondo gli assi ξ, η, ζ della rotazione di questo sistema di assi.

Dall'equazioni (3) si ricava

$$
(7) \quad \left\{
\begin{aligned}
\frac{d\xi}{dt} &= \frac{da_1}{dt}\frac{\xi}{a_1} + a_1 r_3 \frac{\eta}{a_2} - a_1 r_2 \frac{\zeta}{a_3}, \\
\frac{d\eta}{dt} &= \frac{da_2}{dt}\frac{\eta}{a_2} + a_2 r_1 \frac{\zeta}{a_3} - a_2 r_3 \frac{\xi}{a_1}, \\
\frac{d\zeta}{dt} &= \frac{da_3}{dt}\frac{\zeta}{a_3} + a_3 r_2 \frac{\xi}{a_1} - a_3 r_1 \frac{\eta}{a_2},
\end{aligned}
\right.
$$

essendo r_1, r_2, r_3 le componenti della rotazione di un sistema di assi A′, secondo i medesimi assi.

Sostituendo i valori dati dalle formule (7) nelle (6), e quelli così ottenuti nella equazione (4) si avrà

$$
\begin{aligned}
\mathrm{T} = \frac{1}{2}\int_{\mathrm{S}} \varrho \Bigg[&\left(\frac{da_1}{dt}\frac{\xi}{a_1} + (a_1 r_3 - a_2 q_3)\frac{\eta}{a_2} - (a_1 r_2 - a_3 q_2)\frac{\zeta}{a_3}\right)^2 + \\
&+ \left(\frac{da_2}{dt}\frac{\eta}{a_2} + (a_2 r_1 - a_3 q_1)\frac{\zeta}{a_3} - (a_2 r_3 - a_1 q_3)\frac{\xi}{a_1}\right)^2 + \\
&+ \left(\frac{da_3}{dt}\frac{\zeta}{a_3} + (a_3 r_2 - a_1 q_2)\frac{\xi}{a_1} - (a_3 r_1 - a_2 q_1)\frac{\eta}{a_2}\right)^2 \Bigg] d\mathrm{S}.
\end{aligned}
$$

Poniamo

$$\xi = a_1 h \cos\theta \quad , \quad \eta = a_2 h \operatorname{sen}\theta \cos\varphi \quad , \quad \zeta = a_3 h \operatorname{sen}\theta \operatorname{sen}\varphi .$$

Osservando la equazione (1) e integrando a tutta l'ellissoide S, avremo

$$
(8) \quad \left\{
\begin{aligned}
\mathrm{T} = \frac{1}{2}\cdot\frac{4\pi a_1 a_2 a_3}{3} \int_0^1 &\mathrm{F}'(1-h^2)\, h^4\, dh \times \\
&\times \left[\sum_1^3 \left(\frac{da_i^2}{dt^2} + (a_i^2 + a_{i+1}^2)(q_{i+2}^2 + r_{i+2}^2) - 4 a_i a_{i+1} q_{i+2} r_{i+2}\right)\right].
\end{aligned}
\right.
$$

Il potenziale P dell'ellissoide soggetta alle forze di attrazione newtoniana è

$$\mathrm{P} = \pi^2 a_1^2 a_2^2 a_3^2 \int_0^1 \mathrm{F}^2(1-h^2)\, dh \int_0^\infty \frac{d\lambda}{\mathrm{D}} \ (^1)$$

---

(1) Vedi Nuovo Cimento, serie III, t. 9, pag. 224.

dove F è la primitiva di F′ che si annulla quando l'argomento è uguale a zero e

$$D = \sqrt{(a_1^2 + \lambda)(a_2^2 + \lambda)(a_3^2 + \lambda)}.$$

L'equazione delle forze vive sarà

$$T - P = \text{costante}.$$

Dividendola per $\frac{4}{3}\pi a_1 a_2 a_3 \int_0^1 F'(1 - h^2) h^4 dh$, osservando che per la invariabilità della massa

$$a_1 a_2 a_3 = A_1 A_2 A_3, \tag{9}$$

e ponendo

$$\eta = \frac{3}{8} \frac{\int_0^1 F^2(1 - h^2) dh}{\int_0^1 F'(1 - h^2) h^4 dh}, \tag{10}$$

$$Q = 2\pi A_1 A_2 A_3 \int_0^\infty \frac{d\lambda}{D}, \tag{11}$$

$$\Theta = \frac{1}{2} \sum_1^3{}_i [(a_i^2 + a_{i+1}^2)(q_{i+2}^2 + r_{i+2}^2) - 4a_i a_{i+1} q_{i+2} r_{i+2}], \tag{12}$$

avremo

$$\frac{1}{2} \sum \frac{da_i^2}{dt^2} + \Theta - \eta Q = \text{costante}. \tag{13}$$

Per ottenere l'equazioni differenziali del moto sotto la forma canonica, e per determinare l'equazione a derivate parziali di primo ordine, che con un suo integrale completo dà tutti gli integrali dell'equazioni del moto, poichè in questo caso a cagione della (9) abbiamo

$$\sum \frac{1}{a_i} \frac{da_i}{dt} = 0 \tag{14}$$

basterà prendere la funzione

$$H = \frac{1}{2} \sum \frac{da_i^2}{dt^2} + \Theta - \eta Q + \mu \sum \frac{1}{a_i} \frac{da_i}{dt}, \tag{15}$$

esprimere q_1, q_2, q_3 per gli angoli di Eulero $\theta_1, \theta_2, \theta_3$ e delle loro derivate colle note formule

$$(16)\qquad \begin{cases} q_1 = \theta'_3 \operatorname{sen}\theta_1 \operatorname{sen}\theta_2 - \theta'_1 \cos\theta_2 , \\ q_2 = \theta'_3 \operatorname{sen}\theta_1 \cos\theta_2 + \theta'_1 \operatorname{sen}\theta_2 , \\ q_3 = -\theta'_3 \cos\theta_1 + \theta'_2 ; \end{cases}$$

esprimere analogamente r_1, r_2, r_3 per altri tre angoli Euleriani $\theta_4, \theta_5, \theta_6$, cioè prendere

$$(17)\qquad \begin{cases} r_1 = \theta'_6 \operatorname{sen}\theta_4 \operatorname{sen}\theta_5 - \theta'_4 \cos\theta_5 , \\ r_2 = \theta'_6 \operatorname{sen}\theta_4 \cos\theta_5 + \theta'_4 \operatorname{sen}\theta_5 , \\ r_3 = -\theta'_6 \cos\theta_4 + \theta'_5 , \end{cases}$$

sostituire nella (13) a $\frac{da_i}{dt}$, θ'_i, i loro valori espressi in funzione delle derivate di H data dalla (15) rispetto a queste stesse quantità, e finalmente porre invece delle derivate rapporto alle $\frac{da_i}{dt}$ e alle θ'_i le rispettive derivate di una stessa funzione rapporto alle a_i e alle θ_i (¹).

Ora se poniamo

$$(18)\qquad \begin{cases} h_i = \frac{\partial H}{\partial q_i} = \frac{\partial \Theta}{\partial q_i} = (a_{i+1}^2 + a_{i+2}^2)\, q_i - 2a_{i+1}\, a_{i+2}\, r_i , \\ k_i = \frac{\partial H}{\partial r_i} = \frac{\partial \Theta}{\partial r_i} = (a_{i+1}^2 + a_{i+2}^2)\, r_i - 2a_{i+1}\, a_{i+2}\, q_i , \end{cases}$$

avremo

$$(19)\qquad \begin{cases} \frac{\partial H}{\partial \theta'_1} = \frac{\partial \Theta}{\partial \theta'_1} = p_1 = -h_1 \cos\theta_2 + h_2 \operatorname{sen}\theta_2 , \\ \frac{\partial H}{\partial \theta'_2} = \frac{\partial \Theta}{\partial \theta'_2} = p_2 = h_3 , \\ \frac{\partial H}{\partial \theta'_3} = \frac{\partial \Theta}{\partial \theta'_3} = p_3 = (h_1 \operatorname{sen}\theta_2 + h_2 \cos\theta_2) \operatorname{sen}\theta_1 - h_3 \cos\theta_1 . \end{cases}$$

(¹) Mayer, *Ueber allgemeinen Integrale der dynamischen Differentialgleichungen.* Math. Annalen, vol. XVII, pag. 332.

Dalle quali, scrivendo

$$\text{(20)} \qquad S_1 = \frac{p_3 + p_2 \cos\theta_1}{\operatorname{sen}\theta_1},$$

si deduce

$$\text{(21)} \qquad \begin{cases} h_1 = S_1 \operatorname{sen}\theta_2 - p_1 \cos\theta_2, \\ h_2 = S_1 \cos\theta_2 + p_1 \operatorname{sen}\theta_2, \\ h_3 = p_2. \end{cases}$$

Analogamente ponendo

$$\text{(22)} \qquad \frac{\partial\Theta}{\partial\theta'_4} = p_4 \quad , \quad \frac{\partial\Theta}{\partial\theta'_5} = p_5 \quad , \quad \frac{\partial\Theta}{\partial\theta'_6} = p_6,$$

e scrivendo

$$\text{(23)} \qquad S_2 = \frac{p_6 + p_5 \cos\theta_4}{\operatorname{sen}\theta_4},$$

si ottiene

$$\text{(24)} \qquad \begin{cases} k_1 = S_2 \operatorname{sen}\theta_5 - p_4 \cos\theta_5, \\ k_2 = S_2 \cos\theta_5 + p_4 \operatorname{sen}\theta_5, \\ k_3 = p_5. \end{cases}$$

Dall'equazioni (18) si ricava

$$\text{(25)} \qquad q_i + r_i = \frac{h_i + k_i}{(a_{i+1} - a_{i+2})^2} \quad , \quad q_i - r_i = \frac{h_i - k_i}{(a_{i+1} + a_{i+2})^2}.$$

Sostituendo nella equazione (12) questi valori, otterremo facilmente

$$\text{(26)} \qquad \Theta = \frac{1}{4} \sum_1^3 \left(\frac{(h_i + k_i)^2}{(a_{i+1} - a_{i+2})^2} + \frac{(h_i - k_i)^2}{(a_{i+1} + a_{i+2})^2} \right).$$

Abbiamo inoltre

$$\text{(27)} \qquad \begin{cases} \dfrac{\partial H}{\partial \dfrac{da_1}{dt}} = g_1 = \dfrac{da_1}{dt} + \dfrac{\mu}{a_1}, \\[2ex] \dfrac{\partial H}{\partial \dfrac{da_2}{dt}} = g_2 = \dfrac{da_2}{dt} + \dfrac{\mu}{a_2}, \\[2ex] \dfrac{\partial H}{\partial \dfrac{da_3}{dt}} = g_3 = \dfrac{da_3}{dt} + \dfrac{\mu}{a_3}. \end{cases}$$

Onde, ponendo mente alla equazione (14), si deduce

(28) $$\mu = \frac{\sum_1^3 \frac{g_i}{a_i}}{\sum_1^3 \frac{1}{a_i^2}}$$

(29) $$\frac{1}{2}\sum \frac{da_i^2}{dt^2} = \Omega = \frac{1}{2}\sum g_i^2 - \frac{1}{2}\frac{\left(\sum \frac{g_i}{a_i}\right)^2}{\sum \frac{1}{a_i^2}} = \frac{\sum\left(\frac{g_i}{a_{i+1}} - \frac{g_{i+1}}{a_i}\right)^2}{\sum \frac{1}{a_i^2}}.$$

L'equazione a derivate parziali di prim'ordine della quale per integrare l'equazione del moto, basterà determinare un integrale completo, sarà dunque l'equazione

(30) $$H = \Omega + \Theta - \eta Q = \text{costante}$$

nella quale Θ e Ω sono espresse per le g_i e le p_i mediante l'equazioni (26), (21), (24) e (29) e denotando con W l'integrale è posto

(31) $$g_i = \frac{\partial W}{\partial a_i} \quad , \quad p_i = \frac{\partial W}{\partial \theta_i}.$$

§ 2 (*).

Determiniamo ora il significato fisico del coefficiente μ. Abbiamo l'equazioni canoniche

(32) $$\frac{dg_i}{dt} = -\frac{\partial H}{\partial a_i} = -\frac{\partial \Omega}{\partial a_i} - \frac{\partial(\Theta - \eta Q)}{\partial a_i}.$$

(*) I §§ 2 e 3 sono ristampati integralmente per quanto i risultati in essi contenuti sieno erronei perchè in essi è supposto che la pressione sulla superficie dell'ellissoide assuma un valore costante. Ma, anche all'infuori di ciò, si può notare che nelle equazioni che l'A. ricava dalle equazioni di Lagrange va cambiato il segno a $\frac{\partial \Theta}{\partial a_1}, \frac{\partial \Theta}{\partial a_2}, \frac{\partial \Theta}{\partial a_3}$; che la relazione $\int_S \varrho \frac{\partial V}{\partial \xi} \frac{\zeta}{a_i} dS = \frac{4}{3}\pi A_1 A_2 A_3 \eta \frac{\partial Q}{\partial a_i}$, è falsa in generale, e che infine la (36), nell'ipotesi che i risultati fino alla formola (35) sian giusti, andrebbe modificata così:

$$\Pi_m = \Pi_0 + \frac{1}{5\varepsilon\Sigma \frac{1}{a_i^2}}\left[4\pi\eta + \Sigma \frac{1}{a_i^2}\frac{da_i^2}{dt^2} + \frac{1}{2}\Sigma \frac{1}{a_{i+1}a_{i+2}}\left(\frac{(h_i+k_i)^2}{(a_{i+1}-a_{i+2})^2} - \frac{(h_i-k_i)^2}{(a_{i+1}+a_{i+2})^2}\right)\right].$$

O. T.

Dalla (29), ponendo mente alle (27), si ottiene

$$\frac{\partial \Omega}{\partial a_i} = \frac{g_i}{a_i^2}\mu - \frac{\mu^2}{a_i^3} = \frac{\mu}{a_i^2}\frac{da_i}{dt},$$

e dalle (27)

$$\frac{dg_i}{dt} = \frac{d^2a_i}{dt^2} + \frac{d\mu}{dt}\frac{1}{a_i} - \frac{\mu}{a_i^2}\frac{da_i}{dt}.$$

Onde avremo

$$\frac{d^2a_i}{dt^2} = -\frac{d\mu}{dt}\frac{1}{a_i} - \frac{\partial(\Theta - \eta Q)}{\partial a_i}. \tag{33}$$

Se prendiamo l'equazioni generali della Idrodinamica sotto la forma data loro da Lagrange, colle posizioni fatte nel paragrafo precedente, denotando con Π la pressione e con V la funzione potenziale dell'ellissoide, otterremo le tre equazioni

$$\varrho\left[\frac{\xi}{a_1}\left(\frac{d^2a_1}{dt^2} + \frac{\partial\Theta}{\partial a_1}\right) + \frac{\eta}{a_2}N_1 + \frac{\zeta}{a_3}N_1' - \frac{\partial V}{\partial \xi}\right] + \frac{\partial \Pi}{\partial \xi} = 0,$$

$$\varrho\left[\frac{\eta}{a_2}\left(\frac{d^2a_2}{dt^2} + \frac{\partial\Theta}{\partial a_2}\right) + \frac{\zeta}{a_3}N_2 + \frac{\xi}{a_1}N_2' - \frac{\partial V}{\partial \eta}\right] + \frac{\partial \Pi}{\partial \eta} = 0,$$

$$\varrho\left[\frac{\zeta}{a_3}\left(\frac{d^2a_3}{dt^2} + \frac{\partial\Theta}{\partial a_3}\right) + \frac{\xi}{a_1}N_3 + \frac{\eta}{a_2}N_3' - \frac{\partial V}{\partial \zeta}\right] + \frac{\partial \Pi}{\partial \zeta} = 0,$$

dove $N_1, N_2, \ldots$ sono funzioni delle a_i, h_i, k_i e delle loro derivate, che qui non abbiamo bisogno di determinare. Riemann deduce da queste l'equazioni del movimento, supponendo Π funzione lineare di h^2, ed uguagliando a zero in ciascuna i coefficienti di ξ, η e ζ. Osservando che queste equazioni debbono esser soddisfatte in tutti i punti della massa si potranno moltiplicare rispettivamente per $\frac{\xi}{a_1}dS$, $\frac{\eta}{a_2}dS$, $\frac{\zeta}{a_3}dS$ ed integrarle, estendendo l'integrazione a tutto lo spazio S occupato dalla massa. Avremo così

$$\int_S \frac{\partial \Pi}{\partial \xi}\frac{\xi}{a_1}dS + \frac{4}{3}\pi A_1 A_2 A_3 \int_0^1 F'(1-h^2)\,h^4 dh\left(\frac{d^2a_1}{dt^2} + \frac{\partial\Theta}{\partial a_1}\right) -$$
$$- \int_S \varrho\frac{\xi}{a_1}\frac{\partial V}{\partial \xi}dS = 0$$

e due altre equazioni analoghe relative all'altre due coordinate. Ora prendendo per V la nota espressione della funzione potenziale di un ellissoide eterogeneo [1], si dimostra facilmente l'equazione

$$\int_S \varrho \frac{\partial V}{\partial \xi} \frac{\xi}{a_i} dS = \frac{4}{3} \pi A_1 A_2 A_3 \eta \frac{\partial Q}{\partial a_i}.$$

Onde

$$\int_S \frac{\partial \Pi}{\partial \xi} \frac{\xi}{a_1} dS + \frac{4\pi}{3} A_1 A_2 A_3 \int_0^1 F'(1-h^2)\, h^4\, dh \left(\frac{d^2 a_1}{dt^2} + \frac{\partial(\Theta - \eta Q)}{\partial a_1}\right) = 0.$$

Confrontando questa colla equazione (33) si deduce

$$\frac{d\mu}{dt} = \frac{\int_S \frac{\partial \Pi}{\partial \xi} \xi\, dS}{\frac{4}{3} \pi A_1 A_2 A_3 \int_0^1 F'(1-h^2)\, h^4\, dh}.$$

Ora per un teorema noto abbiamo

$$\int_S \frac{\partial \Pi}{\partial \xi} \xi\, dS = -\int_\sigma \Pi \xi \frac{\partial \xi}{\partial p} d\sigma - \int_S \Pi\, dS,$$

essendo p la normale alla superficie σ della massa diretta verso l'interno. Se $\Pi = \Pi_0$ quantità costante sopra tutta la superficie σ, osservando che si ha

$$-\int_\sigma \xi \frac{\partial \xi}{\partial p} d\sigma = \int_S dS = \frac{4}{3} \pi A_1 A_2 A_3,$$

avremo

$$\frac{d\mu}{dt} = \frac{\frac{4}{3} \pi A_1 A_2 A_3 \Pi_0 - \int_S \Pi\, dS}{\frac{4}{3} \pi A_1 A_2 A_3 \int_0^1 F'(1-h^2)\, h^4\, dh},$$

e denotando con Π_m il valor medio della pressione, cioè essendo

$$\Pi_m = \frac{\int_S \Pi\, dS}{\frac{4}{3} \pi A_1 A_2 A_3},$$

---

[1] Vedi *Teoria delle forze Newtoniane* del prof. Enrico Betti, pag. 73.

e ponendo

$$\varepsilon = \frac{1}{5\int_0^1 F'(1-h^2)\, h^4\, dh}$$

otterremo

$$\frac{d\mu}{dt} = 5\,\varepsilon(\Pi_0 - \Pi_m)\,; \tag{34}$$

quindi $\frac{d\mu}{dt}$ negativo finchè il valor medio della pressione sia maggiore della pressione alla superficie della massa.

La equazione (34) ci dà il modo di esprimere il valore medio della pressione in funzione delle h, k, a e $\frac{da}{dt}$. Infatti se poniamo con Jacobi

$$(f\,,f_1) = \sum_1^6 \left(\frac{\partial f}{\partial p_i}\frac{\partial f_1}{\partial \theta_i} - \frac{\partial f}{\partial \theta_i}\frac{\partial f_1}{\partial p_i}\right) + \sum_1^3 \left(\frac{\partial f}{\partial g_i}\frac{\partial f_1}{\partial a_i} - \frac{\partial f}{\partial a_i}\frac{\partial f_1}{\partial g_i}\right) \tag{35}$$

avremo

$$\frac{d\mu}{dt} = -(\mu\,,\mathrm{H}) = -(\mu\,,\Omega) - (\mu\,,\Theta) + (\mu\,,\eta\,\mathrm{Q})\,.$$

Ora

$$(\mu\,,\Omega) = \frac{1}{2}(\mu\,,\Sigma g_i^2) - \frac{1}{2}\left(\mu\,,\mu^2\Sigma\frac{1}{a_i^2}\right) = \frac{1}{\Sigma a_i^2}\left(\Sigma\frac{g_i^2}{a_i^2} - 2\mu\Sigma\frac{g_i}{a_i^3} + \mu^2\Sigma\frac{1}{a_i^4}\right)$$

e sostituendo alle g_i i valori dati dalle (27)

$$(\mu\,,\Omega) = \frac{\Sigma\frac{da_i^2}{dt^2}\frac{1}{a_i^2}}{\Sigma\frac{1}{a_i^2}}\,.$$

Abbiamo inoltre

$$(\mu\,,\eta\,\mathrm{Q}) = \eta\,\Sigma\frac{1}{a_i}\frac{\partial \mathrm{Q}}{\partial a_i} = -2\pi\,\mathrm{A}_1\mathrm{A}_2\mathrm{A}_3\,\eta\int_0^\infty\frac{d\lambda}{\mathrm{D}}\Sigma\frac{1}{a_i^2+\lambda} = -4\pi\eta$$

$$(\mu\,,\Theta) = \Sigma\,\frac{1}{a_i}\frac{\partial\Theta}{\partial a_i} = \frac{1}{2}\Sigma\left(\frac{(h_i+k_i)^2}{(a_{i+1}-a_{i+2})^2} - \frac{(h_i-k_i)^2}{(a_{i+1}+a_{i+2})^2}\right)$$

e quindi

$$\frac{d\mu}{dt} = -4\pi\eta - \frac{\sum \frac{da_i^2}{dt^2}\frac{1}{a_i^2}}{\sum \frac{1}{a_i^2}} - \frac{1}{2}\sum\left(\frac{(h_i+k_i)^2}{(a_{i+1}-a_{i+2})^2} - \frac{(h_i-k_i)^2}{(a_{i+1}+a_{i+2})^2}\right)$$

(36) $$\Pi_m = \Pi_0 + \frac{1}{5\varepsilon}\left[4\pi\eta + \frac{\sum \frac{da_i^2}{dt^2}\frac{1}{a_i^2}}{\sum \frac{1}{a_i^2}} + \frac{1}{2}\sum\left(\frac{(h_i+k_i)^2}{(a_{i+1}-a_{i+2})^2} - \frac{(h_i-k_i)^2}{(a_{i+1}+a_{i+2})^2}\right)\right].$$

§ 3.

Dall'equazioni (32) se ne può dedurre una analoga a quella trovata da Jacobi per i sistemi di punti soggetti a forze che hanno una funzione potenziale, funzione omogenea delle coordinate (1).

Moltiplicando le (32) rispettivamente per a_1, a_2, a_3, sommando e osservando che si ha

$$\sum a_i \frac{\partial \Omega}{\partial a_i} = 0 \quad , \quad \sum a_i \frac{\partial \Theta}{\partial a_i} = -2\Theta \quad , \quad \sum a_i \frac{\partial Q}{\partial a_i} = -Q$$

si ottiene

(37) $$\sum a_i \frac{dg_i}{dt} = 2\Theta - \eta Q .$$

Dalle (27), ponendo mente alla (14) si deduce

$$\sum g_i \frac{da_i}{dt} = \sum \frac{da_i^2}{dt^2} .$$

Ma denotando con C la costante della equazione (30), abbiamo

$$\sum \frac{da_i^2}{dt^2} = -2\Theta + 2\eta Q + 2C .$$

Onde

(38) $$\sum g_i \frac{da_i}{dt} = -2\Theta + 2\eta Q + 2C ,$$

(1) Vedi *Teorica delle forze Newtoniane*, pag. 131.

e sommando la (37) colla (38)

$$\frac{d}{dt}\sum g_i a_i = \eta Q + 2C.$$

Sostituendo i valori (27) e (34), avremo

$$(39)\qquad \frac{1}{2}\frac{d^2}{dt^2}\sum a_i^2 = \eta Q + 2C + 15\varepsilon(\Pi_m - \Pi_0).$$

Da questa si deduce che mantenendosi sempre il valore medio della pressione maggiore del valore della pressione alla superficie, non potrà aversi stabilità nel movimento se la costante C non è negativa.

§ 4.

Passiamo ora a trattare la integrazione della equazione (30).

Poichè in essa non compariscono le due variabili θ_3 e θ_6, due integrali Jacobiani saranno

$$(40)\qquad p_3 = c_1 \quad , \quad p_6 = c_2 ,$$

e sostituendo a p_3 e p_6 le costanti c_1 e c_2 avremo da trovare l'integrale completo di una equazione a derivate parziali con 7 variabili indipendenti.

Applicando le operazioni designate col simbolo di Jacobi definito dalla equazione (35) si trova

$$(h_i, h_{i+1}) = h_{i+2} \quad , \quad (k_i, k_{i+1}) = k_{i+2} \quad , \quad (h_i, k_s) = 0.$$

Onde

$$(h_i, \mathrm{H}) = (h_i, \Theta) = \sum \frac{\partial \Theta}{\partial h_s}(h_i, h_s) = \frac{\partial \Theta}{\partial h_{i+1}} h_{i+2} - \frac{\partial \Theta}{\partial h_{i+2}} h_{i+1}.$$

Ma

$$\frac{\partial \Theta}{\partial h_i} = \frac{1}{2}\frac{h_i + k_i}{(a_{i+1} - a_{i+2})^2} + \frac{1}{2}\frac{h_i - k_i}{(a_{i+1} + a_{i+2})^2} = q_i ;$$

e quindi

$$(h_i, \mathrm{H}) = q_{i+1} h_{i+2} - q_{i+2} h_{i+1}.$$

Analogamente si trova

$$(k_i\,,\mathrm{H}) = r_{i+1}\,k_{i+2} - r_{i+2}\,k_{i+1}\,,$$

e per conseguenza

$$(\sum h_i^2\,,\mathrm{H}) = 2\sum h_i\,(h_i\,\mathrm{H}) = 0\,,$$

$$(\sum k_i^2\,,\mathrm{H}) = 2\sum k_i\,(k_i\,\mathrm{H}) = 0\,.$$

Dunque abbiamo due integrali

(41) $$\left\{\begin{aligned} &\sum h_i^2 = c_3\,,\\ &\sum k_i^2 = c_4\,,\end{aligned}\right.$$

ed essendo

$$(\sum h_i^2\,,\sum k_i^2) = 0\,,$$

questi integrali sono Jacobiani.

Sostituendo nelle (41) i valori dati dalle (21) e dalle (24) si ottiene

$$\mathrm{S}_1^2 + p_1^2 + p_2^2 = c_3 \quad , \quad \mathrm{S}_2^2 + p_4^2 + p_5^2 = c_4$$

e ponendo mente all'equazioni (20), (23) e (40) avremo

(42) $$\left\{\begin{aligned} &p_1^2 + \frac{c_1^2 + p_2^2 + 2\,c_1\,p_2\cos\theta_1}{\operatorname{sen}^2\theta_1} = c_3\,,\\ &p_4^2 + \frac{c_2^2 + p_5^2 + 2\,c_2\,p_5\cos\theta_5}{\operatorname{sen}^2\theta_5} = c_4\,.\end{aligned}\right.$$

Un altro integrale pure Jacobiano è dato da

(43) $$a_1\,a_2\,a_3 = \mathrm{A}_1\,\mathrm{A}_2\,\mathrm{A}_3$$

e quindi abbiamo 3 integrali Jacobiani della (30).

Pertanto applicando i metodi di Lie e di Meyer, per aver un integrale completo della (30) basterà trovare un integrale completo di una sola equazione a derivate parziali di 1° ordine con 4 variabili indipendenti, cioè basterà trovare un solo integrale comune a 6, un solo integrale comune a 4, e un solo integrale comune a 2 equazioni differenziali ordinarie di primo ordine, precisamente come nel problema dei tre corpi.

Due altri integrali indipendenti dalle g_i e dalle a_i si trovano facilmente, cioè

$$(44) \qquad \left\{ \begin{array}{l} R_1 \operatorname{sen} \theta_3 - p_1 \cos \theta_3 = \text{costante}, \\ R_2 \operatorname{sen} \theta_6 - p_4 \cos \theta_6 = \text{costante}, \end{array} \right.$$

essendo

$$R_1 = - \operatorname{sen} \theta_1 \frac{\partial S_1}{\partial \theta_1} \quad , \quad R_2 = - \operatorname{sen} \theta_4 \frac{\partial S_2}{\partial \theta_4} \, .$$

Con i sette integrali (40), (42), (43) e (44) non si possono ottenere più di cinque equazioni che colla (30) formino un sistema Jacobiano, e quindi i due integrali (44) non possono servire a diminuire ulteriormente la difficoltà della integrazione della equazione (30).

LV.

SOPRA LA PROPAGAZIONE DEL CALORE

(Dalla *Collectanea mathematica in memoriam Dominici Chelini*, pp. 232-240, Milano, 1881)

È noto che la propagazione del calore in un corpo solido qualunque che occupa uno spazio S è determinata dallo stato iniziale, dalle condizioni al contorno σ che limita lo spazio S e dalla equazione a derivate parziali (¹)

$$\frac{\partial V}{\partial t} - \sum_i \frac{\partial}{\partial x_i} \sum_s a_{is} \frac{\partial V}{\partial x_s} = 0, \tag{1}$$

nella quale V denota la temperatura nel tempo t in un punto dello spazio S, che ha per coordinate cartesiane x_1, x_2, x_3, ed i coefficienti a_{is} sono in generale funzioni delle coordinate, dipendenti dalle conducibilità nelle differenti direzioni, dalla densità e dal calorico specifico del corpo nel punto (x_1, x_2, x_3).

Nel tempo iniziale $t = 0$ la temperatura V_0 sia espressa da una funzione arbitrariamente data in tutto lo spazio S:

$$V_0 = f(x_1, x_2, x_3). \tag{2}$$

Se il corpo sia isolato in uno spazio del quale è data in tutto il tempo la temperatura v, sopra la superficie σ dovrà esser verificata in tutto il tempo la equazione (²)

$$h(V - v) = \sum_i \alpha_i \sum_s a_{is} \frac{\partial V}{\partial x_s}, \tag{3}$$

nella quale h denota la conducibilità esterna ed $\alpha_1, \alpha_2, \alpha_3$ sono i coseni

---

(¹) Vedi Lamé, *Leçons sur la théorie analytique de la Chaleur*, pag. 27.
(²) Ivi, pag. 30.

degli angoli che la normale alla superficie σ diretta verso l'interno dello spazio S fa cogli assi delle x_1, x_2, x_3.

Sia U una funzione del tempo t e delle coordinate, la quale insieme colla sua derivata prima rispetto al tempo e colle sue derivate prime e seconde rispetto alle coordinate si conservi finita e continua in tutto lo spazio S e in tutto il tempo da $t=0$ a $t=t_1$.

Moltiplichiamo la equazione (1) per $\mathrm{U}dt\,d\mathrm{S}$ e integriamo, estendendo la integrazione a tutto lo spazio S e a tutto il tempo t_1. Denotando rispettivamente con $\mathrm{V}_1, \mathrm{U}_1$ e con $\mathrm{V}_0, \mathrm{U}_0$ i valori di V ed U corrispondenti a $t=t_1$ e a $t=0$, avremo

$$(4)\qquad \int_{\mathrm{S}} \mathrm{V}_1 \mathrm{U}_1 d\mathrm{S} - \int_{\mathrm{S}} \mathrm{V}_0 \mathrm{U}_0 d\mathrm{S}$$
$$+ \int_0^{t_1} dt \int_\sigma d\sigma \sum_i \alpha_i \left(\mathrm{U} \sum_s a_{is} \frac{\partial \mathrm{V}}{\partial x_s} - \mathrm{V} \sum_s a_{si} \frac{\partial \mathrm{U}}{\partial x_s} \right)$$
$$- \int_0^{t_1} dt \int_{\mathrm{S}} \left(\frac{\partial \mathrm{U}}{\partial t} + \sum_i \frac{\partial}{\partial x_i} \sum_s a_{si} \frac{\partial \mathrm{U}}{\partial x_s} \right) \mathrm{V} d\mathrm{S} = 0 .$$

Sia ora t' un valore di t maggiore di t_1 ed U sia tale che quando uno spazio s qualunque non contiene un punto (x'_1, x'_2, x'_3) si abbia

$$(5)\qquad \lim_{t_1=t'} \int_s \mathrm{U}\, ds = 0,$$

e quando uno spazio s' contenga il punto (x'_1, x'_2, x'_3) sia invece

$$(6)\qquad \lim_{t_1=t'} \int_{s'} \mathrm{U}\, ds' = \omega,$$

ed U si conservi sempre dello stesso segno finchè t_1 non supera t'.

Decomponiamo lo spazio S in due parti: una s' che contenga il punto (x'_1, x'_2, x'_3) e l'altra s che non lo contenga. Denotando con V' un valore compreso tra il massimo e il minimo dei valori che prende V_1 in s', e con V^0 uno compreso tra il massimo e il minimo di quelli che prende in s, avremo

$$(7)\qquad \int_{\mathrm{S}} \mathrm{V}_1 \mathrm{U}_1 d\mathrm{S} = \int_{s'} \mathrm{V}_1 \mathrm{U}_1 ds' + \int_s \mathrm{V}_1 \mathrm{U}_1 ds$$
$$= \mathrm{V}' \int_{s'} \mathrm{U}_1 ds' + \mathrm{V}^0 \int_s \mathrm{U}_1 ds,$$

e ponendo mente alle equazioni (5) e (6), otterremo

$$\lim_{t_1=t'} \int_S V_1 U_1 \, dS = V'\omega . \tag{8}$$

Ma la equazione (6) vale qualunque sia la grandezza di s'. Quindi diminuendo indefinitamente s', se la funzione V ha un limite determinato coll'avvicinarsi al punto (x'_1, x'_2, x'_3), V' sarà il valore di V in questo punto nel tempo $t = t'$ e passando al limite, la equazione (4) diverrà

$$V'\omega = \int_S V_0 U_0 \, dS - \int_0^{t'} dt \int_\sigma d\sigma \sum_i \alpha_i \left\{ U \sum_s a_{is} \frac{\partial V}{\partial x_s} - V \sum_s a_{si} \frac{\partial U}{\partial x_s} \right\} + \int_0^{t'} dt \int_S V \left(\frac{\partial U}{\partial t} + \sum_i \frac{\partial}{\partial x_i} \sum_s a_{si} \frac{\partial U}{\partial x_s} \right) dS . \tag{9}$$

Se oltre alle condizioni notate sopra, la funzione U soddisfa anche in tutto lo spazio S alla equazione

$$\frac{\partial U}{\partial t} + \sum_i \frac{\partial}{\partial x_i} \sum_s a_{si} \frac{\partial U}{\partial x_s} = 0 , \tag{10}$$

la equazione (9) diverrà

$$\omega V' = \int_S V_0 U_0 \, dS + \int_0^{t'} dt \int_\sigma d\sigma \sum_i \alpha_i \left(V \sum_s a_{si} \frac{\partial U}{\partial x_s} - U \sum_s a_{is} \frac{\partial V}{\partial x_s} \right) , \tag{11}$$

e se la funzione V soddisfa anche alla equazione (3) sarà

$$\omega V' = \int_S V_0 U_0 \, dS + \int_0^{t'} dt \int_\sigma \left[hUv - V \left(hU - \sum_i \alpha_i \sum_s a_{si} \frac{\partial U}{\partial x_s} \right) \right] d\sigma . \tag{12}$$

Quando la U soddisfacesse sopra σ alla equazione

$$hU = \sum_i \alpha_i \sum_s a_{si} \frac{\partial U}{\partial x_s} , \tag{13}$$

avremmo

$$V' = \frac{1}{\omega} \int_S V_0 U_0 \, dS + \frac{1}{\omega} \int_0^{t'} dt \int_\sigma hUv \, d\sigma , \tag{14}$$

e quindi il valore di V', in ogni punto interno allo spazio S, sarebbe espresso per funzioni date.

Se la conducibilità è uguale in due direzioni qualunque opposte l'una all'altra, sarà [1]

$$a_{is} = a_{si} ,$$

e se il corpo è omogeneo i coefficiienti a_{is} saranno costanti. In questo caso una funzione U che soddisfa alle equazioni (5), (6) e (10) è la seguente:

$$(15) \qquad U = \frac{e^{-\frac{\varphi}{4(t'-t)}}}{(t'-t)^{\frac{3}{2}}} ,$$

nella quale si ha

$$(16) \qquad \varphi = \sum_i \sum_s A_{is}(x_i - x_i')(x_s - x_s') ,$$

e posto

$$(17) \qquad D = \begin{vmatrix} a_{11} & a_{12} & a_{13} \\ a_{21} & a_{22} & a_{23} \\ a_{31} & a_{32} & a_{33} \end{vmatrix} ,$$

i coefficienti A_{is} sono determinati dalle equazioni

$$A_{is} = \frac{\partial D}{\partial a_{is}} \frac{1}{D} .$$

Effettuando le derivazioni e rammentando alcune proprietà elementari dei determinanti si dimostra facilmente che la funzione U soddisfa alla equazione (10).

Per dimostrare che la funzione U soddisfa alle equazioni (5) e (6) osserviamo primieramente che la funzione φ con una conveniente trasformazione di coordinate prende la forma:

$$\varphi = \frac{(x_1 - x_1')^2}{a^2} + \frac{(x_2 - x_2')^2}{b^2} + \frac{(x_3 - x_3')^2}{c^2} ,$$

dove le costanti a , b , c sono le radici di una equazione di terzo grado, ed abbiamo

$$(18) \qquad a\,b\,c = \frac{1}{\begin{vmatrix} A_{11} & A_{12} & A_{13} \\ A_{21} & A_{22} & A_{23} \\ A_{31} & A_{32} & A_{33} \end{vmatrix}^{\frac{1}{2}}} = \sqrt{D} .$$

[1] Vedi Lamé, *Leçons sur la théorie analytique de la Chaleur*, pag. 11.

Decomponiamo lo spazio S in due parti: una delle quali s' sia un parallelepipedo col centro nel punto (x'_1, x'_2, x'_3) e coi lati paralleli agli assi e di lunghezza $2\varepsilon_1, 2\varepsilon_2, 2\varepsilon_3$. L'altra parte denotiamola con s. Avremo, evidentemente,

$$\int_s \mathrm{U}\,d\mathrm{S} \leq \left[\int_{\varepsilon_1+x_1'}^{\infty} + \int_{-\infty}^{x_1'-\varepsilon_1}\right] \frac{e^{-\frac{(x_1-x_1')^2}{4a^2(t'-t)}}}{\sqrt{t'-t}}\,dx_1 \cdot$$

$$\left[\int_{\varepsilon_2+x_2'}^{\infty} + \int_{-\infty}^{x_2'-\varepsilon_2}\right] \frac{e^{-\frac{(x_2-x_2')^2}{4b^2(t'-t)}}}{\sqrt{t'-t}}\,dx_2 \cdot \left[\int_{\varepsilon_3+x_3'}^{\infty} + \int_{-\infty}^{x_3'-\varepsilon_3}\right] \frac{e^{-\frac{(x_3-x_3')^2}{4c^2(t'-t)}}}{\sqrt{t'-t}}\,dx_3 .$$

Ponendo

$$\frac{x_1-x'_1}{2a\sqrt{t'-t}} = z_1 , \quad \frac{x_2-x'_2}{2b\sqrt{t'-t}} = z_2 , \quad \frac{x_3-x'_3}{2c\sqrt{t'-t}} = z_3 ,$$

si ottiene

$$\int_s \mathrm{U}\,ds \leq 2^6 abc \int_{\frac{\varepsilon_1}{2a\sqrt{t'-t}}}^{\infty} e^{-z^2}dz \cdot \int_{\frac{\varepsilon_2}{2b\sqrt{t'-t}}}^{\infty} e^{-z^2}dz \cdot \int_{\frac{\varepsilon_3}{2c\sqrt{t'-t}}}^{\infty} e^{-z^2}dz .$$

Ora

$$\int_{\eta}^{\infty} e^{-z^2}dz = \frac{1}{z'}\int_{\eta}^{\infty} e^{-z^2} z\,dz = \frac{e^{-\eta^2}}{2z'} ,$$

dove z' denota un valore non minore di η. Onde

$$\lim_{\eta=\infty} \int_{\eta}^{\infty} e^{-z^2}dz = 0 ,$$

e quindi

$$\lim_{t=t'} \int_s \mathrm{U}\,ds = 0 .$$

Lo spazio s' nella equazione (6) quando è soddisfatta la (5) può prendersi grande quanto si vuole. Avremo quindi

$$\lim_{t=t'} \int_{s'} \mathrm{U}\,ds' = \lim_{t=t'} \int_{-\infty}^{\infty} \frac{e^{-\frac{(x_1-x_1')^2}{4a^2(t'-t)}}\,dx_1}{\sqrt{t'-t}} \int_{-\infty}^{\infty} \frac{e^{-\frac{(x_2-x_2')^2}{4b^2(t'-t)}}\,dx_2}{\sqrt{t'-t}} \int_{-\infty}^{\infty} \frac{e^{-\frac{(x_3-x_3')^2}{4c^2(t'-t)}}\,dx_3}{\sqrt{t'-t}} .$$

$$= 8\,abc \int_{-\infty}^{\infty} e^{-z^2}dz \int_{-\infty}^{\infty} e^{-z^2}dz \int_{-\infty}^{\infty} e^{-z^2}dz = 8\,abc\sqrt{\pi^3} = 8\sqrt{\pi^3\,\mathrm{D}} .$$

Dunque colla funzione U data dalla formula (15) saranno soddisfatte le equazioni (5) e (6), avremo

$$\omega = 8\sqrt{\pi^3 \mathrm{D}}\,,$$

e la equazione (11) diverrà

$$\text{(19)} \qquad \mathrm{V}' = \frac{1}{8\sqrt{\pi^3 \mathrm{D}}} \int_{\mathrm{S}} \frac{\mathrm{V}_0\, e^{-\frac{\varphi}{4t'}}\, d\mathrm{S}}{t'^{\frac{3}{2}}}$$

$$+ \frac{1}{8\sqrt{\pi^3 \mathrm{D}}} \int_0^{t'} dt \int_\sigma d\sigma \sum_i \alpha_i \sum_s a_{is} \left(\mathrm{V} \frac{\partial \mathrm{U}}{\partial x_s} - \mathrm{U} \frac{\partial \mathrm{V}}{\partial x_s} \right).$$

Poniamo

$$\varphi_n = \sum_i \sum_s \mathrm{A}_{is} (x_i - \xi_i^{(n)}) (x_s - \xi_s^{(n)})\,,$$

e i punti di coordinate $(\xi_1^{(n)}, \xi_2^{(n)}, \xi_3^{(n)})$ siano esterni allo spazio S; ogni serie della forma

$$\frac{e^{-\frac{\varphi}{4(t'-t)}} + \sum_n \mathrm{B}_n\, e^{-\frac{\varphi_n}{4(t'-t)}}}{(t'-t)^{\frac{3}{2}}}\,,$$

quando siano convergenti in ugual grado le serie delle derivate prime rapporto al tempo, e delle derivate seconde rapporto alle coordinate dei suoi termini, darà una funzione U che soddisfarà alle equazioni (5), (6) e (10), ed ω per tutte avrà lo stesso valore. Quando possano determinarsi i coefficienti B_n in modo che sopra σ sia soddisfatta la equazione (13), dalla equazione (14) risulterà compiutamente risoluto il problema della propagazione del calore.

Determiniamo ora il limite di V′ dato dalla formula (19) col crescere indefinitamente del tempo t'. Osserviamo che si ha

$$\int_{\mathrm{S}} \frac{\mathrm{V}_0\, e^{-\frac{\varphi}{4t'}}\, d\mathrm{S}}{t'^{\frac{3}{2}}} = \frac{\mathrm{V}_0'\, e^{-\frac{\varphi'}{4t'}}}{t'^{\frac{3}{2}}}\, \mathrm{S}\,,$$

dove V_0' e φ' sono valori di V_0 e φ compresi tra i massimi e i minimi valori di V_0 e φ nello spazio S, e quindi

$$\lim_{t'=\infty} \int_{\mathrm{S}} \mathrm{V}_0\, \mathrm{U}_0\, d\mathrm{S} = 0\,.$$

Abbiamo inoltre

$$\int_0^{t'} \mathrm{U}\, dt = \int_0^{t'} \frac{e^{-\frac{\varphi}{4(t'-t)}}}{(t'-t)^{\frac{3}{2}}}\, dt = \frac{4}{\sqrt{\varphi}} \int_0^{\infty} e^{-z^2}\, dz = \frac{2\sqrt{\pi}}{\sqrt{\varphi}}\,.$$

Pertanto la equazione (19) diviene

$$\text{(20)}\qquad \mathrm{V}' = \frac{1}{4\pi\sqrt{\mathrm{D}}} \int_\sigma d\sigma \sum_i \alpha_i \sum_s a_{is} \left(\mathrm{V} \frac{\partial \frac{1}{\sqrt{\varphi}}}{\partial x_s} - \frac{1}{\sqrt{\varphi}} \frac{\partial \mathrm{V}}{\partial x_s} \right).$$

Quando

$$a_{is} = 0 \quad , \quad a_{ii} = 1$$

abbiamo

$$\mathrm{D} = 1 \quad , \quad \varphi = (x_1 - x_1')^2 + (x_2 - x_2')^2 + (x_3 - x_3')^2 = r^2$$

la equazione (20) diviene

$$\mathrm{V}' = \frac{1}{4\pi} \int_\sigma \left(\mathrm{V} \frac{\partial \frac{1}{r}}{\partial p} - \frac{1}{r} \frac{\partial \mathrm{V}}{\partial p} \right) d\sigma\,,$$

che è la formula di Green.

Quando lo spazio S è infinito in tutte le direzioni, la temperatura e le sue derivate sono eguali a zero sopra tutto il contorno σ, che in questo caso è una sfera di raggio infinito; quindi la equazione (19) diviene

$$\mathrm{V}' = \frac{1}{8\sqrt{\pi^3 \mathrm{D}}} \int_{\mathrm{C}} \frac{\mathrm{V}_0\, e^{-\frac{\varphi}{4t'}}\, d\mathrm{S}}{t'^{\frac{3}{2}}}\,,$$

dove C denota la porzione di spazio in cui, per $t = 0$, la funzione V è differente da zero.

Se il corpo è isotropo, avremo

$$a_{is} = 0 \quad , \quad a_{ii} = k = \frac{\mathrm{K}}{c\varrho}\,,$$

dove K denota la conducibilità, c il calorico specifico e ϱ la densità. Onde

$$\varphi = \frac{(x_1 - x_1')^2 + (x_2 - x_2')^2 + (x_3 - x_3')^2}{k} = \frac{r^2}{k}$$

$$\mathrm{D} = k^3$$

$$\text{(21)}\qquad \mathrm{V}' = \frac{1}{4\pi k\sqrt{\pi}} \int_{\mathrm{C}} \frac{\mathrm{V}_0\, e^{-\frac{r^2}{4kt'}}\, d\mathrm{S}}{\sqrt{4kt'^3}}\,.$$

Il prof. Beltrami ha osservato che questo valore di V' moltiplicato per $4\pi k dt'$ e integrato tra 0 e ∞ dà una funzione che è uguale alla funzione potenziale newtoniana di una massa distribuita nello spazio C colla densità V_0; qual è il significato fisico di questa funzione? ([1]).

Per rispondere a questa dimanda consideriamo un elemento piano $d\omega$ nel punto (x'_1, x'_2, x'_3) e sia p' una direzione normale a $d\omega$. Denotando con d^2q la quantità di calore che attraversa l'elemento $d\omega$ nella direzione normale p' nel tempo dt'; avremo

$$d^2q = -K \frac{\partial V'}{\partial p'} d\omega\, dt' = -c\varrho k \frac{\partial V'}{\partial p'} d\omega\, dt'.$$

Sostituendo il valore di V' dato dalla equazione (21) (*) e integrando tra $t' = 0$ e $t' = \tau$, otterremo la quantità di calore dq che attraverserà $d\omega$ nella direzione p' nel tempo τ, cioè

$$dq = -\frac{d\omega}{4\pi\sqrt{\pi}} \frac{\partial}{\partial p'} \int_C V_0 c\varrho\, dS \int_0^\tau \frac{e^{-\frac{r^2}{4kt'}} dt'}{\sqrt{4kt'^3}}$$

ed anche

$$(22) \quad dq = -\frac{d\omega}{4\pi} \frac{\partial}{\partial p'} \int_C \frac{c\varrho V_0\, dS}{r} + \frac{d\omega}{2\pi\sqrt{\pi}} \frac{\partial}{\partial p'} \int_C \frac{c\varrho V_0\, dS}{r} \int_0^{\frac{r}{2\sqrt{k\tau}}} e^{-z^2} dz\,.$$

Ora sia H_0 la quantità di calore contenuta in una porzione del mezzo che occupa uno spazio uguale alla unità, quando la temperatura è zero, ed H la quantità di calore contenuta nella stessa porzione, quando la temperatura è V_0; avremo

$$H - H_0 = c\varrho V_0\,.$$

Chiamiamo *intensità calorifica* la differenza $H - H_0$ e denotiamola con μ. La equazione (22) diverrà

$$(23) \quad dq = -\frac{d\omega}{4\pi} \frac{\partial}{\partial p'} \int_C \frac{\mu\, dS}{r} + \frac{d\omega}{2\pi\sqrt{\pi}} \frac{\partial}{\partial p'} \int_C \frac{\mu\, dS}{r} \int_0^{\frac{r}{2\sqrt{k\tau}}} e^{-z^2} dz\,.$$

([1]) Vedi il Nuovo Cimento, serie III, tomo I, pag. 20.

(*) In questo punto la dicitura è stata alquanto modificata per eliminare uno scambio di notazioni. O. T.

Il primo termine del secondo membro è una quantità indipendente da $k\tau$, ed il secondo membro converge a zero col crescere di $k\tau$. Quindi il primo termine dà il limite verso cui converge, col crescere di τk, la quantità di calore che durante il tempo τ attraversa $d\omega$ nella direzione p'; ma esso è anche uguale al prodotto di $\frac{d\omega}{4\pi}$ per la componente secondo la direzione opposta a p' dell'azione newtoniana esercitata sopra una massa uguale alla unità concentrata nel punto (x'_1, x'_2, x'_3) da una massa distribuita in C colla densità uguale alla intensità calorifica iniziale; dunque abbiamo il seguente teorema:

Se un mezzo isotropo, che si estende all'infinito in tutte le direzioni, nel tempo $t = 0$ ha alla temperatura zero tutti i suoi punti, tranne quelli che occupano una porzione di spazio C, *i quali hanno temperature espresse da una funzione qualunque* V_0, *il limite verso cui converge, col crescere del rapporto della conducibilità al prodotto del calorico specifico per la densità, la quantità di calore che durante un tempo dato* τ *piccolo quanto si vuole attraverserà un elemento piano* $d\omega$ *in una direzione normale* p', *sarà uguale al prodotto di* $\frac{d\omega}{4\pi}$ *per la componente secondo la direzione opposta a* p' *dell'azione newtoniana che eserciterebbe sopra una massa uguale alla unità concentrata nel punto per cui è condotto l'elemento* $d\omega$ *una massa distribuita in* C *colla densità in ogni punto uguale alla intensità calorifica iniziale corrispondente.*

LVI.

SOPRA IL MOTO DEI FLUIDI ELASTICI

(Dal *Nuovo Cimento*, ser. III, vol. XIV, pp. 43-51, Pisa, 1883)

L'equazioni del moto dei fluidi elastici, sotto la forma di Lagrange, sono

$$\sum_i \frac{d^2 x_i}{dt^2}\frac{\partial x_i}{\partial a_s} = X_s - v\frac{\partial p}{\partial a_s}, \quad s = 1, 2, 3 \tag{1}$$

$$\begin{vmatrix} \frac{\partial x_1}{\partial a_1} & \frac{\partial x_2}{\partial a_1} & \frac{\partial x_3}{\partial a_1} \\ \frac{\partial x_1}{\partial a_2} & \frac{\partial x_2}{\partial a_2} & \frac{\partial x_3}{\partial a_2} \\ \frac{\partial x_1}{\partial a_3} & \frac{\partial x_2}{\partial a_3} & \frac{\partial x_3}{\partial a_3} \end{vmatrix} = \frac{v}{v_0} \tag{2}$$

nelle quali a_1, a_2, a_3 denotano le coordinate cartesiane di un elemento del fluido nel tempo $t = 0$; x_1, x_2, x_3 sono le coordinate dello stesso elemento dopo il tempo t; p è la pressione, v il volume specifico dopo il tempo t, e v_0 il volume specifico nel tempo $t = 0$, e $\frac{X_1\,dS}{v}, \frac{X_2\,dS}{v}, \frac{X_3\,dS}{v}$ denotano le componenti delle forze che agiscono sopra gli elementi: $\frac{dS}{v}$ della massa fluida.

Le quantità da determinarsi in funzione di a_1, a_2, a_3 e t sono in numero di cinque, cioè le tre coordinate x_1, x_2, x_3, la pressione p e il volume specifico v, e l'equazioni sono soltanto quattro. Ma supponendo la temperatura costante in tutta la massa fluida e in tutto il tempo, la esperienza deve somministrare per ogni fluido una relazione tra v e p e quindi la quinta equazione. La ipotesi della costanza della temperatura non può verificarsi nel maggior numero dei casi che si presentano nella natura e in special modo in quelli dell'atmosfera. Quindi è necessario di abbandonarla e introdurre ancora un'altra funzione da determinarsi, cioè la temperatura, e stabilire, oltre l'equazioni (1), (2) e la relazione somministrata dalla esprerienza tra p, v e la temperatura, un'altra equazione.

Sia T la temperatura assoluta, e

$$p = p(v, T) \tag{3}$$

la relazione data dall'esperienza tra p, v e T.

Se denotiamo con $\frac{Q\,dS}{v}$ la quantità di calore che un elemento di fluido di massa: $\frac{dS}{v}$ e di coordinate iniziali a_1, a_2, a_3 acquista nel tempo t, e con μ l'entropia della massa unitaria, ossia con $\mu\frac{dS}{v}$ l'entropia dello elemento di massa: $\frac{dS}{v}$, e con E l'equivalente meccanico del calore, avremo dalla Termodinamica,

$$E\frac{d}{dt}\left(Q\frac{dS}{v}\right) = T\frac{d\frac{\mu\,dS}{v}}{dt}.$$

Ma per la conservazione della massa

$$\frac{d\frac{dS}{v}}{dt} = 0.$$

Quindi

$$E\frac{dQ}{dt} = T\frac{d\mu}{dt} \tag{4}$$

e le equazioni (1) (2) (3) e (4) saranno le sei equazioni sufficienti alla determinazione del moto del fluido elastico, quando siano conosciuti lo stato iniziale e le condizioni ai limiti.

La entropia specifica μ si ottiene in funzione di v e di T per mezzo delle note equazioni

$$d\mu = \frac{\partial U}{\partial T}\frac{dT}{T} + \left(\frac{\partial U}{\partial v} + p\right)\frac{dv}{T} \tag{5}$$

$$\frac{\partial U}{\partial v} = T^2\frac{\partial\frac{p}{T}}{\partial T} \tag{6}$$

dove U denota l'energia specifica.

Dalla (6) integrando si ottiene

$$\text{(7)} \qquad U = \tau + T^2 \int \frac{\partial \frac{p}{T}}{\partial T} dv$$

denotando con τ una funzione della sola T.

Derivando la (7) se ne deduce:

$$\frac{\partial U}{\partial T} \frac{1}{T} = \frac{d\tau}{dT} \frac{1}{T} + \frac{\partial}{\partial T} \int \frac{\partial p}{\partial T} dv\,,$$

$$\left(\frac{\partial U}{\partial v} + p\right) \frac{1}{T} = \frac{\partial p}{\partial T} = \frac{\partial}{\partial v} \int \frac{\partial p}{\partial T} dv\,.$$

Sostituendo nella (5) e integrando

$$\text{(8)} \qquad \mu = \int \frac{d\tau}{dT}\, d \log T + \int \frac{\partial p}{\partial T} dv + C$$

essendo C una costante.

Nel caso dei gaz perfetti, denotando con c_p e con c_v i calorici specifici a pressione e a volume costanti, abbiamo

$$p = E(c_p - c_v) \frac{T}{v}\,,$$

$$\tau = E c_v T$$

e c_p e c_v costanti. Onde

$$\mu = C + E c_v \log T + E(c_p - c_v) \log v\,.$$

Ma

$$\log v = \log T - \log p + \text{costante}$$

onde

$$\mu = C + E \log \frac{T^{c_p}}{p^{c_p - c_v}}\,,$$

e ponendo

$$\frac{c_p}{c_v} = k,$$

$$\text{(9)} \qquad \mu = C + E c_v \log \frac{T^k}{p^{k-1}} \text{ (*)}$$

e anche

$$\text{(10)} \qquad \mu = C_1 + E c_v \log T v^{k-1}\,.$$

(*) In questa formola e nel seguito abbiamo introdotto il fattore c_v che non compare nella memoria originale. O. T.

Se poniamo

(11) $$\chi = \mathrm{U} + pv$$

la nota equazione

$$\mathrm{T}\, d\mu = d\mathrm{U} + p\, dv$$

diviene

$$d\chi = \mathrm{T}\, d\mu + v\, dp$$

e quindi

(12) $$\mathrm{T} = \frac{\partial \chi}{\partial \mu} \quad , \quad v = \frac{\partial \chi}{\partial p} .$$

Nel caso dei gaz perfetti sarà

$$\chi = \mathrm{E}\, c_p \mathrm{T} = \mathrm{E}\, c_p\, p^{\frac{k-1}{k}}\, e^{\frac{\mu - \mathrm{C}}{\mathrm{E} c_p}} .$$

Osservando le equazioni (12) avremo

$$v \frac{\partial p}{\partial a_s} = \frac{\partial \chi}{\partial p} \frac{\partial p}{\partial a_s} = \frac{\partial \chi}{\partial a_s} - \mathrm{T} \frac{\partial \mu}{\partial a_s}$$

e le (1) diverranno

(1)′ $$\sum_i \frac{d^2 x_i}{dt^2} \frac{\partial x_i}{\partial a_s} = \mathrm{X}_s - \frac{\partial \chi}{\partial a_s} + \mathrm{T} \frac{\partial \mu}{\partial a_s} .$$

Anche nella (2) potremo sostituire a v il suo valore tratto dalla (8) in funzione di μ e di T, ossia di μ e di $\frac{\partial \chi}{\partial \mu}$. Così, nota χ in funzione di p e di μ, avremo solo da integrare le cinque equazioni (1)′, (2) e (4) per determinare le cinque quantità x_1, x_2, x_3, μ e p in funzione di a_1, a_2, a_3 e t.

Alle (1)′ può darsi anche la forma

(1)″ $$\frac{d}{dt} \sum_i u_i \frac{\partial x_i}{\partial a_s} = \mathrm{X}_s - \frac{\partial \chi}{\partial a_s} + \tfrac{1}{2} \frac{\partial}{\partial a_s} \sum_i u_i^2 + \mathrm{T} \frac{\partial \mu}{\partial a_s}$$

ponendo

(13) $$u_i = \frac{dx_i}{dt} .$$

Dalle (1)″ si deduce

(14) $$\frac{d}{dt} \sum_i \left(\frac{\partial x_i}{\partial a_s} \frac{\partial u_i}{\partial a_{s+1}} - \frac{\partial x_i}{\partial a_{s+1}} \frac{\partial u_i}{\partial a_s} \right) =$$

$$= \frac{\partial \mathrm{X}_s}{\partial a_{s+1}} - \frac{\partial \mathrm{X}_{s+1}}{\partial a_s} + \frac{\partial \mu}{\partial a_s} \frac{\partial \mathrm{T}}{\partial a_{s+1}} - \frac{\partial \mu}{\partial a_{s+1}} \frac{\partial \mathrm{T}}{\partial a_s} \qquad s = 1, 2, 3 .$$

Se le forze hanno una funzione potenziale V, la (1)″ e la (14) divengono

$$(1)''' \qquad \frac{d}{dt}\sum_i u_i \frac{\partial x_i}{\partial a_s} = \frac{\partial(\mathrm{V} - \chi + \frac{1}{2}\sum_i u_i^2)}{\partial a_s} + \mathrm{T}\frac{\partial \mu}{\partial a_s} \qquad s = 1, 2, 3$$

$$(15) \qquad \frac{d}{dt}\sum_i\left(\frac{\partial x_i}{\partial a_s}\frac{\partial u_i}{\partial a_{s+1}} - \frac{\partial x_i}{\partial a_{s+1}}\frac{\partial u_i}{\partial a_s}\right) = \frac{\partial \mu}{\partial a_s}\frac{\partial \mathrm{T}}{\partial a_{s+1}} - \frac{\partial \mu}{\partial a_{s+1}}\frac{\partial \mathrm{T}}{\partial a_s}.$$

Se gli elementi del fluido non acquistano nè perdono calore sarà $Q = 0$, e quindi la (4) diverrà

$$\frac{d\mu}{dt} = 0$$

ossia

$$\mu = \mu_0 ,$$

denotando con μ_0 l'entropia al principio del tempo.

Se W è una funzione di $a_1\, a_2\, a_3$ e t, e denotiamo con W′ la derivata di W rispetto a t, dalle equazioni (15) si deduce

$$(16) \qquad \frac{d}{dt}\sum_i \begin{vmatrix} \frac{\partial \mathrm{W}}{\partial a_1} & \frac{\partial x_i}{\partial a_1} & \frac{\partial u_i}{\partial a_1} \\ \frac{\partial \mathrm{W}}{\partial a_2} & \frac{\partial x_i}{\partial a_2} & \frac{\partial u_i}{\partial a_2} \\ \frac{\partial \mathrm{W}}{\partial a_3} & \frac{\partial x_i}{\partial a_3} & \frac{\partial u_i}{\partial a_3} \end{vmatrix} = \sum_i \begin{vmatrix} \frac{\partial \mathrm{W}'}{\partial a_1} & \frac{\partial x_i}{\partial a_1} & \frac{\partial u_i}{\partial a_1} \\ \frac{\partial \mathrm{W}'}{\partial a_2} & \frac{\partial x_i}{\partial a_2} & \frac{\partial u_i}{\partial a_2} \\ \frac{\partial \mathrm{W}'}{\partial a_3} & \frac{\partial x_i}{\partial a_3} & \frac{\partial u_i}{\partial a_3} \end{vmatrix} + \begin{vmatrix} \frac{\partial \mathrm{W}}{\partial a_1} & \frac{\partial \mu}{\partial a_1} & \frac{\partial \mathrm{T}}{\partial a_1} \\ \frac{\partial \mathrm{W}}{\partial a_2} & \frac{\partial \mu}{\partial a_2} & \frac{\partial \mathrm{T}}{\partial a_2} \\ \frac{\partial \mathrm{W}}{\partial a_3} & \frac{\partial \mu}{\partial a_3} & \frac{\partial \mathrm{T}}{\partial a_3} \end{vmatrix}.$$

Se dall'equazioni integrali

$$x_i = x_i(a_1\, a_2\, a_3\, t)$$

riguardiamo dedotte le a_i in funzione delle x_s e di t, rammentiamo la equazione (2) e poniamo:

$$(17) \qquad 2\xi_i = \frac{\partial u_{i+1}}{\partial x_{i+2}} - \frac{\partial u_{i+2}}{\partial x_{i+1}},$$

$$(18) \qquad \frac{d}{dt} = \frac{\partial}{\partial t} + \sum_i u_i \frac{\partial}{\partial x_i}$$

la equazione (16) diverrà

$$(19) \qquad \frac{d}{dt}\sum_i v\,\xi_i \frac{\partial \mathrm{W}}{\partial x_i} = \sum_i v\,\xi_i \frac{\partial \mathrm{W}'}{\partial x_i} + \frac{v}{2}\begin{vmatrix} \frac{\partial \mathrm{W}}{\partial x_1} & \frac{\partial \mu}{\partial x_1} & \frac{\partial \mathrm{T}}{\partial x_1} \\ \frac{\partial \mathrm{W}}{\partial x_2} & \frac{\partial \mu}{\partial x_2} & \frac{\partial \mathrm{T}}{\partial x_2} \\ \frac{\partial \mathrm{W}}{\partial x_3} & \frac{\partial \mu}{\partial x_3} & \frac{\partial \mathrm{T}}{\partial x_3} \end{vmatrix}.$$

Ponendo

$$W = x_1\,,\ x_2\,,\ x_3$$

si ottengono le tre equazioni

(20) $$\frac{dv\,\xi_i}{dt} = \sum_s v\,\xi_s \frac{\partial u_i}{\partial x_s} + \frac{v}{2}\frac{\partial \mu}{\partial p}\left(\frac{\partial p}{\partial x_{i+1}}\frac{\partial T}{\partial x_{i+2}} - \frac{\partial p}{\partial x_{i+2}}\frac{\partial T}{\partial x_{i+1}}\right),\quad i=1,2,3.$$

Se denotiamo con Δ il parametro differenziale di 1° ordine, con n_p, n_T ed n ordinatamente la normale alla superficie di ugual pressione (isobara), la normale alla superficie di ugual temperatura (isoterma) e la tangente alla intersezione della isobara e della isoterma per un punto $(x_1\,x_2\,x_3)$ del fluido, le (20) prendono la forma

(21) $$\frac{dv\,\xi_i}{dt} = \sum_s v\,\xi_s \frac{\partial u_i}{\partial x_s} + \frac{v}{2}\frac{\partial \mu}{\partial p}\sqrt{\Delta p\,\Delta T}\ \mathrm{sen}\,(n_p\,,\,n_T)\cos(n\,x_i)\,.$$

Se le isobare coincidono colle isoterme in tutto il tempo e in tutto il fluido, sarà

$$\mathrm{sen}\,(n_p\,,\,n_T) = 0\,,$$

e quindi

$$\frac{dv\,\xi_i}{dt} = \sum_s v\,\xi_s \frac{\partial u_i}{\partial x_s} \qquad i = 1\,,2\,,3$$

le quali hanno per integrali

$$v\,\xi_i = \sum_s A_s \frac{\partial x_i}{\partial a_s}$$

essendo le A_s funzioni di $a_1\,a_2\,a_3$ indipendenti da t.

Se $v_0\,\xi_i^0$ sono i valori di v e ξ_i per $t=0$, avremo

$$A_i = v_0\,\xi_i^0$$

e quindi

$$v\,\xi_i = \sum_r v_0\,\xi_r^0 \frac{\partial x_i}{\partial a_r}\,.$$

Siano:

$$a_i = a_i(s_0)$$

l'equazioni di una *linea vorticosa* per $t=0$, e ϖ_0 la velocità di rotazione nel vortice; sarà

$$\xi_r^0 = \varpi_0 \frac{da_r}{ds_0}\,.$$

L'equazioni della linea, formata degli stessi elementi dopo il tempo t, saranno

$$x_r = x_r(s)$$

e le componenti del vortice saranno ξ_1, ξ_2, ξ_3, e avremo

$$v \xi_i = v_0 \varpi_0 \frac{dx_i}{ds} \frac{ds}{ds_0}$$

onde il teorema trovato da Helmholtz per i fluidi incompressibili:

In un fluido elastico, sotto l'azione di forze che hanno una funzione potenziale, se le isobare coincidono sempre con le isoterme, gli elementi che formano un filetto vorticoso al principio del tempo formano un filetto vorticoso in tutto il tempo.

Ma per il principio della conservazione della massa, se denotiamo con $d\sigma$ l'area della sezione normale del filetto, abbiamo

$$v_0 \, d\sigma \, ds = v \, d\sigma_0 \, ds_0$$

onde

$$\varpi \, d\sigma = \varpi_0 \, d\sigma_0$$

e abbiamo l'altro teorema:

In un fluido elastico, sotto l'azione di forze che hanno una funzione potenziale, se le isobare coincidono sempre colle isoterme, un filetto vorticoso conserva uguale in tutto il tempo il prodotto della grandezza del vortice per la sua sezione normale.

Consideriamo ora il caso in cui gli elementi del fluido non acquistano nè perdono calore; avremo

$$Q = 0$$

e quindi

$$\mu' = 0$$

e la (19) diverrà ponendovi $W = \mu$,

$$\frac{d}{dt} \sum_i v \xi_i \frac{\partial \mu}{\partial x_i} = 0 \tag{22}$$

e integrando

$$\sum_i v \xi_i \frac{\partial \mu}{\partial x_i} = \sum_i v_0 \xi_i^0 \frac{\partial \mu_0}{\partial a_i} . \tag{23}$$

Se δr_0 è la lunghezza della normale alla superficie di entropia μ_0, prolungata sino all'incontro colla superficie di entropia $\mu_0 + \delta\mu_0$, e δs_0 è la porzione dell'asse del vortice ϖ_0, compressa tra le superficie μ_0 e $\mu_0 + \delta\mu_0$, sarà

$$(24) \qquad v_0 \sum_i \xi_i^0 \frac{\partial \mu_0}{\partial a_i} = v_0 \sqrt{\Delta \mu_0}\, \varpi_0 \cos(\delta\nu_0, \delta s_0) = \frac{v_0\, \varpi_0 \cos(\delta\nu_0, \delta s_0)}{\delta\nu_0}\, \delta\mu_0 .$$

Decomponendo il vortice (ξ_1, ξ_2, ξ_3) in due: uno coll'asse ν normale alla superficie di entropia $\mu(x_1\, x_2\, x_3) = \mu_0(a_1\, a_2\, a_3)$, e uno coll'asse ν_1 situato in questa superficie, e denotando con ϖ_ν la grandezza del primo vortice con ϖ_μ la grandezza del secondo, avremo

$$\xi_i = \varpi_\nu \cos(\nu\, x_i) + \varpi_\mu \cos(\nu_1, x_i)$$

e quindi

$$(25) \qquad \sum_i v\, \xi_i \frac{\partial \mu}{\partial x_i} = v \sqrt{\Delta \mu}\, \varpi_\nu = \frac{v \varpi_\nu\, \delta\mu}{\delta\nu} = \frac{v \varpi_\nu\, \delta\mu_0}{\delta\nu} .$$

Sostituendo i valori (24) e (25) nella equazione (23), si otterrà

$$\frac{v\varpi_\nu}{\delta\nu} = \frac{v_0\, \varpi_0}{\delta\nu_0} \cos(\delta\nu_0, \delta s_0)$$

e ponendo ugual massa per l'elemento, sarà

$$v_0\, \delta\nu\, d\sigma = v\, \delta\nu_0\, d\sigma_0$$

e quindi

$$\varpi_\nu\, d\sigma = \varpi_0 \cos(\delta\nu_0, \delta s_0)\, d\sigma_0 .$$

Se chiamiamo *intensita* del vortice in un elemento il prodotto della grandezza del vortice per l'area della sezione dell'elemento normale all'asse, avremo il seguente teorema:

In un fluido elastico, sotto l'azione di forze che hanno una funzione potenziale, se ogni elemento non acquista nè perde calore, le intensità delle componenti dei vortici secondo le normali alle superficie di uguale entropia si conservano costanti in tutto il tempo.

Dunque se al principio del tempo sopra una superficie σ_0 di entropia costante e non esistono vortici, i vortici che potranno comparire nel seguito del tempo sopra la superficie σ formata dagli stessi elementi di fluido, nella quale la entropia avrà lo stesso valore e, avranno tutti gli assi situati sopra σ.

Un ugual risultato si ottiene se ogni elemento perde o acquista una quantità di calore proporzionale al tempo e alla temperatura assoluta. Infatti in questo caso sarà

$$\frac{dQ}{dt} = \pm \varepsilon T$$

e quindi dalla (4) avremo

$$\frac{d\mu}{dt} = \pm E\varepsilon$$

e la (19) diverrà anche in questo caso, ponendo $W = \mu$, poichè ε è una costante,

$$\frac{d}{dt} \sum_i v \xi_i \frac{\partial \mu}{\partial x_i} = 0 .$$

LVII.

SOPRA UNA ESTENSIONE DELLA TERZA LEGGE DI KEPLERO

(Dai *Rendiconti del Circolo Matematico di Palermo*, t. II, pp. 145-147, 1888)

Imitando quello che, in un caso analogo, ha fatto il Cerruti, abbiamo creduto superfluo far ristampare la presente Nota, la quale, malgrado il titolo diverso, non è altro che una redazione affrettata di quella che segue.

O. T.

LVIII.

SOPRA LA ENTROPIA DI UN SISTEMA NEWTONIANO IN MOTO STABILE

(Dai *Rendiconti della Reale Accademia dei Lincei*, ser. 4ª, v. IV, pp. 113-115, Roma, 1888)

« Se denotiamo con P, T e Φ il potenziale, la energia cinetica e la funzione di Jacobi di un sistema Newtoniano, i punti del quale sono in moto gli uni relativamente agli altri, avremo:

$$P = \Sigma \frac{m_i m_s}{r_{is}},$$

$$T = \frac{1}{2} \Sigma \frac{m_i m_s}{M} v_{is}^2,$$

$$\Phi = \frac{1}{2} \Sigma \frac{m_i m_s}{M} r_{is}^2 \ (^*),$$

dove m_i è la massa concentrata nel punto m_i, M è la somma di tutte le masse, r_{is} la distanza di m_i da m_s, v_{is} la velocità relativa di m_i ed m_s.

« Diremo che il sistema è *in moto stabile* quando il valore di Φ si conserverà sempre compreso tra due valori finiti, avrà un numero infinito di massimi e di minimi, e denotando con t_n il tempo impiegato a passare dal 1° all'n^{esimo} dei massimi o minimi di Φ, $\frac{t_n}{n-1}$ o sarà indipendente da n, oppure col crescere di n convergerà verso un limite determinato.

« Nel primo caso il valore costante di questo rapporto, nel secondo il limite di esso, lo chiameremo *tempo periodico medio* e le denoteremo con θ (**).

(*) La sommatoria deve intendersi estesa solo alle coppie distinte di valori r ed s, T inoltre è solo la energia cinetica relativa. O. T.

(**) Qui abbiamo aggiunto le parole: e lo denoteremo con θ. O. T.

« Indichiamo con $\overline{\varphi_n}$ il valor medio di φ nel tempo t_n, cioè poniamo

$$\overline{\varphi_n} = \frac{1}{t_n}\int_0^{t_n} \varphi \, dt \, .$$

« La equazione di Jacobi e quella delle forze vive, integrandole tra 0 e t_n, divengono

$$(1) \qquad 0 = \mathrm{M} \, \Sigma \, m_i \, m_s \overline{\left(\frac{1}{r_{is}}\right)} - 2h$$

$$(2) \qquad \tfrac{1}{2} \, \Sigma \, m_i \, m_s \overline{(v_{is}^2)} = \mathrm{M} \, \Sigma \, m_i \, m_s \overline{\left(\frac{1}{r_{is}}\right)} - h \, .$$

« Se $\frac{1}{\mathrm{R}_n}$ è un valore compreso tra il massimo e il minimo di $\overline{\left(\frac{1}{r_{is}}\right)}$, e v_n^2 è un valore compreso tra il massimo e il minimo di $\overline{(v_{is}^2)}$, e poniamo

$$\mathrm{H} = \frac{h}{\Sigma \, m_i \, m_s}$$

dall'equazioni (1) e (2) avremo:

$$(3) \qquad \left\{ \begin{aligned} \frac{\mathrm{M}}{\mathrm{R}_n} &= 2\mathrm{H} \, , \\ \tfrac{1}{2} \, v_n^2 &= \frac{\mathrm{M}}{\mathrm{R}_n} - \mathrm{H} \end{aligned} \right.$$

e quindi R_n e v_n indipendenti da n. Li denoteremo con R e v, e li chiameremo la *distanza media* e la *velocità media* del sistema.

« Dall'equazioni (3) si deduce

$$(4) \qquad v^2 = \frac{\mathrm{M}}{\mathrm{R}} \, ,$$

e quindi

$$\overline{2\mathrm{T}} = \overline{\mathrm{P}} \, .$$

« Ora per un sistema in moto stabile, per n sufficientemente grande e per le variazioni che conservano la stabilità del moto (*), è verificata la equazione di Clausius

$$(5) \qquad -\overline{\delta \mathrm{P}} = \overline{\delta \mathrm{T}} + \overline{2\mathrm{T}} \, \delta \log \theta$$

(*) Nella Nota seguente il Betti dimostra la (5) ed in essa Nota è fatta anche l'ipotesi, che qui non è ricordata, che le variazioni delle velocità sieno di ordine superiore rispetto alle variazioni delle coordinate dei punti del sistema. O. T.

la quale con i valori trovati diviene:

$$\frac{M}{2R}\,\delta\log\frac{v^2\,\theta^2}{R^2}=\frac{M}{2R}\,\delta\log\frac{M\,\theta^2}{R^3}=0$$

onde

$$\frac{M\,\theta^2}{R^3}=k^2 \tag{6}$$

essendo k^2 una costante e abbiamo il teorema:

« Le variazioni del moto di un sistema Newtoniano in moto stabile non mutano il rapporto tra il cubo della distanza media e il prodotto della massa per il quadrato del tempo periodico medio (*).

« Denotando con E la energia totale del sistema la equazione (5) può scriversi:

$$\delta E-\overline{2T}\,\delta\log v^2\,\theta=0$$

o anche sostituendo il valore di θ dato dalla (6)

$$\delta E-\overline{T}\,\delta\log M\,R=0\,,$$

e quindi: la entropia del sistema è uguale al logaritmo del prodotto della massa per la distanza media ».

(*) Notiamo qui che se, come ci par naturale, l'A. ha voluto applicare, in questa Nota, il teorema da lui dimostrato nella seguente, nei diversi moti variati che egli considera, la massa deve considerarsi costante.

O. T.

LIX.

SOPRA LA ENTROPIA DI UN SISTEMA NEWTONIANO IN MOTO STABILE

(Nota II, dai *Rendiconti della Reale Accademia dei Lincei*, ser. 4ª, v. IV, pp. 195-198, Roma, 1888)

« In seguito alla Nota pubblicata nei Rendiconti dell'Accademia, vol. VI, fasc. 5°, reputo conveniente di aggiungere la dimostrazione dell'applicabilità del teorema di Clausius ai sistemi Newtoniani in moto stabile, dalla quale dipende la determinazione della loro Entropia.

« Le funzioni:

$$\Phi = \frac{1}{2} \Sigma \frac{m_i m_s}{M} r_{is}^2 ,$$

$$\varphi = \frac{1}{2} \Sigma m_i r_i^2 = \Phi + \Theta,$$

dove r_i denota il raggio vettore di m_i e Θ la metà del momento d'inerzia, rispetto all'origine (*), del baricentro, in cui si riguardano concentrate tutte le masse, hanno gli stessi massimi e minimi, e sodisfano alla stessa equazione differenziale di 2° ordine. Potremo dunque, in vista delle ulteriori applicazioni, considerare la funzione φ invece della Φ.

« Un sistema di valori delle coordinate di tutti i punti del sistema determina la loro posizione; diremo che determina la *posizione* del sistema, e denoteremo questa con una lettera.

« Se le coordinate dei medesimi punti in due posizioni a e b differiscono tutte di quantità infinitesime, diremo che le posizioni a e b sono *infinitamente vicine*.

(*) A questo punto ho cambiato la primitiva dicitura: e Θ la energia cinetica, nell'altra: e Θ la metà del momento d'inerzia ecc.

O. T.

« Denoteremo con $\delta_{ab} f$ la variazione che riceve una funzione qualunque f delle coordinate, nel passare da una posizione a del sistema a una b infinitamente vicina; cioè porremo:

$$\delta_{ab} f = \Sigma \left(\frac{\partial f}{\partial x_i} \delta_{ab} x_i + \frac{\partial f}{\partial y_i} \delta_{ab} y_i + \frac{\partial f}{\partial z_i} \delta_{ab} z_i \right).$$

« Se a, b, c sono tre posizioni del sistema infinitamente vicine, per ogni coordinata sarà:

$$\delta_{ac} = \delta_{ab} + \delta_{bc},$$

e quindi

$$(1) \qquad \delta_{ac} f = \delta_{ab} f + \delta_{bc} f.$$

« Chiameremo *trajettoria* di un sistema in moto, e denoteremo con una lettera, la serie linearmente infinita di posizioni che il sistema prende col variare del tempo.

« La variazione che una coordinata, per esempio x_i, riceve nel passare dalla posizione b che ha sopra una trajettoria nel tempo t, alla posizione c che ha sulla stessa trajettoria nel tempo $t + \delta t$, sarà:

$$(2) \qquad \delta_{bc} x_i = x'_i \delta t.$$

« Consideriamo ora una trajettoria A di un sistema in moto stabile. Sia o la posizione del sistema all'origine del tempo, a sia una posizione sopra A, nella quale la funzione φ ha un valore massimo o minimo e t_a il tempo in cui il sistema ha la posizione a; avremo

$$(3) \qquad \frac{d\varphi_a}{dt} = o.$$

« Sia B un'altra trajettoria dello stesso sistema e o' la posizione che ha sulla medesima il sistema all'origine del tempo. Chiamiamo *corrispondenti* due posizioni, una in A l'altra in B, che prende il sistema per lo stesso valore del tempo, e supponiamo che le posizioni corrispondenti siano infinitamente vicine e il moto sia stabile in ambedue le trajettorie. Le posizioni di massimo e di minimo della funzione φ non saranno corrispondenti, ma infinitamente vicine e se a è una posizione di massimo o minimo di φ sopra A, e c la posizione di massimo o minimo di φ sopra B, infinitamente vicina ad a, avremo

$$\varphi_c = \varphi_a + \delta_{ac} \varphi$$

e quindi, a cagione della (3),

$$\frac{d\delta_{ac}\varphi}{dt} = o.$$

Se b è la posizione corrispondente ad a, ponendo mente alla equazione (1), otterremo:

$$\frac{d\delta_{ab}\varphi}{dt} = -\frac{d\delta_{bc}\varphi}{dt}. \tag{4}$$

« Supponiamo che le variazioni delle velocità siano infinitesime di 2° ordine, mentre le variazioni delle coordinate sono di 1° ordine, cioè che le variazioni infinitesime delle coordinate avvengano in tempi finiti, sarà:

$$\frac{d\delta\varphi}{dt} = \Sigma m_i (x_i' \delta x_i + y_i' \delta y_i + x_i' \delta z_i). \tag{5}$$

Sostituendo nel 2° membro della equazione (4) e rammentando le equazioni (2), otterremo:

$$\frac{d\delta_{ab}\varphi}{dt} = -2 T_a \delta t_a, \tag{6}$$

essendo T_a la energia cinetica del sistema nella posizione a, e t_a il tempo in cui si trova in a, $t_a + \delta t_a$ il tempo in cui si trova in c.

« Ora sia a' un'altra posizione di massimo o minimo di φ sopra A, b' la posizione corrispondente, c' la posizione di massimo o minimo di φ infinitamente vicina ad a' sopra B, e $t_{a'}$ il tempo della posizione a'. Avremo analogamente:

$$\frac{d\delta_{a'b'}\varphi}{dt} = -2 T_{a'} \delta t_{a'}. \tag{6'}$$

Affinchè il sistema dal descrivere il tratto aa' della trajettoria A passi a descrivere il tratto bb' della trajettoria B, è necessario che sia verificata la diseguaglianza

$$\int_{t_a}^{t_{a'}} (\delta P + \delta T)\, dt - \Sigma m_i (x_i' \delta_{a'b'} x_i + y_i' \delta_{a'b'} y_i + z_i' \delta_{a'b'} z_i) + \\ + \Sigma m_i (x_i' \delta_{ab} x_i + y_i' \delta_{ab} y_i + z_i' \delta_{ab} z_i) \geq o \quad (^*),$$

e se osserviamo l'equazioni (5), (6) e (6)', e denotiamo con t_n il tempo impiegato dal sistema a passare dalla posizione a ad a', avremo:

$$(\delta \overline{P} + \delta \overline{T})\, t_n + 2 (T_{a'} \delta t_{a'} - T_a \delta t_a) \geq o.$$

(*) In questa formola e nelle successive il Betti, certamente per distrazione, scrive soltanto il segno $>$. Noi abbiamo aggiuto il segno $=$ che solo resta valido nel caso di legami bilaterali e che è quello di cui trae profitto nella Nota precedente. Abbiamo inoltre aggiunto il significato di θ. O. T.

Ma

$$T_{a'} = \overline{T} + \varepsilon_{a'}$$

$$T_{a} = \overline{T} - \varepsilon_{a}$$

onde

$$\delta\overline{P} + \delta\overline{T} + 2\overline{T}\delta \log t_n + \frac{\varepsilon_{a'}}{t_n}\delta t_{a'} + \frac{\varepsilon_a}{t_n}\delta t_a \geq o$$

e al limite col crescere di t_n,

$$\delta\overline{P} + \delta\overline{T} + 2\overline{T}\delta \log \theta \geq o$$

dove

$$\theta = \lim_{n=\infty} \frac{t_n}{n-1},$$

ed essendo

$$\overline{T} - \overline{P} = \overline{E}$$

avremo:

$$\delta\overline{E} - 2\overline{T}\delta \log \overline{T}\theta \leq o.$$

« Tutto questo vale tanto per i sistemi liberi, quanto per quelli con legami qualunque, tanto per le forze che variano colla distanza secondo la legge di Newton, quanto per quelle che variano con una legge qualunque ».

INDICE ALFABETICO
DEI NOMI RICORDATI NEL TOMO SECONDO

Manteniamo inalterato il sistema di indicare col numero la pagina e con l'esponente quante volte il nome è ripetuto nella stessa pagina.

FINE DEL TOMO SECONDO

www.ingramcontent.com/pod-product-compliance
Lightning Source LLC
LaVergne TN
LVHW011258110826
845149LV00001B/170

* 9 7 8 1 4 1 8 1 8 4 7 6 6 *